高等学校土木工程学科专业指导委员会规划教材

（按高等学校土木工程本科指导性专业规范编写）

建筑工程施工

（建筑工程专业方向适用）

李建峰　主编

王士川　主审

中国建筑工业出版社

图书在版编目(CIP)数据

建筑工程施工/李建峰主编. —北京：中国建筑工业出
版社，2016.7（2021.1重印）
高等学校土木工程学科专业指导委员会规划教材（按
高等学校土木工程本科指导性专业规范编写）（建筑工程
专业方向适用）
ISBN 978-7-112-19551-0

Ⅰ.①建… Ⅱ.①李… Ⅲ.①建筑工程-工程施工-高
等学校-教材 Ⅳ.①TU7

中国版本图书馆 CIP 数据核字（2016）第 149220 号

本书依据最新的施工规范，图文并茂系统地介绍了土木建筑主要专业工种工程的施工工艺
技术原理与方法，详细阐述了施工组织的基本理论、原则和方法，并以实例讲述了施工组织设
计的编制。全书分成施工技术和施工组织两大篇，主要内容包括：土方工程、深基础工程、砌
筑工程、钢筋混凝土结构工程、预应力混凝土工程、脚手架与垂直运输、结构安装工程、防水
工程、装饰工程、施工组织概论、流水施工原理及应用、网络计划技术、单位工程施工组织设
计、施工组织总设计。书中每章附有本章知识点、例题、思考题与习题、小结及学习指导，供
学习时参考。

本书为高等院校土木工程、工程造价、工程管理等专业的教材，也可作为土木建筑类相关
专业教学用书，并可供土建施工技术人员参考。

为更好地支持本课程的教学，本书作者制作了多媒体教学课件，有需要的读者可以发送邮
件至 jiangongkejian@163.com 索取。

＊　　　＊　　　＊

责任编辑：仕　帅　吉万旺　王　跃
责任校对：李美娜　刘梦然

高等学校土木工程学科专业指导委员会规划教材

（按高等学校土木工程本科指导性专业规范编写）

建筑工程施工

（建筑工程专业方向适用）

李建峰　主编

王士川　主审

＊

中国建筑工业出版社出版、发行(北京西郊百万庄)

各地新华书店、建筑书店经销

北京科地亚盟排版公司制版

北京建筑工业印刷厂印刷

＊

开本：787×1092 毫米　1/16　印张：29¾　字数：624 千字

2016 年 8 月第一版　　2021 年 1 月第二次印刷

定价：**78.00** 元（赠课件）

ISBN 978-7-112-19551-0

(36790)

本系列教材编审委员会名单

出　版　说　明

　　近年来，高等学校土木工程学科专业教学指导委员会根据其研究、指导、咨询、服务的宗旨，在全国开展了土木工程学科教育教学情况的调研。结果显示，全国土木工程教育情况在 2000 年以后发生了很大变化，主要表现在：一是教学规模不断扩大，据统计，目前我国有超过 400 余所院校开设了土木工程专业，有一半以上是 2000 年以后才开设此专业的，大众化教育面临许多新的形势和任务；二是学生的就业岗位发生了很大变化，土木工程专业本科毕业生中 90％以上在施工、监理、管理等部门就业，在高等院校、研究设计单位工作的本科生越来越少；三是由于用人单位性质不同、规模不同、毕业生岗位不同，多样化人才的需求愈加明显。土木工程专业教指委根据教育部印发的《高等学校理工科本科指导性专业规范研制要求》，在住房和城乡建设部的统一部署下，开展了专业规范的研制工作，并于 2011 年由中国建筑工业出版社正式出版了土建学科各专业第一本专业规范——《高等学校土木工程本科指导性专业规范》。为紧密结合此次专业规范的实施，土木工程教指委组织全国优秀作者按照专业规范编写了《高等学校土木工程学科专业指导委员会规划教材（专业基础课）》。本套专业基础课教材共 20 本，已于 2012 年底前全部出版。教材的内容满足了建筑工程、道路与桥梁工程、地下工程和铁道工程四个主要专业方向核心知识（专业基础必需知识）的基本需求，为后续专业方向的知识扩展奠定了一个很好的基础。

　　为更好地宣传、贯彻专业规范精神，土木工程教指委组织专家于 2012 年在全国二十多个省、市开展了专业规范宣讲活动，并组织开展了按照专业规范编写《高等学校土木工程学科专业指导委员会规划教材（专业课）》的工作。教指委安排了叶列平、郑健龙、高波和魏庆朝四位委员分别担任建筑工程、道路与桥梁工程、地下工程和铁道工程四个专业方向教材编写的牵头人。于 2012 年 12 月在长沙理工大学召开了本套教材的编写工作会议。会议对主编提交的编写大纲进行了充分的讨论，为与先期出版的专业基础课教材更好地衔接，要求每本教材主编充分了解前期已经出版的 20 种专业基础课教材的主要内容和特色，与之合理衔接与配套、共同反映专业规范的内涵和实质。此次共规划了四个专业方向 29 种专业课教材。为保证教材质量，系列教材编审委员会邀请了相关领域专家对每本教材进行审稿。

　　本系列规划教材贯彻了专业规范的有关要求，对土木工程专业教学的改革和实践具有较强的指导性。在本系列规划教材的编写过程中得到了住房和城乡建设部人事司及主编所在学校和单位的大力支持，在此一并表示感谢。希望使用本系列规划教材的广大读者提出宝贵意见和建议，以便我们在重印再版时得以改进和完善。

高等学校土木工程学科专业指导委员会
中国建筑工业出版社
2014 年 4 月

前　言

"建筑工程施工"是高等院校土木工程专业建筑工程方向的主要专业课程之一。它以土木工程建造过程为研究对象，探讨建筑施工技术与施工组织的一般规律，以培养学生独立分析和解决工程施工中有关施工技术与组织计划问题的能力。内容主要包括建筑工程施工中主要工种工程的施工方法、工艺原理、施工项目组织原理，以及施工新技术、新材料、新工艺的发展和应用。

本书为了适应土建类专业的教学特点与需求，在编著过程中更加注重课程结构的优化调整，内容上推陈出新，并突出课程的实践操作性。注重最新规范和未来走向，使教材内容更加符合当前建筑施工和教学的需要，尽可能做到深入浅出、图文并茂，以方便教学和自学。每章节均从概念、原理、方法、运用和技术特点等方面进行了多角度介绍；内容上除讲究够用外，更注重实用性、可读性。针对部分章节内容操作性强，学生不易理解的问题，有针对性地增加了部分例题和习题，以增强学生的实际操作能力。

全书共分两篇 14 章，其中第 1～9 章为施工技术篇，主要讲解建筑工程各主要工种工程的施工方法、工艺原理与流程，以及各项技术措施，包括土方工程、深基础工程、砌筑工程、钢筋混凝土工程、预应力混凝土工程、脚手架与垂直运输、结构安装工程、防水工程和装饰工程等内容；第 10～14 章为施工组织篇，主要讲解建筑施工项目组织管理的基本原理与方法，重点介绍施工组织设计的编制，包括施工组织概论、流水施工、网络计划技术、单位工程施工组织设计和施工组织总设计等内容。在教材的章节构成上，章前均设有本章知识点、重点、难点，章末设有本章小结及学习指导以及多样的课后思考题与习题，更加便于学生对课程重点内容的理解和掌握。

全书由李建峰教授主编。其中，河北天山集团温俊霞参与编写了第 1 章、第 2 章，西京学院李庆瑞参与编写了第 3 章，西安欧亚学院曹小菊参与编写了第 4 章，杨凌职业技术学院祁萍参与编写了第 5 章、第 6 章，王淑芳参与编写了第 7 章、第 8 章。西安建筑科技大学王士川教授主审。

本书编写过程中，参考了大量国家标准、规范、施工工艺标准、文献资料和一些工程中的案例，兼顾了各高校的实际教学情况，吸收了国内同类教材较为成熟的部分，并依据教学的需求做了适当调整，使本教材具有较广泛的适用性。在此对提供帮助的各位同仁致以衷心的感谢！

由于编写时间比较仓促，加之水平有限，书中不足之处在所难免，诚挚地希望广大师生与读者提出宝贵意见，给予批评指正，以期修订完善。

编　者
2016 年 7 月于西京园

目　　录

上 篇　施 工 技 术

下篇　施　工　组　织

上篇 施工技术

第1章
土方工程

本章知识点

> 知识点：土方工程内容、特点，土的工程分类及工程性质；场地
> 平整土方量计算、场地设计标高的确定和土方调配；土
> 方的机械化施工和土方工程施工的辅助工作；土方边坡
> 稳定、土壁支护、施工排水等；土方填筑土料的选用、
> 土方的填筑压实方法。
>
> 重 点：土的工程分类及工程性质；土方量计算及土方调配；土
> 方机械化施工；土壁支护；施工排水；土方回填压实的
> 方法。
>
> 难 点：土方量计算及土方调配；土方机械化施工；土壁支护；
> 井点降水。

1.1 概述

1.1.1 土方工程内容及施工特点

土方工程包括一切土的挖掘、填筑等过程及降水、土壁支撑等工程。常
见的土方工程：场地平整、基坑（槽）开挖、地坪填土、基坑回填土等。

土方工程施工具有工程量大、劳动繁重和施工条件复杂等特点。如大型
建设项目的场地平整，土方工程量可达数百万立方米以上，施工面积达数平
方公里，施工期较长。土方施工又受气候、水文、地质、地下障碍等因素的
影响较大，不确定的因素多。因此，在组织土方工程施工前，应详细分析与
核对各项技术资料，进行现场调查，制订出技术可行、经济合理的施工设计
方案，以保证工程质量和安全。

1.1.2 土的工程分类

土的种类繁多、其分类方法各异。施工中按土的开挖难易程度将土分为八类，见表1-1。

土的工程分类与现场鉴别方法   表1-1

土的分类	土的名称	可松性系数		现场鉴别方法
		K_s	K'_s	
一类土（松软土）	砂土；粉土；冲积砂土层；种植土；泥炭（淤泥）	1.08~1.17	1.01~1.04	直接用尖锹挖掘
二类土（普通土）	粉质黏土；潮湿的黄土；夹有碎石、卵石的砂；种植土；填筑土及砂质粉土	1.14~1.28	1.02~1.05	用尖锹挖掘，30%以内用镐翻松
三类土（坚土）	软及中等密实黏土；重粉质黏土；粗砾石；干黄土及含碎石、卵石的黄土、粉质黏土；压实的填筑土	1.24~1.30	1.05~1.07	主要用镐挖掘，30%以内用撬棍，然后用锹挖掘
四类土（砂砾坚土）	重黏土及含碎石、卵石的黏土；粗卵石；密实的黄土；天然级配砂石；软泥灰岩及蛋白石	1.26~1.35	1.06~1.09	主要用镐、撬棍，30%以内用钢钎及大锤，然后用锹挖掘
五类土（软石）	硬石灰纪黏土；中等密实的页岩、泥灰岩、白垩土；胶结不紧的砾岩；软的石灰岩	1.30~1.40	1.10~1.15	用镐或撬棍、大锤挖掘，部分使用爆破方法
六类土（次坚石）	泥岩；砂岩；砾岩；坚实的页岩；泥灰岩；密实的石灰岩；风化花岗岩、片麻岩	1.35~1.45	1.11~1.20	用爆破方法开挖，30%以内用镐
七类土（坚石）	大理岩；辉绿岩；玢岩；粗、中粒花岗岩；坚实的白云岩、砂岩、砾岩、片麻岩、石灰岩；风化痕迹的安山岩、玄武岩	1.40~1.45	1.15~1.20	用爆破方法
八类土（特坚石）	安山岩；玄武岩；花岗片麻岩；坚实的细粒花岗岩、闪长岩、石英岩、辉长岩、辉绿岩、玢岩	1.45~1.50	1.20~1.30	用爆破方法

注：K_s—最初可松性系数；
    K'_s—最终可松性系数。

1.1.3 土的工程性质

土的工程性质对土方施工有直接影响。土的工程性质主要如下：

1. 土的可松性

土具有可松性，即自然状态下的土经开挖以后，其体积因松散而增大，以后虽经回填压实，仍不能恢复到原来的体积，这种现象称为土的可松性。由于土方工程量开挖以自然状态的体积计算的，所以在土方调配、基坑（槽）

开挖留弃土量、计算土方机械生产率及运土机具数量时，必须考虑土的可松性。土的可松性程度用可松性系数表示，即：

$$K_s = \frac{V_2}{V_1} \qquad K_s' = \frac{V_3}{V_1} \qquad (1-1)$$

式中　K_s——最初可松性系数；

　　　K_s'——最终可松性系数；

　　　V_1——土在自然状态下的体积（m^3）；

　　　V_2——土经开挖后的松散体积（m^3）；

　　　V_3——土经回填压实后的体积（m^3）。

2. 土的密度

与土方施工有关的是土的天然密度 ρ 和土的干密度 ρ_d。

天然密度指土在天然状态下单位体积的重量。土的干密度指单位体积中固体颗粒的质量，干密度在一定程度上反映了土颗粒排列的紧密程度，作为填土压实质量的控制指标。

3. 土的含水量

土的含水量 W 是指土中所含的水与土的固体颗粒间的质量比，以百分数表示。土的含水量既影响土方边坡的稳定性，也影响土的压实程度。在一定含水量的条件下使回填土达到最大的密实度，此含水量称为土的最佳含水量。

$$W = \frac{G_1 - G_2}{G_2} \times 100\% \qquad (1-2)$$

式中　G_1——含水状态时土的重量；

　　　G_2——烘干后土的重量。

4. 土的渗透性

水流通过土中孔隙难易程度的性质称为土的渗透性，用渗透系数 K 来表示。当基坑开挖至地下水位以下时，地下水会渗流到基坑，需要采取排水或降水措施来保证土方的施工条件。土中水的渗流运动常用达西定律来描述，其表达式为：

$$V = K \cdot i \qquad (1-3)$$

式中　V——地下水渗流速度（m/d）；

　　　i——水力梯度，$i = (H_A - H_B)/L$，即 A、B 两点水头差与其水平距离之比；

　　　K——渗透系数（m/d）。

1.2　土方工程量的计算与调配

土方工程施工之前，通常要计算土方的工程量，但土方工程的外形往往较复杂，很难精确计算。一般都将其假设或划分成一定的几何形状，并采用具有一定精度而又和实际情况近似的方法进行计算。

3

1.2.1 基坑（槽）和路堤土方量计算

1. 土方边坡

当基坑（槽）所处场地宽敞，周边环境允许，可以采用放坡形式来保证施工时土体的稳定性。土方边坡常用边坡坡度或坡度系数（亦称边坡系数）表示，两者互为倒数。边坡坡度是土方挖土深度 h 与边坡顶面的放坡宽度 b 之比，如图 1-1 所示，即：

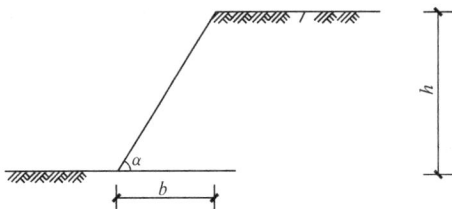

$$土方边坡坡度 = \frac{h}{b} = 1 : m \qquad (1\text{-}4)$$

图 1-1　土方边坡

$$土方边坡系数\ m = \frac{b}{h} \qquad (1\text{-}5)$$

边坡可做成直线形、折线形或阶梯形，如图 1-2 所示。

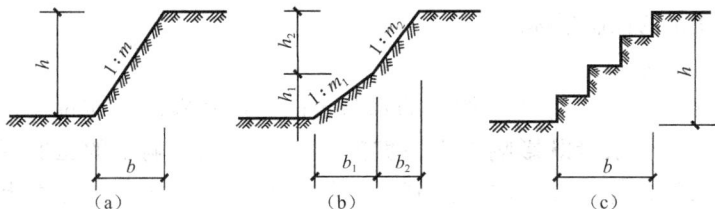

图 1-2　土方边坡

(a) 直线形；(b) 折线形；(c) 阶梯形

2. 基坑（槽）和路堤的土方量计算

基坑（槽）和路堤的土方量可按立体几何中的拟柱体（由两个平行的平面作底的一种多面体）体积公式计算（图 1-3），即：

$$V = \frac{1}{6}h(S + 4S_0 + S') \qquad (1\text{-}6)$$

式中　　h——基坑深度；

S、S'——基坑上下两底面面积；

S_0——基坑中截面面积。

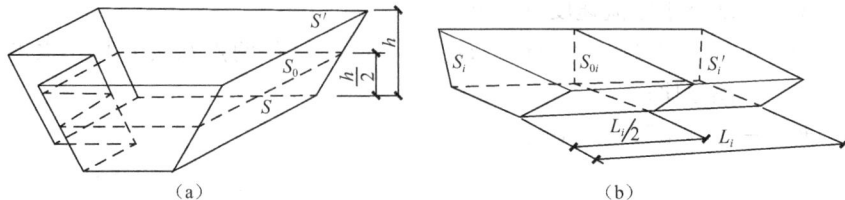

图 1-3　基坑、基槽土方量计算简图

(a) 基坑土方量计算；(b) 基槽、路堤土方量计算

基槽土方量计算，可沿其长度方向分段计算。

如该段内基槽横截面形状、尺寸不变时，其土方量即为该段横截面的面积乘以该段基槽长度。总土方量为各段土方量之和。

如该段内横截面的形状、尺寸有变化时，可近似地用拟柱体的体积公式计算，即：

$$V_i = \frac{1}{6}L_i(S_i + 4S_{0i} + S_i')$$ (1-7)

式中　V_i——该段土方量；

L_i——该段长度；

S_i、S_i'——该段两端横截面面积；

S_{0i}——该段中截面面积。

1.2.2　场地平整土方量的计算

通常土方工程开工前需要确定场地设计平面，并进行场地平整。场地平整就是将自然地面改造成人们所要求的平面。

1. 场地设计标高确定

（1）场地设计标高确定的一般方法

对中小型场地平整，若原地形比较平缓，对场地设计标高无特殊要求，可根据挖方量与填方量平衡（相等）的原则确定设计标高。

将场地划分成边长为 a 的若干方格，并将方格网角点的原地形标高标在图上。原地形标高可利用等高线用插入法求得或在实地测量。

按照挖填方量相等的原则，场地设计标高可按下式计算：

$$Na^2 Z_0 = \sum_{i=1}^{n}\left(a^2 \frac{Z_{i1} + Z_{i2} + Z_{i3} + Z_{i4}}{4}\right)$$

即：

$$Z_0 = \frac{1}{4N}\sum_{i=1}^{n}(Z_{i1} + Z_{i2} + Z_{i3} + Z_{i4})$$ (1-8)

式中　　　Z_0——所计算场地的设计标高（m）；

N——方格数；

Z_{i1}、Z_{i2}、Z_{i3}、Z_{i4}——第 i 个方格四个角点的原地形标高（m）。

由图 1-4 可见，11 号角点为一个方格独有，而 12、13、21、24 号角点为两个方格共有，22、23、32、33 号角点则为四个方格所共有，在用式（1-8）计算 Z_0 的过程中，类似 11 号角点标高仅加一次，类似 12 号角点的标高加二次，类似 22 号角点的标高加四次，这种在计算中被应用的次数称 P_i，反映了各角点标高对计算结果的影响程度，测量上的术语称为"权"。考虑各角点标高的"权"，式（1-8）可改写成更便于计算的形式，即：

$$Z_0 = \frac{1}{4N}\left(\sum Z_1 + 2\sum Z_2 + 3\sum Z_3 + 4\sum Z_4\right)$$ (1-9)

式中　　　Z_1——方格独有的角点标高；

Z_2、Z_3、Z_4——分别为二、三、四个方格所共有的角点标高。

按式（1-9）得到的设计平面为一水平的挖填方相等的场地，实际场地均应有一定的泄水坡度。因此，应根据泄水要求（单向泄水或双向泄水）计算出实际施工时所采用的设计标高。

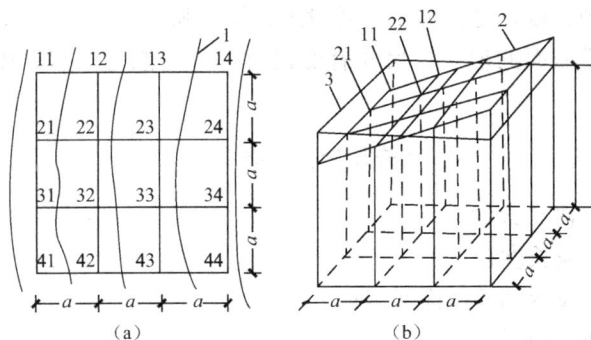

图 1-4　场地设计标高计算示意图

(a) 地形图方格网；(b) 设计标高示意图

1-等高线；2-自然地面；3-设计平面

1) 当场地为单向泄水时见图 1-5，将已调整的设计标高 Z_0 作为场地中心线的标高，场地内任意点的设计标高为：

$$Z_i' = Z_0 \pm Li \tag{1-10}$$

式中　Z_i'——场地内任意角点的设计标高；

L——该点至场地中心线 Z_0 的距离；

i——场地泄水坡度。

2) 当场地为双向泄水坡度时，同理如图 1-6 所示，场地内任一点的设计标高为：

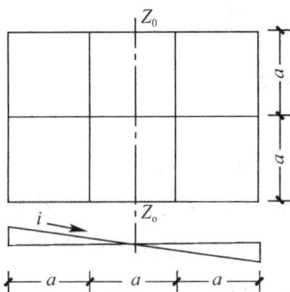

图 1-5　场地单向泄水坡度示意图　　　图 1-6　场地双向泄水坡度示意图

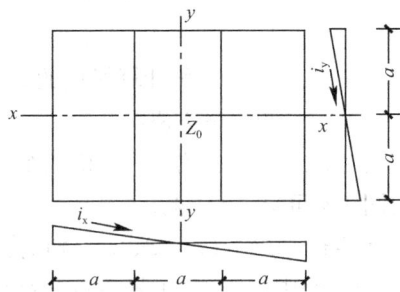

$$Z_i' = Z_0 \pm L_x i_x \pm L_y i_y \tag{1-11}$$

式中　L_x、L_y——该点沿 $x-x$、$y-y$ 向距场地中心线的距离；

i_x、i_y——该点沿 $x-x$、$y-y$ 方向的泄水坡度。

求得 Z_i' 后，即可按下式计算各角点的施工高度 h_i：

$$h_i = Z_i' - Z_i \tag{1-12}$$

式中　Z_i——i 角点的原地形标高。

若 h_i 为正值，则该点为填方；h_i 为负值，则为挖方。

（2）用最小二乘法原理求最佳设计平面

当进行大型场地平整时，不仅要求挖填方平衡，且保证总的土方量最小，可应用最小二乘法的原理，将场地划分成方格网，使场地方格网各角点施工高度的平方和最小，由此求得满足上述两个条件的最佳设计平面。

任何一个平面在直角坐标系中都可以用三个参数 c、i_x、i_y 来确定（图1-7）。在这个平面上任何一点的 i 标高 Z_i'，可以根据下式求出：

$$Z_i' = c + x_i i_x + y_i i_y \quad (1-13)$$

式中　x_i——i 点在 X 方向的坐标；

　　　y_i——i 点在 Y 方向的坐标。

图 1-7　空间中一个平面的位置

c-原点标高；$i_x = \tan\alpha = -\dfrac{c}{a}$，$X$ 方向的坡度；

$i_y = \tan\beta = -\dfrac{c}{b}$，$Y$ 方向的坡度

与前述方法类似，将场地分成方格网，并将原地形标高 Z_i 标于图上，设最佳设计平面的方程为式（1-13），则该场地方格网角点的施工高度为：

$$h_i = Z_i' - Z_i = c + x_i i_x + y_i i_y - Z_i (i = 1, \cdots\cdots, n) \quad (1-14)$$

式中　h_i——方格网各角点的施工高度；

　　　Z_i'——方格网各角点的设计平面标高；

　　　Z_i——方格网各角点的原地形标高；

　　　n——方格角点总数。

施工高度之和与土方工程量成正比。由于施工高度有正有负，当施工高度之和为零时，则表明该场地的填挖平衡，若把施工高度平方之后再相加，则其总和能反映土方工程填挖方绝对值之和的大小。但要注意，在计算施工高度总和时，应考虑方格网各点施工高度在计算土方量时应用的次数 P_i，令 σ 为土方施工高度之平方和，则：

$$\sigma = \sum_{i=1}^{n} P_i h_i^2 = P_1 h_1^2 + P_2 h_2^2 + \cdots + P_n h_n^2 \quad (1-15)$$

将公式（1-14）代入上式，得：

$$\sigma = P_1 (c + x_1 i_x + y_1 i_y - z_1)^2 + P_2 (c + x_2 i_x + y_2 i_y - z_2)^2 + \cdots + P_n (c + x_n i_x + y_n i_y - z_n)^2$$

当 σ 的值最小时，该设计平面既能使土方工程量最小，又能保证填挖方量相等（填挖方不平衡时，上式所得数值不可能最小）。这就是最小二乘法原理求设计平面的方法。

为了求得最小的设计平面参数 c、i_x、i_y，可以对上式中的 c、i_x、i_y，分别求偏导数，并令其为 0，于是得：

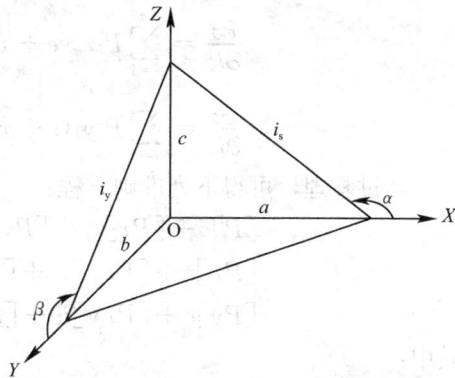

⑦

$$\frac{\partial \sigma}{\partial c} = \sum_{i=1}^{n} P_i (c + x_i i_x + y_i i_y - z_i) = 0$$

$$\frac{\partial \sigma}{\partial i_x} = \sum_{i=1}^{n} P_i x_i (c + x_i i_x + y_i i_y - z_i) = 0 \qquad (1\text{-}16)$$

$$\frac{\partial \sigma}{\partial i_y} = \sum_{i=1}^{n} P_i y_i (c + x_i i_x + y_i i_y - z_i) = 0$$

经过整理，可得下列准则方程：

$$[P]c + [Px]i_x + [Py]i_y - [Pz] = 0$$
$$[Px]c + [Pxx]i_x + [Pxy]i_y - [Pxz] = 0 \qquad (1\text{-}17)$$
$$[Py]c + [Pxy]i_y + [Pyy]i_y - [Pyz] = 0$$

其中：

$$[P] = P_1 + P_2 + \cdots + p_n$$
$$[Px] = P_1 x_1 + P_2 x_2 + \cdots + P_n x_n$$
$$[Pxx] = P_1 x_1 x_1 + P_2 x_2 x_2 + \cdots + P_n x_n x_n$$
$$[Pxy] = P_1 x_1 y_1 + P_2 x_2 y_2 + \cdots + P_n x_n y_n$$

其余类推。

解联立方程式（1-17），可求得最佳设计平面的三个参数 c、i_x、i_y。然后即可根据方程式（1-14）算出各角点的施工高度。

（3）设计标高的调整

实际工程中，对计算所得的设计标高，还应考虑下述因素进行调整，这项工作在完成土方量计算后进行。

1）土的可松性影响。由于土的可松性，会造成填土的多余，需相应的提高设计标高。如图 1-8 所示，设 Δh 为土的可松性引起设计标高的增加值，则设计标高调整后的总挖方体积为：

$$V_w' = V_w - F_w \cdot \Delta h;$$

图 1-8 设计标高调整计算示意

(a) 理论设计标高；(b) 调整设计标高

总填方体积为：

$$V_T' = V_w' \cdot K_s' = (V_w - F_w \cdot \Delta h) \cdot K_s'$$

此时，填方区的标高也应与挖方区一样，提高 Δh，即：

$$\Delta h = \frac{V_T' - V_T}{F_T} = \frac{(V_w - F_w \Delta h) K_s' - V_T}{F_T}$$

经移项整理简化得（当 $V_T = V_w$)：

$$\Delta h = \frac{V_w \cdot (K_s' - 1)}{F_T + F_w \cdot K_s'} \qquad (1\text{-}18)$$

故考虑土的可松性后，场地设计标高应调整为：

$$Z_0' = Z_0 + \Delta h \tag{1-19}$$

式中　V_w、V_T——按初定场地设计标高计算得出的总挖方、总填方体积；

F_w、F_T——按初定场地设计标高计算得出的挖方区、填方区总面积；

K_s'——土的最后可松性系数。

2）借土或弃土的影响

根据经济比较结果，若采用就近场外取土或弃土的施工方案，则会引起挖填土方量的变化，需调整设计标高。为简化计算，场地设计标高的调整可按下列近似公式确定，即：

$$h_0'' = h_0' \pm \frac{Q}{n \cdot a^2} \tag{1-20}$$

式中　Q——假定按初步场地设计标高平整后多余或不足的土方量；

n——场地方格数；

a——方格边长。

2. 场地平整土方量计算

在场地设计标高确定后，即可求得需平整的场地各角点的施工高度，然后按每个方格角点的施工高度算出填、挖土方量，并计算场地边坡的土方量，这样即可得到整个场地的填、挖土方总量。

（1）确定"零线"的位置

零线即挖方区与填方区的交线，在该线上，施工高度为0。它有助于了解整个场地的挖、填区域分布状态。零线的确定方法：在相邻角点施工高度为一挖一填的方格边线上，用插入法求出零点（0）的位置，如图1-9所示，将各相邻的零点连接起来即为零线。

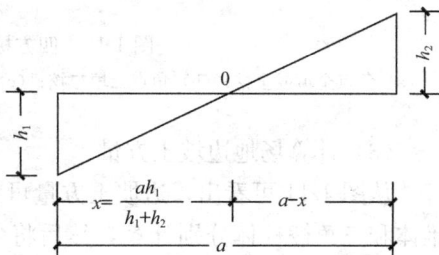

图1-9　求零点方法

（2）计算方格中的土方量

1）方格四个角点全部为填或全部为挖时，如图1-10（a）所示。

$$V = \frac{a^2}{4}(h_1 + h_2 + h_3 + h_4) \tag{1-21}$$

式中　　　　　V——挖方或填方体积；

h_1、h_2、h_3、h_4——方格四个角点的填挖高度，均取绝对值。

2）方格四个角点，两个是挖方，两个是填方，如图1-10（b）所示。

挖方部分土方量：$V_{1-2} = \dfrac{a^2}{4}\left(\dfrac{h_1^2}{h_1+h_4} + \dfrac{h_2^2}{h_2+h_3}\right) \tag{1-22}$

填方部分土方量：$V_{3-4} = \dfrac{a^2}{4}\left(\dfrac{h_3^2}{h_2+h_3} + \dfrac{h_4^2}{h_1+h_4}\right) \tag{1-23}$

3）方格的三个角点为挖方，另一角点为填方时，如图1-10（c）所示。

填方部分土方量：$V_4 = \dfrac{a^2}{6} \cdot \dfrac{h_4^3}{(h_1+h_4)(h_3+h_4)}$ (1-24)

挖方部分土方量：$V_{123} = \dfrac{a^2}{6}(2h_1+h_2+2h_3-h_4)+V_4$ (1-25)

反过来，方格的三个角点为填方，另一角为挖方时，其挖方部分土方量按公式（1-24）计算，填方部分土方量按公式（1-25）计算。

4）方格的一个角点为挖方，一个角点为填方，另两个角点为零点时（零线为方格的对角线），如图1-10（d）。

挖、填土方量：

$$V = \frac{1}{6}a^2 h \qquad (1-26)$$

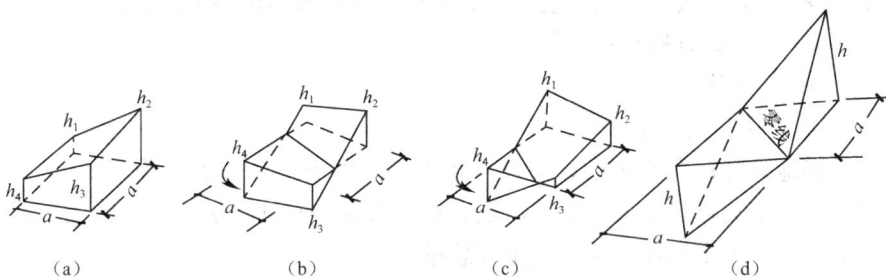

图1-10 四方棱柱体的体积计算

(a) 角点全填或全挖；(b) 角点二填二挖；(c) 角点一填（挖）三挖（填）；(d) 角点一挖一填

（3）计算场地边坡土方量

从图1-11可看出，边坡土方量可划分为两种近似的几何形体——三角棱锥体和三角棱柱体分别计算，然后将各分段计算的结果相加，求出边坡土方的挖方或填方量。

1）三角棱锥体。例如图1-11①的体积为：

$$V = \frac{1}{3}Fl_1 = \frac{1}{3}\left(\frac{mh_2^2}{2} \cdot l_1\right) = \frac{1}{6}mh_2^2 l_1 \qquad (1-27)$$

式中　m——边坡坡度系数；

$\quad\quad h_2$——端角点施工高度；

$\quad\quad l_1$——三角棱锥体长度；

$\quad\quad F$——边坡①端面积。

2）三角棱柱体。例如图1-11④的体积为：

$$V = \frac{F_1+F_2}{2}l_4 = \frac{m}{4}(h_2^2+h_3^2)l_4 \qquad (1-28)$$

式中　h_2、h_3——三角棱柱体两端角点施工高度；

$\quad\quad l_4$——三角棱柱体长度；

$\quad\quad F_1$、F_2——边坡两端的端面积。

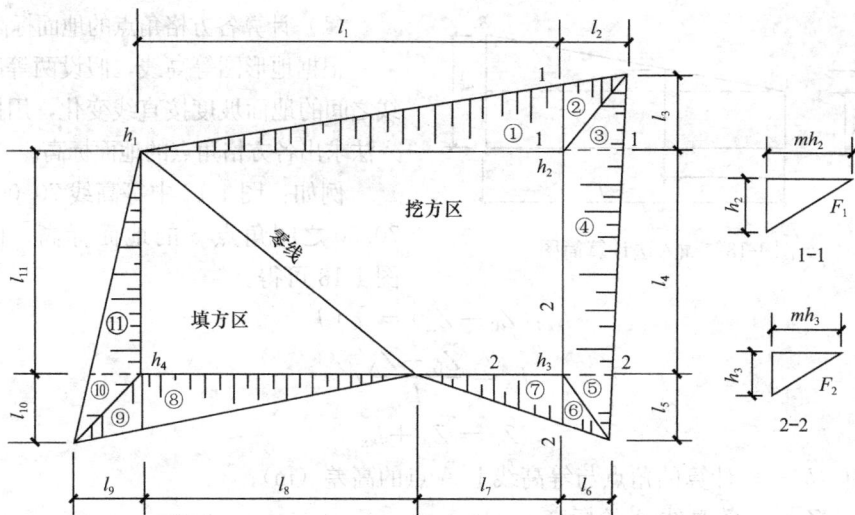

图 1-11　边坡土方量分段计算示例

（4）计算土方总量

将挖方区（或填方区）所有方格的土方量和边坡土方量汇总，即可得到场地平整挖（填）方的工程量。

3. 场地平整土方量计算例题

[例 1-1] 某建筑场地地形图如图 1-12 所示，方格网 $a=20\mathrm{m}$，土质为粉质黏土，设计排水坡度 $i_x=2‰$、$i_y=3‰$，试按挖填平衡的原则确定场地各方格的角点设计标高，并计算场地平整土方量。（不考虑土的可松性影响和放坡）

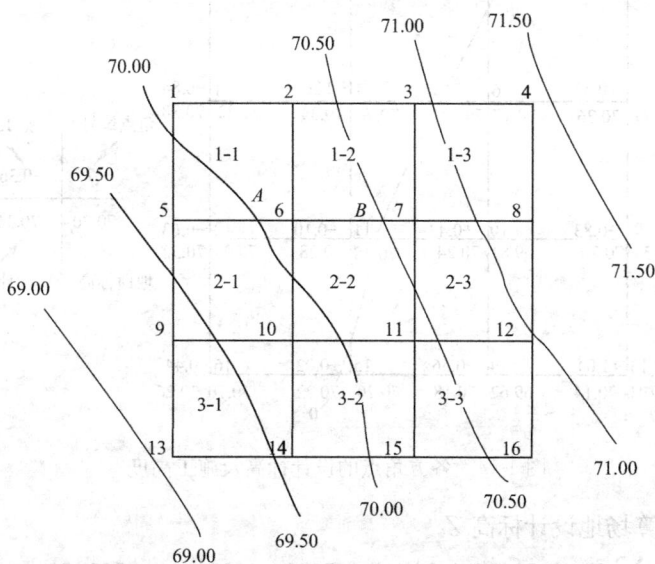

图 1-12　某建筑场地地形图和方格网布置

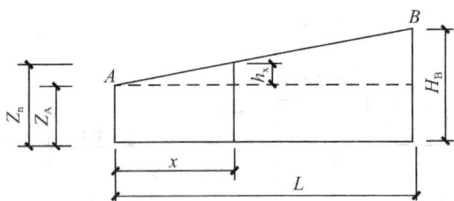

图 1-13 插入法计算简图

（1）计算各方格角点的地面标高

根据地形图等高线，假设两等高线之间的地面坡度按直线变化，用插入法求出各方格角点的地面标高。

例如：图 1-12 中等高线 70.00、70.50 之间角点 6 的地面标高，由图 1-13 可得：

$$h_x : (Z_B - Z_A) = x : L$$

$$h_x = \frac{Z_B - Z_A}{L} x$$

$$Z_n = Z_A + h_x$$

式中 h_x——计算的角点与等高线上 A 点的高差（m）；

Z_A——等高线 A 的标高（m）；

Z_B——等高线 B 的标高（m）；

x——所求角点沿方格边线到等高线上 A 点的距离（m）；

L——沿该角点所在的方格边线，等高线 A、B 之间的距离（m）。

用比例尺在图 1-12 上量出角点 6 的 x、L 值，代入上述两式：

$$h_6 = \frac{70.50 - 70.00}{24} \times 8 = 0.17 \text{m}$$

$$Z_6 = 70.00 + 0.17 = 70.17 \text{m}$$

依此类推，求出各角点地面标高，如图 1-14 所示。

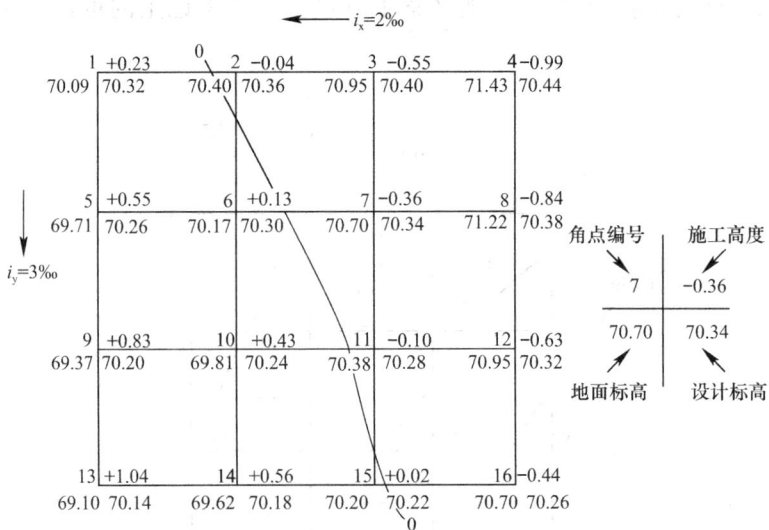

图 1-14 各方角点的设计标高及施工高度

（2）计算场地设计标高 Z_0

$$\sum Z_1 = 70.09 + 71.43 + 70.70 + 69.10 = 281.32 \text{m}$$

$$2 \sum Z_2 = 2 \times (70.40 + 70.95 + 71.22 + 70.95 + 70.20$$

$$+69.62+69.37+69.71)=1124.84\text{m}$$

$$4\sum Z_4=4\times(70.17+70.70+70.38+69.81)=1124.24\text{m}$$

由公式（1-9）得：

$$Z_0=\frac{\sum Z_1+2\sum Z_2+4\sum Z_4}{4N}=\frac{281.32+1124.84+1124.24}{4\times9}=70.29\text{m}$$

（3）根据排水坡度计算角点设计标角

将图 1-14 的场地中心点定为 Z_0，各方格角点的设计标高为：

$$Z_1=Z_0-30\times2‰+30\times3‰=70.29-30\times2‰+30\times3‰=70.32\text{m}$$

$$Z_2=Z_1+20\times2‰=70.32+0.04=70.36\text{m}$$

$$Z_5=Z_1-20\times3‰=70.32-0.06=70.26\text{m}$$

其余各角点标高算法同上，见图 1-14。

（4）计算各方格角点的施工高度

由公式（1-12）求各方格角点施工高度。

角点 1：$h_1=70.32-70.09=+0.23\text{m}$

角点 2：$h_2=70.36-70.40=-0.04\text{m}$

其余各角点施工高度见图 1-14。

所求得的施工高度为"＋"时，该点为填方；为"－"时，该点为挖方。

（5）确定零点画零线

首先求零点，零点在相邻两角点为一挖一填的方格边线上，按图 1-13，$x=\dfrac{ah_1}{h_1+h_2}$ 计算零点，并标在图上，各零点位置见图 1-14。各相邻零点的连线即为零线（挖填方区的分界线）。

（6）计算土方量

方格 1-3、2-3 是四个角点全部为挖方；方格 2-1、3-1 是四个角点全部为填方。这四个方格的土方量，按公式（1-21）计算，即：

$$V_{挖(填)}=\frac{a^2}{4}(h_1+h_2+h_3+h_4)$$

$$V_{1-3}=\frac{400}{4}(0.55+0.99+0.84+0.36)=-274\text{m}^3$$

$$V_{2-3}=\frac{400}{4}(0.36+0.84+0.63+0.10)=-193\text{m}^3$$

$$V_{2-1}=\frac{400}{4}(0.55+0.13+0.43+0.83)=194\text{m}^3$$

$$V_{3-1}=\frac{400}{4}(0.83+0.43+0.56+1.04)=+286\text{m}^3$$

方格 2-2 为两挖两填方格，按公式（1-22）、式（1-23）计算，即：

$$V_挖=\frac{a^2}{4}\left(\frac{h_1^2}{h_1+h_4}+\frac{h_2^2}{h_2+h_3}\right)$$

$$V_填=\frac{a^2}{4}\left(\frac{h_3^2}{h_2+h_3}+\frac{h_4^2}{h_1+h_4}\right)$$

$$V_{2-2挖} = \frac{400}{4}\left(\frac{(0.36)^2}{0.36+0.13} + \frac{(0.10)^2}{0.10+0.43}\right) = -28.3\text{m}^3$$

$$V_{2-2填} = \frac{400}{4}\left(\frac{(0.43)^2}{0.10+0.43} + \frac{(0.13)^2}{0.36+0.13}\right) = 38.3\text{m}^3$$

方格 1-1、3-2 为三填一挖方格，方格 1-2、3-3 为三挖一填方格，按公式 (1-24)、式 (1-25) 计算，即：

$$V_4 = \frac{a^2}{6} \cdot \frac{h_4^3}{(h_1+h_4)(h_3+h_4)}$$

$$V_{123} = \frac{a^2}{6}(2h_1+h_2+2h_3-h_4) - V_4$$

$$V_{1-1挖} = \frac{400}{6} \times \frac{(0.04)^3}{(0.13+0.04)(0.23+0.04)} = -0.09\text{m}^3$$

$$V_{1-1填} = \frac{400}{6}(2\times0.13+0.55+2\times0.23-0.04)+0.09 = 82.09\text{m}^3$$

$$V_{1-2填} = \frac{400}{6}\frac{(0.13)^3}{(0.04+0.13)(0.36+0.13)} = +1.76\text{m}^3$$

$$V_{1-2挖} = \frac{400}{6}(2\times0.04+0.55+2\times0.36-0.13)+1.76 = -83.09\text{m}^3$$

$$V_{3-2挖} = \frac{400}{6} \times \frac{(0.10)^3}{(0.02+0.10)(0.43+0.10)} = -1.05\text{m}^3$$

$$V_{3-2填} = \frac{400}{6} \times (2\times0.02+0.56+2\times0.43-0.10)+1.05 = +91.72\text{m}^3$$

$$V_{3-3挖} = \frac{400}{6}(2\times0.10+0.63+2\times0.44-0.02)+0.01 = -112.59\text{m}^3$$

$$V_{3-3填} = \frac{400}{6} \times \frac{(0.02)^3}{(0.10+0.02)(0.44+0.02)} = +0.01\text{m}^3$$

将计算出的土方量汇总如下：

总挖方量：$\sum V_{挖} = 0.09+83.09+274+28.3+193+1.05+112.59 = 692.12\text{m}^3$

总填方量：$\sum V_{填} = 82.09+1.76+194+38.3+286+91.72+0.01 = 693.88\text{m}^3$

1.2.3　土方调配

土方调配工作是大型土方施工设计的一个重要内容。土方调配的目的是使土方总运输量（m³·m）最小或土方运输成本（元）最小或土方施工费用（元）最小的条件下，确定填挖方区土方的调配方向和数量，从而达到缩短工期和降低成本的目的。

1. 土方调配区的划分及运距和单价的确定

（1）土方调配区的划分原则

进行土方调配时，首先要划分调配区。划分调配区应注意下列几点：

1）调配区的划分应该与房屋和构筑物的平面位置相协调，并考虑它们的开工顺序和工程的分期施工顺序；

2）调配区的大小应该满足土方施工主导机械（铲运机、挖土机等）的技术要求，例如调配区的范围应该大于或等于机械的铲土长度，调配区的面积最好和施工段的大小相适应；

3）调配区的范围应该和土方工程量计算用的方格网协调，通常可由若干个方格组成一个调配区；

4）当土方运距较大或场区范围内土方不平衡时，可根据附近地形，考虑就近取土或就近弃土，这时一个取土区或一个弃土区都可作为一个独立的调配区。

（2）平均运距的确定

调配区的大小和位置确定之后，便可计算各填、挖方调配区之间的平均运距。当用铲运机或推土机平土时，挖方调配区和填方调配区土方重心之间的距离，通常就是该填、挖方调配区之间的平均运距。

（3）土方施工单价的确定

如果采用汽车或其他专用运土工具运土时，调配区之间的运土单价，可根据预算定额单价确定。

当采用多种机械配套施工时，应综合考虑挖、运、填配套机械的施工单价，确定出其综合单价。

将上述平均运距或土方施工单价的计算结果填入土方平衡与单价表内（表1-2）。

土方平衡与施工运距表　　　　　　　表 1-2

挖方区	填方区										挖方量
	B_1		B_2		...	B_j		...	B_n		
A_2	x_{11}	c_{11}	x_{12}	c_{12}	......	x_{1j}	c_{1j}	......	x_{1n}	c_{1n}	a_1
A_2	x_{21}	c_{21}	x_{22}	c_{22}	...	x_{2j}	c_{2j}	...	x_{2n}	c_{2n}	a_2
⋮	⋮		⋮		⋮	⋮			⋮		⋮
A_i	x_{i1}	c_{i1}	x_{i2}	c_{i2}		x_{ij}	c_{ij}		x_{in}	c_{in}	a_i
⋮	⋮		⋮		...	⋮			⋮		⋮
A_m	x_{m1}	c_{m1}	x_{m1}	c_{m2}	...	x_{mj}	c_{mj}	...	x_{mn}	c_{mn}	a_m
填方量	b_1		b_2		...	b_j		...	b_n		$\sum\limits_{i=1}^{m} a_i = \sum\limits_{j=1}^{n} b_j$

2. 用"线性规划"方法进行土方调配方量时的数学模型

表1-2是土方平衡与施工运距（单价）表。表1-2说明了整个场地划分为 m 个挖方区 A_1，A_2，……，A_m，其挖方量相应为 a_1，a_2，……，a_m，并有 n 个填方区 B_1，B_2，……，B_n，其填方量相应为 b_1，b_2，……，b_n。并假定填挖平衡，即：

$$\sum_{i=1}^{m} a_i = \sum_{j=1}^{n} b_j \qquad (1-29)$$

16

从 A_1 到 B_1 的单位土方施工费或运距为 c_{11}，调配的土方量为 x_{11}；故一般地说从 A_i 到 B_j 的单位土方施工费或运距为 c_{ij}，调配的土方量为 x_{ij}，则土方调配问题就化为这样一个数学模型，即要求求出一组 x_{ij} 的值，使得目标函数 $Z = \sum\limits_{i=1}^{m} \sum\limits_{j=1}^{n} c_{ij} x_{ij}$ 为最小值，而且 x_{ij} 满足下列的约束条件：

$$\sum_{j=1}^{n} x_{ij} = a_i \quad x_{ij} \geqslant 0 \quad i = 1,2,\cdots\cdots,m; \tag{1-30}$$

$$\sum_{i=1}^{m} x_{ij} = b_j \quad x_{ij} \geqslant 0 \quad j = 1,2,\cdots\cdots,n; \tag{1-31}$$

根据约束条件可知，变量有 $m \times n$ 个，方程数有 $m+n$ 个。由于挖填平衡，故独立方程的数量实际只有 $m+n-1$ 个。由于变量个数多于独立方程个数，因此方程组有无穷多个解，而我们的目的是要求出一组最优解。显然，这是线性规划中的运输问题，可以用"表上作业法"求解较方便。

3. 用表上作业法进行土方调配

（1）初始调配方案编制

初始方案的编制采用"最小元素法"，即根据对应于 c_{ij}（平均运距）最小的 x_{ij} 取最大值的原则进行调配。

[**例1-2**] 图1-15为一土方调配图，现已知各调配区的土方量和相互之间的平均运距，试求最优土方调配方案。

首先将图1-15中的土方数及平均运距填入计算表格中（表1-3）。

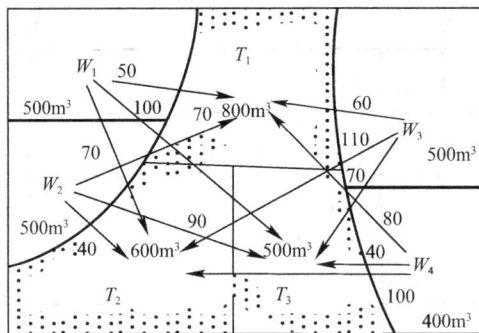

图1-15 各调配区土方量及平均

运距表一　　　　　　　　　　　　　　　　　　　　　表1-3

挖方区	填方区							挖方量（m³）
	B_1		B_2		B_3			
A_1		50		70		100		500
A_2	×	70	(500)	40	×	90		500
A_3		60		110		70		500
A_4	×	80	×	100	(400)	40		400
挖方量（m³）	800		600		500			1900

在运距表 1-3（小方格）中找一个最小数值，表中 $c_{22}=c_{43}=40$，分配其尽可能大的土方量，即 $x_{43}=\min（400，500）=400$。由于 A_4 挖方区的土方全部调到 B_3 填方区，所以 $x_{41}=x_{42}=0$。将 400 填入表 1-3 中的 x_{43} 格内，画一个括号，同时在 x_{41}、x_{42} 格内画上一个"×"号。然后在没有括号和"×"号的方格内，再选一个运距最小的方格，即 $c_{22}=40$，我们让 x_{22} 值尽量大，即 $x_{22}=\min（500，600）=500$，同时使 $x_{21}=x_{23}=0$。同样将 500 画上一个括号，填入表 1-3 中 x_{22} 格内，并且在 x_{21}、x_{23} 格内画上"×"号。

重复上面步骤，依次地确定其余 x_{ij} 数值，最后得出表 1-4 所示的初始调配方案。其土方总运输量为：

$$Z_1 = 500 \times 50 + 500 \times 40 + 300 \times 60 + 100 \times 110$$
$$+ 100 \times 70 + 400 \times 40 = 97000 \text{m}^3 \cdot \text{m}$$

（2）最优方案的判别法

由于利用"最小元素法"确定的初始方案，首先是让 c_{ij} 最小的那些格内的 x_{ij} 值取尽可能大的值，也就是优先考虑"就近调配"，所以求得的总运输量是较小的。但是这并不能保证其总运输量是最小，因此还需要进行判别，看它是否是最优方案。判别方法有"位势法"，只要所有检验数 $\lambda_{ij} \geqslant 0$，则初始方案即最优解。

运距表二　　　　　　　　　　　　　　　表 1-4

挖方区	填方区			挖方量（m³）
	B_1	B_2	B_3	
A_1	(500) ⌐50	× ⌐70	× ⌐100	500
A_2	× ⌐70	(500) ⌐40	× ⌐90	500
A_3	(300) ⌐60	(100) ⌐110	(100) ⌐70	500
A_4	× ⌐80	× ⌐100	(400) ⌐40	400
填方量（m³）	800	600	500	1900

平均运距和位势数　　　　　　　　　　表 1-5

填方区　　位势数 v_j ＼ 挖方区 u_i	B_1 $v_1=50$	B_2 $v_2=100$	B_3 $v_3=60$
A_1 $u_i=0$	⌐50 0		
A_2 $u_2=-60$		⌐40 0	
A_3 $u_3=10$	⌐60 0	⌐110 0	⌐70 0
A_4 $u_4=-20$			⌐70 0

调整平均运距和位势数表　　　　　　　　　表 1-6

挖方区 ＼ 填方区	位势数 v_j ＼ u_i	B_1 $v_1=50$	B_2 $v_2=100$	B_3 $v_3=60$
A_1	$u_i=60$	0	－ ⌐70	＋ ⌐100
A_2	$u_2=-60$	＋ ⌐70	0	＋ ⌐90
A_3	$u_3=10$	0	0	0
A_4	$u_4=-20$	＋ ⌐80	＋ ⌐100	0

检验时，首先将初始方案中有调配数方格的平均运距列出来，然后根据这些数字的方格，按下式求出两组位势数 u_i（$i=1$，2，……，m）和 v_j（$j=1$，2，……，n）：

$$c_{ij} = u_i + v_j \tag{1-32}$$

式中　　c_{ij}——本例中为平均运距；

u_i、v_j——位势数。

位势数求出后，便可根据下式计算各空格的检验数：

$$\lambda_{ij} = c_{ij} - u_i - v_j \tag{1-33}$$

如果所求得的检验数均为正数，则说明该方案是最优方案；否则，该方案就不是最优方案，尚需进一步调整。

现在用"位势法"来判别表 1-4 中求得的初始方案是否是最优方案。首先把表 1-4 中有调配数方格的平均运距列成表 1-5，然后根据表 1-5 的数字，依照公式 1-32 求出位势数。

先让 $u_1=0$，则：

$$v_1 = c_{11} - u_1 = 50 - 0 = 50$$
$$u_3 = 60 - 50 = 10; v_2 = 110 - 10 = 100;$$
$$v_3 = 70 - 10 = 60; u_2 = 40 - 100 = -60;$$
$$u_4 = 40 - 60 = -20$$

位势数求出后，再根据公式 1-33，依次求出各空格的检验数。如：$\lambda_{21}=70-(-60)-50=+80$（见表 1-6，只写"＋"或"－"，可不必填入数字），将求得的各检验数填入表 1-6。表 1-6 中出现了负的检验数，这说明初始方案不是最优方案，需要进一步进行调整。

4. 方案调整

第一步：在所有负检验数中排选一个（一般可选最小一个），本例中便是 c_{12}，把它所对应的变量 x_{12} 作为调整对象。

第二步：找出 x_{12} 的闭回路。其做法是：从 x_{12} 格出发，沿水平或竖直方向前进，遇到适当有数字的方格作 90°转弯，然后继续前进，如果路线恰当，有限步后便能回到出发点，形成一条已有数字的方格为转角点的、用水平和竖直线连起来的闭回路见表 1-7。

挖方区	填方区		
	B_1	B_2	B_3
A_1	500←	X_{12} ↑	
A_2	↓	500 ↑	
A_3	300	→100	100
A_4			400

第三步：从空格 x_{12} 出发，设着闭回路（方向任意）一直前进，在各奇数次转角点数字中，找出一个最小的（本例中是在"500，100"中选出"100"），将它由 x_{32} 调到 x_{12} 方格中（即空格中）。

第四步：将"100"填入 x_{12} 方格后，测 x_{32} 变为 0（该格变为空格）；同时将闭回路上其他的奇数次转角上的数字都减"100"，偶数次转角上数字都增加"100"，使得填挖方区的土方量仍然保持平衡，这样调整后，便可得到表 1-8 的新调配方案。

新的调整表　　　　　　　　表 1-8

填方区　位势数 v_i　挖方区 u_i	B_1 $v_1=50$	B_2 $v_2=70$	B_3 $v_3=60$	挖方量（m³）
A_1　$u_1=0$	50 400	70 100	100 +	500
A_2　$u_2=-30$	70 +	40 500	90 +	500
A_3　$u_3=10$	60 400	110 ·	70 100	400
A_4　$u_4=-20$	80 +	100 ·	40 400	400
填 x_{ij} 方量（m³）	800	600	500	1900

对新调配方案，仍用"位势法"进行检验，看其是否已是最优方案。如果检验数中仍有负数出现，那就仍按上述步骤继续调整，直到找出最优方案为止。

表 1-8 中所有检验数均为正号，故该方案即为最优方案。土方总运输量为：$Z_2 = 400×50＋100×70＋500×40＋400×60＋100×70＋400×40 = 94000\text{m}^3 \cdot \text{m}$，较初始方案 $Z_1 = 97000\text{m}^3 \cdot \text{m}$ 减少了 $3000\text{m}^3 \cdot \text{m}$。

将表 1-8 中的土方调配数值绘制成土方调配图，如图 1-16（a）所示。若考虑就近弃土和就近借土，调配图如图 1-16（b）所示。

19

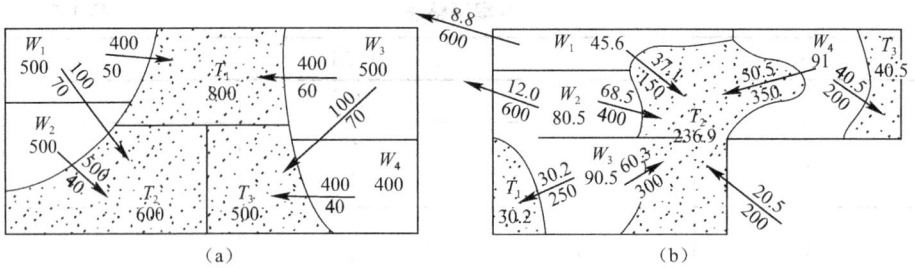

图 1-16 土方调配图

(a) 挖填平衡调配图；(b) 有弃土和借土的调配图

1.3 土方工程的准备与辅助工作

1.3.1 施工前的准备工作

（1）场地清理。包括清理地面及地下各种障碍。

（2）排除地面水。场地内低洼地区的积水必须排除，同时应注意雨水的排除，使场地保持干燥，以利土方施工。

（3）修筑好临时道路、供水供电等临时设施。

（4）做好材料、机具及土方机械的进场工作。

（5）做好土方工程测量放线工作。

（6）根据土方施工设计做好土方工程的辅助工作，如边坡稳定、基坑（槽）支护、降低地下水等。

1.3.2 土方边坡及其稳定

当工程场地有放坡条件，合理选择基坑（槽）、路基、堤坝的断面和留设土方边坡，是在保证安全的前提下减少土方量的有效措施。

1. 土方边坡基本规定

边坡坡度应根据土质、开挖深度、开挖方法、施工工期、地下水位、气候条件等因素确定。

当土质均匀，地下水位低于基坑（槽）或管沟底面标高，挖方深度不超过表 1-9 规定时，挖方边坡可做成直立壁而不加支撑。

基坑（槽）和管沟不加支撑时的允许深度　　　　　　　　　表 1-9

土的类别	允许深度（m）
密实、中密实的砂土和碎石类土（充填物为砂土）	1.00
硬塑、可塑的粉质黏土及粉土	1.25
硬塑、可塑的黏土和碎石类土（充填物为黏性土）	1.50
坚硬的黏土	2.00

当土质均匀且地下水位低于基坑（槽）或管沟底面标高时，挖方深度如超过表 1-10 的深度，不加支撑的边坡最陡坡度应符合表 1-12 的规定。

临时性挖方边坡值 表 1-10

土的类别		边坡值（高：宽）
砂土（不包括细砂、粉砂）		1：1.25～1：1.50
一般性黏土	硬	1：0.75～1：1.00
	硬、塑	1：1.00～1：1.25
	软	1：1.50 或更缓
碎石类土	充填坚硬、硬塑黏性土	1：0.50～1：1.00
	充填砂土	1：1.00～1：1.50

注：1. 设计有要求时，应符合设计标准。
2. 如采用降水或其他加固措施，可不受本表限制，但应计算复核。
3. 开挖深度，对软土不应超过 4m，对硬土不应超过 8m。

对留设的边坡，当使用时间较长时，应做好坡面的防护。坡面防护应根据工程区域气候、水文、地形、地质条件、材料来源及使用条件，采取工程防护和植物防护相结合的综合处理措施。常用的工程防护有砌体护坡、护面墙防护、喷射砂浆及喷射混凝土法等。常用的植物防护有植物防护与绿化、骨架植物防护、混凝土空心块植物防护和锚杆钢筋混凝土结构植物防护等。

2. 边坡稳定分析

边坡的滑动一般是指土方边坡在一定范围内整体沿某一滑动面向下和向外移动而丧失其稳定性。土方边坡的稳定，主要是由于土体内土颗粒间存在摩擦力和黏聚力，使土体具有一定的抗剪强度，当土体中剪应力大于土的抗剪强度时，边坡就会滑动失稳。边坡失稳往往是在外界不利因素影响下触发和加剧的。

引起土体剪应力增加的主要因素：坡顶堆物、行车；基坑边坡太陡；开挖深度过大；雨水或地面水渗入土中，使土的含水量增加而造成土的自重增加；地下水的渗流产生一定的动水压力；土体竖向裂缝中的积水产生侧向静水压力等。

引起土体抗剪强度降低的主要因素：土质本身较差或因气候影响使土质变软；土体内含水量增加而产生润滑作用；饱和的细砂、粉砂受振动而液化等。

由于影响基坑边坡稳定的因素甚多，在一般情况下，开挖深度较大的基坑，应对土方边坡做稳定分析。

1.3.3 土壁支护结构

当基坑开挖采用放坡无法保证施工安全或场地无放坡条件时，一般采用支护结构保证基坑的土壁稳定。深基坑支护结构既要确保坑壁稳定、坑底稳定、邻近建筑物与构筑物和管线的安全，又要考虑支护结构施工方便、经济合理、有利于土方开挖和地下室的建造。

1. 基槽支护结构

开挖较窄沟槽，多用横撑式土壁支撑，如图 1-17 所示。根据挡土板的设置方向不同，分为水平挡土板式和垂直挡土板式两类。前者挡土板的布置分为间断式和连续式两种。含水量小的黏性土挖土深度小于 3m 时，可采用间断式水平挡土板支撑；对松散、湿度大的土可采用连续式水平挡土板支撑，挖土深度可达5m；对松散和含水量很大的土，可采用垂直挡土板随挖随撑，其挖土深度不限。

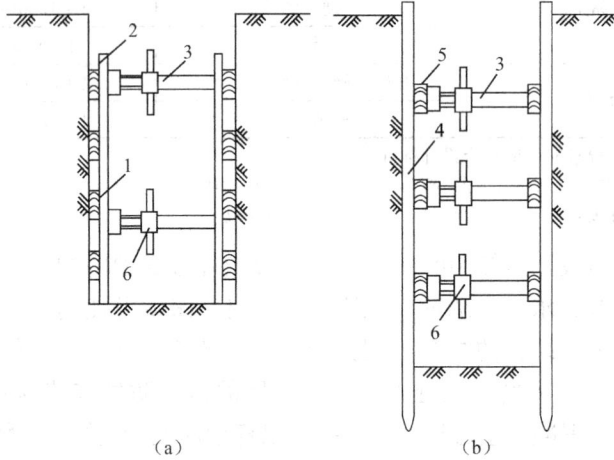

图1-17 横撑式水平支撑

(a) 间断式水平挡土板支撑；(b) 垂直挡土板支撑

1-水平挡土板；2-立柱；3-工具式横撑；4-垂直挡土板；5-横楞木；6-调节螺栓

2. 基坑支护结构

(1) 重力式水泥土墙

重力式水泥土墙主要是指通过搅拌桩机将水泥与基坑周边土进行搅拌形成水泥土桩，并相互搭成格栅或实体而构成的重力支护结构，如图1-18所示。它具有防渗和挡土的双重功能，适用于淤泥质土、淤泥基坑，且基坑深度不宜大于7m。常用结构有深层搅拌水泥桩、高压旋喷帷幕墙、水泥粉喷桩、化学注浆防渗挡土墙等形式的重力式支护结构。

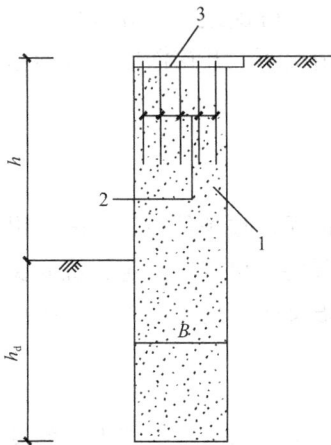

图1-18 重力式水泥土墙

1-搅拌桩；2-插筋；3-面板

水泥土墙掺灰量通常为12%～15%，采用32.5级普通硅酸盐水泥。墙体开挖的断面尺寸一般先根据基坑深度h估算，一般墙体宽度$B=(0.6\sim0.8)h$，嵌固深度$h_d=(0.8\sim1.2)h$。

水泥土墙按施工工具和方法不同，分为旋喷法、深层搅拌法等。旋喷法是利用专用钻机，把带有特殊喷嘴的注浆管钻至预定位置后，将高压水泥浆液向四周高速喷入土体，并随钻头旋转和提升切削土层，使其混合均匀。深层搅拌水泥桩的成桩工艺如图1-19所示。

(2) 桩墙式支护结构

桩墙式支护结构一般由围护墙和支撑系

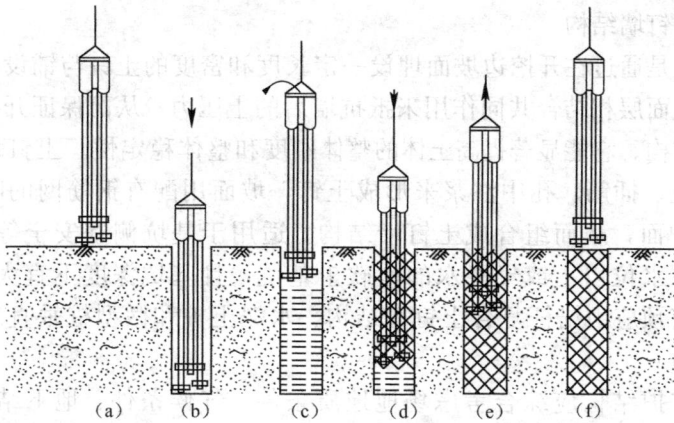

图 1-19　搅拌水泥土墙施工流程

（a）钻机定位；（b）预搅下沉；（c）提钻喷浆搅拌；（d）重复下沉搅拌；（e）重复提升搅拌；（f）成桩结束

统组成。围护墙有桩式和板式两种基本类型。桩式围护墙一般适用于中等深度的基坑，在无水的较为稳定的地层中也可用于大深度的基坑。桩式围护墙的形式：钢筋混凝土板桩、钢板桩等连续式排桩；钻孔灌注桩、人工挖孔桩、大孔径沉管灌注桩、钢筋混凝土预制桩、H 型钢、工字型钢桩等分离式排桩。分离式排桩在软弱含水地层中，应设置止水帷幕防渗。板式围护墙一般采用现浇地下连续墙或有加劲型钢的水泥土支护墙。桩墙式支护结构按支撑系统的不同可分为：悬臂式支护结构、内撑式支护结构和锚拉式支护结构。内支撑的材料可用钢筋混凝土、型钢或钢筋混凝土-型钢混合。常用桩墙式支护结构如图 1-20 所示。

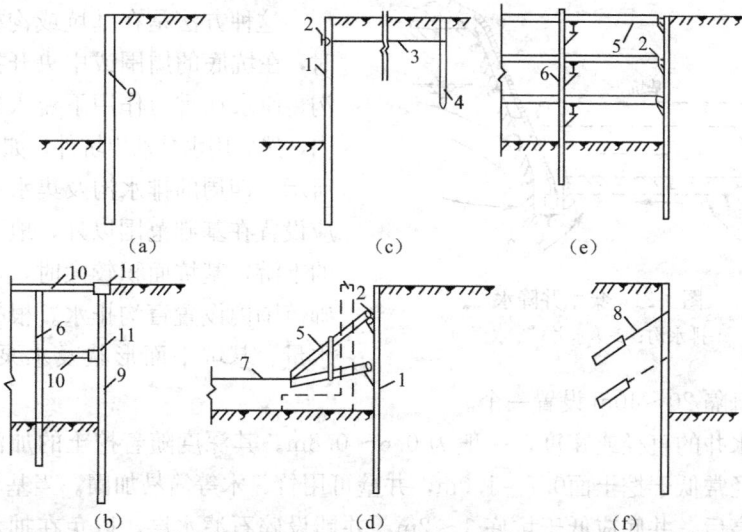

图 1-20　桩墙式支护结构型式

（a）钢筋混凝土悬臂式支护；（b）钢筋混凝土内撑式支护；（c）钢板桩水平锚碇支护；
（d）钢板桩坑内斜撑支护；（e）钢板桩多层水平内撑支护；（f）钢板桩多层锚拉支护
1-钢板桩；2-钢围檩；3-拉锚杆；4-锚碇桩；5-钢支撑；6-中间支承柱；7-先施工的基础；
8-土锚杆；9-钢筋混凝土桩；10-钢筋混凝土水平支撑；11-钢筋混凝土围檩

1.3　土方工程的准备与辅助工作

（3）土钉墙结构

土钉墙是通过在开挖边坡面埋设一定长度和密度的土钉与铺设钢筋网的喷射混凝土面层相结合共同作用来抵抗墙后的土压力，从而保证开挖面的稳定的支护结构。它能显著提高土体的整体刚度和整体稳定性。土钉墙施工一般通过钻孔、插筋、孔中注浆来形成土钉，坡面用配有钢筋网的喷射混凝土形成保护面，从而组合成土钉墙结构。适用于基坑侧壁安全等级为二、三级，地下水位以上或经降水的非软土基坑，且基坑深度不宜大于12m。此外，还有预应力锚杆复合土钉墙结构、水泥土桩和微型桩垂直复合土钉墙结构等。

基坑支护结构应综合考虑场地地质条件、气候条件、地下结构要求、基坑开挖深度、降排水条件、周边环境、周边荷载以及支护结构使用期限等因素，因地制宜地选择合理的支护结构形式。当基坑不同部位的周边环境条件、土层性状、基坑深度等不同时，可在不同部位分别采用不同的支护形式。

1.3.4 降水

在开挖基坑、槽时，土的含水层常被切断，地下水和雨水等的地面水将会不断地渗（流）入坑内。为了保证施工的正常进行，防止边坡塌方和地下水涌入坑内及地基承载能力的下降，必须做好基坑降水工作。降水方法可分为重力降水（如集水井、明渠等）和强制降水（如轻型井点、深井泵、电渗井点等）。采用较多的是集水井降水、轻型井点降水和深井泵降水。

1. 集水井降水

这种方法是在基坑或沟槽开挖时，在坑底的周围或中央开挖排水沟，使水在重力作用下流入集水井内，然后用水泵抽出坑外，如图1-21所示。四周的排水沟及集水井一般应设置在基础范围以外，地下水流的上游，基坑面积较大时，可在基础范围内设置盲沟排水。根据地下水量、基坑平面形状及水泵能力，集水井每隔20～40m设置一个。

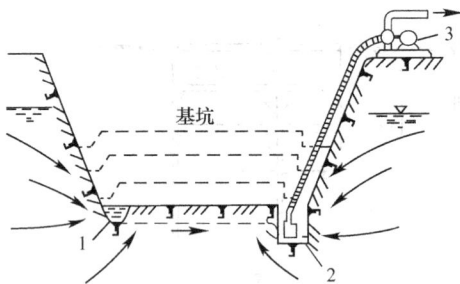

图1-21 集水井降水
1-排水沟；2-集水井；3-水泵

集水井的直径或宽度，一般为0.6～0.8m。其深度随着挖土的加深而加深，要经常低于挖土面0.7～1.0m，井壁可用竹、木等简易加固。当基坑挖至设计标高后，井底应低于坑底1～2m，并铺设碎石滤水层，以免在抽水时将泥砂抽出，并防止井底的土被搅动，并做好坚固的井壁。

集水井降水方法比较简单、经济、对周围影响小，因而应用较广。但当涌水量较大、水位差较大或土质为细砂或粉砂，有产生流砂、边坡塌方及管涌等可能时，往往采用强制降水的方法，人工控制地下水流的方向，降低地下水位。

2. 井点降水

(1) 井点降水的作用

井点降水就是在基坑开挖前，预先在基坑四周埋设一定数量的滤水管（井），在基坑开挖前和开挖过程中，利用真空原理，不断抽出地下水，使地下水位降低到坑底以下。其作用：①防止地下水涌入坑内，如图1-22（a）所示；②防止边坡由于地下水流的渗流而引起的塌方，如图1-22（b）所示；③使坑底的土层消除了地下水位差引起的压力，防止出现坑底的管涌，如图1-22（c）所示；④降水后，使板桩减少了横向荷载，如图1-22（d）所示；⑤消除了地下水的渗流，也就防止了流砂现象，如图1-22（e）所示。降低地下水位后，还能使土壤固结，增加地基土的承载能力。

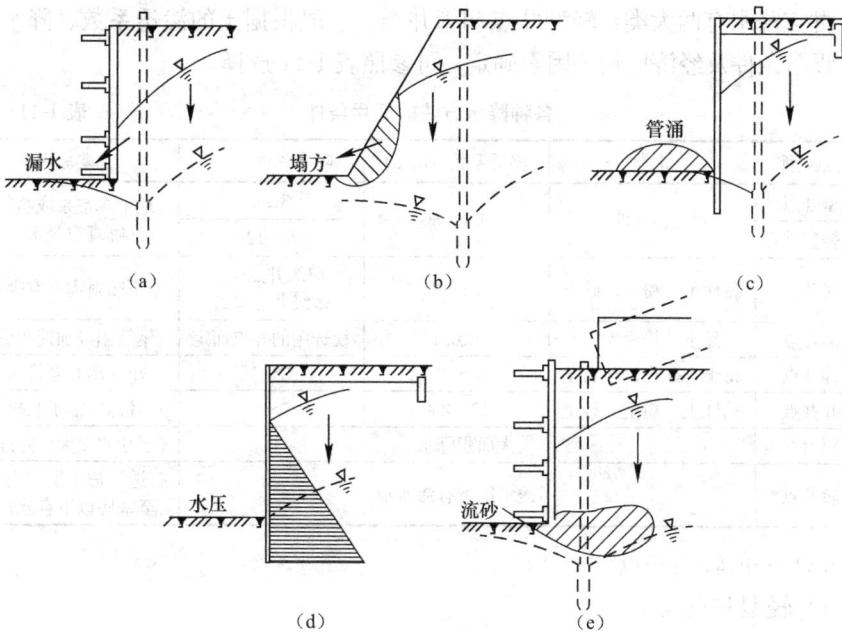

图1-22 井点降水的作用

（a）防止涌水；（b）使边坡稳定；（c）防止土的土冒；（d）减少横向荷载；（e）防止流砂

当土质为细砂或粉砂时，基坑土方开挖经常会产生流砂现象。流砂现象产生的原因，是水在土中渗流所产生的动水压力对土体作用的结果。

地下水的渗流对单位土体内骨架产生的压力称为动水压力，用G_D表示。当水流在水位差的作用下对土颗粒产生向上压力时，动水压力不但使土粒受到了水的浮力，而且还使土粒受到向上推动的压力。如果动水压力等于或大于土的浸水浮重度γ'_w，即：

$$G_D \geqslant \gamma'_w \tag{1-34}$$

则土粒失去自重，处于悬浮状态，土的抗剪强度等于零，土粒能随着渗流的水一起流动，这种现象称为"流砂现象"，如图1-23所示。

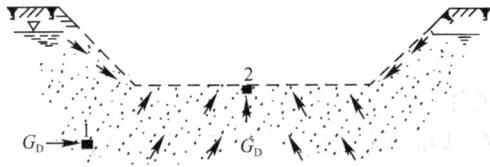

图 1-23 动水压力对地基土的影响

1、2-土粒

由于在细颗粒、均匀颗粒、松散及饱和的土产生流砂现象的重要条件是动水压力的大小，所以防止流砂应着眼于减少或消除动水压力。防止流砂的方法有：水下挖土法、冻结法、枯水期施工、抢挖法、加设支护结构及井点降水等，其中井点降水是根除流砂现象的有效方法之一。

（2）井点降水的种类

井点降水有两大类：轻型井点和管井类。一般根据土的渗透系数、降水深度、设备条件及经济比较等因素确定，可参照表 1-11 选择。

各种降水方法的适用条件 表 1-11

井点类型	土类	渗透系数（m/d）	降水深度（m）	主要原理
轻型井点	砂土、黏性土	0.1～50	3～6	地上真空泵或喷射嘴真空吸水
多级轻型井点			6～12	
喷射井点	黏性土、粉土、砂土	0.1～20	单级井点<6 多级井点<20	水下喷射嘴真空吸水
电渗井点	黏土、粉质黏土	<0.1	视选用的井点而定	钢筋阳极加速渗流
管井井点	粉土、砂土、碎石土	20～200	3～5	单井离心泵排水
深井井点	黏性土、粉土、砂土	10～250	>10	单井深井潜水泵排水
水平辐射井点	大面积降水			平管引水至大口井排出
引渗井点	不透水层下有渗水层			打透不透水层，引水至基底以下存水层

（3）一般轻型井点

1）轻型井点设备

轻型井点设备由管路系统和抽水设备组成（图 1-24）。管路系统包括：滤管、井点管、弯联管及总管等。

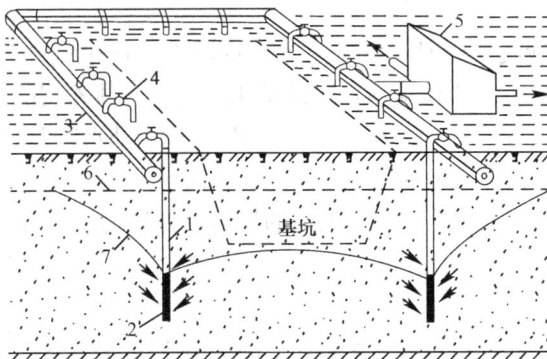

图 1-24 轻型井点降低地下水位全貌图

1-井点管；2-滤管；3-总管；4-弯联管；5-水泵房；6-原有地下水位线；7-降低后地下水位线

滤管（图 1-25）为进水设备，常采用长 1.0～1.5m、直径 38mm 或 51mm 的无缝钢管，管壁钻有直径为 12～19mm 的滤孔，其外面包以两层孔径不同的生丝布或塑料布滤网。为使流水畅通，在骨架管与滤网之间用塑料管或梯形铅丝隔开，塑料管沿骨架管绕成螺旋形。滤网外面再绕一层粗铁丝保护网、滤管下端为一铸铁塞头。滤管上端与井点管连接。

井点管为直径 38mm 或 51mm、长 5～7m 的钢管。井点管的上端用弯联管与总管相连。弯联管常用带钢丝衬的橡胶管或带有阀门的钢管，也可用透明塑料管。

集水总管为直径 100～127mm 的无缝钢管，每段长 4m，其上装有与井点管联结的短接头，间距 0.8m 或 1.2m。

抽水设备常用的有真空泵、射流泵和隔膜泵设备。真空泵抽水设备由真空泵、离心泵和水气分离器（又叫集水箱）等组成，带井点管数为 60～70 根，降水深度为 5.5～6.0m，负荷的集水总管长度为 100～120m。但该设备较复杂，易出故障，维修管理困难，耗电量大，适用于重要的较大规模的降水。射流泵轻型抽水设备，由离心泵、射流泵、水箱等组成，降水深度可达 6m，带井点管仅 25～40 根，总管长度 30～70m，该设备构造简单，成本低，易操作维修，应用较广。适用于粉砂、黏质粉土等渗透系数较小的土层中降水。

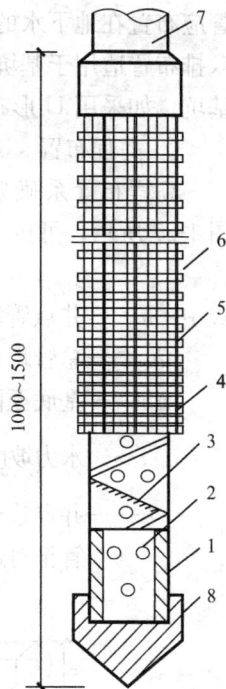

图 1-25　滤管构造
1-钢管；2-管壁上的小孔；3-缠绕的塑料管；4-细滤网；5-粗滤网；6-粗铁丝保护网；7-井点管；8-铸铁头

2）轻型井点布置和计算

井点系统布置应根据水文地质资料、工程要求和设备条件等确定。一般要求掌握的水文地质资料有：地下水含水层厚度、承压或非承压水及地下水变化情况、土质、土的渗透系数、不透水层位置等。要求了解的工程性质主要是：基坑、基槽的形状、大小及深度，此外尚应了解设备条件，如井管长度、泵的抽吸能力等。

轻型井点布置包括高程布置与平面布置。平面布置即确定井点布置的形式、总管长度、井点管数量、水泵数量及位置等。高程布置则确定井点管的埋置深度。

布置和计算的步骤是：确定平面布置→高程布置→计算井点管数量等→调整。

① 确定平面布置

根据基坑（槽）形状，轻型井点可采用单排布置（图 1-26a）、双排布置（图 1-26b）、环形布置（图 1-26c），当土方施工机械需进出基坑时，也可采用 U 形布置（图 1-26d）。

单排布置适用于基坑宽度小于 6m，且降水深度不超过 5m 的情况。井点管应布置在地下水的上游一侧，两端延伸长度不宜小于基坑（槽）的宽度。双排布置适用于基坑宽度大于 6m 或土质不良的情况。环形布置适用于大面积基坑。如采用 U 形布置，则井点不封闭的一段应设在地下水的下游方向。

② 高程布置

高程布置系确定井点管埋深，即滤管上口至总管埋设面的距离，如图 1-27 所示，可按下式计算：

$$h \geqslant h_1 + \Delta h + iL \tag{1-35}$$

式中　h——井点管埋深（m）；

　　　h_1——总管埋设面至基底的距离（m）；

　　　Δh——基底至降低后的地下水位线的距离（m），一般取 0.5～1m；

　　　i——水力坡度；单排布置 $i = \frac{1}{4} \sim \frac{1}{5}$，双排布置 $i = \frac{1}{7}$，环形布置 $i = \frac{1}{10}$；

　　　L——井点管至基坑中心的水平距离，当井点管为单排布置时，L 为井点管至对边脚的水平距离（m）；为环形布置时，L 取短边方向长度。

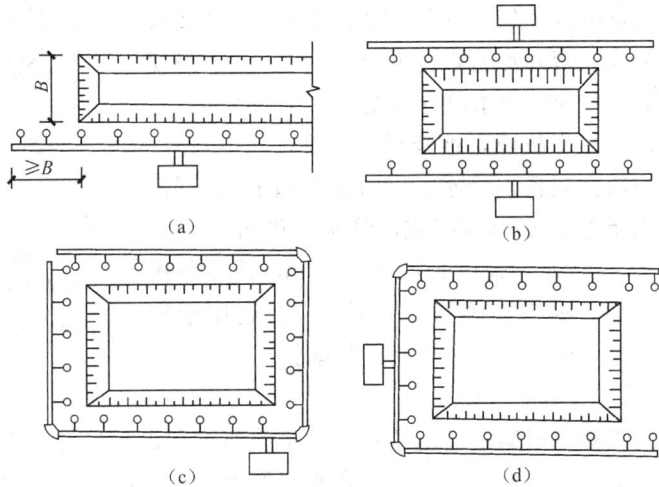

图 1-26　轻型井点的平面布置

(a) 单排布置；(b) 双排布置；(c) 环形布置；(d) U 形布置

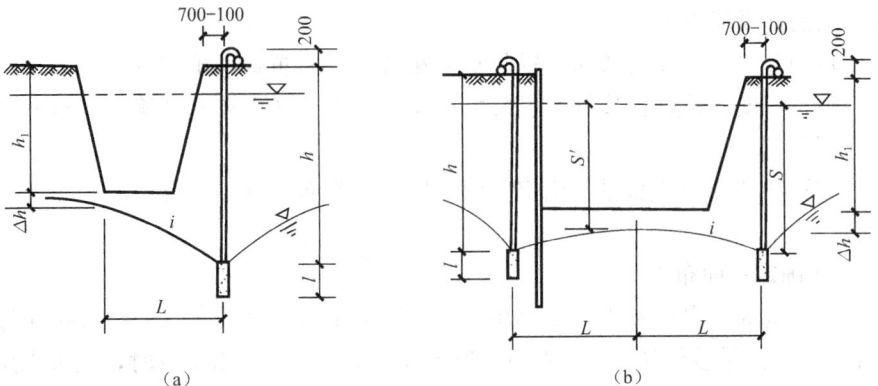

图 1-27　高程布置计算

(a) 单排井点；(b) 双排 U 形或环形布置

计算结果尚应满足下式：

$$h \leqslant h_{\text{pmax}} \qquad (1\text{-}36)$$

式中　h_{pmax}——抽水设备的最大抽吸高度，一般轻型井点 6～7m。

如式（1-35）和式（1-36）不能满足时，可采用降低总管理设面或设置多级井点的方法。

井点管布置应离坑边有一定距离（0.7～1m），以防止边坡塌土而引起局部漏气。

3）总管及井点管数量计算

总管长度根据基坑上口尺寸或基槽长度即可确定，进而可根据选取用的水泵负荷长度确定水泵数量。

① 井点系统的涌水量计算。确定井点管数量时，需要知道井点系统的涌水量。井点系统的涌水量按水井理论进行计算。根据地下水有无压力，水井分为无压井和承压井。当水井布置在具有潜水自由面的含水层中时称为无压井（图 1-28c、d）；当水井布置在承压含水层中，含水层中的地下水充满在两层不透水层间时称为承压井（图 1-28a、b）。当水井底部达到不透水层时称为完整井（图 1-28a、c），否则称为非完整井（图 1-28b、d），各类井涌水量计算方法都不同。

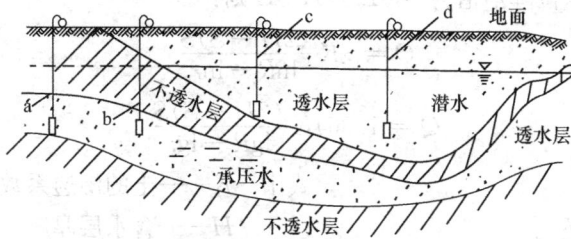

图 1-28　水井的分类

(a) 承压完整井；(b) 承压非完整井；(c) 无压完整井；(d) 无压非完整井

a. 无压完整井。涌水量计算方法，常以法国水利学家裘布依（Dupuit）的水井理论为基础。

当均匀地在井内抽水时，井内水位开始下降。经过一定时间的抽水，井周围的水面就由水平的变成降低后弯曲水面，最后该曲线渐趋稳定，成为向井边倾斜的水位降落漏斗。图 1-29 所示为无压完整井抽水时水位的变化情况。在纵剖面上流线是一系列曲线，在横剖面上水流的过水断面与流线垂直。由此可导出单井涌水量的裘布依微分方程，设不透水层基底为 x 轴，取井中心轴为 y 轴，将距井轴 x 处水流的过水断面近似地看作为一垂直的圆柱面，其面积为：

$$W = 2\pi xy \qquad (1\text{-}37)$$

式中　x——井中心至计算过水断面处的距离；

　　　y——距井中心 x 处水位降落曲线的高度（即此处过水断面的高）。

根据裘布依理论的基本假定，这一过水断面处水流的水力坡度是一个恒

30

值，并等于该水面处的斜率，则该过水断面的水力坡度 $i=\mathrm{d}y/\mathrm{d}x$。

由达西定律知水在土中的渗流速度为：

$$V = Ki \tag{1-38}$$

由式（1-37）和式（1-38）及裘布依假定 $i=\mathrm{d}y/\mathrm{d}x$，可得到单井的涌水量（$\mathrm{m}^3/\mathrm{d}$）。

$$Q = WV = WKi = WK\mathrm{d}y/\mathrm{d}x = 2\pi xyK\mathrm{d}y/\mathrm{d}x \tag{1-39}$$

将上式分离变量，得：

$$2y\mathrm{d}y = \frac{Q}{\pi K} \cdot \frac{\mathrm{d}x}{x} \tag{1-40}$$

水位降落曲线在 $x=r$ 时，$y=L'$；在 $x=R$ 时，$y=H$，L' 与 H 分别表示水井中的水深和含水层深度。对式（1-40）两边积分，得：

$$\int_{L'}^{H} 2y\mathrm{d}y = \frac{Q}{\pi K}\int_{r}^{R}\frac{\mathrm{d}x}{x}$$

$$H^2 - L'^2 = \frac{Q}{\pi K}\ln\frac{R}{r}$$

于是：

$$Q = \pi K\frac{H^2 - L'^2}{\ln R - \ln r}$$

设水井中水位降落值为 S，$L'=H-S$ 则：

$$Q = \pi K\frac{(2H-S)S}{\ln R - \ln r}$$

$$Q = 1.364K\frac{(2H-S)S}{\lg R - \lg r} \tag{1-41}$$

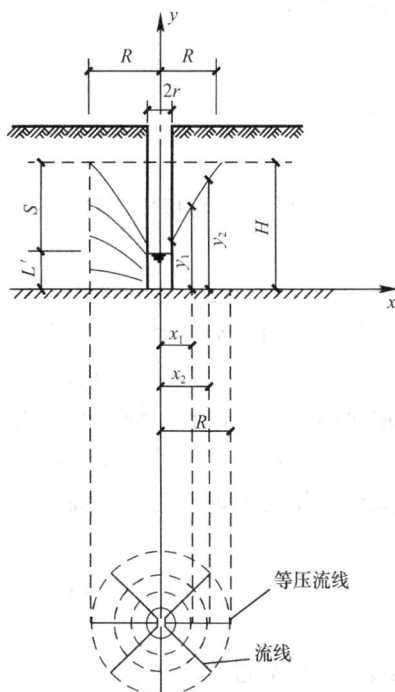

图 1-29 无压完整井水位降落曲线

式中　K——土的渗透系数（m/d）；

H——含水层厚度（m）；

S——水井处水位降落高度（m）；

R——单井的降水影响半径（m）；

r——单井的半径（m）。

裘布依公式的计算与实际有一定出入，这是由于过水断面处水流的水力坡度并非恒值，在靠近井的四周误差较大。但对于离井外有相当距离处，其误差是很小的，如图1-29所示。

公式（1-41）是无压完整单井的涌水量计算公式。但在井点系统中，各井点管是布置在基坑周围，许多井点同时抽水，即群井共同工作，其涌水量不能用各井点管内涌水量简单相加求得。

群井涌水量的计算，可把由各井点管组成的群井系统，视为一口大的单井

（图 1-30）。设该井为圆形的，在上述单井推导过程中积分的上下限成为：
x 由 $x_0 \rightarrow R'$，y 由 $L' \rightarrow H$。于是由式（1-40）积分可得群井的涌水量计算公式

$$Q = \pi K \frac{H^2 - L'^2}{\ln R' - \ln x_0} \text{ 或}$$

$$Q = 1.364 K \frac{H^2 - L'^2}{\lg R' - \lg x_0} \tag{1-42}$$

式中　R'——群井降水影响半径（m）；

　　　x_0——由井点管围成大圆井的半径（m）；

　　　L'——井点管中的水深（m）。

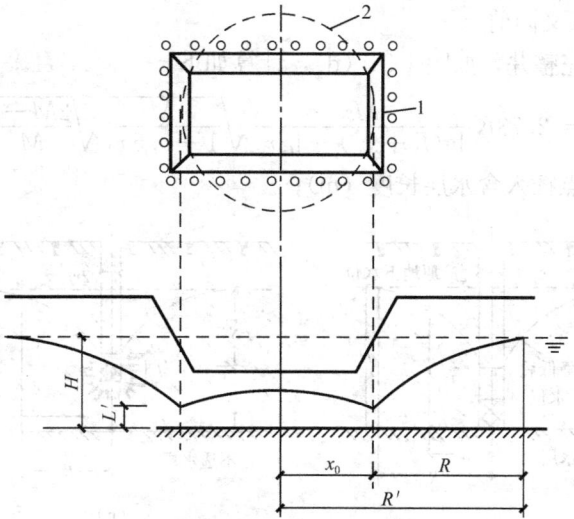

图 1-30　群井系统涌水量计算图式
1-矩形基坑；2-等效圆井

假设在群井抽水时，每一井点管（视为单井）在大圆井外侧的影响范围不变，仍为 R，则有 $R' = R + x_0$。设 $s = H - L$，由此，式（1-42）成为如下的形式：

$$Q = \pi K \frac{(2H - s)s}{\ln(R + x_0) - \ln x_0} \text{ 或 } Q = 1.364 K \frac{(2h - s)s}{\lg(R + x_0) - \lg x_0} (\text{m}^3/\text{d})$$

$$\tag{1-43}$$

式（1-43）即为实际应用的群井系统涌水量的计算公式。

b. 无压非完整井。在实际工程中往往会遇到无压非完整井的井点系统（图 1-31b），这时地下水不仅从井的面流入，还从井底渗入。因此涌水量要比完整井大。为了简化计算，仍可采用公式（1-43）。此时式中 H 换成有效含水层深度 H_0，即：

$$Q = \pi K \frac{(2H_0 - s)s}{\ln(R + x_0) - \ln x_0} \text{ 或 } Q = 1.364 K \frac{(2H_0 - s)s}{\lg(R + x_0) - \lg x_0} \tag{1-44}$$

H_0 可查表 1-12。当算得的 H_0 大于实际含水层的厚度 H 时，取 $H_0 = H$。

$S/(S+l)$	0.2	0.3	0.5	0.8
H_0	$1.3(S+l)$	$1.5(S+l)$	$1.7(S+l)$	$1.85(S+l)$

有效深度 H_0 值　　　　　　表 1-12

上表中，S 为井点管内水位降落值（m），参阅图 1-29；l 为滤管长度（m）。有效含水深度 H_0 的意义是，抽水时在 H_0 范围内受到抽水影响，而假设在 H_0 以下的水不受抽水影响，因而也可将 H_0 视为抽水影响深度。

c. 承压完整井，如图 1-31（c），计算如下：

$$Q = 2.73K \frac{Ms}{\lg(R+x_0) - \lg x_0} \tag{1-45}$$

式中　M——含水层厚度（m）；

其他符号意义同前。

d. 承压非完整井，如图 1-31（d），计算如下：

$$Q = 2.73K \frac{Ms}{\lg(R+x_0) - \lg x_0} \sqrt{\frac{M}{1+0.5x_0}} \sqrt{\frac{2M-l}{M}} \tag{1-46}$$

式中　l——井点插入含水层长度（m）；

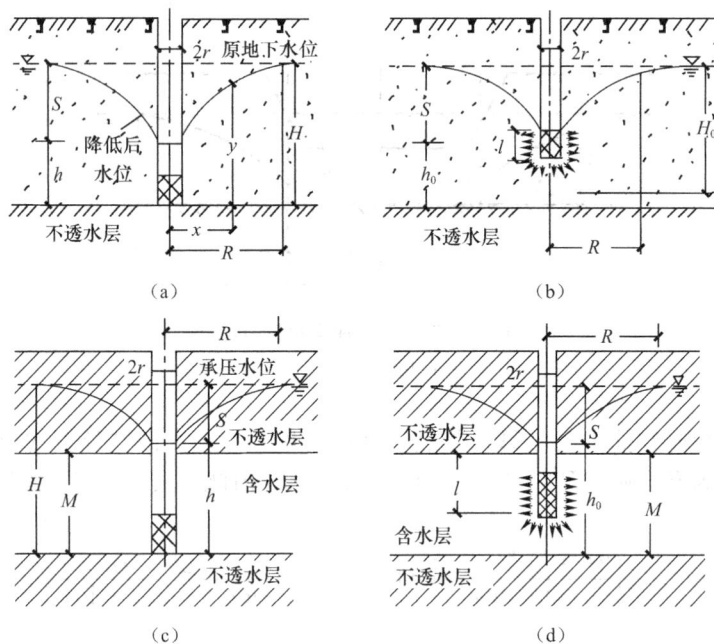

图 1-31　水井的分类

（a）无压完整井；（b）无压非完整井；（c）承压完整井；（d）承压非完整井

其他符号意义同前。

应用上述公式时，先要确定 x_0、R、K。

由于基坑大多不是圆形，因而不能直接得到 x_0。当矩形基坑长度宽度比不大于 5 时，环形布置的井点可近似看作为圆形井来处理，并用面积相等原则确定，此时将近似圆的半径作为矩形水井的假想半径，则

$$x_0 = \sqrt{\frac{F}{\pi}} \qquad (1-47)$$

式中　x_0——矩形井点系统的假想半径（m）；

　　　F——矩形井点所包围的面积（m^2）。

抽水影响半径，与土的渗透系数、含水层厚度、水位降低值及抽水时间等因素有关。在抽水 2～5d 后，水位降落漏斗基本稳定，此时抽水影响半径可近似地按下式计算：

$$R = 1.95s\sqrt{HK} \quad (m) \qquad (1-48)$$

式中　s、H 的单位为 m；

　　　K 的单位为 m/d。

渗透系统 K 值对计算结果影响较大。K 值的确定可用现场抽水试验或实验室测定。对重大工程，宜采用现场抽水试验经获得较准确的值，其方法如图 1-32 所示。在现场设置一抽水孔，并距抽水孔为 x_1、x_2 处设两个观测井（三者位于一直线上），待抽水稳定后，测得 x_1、x_2 处观测孔中的水深 L_1、L_2，并由抽水孔中相应的抽水量 Q，即可由式（1-41）得：

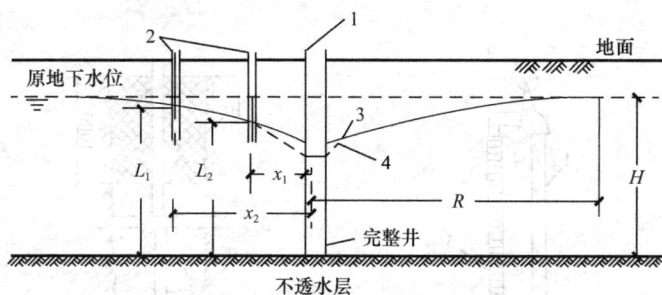

图 1-32　现场抽水试验示意图

1-抽水孔；2-观察孔；3-实际水位下降曲线；4-裘布依理论曲线

$$K = \frac{Q(\ln x_2 - \ln x_1)}{\pi(L_2^2 - L_1^2)} \quad (m/d) \qquad (1-49)$$

② 单根井管的最大出水量。由下式确定：

$$q = 65\pi dl \sqrt[3]{K} \quad (m^3/d) \qquad (1-50)$$

式中　d——滤管直径（m）；

　　　l——滤管长度（m）；

其他符号同前。

③ 井点管数量。井点管最少数量由下式确定：

$$n' = \frac{Q}{q} \quad （根） \qquad (1-51)$$

井点管最大间距便可求得：

$$D' = \frac{L}{n'} \quad (m) \qquad (1-52)$$

式中　L——总管长度（m）；

n'——井点管最少根数。

实际采用的井点管间距 D 应当与总管上接头尺寸相适应。即尽可能采用 0.8、1.2、1.6 或 2.0m，且 $D < D'$，这样实际采用的井点数 $n > n'$，一般 n 应当超过 $1.1n'$，以防井点管堵塞等影响抽水效果。

（4）轻型井点的施工

轻型井点的施工，大致包括下列几个过程：准备工作、井点系统的埋设、使用及拆除。

准备工作包括井点设备、动力、水源及必要材料的准备，排水沟的开挖，附近建筑物的标高观测以及防止附近建筑物沉降措施的实施。

埋设井点的程序是：先排放总管，再埋设井点管，用弯联管将井点与总管接通，然后安装抽水设备。

井点管的埋设一般用水冲法进行，并分为冲孔（图 1-33a）与埋管（图 1-33b）两个过程。冲孔时，选用起重设备将冲管吊起并插在井点的位置上，然后开动高压水泵，将土冲松，冲管则边冲边沉。冲孔直径一般为 300mm，以保证井管四周有一定厚度的砂滤层，冲孔深度宜比滤管底深 0.5m 左右，以防冲管拔出时，部分土颗粒沉于底部而触及滤管底部。

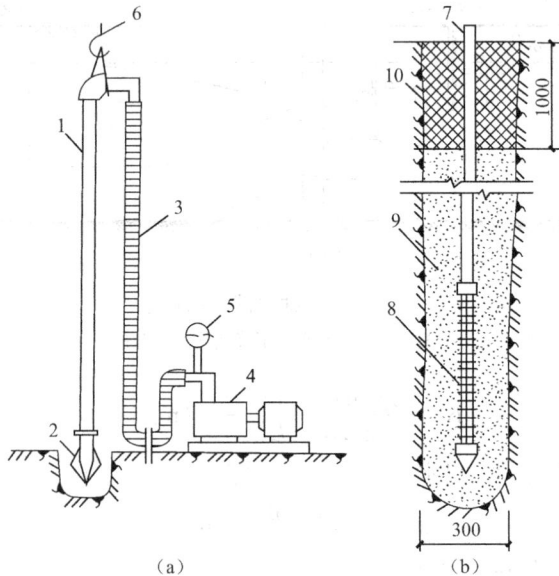

图 1-33 冲水管冲孔法
（a）冲孔；（b）埋管
1-冲管；2-冲嘴；3-胶皮管；4-高压水泵；5-压力表；
6-起重吊钩；7-井点管；8-滤管；9-填砂；10-黏土封口

井孔冲成后，立即拔出冲管，插入井点管，并在井点管与孔壁之间迅速填灌砂滤层，以防孔壁塌土。填灌质量是保证轻型井点顺利抽水的关键，砂滤层宜选用净粗砂，填灌均匀，并填至滤管顶上 1~1.5m，以保证水流畅通。井点填砂后，须用黏土封口，以防漏气。

井点系统全部安装完毕后，需进行试抽，以检查有无漏气现象。开始抽水后，应细水长流，出水澄清，不应停抽。时抽时止，滤网易堵塞，也容易抽出土粒，使水混浊，并引起附近建筑物由于土粒流失而沉降开裂。

抽水时需要经常检查井点系统工作是否正常，以及检查观测井中水位下降情况，如果有较多井点管发生堵塞，影响降水效果时，应逐根用高压水反向冲洗或拔出重埋。

(5) 井点降水对地面的影响及预防措施

井点降水影响范围较大，影响半径可达百米甚至数百米，地下水位下降，土层含水量减少导致周围土壤固结及土颗粒流失，易引起地面沉降。由于土体的不均匀性和形成的水位呈漏斗状，所以多为不均匀沉降，可能导致周围建筑物倾斜、下沉、道路开裂或管线断裂。所以，必须采取措施，以防造成危害。

1) 回灌井点法

在井点设置线外 4~5m 处，以间距 3~5m 插入一排水管，在井点降水的同时，将抽取的水经过沉淀后通过回灌井点连续灌入地基土层中，使原有建筑物下仍保持较高的地下水位，以减少其沉降程度，如图 1-34 所示。降水与回灌应同步进行，在回灌井点两侧要设置水位观测井，监测水位变化，调节控制降水井点和回灌井点的运行以及回灌量。

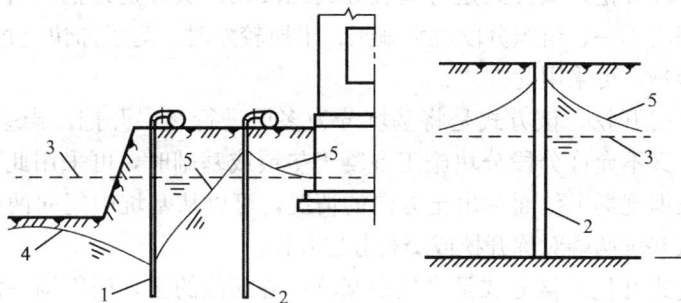

图 1-34　回灌井点布置
(a) 回灌井点布置；(b) 回灌井点水位图
1-降水井点；2-回灌井点；3-原水位线；4-基坑内降低后的水位线；5-回灌后水位线

2) 设置止水帷幕

在降水井点区域与原有建筑之间设置一道止水帷幕，使基坑外的地下水渗流路线延长，从而使原有建筑物的地下水位基本保持不变。止水帷幕可结合挡土支护结构设置，也可单独设置，常用的止水帷幕做法有深层搅拌法、压密注浆法、冻结法等。

3) 减少土粒损失法

加长井点，调小水泵阀门，减缓降水速度；根据土颗粒的粒径选择适当的滤网，加大砂滤层厚度等，均可减少土粒随水流带出。

1.4 土方开挖与机械化施工

1.4.1 土方开挖

土方开挖是将土或岩石进行松动、破碎、挖掘并运出的过程。应遵循"开槽支撑，先撑后挖，分层开挖，严禁超挖"的原则。开挖基坑（槽）按规定的尺寸合理确定开挖顺序和分层开挖深度，连续进行施工，尽快完成。因土方开挖施工标准高、断面尺寸准确，土体应有足够的强度和稳定性，在开挖过程中要随时注意检查。

基坑开挖程序一般是：测量放线→分层开挖、排降水→修坡→整平→留足预留土层等。相邻基坑开挖时，应遵循先深后浅或同时进行的原则。

1. 土方开挖方式

土方开挖是工程初期及至整个施工过程的关键。施工前，应根据基坑规模大小、开挖深度、支护结构形式、土质状况和环境条件等因素研究选定开挖方式。常用的开挖方式有：

（1）全面开挖。该方式是将基坑直接开挖至设计深度。当基坑开挖深度浅、范围小时，可采用此方式。

（2）分段开挖。该方式是将基坑分成几段或几块分别开挖。当开挖范围大、基坑深浅不一、组织分段流水施工、土质较差时，为了加快支撑的形成，减少时效影响，可采用此方式。

（3）分层开挖。该方式是将基坑分为多层进行逐层开挖。当基坑较深、土质较软、又不允许分段分块施工混凝土垫层或基础时，可采用此方式。开挖顺序可根据现场工作面和出土方向的情况，可以从基坑中间向两边平行对称开挖、从基坑两端对称开挖或交替分层开挖。

（4）盆式开挖。该方式是先挖去基坑中心部位的土，而周围一定范围内的土暂不开挖，以平衡支护结构外面产生的侧压力，待中心部位挖土结束，浇筑好混凝土垫层或地下结构施工完成后，在支护结构与盆式部位之间设置临时支撑或对撑，然后再进行支护结构内四周土方的开挖和结构的施工。

（5）"中心岛"式开挖。这种开挖方式是采取与盆式开挖相反的施工顺序，即先开挖基坑四周或两侧的土，并进行周边支护，浇筑混凝土垫层或地下结构施工，然后进行中间余土的开挖和结构的施工。

2. 土方开挖方法

土方开挖可采用机械开挖和人工开挖。人工开挖主要是使用锹镐、风镐、风钻等简单工具，配合挑抬或者简易小型的运输工具进行作业。在土方工程施工时，优先考虑机械化施工，加快施工进度，为了防止超挖、铺填超厚，一般通过人工修挖机械无法施工的边坡修整和场地边角以及小型沟槽的开挖或回填等。

1.4.2 常用土方机械及施工特点

土方工程的施工过程包括：土方开挖、运输、普探及处理问题土、填筑与压实等，应尽量采用机械施工，以减轻繁重的体力劳动和提高施工速度。

1. 推土机

推土机是土方工程施工的主要机械之一，是在履带式拖拉机上安装推土板等工作装置而成的机械。推土板多用油压操纵，如图 1-35 所示。推土机操纵灵活，运转方便，所需工作面较小，行驶速度快，易于转移，能爬 30°左右的缓坡，应用范围较广。

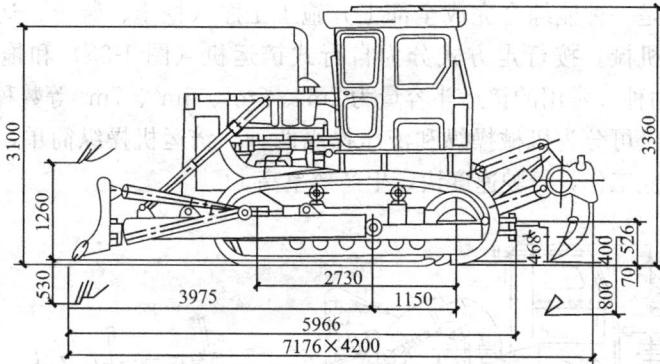

图 1-35 T-180 型推土机外形图

推土机适用于开挖一至三类土。多用于平整场地，开挖深度不大的基坑、移挖、回填土方，推筑堤坝以及配合挖土机集中土方、修路开道等。

推土机作业以切土和运土为主，切土时应根据土质情况，尽量采用最大切土深度在最短距离 6～10m 内完成，以便缩短低速行进的时间，然后直接推运到预定地点。上下坡坡度不得超过 35°，横坡不得超过 10°。推土机经济运距在 100m 以内，效率最高的运距为 60m。为提高生产率，可采用下述方法。

（1）槽形推土

推土机多次在一条作业线上工作，使地面形成一条浅槽，以减少从铲刀两侧散漏（图 1-36），这样作业可增加推土量。

（2）并列推土

在大面积场地平整时，可采用多台推土机并列作业。通常两机并列可增大推土量 15%～30%；三机并列推土可增加 30%～40%。并列推土送土运距宜为 20～60m（图 1-37）。

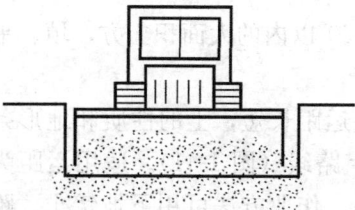

图 1-36 槽形推土

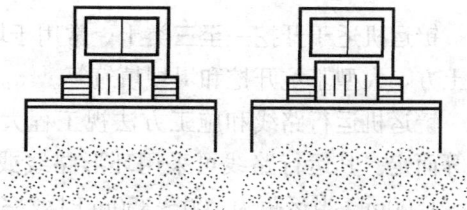

图 1-37 并列推土

（3）下坡推土

在斜坡上方顺下坡方向工作（图 1-38）。一般提高生产率 30％～40％，但推土坡度应在 15°以内。

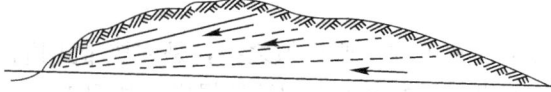

图 1-38　下坡推土法

2. 铲运机

铲运机是一种能综合完成全部土方施工工序（挖土、装土、运土、卸土和平土）的机械。按行走方式分为自行式铲运机（图 1-39）和拖式铲运机（图 1-40）两种。常用的铲运斗容量为 $2m^3$、$5m^3$、$6m^3$、$7m^3$ 等数种，按铲斗的操纵系统又可分为机械操纵和液压操纵两种。铲运机操纵简单，不受地形限制，能独立工作，行驶速度快，生产效率高。

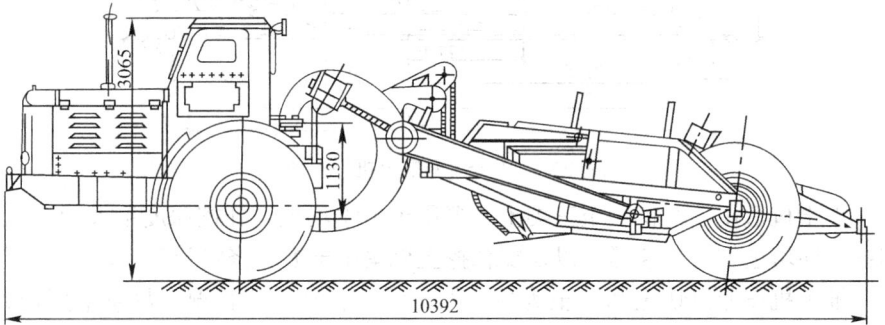

图 1-39　自行式铲运机外形图

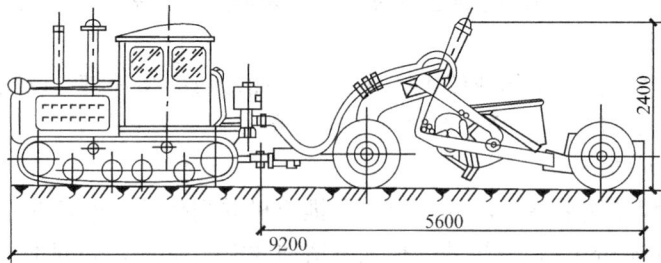

图 1-40　拖式铲运机外形图

铲运机适于开挖一至三类土，常用于坡度 20°以内的大面积土方，填、平整土方，大型基坑开挖和堤坝填筑等。

铲运机运行路线和施工方法视工程大小，运距长短，土的性质和地形条件等而定。其运行路线可采用环形路线或 8 字路线（图 1-41）。适用运距为60～1500m，当运距为 200～350m 时效率最高。作业方法可用下坡铲土、跨铲法、推土机助铲法等，以充分发挥其效率。

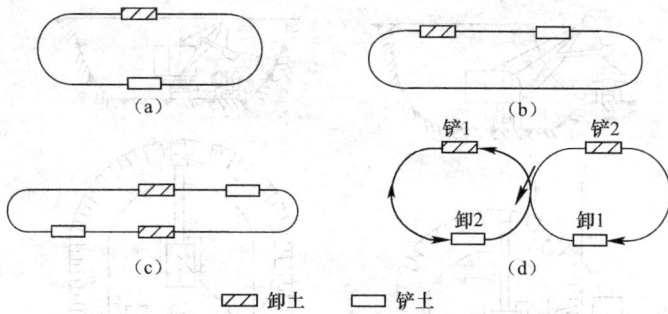

图 1-41　铲运机运行路线

(a)、(b) 环形路线；(c) 大环形路线；(d) "8" 字形路线

3. 挖土机

挖土机利用土斗直接挖土，按行走方式分为履带式和轮胎式两种。按工作方式可分为机械式和液压式两种。斗容量有 $0.4m^3$、$1.0m^3$、$1.6m^3$、$2.5m^3$ 多种。根据其土斗装置可分为正铲、反铲、抓铲及拉铲。

（1）正铲挖土机

正铲挖土机如图 1-42（1）所示，它适用于开挖停机面以上的土方，且需与汽车配合完成整个挖运工作。正铲挖土机生产效率高，适用开挖含水量小于27%的一至四类土。

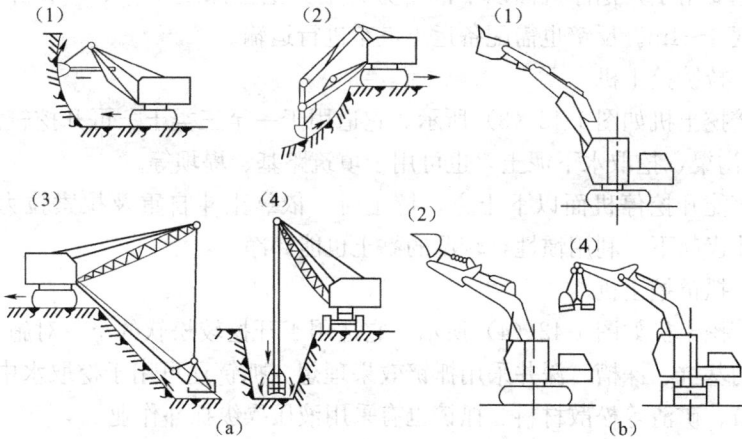

图 1-42　单斗挖土机

(a) 机械式；(b) 液压式

(1) 正铲；(2) 反铲；(3) 拉铲；(4) 抓铲

正铲的开挖方式根据开挖路线与汽车相对位置的不同分为：正向开挖侧向装土以及正向开挖后方装土两种（图 1-43）。

正铲的生产率主要决定于每斗的装土量和每斗作业的循环时间。为了提高其生产率，除了掌子面高度必须满足装满土斗的要求外，还要考虑开挖方式和运土机械配合的问题，尽量减少回转角度，缩短每个工作循环的延续时间。

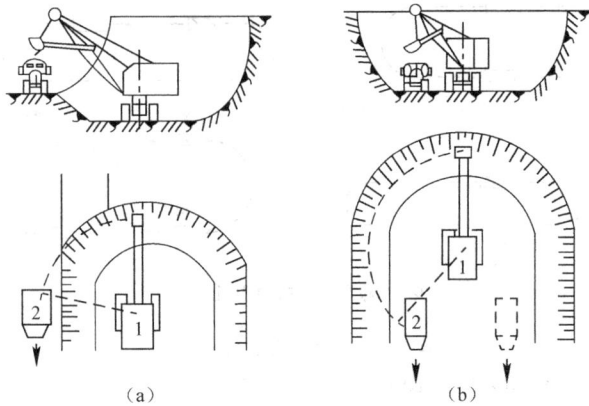

图 1-43　正铲挖土机作业方式

(a) 侧向卸土；(b) 后方卸土

1-正铲挖土机；2-自卸汽车

（2）反铲挖土机

反铲挖土机如图 1-42（2）所示。它适用于开挖一至三类土。可开挖小型基坑、基槽和管沟，尤其适用于开挖独立柱基，以及泥泞的或地下水位较高的土壤。

它主要用于开挖停机面以下的土方，最大挖土深度 4～6m，经济合理的挖土深度 2～4m。反铲也需配备运土汽车进行运输。

（3）拉铲挖土机

拉铲挖土机如图 1-42（3）所示。它适用于一至三类土。可开挖较大基坑（槽）和沟渠，挖取水下泥土，也可用于填筑路基、堤坝等。

拉铲能开挖停机面以下土方，挖土时，依靠土斗自重及拉索拉力切土，卸土时斗齿朝下，利用惯性，较湿的黏土也能卸净。

（4）抓铲挖土机

抓铲挖土机如图 1-42（4）所示。它适用于开挖较松软的土。对施工面狭窄而深的基坑、深槽、深井采用抓铲效果理想。抓铲还可用于挖取水中淤泥，装卸碎石、矿渣等松散材料。抓铲也有采用液压操纵抓斗作业。

1.4.3　土方工程综合机械化施工

土方工程综合机械化施工，就是以土方工程中某一施工过程为主导，按其工程量大小、土质条件及工期要求，适量选择完成该施工过程的主导机械；并以此为依据，合理地配备完成其他辅助施工过程的机械，使土方工程各施工过程均实现机械化施工。主导机械与辅助机械所配备的数量及生产率，应尽可能协调一致，以充分发挥施工机械的效能。

如土方机械与运土车辆的配合。当挖土机挖出的土方用运土车辆运走时，挖土机的生产率不仅取决于本身的技术性能，而且还决定于所选的运输工具是否与之协调。根据挖土机的技术性能，其生产率 P 可按下式计算：

$$P = \frac{8 \times 3600}{t} q \frac{K_C}{K_S} K_B (\text{m}^3/\text{班}) \tag{1-53}$$

式中 t——挖土机每次循环作业时间（s）；

       q——挖土机斗容量（m^3）；

       K_S——土的最初可松性系数；

       K_C——土斗的充盈系数，可取 0.8～1.1；

       K_B——工作时间利用系数，取 1.6～0.8。

为了使挖土机充分发挥生产能力，应使运土车辆的载重量及挖土机的每斗土重保持一定的倍率关系，并有足够数量的车辆以保证挖土机连续工作。最合适的车辆载重量应当是使土方施工单价最低，可以通过核算决定。一般情况下，汽车的载重量以每斗土重的 3～5 倍为宜。运土车辆的数量 N，可按下式计算：

$$N = \frac{T}{t_1 + t_2} \tag{1-54}$$

$$t_1 = nt$$

$$n = \frac{Q}{q \frac{K_c}{K_s} \gamma} \tag{1-55}$$

式中 T——运输车辆每一工作循环延续时间（s），由装车、重车运输、卸车、空车开回等待时间组成；

       t_1——运输车辆装满一车土的时间（s）；

       n——运土车辆每车装土次数；

       Q——运土车辆的载重量（t）；

       q——挖土机斗容量（m^3）；

       γ——实土重度（t/m^3）；

       t_2——运输车辆调头而使挖土机等待时间（s）。

为了减少车辆的调头、等待和装土时间，装土场地必须考虑调头方法及停车位置。如果基坑设有两个通道，汽车不用调头，可以缩短调头等待时间。

土方开挖质量要求见表 1-13。

土方开挖工程质量检验标准（mm）　　　　表 1-13

项	序号	项目	允许偏差或允许值					检验方法
			柱基基坑基槽	挖方场地平整		管沟	地（路）面基层	
				人工	机械			
主控项目	1	标高	−50	±30	±50	−50	−50	水准仪
	2	长度、宽度（由设计中心线向两边量）	+200 −50	+300 −100	+500 −150	+100	—	经纬仪，用钢尺量
	3	边坡	设计要求					观察或用坡度尺检查
一般项目	1	表面平整度	20	20	50	20	20	用 2m 靠尺和楔形塞尺检查
	2	基底土性	设计要求					观察或土样分析

注：地（路）面基层的偏差只适用于直接在挖、填土上做地（路）面的基层。

1.5 地基的局部处理

基坑（槽）开挖后，用普探的方法探明基坑（槽）局部异常地基和问题土，然后妥善处理，一般采用置换方法处理问题土。

1. 松土坑（填土、墓穴、淤泥）的处理

遇到上述情况时，可将坑中松软虚土挖除，使坑底见天然土为止，然后采用与坑底的天然土压缩性相近的材料回填。施工时如遇到地下水位较高，或坑内积水无法夯实时，亦可用砂石或混凝土回填。

2. 砖井或土井的处理

将井拆除后，用与槽底的天然土相近的土回填夯实。

3. "橡皮土"的处理

当地基为黏性土，且含水量很大趋于饱和时，夯拍后会使地基土变成踩上去有一种颤动的感觉的"橡皮土"。在这种情况下，不能继续压实，可采用晾槽或掺白灰粉的办法降低土的含水量，如果地基土已出现颤动，可用碎砖或石块挤紧，也可将橡皮土挖除，挖除后用灰土或级配砂石回填。

1.6 土方的填筑与压实

在土方工程施工过程中，要进行大量的土方填筑和压实施工，主要包括：场地平整土方填筑，基础回填，室内地坪回填，垫层填土和路基的填筑等。

1.6.1 土料的选用与处理

填方土料应符合设计要求，保证填方的强度和稳定性，如设计无要求时，应符合下列规定：

（1）碎石类土、砂石和爆破石渣（粒径不大于每层铺厚 2/3）可用于表层下的填土。

（2）含水量符合压实要求的黏性土可作各层填土。

（3）碎块草坡和有机质含量大于 8% 的土，仅用于无压实要求的填方。

（4）淤泥和淤泥质土，一般不能用作填土，但在软土或沼泽地区，经过处理含水量符合压实要求，可用于填方中的次要部位。

填料应严格控制含水量，施工前应进行检验。当土的含水量过大，应采用翻松、晾晒、风干等方法降低含水量，或采用换土回填、均匀掺入干土或其他吸水材料、打石灰桩等措施；如含水量偏低，则可预先洒水湿润。

1.6.2 填土方法

填土可采用人工填土和机械填土。

人工填土一般用手推车运土，人工用铁锹、耙等工具进行填筑，由最低部分开始由一端向另端自下而上分层铺填。

机械填土可用推土机、铲运机或自卸汽车进行。用自卸汽车填土，推土机推开推平。采用机械填土时，可利用行驶的机械进行部分压实工作。

填土必须分层进行，并逐层压实。特别是机械填土，不得居高临下，不分层次，一次倾倒填筑。

1.6.3 压实方法

填土的压实方法有碾压、夯实、振动压实等几种。

碾压适用于大面积填土压实工程。碾压机械有平碾压路机、羊足碾和轮胎碾。

夯实主要用于小面积填土，可以夯实黏土或非黏性土。夯实机械有夯锤、内燃夯土机和蛙式打夯机等。

振动压实主要用于压实非黏性土，采用的机械主要是振动压路机。

1.6.4 影响填土压实的因素

填土压实质量与许多因素有关，其中主要影响因素为：压实功、土的含水量和每层铺土厚度。

1. 压实功的影响

填土压实后的密度与压实机械在其上所施加的功有一定关系。土的密度与所消耗的功的关系见图1-44。当土的含水量一定，在开始碾压时，土的密度急剧增加，待到接近土的最大容量时，压实功虽然增加很多，而土的密度则变化很小。实际施工中，对不同的土，根据选择的压实机械和密实度要求选择合理的压实遍数。此外，松土不宜用重型碾压机械碾压，否则土层有强烈的起伏现象，效率不高。如果先用轻碾，再用重碾压实效果则较好。

2. 含水量的影响

在同一压实功条件下，填土的含水量对压实质量有直接影响。较为干燥的土，由于土颗粒之间的摩阻力较大而不易压实。当土具有适当含水量时，水起了润滑作用，土颗粒之间的摩阻力减小，从而易压实。每种土壤都有其最佳含水量。土在这种含水量的条件下，使用同样的压实功进行压实，所得到的密度最大，如图1-45所示。各种土的最佳含水量 W_{op} 和所能获得的最大干密度 ρ_{dmax}，可由击实试验取得。

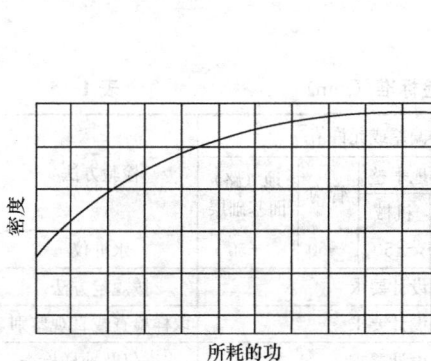

图1-44 土的密度与压实功的关系　　　　图1-45 土的密度与含水量的关系

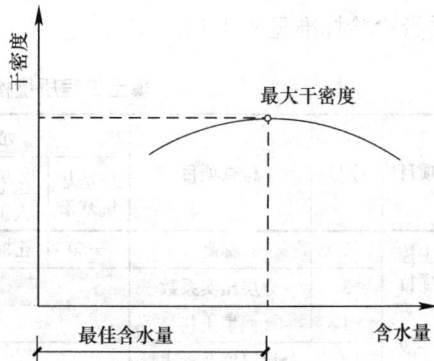

3. 铺土厚度的影响

土在压实功的作用下，压应力随深度增加而逐渐减小，其影响深度与压实机械、土的性质和含水量等有关。铺土厚度应小于压实机械压土时的有效作用深度，还应考虑最优土层厚度。铺得过厚，难以达到密实要求；铺得过薄也难以压实。最优的铺土厚度应能使土方压实而机械功耗费最少。填土的铺土厚度及压实遍数可参考表1-14选择。

填土施工时的分层厚度及压实遍数   表1-14

压实机具	分层厚度（mm）	每层压实遍数	压实机具	分层厚度（mm）	每层压实遍数
平碾	250～300	6～8	柴油打夯机	200～250	3～4
振动压实机	250～350	3～4	人工打夯	<200	3～4

1.6.5 填土压实的质量检查

填土压实后应达到一定的密实度及含水量要求。密实度要求一般由设计根据工程结构性质、使用要求以及土的性质确定，也就是压实系数 λ_c 满足设计的要求。

$$\lambda_c = \frac{\rho_d}{\rho_{dmax}} \tag{1-56}$$

式中 λ_c ——压实系数，0.93～0.98；

ρ_d ——土的实测干密度；

ρ_{dmax} ——试验最大干密度。

ρ_{dmax} 施工前用击实试验确定；ρ_d 可采用环刀法（或灌砂法）测定。

采用环刀法取样时，一般基槽或管沟回填每层 20～50m 取样一组；柱基回填每层柱基总数的 10%，且不少于五组取样；基坑和室内回填每层 100～500m² 取样1组；场地平整回填每层 400～900m² 取样1组。取样部位应在每层压实后的下半部。

填土压实后的干密度，应有 90% 以上符合设计要求，其余 10% 的最低值与设计值之差，不得大于 0.8kN/m³，且应分散，不得集中。

作为地基的填土压实后其含水量要求控制在 $W = W_{op} \pm 2\%$ 范围内。填土质量检验标准见表1-15。

填土工程质量检验标准（mm）   表1-15

项目	序号	检查项目	柱基基坑基槽	挖方场地平整 人工	挖方场地平整 机械	管沟	地（路）面基础层	检验方法
主控项目	1	标高	−50	±30	±50	−50	−50	水准仪
	2	分层压实系数	设计要求					按规定方法
一般项目	1	回填土料	设计要求					取样检查或直观鉴别
	2	分层厚度及含水量	设计要求					水准仪及抽样检查
	3	表面平整度	20	20	30	20	20	用靠尺或水准仪

小结及学习指导

通过本章学习，要掌握土的分类方法，了解其工程性质与土方工程施工的关系；掌握场地设计标高的确定和土方调配的原理，能熟练计算土方量，使用表上作业法进行土方的调配；掌握土方的开挖方法，了解支护结构基本理论、支护结构种类及其应用；掌握轻型井点降水及其布置与设计方法；掌握土方机械化施工，了解常用土方机械的性能及适用范围，根据工程对象合理的选择机械及配套运输车辆；掌握土方回填、压实的方法及要求，压实质量检查方法。

思考题与习题

1-1 试述土方工程的内容及施工特点。

1-2 土的工程性质有哪些？对施工各有何影响？

1-3 只要求场地平整前后土方量相等，其设计标高如何计算？

1-4 双向排水，设计标高的计算公式是什么？

1-5 试述场地土方量计算步骤与方法。

1-6 土方调配应遵循哪些原则？调配区如何划分？怎样确定调配区之间的平均运距？

1-7 试用表上作业法确定土方最优调配方案。

1-8 试述土壁边坡的作用，影响边坡坡度大小的因素及造成边坡塌方的原因。

1-9 常用支护结构挡墙形式有几种？如何应用？

1-10 常用支护结构支撑形式有几种？如何应用？

1-11 基坑降水有哪几种？各适用于何种情况？

1-12 流砂是如何形成的？如何防治？

1-13 试述轻型井点系统的组成及设备。轻型井点的平面和高程如何布置？

1-14 如何区分水井的类型？

1-15 试述轻型井点管计算的内容。

1-16 用井点降水时，如何防止周围地面沉降？

1-17 土方开挖的方式和方法有哪些？

1-18 试述常用土方机械的类型、工作特点及适用范围。

1-19 如何组织土方工程综合机械化施工？

1-20 土方填筑宜用哪些土料？如何填筑？

1-21 影响填土压实质量的主要因素有哪些？

1-22 常用的压实方法有几种？有哪些机械压实？

1-23 怎样检查填土压实的质量？

1-24 一基坑长 50m、宽 40m、深 5.5m，四边放坡，边坡坡度 1：0.5，

问挖土土方量为多少？如混凝土基础的体积为 3000m³，则回填土为多少？多余土方（松方）外运，若使用斗容量为 6m³ 的汽车将土外运，需要多少车次？（土的最初可松性系数 $K_s = 1.25$，最终可松性系数 $K'_s = 1.05$）

1-25 某管沟的中心线见图 1-46，AB 相距 30m，BC 相距 20m，土质为黏土。A 点的沟底设计标高为 261.00m，沟底纵向坡度从 A 到 C 为 4‰，沟底宽 2m，现拟用反铲挖土机挖土，试计算 AC 段的土方量。（不考虑放坡）

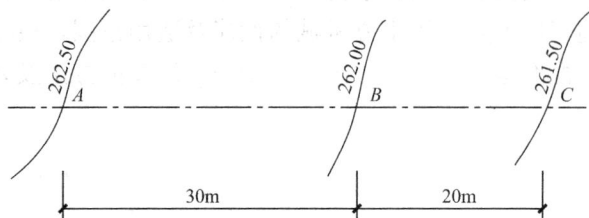

图 1-46 习题 1-25

1-26 一建筑场地方格网及角点地面标高如图 1-47，方格网边长 30m，双向泄水坡度 $i_x = i_y = 3‰$，试计算场地设计标高 H_0。（按填挖平衡的原则，不考虑土的可松性及边坡影响）

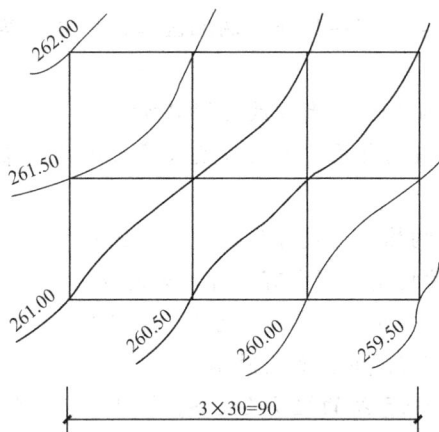

图 1-47 习题 1-26

43.24	43.07	43.94	44.34	44.80
42.94	43.35	43.76	44.17	44.67
42.58	42.90	43.23	43.67	44.17

图 1-48 习题 1-27

1-27 某场地方格网及角点地面标高如图 1-48，方格边长为 20m，双向排水 $i_x = 5‰$，$i_y = 3‰$，试计算填、挖土方量。（按填挖平衡的原则，不考虑土的可松性及边坡影响）

1-28 用表上作业法计算下表所示的土方调配最优方案，并计算运输工程量（$m^3 \cdot km$）。

调配区的平均运距 表 1-16

挖方区 ＼ 填方区	T_1	T_2	T_3	挖方量（m^3）
W_1	50	80	40	350
W_2	100	70	60	550
W_3	90	40	80	700
挖方量（m^3）	250	800	550	1600

1-29 一基础底部尺寸为 30m×40m，埋深为 −4.50m，基坑底部尺寸每边比基础底部放宽 1m，地面标高为 ±0.000m，地下水位为 −1.000m。已知 −10.000m 以上为粉质黏性土，渗透系数为 5m/d，−10m 以下为不透水层。基坑开挖为四边放坡，边坡坡度 1∶0.5。用轻型井点降水，滤管长度为 1m，井点管直径 50mm。求：

(1) 确定该井点系统的平面与高程布置；

(2) 对该井点系统进行降水计算，并在平面布置图上标注井点管间距。

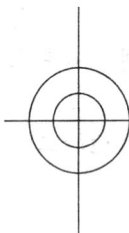

第2章

深基础工程

本章知识点

知识点：深基础的概念、特点及类型；钢筋混凝土预制桩的制作和各种沉桩方法及质量要求；灌注桩的各种施工方法、适用范围及质量问题的预防措施；地基深层加固、沉井法施工、地下连续墙施工原理和方法。

重　点：地基处理方法；预制桩的制作及施工；灌注桩施工及其质量问题的预防；沉井法、地下连续墙施工原理。

难　点：预制桩的施工；灌注桩的施工。

2.1 概述

2.1.1 深基础工程的特点及类型

由于浅层天然地基施工简便、工期短、造价低，一般建筑物、构筑物应首选浅层天然地基。当浅层地基无法满足上部结构对地基变形和强度方面的要求，需要采用深基础。深基础可选用较好的深部土层来承受上部荷载，也可利用深基础周壁的摩阻力来共同承受上部荷载，其承载力高、变形小、稳定性好，但其施工技术复杂、造价高、工期长。深基础有多种类型，如桩基础、地下连续墙、沉井基础和墩柱式基础等。其中桩基础是应用最为广泛的一种深基础形式。

2.1.2 桩基础基本知识

1. 桩基础的作用和特点

桩基础就是将沉入土中的桩，通过承台或梁与上部结构联系起来，以承受上部建筑较大重量的一种常用基础。桩是基础中的柱状构件，它通过以下两种工作原理与形式，来保证建筑物稳定和减少其沉降量。

（1）使桩穿过软弱土层，让上部建筑结构的荷载传递到深处承载力较大的土层上。

（2）使桩挤入软土层，在提高土壤密实度的同时，与土共同作用，构成复合地基，以增强地基的承载力。

桩基础具有承载能力高，抗拔力、抗水平力强，抗震性能好，施工的工业化和机械化程度高，可省去大量的土方和支撑工程以及排水降水工程，技术经济效果好等优点，但需要占用一定的地下空间。

2. 桩的种类

（1）按桩的传力及作用性质分类

按桩的传力及作用性质，可分为端承型桩和摩擦型桩两类，如图 2-1 所示。

1）端承型桩。在承载能力极限状态下，桩顶竖向荷载全部或主要由桩端阻力承受，桩侧阻力相对桩端阻力而言较小或可忽略不计。按承载性质和桩端阻力所占比例，端承型桩又分为端承桩和摩擦端承桩两种。

2）摩擦型桩。在承载能力极限状态下，其桩顶荷载全部或主要由桩侧阻力承受。根据桩侧阻力分担荷载的大小，摩擦型桩又分为摩擦桩和端承摩擦桩两种。

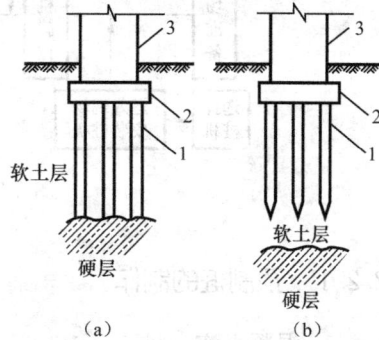

图 2-1 桩基础
(a) 端承型桩；(b) 摩擦型桩
1-桩；2-承台；3-上部结构

（2）按桩的制作与施工方法分类

按桩的制作与施工方法可分为预制桩和灌注桩两大类。

1）预制桩指先在工厂或施工现场采用一定材料预制成一定形式的桩，而后用沉桩设备将桩沉入土中。按桩身材料有木桩、钢筋混凝土桩、预应力混凝土桩、钢管桩、H 形钢桩和工字形钢桩等。沉桩方法有打入沉桩法、振入沉桩法、压入沉桩法和水冲沉桩法等。

2）灌注桩指先在桩位处就地成孔，然后向孔内填筑成桩材料而成的桩。按成孔方法有钻孔灌注桩、沉管成孔灌注桩、挖孔灌注桩、冲孔灌注桩、爆扩成孔灌注桩等。

（3）按成桩方法和挤土效应分类

按成桩方法和挤土效应，可分为挤土桩（沉管灌注桩，打入、静压式预制桩）、部分挤土桩（预钻孔打入预制桩、打入式敞口桩、冲孔灌注桩）、非挤土桩（钻孔灌注桩、挖孔灌注桩）三种类型。

（4）按桩径大小分类

按桩径大小可分为大直径桩（$d \geqslant 800mm$）、中等直径桩（$250mm < d < 800mm$）和小直径桩（$d \leqslant 250mm$）等三种。

2.2 预制桩施工

常用的预制桩有钢筋混凝土桩和钢桩两大类。其施工程序和工作内容如图 2-2 所示。

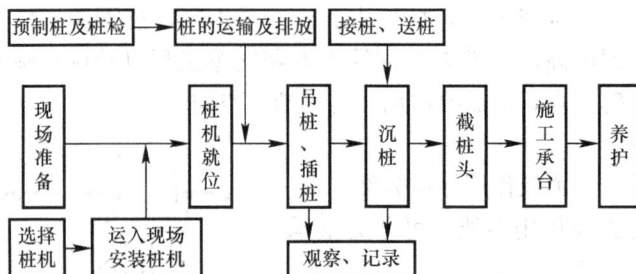

图 2-2 预制桩施工程序

2.2.1 预制桩的制作

1. 混凝土实心桩

混凝土实心桩多做成方形截面，边长一般为 200～550mm，强度等级不宜低于 C30，大多在工厂预制，条件允许也可在现场预制。当单根桩较长时，可将一根桩分成几段（节）预制，在打桩过程中逐段接桩，分节长度根据施工条件及运输条件确定。工厂制作时单节桩的长度不宜超过 12m；现场预制，单节桩的长度一般不超过 30m，接头数目不宜超过两个。

桩的预制可采用并列法、间隔法、重叠法和翻模法等。预制场地必须平整坚实，做好排水，不得产生不均匀沉陷。采用重叠法时，桩与邻桩及底模之间的接触面做好隔离层，不得粘连；上层桩或邻桩的浇筑，必须在下层桩或邻桩的混凝土达到设计强度的 30% 以上时方可进行；桩的重叠层数不应超过 4 层。浇筑桩的混凝土时，宜从桩顶向桩尖浇筑，严禁中断，并振捣密实，及时覆盖洒水养护不少于 7d。桩表面应平整密实，桩顶和桩尖处不得有蜂窝、麻面、漏筋、裂缝和掉角。

桩身配筋应按吊运、打桩及桩在使用中的受力等条件确定。主筋直径不宜小于 14mm，主筋连接宜采用对焊或电弧焊，当钢筋直径不小于 20mm 时，宜采用机械连接。打入桩顶以下 4～5 倍桩身直径长度范围内箍筋应加密，并设置钢筋网片。主筋接头配置在同一截面内的数量应符合下列规定：当采用对焊或电弧焊时，对于受拉钢筋，不宜超过 50%；相邻两根主筋接头截面的距离应大于 35d（d 为主筋直径），且不宜小于 500mm。预制桩的桩尖可将主筋合拢焊在桩尖辅助钢筋上，对于持力层为密实砂和碎石类土时，宜在桩尖处包以钢板桩靴，加强桩尖。钢筋骨架的偏差不得超过施工质量验收规范的规定。钢筋混凝土预制桩见图 2-3。

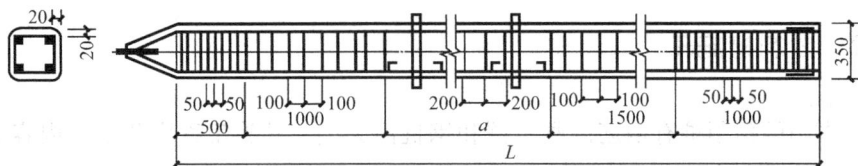

图 2-3 钢筋混凝土预制桩

2. 预应力混凝土空心桩

预应力混凝土空心桩一般由工厂用离心旋转法制作。预应力混凝土空心桩按截面形式可分为管桩、空心方桩，按混凝土强度等级可分为预应力高强混凝土（PHC）桩（≥C80），预应力混凝土（PC）桩（≥C60）。接头常采用端板焊接连接、法兰连接、机械啮合连接和螺纹连接，每根桩的接头数量不宜超过 4 个。桩尖可设成开口状或闭口状。

3. 钢桩

钢桩有钢管桩、H 形钢桩及其他异形钢桩，一般均在工厂制作。制作钢桩的材料（钢材和焊接材料）必须符合设计要求，并且必须有生产许可证、出厂合格证和试验报告。为了保证质量，最好在车间内加工制作。若在室外作业，除场地应平整坚实外，还应有挡风防雨设施。钢桩加工应严格按技术规范和操作规程进行。在有地下水侵蚀的地区或腐蚀性土层中，还应对钢桩做好防腐处理。

2.2.2 桩的起吊、运输和堆放

1. 桩的起吊

预制桩需待桩身混凝土强度达到设计强度等级的 70% 后方可起吊，桩起吊时应采取相应措施，保证安全平稳，保护桩身质量，在吊运过程中应轻吊轻放，避免剧烈碰撞。吊点位置和数目应符合设计规定。当吊点少于或等于 3 个时，其位置应按正、负弯矩相等的原则计算确定，当吊点多于 3 个时，其位置应按反力相等的原则计算确定，如图 2-4 所示。

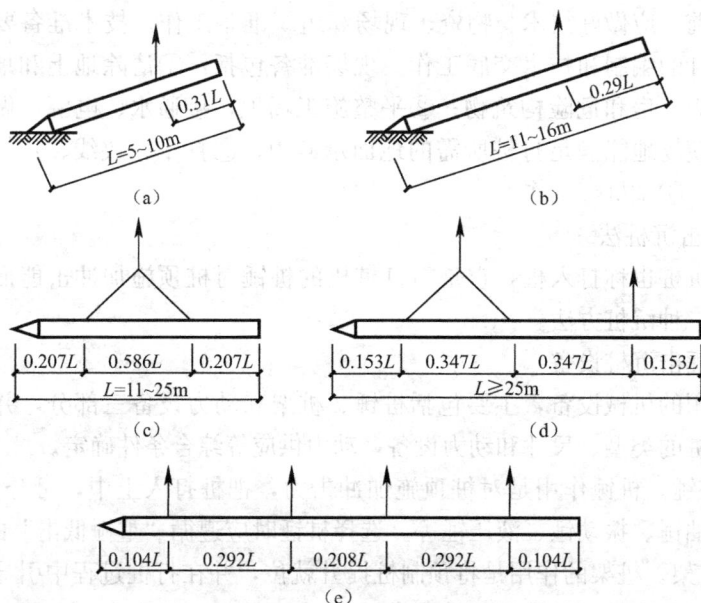

图 2-4 桩的吊点位置

(a)、(b) 一点吊法；(c) 二点吊法；(d) 三点吊法 (e) 四点吊法

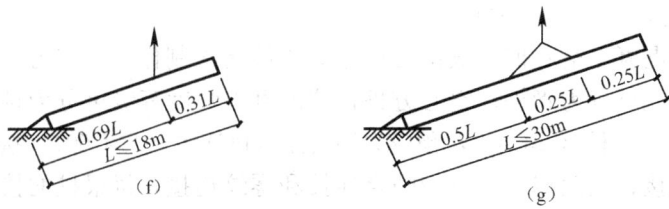

图 2-4　桩的吊点位置（续）

(f) 预应力管桩一点吊法；(g) 预应力管桩两点吊法

2. 桩的运输

预制桩达到设计强度的 100% 方可运输。一般情况下，应根据打桩顺序和速度随打随运，这样可以减少二次搬运。运桩前应检查桩的质量，并应在桩的两端加以适当保护，尤其是钢管桩应设置保护圈，防止撞击损害桩体。桩运到现场后还应进行观测复查，运桩时的支点位置应与吊点位置相同。

3. 桩的堆放

堆放场地应平整坚实，排水通畅，不得产生不均匀沉陷，垫木的位置应与吊点的位置相同，各层垫木应垫实并在同一垂直线上，堆放支点设置应合理，管桩两侧采用木楔塞住，以防滚动。对于各类桩，当场地条件许可时，宜单层堆放；当叠层堆放时，不宜超过 4 层，并按不同规格、长度及施工流水顺序分别堆放。

2.2.3　沉桩施工

1. 沉桩前的准备工作

沉桩前，应做好技术、物资、现场和组织准备工作。技术准备要做好施工组织设计的编制和技术交底工作。现场准备包括：①清除地上和地下的障碍物，加固危房和危险构筑物；②平整施工场地，接通水、电源，做好场地排水，并使场地能满足打桩所需的地面承载力；③抄平、放线、定桩位，测设水准点；④试桩等工作。

2. 锤击沉桩法

锤击沉桩也称打入桩，它是靠打桩机的桩锤对桩顶施加冲击能而将桩沉入土中的一种沉桩方法。

（1）锤击沉桩设备

打桩用的机械设备，主要包括桩锤、桩架和动力设备三部分，并根据地基土质，桩的类型、尺寸和动力设备，动力供应等综合条件确定。

1）桩锤。桩锤作用是对桩顶施加冲击力，把桩打入土中，可分为落锤、气锤、柴油锤、振动锤、液压锤等。选择桩锤时应遵循"重锤低击"的原则。

2）桩架。桩架的作用是将预制桩提升就位，并在打桩过程中引导桩的下沉方向，以保证桩锤按照所要求的方向冲击。桩架主要由底盘、竖架、导向杆和滑轮组等组成。按行走方式可分为滚管式、轨道式、步履式、履带式和轮胎式等。选择桩架时，重点应考虑下述因素：①桩的材料、桩的截面形状及尺寸大小、桩的长度及接桩方式；②桩的数量、桩距及布置方式；③选用桩锤的形式、重量及尺寸；④工地现场条件、打桩作业空间及周边环境；⑤投入桩机数量及操作人员的素质；⑥施工工期及打桩速率。

桩架的高度是选择桩架时需考虑的一个重要问题。桩架的高度应满足施工要求，它一般等于桩长＋滑轮组高度＋桩锤高度＋桩帽高度＋起锤移位高度（取1～2m）。

3）动力装置。动力装置及辅助设备主要根据选定的桩锤种类而定，一般包括驱动桩锤及卷扬机用的动力设备（如蒸汽锅炉、空气压缩机等）、管道、滑轮组和卷扬机等。

（2）打桩

打桩是沉桩施工的关键，直接影响桩的质量。

1）打桩顺序。打桩顺序是否合理，会直接影响打桩进度、施工的桩基质量以及周围环境。确定打桩顺序要综合考虑地形、土质、桩群的密集程度以及桩的类型等因素。根据桩的密集程度（桩距大小），打桩顺序一般分为：自中央向两侧打、自中央向四周打和逐排打，如图2-5所示。前两种打法，适用于桩较密集（桩距小于4倍桩的直径）时的打桩施工，打桩时土壤对称地向外侧或向四周挤压，易于保证打桩工程质量。由一侧向单一方向进行的逐排打法，桩架单向移动，打桩效率高，但这种打法使土壤向一个方向挤压，地基土挤压不均匀，易导致后打的桩打入深度逐渐减小，最终将引起建筑物不均匀沉降。因此，这种打桩顺序适用于桩距大于4倍桩径时的打桩施工。

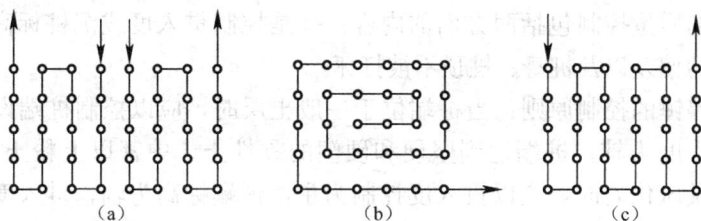

图 2-5　打桩顺序
(a) 自中央向两侧打；(b) 自中央向四周打；(c) 逐排打

打桩顺序确定后，还需要考虑打桩机是往后"退打"还是往前"顶打"。当打桩后的桩顶标高超出地面时，采取往后退打的方式，此时桩只能随打随运。当打桩后桩顶标高在地面以下时（有时采用送桩器将桩送入地面以下），则可以采取往前顶打的方法进行施工，此时，只要现场许可，桩可以事先布置好，以避免二次搬运。另外，当桩基础设计的打入深度不同时，打桩顺序宜先深后浅，当桩的规格尺寸不同时，打桩顺序宜先大后小、先长后短。

2）打桩工艺。打桩工艺流程为：桩机就位→吊桩、插桩→打桩→接桩→送桩→挖土、截桩。

桩机就位时，桩架应平移，导杆中心线应与打桩方向一致，并检查桩位是否正确。然后将桩提升就位（吊桩）并缓缓放下插入土中，随即扣好桩帽（如桩顶不平时，用硬木垫平后再扣桩帽）和桩箍，校正好桩的垂直度，即可将桩锤缓缓落到桩顶上面轻击数锤，使桩沉入土中一定深度（1～2m）而达到稳定位置，再次校正桩位及垂直度，然后开始以全落距正常施打。桩入土的速度应均匀，锤击间隔时间不要过长，应连续施打。如中途停打，土将开始向桩周围挤密，桩周围孔隙水消失，再打时摩阻力增大而使桩难以打入。打桩时，应防止锤击偏心，以免桩产生偏位、倾斜或打坏桩头，折断桩身。

打桩时，桩正常沉入，应是桩锤回跳小，贯入度（每击时桩的入土深度）变化均匀。若桩锤跳头，则说明锤太轻。如贯入度突然减小而回跳增大，则说明桩下有障碍物。若贯入度突然增大，则说明桩尖、桩身有可能遭到损坏，或接桩不牢，接头破裂，或下遇软土层、墓穴等。打桩过程中，如贯入度剧变，桩身突然发生倾斜、移位或有严重回弹，桩顶或桩身出现严重裂缝或破碎等情况，应暂停打桩并及时研究处理。

接桩常用焊接、法兰连接和硫磺胶泥锚接（浆锚法）三种方法。当桩顶标高低于自然土面时，需要用送桩器将桩送入土中，桩与送桩器的纵轴线应在同一轴线上，送桩深度不宜大于2.0m，送桩后遗留的桩孔应立即回填或覆盖。打桩完毕验收合格后，即可开挖基坑（槽），按桩顶设计标高应将桩头多余部分截去。

3）打桩的质量控制

打桩系隐蔽工程施工，因此施工时应作好观测和打桩记录，要观测和记录桩的入土速度、锤的落距、每分钟的锤击次数，作为工程验收时鉴定桩质量的依据之一。

打桩的质量控制包括两方面的内容：一是控制贯入度或沉桩标高；二是控制打桩的偏差以及桩身、桩顶不被打坏。

打桩停锤的控制原则：当桩端位于一般土层时，应以控制桩端设计标高为主，贯入度为辅；桩端达到坚硬和硬塑的黏性土、中密以上粉土、砂土、碎石类土及风化岩时，应以贯入度控制为主，桩端标高为辅；贯入度已达到设计要求而桩端标高未达到时，应继续锤击3阵，并按每阵10击的贯入度不应大于设计规定的数值确认，必要时，施工控制贯入度应通过试验确定。

桩插入时的垂直度偏差控制在0.5%之内。斜桩倾斜度的偏差不得大于倾斜角正切值的15%（倾斜角系桩的纵向中心线与铅垂线间夹角）。桩的平面位置允许偏差见表2-1。

打入桩桩位的允许偏差（mm）　　　　　　表2-1

项目	允许偏差
带有基础梁的桩：（1）垂直基础梁的中心线　（2）沿基础梁的中心线	100+0.01H　150+0.01H
桩数为1～3根桩基中的桩	100
桩数为4～16根桩基中的桩	1/2桩径或边长
桩数大于16根桩基中的桩：（1）最外边的桩　（2）中间桩	1/3桩径或边长　1/2桩径或边长

注：H为施工现场地面标高与桩顶设计标高的距离。

4）打桩对周边的影响及其防治。打桩时，往往会产生挤土，引起桩区及附近地区的土体隆起和水平位移，由于邻桩相互挤压易导致桩位偏移，影响桩的工程质量。如临近有建筑物或地下管线等，打桩还会引起邻近建筑物、地下管线及地面道路的损坏。为此，在邻近建筑物（构筑物）打桩时，应采取适当的措施。

① 预钻孔沉桩。可在桩位处预钻直径比桩径小 50～100mm 的孔，深度视桩距和土的密实度、渗透性确定，一般为 1/3～1/2 桩长，施工时随钻随打。

② 设置袋装砂井或塑料排水板。设置袋装砂井或塑料排水板排水，以清除部分超孔隙水压力，减少挤土现象。袋装砂井的直径一般为 70～80mm，间距 1～1.5m，深度 10～12m。如采用塑料排水板，间距和深度与袋装砂井相同。

③ 挖防震沟。在地面开挖防震沟，可以消除部分地面的振动。防震沟一般宽 0.5～0.8m，深度根据土质而定。该方法可以与其他措施结合使用。

④ 采取合理打桩顺序、控制打桩速度。

⑤ 设置隔离板桩或地下连续墙。

3. 静力压桩法

静力压桩法是利用桩机本身的自重平衡沉桩阻力，在沉桩压力的作用下，克服压桩过程中的桩侧摩阻力以及桩端阻力而将桩压入土中。静力压桩法完全避免了桩锤的冲击运动，施工中无振动、无噪声、无空气污染，同时对桩身产生的应力也大大减小。因此广泛应用于城市中心建筑较密集的地区，但它对土层的适应性有一定的局限，一般适用于软弱土层，当土层中存在厚度大于 2m 的中密以上砂夹层时不宜采用此法。

（1）静力压桩设备

静力压桩机分为机械式与液压式两种，前者只能用于压桩，后者可以压桩还可拔桩。目前应用较多的是液压式静力压桩机，如图 2-6 所示，采用液压传动，动力大、工作平稳，还可在压桩过程中直接从液压表中读出沉桩压力，了解沉桩全过程的压力状况，得知桩的承载力。

（2）静力压桩施工工艺

静力压桩施工时，一般采用分段压入，逐段接长的方法，其工艺流

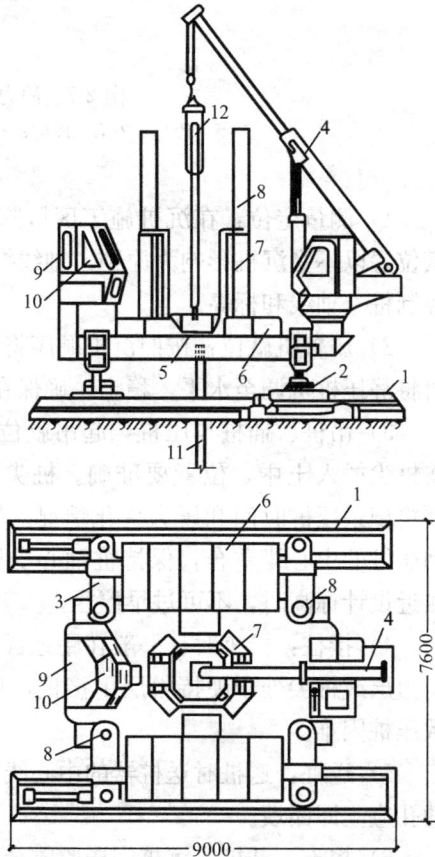

图 2-6 液压式静力压桩机

1-长船行走机构；2-短船行走及回转机构；3-支腿式底盘结构；4-液压起重机；5-夹持与压桩机构；6-配重铁块；7-导向架；8-液压系统；9-电控系统；10-操纵系统；11-已压入下节桩；12-吊入上节桩

程为:

测量定位→压桩机就位→吊桩、插桩→静压桩→接桩→再静压沉桩→送桩→挖土、截桩,如图 2-7 所示。

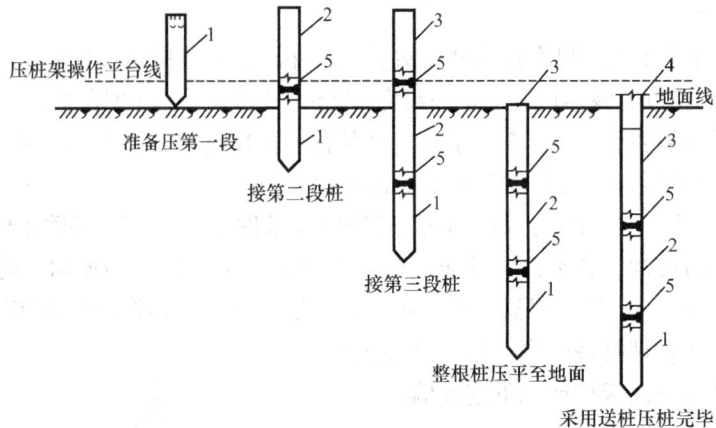

图 2-7　静力压桩施工工艺

1-第一段桩;2-第二段桩;3-第三段桩;4-送桩器;5-接桩

1) 测量定位:在沉桩施工区域附近设置控制桩与水准点,不少于 2 个,其位置以不受沉桩影响为原则,轴线控制桩应设置在距外墙桩 5~10m 处,以控制桩基轴线和标高。

2) 压桩机就位:按照沉桩顺序将静压桩机移到桩位上面,对准桩位,同时将静压桩机调至水平、稳定,确保在施工中不发生倾斜和移动。

3) 吊桩、插桩与压桩:起吊就位时,静压桩机夹具夹紧桩并对准桩位,将桩尖插入土中,位置要准确。桩尖插入桩位后,开动压桩装置正常沉桩,严格记录压桩时间和压力变化情况。桩在沉入时,随时注意保证桩帽、桩身和压桩的中心线重合,保持桩轴心受压,压同一根桩应缩短停歇时间,当桩接近设计标高时,不可过早停压。

4) 接桩:接桩时,一般在距地面 1m 左右进行,同时应避免桩尖接近硬持力层或桩尖处于硬持力层中接桩,尽量缩短接桩时间,以避免土体固结导致压桩困难。

5) 送桩:送桩时送桩器的中心线应与被送桩的中心线一致,送桩后留下的孔应立即回填。

6) 挖土、截桩:沉桩完毕验收合格后,即可进行土方开挖,处理桩头使桩顶符合设计标高和质量要求。

4. 水冲法沉桩

水冲法沉桩往往与锤击(或振动)法同时使用,是将射水管附在桩身上,用高压水流束将桩尖附近的土体冲松液化,减少沉桩阻力,使桩借自重及锤击(或振动)作用沉入土中。在砂夹卵石层或坚硬土层中,一般以射水为主,以锤击或振动为辅；在粉质黏土或黏土中，为避免降低承载力，一般以锤击或振动为主，以射水为辅，并应控制射水时间和水量。下沉空心桩，一般用单管内射水，当下沉较深或土层较密实，可用锤击或振动，配合射水；下沉实心桩，将射水管对称地装在桩的两侧，并能沿着桩身上下自由移动，以便在任何高度上射水冲土。必须注意，不论采取任何射水施工方法，在沉入最后的 $1\sim2$m 时，应停止射水，用锤击沉桩至设计深度，保证桩的承载力。

射水沉桩的设备包括：水泵、水源、输水管路和射水管。射水管内射水的长度（L）应为桩管长度（L_1）、射水嘴伸出桩尖外的长度（L_2）和射水管高出桩顶以上高度（L_3）之和，即 $L=L_1+L_2+L_3$。射水管的布置如图 2-8 所示。水压与流量根据地质条件、桩锤或振动机具、沉桩深度、射水管直径和数目等因素确定，通常在沉桩施工前经过试桩选定。

射水沉桩的施工要点：吊、插桩时要注意及时引送输水胶管，防止拉断与脱落；桩插正立稳定后，压上桩帽桩锤，开始用较小水压，使桩靠自重下沉。初期控制桩身下沉不应过快，以免阻塞射水管嘴，并注意随时控制和校正桩的垂直度。下沉渐趋缓慢时，可开锤轻击。沉至一定深度（$8\sim10$m）已能保持桩身稳定度后，可逐步加大水压和锤的冲击动能。沉桩至距设计标高一定距离（$1\sim1.5$m）停止射水，拔出射水管，进行锤击或振动，使桩下沉至设计要求标高。

5. 振动法沉桩

振动法锤沉桩是将振动锤（图 2-9）与桩连接在一起，利用高频振动激振桩身，使桩身周围的土体产生液化而减小沉桩阻力，并靠桩锤及桩体的自重将桩沉入土中。

它适用于砂石、黄土、软土和粉质黏土中沉桩，在含水砂层中的效果更为显著，但在砂砾层中采用此法时，尚需配以水冲法。沉桩工作应连续进行，以防间歇过久难以下沉。

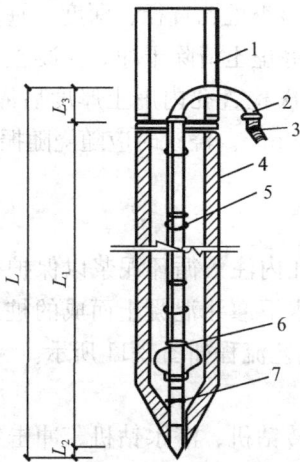

图 2-8　射水沉桩的射水管

1-送桩臂；2-弯管；3-胶管；4-桩管；
5-射水管；6-导向环；7-挡砂板

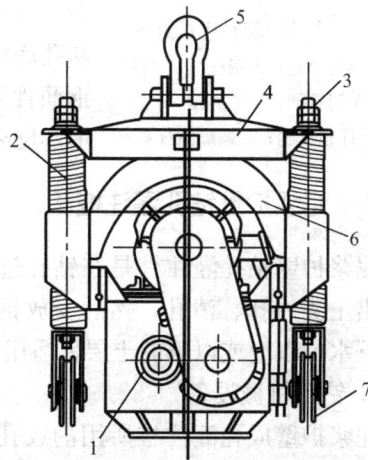

图 2-9　振动锤

1-振动器；2-弹簧；3-竖轴；4-横梁；
5-起重环；6-吸振器；7-加压滑轮

2.3　灌注桩施工

灌注桩就是直接在桩位上成孔，而后向孔内安放钢筋笼、灌筑桩身材料成桩的一种方法。与预制桩相比，具有节省钢材、降低造价，能适应各种地层的变化，无须接桩，施工时，无振动、无挤土、噪声小等优点。但也存在着不能立即承受荷载，操作严格，在软弱地基中易缩颈、断裂，冬期施工困难等缺点。按成孔方法不同，可分为干作业成孔、泥浆护壁成孔、沉管成孔、爆扩成孔、人工挖孔、冲孔及旋挖钻孔灌注桩等。灌注桩的一般施工程序是：成孔前准备→机械安装调试→成孔→灌注材料的准备与加工→成桩→桩头处理→施工承台→养护。

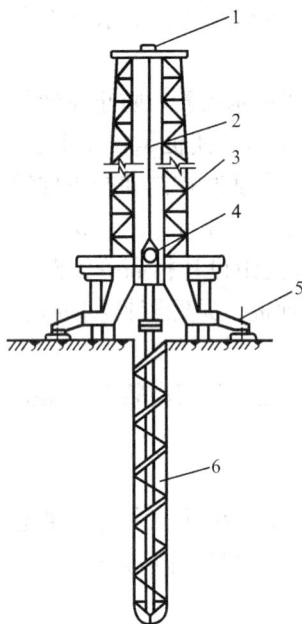

图 2-10　全叶螺旋钻机示意图

1-导向滑轮；2-钢丝绳；
3-龙门导架；4-动力箱；
5-千斤顶支腿；6-螺旋钻杆

2.3.1　干作业钻孔灌注桩

干作业钻孔灌注桩是先用钻机在桩位处钻孔，成孔后放入钢筋骨架，而后灌注混凝土成桩。干作业成孔灌注桩的工艺流程：测定桩位→钻孔→清孔、下钢筋笼→浇筑混凝土。适用于地下水位以上的黏土、粉土、填土、中等密实以上的砂土、风化岩层等土质。钻孔机械有螺旋钻机、钻扩机、机动洛阳铲、机动锅锥钻等，可根据需要选用。

图 2-10 是螺旋钻机。它是利用动力旋转钻杆，钻杆带动钻头旋转切削土，土渣沿着与钻杆一同旋转的螺旋叶片上升而排出。对于不同类别的土层，可换用不同形式的钻头。钻到预定深度后，应用探测工具检查桩孔直径、深度、垂直度和孔底情况，将孔底虚土清除干净。混凝土应在钢筋骨架放入并再次检查孔内虚土厚度后灌注，坍落度要求 80~100mm。浇筑时应随浇随振。

2.3.2　泥浆护壁钻孔灌注桩

泥浆护壁钻孔灌注桩是在钻孔过程中，向孔内注入循环泥浆以保护孔壁并排出土渣成孔、清孔，然后安放钢筋骨架、水下灌注混凝土而成的桩。不论地下水位以上或以下的土层皆适用。其施工工艺流程如图 2-11 所示。

1. 钻孔机械设备

泥浆护壁成孔灌注桩所用的成孔机械有回转钻机、潜水钻机、冲击钻和冲抓钻等，常用回转钻机和潜水钻机。

回转钻机由机械动力传动，配以空心钻杆和笼式钻头，可用正循环或反循环泥浆护壁方式钻进。这种钻机具有性能好、钻进力大、效率高、噪声和振动

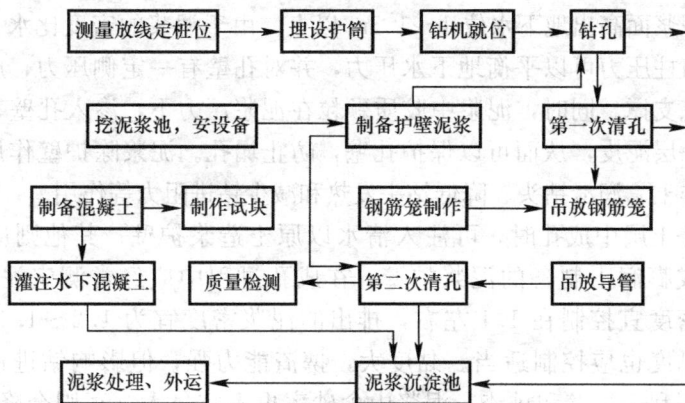

图 2-11　泥浆护壁成孔灌注桩施工工艺流程图

小、成孔质量好等优点。一般成孔直径为 1.0～2.5m，钻孔深度可达 50～100m。

潜水钻是将防水电机、变速机构和钻头组合一起，潜入水中钻孔。钻杆起悬吊和定位作用，钻孔时并不旋转。机架轻便，移动灵活，钻进速度快，钻孔直径可达 0.8～2m。钻孔深度可达 50m，而且钻孔时噪声较小，适宜于在地下水位较高的黏性土、淤泥、淤泥质土及砂土中钻孔。钻孔中，当局部遇到不厚的砂夹卵石层、孤石或强风化岩时，可更换特殊类型的钻头。

2. 施工工艺

1）做好钻前准备工作。

① 根据建设单位提供的坐标控制点和水准点，经复核后进行测量放线并定桩位。

② 按施工现场平面布置要求，挖、砌泥浆池，制备护壁泥浆。

③ 钻机进场、安装、调试。

④ 埋设护筒。在钻机就位之前，应在桩位处埋设好护筒，并应保证准确和稳定，护筒与桩位中心线的偏差不得大于 50mm。护筒的作用：定位、保护孔口，提高桩孔内泥浆压力，防止塌孔（对于地表土层较好，开钻后不坍孔的场地，也可不设护筒）。护筒可用 4～8mm 厚钢板制作，其内径应比钻头直径大 100mm，上部开设 1～2 个溢浆孔。护筒顶面应高出地面 400～600mm。埋设深度不宜小于 1.0～1.5m，受水位涨落影响或水下施工的钻孔灌注桩，护筒应加高加深，必要时应打入不透水层，护筒下端外侧应用黏土填实。

2）钻机就位、钻进。钻机就位必须水平、稳固，并使钻机回转中心对准护筒中心，其偏差应小于 20mm。开钻时宜轻压慢转，以防止钻头扰动护筒，造成漏浆，待钻头穿过护筒底面后，方可以正常速度钻进。在钻进过程中要经常检查钻机平台水平情况，发现倾斜应及时调整，保证成孔垂直偏差不大于 1%。

3）泥浆护壁成孔。钻孔的同时应在孔中注入泥浆（或原土造浆）护壁，并始终使泥浆面高出地下水位 1~1.5m 以上。由于泥浆的密度比水大，泥浆所产生的液柱压力可以平衡地下水压力，并对孔壁有一定侧压力，成为孔壁的一种液态支撑。同时，泥浆中胶质颗粒在泥浆压力下，渗入孔壁表层孔隙中，形成一层泥皮，从而可以保护孔壁，防止塌孔。泥浆除护壁作用外，还具有携渣排土、润滑钻头、降低钻头发热和减少钻进阻力等作用。

在黏性土层中成孔时，可注入清水以原土造浆护壁；其他则应采用高塑性黏土或膨润土制备的泥浆护壁。在成孔过程中应经常测定泥浆密度。注入泥浆密度宜控制在 1.1 左右，排出的泥浆密度宜为 1.2~1.4。此外，对泥浆的黏度也应控制适当。黏度大，携渣能力强，但影响钻进速度；黏度小，则不利于护壁和排渣。泥浆中含砂率也不宜过大，否则会降低黏度，增加沉淀。

4）清孔。当钻孔达到设计深度后，就应及时清孔。对稳定性差的孔壁宜用泥浆循环方法排渣清孔；当孔壁土质较好不易塌孔时，可用空气吸泥机清孔。

5）吊放钢筋笼。钢筋笼每段长度一般在 8m 左右，当采取辅助措施后，可加长到 12m 左右。钢筋笼安放要对准孔位，扶稳、缓慢，避免碰撞井壁，到位后立即固定，吊装时应防止变形。当钢筋笼需要接长时，要先将第一段钢筋笼放入孔中，利用其上部架立筋暂时固定在护筒上部，然后吊起第二段钢筋笼对准位置后用绑扎或焊接等方法接长后放入孔中，逐段接长到预定位置，安置完成后检查钢筋顶端的高度。

6）吊放导管，二次清孔。吊放浇筑混凝土的导管之后，在灌注混凝土之前，应对桩孔底进行第二次清孔。通常采用泵吸反循环法清孔。清孔过程中，应及时补充泥浆，使护筒内泥浆面保持稳定。

7）灌注水下混凝土。二次清孔结束后，应尽快灌注混凝土，其间隔时间不应大于 0.5h，否则，应重新清孔。水下混凝土灌注一般采用导管法，灌注时应连续进行，不得中断。每根桩的灌注时间应按初盘混凝土的初凝时间控制，最长不超过 8h。在灌注混凝土过程中要常测混凝土顶面上升高度，时刻掌握导管埋入深度，保证导管始终埋入混凝土 2~6m，既要避免导管埋入过深而导致导管堵塞，又要避免导管提升太快，导致将导管提出混凝土面而产生断桩。

每根桩混凝土灌注的最终高程应比设计的桩顶标高高出一定高度（即高出须凿除的泛浆高度，按设计要求确定），以确保桩上泛浆凿除后暴露的桩顶混凝土达到强度设计值。

2.3.3　沉管成孔灌注桩

沉管成孔灌注桩，又称套管成孔灌注桩或打拔管灌注桩。它是用锤击或振动的方法，将带有桩尖（图 2-12）的钢管（称套管）沉入土中成孔；当套管打到规定深度后，向管内放入钢筋骨架并灌注混凝土，随之拔出套管，并利用拔管时的轻锤击或振动将混凝土捣实。适用于在各种黏性土、粉土和砂土中的桩基础施工。尤其在有地下水、流砂和淤泥的土层施工，更显其优越性。其施工过程为：桩机就位→锤击（振动）沉管→上料→锤击（振动）拔管、浇筑混凝土→下钢筋笼→继续拔管、浇筑混凝土→成桩。

根据沉管方法和拔管时振动方法的不同，套管成孔灌注桩又分为锤击沉管灌注桩、振动沉管灌注桩和振动冲击沉管灌注桩。

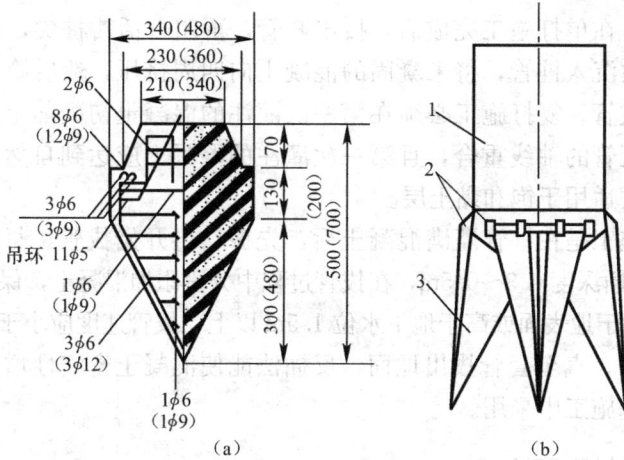

图 2-12　桩尖构造
(a) 钢筋混凝土桩尖；(b) 活瓣式桩尖
1-套管；2-锁轴；3-活瓣

1. 锤击沉管灌注桩

施工时，用桩架吊起桩管，关闭活瓣或对准套入预先设在桩位处的预制钢筋混凝土桩靴，套管与桩靴连接处要垫以麻、草绳，以防止地下水渗入管内。然后缓缓放下套管，压入土中。套管上端扣上桩帽，检查套管与桩锤在同一垂直线上，即可锤击套管。先用低锤轻击，观察无偏移后，再正常施打。当套管沉到设计要求深度后，检查管内无泥水进入，即可灌注混凝土。套管内混凝土应尽量灌满，然后开始拔管。拔管要均匀，不宜拔管过高。拔管时应保持连续密锤低击不停，并控制拔出速度，对一般土层，以不大于 1m/min 为宜；在软弱土层及软硬土层交界处，应控制在 0.8m/min 以内。拔管时还要经常探测混凝土落下的扩散情况，一直到全管拔出为止。

以上是单打灌注桩的施工，为了提高桩的质量和承载能力，可采用复打扩大灌注桩。复打法要求同振动沉管灌注桩。

2. 振动、振动冲击沉管灌注桩

振动、振动冲击沉管灌注桩采用激振器或振动冲击锤沉管，施工时，先安装好桩机，关闭活瓣或套入桩靴，对准桩位，徐徐放下套管，压入土中，勿使偏斜，即可开动激振器沉管。严格控制最后的贯入速度，待套管沉到设计标高，且最后 30s 的电流值、电压值符合设计要求后，停止振动，用吊斗将混凝土灌入桩管内，然后再开动激振器和卷扬机拔出钢管，边振边拔，从而使桩的混凝土得到振实。

振动沉管灌注桩可采用单打法、复打法和反插法施工。

单打法施工时，在桩管灌满混凝土后，开动振动器，先振动 5~10s，开始拔管，边振边拔。每拔 0.5~1m，停拔 5~10s，保持振动，如此反复，直至套管全部拔出。在一般土层内，拔管速度宜为 1.2~1.5m/min，在软弱土层中，宜控制在 0.6~0.8m/min 以内。

复打法是在单打施工完成后，拔出套管，再闭合活瓣桩尖，在原桩孔混凝土中第二次沉入桩管，将未凝固的混凝土向四周挤压，然后第二次灌注混凝土和振动拔管。复打施工必须在第一次灌注的混凝土初凝前全部完成，并使前后两次沉管的轴线重合，且第一次灌注的混凝土应达到自然地面，不得少灌。该方法适用于饱和黏土层。

反插法施工是在桩管灌满混凝土后，先振动再开始拔管，每次拔管高度 0.5~1m，反插深度 0.3~0.5m，在拔管过程中分段添加混凝土，保持管内混凝土面始终不低于地表面或高于地下水位 1.5m 以上，拔管速度应小于 0.5m/min。如此反复进行，直至套管拔出地面。反插法能使混凝土密实性增加，宜在较差的软土地基施工中采用。

2.3.4　旋挖钻孔灌注桩

1. 简介

在钻孔灌注桩施工中，由于旋挖钻孔具有性能好、公害低、效率高等优点而逐渐被使用单位认可。旋挖钻孔灌注桩是采用膨润土静态无循环泥浆护壁，直接由旋挖钻斗取土，是目前较为广泛采用的钻孔灌注桩施工方法，适用于在软土、流砂和卵砾石等复杂地质条件下进行大直径灌注桩施工。

2. 施工工艺

机械设备由主机、泥浆制备和净化系统以及辅助机械工具等组成。旋挖钻机钻孔取土时，依靠钻杆和钻斗自重切入土层，斜向斗齿在钻斗回转时切入土层，此时可通过加压油缸对钻杆加压，强行将斗齿切入土中，完成钻孔取土，钻斗内装满土后，由起重机提升钻杆及钻斗到地面上，使钻斗上碰杆碰到机架上即可打开底门，钻斗内的土依靠自重作用自动排出。然后，钻杆向下放关好斗门，再回转到孔口进行下一斗的挖掘。每一个循环视孔深的不同，约在 1~5min 内完成，每钻一斗，可入土 0.5~0.8m。旋挖钻孔灌注桩是一种高效成孔方式，更换旋挖钻机钻具，装上短螺旋钻头能进行硬土层、松动泥岩、砂岩等取土作业。

2.3.5　爆扩灌注桩

爆扩灌注桩由桩身和扩大头两部分组成，如图 2-13 所示。它是先用人力或机械钻孔（可直接钻成桩孔，亦可先钻一个小孔，再用炸药把小孔扩大，形成需要的桩孔），然后在桩孔底部放下炸药包，并填筑适量混凝土，借爆炸力挤压周围的土壤，形成所需要的扩大头，接着放入钢筋笼、浇筑混凝土。

爆扩桩在黏性土层中使用效果较好，但在软土和砂土中不易成型。桩长（H）一般为 3～6m（最大不超过 10m），扩大头直径 D 为 $2.5d$～$3.5d$。这种桩具有成孔简单、节省劳动力和成本等优点。但检查质量不方便，施工要求较严格。爆扩桩成孔与成桩的施工工艺见图 2-14 所示。

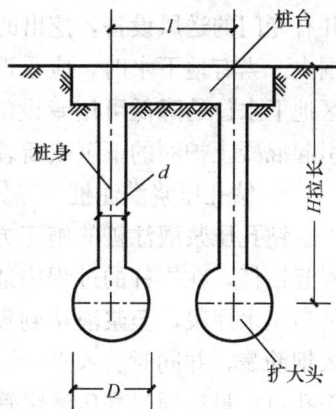

图 2-13 爆扩桩示意图

2.3.6 其他形式灌注桩

1. 人工挖孔灌注桩

人工挖孔灌注桩是指桩孔采用人工挖掘方法成孔，然后安装钢筋笼，灌注混凝土而成的桩。其优点是：设备简单；施工现场较干净；无噪声、无振动；当土质复杂时，可直接观察或检验分析土质情况；桩底沉渣能清除干净，质量可靠；必要时，各桩孔可同时施工，施工速度快；即使在狭窄的场地仍能施工，桩底也可扩大成为扩底桩。因此在高层及超高层、重型及超重型建筑中得到广泛应用。其桩径（不含护壁）为 0.8～2.5m，孔深≤30m。

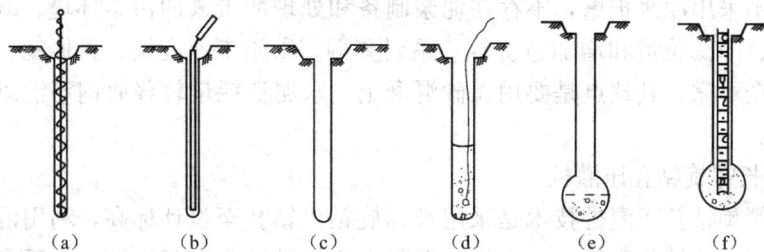

图 2-14 爆扩桩两次爆扩法施工工艺

(a) 钻导孔；(b) 放下炸药；(c) 爆扩桩孔；(d) 放下炸药包，灌入 50% 扩大混凝土；

(e) 爆扩大头；(f) 放下钢筋笼灌注混凝土

人工挖孔灌注桩施工时，常采用衬圈护壁来防止孔壁坍塌。常用的有混凝土护圈（图 2-15）和沉井护圈（图 2-16）。

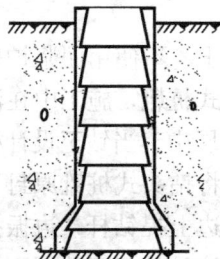

图 2-15 混凝土护圈挖土

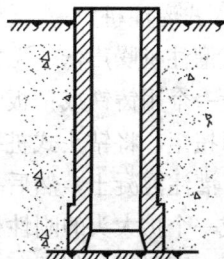

图 2-16 沉井护圈挖孔

由于土方的挖掘系人工在孔内进行，因此，人工挖孔桩的施工应特别注意安全。施工时，孔口四周必须设置护栏，孔内设置应急软爬梯供人员上下，并有专门的送风设备，挖出的土方及时运离孔口，不得堆放在孔口周边 1m 范围内。当有地下水时，应采取合理的施工降排水措施并防范流砂的产生，桩区地下水位的降低可用专设的降水井，也可用桩孔自身降水。降水时可能会引起混凝土护圈的下沉或断裂，须采取措施加以防范。

2. 钻孔压浆灌注桩

钻孔压浆灌注桩的施工方法是先用长螺旋钻孔机钻孔到预定的深度；再提起钻杆，在提杆的过程中通过设在钻头的喷嘴，向钻孔内喷注事先制备好的高压水泥浆，至浆液达到没有塌孔危险的位置为止；待起钻后向钻孔内放入钢筋笼，并同时放入至少一根直至孔底的高压灌浆管，然后投放粗骨料直至孔口；最后通过高压灌浆管向孔内二次压入补浆，直至浆液达到孔口为止。根据土质条件的不同，喷嘴喷注浆液的压力可在 $1\sim30$MPa 范围内变化，二次补浆的压力可在 $2\sim20$MPa 范围内变化。整个桩体的浆液和粒料的体积比以 $1:0.8$ 为宜。

钻孔压浆灌注桩的优点：①由于钻孔后的钻杆是被孔底的高压水泥浆置换而退出钻孔的，所以能在流砂、淤泥、砂卵石等易塌孔和有地下水的条件下，采用水泥浆护壁而顺利地成孔成桩。②自下而上重复注浆，可使桩体致密，并且对周围的土层有渗透加固作用，解决了断桩、颈缩和桩底虚土等问题。③不采用泥浆护壁，不存在泥浆制备和处理所带来的污染环境、减慢施工速度、降低质量和增加造价等一系列弊端。④施工速度快、无振动、噪声小且安全可靠。其缺点是要用无砂混凝土，水泥消耗量较普通钢筋混凝土灌注桩多。

3. 长螺旋钻孔压灌桩

长螺旋钻孔压灌桩技术是采用长螺旋钻机钻孔至设计标高，利用混凝土泵将混凝土从钻头底压出，边压灌混凝土边提升钻头直至成桩，然后利用专门振动装置将钢筋笼一次插入混凝土桩体，形成钢筋混凝土灌注桩。后插入钢筋笼的工序应在压灌混凝土工序后连续进行。

与普通水下灌注桩施工工艺相比，长螺旋钻孔压灌桩施工，不需要泥浆护壁，无泥皮，无沉渣，无泥浆污染，施工速度快，造价较低。适用于地下水位较高，易塌孔，且长螺旋钻孔机可以钻进的地层。

4. 旋转压入式灌注桩

旋转压入式灌注桩噪声低、无振动、无排土、不使用泥浆护壁。其方法是在钻杆下端安设一个用铸铁或钢板焊成的钻头式桩靴，施工中在液压机械的推动下给予钻杆以扭矩，将钻头式桩靴压入到土层中。当钻至设计标高后，在管内安放钢筋笼，灌注混凝土，然后扭动钻杆，将钻头式桩靴原封不动地留在桩尖处，从而形成一个扩大头的刚性桩尖。最后边上提钻杆，边振捣混凝土，待钻杆拔出地面后，即形成一根混凝土灌注桩。这种施工工艺因不使用桩锤，所以不产生振动，噪声也小，施工中不排出泥土，不使用泥浆护壁，桩尖处既无沉渣，又不被施工机具所扰动，是一种无公害的施工方法。旋转压入式灌注桩，可在距已建房屋较近距离（200mm）内施工而不受其影响，对桩侧地基土有挤密效果。但因受机械功率的限制而不能施工大直径桩基（最大直径为520mm），且难以在含有50～100mm以上厚度的砾石夹层中施工。

5. 树根桩

树根桩是钻孔灌注桩的又一种类型。由于基础桩群的形状多半是以不同的倾角向各个方向展开，像树根的形状而得名。树根桩可以是垂直也可倾斜，可以是单根也可成排。树根桩可用于重建和改建房屋的基础，也可用于加固斜坡、滑坡和锚桩。

2.3.7 灌注桩的适用范围和质量控制

1. 灌注桩适用范围

灌注桩适用范围见表2-2。

灌注桩适用范围　　　　　　　　　　　　　　　　表2-2

项目		适用范围
干作业成孔	螺旋钻	地下水位以上的黏性土、砂土及人工填土
	钻孔扩底	地下水位以上的坚硬、硬塑的黏性土及中密以上的砂土
	机动洛阳铲（人工）	地下水位以上的黏性土、黄土及人工填土
泥浆护壁成孔	冲抓 冲击 回转钻	碎石土、砂土、黏性土及风化岩
	潜水钻	黏性土、淤泥、淤泥质土及砂土
沉管成孔		黏性土、粉土和砂土
旋挖钻孔		黏性土、粉土、砂土、填土、碎石土及风化岩
爆扩成孔		地下水位以上的黏性土、黄土、碎石土及风化岩
人工挖孔		地下水位以上的黏性土、粉土、填土、中等密实以上的砂土、风化岩、黄土、膨胀土和冻土
钻孔压浆桩		黏性土、湿陷性黄土、淤泥质土、中细砂、砂卵层
长螺旋钻孔压灌桩		黏性土、粉土、砂土、填土、非密实的碎石类土、强风化岩
旋转压入式		黏性土、淤泥质黏土、砂土
树根桩		用于地基基础和边坡的加固工程

2. 灌注桩的质量控制

灌注桩的质量应从以下三个方面进行控制。

（1）成孔深度。对于摩擦桩，必须保证设计桩长，当采用套管法成孔时，套管入土深度的控制以标高为主，并以贯入度（或贯入速度）为辅。对于端承桩，必须有足够的桩端承载力和尽量小的沉降量，当采用钻、冲、挖成孔时，必须保证桩孔进入硬土层中且达到设计要求的深度，并将孔底清理干净；当采用套管法成孔时，套管入土深度的控制以贯入度（或贯入速度）为主，与设计持力层标高相对照为辅。

（2）钢筋笼制作与安装。钢筋笼宜分段制作，每段长度以5～8m为宜。

搬运时应采取适当措施，防止扭转。沉放钢筋笼时要对准孔位，吊直扶稳，缓缓下沉，避免碰撞孔壁。钢筋笼下放至设计位置后，应立即固定。两段钢筋笼连接时应采用焊接。灌注水下混凝土时，可在钢筋笼上设置定位钢筋环或混凝土垫块，或在沉放钢筋笼前在孔中对称设置几根导向钢管或导向钢筋，以确保保护层厚度。

（3）灌注混凝土。桩孔质量检查合格后，应尽快灌注混凝土。对于水下灌注混凝土和采用套管法从管内灌注混凝土的桩，在灌注过程中，应用浮标或测锤测定混凝土的灌注高度，以检查灌注质量。由于桩孔直径的偏差、新浇混凝土与孔壁周围土的互相挤压以及混凝土向孔壁的渗透等原因，为使灌注桩满足设计要求，混凝土的充盈系数（混凝土的实际灌注量与设计体积之比）不得小于 1。由于灌注桩细长且垂直浇筑，灌注后会在桩顶形成强度较低的浮浆层，所以灌注高度应超过设计尺寸，以便在凿去浮浆层后，仍能达到设计标高。

2.4　地基深层加固简介

2.4.1　强夯地基加固

强夯法是用起重机械将 10～60t 的夯锤吊起，从 6～30m 的高处自由下落，对土体进行强力夯实的地基加固方法。强夯法属高能量夯击，用巨大的冲击能（500～800kJ），使土中出现冲击波和很大的应力，迫使土颗粒重新排列，排除孔隙中的气体和水分，从而提高地基强度，降低其压缩性。强夯法适用于处理碎石土、砂土、低饱和度的粉土与黏性土、湿陷性黄土、素填土和杂填土等地基的深层加固。地基经强夯加固后，承载能力可以提高 2～5 倍；压缩性可降低 200%～1000%，其影响深度在 10m 以上，国外加固影响深度已达 40m。它的优点是效果好、速度快、节省材料、施工简便；缺点是施工时噪声和振动很大，离建筑物小于 10m 时，应挖防震沟，沟深要超过建筑物基础深度。

2.4.2　挤密桩地基加固

（1）灌注砂石挤密桩。灌注砂石挤密桩的施工方法与沉管成孔灌注混凝土桩类似，也是先用桩机将带桩尖的钢套管打入土中形成桩孔并对土壤进行了加密，然后将砂石料灌入套管中，边振实边逐渐上拔套管，并且边补充填灌砂石料，甚至采用反插方法挤密砂石，再次挤密加固土壤，也可拔出套管后，再往孔中灌入砂石料进行捣实直至达到设计要求。适用于加固松软饱和土壤中的地基。

（2）灰土挤密桩。与砂石挤密桩施工方法类似。只是在拔管后，须分层向孔内填灌拌合好的灰土，并分层用捣实锤（机械带动）反复夯实，直至达到设计要求。适用于加固湿陷性黄土地基或其他软弱地基。

2.4.3　振动水冲桩地基加固

振动水冲桩加固地基的施工过程见图 2-17，它是用起重机吊起振冲器，启动潜水机带动偏心块，使振冲器产生高频振动，同时开动水泵通过喷嘴喷射高压水流。在振动和高压水流的联合作用下，振冲器沉到土中的预定深度，然后经过清孔工序，用循环水带出孔中稠泥浆，此后就可以从地面向孔中逐段添加填料（碎石或其他粒料），每段填料均在振动作用下被振挤密实，达到所要求的密实度后提升振冲器；再于第二段重复上述操作，如此直至地面，从而在地基中形成一根较大直径的密实桩体，并与原地基构成复合地基。

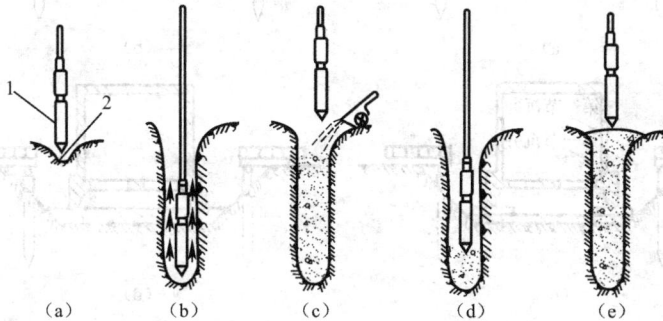

图 2-17　振冲碎石桩制桩施工过程
(a) 定位；(b) 振冲下沉；(c) 加填料；(d) 振密；(e) 成桩
1-振冲器；2-桩孔

2.4.4　深层搅拌地基加固

深层搅拌是用来加固饱和软黏土地基的一种方法。它是利用水泥、石灰等水硬性材料作为固化剂，通过特制的深层搅拌机械，在地基深处就地将软土和喷出的固化剂（浆液或粉状）强制搅拌，利用固化剂和软土之间所产生的一系列物理化学反应，使软土硬结，提高地基强度。根据所喷固化剂的材料和形态，深层搅拌有水泥粉喷桩、喷浆桩等。

2.5　其他深基础工程

2.5.1　沉井法施工

1. 沉井法施工及特点

沉井法是地下建筑施工的一种方法。将位于地下一定深度的构筑物，先在地面制作，形成一个井状结构，然后在井内不断挖土，借助井体自重逐步下沉，形成一个地下构筑物。此法广泛使用于矿井、通风道、水泵房、取水用集水井及桥墩等工程。近年来，也大量用于地下油库、地下电厂及其他工厂、隧道的建造。它的突出优点是，沉井在下沉过程中，不必采用很深的用来支撑坑壁的防水围堰和支护，从而节约大量的支撑费用。沉井由刃脚、井筒、内隔墙等组成。其主要工作内容包括沉井制作和沉井下沉两个部分。

2. 沉井施工

沉井的施工程序：测量放线、开挖基坑、搭设施工平台→铺砂垫层及承垫木→制作沉井→抽除垫木→挖土下沉→封底、回填、浇筑其他部分结构，如图2-18所示。

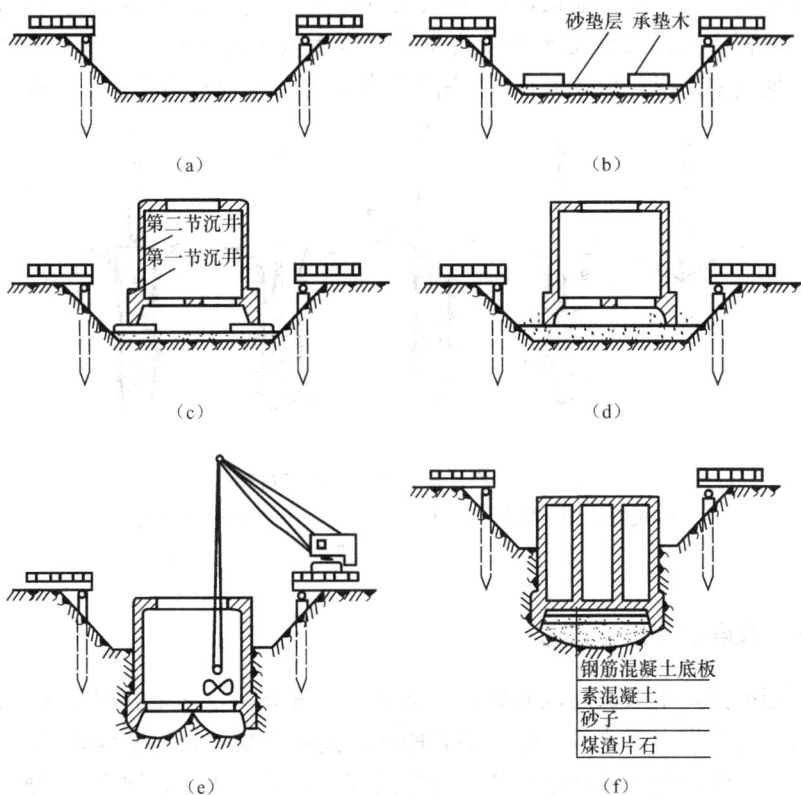

图2-18 沉井施工主要程序示意图

(a) 打桩、开挖、搭台；(b) 铺砂垫层、承垫木；(c) 沉井制作；(d) 抽取垫木；
(e) 挖土下沉；(f) 封底、回填、浇筑其他部分结构

(1) 沉井制作前的准备工作

沉井制作前，是否需要先挖一定深度的基坑，视土质情况、沉井结构的情况和沉井下沉所用施工方法而定。若先开挖基坑后制作沉井，则须增加打桩及搭台工作，如果不须要先开挖基坑，或开挖较浅铺设砂垫层后与原地面基本相平时，则无须打桩及搭台。打桩或搭工作台时，应与必要的脚手架搭设一并考虑。

在基坑挖好后，若地基承载力较差时，应在其上铺砂垫层，再沿井壁周边刃脚下铺设承垫木，其主要目的是为了将沉井的重量扩散到更大的面积上，避免沉井混凝土在灌筑后而尚未达到一定强度前，产生不均匀沉降而使沉井结构开裂。另外，砂垫层易于找平，便于铺设承垫木和抽除承垫木工作的

进行。

当沉井混凝土强度达到设计要求（一般为设计强度的70%以上）时，可开始抽除承垫木。抽除应分区、依次、对称、同步进行。各组承垫木应进行编号，明确抽除次序。每抽除一组承垫木，刃脚下即填筑砂或碎石，并随即夯实。

（2）沉井制作及防水处理

1）沉井制作

钢筋混凝土沉井的制作包括支模、绑钢筋（包括各种铁件焊接）、灌筑混凝土及养护、拆模等。其施工方法与一般钢筋混凝土结构的施工基本相同。制作时应注意以下事项：

① 用钢板或角钢与上部钢筋骨架焊接在一起制作刃脚，在浇筑第一节沉井并待其强度达到70%后，方可浇筑第二节沉井。

② 沉井制作高度应保证沉井自身的稳定性，但亦应考虑有适当的重量，以保证足够的下沉能力。在垫层或砖胎上第一节沉井的灌筑高度宜为1.0～2.0m。

③ 为减少下沉阻力，井壁在制作时应尽量做到光滑。

2）沉井防水

沉井是否需要防水以及所采用的防水方案和材料，应根据结构的用途及地质条件而定。须做防水处理的施工方案和操作要求等，与钢筋混凝土结构的地下防水基本类似。但沉井防水层的保护层（水泥砂浆）要求较高，且表面要抹得光滑平整，以便下沉时沉井能顺利沉下和保护层不致脱落。保护层应在具有足够的强度后，方可开始下沉。

（3）沉井的下沉

1）排水挖土下沉。对于透水性很低或涌水量不大的稳定土层，排水不会产生流砂，可采用排水挖土下沉。其优点是挖土方法简单，容易控制下沉，下沉较均衡且易纠偏，达到设计标高后又能直接检验基底土的平整，并可采用干封底。该方法可采用人工挖土配以小型机具（台灵架，少先吊及手推车）吊运，也可采用抓斗挖土机配合汽车运输，见图2-19。

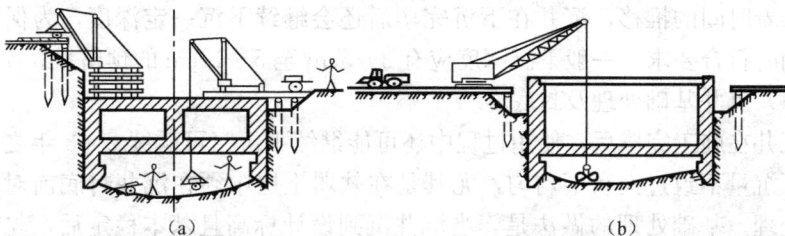

图 2-19 沉井挖土、运土示意图
（a）人工挖土小型机具吊运；（b）抓斗挖土汽车运输

2）不排水挖土下沉。当沉井穿过有较厚的砂质粉土或粉砂层，且为含水量很大（＞30%～40%）的土层时，采用排水下沉容易出现流砂现象。采用不排水下沉时，下沉过程中，井内水位须高出井外水位 1～2m，才能防止流砂流入井内。采用不排水挖土可采用水力机械开挖及吸泥机械出土的方法，具有机械化程度高、挖土效率高、工期短的优点，故在大型沉井施工中常采用，特别在靠近江河湖海的岸边，水源充沛，排泥方便，应用更为广泛。其缺点是耗电量大，管嘴易堵塞及要有必要的水源及排泥场所，在不排水下沉的情况下，有时需潜水员配合工作。吸泥机及管路布置见图 2-20。其工作原理是，高压水泵将高压水通过管路输送给高压水枪，借高压水枪喷出的高压水将土冲成泥浆。高压水通过另外管道进入吸泥机，然后将泥水排出。

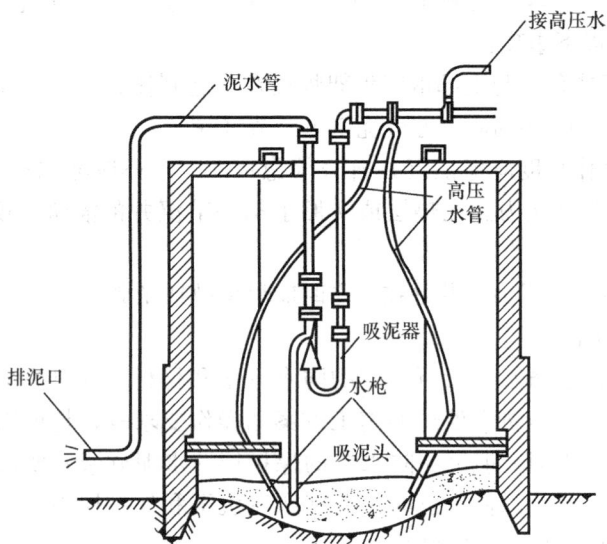

图 2-20 水力机械挖土示意图

挖土时一般先挖"锅底"（中间部分），然后再挖刃脚附近的土，挖土设备要均匀布置，使土面保持在同一水平上。否则沉井下沉不均，容易产生倾斜。另外，当沉井下部有梁时，应先将梁下土方提前开挖一部分，以免沉井下沉时，土将梁顶坏。沉井下沉时，每次不得超过 50cm 须进行清土校正，然后再继续进行。在下沉到距设计标高 50cm 时，应放慢下沉速度。

随着时间的推移，沉井在下沉完毕后还会继续下沉一定深度，为保证结构使用时符合要求，一般下沉深度应有 3～5cm 至 5～10cm 的预留量。

（4）沉井基础处理及封底

沉井在施工完毕后，使用过程中还可能继续下沉（可延续 2～3 年之久）。为使下沉量不致过大和不均匀，尤其是在软弱土层中须在沉井封底前对基础进行处理。基础处理的做法是，当沉井沉到设计标高且基本稳定后，先将超挖部分用炉渣填充夯实。在刃脚四周填以毛石，有时尚须铺设 10～30cm 厚的砂垫层，然后用素混凝土封底。

沉井封底有干封底和湿封底两种：干封底能保证混凝土的准确厚度及表面平整，且节约材料保证质量。同时设备简单，进度快，省去以后的清理及抽水工作，所以应优先采用。其方法是，灌筑混凝土时，在沉井中留一集水井，如有涌水，立即抽干，混凝土的灌筑应从四角刃脚处开始，向中央推移。混凝土与集水井口预留铸铁管（抽水用），中间空隙处填以 C30 混凝土，并掺防水速凝剂等。待混凝土底板达 70％设计强度后，再进行封闭管口。

水下浇灌混凝土封底要注意保证混凝土的质量。采用导管灌筑法，导管由多节钢管制成，使用时应进行有关水密、拔力试验，保证使用时不漏不裂。水下封底后，应检查封底混凝土质量，灌筑钢筋混凝土底板前，要抽水并凿去封底混凝土表层的浮浆。

2.5.2 地下连续墙施工

1. 地下连续墙施工简介和特点

近年来，高层建筑、地铁及各种大型地下设施发展迅速，其周围的施工环境和场地对施工工艺提出了更高的要求，传统的施工方法受到了很大的限制，无法保证正常的施工进程，地下连续墙结构刚度大，对地质条件适应范围广，施工时噪声低、振动小、防渗性能好、既可挡土又可挡水，在地下工程和深基础工程中得到了广泛的应用。地下连续墙也存在成本高、施工技术复杂、须配备专用设备、施工中泥浆须妥善处理、有一定的污染性等缺点。

2. 地下连续墙施工

地下连续墙施工基本工艺原理：在地面上用专门的挖槽设备，根据设计开挖一条具有一定宽度和深度的深槽，并清除沉渣后，插入接头管，深槽利用泥浆护壁，然后将钢筋笼吊放入槽内，采用导管法浇筑水下混凝土，筑成一单元墙段，依此逐段施工，各单元墙段之间以特定的接头方式互相连接，即形成完整的连续墙。其施工工艺如图 2-21 所示。

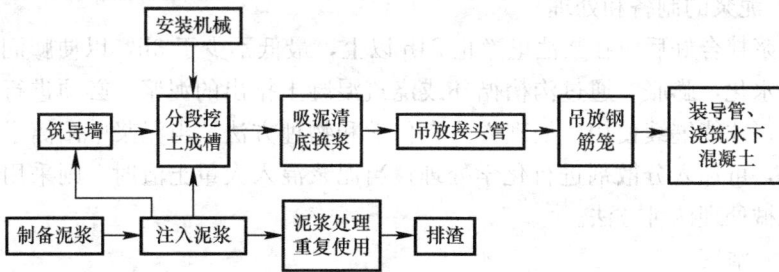

图 2-21 地下连续墙施工工艺流程

（1）划分单元槽段

地下连续墙是由各段墙体连接起来形成整体，因此在施工中，要沿墙体长度方向划分一定的长度分段施工。单元槽段越长，则接头越少，可提高墙体的整体性、防渗性，提高工效。但应综合考虑地质条件、附近建筑物情况、槽壁稳定性、挖槽机械等各种因素。单元槽段的长度一般为 4～8m。

（2）修筑导墙

在槽段开挖前，应沿地下连续墙设计轴线位置开挖一定宽度和深度的导沟，然后在导沟的两侧修筑导墙。它主要起导向、基准、挡土、重物支承台、储存泥浆、维护上部土体稳定和防止土体坍塌等作用。导墙多采用现浇钢筋混凝土结构，亦可采用预制钢筋混凝土或型钢制成的工具式结构（可重复使用）。导墙必须具有一定的强度、刚度和精度。

（3）开挖槽段

地下连续墙施工中，成槽工作的好坏直接影响到墙体的形状、质量和工程的进度、成本。因此要根据土质条件、施工精度、工期要求等因素，正确进行槽段开挖。

1）挖槽机械。挖槽机械按工作原理可分为挖斗式、冲击式和回转式三类。

2）挖槽控制。深槽挖掘时要严格控制垂直度和偏斜度。尤其是地面至地下10m左右的挖槽精度，对以后整个槽壁的精度影响很大，必须慢速均匀钻进。开槽速度要根据地质情况、机械性能、成槽精度要求及其他环境条件来选定。挖槽要连续作业，并且要依顺序连续钻进。钻进过程中应保持护壁泥浆不低于规定高度，特别是对渗透系数较大的砂砾层、卵石层，更应注意保持一定高度的浆位。对有承压水及渗漏水的地层，应加强对泥浆的调整和管理，防止大量水进入槽内稀释泥浆，危及槽壁安全。

（4）泥浆护壁技术

地下连续墙在成槽过程中，为了保持开挖槽段土壁的稳定，通常采用泥浆护壁技术。

1）泥浆的成分及作用。①泥浆的成分主要是膨润土、掺合物和水。膨润土是一种颗粒极细、遇水显著膨胀，黏性和塑性都很大的特殊黏土。掺合物按其用途有加重剂、增黏剂、分散剂和防漏剂四类，其作用是调整泥浆性质，满足施工要求。②泥浆的作用主要有：护壁、携土、冷却和润滑。

2）泥浆的制备和处理

泥浆拌合好后应在浆池里静止24h以上，最低不少于3h，以便膨润土颗粒充分水化，膨胀。通过沟槽循环或浇筑混凝土排出的泥浆，必须进行净化处理后，才能继续使用。处理方法有化学和物理方法。当泥浆中阳离子混入较多时，可加入分散剂进行化学处理；当泥浆混入大量土渣时，则采用沉淀池和机械处理两种方法。

（5）清底

成槽作业结束后，要清除沉入泥浆底部的土渣和残留土渣及吊放钢筋笼时从槽壁上刮落的泥皮。清底的方法一般采用泥浆循环置换法，在不断补给新制泥浆的同时，用砂石吸力泵、压缩空气泵或潜水泥泵等从槽底清除沉渣。

（6）钢筋笼的制作与吊放

1）钢筋笼制作。钢筋笼一般是按单元槽段做成一个整体，并考虑单元槽段、接头形式及现场起重能力等因素。制作钢筋笼时，要预先确定浇筑混凝土导管位置，并留下上下贯通的足够空间，其净尺寸应比导管连接处的外径大100mm以上。周围须增设箍筋和连接筋加固。为便于导管插入，应将纵筋放在横向钢筋的内侧，纵向钢筋底端应稍向里弯曲，以免吊放时损伤槽壁。横向钢筋端部距接头管或混凝土接头应有150～200mm的间隙。

2) 钢筋笼吊放。钢筋笼吊放入槽时，应对准单元槽段，徐徐下降，避免因左右而摆动损伤槽壁表面。吊放到设计标高后，可用横撑将其搁置在导墙上。为防止钢筋笼在浇筑时上浮，可在导墙上设置预埋件，将钢筋笼与其焊接固定。钢筋笼入槽后至浇筑混凝土前的停留时间不得超过 6h。

（7）混凝土浇筑

地下连续墙混凝土的浇筑是采用水下浇筑混凝土中的导管法进行施工。在浇筑时，为防止泥浆卷入混凝土内，导管埋入混凝土内的深度宜为 2.0～4.0m，否则导管内的混凝土不易排出。浇筑时，槽内混凝土面上升速度不应小于 2m/h，过慢将会影响混凝土浇筑质量。浇筑时混凝土表面会被污染，其浮浆层须凿除，因此浇筑面应比设计墙顶面高 300～500mm。

（8）槽段接头施工

地下连续墙槽段间接头的形式和施工质量会影响墙体的整体性和防渗性能。按使用接头装置的不同，对槽段接头形式可分为接头管接头、接头箱接头和各种形式的钢板接头等。最常使用的是接头管接头施工方式。接头钢管在钢筋笼吊放前放入槽段内。浇筑混凝土后，为使接头管能顺利拔出，在槽段混凝土初凝前，应经常转动接头管。待混凝土浇筑 2～4h 后，先每次拔 0.1m 左右，拔到 0.5m～1m，以后可逐步加速至 2～4m/h，应在混凝土浇筑结束后 8h 内将接头管全部拔出。拔管一般用起重机或液压千斤顶。接头管拔出后即可进行下一个单元槽段的施工。

小结及学习指导

通过本章学习，应掌握各种预制桩的构造和制作要求，重点掌握钢筋混凝土预制桩的构造和制作要求，熟悉打入沉桩、静力沉桩、振动沉桩和水冲沉桩的施工方法及保证质量的技术措施；熟悉各类成孔灌注桩的工艺原理和施工要点，重点分析灌注桩易产生的质量事故的原因及预防和处理的方法；了解地基深层加固的方法；熟悉沉井基础和地下连续墙施工的方法、特点和主要施工工艺。

思考题与习题

2-1 简述桩基的作用原理和桩的分类。

2-2 简述钢筋混凝土预制桩的施工过程。

2-3 预制桩吊点位置如何确定？

2-4 打桩机械设备的组成及桩锤的种类有哪些？

2-5 打桩过程中应注意检查哪些主要问题？试分析桩锤产生回弹和贯入度发生变化的原因。

2-6 打桩顺序如何确定？

2-7 对打桩质量有哪些要求？如何判断打下的桩是否符合设计要求？

2-8 试述打桩对周围的影响。解决挤土、振动、噪声可采取哪些有效的技术措施?

2-9 简述静力压桩过程。

2-10 何谓灌注桩? 简述泥浆护壁钻孔灌注桩的施工过程。

2-11 泥浆护壁的机理是什么? 为何要进行二次清孔?

2-12 何谓复打法、反插法。

2-13 简述人工挖孔桩的施工过程。人工挖孔桩施工中应注意哪些主要问题?

2-14 何谓强夯? 有何特点?

2-15 何谓振动水冲桩和深层搅拌法?

2-16 简述深层搅拌法施工过程。

2-17 简述沉井法施工过程。简述基坑开挖与沉井制作的关系和注意事项。

2-18 简述沉井下沉的方法。如何防止沉井偏移?

2-19 何谓封底? 沉井施工时,出现偏差如何纠正?

2-20 简述地下连续墙的特点及基本施工工艺原理。

2-21 简述地下连续墙的主要施工工艺。

2-22 简述地下连续墙施工中,泥浆的主要成分及作用。

2-23 在连续墙的接头处应注意哪些问题?

第3章
砌 筑 工 程

本章知识点

> **知识点：** 砌筑材料的性能及要求，砖基础、砖砌体、中小型砌块墙的组砌形式及施工工艺、施工方法，砖砌体的质量要求、保证质量的措施、检查质量的方法以及砌体的冬期施工，块料及隔墙板的种类、常见质量通病以及相应的防治措施。
>
> **重 点：** 砌体对材料的要求、砌体的组砌形式、施工工艺、质量要求及冬期施工。
>
> **难 点：** 掌握砌体的不同组砌形式及相关的施工工艺。

砌筑工程是指在建筑工程中使用普通黏土砖、承重黏土空心砖、蒸压灰砂砖、粉煤灰砖等中小型砌块或石材等材料进行砌筑的工程，它是一个综合的施工过程，包括砂浆制备、材料运输和墙体砌筑等。

3.1 砌筑材料

砌筑材料分为块料和砂浆。砌体结构是通过砂浆将块料粘结成整体，来满足结构的荷载要求和使用功能。

3.1.1 块料

1. 砖

砖有实心砖、多孔砖和空心砖，按其生产方式不同又可分为烧结砖和蒸压砖两大类。

常用普通砖的标准尺寸为 240mm×115mm×53mm。砖的强度等级根据其抗压强度来确定，常用有 MU5.0、MU7.5、MU10、MU15 四种。

2. 石料

砌筑所用的石料分为毛石和料石两类。根据石料的抗压强度值，石料有 MU10、MU15、MU20、MU30、MU40、MU50、MU60、MU80、MU100 九个等级。

3. 砌块

砌块的种类较多，一般常用的有混凝土空心砌块、加气混凝土砌块及粉煤灰实心砌块。通常把高度为 180～350mm 的砌块称为小型砌块，360～900mm 的称为中型砌块。砌块的强度等级有 MU5、MU7.5、MU10、MU15、MU20，其中用于砌体结构的砌块最低强度等级为 MU7.5。

4. 块料的使用要求

1）砖的品种和强度等级必须符合设计要求，其外观应尺寸准确，无裂纹、掉角、缺棱和翘曲等严重现象。生产单位供应砌块时，必须提供产品出厂合格证，标明砌块的强度等级和质量指标。

2）使用多孔砖时，孔洞应垂直于受压面砌筑。对有冻胀环境地区，地面以下或防潮层以下的砌体，不宜采用多孔砖。

3）烧结普通砖、烧结多孔砖、蒸压灰砂砖、蒸压粉煤灰砖砌筑时，应提前 1～2d 适度湿润，严禁采用干砖或处于吸水饱和状态的砖，烧结类块料湿润后的相对含水率宜为 60%～70%。混凝土多孔砖及混凝土实心砖不需要浇水湿润，但在气候干燥炎热的情况下，宜在砌筑前对其喷水湿润。其他非烧结类块料湿润后的相对含水率宜为 40%～50%。

4）多孔砖的孔洞应垂直于受压面，有利于砂浆结合层进入上下砖块的孔洞中，以提高砌体的抗剪强度和整体性。

3.1.2　砌筑砂浆

1. 砂浆的分类及强度等级

砌筑砂浆按组成材料不同分为水泥砂浆、混合砂浆与石灰砂浆。

砌筑砂浆按拌制方式不同分为：现场拌制砂浆和预拌砂浆（商品砂浆）。根据砂浆的生产方式，将预拌砂浆分为湿拌砂浆和干混砂浆，其中将加水拌合而成的湿拌拌合物称为湿拌砂浆，将干态材料混合而成的固态混合物称为干混砂浆。

砌筑砂浆按抗压强度分为 M2.5、M5、M7.5、M10、M15、M20、M30 等七个等级，其中用于砌体结构的砂浆最低强度等级为 M5。

2. 砂浆的制备及使用要求

水泥砂浆和混合砂浆可用于砌筑环境潮湿和强度要求较高的砌体，基础一般用水泥砂浆。

砂浆用砂宜采用中砂，且砂的含泥量应满足如下要求：对强度等级小于 M5 的水泥混合砂浆，不应超过 10%；对水泥砂浆和强度等级不小于 M5 的水泥混合砂浆，不应超过 5%；人工砂、山砂及特细砂，需试配直至满足砌筑砂浆技术条件要求。

砂浆的拌制一般用砂浆搅拌机，要求拌合均匀。为改善砂浆的保水性可掺入电石膏、粉煤灰等塑化剂。砂浆应随拌随用，水泥砂浆和混合砂浆在常温下必须分别在搅拌后 3h 和 4h 内使用完毕，若气温在 30℃ 以上，则必须分别在 2h 和 3h 内用完。

砂浆的稠度对烧结普通砖、蒸压粉煤灰砖砌体宜控制在 70～90mm；对混凝土实心砖、多孔砖、小型空心砌体和蒸压灰砂砖砌体宜为 50～70mm；对烧结多孔砖、空心砖、蒸压加气混凝土砌块砌体宜为60～80mm；对石砌体宜为30～50mm。

3.2 砖砌体施工

3.2.1 砖基础的砌筑

砖基础有带形基础和独立基础，基础下部扩大部分称为大放脚。砌筑砖基础时应注意以下五点：

（1）为保证基础砌好后能在同一水平面上，必须在垫层转角处、高低踏步处预先立上基础皮数杆，见图3-1；

（2）基础大放脚用一顺一丁法组砌，竖缝要错开，在十字及丁字接处，纵横墙要隔皮砌通，大放脚最下一皮及每个台阶的上面一皮应以丁砖为主；

（3）砌砖时，按皮数杆先砌几皮转角及交接处的砖，并在其间拉准线，再砌中间部分；穿过基础的管道上部应预留沉降空隙；

（4）砌到最后一个台阶时，应从龙门桩（定位桩）上拉线将墙的轴线引到砖墙上，以保证最后一个退台正确；

（5）砌完基础后，两侧应同时回填土，并分层夯实，以防止不对称回填使基础侧移、破坏基础等。

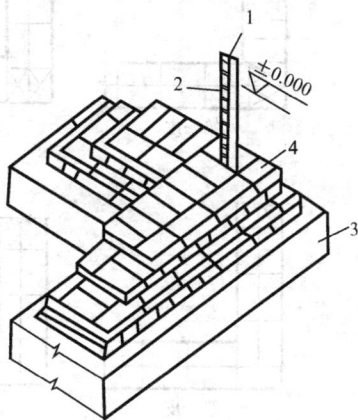

图 3-1　基础砌砖图
1-皮数杆；2-防潮层；
3-垫层；4-大放脚

3.2.2 砖墙的砌筑

1. 组砌形式

一块砖有三个两两相等的面，最大的面叫大面；长的一面叫条面；短的一面叫丁面。砖砌入墙体后，条面朝向操作者的叫顺砖，丁面朝向操作者叫丁砖。

普通砖墙厚度有半砖、一砖、一砖半和两砖等。用普通砖砌筑的砖墙，依其墙面组砌形式不同，有一顺一丁、三顺一丁、梅花丁等，见图3-2。

（1）一顺一丁砌法

这是最常见的一种组砌形式，也称满丁满条组砌法。由一皮顺砖、一皮丁砖组砌而成，上下皮之间竖向灰缝都相互错开1/4砖长。

（2）三顺一丁砌法

三顺一丁砌法是采用三皮顺砖间隔一皮丁砖的组砌方法。上下皮顺砖搭接半砖长，丁砖与顺砖搭接1/4砖长，同时要求山墙与檐墙的丁砖层不在同一皮砖上，以利于错缝搭接。

（3）梅花丁砌法

梅花丁又称沙包式。这种砌法在同一皮砖上采用两顺砖夹一块丁砖的砌法，上下两皮砖的竖向灰缝错开 1/4 砖长。

（4）其他砌法

① 全顺砌法。全部采用顺砖砌筑，每皮砖搭接 1/2 砖长，适用于半砖墙的砌筑。

② 全丁砌法。全部采用丁砖砌筑，每皮砖上下搭接 1/4 砖长，适用于圆形烟囱与窨井的砌筑。

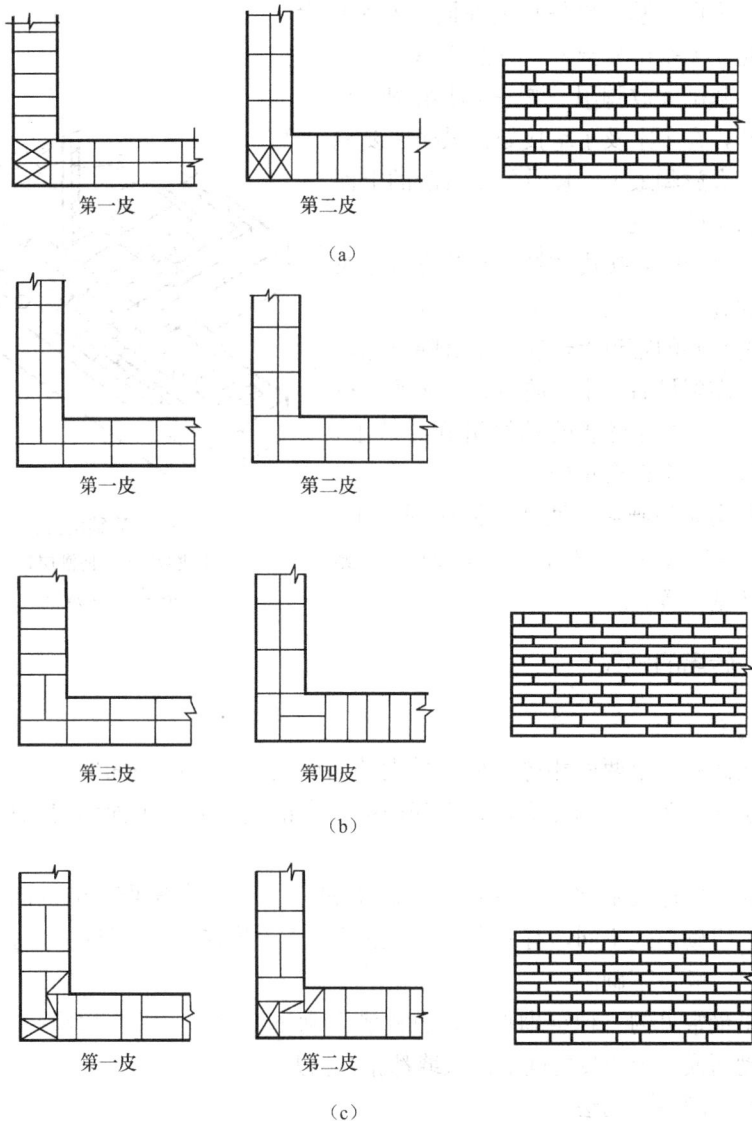

图 3-2　砖墙体组砌形式

（a）一顺一丁；（b）三顺一丁；（c）梅花丁

2. 施工工艺

砖墙砌筑通常有抄平、弹线、摆砖、立皮数杆、盘角、挂线、砌砖、勾缝与清理等工序。

（1）抄平

砌砖前，应在基础顶面或楼面上定出各层标高，并用 M7.5 水泥砂浆或 C15 细石混凝土找平，使其底部标高符合设计要求，做到外墙上、下层之间不出现明显的接缝痕迹。

（2）放线

根据给出的轴线及图纸上标注的墙体尺寸，在基础顶面上用墨线弹出墙的轴线和墙的宽度线，并标出门窗洞口位置。二楼以上墙的轴线可采用经纬仪或垂球上引。

（3）摆砖样（又称排砖摞底）

在放好线的基面上，由经验丰富的瓦工，根据墙身长度（按门、窗洞口分段）和组砌方式进行摆砖样，核对所弹出的墨线在门窗洞口、墙垛等处是否符合模数，以便借助灰缝调整，使砖的排列和砖缝宽度均匀合理。

（4）立皮数杆

皮数杆是一根划有每皮砖和灰缝厚度，以及门窗洞口、过梁、楼板的标高，用来控制墙体竖向尺寸以及各部件标高的木质标志杆，见图 3-3。一般立于房屋的四大角、内外墙交接处、楼梯间以及洞口比较多的地方，当两皮杆间距大于 15m 时，加设一根。皮数杆应抄平竖立，用锚钉或斜撑固定牢固，并保证与水平面垂直。

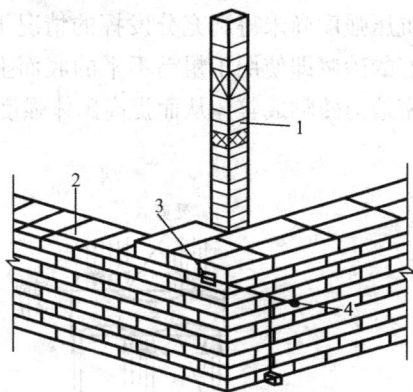

图 3-3 皮数杆及挂线示意图
1-皮数杆；2-准线；3-竹片；4-圆钉

（5）盘角、挂线

盘角是先由技术水平较高的工人砌筑大角部位，挂线后，一般工人按线砌筑中间墙体。盘角砌筑应随时用线锤和托线板检查墙角是否垂直平整，砖层灰缝厚度是否符合皮数杆要求，做到"三皮一吊，五皮一靠"。盘角超前墙体的高度不得多于 5 皮砖，且与墙体坡槎连接。在盘角后，应在墙侧挂上准线，作为墙身砌筑的依据。对 240mm 及其以下厚度的墙体可单面挂线；370mm 及以上厚度的墙体应双面挂线。

（6）砌筑

砌砖的常用方法有"三一"砌筑法和铺浆法两种。"三一"砌筑法是指一铲灰、一块砖、一揉压的砌筑方法。用这种方法砌砖质量高于铺浆法。铺浆法是指把砂浆摊铺一定长度后，放上砖并挤出砂浆的砌筑方法。在非抗震地区，铺浆的长度不得超过 750mm；当气温高于 30℃时，不得超过 500mm。

（7）勾缝及清理

勾缝具有保护墙面和增加墙面美观的作用。内墙面可采用砌筑砂浆随砌随勾缝，称为原浆勾缝；外墙面应采用加浆勾缝，即在砌筑几皮砖以后，先在灰缝处划出 10mm 深的灰槽。待砌完整个墙体以后，再用细砂拌制 1：1.5 水泥砂浆勾缝。勾缝完后，应清扫墙面。

3.2.3　影响砌体质量的因素分析

影响砌体质量的因素主要有：材料性能、施工操作、冻结、地基不均匀沉降、温度变化及材料收缩等。

1. 材料性能对砌体质量的影响

砌体质量与砖的强度等级、外形尺寸、砂浆的强度等级以及和易性有关。砖和砂浆的强度等级越高则砌体的抗压强度越高，但不宜过高地提高砂浆的强度来提高砌体强度，砂浆强度等级一般不宜超过砖的强度等级。另外，砖的尺寸不准，表面不平整，砂浆不饱满均匀、厚薄不一，使得砖不能均匀受压，而是处于受弯、受剪和局部受压的复杂应力状态，如 3-4 所示，以致在砖抗压强度尚未得到充分发挥的情况下就因剪切、弯曲等原因而破坏。和易性好的砂浆即使用于粗糙不平的底面上也能很好地铺成平整而均匀的薄层，紧密地与砖粘成整体从而提高砌体强度。

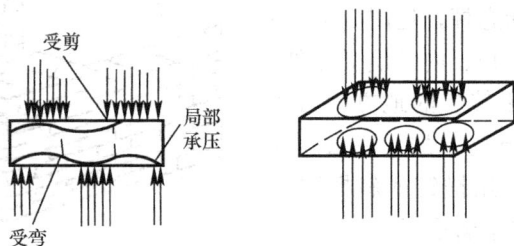

图 3-4　砌体中砖的受力状态

综上所述，确保砌体质量的关键是：砖的尺寸准确，表面平整，砖和砂浆达到设计强度等级，砂浆和易性良好，灰缝饱满均匀，并应精心施工。

2. 施工操作对砌体质量的影响

砖砌体的砌筑质量应符合砌体工程施工质量验收规范的要求，做到"横平竖直、砂浆饱满、组砌得当、接槎可靠"。

（1）横平竖直

砌体的水平灰缝应满足平直度要求，灰缝厚度宜为 10±2mm，否则在垂直荷载作用下，上下两层砖这之间将产生剪力，使砂浆与砌块分离从而引起砌体破坏；砌体必须满足垂直度要求，否则在垂直荷载作用下将产生附加弯矩而降低砌体承载力。

要做到横平竖直，首先应将基础找平，砌筑时严格按照皮数杆、拉线，将每皮砖砌平，同时经常用 2m 托线板检查墙体垂直度，用靠尺和塞尺检查平整度，发现问题应及时纠正。

（2）砂浆饱满，厚薄均匀

砂浆饱满能保证传力均匀和使砖处于受压状态，其饱满度以百格网检查，一般都不得低于 80%。水平灰缝应厚薄均匀，避免砖块受弯曲和剪切而影响砌体质量。

（3）错缝搭接

砖块的组砌方式应满足内外搭接，上下错缝的要求，错缝长度不应小于 60mm，避免出现垂直通缝，确保砌筑质量。标准黏土砖通缝不得超过三皮；承重空心砖通缝不得超过二皮。

（4）接槎可靠

接槎是指墙体临时间断处的接合方式，一般有斜槎和直槎两种方式。砌体转角外和交接处应同时砌筑，如不能同时砌筑而又必须留置的临时间断处应砌成斜槎，斜槎水平投影长度不应小于高度的 2/3，见图 3-5；如临时间断处留斜槎有困难时，除转角处外，也可留直槎，但必须做成凸槎，并加设拉结筋；拉结筋数量为每 120mm 墙厚放置 1Φ6 拉结钢筋（墙厚为 240mm 时为 2Φ6），间距沿墙高不应超过 500mm；埋入长度从留槎处算起每边均不应小于 500mm，对抗震设防烈度 6 度、7 度的地区，不应小于 1000mm，末端应有 90°弯钩，见图 3-6。墙砌体接槎时，必须将接槎处的表面清理干净，浇水湿润，并应填实砂浆，保持灰缝平直。当砖墙中设置构造柱时，应设马牙槎，构造柱沿墙高每 500mm，设 2Φ6 拉结钢筋，每边伸入墙内不少于 1m，见图 3-7。

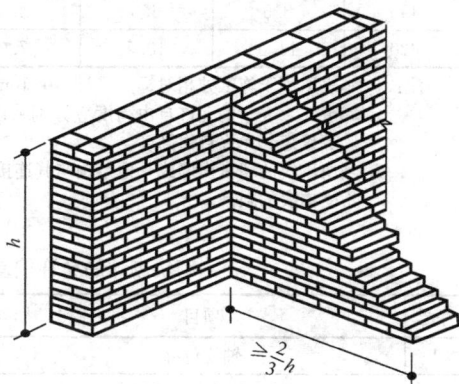

图 3-5　斜槎

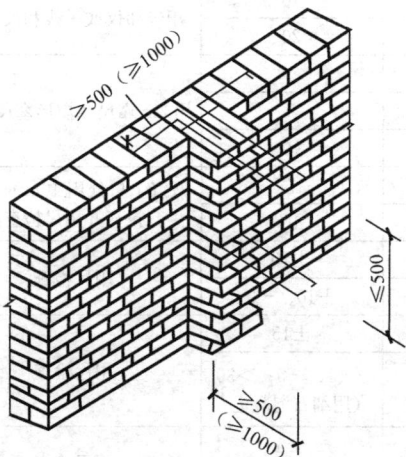

图 3-6　直槎

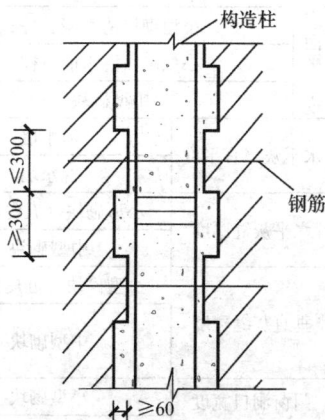

图 3-7　构造柱设马牙槎

（5）墙和柱允许自由高度

尚未安装楼板或屋面板的墙和柱，砌筑时有可能遇到大风时，其允许自由高度不得超过表3-1的规定，否则应采取必要的临时加固措施。

在砌筑中，为保证工程质量，一般对一天可以砌筑的高度进行限制，称之为砖的可砌高度。砖墙的可砌高度为1.8m，雨天不宜超过1.2m。

为保证砌筑质量，在砌筑过程中应对砌体各项指标进行检查，其检查方法和允许偏差见表3-2。

墙和柱的允许自由高度（m）　　　　　　表3-1

墙（柱）厚（mm）	砌体密度＞1600kg/m³			砌体密度1300~1600kg/m³		
	风载（kN/m²）			风载（kN/m²）		
	0.3（约7级风）	0.4（约8级风）	0.5（约9级风）	0.3（约7级风）	0.4（约8级风）	0.5（约9级风）
190	—	—	—	1.4	1.1	0.7
240	2.8	2.1	1.4	2.2	1.7	1.1
370	5.2	3.9	2.6	4.2	3.2	2.1
490	8.6	6.5	4.3	7.0	5.2	3.5
620	14.0	10.5	7.0	11.4	8.6	5.7

注：1. 本表适用于施工处相对标高（H）在10m范围内的情况；如10m＜H≤15m、15m＜H≤20m时，表中的允许自由高度应分别乘以0.9、0.8的系数；H＞20m时，应通过抗倾覆验算确定其允许自由高度。

2. 当所砌筑的墙有横墙或其他结构与其连接，而且间距小于表列限值的2倍时，砌筑高度可不受本表的限制。

砌块砌体的允许偏差和外观质量标准　　　　　　表3-2

序号	项目			允许偏差（mm）	检查方法
1	轴线位移			10	用经纬仪和尺检查
2	基础顶面或楼面标高			±15	用水准仪和尺检查
3	垂直度	每层		5	用吊线法检查
		全高	10m以下	10	用经纬仪或吊线和尺检查
			10m以上	20	
4	表面平整度	小型砌块清水墙、柱		5	用2m靠尺和楔形塞尺检查
		小型砌块混水墙、柱		8	
		中型砌块		10	
5	水平灰缝直平度	清水墙		7	灰缝上口处用10m长的线拉直并用尺检查
		混水墙		10	
6	水平灰缝厚度	小型砌块（五皮累计）		±10	用尺检查
		中型砌块		+10，−5	
7	垂直灰缝宽度	小型砌块（五皮累计）		±15	用尺检查
		中型砌块		+10，−5；＞30（用细石混凝土）	
8	门窗洞口宽度（后塞框）	小型砌块		±5	用尺检查
		中型砌块		+10，−5	
9	清水墙面游丁走缝（中型砌块）			20	用吊线和尺检查

3. 冻结对砌体质量的影响

砌体受冻后其强度和稳定性将受到严重影响，当砂浆具有 20% 以上设计强度后再遭冻结，解冻后对砂浆的最终强度影响不大。因此，砌体在冬期施工时，应采取有效措施，尽量减少冻结危害。具体防治方法见 3.4 节砌体的冬期施工。

4. 地基不均匀沉降对墙体的影响

裂缝通常出现在长高比较大的纵墙上，其分布与沉降曲线有关，当沉降曲线为凹形时，裂缝大多出现在房屋下部，缝宽下大上小；当沉降曲线为凸形时，裂缝则大多数出现在房屋上部，缝宽则上大下小。要防止地基不均匀沉降引起的墙体开裂，必须处理好地基，在拟定地基加固方案时，充分考虑与上部结构相结合，从二者共同工作的原则出发。例如，改变建筑物体形，简化建筑物平面，减小建筑物的长高比，合理地设置沉降缝，增设圈梁、横墙，采取柔型结构和轻型结构，采用片筏基础或箱型基础等措施，均比单纯考虑地基加固处理更为经济理想。

5. 温度变化和材料收缩对墙体的影响

混合结构由不同材料组成，如屋盖和楼盖为钢筋混凝土，墙体为砖石，由于材料线膨胀系数（钢筋混凝土的线膨胀系数 $\alpha = 1.0 \times 10^{-5}/℃$，砖砌体的线膨胀系数 $\alpha = 0.5 \times 10^{-5}/℃$）不同，在相同温差下钢筋混凝土的伸缩比砖砌体大一倍左右，互相制约而产生温度应力。当房屋平面尺寸超过一定限度时，温度应力可造成房屋开裂。常见的墙体裂缝有：八字形裂缝、水平裂缝和包角裂缝、女儿墙裂缝、竖向裂缝等。

为减小温度应力产生的不良影响，宜合理地设置伸缩缝和加强屋盖的保温隔热，加强结构薄弱环节和采取适当的构造措施。如女儿墙设置构造柱，变长墙为短墙；在屋面板支承的墙体上垫两层油毡夹滑石粉，使其能自由伸缩等。

3.2.4　砌筑工程的安全与防护措施

1）严禁在墙顶上站立划线、刮缝、清扫墙、柱面和检查等工作。

2）砍砖应面向内砍，以免碎砖落下伤人。

3）超过胸部以上的墙面，不得继续砌筑，必须搭设好架设工具。不准用不稳定的工具或物体在脚手板上面垫高后继续作业。

4）从砖垛上取砖时，应先取高处后取低处的砖，防止垛倒砸人。

5）运输砖、石的车辆应保持一定距离，在平道上不应小于 2m，坡道上不应小于 10m。

6）夏季要做好防雨措施，严防雨水冲走砂浆，致使砌体倒塌。

3.3　中小型砌块施工

3.3.1　常见中小型砌块的分类及特点

根据材料不同，常用的砌块有蒸压加气混凝土砌块、粉煤灰小型空心砌块、普通混凝土与装饰混凝土小型空心砌块、轻集料混凝土小型空心砌块、免蒸加气混凝土砌块（又称环保轻质混凝土砌块）和石膏砌块。

1. 蒸压加气混凝土砌块砌体

蒸压加气混凝土砌块是以水泥、矿渣、砂、石灰等为主要原料，加入发气剂，经搅拌成型，蒸压养护而成的实心砌块。按抗压强度分为 A1、A2、A2.5、A3.5、A5、A7.5、A10 七个强度等级。

加气混凝土砌块可砌成单层墙或双层墙。单层墙是将加气混凝土砌块立砌，墙厚为砌块的宽度。双层墙是将混凝土砌块立砌两层，中间夹以厚度约为 70~80mm 空气层。两层砌块间，每隔 500mm 墙高在水平灰缝中放置 $\phi 4$~$\phi 6$ 的钢筋扒钉，扒钉间距为 600mm。

2. 粉煤灰砌块砌体

粉煤灰砌块以粉煤灰、石灰、石膏和轻集料为原料，加水搅拌、振动成型、蒸汽养护而成的密实砌块。粉煤灰砌块的主要规格尺寸为 880mm×380mm×240mm 和 180mm×430mm×240mm，按其立方体试件的抗压强度分为 MU10 和 MU13 两个强度等级。

粉煤灰砌块的砌筑方法常采用"铺灰灌浆法"，即先在墙顶上摊铺砂浆，然后将砌块按照砌筑位置摆放到砂浆层上，并与前一块砌块靠拢，留出不大于 20mm 的空隙待砌完一皮砌块后，在空隙两旁装上夹板或塞上泡沫塑料条，在砌块的灌浆槽内灌砂浆，直至灌满，等到砂浆开始硬化、不流淌时，即可卸掉夹板或取出泡沫塑料条。

3.3.2 中小型砌块的安装

1. 准备工作

由于砌块的数量大，重量较轻而人力又难以大量搬动，故需要小型起重设备协助。一般都采用轻型塔式起重机或井架先将砌块集中吊到楼面上，然后用台灵架安装就位。

在住宅工程中，砌块的安装通常以一个或两个开间为一个施工段。砌块墙在吊装前应先绘制砌块排列图，为吊装施工和材料就绪做准备。

2. 砌块砌筑的技术要求

1）按设计要求从基础或室内±0.00 开始排列，应尽可能采用主规格，减少砌块种类，并应注明砌块编号、嵌砖以及过梁等部位。

2）砌块排列时，上、下皮应错缝搭接，搭接长度一般为砌块长度的 1/2，不得小于砌块高度的 1/3，且不应小于 150mm；否则，应在水平灰缝内设 3Φ4 钢筋网片予以加强。

3）外墙转角及纵横墙交接处，应交错搭接；否则，应在交接处灰缝中设置柔性钢筋拉结网片，如图 3-8 所示。墙体转角处和纵横墙交接处应同时砌筑。若临时间断，应留斜槎，其水平投影长度应大于砌筑高度，如图 3-9 所示。

4）对于混凝土空心砌块，应使孔洞在转角和纵横墙交接处，上下对准贯通，插入钢筋 2Φ12 并浇筑混凝土形成构造小柱，如图 3-10 所示。

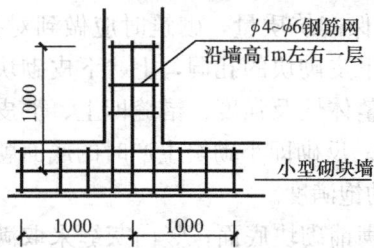

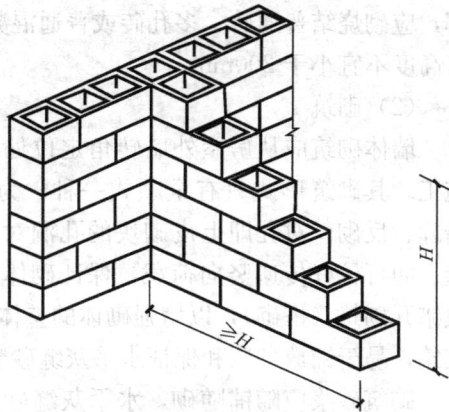

图 3-8 墙交接处加设钢筋网片示意图 　　　　　图 3-9 砌块的斜槎处理

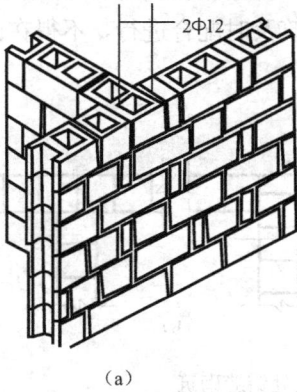
（a）

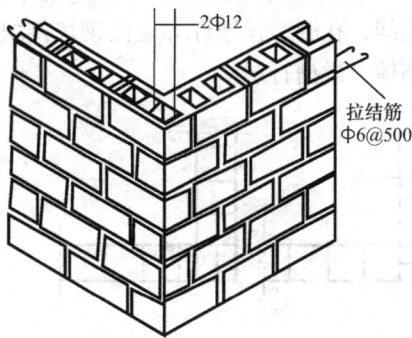
（b）

图 3-10 空心砌块的搭接

（a）纵横墙交接；（b）外墙转角

5）砌体水平灰缝的厚度，当配有钢筋时，一般为 20～25mm；垂直灰缝宽度为 20mm，当垂直灰缝宽度大于 30mm，应用 C20 以上的细石灌实，当垂直灰缝宽度大于等于 150mm 时，应整砖嵌入。

6）尽量考虑不嵌砖或少嵌砖，必须嵌砖时，应尽量分散、均匀布置，且砖的强度等级不低于砌块的强度等级。

7）当构件布置位置与砌块发生矛盾时，应先满足构件布置。

3. 中小型砌块的施工工艺

砌块砌体施工的主要工艺包括抄平弹线、基层处理、立皮数杆、砌块砌筑、勾缝。主要要求如下：

（1）基层处理

拉标高准线，用砂浆找平砌筑基层。当最下一皮砌块的水平灰缝厚度大于 20mm 时，应用豆石混凝土找平。砌筑小砌块时，应清除芯柱用小砌块孔洞底部的毛边。用普通混凝土小砌块砌筑墙体时，防潮层以下应采用不低于 C20 的混凝土灌实小砌块的孔洞；用轻骨料混凝土和加气混凝土砌块的墙底部，应砌烧结普通砖、多孔砖或普通混凝土小型砌块，也可现浇混凝土坎台，其高度不宜小于 200mm。

（2）砌筑

墙体砌筑应从房屋外墙转角定位处开始，按照设计图和砌块排块图进行施工。其砌筑形式只有全顺式一种。为确保砌筑质量，砌筑时应做到对孔、错缝、反砌。对孔即上皮砌块的孔洞对准下皮砌块的孔洞，上、下皮砌块的壁、肋可较好传递竖向荷载，保证砌体的整体性及强度；错缝即上、下皮砌块错开砌筑（搭砌），以增强砌体的整体性。反砌即小砌块生产时的底面朝上砌筑，易于铺放砂浆和保证水平灰缝砂浆的饱满度。

砌筑砂浆应随铺随砌，水平灰缝砂浆满铺砌块底面；竖向灰缝采取满铺端面法，即将砌块端面朝上铺满砂浆后，上墙挤紧，再灌浆插捣密实。

砌体中的拉接钢筋或网片应置于灰缝正中，埋置长度符合设计要求；门窗框与砌块墙体连接处，应砌入埋有防腐木砖的砌块或混凝土砌块，见图 3-11；水电管线、孔洞、预埋件等应按砌块排块图与砌筑及时配合进行，不得在已砌筑的墙体上凿槽打洞。

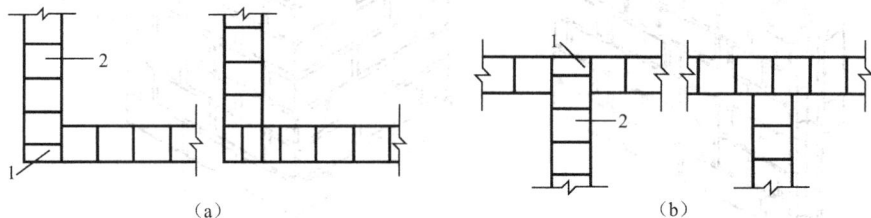

图 3-11 砌块砌体在转角处与交接处错缝砌筑

(a) 转角处砌筑；(b) 纵横墙交接处砌筑

1-特制连接砌块；2-普通砌块

正常施工条件下，砌块墙体每日砌筑高度宜控制在 1.5m 或一步脚手架高度（1.2～1.4m）内。相邻施工段的砌筑高差不得超过一个楼层高度，也不应大于 4m。填充墙砌至接近梁、板底时应留一定空隙，待间隔 7d 后，再用普通砖斜砌与梁板顶紧。

（3）勾缝

随砌随将伸出墙面的砂浆刮掉，不足处应补浆压实，待砂浆稍凝固后，用原浆做勾缝处理，灰缝宜凹进墙面 2mm。

4. 中小型砌块的质量要求

（1）砌体灰缝砂浆饱满。水平灰缝的饱满度，普通混凝土砌块不得低于砌块净面积的 90%，轻骨料混凝土或加气混凝土砌块不得低于 80%；竖向灰缝饱满度不得小于 80%。

（2）砌体灰缝横平竖直、均匀、密实，厚度或宽度正确。空心砖、小砌块砌体的水平灰缝厚度和竖向灰缝宽度宜为 10mm，一般为 8～12mm；加气混凝土砌块砌体的水平灰缝厚度及竖向灰缝宽度分别宜为 15mm 和 20mm。

3.4　砌体的冬期施工

当室外日平均气温连续 5d 稳定低于 5℃或当日最低气温低于 0℃时，砌体工程应采取冬期施工措施。

1. 砌体冬期施工注意事项

1) 砖和石材在砌筑前，应清除冰霜，遭水浸冻后的砖或砌块不得使用。

2) 石灰膏、黏土膏和电石膏等应防止受冻，如遭冻结，应经融化后使用。

3) 拌制砂浆所用的砂，不得含有冰块和直径大于 10mm 的冰结块。

4) 不得使用无水泥配制的砂浆，砂浆宜采用普通硅酸盐水泥拌制，拌合砂浆宜采用两步投料法。水的温度不得超过 80℃，砂的温度不得超过 40℃。

2. 砌体冬期施工方法

（1）掺盐砂浆法

掺盐砂浆法就是在砂浆中掺入氯化物以降低结冰点，使砂浆在一定负温下不受冻，水泥的水化作用能继续进行，从而使砂浆强度增加的施工方法。常用的氯化物为氯化钠和氯化钙。氯盐砂浆的稠度应满足一定要求，使用时的温度不应低于 5℃。冬期施工中，每日砌筑后应在砌体表面覆盖保温材料。

（2）外加剂法

外加剂法就是在砂浆搅拌时，加入适量抗冻剂或抗冻早强剂，以使砂浆在负温下不受冻，水泥水化作用能继续进行，拌制砂浆时，如先加砂及水拌合 30s 后加水泥及外加剂，则水温要升到 100℃。当日最低气温低于－15℃时，砌筑承重砌体的砂浆的强度等级应较常温时提高一级。其他要求同掺盐砂浆法。

（3）冻结法

冻结法是用热砂浆进行砌筑时一种施工方法，允许砂浆遭受冻结，融化的砂浆强度接近零，转入常温时强度得以逐渐增加。采用冻结法时，砂浆使用的温度应不低于 10℃；如设计无要求，当日最低气温不小于－25℃时，对砌筑承重砌体的砂浆强度等级应按常温施工提高一级，当日最低气温低于－25℃时，则应提高 2 级；为保证砌体解冻时的正常沉降，每日的砌筑高度和临时间断处的高度差均不得超过 1.2m，水平灰缝厚度不宜大于 10mm，在门窗框上均应留 5mm 的缝隙，解冻前，应清除房屋中剩余的建筑材料等临时荷载；解冻期，应经常对砌体进行观测和检查，如发现裂缝、不均匀沉降等情况，应采取加固措施。

对于空斗墙、毛石墙在解冻期间可能受到振动或动力荷载的砌体以及在解冻期间不允许发生沉降的砌体等，均不得采用冻结法。

小结及学习指导

本章内容主要包括了砌筑材料、不同类型砌体的施工，重点介绍了砌筑对材料的要求、不同砌体施工的工艺及组砌方法、砌体质量的要求及相关保证措施。要求了解不同砌筑材料的分类及性能，掌握砖基础、砖砌体及中小型砌块的不同组砌形式及工艺，能熟悉砖砌体的质量要求，保证质量的措施及冬期施工的相关知识。

思考题与习题

3-1　砌筑工程用砖有哪几类？

3-2　砌筑用砌块是如何分类的？

3-3　砂浆的稠度是如何要求的？

3-4　砖墙组砌的形式有哪些？

3-5　皮数杆的作用是什么？如何布置、立设？

3-6　什么是"三一"砌筑法？

3-7　什么是原浆勾缝？什么是加浆勾缝？

3-8　砌筑时如何控制砌体的位置与标高？

3-9　影响砌体的砌筑质量的因素有哪些？

3-10　砌筑的质量要求有哪些？

3-11　砌体冬期施工有哪些常用方法？

第4章
钢筋混凝土结构工程

本章知识点

> 知识点：混凝土结构工程的分类及施工过程，模板的类型、构造、要求、模板设计及安装拆除的方法，钢筋的种类、现场验收及加工工艺，钢筋的冷加工、连接工艺、配料计算与代换的方法，混凝土原材料、施工设备和机具的性能，混凝土的施工工艺和方法、施工配料，混凝土冬期施工工艺要求和常用措施。
>
> 重　点：钢筋的冷加工、连接工艺、配料计算与代换的方法，混凝土的施工工艺和方法、施工配料。
>
> 难　点：钢筋配料计算与代换的方法，混凝土的配料计算。

　　钢筋混凝土结构工程是指按设计要求将钢筋和混凝土两种材料，借助模板浇筑制作而成各种形状和大小的构件或结构的过程。混凝土是由胶结材料（水泥）、骨料（石子、砂子）、水和外加剂按一定比例拌合，经浇筑、振捣、硬化而成的一种人造石材，其抗压能力很好，但抗拉能力差，受拉时，易产生开裂乃至断裂。为弥补这一缺陷，在受拉区配上抗拉能力很强的钢筋，从而使钢筋与混凝土共同工作，各自发挥其受力特性，强度得以充分利用。

　　钢筋与混凝土这两种不同性质的材料，由于混凝土硬化对钢筋产生很大的握裹力，混凝土能够保护钢筋不锈蚀，再加上二者的膨胀系数几乎相同（钢筋的膨胀系数为 0.000012，混凝土为 0.00001~0.000014），当外界温度发生变化时，不会破坏它们之间的接合，从而可以共同工作。

　　钢筋混凝土结构具有刚度大、结构稳定、抗震性能好、耐火性好、可就地取材、造价低等优点，但也存在自重大、抗裂性差、现场浇筑受气候影响等缺点。随着新材料、新技术和新工艺的不断发展，上述缺陷正逐步得到改善，如预应力混凝土技术的出现和发展，提高了混凝土构件的刚度、抗裂性和耐久性，减小了构件的截面和自重，节约了材料，更加拓宽了其应用领域。钢筋混凝土结构从施工工艺分为现浇钢筋混凝土结构工程和预制钢筋混凝土结构安装工程，其中，预制钢筋混凝土结构避免现场浇筑，直接在现场安装，不受气候的影响，利于缩短工期。

　　钢筋混凝土工程包括模板工程、钢筋工程和混凝土工程，三个工种工程在施工过程中必须密切配合，统筹安排，合理组织，以确保施工质量，如图4-1所示。

89

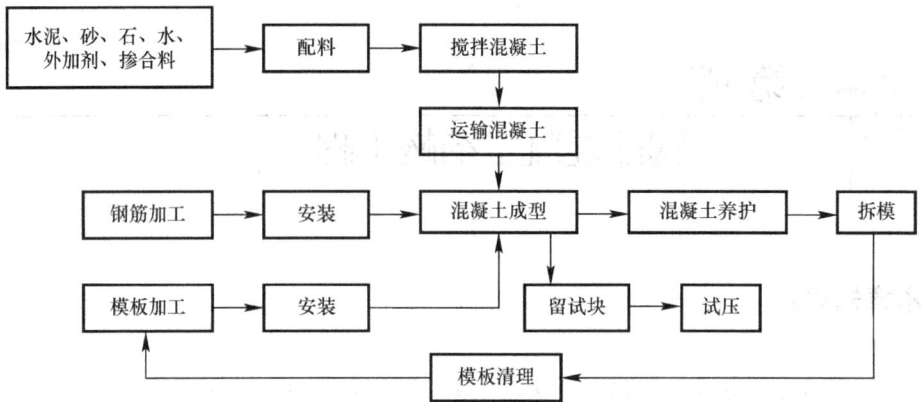

图 4-1　钢筋混凝土施工过程

4.1　模板工程

现浇钢筋混凝土结构施工用的模板是指使混凝土构件按设计的几何尺寸浇筑成型的模型板。模板系统由两部分组成：一是与混凝土接触形成混凝土结构或构件外部形状、几何尺寸的模板；二是固定模板准确位置的承重支撑体系。模板工程的施工工艺主要包括模板的选材、选型、设计、制作、拼装、支撑、拆除、清理和整修等工作。

4.1.1　模板的作用、要求和施工工艺

1. 模板的作用和要求

模板的作用：一是要保证所浇筑的结构和构件的几何形状、尺寸和位置的准确性；二是要承受施工过程中的多种荷载，如模板自重、钢筋及混凝土等材料重量、运输工具及施工人员重量、浇筑时混凝土对模板的侧压力和振捣振动力等，确保不会变形或倒塌。

为此对模板要求有：①保证结构和构件形状、尺寸、位置的准确性；②具有足够承载力、刚度和稳定性；③要合理选材与选型，不得漏浆；④构造要简单，便于装拆；⑤尽可能提高周转速度和次数，因地制宜，以降低成本。

2. 模板的施工工艺

制作和安装模板，必须全面熟悉图纸，先根据构件或结构的类型和特点进行模板设计，然后画出模板构造和安装节点的大样，对模板的组合方法、各部分尺寸、安装顺序应有详细说明。模板施工工艺见图 4-2。

4.1.2　模板的分类

1）按材料可分为：木模板、钢木模板、胶合板模板、钢竹模板、钢板、塑料模板、玻璃钢模板、铝合金模板等。

2）按结构类型可分为：基础模板、柱模板、楼板模板、楼梯模板、墙板、壳模板和烟囱模板等。

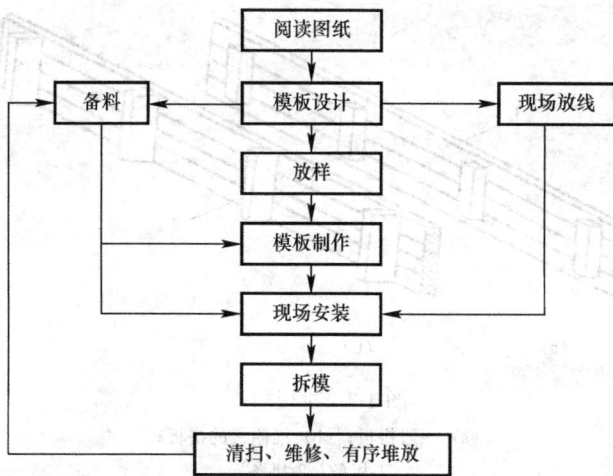

图 4-2　模板施工工艺图

3）按施工方法可分为：现场装拆式模板、固定式模板和移动式模板。现场装拆式模板是按照设计要求的结构形状、尺寸及空间位置在现场组装，当混凝土达到拆模强度后拆除模板，多用定型模板和工具式支撑；固定式模板是按构件的形状、尺寸于现场或预制厂制作，然后安装，当混凝土达到拆模强度后，脱模、清理模板，后用于下一批构件，多用于制作预制构件；移动式模板是随着混凝土的浇筑，模板可沿垂直方向或水平方向移动，如滑升模板、爬升模板等。

模板发展方向是构造上定型化，材料上多样化，功能上多元化，装配上工具化。大模板、滑升模板、爬升模板应运而生，除节约模板材料外，还大大提高了工程质量和施工机械化程度。

1. 木模板

木模板的特点是加工方便，能适应各种复杂形状模板的需要，但周转率低，木材消耗多，有拼合式模板和工具式模板两种。

（1）拼合式模板

拼合式模板一般预先加工成拼板板条，然后在现场进行拼装（图 4-3）。拼板板条厚度一般为 25~50mm，宽度一般不大于 200mm，以保证板条干缩时缝隙均匀，润湿后不翘曲、不变形、不漏浆。施工时，按混凝土构件的形状和尺寸，用木板板条做底模、侧模，小木方做木挡，中木方或圆木做支撑。可制成基础、柱、梁、楼梯、阳台和雨篷等模板。

（2）工具式模板

工具式模板也称为定型模板，根据构件情况选用几种较为通用的规格，可相互配合使用，装拆方便，同时节约木材，提高模板效率。工具式模板也可以是钢木制的。

2. 组合钢模板

组合钢模板既可节用大量木材，又因钢材加工规整，具有保水性好，无自然翘曲现象，强度和刚度都较大，周转次数多，使用寿命长，组装后

91

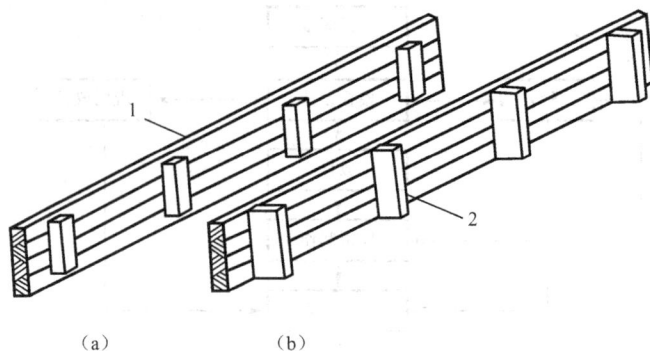

（a）　　　　　　　　（b）

图 4-3　拼板构造

（a）一般拼板；（b）梁侧板的拼板；

1-板条；2-拼条

尺寸偏差小、接缝严密等优点。钢模板由平板模板、角模板、连接件及支撑件等组成。

（1）平板模板，见图 4-4。由面板、边框、纵横肋构成。边框与面板常用 2.5～3.0mm 厚钢板一次轧制而成，纵横肋用 3mm 扁钢，边框上开有连接孔。常见模板尺寸见表 4-1。

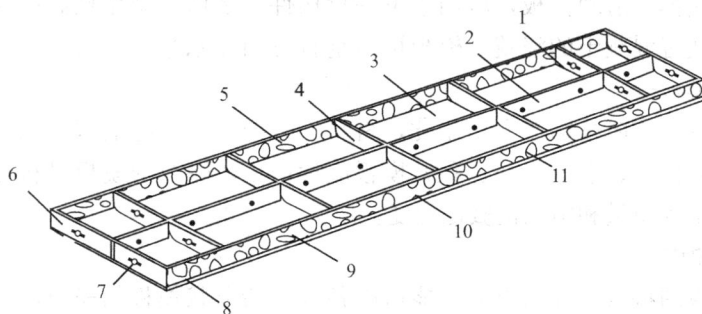

图 4-4　钢模板

1-排水孔；2-中纵肋；3-面板；4-中横肋；5-钉孔；6-端横肋；

7-插销孔；8-凸棱；9-凸鼓；10-U 形卡孔；11-边纵肋

钢模板常见尺寸（mm）　　　　　　　　　　　　表 4-1

规格	平面模板	阴角模板	阳角模板	连接角模
宽度	600、550、500、450、400、350、300、250、200、150、100	150×150 100×150	100×100 50×50	50×50
长度	1800、1500、1200、900、750、600、450			
肋高	55			

（2）角模板

角模板又分为阴角模、阳角模和连接角模，见图 4-5。阴、阳角模的角部为弧形，主要用于结构的阴阳角，连接两侧平板模板；连接角模主要用于连接两块成垂直角度的平模。角模长度与平板模板长度匹配。

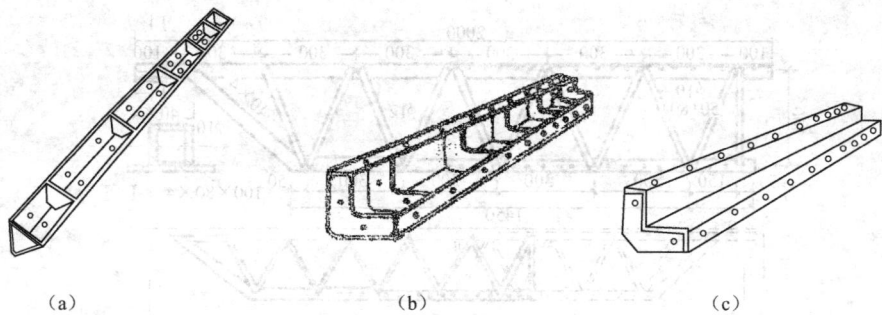

图 4-5 角模板

(a) 连接角模；(b) 阴角模；(c) 阳角模

（3）连接及支撑件

钢模板的连接件主要有 U 形卡（图 4-6）、L 形插销（图 4-7）、紧固螺栓、对拉螺栓、柱箍等。支撑件主要有托架、托具、桁架、钢楞、钢管琵琶撑及钢管支架等。

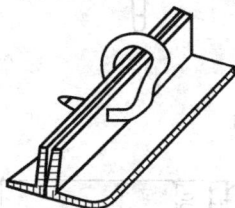

图 4-6 U 形卡

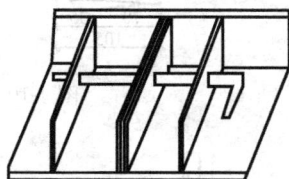

图 4-7 L 形插销

桁架是支撑工具中主要的一种。如跨度较小，荷重较轻，可以用钢筋焊成桁架支承，如图 4-8 所示。

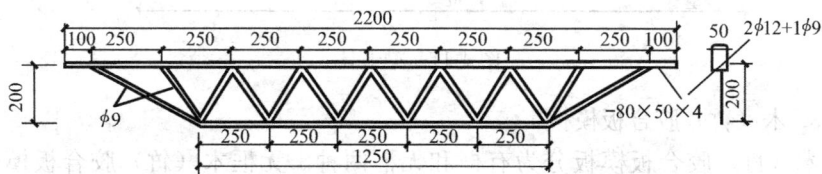

图 4-8 钢筋桁架

当荷重较大，可以用角钢、扁铁或钢管焊成整榀或两个半榀桁架，再拼装成一榀桁架，见图 4-9。

混合结构楼面的梁，模板可以通过钢筋托具支承在墙体上以简化支架系统，托具见图 4-10，可用 $\phi 8 \sim 10$ 的 HPB300 级钢筋锻成，其两齿间距应符合砖的模数。在砌体完工后 $2 \sim 3 d$ 打入，或砌墙时埋入。深度不少于 60mm，上部至少应有三皮砖。

施工现场最常用的是角钢，钢管或木料制成的各种卡具，宽度可以调节，将定型模板拼成梁模板，见图 4-11。

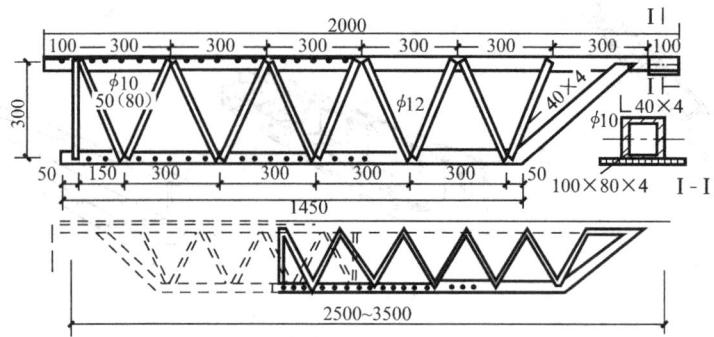

图 4-9 拼装式桁架

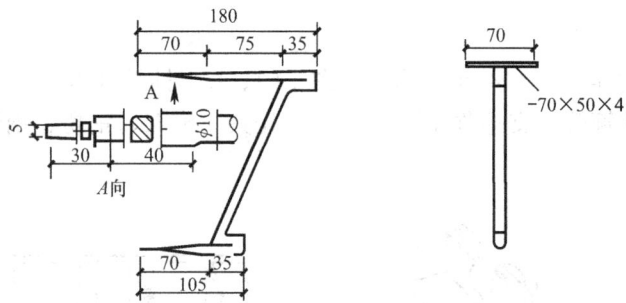

图 4-10 钢筋托具

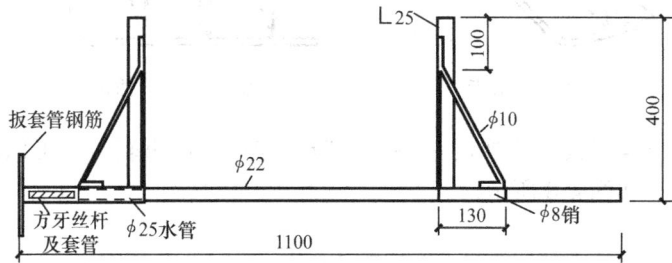

图 4-11 梁卡具

3. 木（竹）胶合板模板

木（竹）胶合板模板分为有框和无框两种。无框木（竹）胶合板模板，除面板外，应增加纵肋和边肋，见图 4-12。钢框木（竹）胶合板模板，以热轧异型钢为钢框架，以木、竹胶合板等做面板，见图 4-13。具有自重轻、用

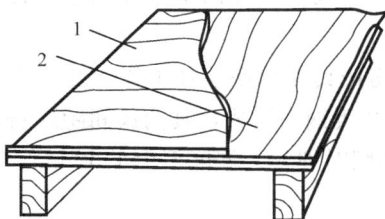

图 4-12 无框木（竹）胶合板
1-面板；2-芯板

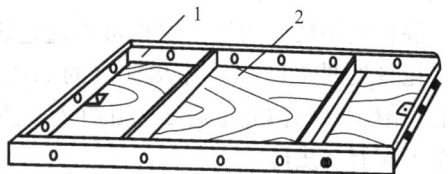

图 4-13 有框木（竹）胶合板
1-钢框；2-胶合板

钢量少、拼装工作量小、周转率高、保温性能好、维修方便、刚度大等优点，其制作时，面板表面应做一定的防水处理。

4.1.3　模板的安装与质量要求

以下就现浇钢筋混凝土结构中常见结构部位来阐述模板的安装。

1. 常见结构（构件）的模板安装

（1）基础模板

基础一般高度小，但体积较大，图 4-14 为常见的基础模板。当土质良好时，阶梯形基础最下一级可不用侧模而在原槽浇筑。安装基础模板时，应严格控制好基础平面的轴线和模板上口的标高。无论是墙下条形基础还是柱下独立基础，都必须弹好线后再支模。

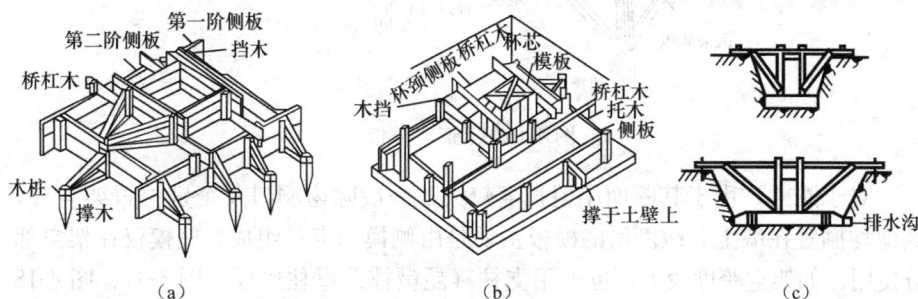

图 4-14　基础模板

（a）阶形基础；（b）杯形基础；（c）条形基础

（2）柱模板

柱子的特点是断面尺寸不大，但高度较大。柱模板安装必须与钢筋骨架的绑扎密切配合，还应考虑浇筑混凝土的方便。柱模板的安装，主要解决柱子的垂直和模板的侧向稳定，以防止混凝土振捣时发生炸模现象。所以，支模时必须设置一定数量的柱箍，且越往下越密。柱模板的垂直度，往往用吊垂线的办法来校正。为了浇筑混凝土和清理垃圾的方便，当柱子较高时，可沿柱子高度方向在柱模板上留设混凝土浇筑孔和垃圾清理孔，见图 4-15。

（3）梁模板

梁模板由底模和两边侧模及支撑

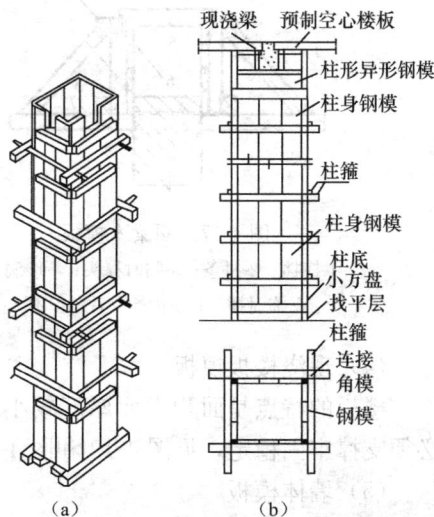

图 4-15　柱模板图

（a）木模板；（b）钢模

等组成，其特点是断面不大，但水平长度较大且架空，故对支撑的牢固和稳定性要求较高。根据梁的跨度不同，底模应在中间按规定起拱。当梁跨度大于或等于 4m 时，如设计无规定，起拱高度宜为结构跨度 1/1000～3/1000

（木模板 1.5/1000～3/1000，钢模板为 1/1000～2/1000）。图 4-16 所示为 T 形梁模板。

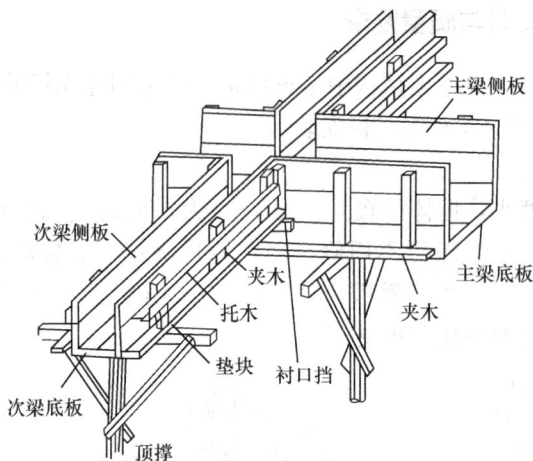

图 4-16 T 形梁模板

对于圈梁，由于其断面小但长度较大，一般除窗洞口及个别位置架空外，其他均搁置在墙上，故圈梁的模板主要是由侧模和卡具组成。底模仅在架空部分使用，如架空跨度较大，也可用支柱（琵琶撑）撑住底模。图 4-17、图 4-18 为圈梁模板。

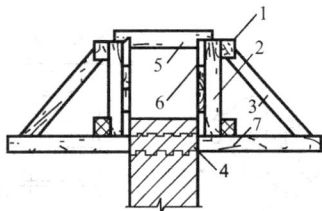

图 4-17 圈梁木模板

1-横挡；2-拼条；3-临时撑头；4-墙洞；
5-临时撑头；6-侧模；7-扁担木

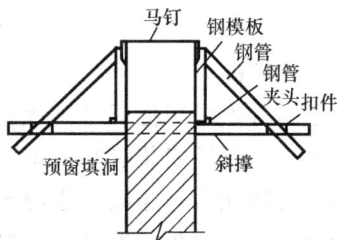

图 4-18 圈梁钢模板

（4）现浇楼板模板

楼板的特点是面积大而厚度较小。由于平面面积大且又架空，故对底模必须支撑牢固稳定，见图 4-19 和图 4-20。

（5）墙体模板

墙体的特点是高度大而厚度小，其模板主要承受混凝土的侧压力。因此，必须加强墙体模板的刚度，并设置足够的支撑，来确保模板不变形和发生位移，见图 4-21。

墙体模板安装时，要先弹出中心线和两边线，选择一边先装，设支撑，在顶部用线锤吊直，拉线找平后支撑固定；待钢筋绑扎好后，墙基基础清理干净，再竖立另一边模板，为了保证墙体的厚度，墙板内应加撑头或对位螺栓。

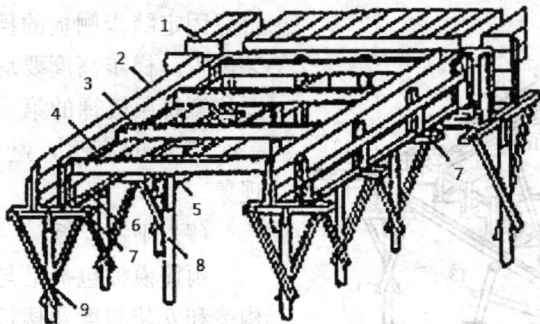

图 4-19 有梁楼板一般支撑方法

1-楼板模板；2-梁侧模板；3-搁楞；4-横挡；5-牵扛；
6-夹条；7-短撑木；8-牵扛撑；9-支柱（琵琶撑）

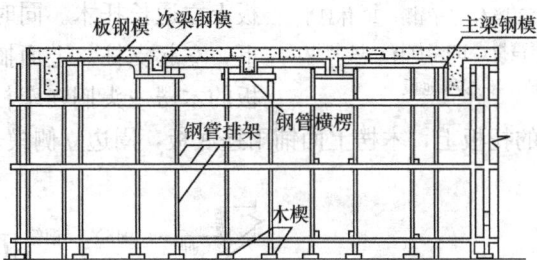

图 4-20 有梁楼板钢模板示意图

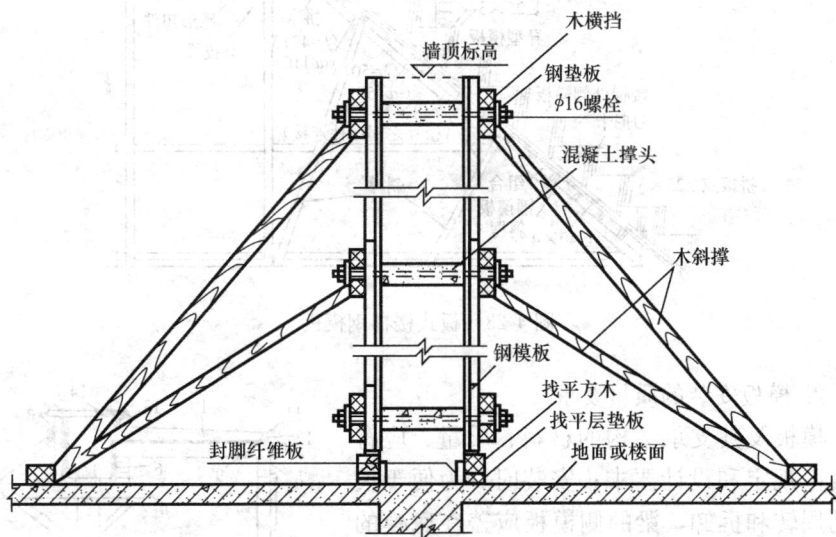

图 4-21 钢模板墙模

（6）楼梯模板

楼梯模板的构造与楼板模板相似，不同点是须倾斜和做成踏步状，图 4-22、图 4-23 分别是楼梯木模板和钢模板。安装前，应根据设计放样，先安装平台梁及基础模板，再装楼梯斜梁或楼梯底模板，然后安装楼梯外帮侧板。外帮侧板应先在其内弹出楼梯底板厚度，用套板画出侧板位置先定线，

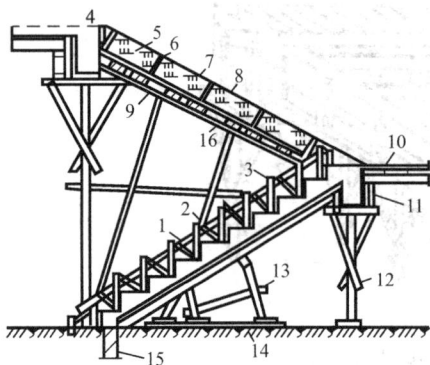

图 4-22　板式楼梯木模板

1-反扶梯基；2-斜撑；3-木吊；4-楼面；5-外帮侧板；6-木挡；7-踏步侧板；8-挡木；9-隔栅；10-休息平台；11-托木；12-琵琶撑；13-牵杠撑；14-垫板；15-基础；16-楼梯地板

钉好固定踏步侧板的挡木，在现场安装侧板。梯步高度要均匀一致，特别要注意每层楼梯的第一个踏步和最后一个踏步的高度，避免高低不同的现象。

（7）雨篷模板

雨篷模板包括梁与板两部分，其构造和安装与梁及楼板模板相似，见图 4-24。在过梁底下靠洞口二端依墙各立一根琵琶撑，间距超过 1m 时加立琵琶撑，沿雨篷一侧外墙面的梁夹板上立通长托木。同时在雨篷的外沿下，立起支柱，上面搁上牵杠，雨篷板的木楞一头搁在牵杠上，另一头搁在过梁侧板外侧的托板上，木楞上面铺雨篷底板，周边立侧模。

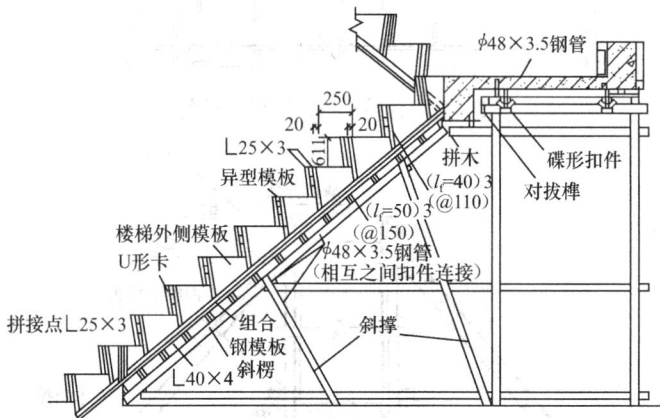

图 4-23　板式楼梯钢模板

2. 模板安装的质量要求

模板及其支承结构的材料、质量、应符合规范规定和设计要求；安装时，为便于模板的周转和拆卸，梁的侧模板应盖在底模的外面，次梁的模板不应伸到主梁模板的开口里面，梁的模板亦不应伸到柱模板的开口里面；模板安装好后应卡紧撑牢，各种连接件、支撑件、加固配件必须安装牢固，无松动现象；模板拼缝要严密；不得发生不允许的下沉与变形；现浇结构模板安装的偏差应符合表 4-2 的规定；固定在模板上的预埋件和预

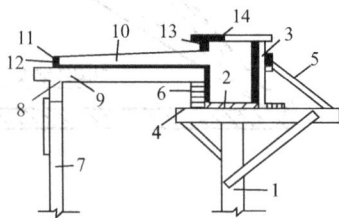

图 4-24　雨篷模板

1-琵琶撑；2-过梁底模；3-过梁侧模；4-夹板；5-斜撑；6-托木；7-牵杠撑；8-牵杠；9-木楞；10-雨篷底板；11-雨篷侧板；12-三角木；13-木条；14-搭头木

留洞均不得遗漏；安装允许偏差应符合表 4-3 的规定。

现浇结构模板安装允许偏差及检验方法　　　　　表 4-2

项次	项目	允许偏差（mm）	检验方法
1	轴线位置	5	用尺量检查
2	底模上表面标高	±5	水准仪或拉线、钢尺检查
3	截面内部尺寸		
	（1）基础	±10	用尺量检查
	（2）柱、墙、梁	+4，−5	用尺量检查
4	层高垂度		
	（1）全高≤5m	6	用经纬仪或吊锤和尺量检查
	（2）全高>5m	8	用经纬仪或吊锤和尺量检查
5	相邻两板表面高低差	2	钢尺检查
6	表面平整度（用 2m 直尺检查）	5	2m 靠尺和塞尺检查

预埋件和预留孔洞允许偏差　　　　　表 4-3

项目		允许偏差（mm）
预留钢板中心线位置		3
预留管、预留孔中心线位置		3
插筋	中心线位置	5
	外露长度	+10，0
预埋螺栓	中心线位置	2
	外露长度	+10，0
预留洞	中心线位置	10
	尺寸	+10，0

4.1.4　模板的设计

　　常用定型模板在其适用范围内一般不需要进行设计和验算，而对一些特殊结构的模板、新型体系模板或超出适用范围的一般模板，应该进行设计或验算，以确保施工的安全和质量，防止浪费。

　　模板体系的设计，包括选型、选材、荷载计算、结构计算、拟定制作、拆除方案和绘制模板图等。模板及其支架的设计应根据工程结构形式、荷载大小、地基土类别、施工设备和材料供应等条件进行。

　　1. 模板设计步骤

　　（1）根据施工组织设计对施工区段的划分、施工工期和流水施工的安排，应先明确需要配制模板的层段数量。

　　（2）根据工程情况和现场施工条件决定模板的组装方法，如现场是散装散拆，还是预拼装；支撑方法是采用钢楞支撑，还是采用桁架支撑等。

　　（3）根据已确定配模的层段数量，按照施工图纸中梁、柱、墙、板等构件尺寸，进行模板组配设计；其配板原则：①优先选用通用规格及大规格的模板，减少装拆工作；②合理排列，宜以其长边沿梁、板、墙的长度或柱的高度方向排列，便于模板选用；③合理使用角模，对无特殊要求的阳角，可不用阳角模，用连接角模代替；阴角模宜用于长度大的阴角，柱头、梁口及其他短边转角（阴角）处，可用方木嵌补；④便于布置模板支撑件。

（4）进行夹箍和支撑件等的设计计算和选配工作。

（5）明确支撑系统的布置、连接和固定方法，预埋件的固定方法、管线埋设方法以及特殊部位（如预留孔洞）的处理方法。

（6）根据所需钢模板、连接件、支撑及架设工具等列出统计表，以便于备料。

2. 荷载及其组合

模板、支架按下列荷载设计或验算。

（1）模板及支架自重。可按图纸或实物计算确定，对肋形楼板及无梁楼板的荷载，可参考表4-4～表4-7确定。

楼板模板荷载表（kN/m²）　　　　　　　　表4-4

模板构件名称	木模板	定型组合钢模板	钢框胶合板模板
平板模板及小楞的自重	0.30	0.50	0.40
楼板模板的自重（其中包括梁模板）	0.50	0.75	0.60
楼板模板及其支架的自重（楼层高度为4m以下）	0.75	1.10	0.95

（2）新浇混凝土重量。普通混凝土可采用24kN/m³，其他混凝土根据实际的湿密度来确定。

（3）钢筋自重。根据工程图纸确定，一般结构每立方米钢筋混凝土的钢筋重量为：楼板可取1.1kN，梁可取1.5kN。

（4）施工人员及设备荷载标准值。①计算模板及直接支承模板的小楞时，均布荷载为2.5kN/m²，并应另以集中荷载2.5kN再进行验算，比较两者所得弯矩值取大者采用；②计算直接支承小楞结构构件时，其均布荷载为1.5kN/m²；③计算支架立柱及其他支承结构构件时均布荷载为1.0kN/m²。

（5）振捣混凝土时产生的荷载。对水平面模板为2.0kN/m²，对垂直面模板为4.0kN/m²。

（6）新浇混凝土对模板的侧压力。当采用内部振捣器振捣，新浇筑的普通混凝土对模板的最大侧压力，可按下列两式计算，并取两式中的较小值。

$$F = 0.43\gamma_c t_0 \beta V^{\frac{1}{4}} \tag{4-1}$$

或 $$F = \gamma_c H \tag{4-2}$$

式中　F——新浇筑混凝土的最大侧压力（kN/m²）；

γ_c——混凝土的重力密度（kN/m³）；

t_0——新浇筑混凝土的初凝时间，可按试验确定（h）；当缺乏试验资料时可采用$t_0=200/(T+15)$计算，T为混凝土温度（℃）；

V——混凝土的浇筑速度（m/h）；

β——混凝土坍落度影响修正系数：当坍落度在50mm～90mm时，β取0.85；坍落度在90mm～130mm时，β取0.9；坍落度在

130mm～180mm 时，β 取 1.0；

H——混凝土侧压力计算位置处至新浇筑混凝土顶面的总高度（m）。

当混凝土浇筑速度大于 10m/h，或混凝土坍落度大于 180mm 时，侧压力可按式（4-2）计算。混凝土侧压力的计算分布图形见图 4-25，h 为有效压头高度（m），可按 $h＝F/\gamma_c$ 计算。

（7）倾倒混凝土时产生的荷载。倾倒混凝土时对垂直面模板产生的水平荷载如表 4-5 所示。

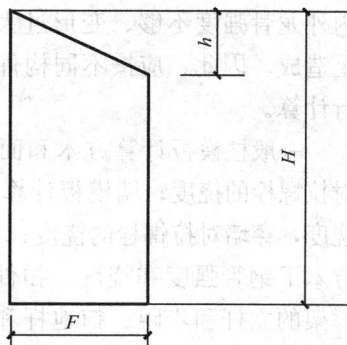

图 4-25　混凝土侧压力计算分布图形

倾倒混凝土时产生的水平荷载　　　　表 4-5

向模板中供料方法	水平荷载（kN/m²）
用溜槽、串筒或导管输出	2
用容量小于 0.2m³ 的运输器具倾倒	2
用容量为 0.2～0.8m³ 的运输器具倾倒	4
用容量大于 0.8m³ 的运输器具倾倒	6

模板及其支架的荷载设计值，通过上述各项荷载标准值乘以相应的分项系数（如表 4-6 所示），后按表 4-7 进行荷载效应组合求得。

荷载分项系数　　　　表 4-6

项次	荷载类别	分项系数 γ_1
1	模板及支架自重	1.2
2	新浇混凝土重量	
3	钢筋自重	
4	施工人员及设备荷载	1.4
5	振捣混凝土时产生的荷载	1.4
6	新浇混凝土对模板的侧压力	1.2
7	倾倒混凝土时产生的荷载	1.4

计算模板及其支架的荷载效应组合　　　　表 4-7

构件模板组成	参与组合的荷载项	
	计算承载能力	验算刚度
平板和薄壳的模板及其支架	1＋2＋3＋4	1＋2＋3
梁和拱模板的底板及支架	1＋2＋3＋5	1＋2＋3
梁、拱、柱（边长≤300mm）、墙（≤100mm）的侧面模板	5＋6	6
厚大结构、柱（边长＞300mm）、墙（厚＞100mm）的侧面模板	6＋7	6

模板及支撑体系发生事故的原因主要是支撑系统强度或稳定性不足。梁、板常因支撑体系立杆变形过大、顶托强度不够而发生事故；墙柱常因

内外龙骨强度不够、变形过大，或对拉螺栓杆与螺栓帽之间的连接强度不足造成。因此，应按不同构件受力的方式不同，对其支撑体系构件逐一进行计算。

一般柱模板计算方木和面板的强度、抗剪和挠度，柱箍的强度和挠度，对拉螺栓的挠度；墙模板计算面板的强度、抗剪和挠度，内外龙骨的强度和挠度，穿墙对拉螺栓的挠度；梁板计算底面板和方木的强度、抗剪和挠度，方木下钢管强度和挠度，扣件的抗滑移和立杆的稳定性。此外，对模板支撑架的立杆和步距、扫地杆和横向支撑、支撑点的设计和搭设应满足构造要求。

3. 计算规定

由于模板系统为临时性系统，因此对钢模板及其支架的设计荷载值可乘以系数 0.85 予以折减；对木模板及其支架的设计荷载值乘以 0.90 予以折减；对冷弯薄壁型钢不必折减。

验算模板及其支架的刚度时，其最大变形值不得超过下列允许值：①对结构表面外露的模板，为模板构件计算跨度的 1/400；②对结构表面隐蔽的模板，为模板构件计算跨度的 1/250；③支架的压缩变形值或弹性挠度，为相应的结构件计算跨度的 1/1000。

4.1.5　模板的拆除

1. 拆模时间

拆模时间是指混凝土浇筑后，混凝土强度达到拆除模板时所需的养护时间，其取决于结构的性质、模板所在部位、混凝土自身的强度。及时拆模，可提高模板的周转率，为其他工作创造条件，加快工程进度；若拆模过早，混凝土会因为未达到一定强度而不能承担本身自重或受外力而变形甚至断裂造成重大事故。现浇结构的模板及支撑的拆除，如无设计要求时，应符合下列规定：

（1）不承重的模板。应在混凝土强度能保证其表面及棱角不因拆模而损坏时，方可拆模；

（2）承重的模板。应在与结构同条件养护的试块达到表 4-8 的规定强度，方可拆模。

现浇结构拆模时所需混凝土强度　　　　　　　　　　　　　　表 4-8

结构类型	结构跨度	按设计混凝土强度标准值的百分率（%）
板	≤2	50
	>2，≤8	75
	>8	100
梁、拱、壳	≤8	75
	>8	100
悬臂构件	—	100

2. 拆模的顺序

先拆非承重模板，后拆承重模板；后支模板先拆，先支模板后拆；先拆侧板，后拆底板。

3. 拆除模板时的注意事项

1）应先拆除与结构的连接件，使模板与结构分离，再依次拆除模板；

2）拆除时不要用力过猛，拆下来的模板要及时运走，进行整理和堆放；

3）严格按照拆模顺序进行模板的拆除。拆除大型、复杂的模板，事先应制定详细的拆除方案；

4）拆除框架结构模板的顺序：柱模板→楼板底模板→梁侧模板→梁底模板；拆除跨度较大的梁下支柱时，应先从跨中开始，分别拆向两边；

5）应尽量避免混凝土表面或模板受损，注意做好安全防护工作。

4. 模板的维修

模板拆除后应及时维修并清理表面污物，并派专人对其维修，维修后的模板应涂抹隔离剂后堆放整齐，便于周转使用。模板紧固连接件如 U 形卡、L 形插销、柱箍、梁托架、桁架、支撑等也应及时收集、维修、统一堆放，以免丢失。

4.1.6 其他形式模板简介

1. 大模板

大模板见图 4-26，是一种大尺寸的工具式模板，一般用于墙面。一块大模板由面板、加劲肋、竖楞、支撑桁架、稳定机具及附件组成。因其重量大，装拆须起重机械吊装，可提高机械化程度，减少用工量，缩短工期，是我国剪力墙和筒体体系的高层建筑施工用得较多的一种模板。

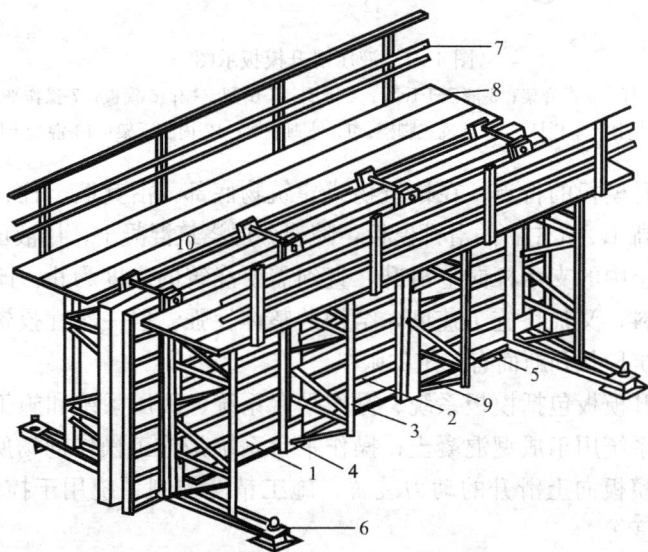

图 4-26　大模板构造示意图

1-面板；2-水平加劲肋；3-支撑桁架；4-竖楞；5、6-调整水平用的螺旋千斤顶；

7-栏杆；8-脚手板；9-穿墙螺栓；10-卡具

大模板的组合方案取决于结构体系，多用平模方案，即一面墙用一块平模。大模板之间的连接，用穿墙螺栓拉紧，顶部的螺栓可用卡具代替。混凝土浇筑应分层进行，在门窗洞口两侧应对称均匀下料和捣实，防止固定在模板上的门窗框移位。待浇筑的混凝土强度达到 $1N/mm^2$ 方可拆除大模板。拆模后要喷水养护混凝土，待混凝土强度大于等于 $4N/mm^2$ 时才能吊装楼板于其上。

2. 滑升模板

滑升模板是一种工具式模板，用于现场浇筑高耸的构筑物和高层建筑物等，如图 4-27。

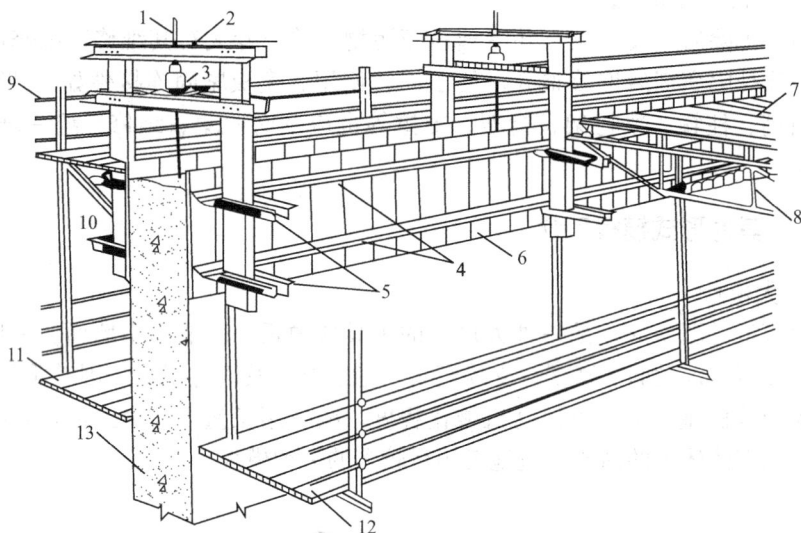

图 4-27　液压滑升模板示图

1-支承杆；2-提升架；3-液压千斤顶；4-围圈；5-围圈支托；6-模板；7-操作平台；
8-平台桁架；9-栏杆；10-外挑三脚架；11-外脚手架；12-内脚手架；13-混凝土墙体

（1）滑升模板的特点：在构筑物或建筑物底部，沿其墙、柱、梁等构件的周边组装高 1.2m 左右的滑升模板，随着分层浇筑混凝土，用液压提升设备使埋入混凝土中的支承杆向上滑升，直到需要浇筑的高度为止。既可节约模板和支撑材料，又加快施工速度，结构的整体性强。但一次性投资多、耗钢量大，对建筑形状和断面有一定的限制。

（2）滑升模板包括模板系统、操作平台系统、液压系统和施工精度控制系统。模板系统用于成型混凝土；操作平台系统是施工操作的场所；液压系统是使滑升模板向上滑升的动力装置；施工精度控制系统用于控制千斤顶、轴线、垂直度等。

3. 爬升模板

爬升模板（简称爬模），是以钢筋混凝土竖向结构为支承点，利用爬升设备自下而上逐层爬升的模板体系，在剪力墙和筒体体系的钢筋混凝土结构高层建筑中非常有效，如图 4-28、图 4-29。爬模能自爬，不需起重运输机械的吊运，有爬架爬模和无爬架爬模两类。有爬架爬模由爬升模板、爬架和爬升设备三部分组成，其中爬升设备可选用手拉或电动环链葫芦、液压千斤顶、电动螺杆提升机以及小型卷扬机等。

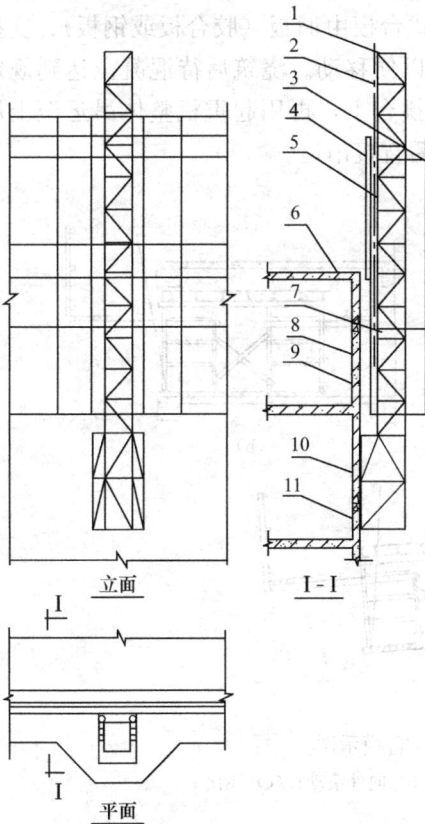

图 4-28 爬升模板组成示图

1-爬架的支承梁；2-爬模用爬杆；3-脚手；4-模板；

5-爬模千斤顶；6-建筑物楼板；7-爬升爬架用的千斤顶；

8-建筑物钢筋混凝土外墙；9-墙上预留孔；

10-爬架的附墙架；11-附墙连接螺栓

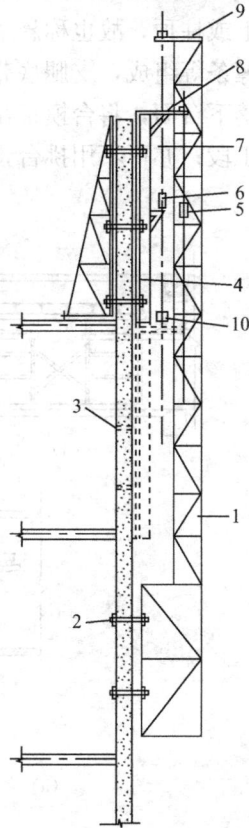

图 4-29 有爬架的爬升模板示图

1-爬架；2-螺栓；3-预留爬架孔；

4-模板；5-爬模千斤顶；

6-爬模千斤顶；7-爬杆；

8-模板挑横梁；9-爬架挑横梁；

10-脱模千斤顶

(1) 爬升模板的特点：连续爬升时，需专业队伍操作；难以控制滑升时混凝土的强度；保证混凝土结构的尺寸、表面质量和密实性，施工安全可靠；其安拆对吊机的依赖性大，占用时间长。

(2) 爬升模板主要应用于桥墩、筒仓、烟囱、冷却塔、高层建筑的墙体等施工。其爬升方法为：①拆除固定墙模板的对拉螺栓，利用安装在爬架顶部的提升设备，将大模板由 $n-1$ 层提升至 n 层；②浇筑 n 层的混凝土墙体并养护至一定强度，将提升设备固定于模板上，以模板为支承点，利用提升设备，将爬架由 $n-2$ 层提升至 $n-1$ 层，并用穿墙螺栓与墙体拉结；③浇筑 $n+1$ 层的混凝土墙体，重复过程①。

4. 台模

台模（又称桌模、飞模）是一种大型工具式模板（图4-30），主要用于浇筑平板式或带边梁的楼板，一般一个房间一块台模。按台模的支撑形式分为支腿式和无支腿式两类，前者有伸缩式支腿和折叠式支腿之分；后者是悬架于墙上或柱顶，故也称悬架式。支腿式台模由面板（胶合板或钢板）、支撑框架、檩条等组成，支腿底带有轮子，以便移动。浇筑后待混凝土达到规定强度，落下台面，将台模推出放在临时挑台上，再用起重机整体吊运至上层其他施工段；亦可不用挑台，推出墙面后直接吊运。

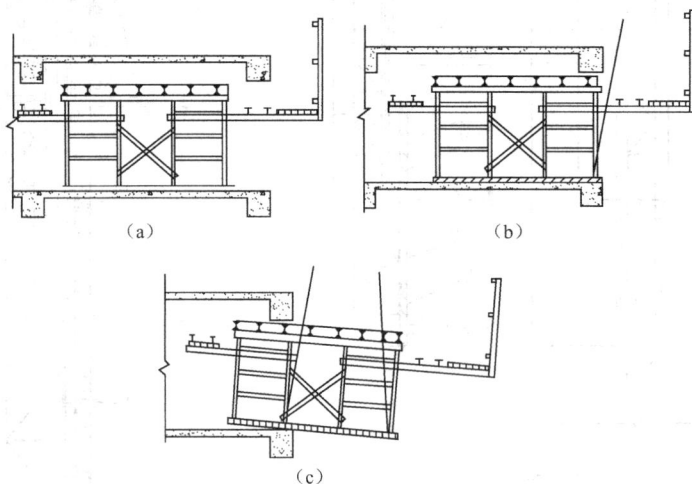

图4-30　台模示图
(a) 台模下落脱模；(b) 向外滚动；(c) 飞出

台模除铝合金制作的正规台模外，还可由小块的定型组合钢模板和钢管支撑等拼装而成，既可省去模板的装拆时间，又能降低劳动消耗，加速施工，但一次性投资较大。

5. 隧道模

隧道模是用于同时整体浇筑墙体和楼板的大型工具式模板，能将各开间沿水平方向逐段逐间整体浇筑，故整体性好、抗震性能好、施工速度快，但一次性投资大，模板起吊和转运需较大的起重机（图4-31）。隧道模有全隧道模（又称整体式隧道模板）和双拼式隧道模两种。前者自重大，推移时需铺设轨道，逐渐少用。后者可由两个宽度不同的半隧道模对拼而成，增加一块插板。

混凝土强度达到 $7 N/mm^2$ 左右，即可先拆除半边的隧道模，推出墙面放在临时挑台上，

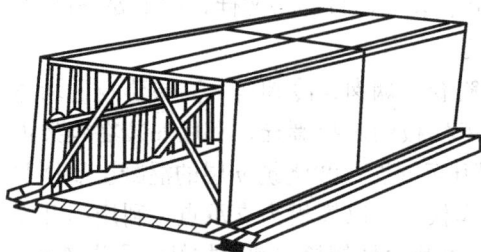

图4-31　隧道模示图

再用起重机转运至上层或其他施工段，楼板临时用竖撑加以支撑，再养护一段时间，待混凝土强度约达到 $20N/mm^2$ 以上时，再拆除另一半边的隧道模。

4.2 钢筋工程

在钢筋混凝土结构中，钢筋起着关键性作用，其加工质量对整个施工起决定性的影响。钢筋工程属于隐蔽工程，在混凝土浇筑完毕后，对其质量难以检查，故对其从进场到加工到绑扎安装必须进行严格的控制，并建立健全的检查及验收制度。

4.2.1 钢筋的分类、现场验收

1. 钢筋的分类
（1）按钢筋化学成分分

1）碳素钢钢筋。按含碳量多少可分为低碳钢（含碳量小于 0.25％）、中碳钢（含碳量 0.26％～0.6％）和高碳钢（含碳量大于 0.6％）。随着含碳量的增加其强度和硬度增加，但塑性和韧性减小。低、中碳钢强度低、质韧而软、有明显的屈服点，常称软钢；高碳钢、强度高、质硬而脆、无明显屈服点，常称硬钢。建筑工程中、低碳钢应用较多。

2）普通低合金钢。在低碳钢和中碳钢中加入少量合金元素，如锰、钛、硅、钒等，而冶炼成的钢材称为合金钢。加入的合金元素，不但提高强度，且改善其他性能，但由于价格较高，建筑上常用低合金钢，具体有：HRB335 级（20MnSi）、HRB400 级（20MnSiV、20MnSiNb、20MnTi）、RRB400 级（K20MnSi）。

（2）按钢筋轧制外形分

1）光圆钢筋。HPB300 级钢筋均轧制为光面圆形截面，供应形式有盘圆和直条两种。通常直径 6～10mm 钢筋盘圆供应；直径大于 12mm 的钢筋轧成 6～12m 直条供应。使用时端头需加工弯钩。

2）带肋钢筋。一般为 HRB 335 级、HRB 400 级、RRB 400 级钢筋，表面轧制成螺旋纹、人字纹、月牙纹，以增大与混凝土的粘结力。

上述钢筋代号中，H 表示"热轧"、P 表示"光圆"、R 表示"带肋"、B 表示"钢筋"。

（3）按钢筋在结构中的作用分

受力钢筋、架立钢筋和分布钢筋。

（4）按钢筋直径分

直径 3～5mm 的称为钢丝，直径 6～12mm 的称为细钢筋，直径大于 12mm 的称为粗钢筋。

（5）按钢筋加工工艺分

目前，我国钢筋混凝土工程常用的普通钢筋按生产工艺分为热轧钢筋和冷加工钢筋两类。

热轧钢筋具有软钢的性质，有热轧光圆钢筋（HPB）、热轧带肋钢筋（HRB）和余热处理钢筋（RRB）三种，其强度等级按屈服强度分为 300 级、335 级、400 级和 500 级。热轧钢筋和余热处理钢筋强度等级代号及力学性能应符合表 4-9 和表 4-10 的规定。

热轧钢筋的力学性能　　　　　　　　　　表 4-9

表面形状	强度等级代号	公称直径 d (mm)	屈服点 δ_a (MPa)	抗拉强度 δ_b (MPa)	伸长率 δ_s (%)	冷弯		符号
			不小于			弯曲角度	弯心直径	
光圆	HPB300	6～12	300	420	10	180°	d	Φ
月牙肋	HRB335	6～50	335	490	16	180°	$3d$	Φ
						180°	$4d$	
	HRB400	6～50	400	570	14	180°	$4d$	Φ
						180°	$5d$	
	HRB500	6～50	500	630	12	180°	$6d$	Φ
						180°	$7d$	

注：1. 采用 $d>40$mm 钢筋时，应有可靠的工程经验；
　　2. 表中伸长率为最大力总伸长率，不是断后伸长率。

余热处理钢筋的力学性能　　　　　　　　　　表 4-10

表面形状	强度等级代号	公称直径 d (mm)	屈服点 δ_a (MPa)	抗拉强度 δ_b (MPa)	伸长率 δ_s (%)	冷弯		符号
			不小于			弯曲角度	弯心直径	
月牙肋	RRB400	8-25	440	600	14	90°	$3d$	Φ^R
		28-40				90°	$4d$	

随着我国钢产量技术的成熟，推广高强钢筋的生产和使用，弱化了 335 级钢筋的应用，《混凝土结构工程施工规范》GB 50666—2011 建议钢筋按下列规定使用：①纵向受力普通钢筋宜采用 HRB400、HRB500、HRBF400、HRBF500 钢筋，也可采用 HRB335、HRBF335、HPB300、RRB400 钢筋；②梁、柱纵向受力钢筋应采用 HRB400、HRB500、HRBF400、HRBF500 钢筋；③箍筋宜采用 HRB400、HRB500、HRBF400、HRBF500 钢筋，也可采用 HRB335、HRBF335 钢筋。

2. 钢筋的现场检验与保管

钢筋进场应有出厂质量证明书或试验报告单，每捆（盘）钢筋均应有标牌，并按品种、批号及直径分批验收。每批热轧钢筋重量不超过 60t，钢绞线为 20t。验收内容包含钢筋标牌和外观检查，并按有关规定取样进行机械性能试验。

做机械性能试验时应从每批外观尺寸检查合格的钢筋中任选两根，每根取两个试件分别进行拉力试验（包括屈服强度、抗拉强度和伸长率的测定）和冷弯或反弯次数试验。如有一项试验结果不符合规定，则应从同一批钢筋中另取双倍数量的试件重新做上述 4 项试验，仍试件不合格，则该批钢筋为不合格品，应不予验收或降级使用。钢筋现场检验后，根据品种按批堆放，不得混杂。对不符合要求者，应重新分级或令其退场。

钢筋进场后，必须加强管理，妥善保管。应注意以下几点：

1）钢筋进场要认真验收，不但要注意数量的验收，而且要对钢筋的规格、等级、牌号进行验收。

2）防锈。钢筋堆放在钢筋库房或库棚中，如露天堆放应存放在地势较高的平坦场地上，钢筋下要用木材垫起，离地面不小于 20cm，并做好排水措施。

3）防污染。钢筋保管及使用时，要防止酸、盐、油脂等对钢筋的污染与腐蚀。

4）防混杂。不同规格和不同类别的钢筋要分别存放，并挂牌注明，尤其是外观形状相近的钢筋以免混淆。若混淆不清，必须重新检验后，方可使用。

钢筋一般先在钢筋加工场或加工棚内加工，然后运至现场安装或绑扎。其加工过程主要有：冷拉、冷拔、调直、除锈、剪切、弯曲、绑扎及焊接。在加工中如发现机械性能或焊接性能不良，还应进行化学成分分析，检验其有害成分，如硫（S）、磷（P）和砷（As）的含量是否超过规定范围。

4.2.2　钢筋的冷加工

钢筋的冷加工常指冷拉、冷拔和冷轧，主要是提高钢筋的强度，节约钢材，满足预应力钢筋的需要。

1. 钢筋冷拉

钢筋的冷拉是指在常温状态下，以超过钢筋屈服强度的拉应力强行拉伸钢筋，使钢筋产生塑性变形，从而提高强度、节约钢材，同时也完成了钢筋的调直与除锈工作。冷拉 HPB300 级钢筋通常用作非预应力钢筋；冷拉 HRB335、HRB400 级钢筋，通常用作预应力钢筋。

（1）冷拉原理

在钢筋受拉的应力-应变图中（图 4-32），曲线 $oabcde$ 为未经冷拉钢筋的拉伸曲线。冷拉钢筋时，使拉应力超过屈服点 b，到 k 点时卸荷，此时钢筋已发生塑性变形，变形不能全部恢复，应力-应变图沿着直线 ko_1 变化。图中 ko_1 大致与 ao 平行，oo_1 即为塑性变形。如卸荷后又立即再加荷，曲线则沿 o_1kde 变化，并在 k 点出现新的屈服点，这个屈服点明显高于冷拉前的屈服点。其原因是钢筋发生了塑性变形，钢筋内部晶面滑移，晶粒

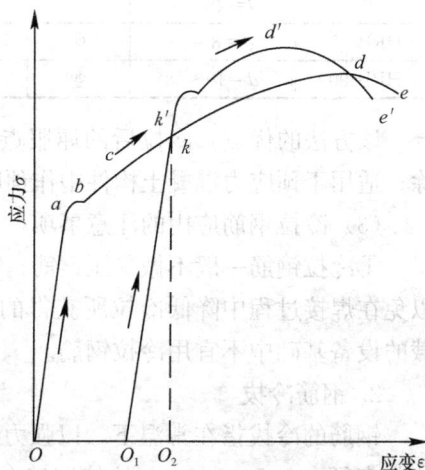

图 4-32　钢筋拉伸曲线

变形，使得钢筋的屈服点得以提高，这种现象称为"变形硬化"（冷硬）。

（2）冷拉参数及控制方法

钢筋冷拉参数有冷拉率（钢筋冷拉后伸长的长度与原长度之比）和冷拉应力（钢筋冷拉后单位断面上所受的冷拉力）。冷拉后，钢筋强度提高，但塑性会降低。为避免钢筋脆性断裂，其控制方法有控制冷拉率法和控制应力法。

1）控制冷拉率法——只控制冷拉率，即按照冷拉率的要求将钢筋拉伸到一定长度即可。测定冷拉率时钢筋的冷拉应力应满足表 4-11 的要求。不能分清炉批的热轧钢筋，不应采用控制冷拉率的方法。

测定冷拉率时钢筋的冷拉应力　　　　表 4-11

钢筋级别	钢筋直径（mm）	符号	冷拉应力（N/mm²）
HRB335	≤25	Φ	480
	28～40		460
HRB400	8～40	Φ	530

该方法简便易行，但会因钢筋材质不匀，使得冷拉后钢筋的机械性能不一致，甚至同一根钢筋中各段钢筋的冷拉率不一样。因此，该方法适用于不太重要的部位。在要求较高的结构或构件中，特别是预应力混凝土结构中的预应力筋，必须采用控制应力法。

2）控制应力法——控制钢筋的冷拉应力。采用控制应力法冷拉钢筋时，其冷拉控制应力及该应力下的最大冷拉率应符合表 4-12 的规定。当控制应力达到表中规定的应力值，而伸长率没有超过最大冷拉率时，则冷拉钢筋为合格品，其余均为不合格，须进行机械性能试验或降级使用。

钢筋冷拉的控制应力和最大冷拉率　　　　表 4-12

钢筋级别	钢筋直（mm）	符号	冷拉控制应力（N/mm²）	最大冷拉率（%）
HRB335	d≤25	Φ	450	5.5
	d=28～40		430	
HRB400	d=8～40	Φ	500	5.0
HRB500	d=10～28	Φ	700	4.0

该方法的优点：冷拉后的屈服点较为稳定，不合格的钢筋易于发现和剔除；适用于预应力混凝土构件中作预应力筋的钢筋冷拉。

（3）冷拉钢筋应用的注意事项

①冷拉钢筋一般不做受压钢筋；②做预应力钢筋时，应先焊接、后冷拉，以免在焊接过程中降低冷拉所获得的提高了的强度；③在做吊环或受冲击荷载的设备基础中不宜用冷拉钢筋。

2. 钢筋冷拔

钢筋的冷拔指在常温下，以强力拉拔的方法使 φ6～8mm 的热轧钢筋通过比其直径小 0.5～1.0mm 的特制钨金拔丝模，拔成比原直径小的钢丝。冷拔后，产生很大的塑性变形，断面缩小，强度可提高 40%～90%，故可大量节约钢材。冷拔是在拔丝机上完成的，主要部件是钨金拔丝模，模孔要求光滑，以减少拔丝阻力，工作区的锥度以 14°～18° 为宜，定径区长度约为钢筋直径的一半（图 4-33）。

钢筋冷拔工艺过程：剥壳→轧头→润滑→拔丝。剥壳是使钢筋通过 3～6 个上下排列的辊子除掉钢筋表面的硬渣层，避免损坏拔丝模。润滑剂常用石灰、动植物油、肥皂、白蜡和水按一定配合比制成，也可先使用旧拔丝模先拔一次来剥除。冷拔用的拔丝机有立式（图 4-34）和卧式两种。

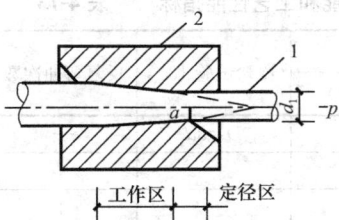

图 4-33 拔丝模
1-钢筋；2-拔丝模

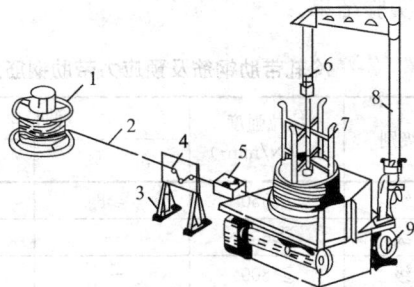

图 4-34 立式拔丝机
1-盘圆架；2-钢筋；3-剥壳装置；
4-槽轮；5-拔丝模；6-滑轮；7-绕丝筒；
8-支架；9-电动机

钢筋冷拔次数要适宜：过少则每次压缩量大，易断丝，也易损坏拔丝模；过多，生产率低，钢丝易发脆。根据经验，冷拉速度约为 0.2～0.3m/s，速度过大易断丝。以冷拔后钢丝直径为冷拔前的 0.85～0.9 为宜，一般 3～4 次拔制完毕。

冷拔低碳钢丝分甲、乙两级。甲级钢丝主要用于中、小型预应力构件的预应力筋；乙级钢丝适用于焊接网片、焊接骨架、架立筋、箍筋和构造筋。

3. 钢筋的冷轧

冷轧钢筋分为冷轧带肋钢筋和冷轧扭钢筋。

（1）冷轧带肋钢筋

冷轧带肋钢筋（CRB，C—cold-rolled，R—ribbed，B—bar）是采用普通低碳钢、优质碳素钢或低合金钢热轧圆盘条为木材，通过冷轧工艺减径后在其表面冷轧成一种三面或两面带有月牙形横肋的钢筋。具有调直除锈、提高强度、节省钢材、提高质量等优点，已广泛应用。

冷轧带肋钢筋按强度等级分为 550 级、650 级、800 级、970 级和 1170 级，其中 CRB550 为普通钢筋混凝土用筋，其余为预应力混凝土用筋。

1）冷轧带肋钢筋的主要性能

冷轧带肋钢筋的主要性能见表 4-13。

2）冷轧带肋钢筋的检查验收

每批进场的冷轧带肋钢筋应有出厂合格证明书，对外形尺寸、表面质量及重量偏差的检查，按每批抽取 5%（但不应小于 5 盘或捆）的数量进行检验。对抗拉强度、伸长率和冷弯应提出较高要求的，每盘都应检查钢筋的力学性能和工艺性能，即从每盘任一端截去 500mm 后取两个试样，一个做抗拉强度和伸长率试验，另一个做冷弯试验。如有一项指标不符合表 4-13 规定，则判该盘钢筋不合格。对成捆供应的 CRB550 级钢筋应逐捆进行检验。从每捆中同一根钢筋上截取两个试件，试验方法同前，如有一项不符合表 4-13 的要求时，应从该捆中取双倍数量的试件进行复验，如仍有一个试样不合格，则判该捆钢筋不合格。检验后的钢筋每盘或每捆都应有标牌，标明钢筋力学性能的实验结果。

冷轧带肋钢筋及预应力带肋钢筋力学性能和工艺性能指标　　表 4-13

钢筋级别	抗拉强度 σ_b（N/mm²）	伸长率		冷弯试验 180°	反复弯曲次数
		δ_{10}（%）	δ_{100}（%）		
550 级	≥550	≥8	—	$D=3d$	—
650 级	≥650	—	≥4	—	3
800 级	≥800	—	≥4	—	3
970 级	≥970	—	≥4	—	3
1170 级	≥1170	—	≥4	—	3

注：1. 伸长率 δ_{10} 的测量标距为 $10d$，δ_{100} 的测量标距为 100mm；

2. D 为弯心直径，d 为公称直径；

3. 对成盘供应的 650 级和 800 级钢筋，经调直后的抗拉强度仍应符合表中规定。

3）冷轧带肋钢筋的使用

①CRB550 级钢筋用于钢筋混凝土结构构件中的受力主筋、架立筋、箍筋和构造筋。CRB650 级及以上等级钢筋做预应力钢筋混凝土结构构件中的受力主筋。②由于冷轧带肋钢筋是经冷加工强化的无明显屈服点的"硬钢"，因此，不宜用在地震作用下对钢筋延性要求较高的框架梁、框架柱及圈梁的纵向主筋。③冷轧带肋钢筋末端可不制作弯钩。当末端制作 90°或 135°弯折时，钢筋的弯曲直径不宜小于钢筋直径的 5 倍。④对进场的冷轧带肋钢筋应按轧制的外形、级别标志，分类堆放。冷加工的钢筋易生锈，应注意防雨、防潮。存储时间不宜过长。⑤冷轧带肋钢筋严禁采用焊接接头，但可制作成点焊网片。

（2）冷轧扭钢筋

冷轧扭钢筋（C—cold-rolled，T—twist，B—bar）是用 $\phi6\sim\phi12$ 热轧圆钢，经冷拉、冷轧、冷扭成具有扁平螺旋状的钢筋，它不但具有较高的强度，而且与混凝土间的握裹力有明显提高，按强度等级有 550 级和 650 级。标记为 CTB550ϕ^T10-Ⅱ，表示 550 级Ⅱ型直径为 10mm 的冷轧扭钢筋。

冷轧扭钢筋的原材料采用热轧盘条光面钢筋，直径 $\phi6.5$、$\phi8$、$\phi10$ 和 $\phi12$。盘条进场后应对每批盘钢筋根据不同厂别、规格进行复检，合格后再加工轧制。其制作工艺：圆盘钢筋从放盘架引出→钢筋调直、清除氧化皮→轧扁机将钢筋轧扁→轧扁钢筋通过扭转装置加工成具有连续螺纹曲面的麻花状钢筋→按预定长度切断。最后形成 $\phi^T6.5$、ϕ^T8、ϕ^T10 和 ϕ^T12 的冷轧扭钢筋。

冷轧扭钢筋必须检验抗拉强度和伸长率两个指标：抗拉强度≥580N/mm²，伸长率≥3%。

试样应在距钢筋端头 500mm 以外任意部位切取，试件长 400mm。试件允许用不经扭转的扁钢代替，其结果与冷轧扭钢筋等效。试件每批取两件为一组，如有一项指标不合格，应在不同批钢筋不同部位取两组复试，再有一项不合格，则该批冷轧扭钢筋为不合格，严禁用作受力主筋。冷轧扭钢筋必须严格控制截面的厚度及螺距，表面不得有裂缝、刀痕、擦伤及油污。冷轧扭钢筋加工后易生锈，应尽早使用，储存期不宜超过一个月。冷轧扭钢筋全部交点及接头均用铁丝绑扎，不得用焊接连接。

4.2.3 钢筋的连接

钢筋连接有焊接连接、机械连接和绑扎连接。焊接连接方法较多，成本较低，质量可靠，宜优先选用。机械连接无明火作业，设备简单、节约能源，不受气候条件影响，可全天候施工，其连接可靠，技术易掌握，适用范围广，尤其适用于现场焊接有困难的场合。绑扎连接需较长的搭接长度，浪费钢筋且连接不可靠，宜限制使用，逐渐减少。

1. 钢筋的焊接

采用焊接替代绑扎，能提高连接强度，减小搭接长度，充分利用短材，减轻劳动强度，提高机械化、工厂化水平，从而提高工效，降低成本。常用的焊接方法有闪光对焊、点焊、电弧焊及电渣压力焊等。

（1）闪光对焊

闪光对焊广泛用于钢筋纵向连接及预应力钢筋与螺栓端杆的焊接，具有成本低、质量好、功效高，对各种钢筋均能适用的特点，因而得到普遍应用。

钢筋闪光对焊的原理如图 4-35 所示，将两段钢筋在对焊机两电极中接触对接，通过低电压的强电流，接触点很快熔化并产生金属蒸气飞溅，形成闪光现象。闪光一开始就移动钢筋，形成连续闪光过程。待接头烧平，闪去杂质和氧化膜白热熔化时，随即进行加压顶锻并断电，使两根钢筋对焊成一体。在焊接过程中，由于闪光的作用，空气不能进入接头处，又通过挤压，把已熔化的氧化物全部挤出，使接头质量得到保证。

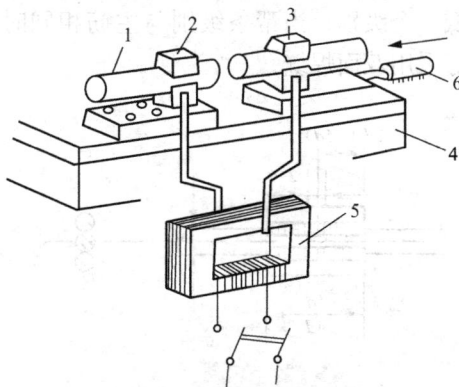

图 4-35　对焊机工作原理图
1-钢筋；2-固定电极；3-可动电极；
4-机座；5-焊接变压器；6-手动压力机构

上述是"连续闪光焊"的焊接过程，适宜焊接直径 25mm 以内的钢筋。对于 25mm 以上的钢筋宜采用"预热闪光焊"和"闪光-预热-闪光焊"，增加一个预热时间，先使大直径钢筋预热后再连续光烧化进行加压顶锻。

钢筋闪光对焊后，除对接头进行外观检查（无裂纹和明显烧伤，接头弯折不大于 4°和接头轴线偏移不大于 0.1d 也不大于 2mm）外，还应按钢筋焊接及验收规程进行抗拉试验和冷弯试验。

（2）电弧焊

电弧焊是利用弧焊机在焊条与焊件之间产生高温电弧，使得焊条和电弧燃烧范围内的金属焊件很快熔化从而形成焊接接头，其中电弧是指焊条与焊件金属之间空气介质出现的强烈持久的放电现象，常用于钢筋的搭接接长、钢筋与钢板的焊接、装配式钢筋混凝土结构接头的焊接、钢筋骨架的焊接及各种钢结构的焊接等。

电弧焊使用的弧焊机有交流和直流弧焊机两种，常用交流弧焊机。焊接时，先把焊条和焊件分别连接在弧焊机的两极上，然后引弧（先将焊条轻轻接触焊件金属，形成短暂短路，再提起距焊件一定高度，使焊条与焊件间的空气介质呈电离状态），便可开始焊接。其接头形式主要有搭接焊、帮条焊、坡口焊和预埋铁件 T 形接头四种。

1）搭接焊

搭接焊接头见图 4-36，焊接时，先将主钢筋的焊接部分按搭接长度预弯，使两钢筋的轴线在一直线上，采用两端点焊定位，最好采用双面焊也可用单面焊缝。

2）帮条焊

帮条焊接头见图 4-37，选用帮条焊时宜选用与焊接筋同直径、同级别的钢筋。当帮条直径与焊接筋相同时，帮条级别可比主筋低一个级别；当帮条级别与主筋相同时，帮条直径可比主筋小一个规格。最好采用双面焊缝。

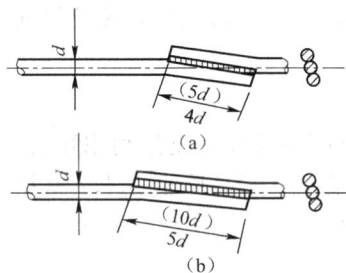

图 4-36 钢筋搭接焊接头

(a) 双面焊缝；(b) 单面焊缝

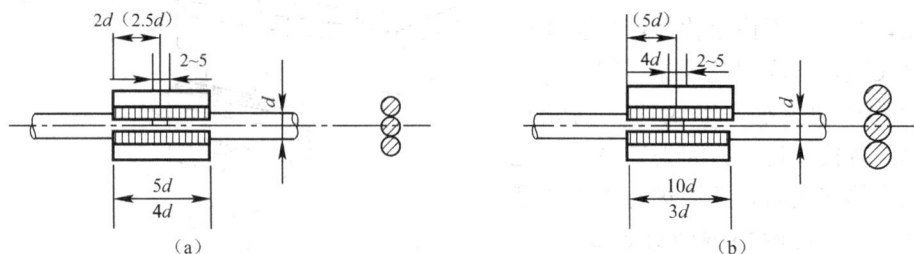

图 4-37 钢筋帮条焊接头

(a) 双面焊缝；(b) 单面焊缝

无论采用搭接焊或是帮条焊，对焊缝都有一定的要求，焊缝厚度 $h \geqslant 0.3d$ 且 $\geqslant 4mm$；焊缝宽度 $b \geqslant 0.7d$ 且 $\geqslant 10mm$。

3）坡口焊

坡口焊接头见图 4-38，分平焊和立焊。当焊接 HRB400 级、RRB400 级钢筋，应将焊件加固处理。

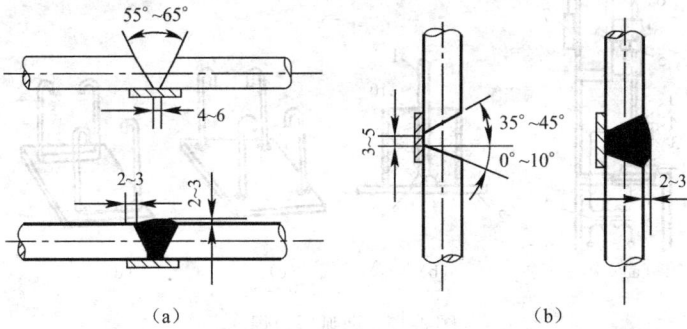

图 4-38　钢筋坡口焊接头
(a) 坡口平焊；(b) 坡口立焊

4）预埋铁件的 T 形接头

预埋铁件 T 形接头有贴角焊和穿孔塞焊两种，见图 4-39。采用贴角焊时，焊缝的焊脚 K 应不小于 $0.5d \sim 0.6d$（HRB335 级钢筋）。采用穿孔塞焊时，钢板的孔洞应做成喇叭口，其内口直径应比钢筋直径大 4mm，倾斜角为 45°，钢筋缩进 2mm。

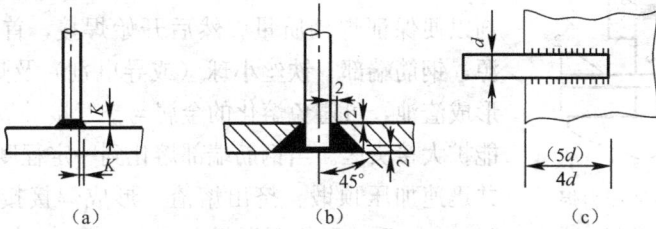

图 4-39　预埋铁件 T 形接头
(a) 角焊；(b) 穿孔塞焊；(c) 搭接焊

（3）埋弧压力焊

埋弧压力焊是利用埋在焊接接头处的焊剂层下的高温电弧，熔化两焊件接头处的金属，然后加压顶锻而成。图 4-40（a）所示为埋弧压力焊原理图，图 4-40（b）为接头及焊剂盒放大图，多用于钢筋与钢板丁字形接头的焊接。图 4-40（c）所示为已经焊完的预埋件，与传统的电弧焊连接相比可节省钢材。

钢筋电弧焊接接头应做外观检验和拉力试验。外观检查时，应在接头清渣后逐个进行目测或量测，要求表面平整不得有较大的凹陷、焊瘤；接头处不得有裂纹；咬边深度、气孔、夹渣等数量与大小以及接头尺寸偏差，不得超过有关施工规程的规定。

（4）电渣压力焊

电渣压力焊利用电流通过渣池产生的电阻热将钢筋端部熔化，然后施加压力使钢筋焊接在一起。其操作简单、易掌握、工作效率高、成本较低、施工条件比较好，主要用于现浇钢筋混凝土结构中竖向或斜向钢筋的接长。

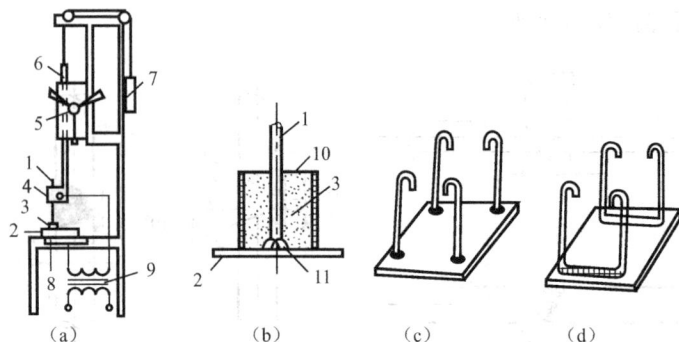

图 4-40　埋弧压力焊

(a) 埋弧焊原理；(b) 焊剂盒；(c) 已焊成的预埋件；(d) 电弧焊预埋件

1-钢筋；2-钢板；3-焊剂；4-钢筋卡具；5-手轮；6-齿条；

7-平衡重；8-固定电极；9-变压器；10-焊剂盒；11-弧焰

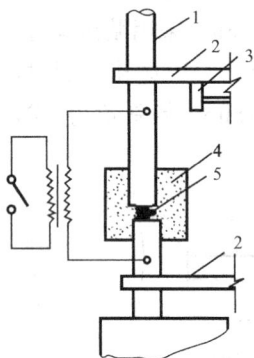

图 4-41　电渣压力焊

1-钢筋；2-夹钳；

3-凸轮；4-焊剂；

5-铁丝团球或导电焊剂

电渣压力焊的主要设备是交流弧焊机，还有夹钳和焊剂盒等，其工作原理见图 4-41 所示。施焊前，将钢筋端部 120mm 范围内的铁锈清除，再用夹具夹紧钢筋，在两根钢筋接头处，放一个铁丝做的小球（当钢筋直径较大时改用导电剂），在焊剂盒内放满焊剂以便保证焊接质量。然后开始焊接，首先接通电源，钢筋端部、铁丝小球（或导电剂）及焊剂熔化，形成渣池，可避免熔化的金属与空气接触氧化而且也能扩大接头区。当钢筋端部熔化到一定程度时，断电并迅速加压顶锻、挤出熔渣，形成焊接接头。冷却 1~3min 后，可打开焊剂盒，回收焊剂，卸下夹具。

电渣压力焊的质量检验包括外观检查和拉力试验。外观检查时，应逐个检查焊接接头，要求接头焊包均匀、不得有裂纹、钢筋表面无明显烧伤等缺陷；接头处钢筋轴线的偏移不得超过钢筋的 10%，且不得大于 2mm；接头处弯折不得大于 4°。对外观检查不合格的焊接接头，应将接头切除重焊。拉力实验时，应从每批成品中切取三个试件进行拉力试验，试验结果要求三个试件均不得低于该级别钢筋的抗拉强度标准值。如有一个试件的抗拉强度低于规定数值，应取双倍数量的试件进行复检，复检结果如仍有一个试件的强度达不到上述要求，则判定该批接头为不合格。

（5）点焊

点焊指将钢筋交叉放置在点焊机的两电极间，通电使钢筋温升至熔化，后加压使交叉处钢筋焊接在一起，其工作原理见图 4-42。可成型为钢筋网片或骨架，代替人工绑扎，具有工效高、节约劳动力、成品

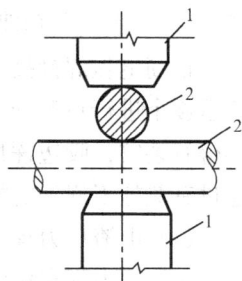

图 4-42　点焊原理图

1-电极；2-钢筋

整体性好、节约材料、降低成本等特点。

点焊机分单点（适用于焊接较粗钢筋）、多点点焊机（适用于焊接钢筋网片）和悬挂式点焊机（可任意移动，焊接各种形状的大型钢筋网片和钢筋骨架）。焊点的压入深度：热轧钢筋为较小钢筋直径的 30%～45%；冷拔低碳钢丝为较小钢丝直径的 30%～35%。

点焊接头的质量检查包括外观检查和强度检验。外观检查应按同一类型制品分批抽查，一般制品每批抽查 5%；梁柱、桁架等重要制品每批抽查 10%，且不能少于 3 件。要求焊点处金属熔化均匀；压入深度符合规定；焊点无脱落、漏焊、裂纹、多孔性缺陷及明显的烧伤现象；网格间距偏差应满足有关规定。强度检验时，从每批成品中切取。热轧钢筋和冷拔低碳钢丝焊点应做抗剪试验，后者还应对较小钢丝做拉力试验。试验结果，如有一个试件达不到上述要求，则应取双倍数量的试件进行复检；复验结果，如仍有一个试件不能达到上述要求，则该批制品即为不合格。采用加固处理后，可进行二次验收。

焊接网钢筋直径一般为 4～12mm，宜采用 CRB550 级冷轧带肋钢筋或 CRB510 级冷拔光面钢筋制作。施工工艺焊接接头搭接有叠接法、扣接法和平接法，一般采用前两种，当板较薄时，采用平接法来减少搭接处厚度，以保证受力筋在同一有效高度。

2. 机械连接

常用的机械连接有冷压连接、直螺纹连接、锥螺纹连接和套筒灌浆连接等，适用于施工现场粗钢筋的连接。

（1）冷压连接

冷压连接就是将两根待接钢筋插入钢套筒，用带有梅花齿形内模的钢筋压接机对套筒外壁加压，使套筒和钢筋发生冷塑性变形，紧密地咬合在一起。分为轴向、径向和冷压连接（图 4-43）。

冷压连接不存在焊接工艺中的高温熔化过程，避免了因加热而引起的金属内部组织变化，晶粒增粗，出现氧化组织，材料变脆及接头夹渣、气孔等缺陷，故冷压连接具有工艺简单、可靠程度高、受人为操作因素影响小、对钢筋化学成分要求不特别严格等优点。

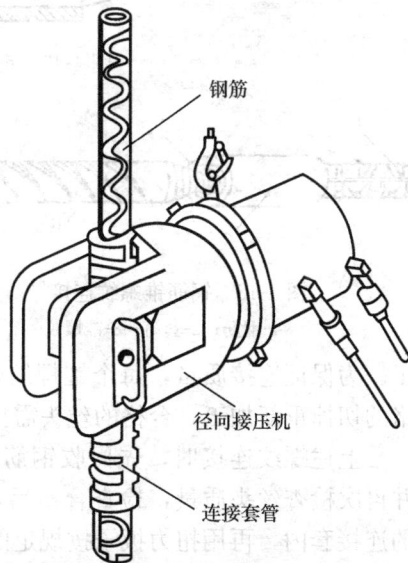

图 4-43 冷压连接工艺原理图

（2）螺纹连接

螺纹连接是将需连接的钢筋端部加工出螺纹，后通过一个内壁加工有螺纹的套管将钢筋连接在一起，其加工流程见图 4-44。具体操作时，先回收钢筋端部的塑料保护帽和连接套上的密封盖，并再次检查丝头质量，检查合格后，可将待接钢筋用手拧入一端已拧上钢筋的连接套内，再用扭力扳子按规定的力矩值拧紧钢筋接头即可。根据套筒和接头处理不同，分直螺纹连接和锥螺纹连接。

```
钢筋切割 ──→ 滚压螺纹 ──→ 丝头检验 ──→ 保护帽 ──→ 连接钢筋
                                              ↑
                                          套筒加工
```

图 4-44　螺纹连接的加工流程图

1）直螺纹连接

根据端头处理不同，分滚轧直螺纹接头和镦粗直螺纹接头。

滚轧直螺纹接头分直接滚压、挤肋滚压和剥肋滚压。直接滚压由于钢筋肋的影响，制成的螺纹直径精度差；挤肋滚压先将钢筋纵横肋预压平处理，再滚压，但不能消除钢筋肋的影响；剥肋滚压先将钢筋纵横肋剥削处理，使得钢筋滚丝前的直径达到同一尺寸，后滚压成型，其螺纹精度高，接头质量稳定。

镦粗直螺纹接头通过钢筋端部冷镦扩粗、切削螺纹，综合套筒挤压和锥螺纹的优点，其连接强度高、快捷、质量稳定等，有很强的推广价值。但镦粗易沿着钢筋轴线方向产生裂纹，需严格控制，见图 4-45。

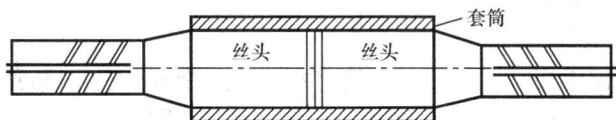

图 4-45　钢筋镦粗直螺纹连接

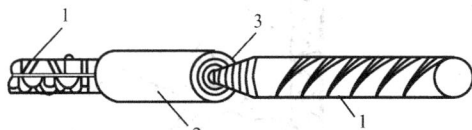

2）锥螺纹连接

锥螺纹连接如图 4-46 所示。其加工需精度高的连接套和锥螺纹，连接套是在工厂由专用机床加工而成的定型产品，钢筋连接端的锥螺纹需在钢筋套丝机上加

图 4-46　钢筋锥螺纹连接
1-钢筋；2-套筒；3-锥螺纹

工。为保证连接质量，每个锥螺纹丝头都需用牙形规和卡规逐个检查，不合格的切掉重新加工，合格的丝头需拧上塑料保护帽，以避免丝头受损。

上述螺纹连接时，先回收钢筋端部的塑料保护帽和连接套上的密封盖，并再次检查丝头质量，检查合格后，可将待接钢筋用手拧入一端已拧上钢筋的连接套内，再用扭力扳子按规定的力矩值拧紧钢筋接头即可。

（3）套筒灌浆连接

套筒灌浆连接是将被连接钢筋插入内部带有凹凸部分的高强圆形套筒，再由灌浆机灌入高强度无收缩灌浆材料，灌浆材料硬化后，套筒和连接钢筋便牢固地连接在一起。

套筒灌浆连接对钢筋不施加外力和热量，不会发生钢筋的变形和内应力，在抗拉强度、抗压强度及可靠性方面均能满足要求。且无需特殊设备，对操作人员无特别技能要求，安全可靠、无噪声、无污染、受气候环境变化影响小，适用范围广，可应用于不同种类、外形、直径的变形钢筋的连接。

3. 钢筋的绑扎

钢筋的绑扎常用 20～22 号铁丝进行绑扎，可用于钢筋接长，还可用于钢筋网片和钢筋骨架等的绑扎，要求绑扎位置准确、牢固，搭接长度及绑扎点位置符合以下规定：

1）接头应设置在受力较小处。同一纵向受力钢筋不宜设置 2 个或 2 个以上接头。接头末端至钢筋弯起点的距离不应小于钢筋直径的 10 倍。

2）同一构件中相邻纵向受力钢筋的绑扎搭接接头宜相互错开。绑扎接头中钢筋的横向净距 s 不应小于钢筋直径 d 且不应小于 25mm。

从任一绑扎接头中心至搭接长度 l_1 的 1.3 倍区段范围内（图 4-47），有绑扎接头的受力钢筋截面面积，占受力钢筋总截面面积百分率，应符合下列规定：受拉区不得超过 25%，受压区不得超过 50%。

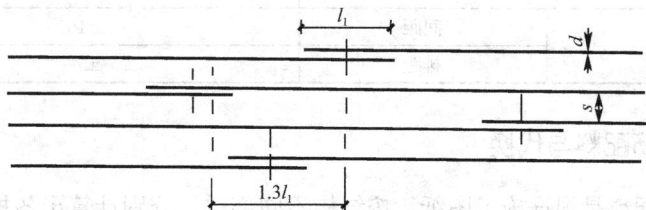

图 4-47 受力钢筋的绑扎接头

注：图中 l_1 区段内有接头的钢筋面积按两根计算。

3）钢筋接长时，需要一定的搭接长度，其与钢筋外形、直径、级别及受力性能有关。钢筋的搭接长度和最小锚固长度应分别满足表 4-14 和表 4-15 的要求。

纵向受拉钢筋的最小搭接长度 表 4-14

钢筋种类		混凝土强度等级			
		C25	C35	C45	C55
光圆钢筋	HPB300 级	$41d$	$34d$	$29d$	$27d$
带肋钢筋	HRB335 级	$40d$	$33d$	$28d$	$26d$
	HRB400 级	$48d$	$39d$	$34d$	$31d$

纵向受拉钢筋的最小锚固长度 表 4-15

钢筋种类		混凝土强度等级			
		C25	C35	C45	C55
光圆钢筋	HPB300 级	$34d$	$28d$	$24d$	$22d$
带肋钢筋	HRB335 级	$33d$	$27d$	$23d$	$21d$
	HRB400 级	$40d$	$32d$	$28d$	$26d$
	HRB500 级	$48d$	$39d$	$34d$	$31d$

4）钢筋网片和骨架的绑扎

应满足以下要求：①钢筋的交叉点应采用铁丝扎牢；②板和墙的钢筋网片，除靠近外围两行钢筋的交叉点全部扎牢外，中间部分交叉点可间隔交错扎牢，但必须保证受力钢筋不产生位置偏移；双向受力筋，必须全部扎牢；③梁和柱的箍筋，除设计有特殊要求外，应与受力箍筋垂直设置；箍筋弯钩叠合处，应沿受力箍筋方向错开设置。

绑扎网片和绑扎骨架外形尺寸的允许偏差，应符合表 4-16 的规定。

绑扎网片和绑扎骨架的允许偏差　　　　　　　　表 4-16

项目		允许偏差（mm）
网的长、宽		±10
网眼尺寸		±20
骨架的宽及高		±5
骨架的长		±10
箍筋间距		±20
受力钢筋	间距	±10
	排距	±5

4.2.4　钢筋配料与代换

钢筋的配料是根据施工图纸，按结构不同部位，分别计算出各根钢筋切断时的直线长度（即下料长度），然后根据已计算的下料长度编制便于实际加工、具有准确下料长度和数量的表格（即配料单，见表 4-17），作为钢筋切断、签发工程任务单和限额领料的依据。因此，钢筋下料长度的计算是配料的关键。

钢筋配料单　　　　　　　　表 4-17

构件编号	钢筋编号	简图	直径（mm）	钢筋级别	下料长度	单位根数	合计根数	总重（kg）

1. 钢筋下料

（1）钢筋的下料顺序：

从整体上看钢筋的配料应按照先使用、先配料，先重要、后次要，自下而上的配料顺序进行。如：基础→一层柱→一层主梁→一层次梁→一层板→二层柱→二层主梁→二层次梁→二层板……

对具体构件，如：

板：板中受力筋→支座负弯筋→分布筋。

梁：受拉区受力筋→受压区受力筋→架立筋、构造筋→支座负弯筋→箍筋。

基础、柱：基础底板筋→预埋插铁→柱受力筋→柱箍筋→柱预埋铁件。

（2）钢筋下料长度的计算

设计图中注明的钢筋尺寸是钢筋的外轮廓尺寸，即外包尺寸。钢筋在弯曲后，外边缘伸长，内边缘缩短，而中心线不变。使得钢筋弯曲后的外包尺寸和中心线长度之间存在一个差值，该差值称为"量度差值"或"弯曲调整值"，见图 4-48。下料长度为各段外包尺寸之和减去各弯曲处的量度差值，再加上端部弯钩的增加值。根据结构或构件的配筋图，可将钢筋下料的形状分为：直钢筋、弯起钢筋和箍筋三类。

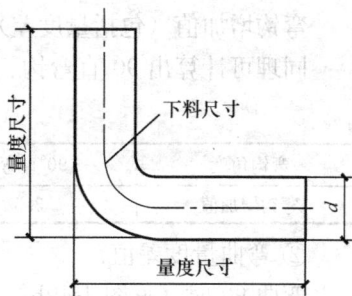

图 4-48　钢筋弯曲时量度方法

直钢筋的下料长度＝构件长度－钢筋端头保护层厚度＋钢筋弯钩增长值

弯起钢筋的下料长度＝直段长度＋斜段长度＋钢筋弯钩增长值－量度差值

箍筋的下料长度＝箍筋周长＋箍筋调整值

上述下料长度的计算应考虑钢筋的连接接头的损耗和搭接的长度。

1) 保护层厚度

混凝土对钢筋的保护层厚度指从最外层钢筋（含箍筋、构造筋、分布筋等）的外边缘至混凝土构件外表面的距离，主要起保护钢筋防止其锈蚀的作用。保护层厚度应符合设计要求；当设计无具体要求时，不应小于受力钢筋直径，并应符合表 4-18 的规定。

混凝土保护层的最小厚度（mm）　　　　　　　　　表 4-18

环境等级	板、墙、壳	梁、柱
一	15	20
二 a	20	25
二 b	25	35
三 a	30	40
三 b	40	50

注：1. 混凝土强度等级不大于 C25 时，表中保护层厚度数值应增加 5mm；
　　2. 钢筋混凝土基础宜设置混凝土垫层，基础中钢筋的混凝土保护层厚度应从垫层顶面算起，且不应小于 40mm。

2) 钢筋弯曲量度差值和端部弯钩增加值

当弯心直径为 $2.5d$（d 为钢筋直径），弯钩的增加值和各种弯曲角度的量度差值计算方法如下：

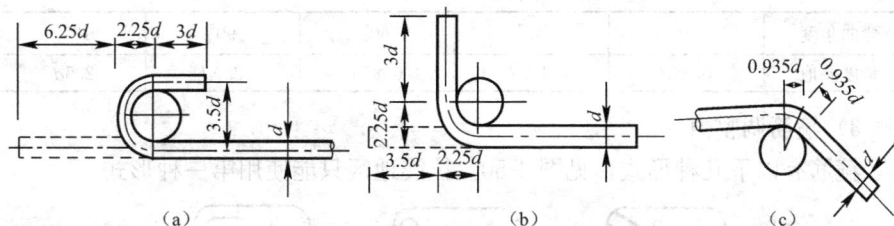

图 4-49　钢筋弯折处长度变化示意图

(a) 半圆弯钩；(b) 90°弯钩；(c) 45°弯钩

① 弯钩增加值：

半圆弯钩的增加长度（见图 4-49a，弯心直径 D 为 $2.5d$，平直部分为 $3d$）：

弯钩全长：$3d + 3.5d \times \dfrac{\pi}{2} = 8.5d$

弯钩增加值（包括量度差）：$8.5d - 2.25d = 6.25d$

同理可计算出 $90°$ 直弯钩、$135°$ 斜弯钩的弯钩增加值，见表 4-19。

弯钩增加值　　　　　　　　　　　表 4-19

弯钩角度	90°直弯钩	135°斜弯钩	180°半圆弯钩
弯钩增加值	3.5d	4.9d	6.25d

② 弯曲量度差值：

弯曲 $90°$ 时（见图 4-49b，弯心直径 D 为 $2.5d$，外包标注）的量度差值：

外包尺寸：$2\left(\dfrac{D}{2} + d\right) = 2\left(\dfrac{2.5d}{2} + d\right) = 4.5d$

中心线尺寸：$\dfrac{(D + d)}{2} \dfrac{\pi}{2} = (2.5d + d)\ \dfrac{\pi}{4} = 2.75d$

量度差值：$4.5d - 2.75d = 1.75d$

弯曲 $45°$ 时（见图 4-49c，弯心直径 D 为 $2.5d$，外包标注）的量度差值：

外包尺寸：$2\left(\dfrac{D}{2} + d\right)\tan\dfrac{45°}{2} = 2\left(\dfrac{2.5d}{2} + d\right)\tan\dfrac{45°}{2} = 1.86d$

中心线尺寸：$\dfrac{(D + d)}{2} \times \dfrac{\pi}{4} = \dfrac{(2.5d + d)}{2} \times \dfrac{\pi}{4} = 1.37d$

量度差值：$1.86d - 1.37d = 0.49d$

若 $D = 4d$ 时，则量度差为：$0.52d$

弯曲角度为 α，弯心直径为 D 时，量度差值的计算公式如下：

外包尺寸：$2\left(\dfrac{D}{2} + d\right)\tan\left(\dfrac{\alpha}{2}\right)$

中心线尺寸：$(D + d)\ \dfrac{\alpha}{360°}\pi$

量度差值：$2\left(\dfrac{D}{2} + d\right)\tan\left(\dfrac{\alpha}{2}\right) - (D + d)\ \dfrac{\alpha}{360°}\pi$

在实际工作中，为了方便计算，依据计算结果并考虑实际弯心情况调整后，钢筋弯曲的量度差值可按表 4-20 取值进行计算。

钢筋弯曲的量度差值（mm）　　　　　　　　表 4-20

弯曲角度	30°	45°	60°	90°	135°
量度差值	0.35d	0.5d	0.85d	2.0d	2.5d

3）箍筋调整值

箍筋有以下几种形式，见图 4-50。抗震地区只能使用第一种形式。

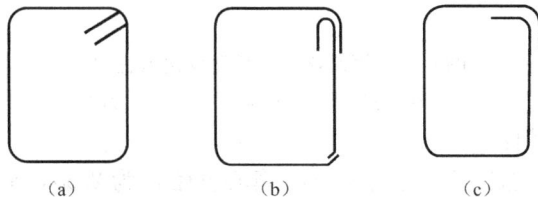

图 4-50　箍筋示意图
(a) 135°/135°；(b) 90°/180°；(c) 90°/90°

箍筋调整值为弯钩增加值和弯曲调整值相加或相减（采用外包尺寸时相减，采用内包尺寸时相加）。计算方法同上，只是弯心直径和端部弯钩平直段长度有所调整，为简化计算，可直接在表 4-21 中选用。

箍筋调整值（mm）　　　　　　　　　　　　　　　　表 4-21

箍筋量度方法	箍筋直径			
	4~5	6	8	10~12
量外包尺寸	40	50	60	70
量内包尺寸	80	100	120	150~170

4）弯起钢筋的增加长度

弯起钢筋的增加长度与弯起角度有关。钢筋的弯起一般为 45°；当梁较高时，则为 60°；当梁较低或现浇板中，为 30°。如图 4-51 所示，利用这个关系，预先算出有关数据，见表 4-22。只要知道弯起角度和梁高，就能很快算出弯起钢筋增加长度（$S-L$）。

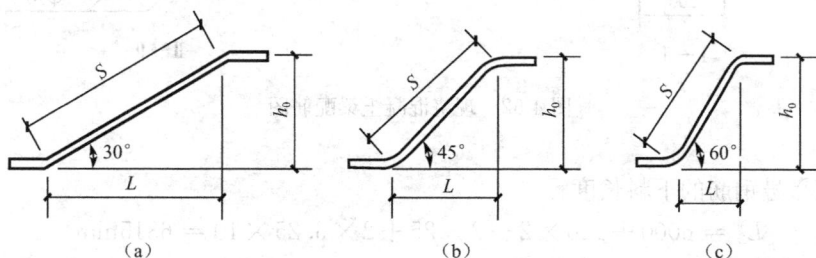

图 4-51　钢筋弯起示意图
(a) 30°；(b) 45°；(c) 60°

弯起钢筋的增加长度（mm）　　　　　　　　　　　表 4-22

弯起角度（α）	$\alpha=30°$	$\alpha=45°$	$\alpha=60°$
斜段长度 S	$2h_0$	$1.414h_0$	$1.155h_0$
斜段宽度 L	$1.732h_0$	h_0	$0.577h_0$
增加长度 $S-L$	$0.268h_0$	$0.414h_0$	$0.577h_0$

注：h_0 为钢筋弯起的高度，应为梁高减去上下保护层厚度。

2. 钢筋配料实例

【例 4-1】 某工程有 10 根钢筋混凝土梁，其配筋图如图 4-52 所示，混凝土强度等级为 C30，环境类别为二 a 类。两端墙厚 240mm，梁截面 200mm×500mm。纵向受力钢筋、分布筋、架立筋和箍筋均采用 HPB300 级钢筋。试计算本工程钢筋的下料长度并填写配料单。

【解】 由于混凝土等级为 C30，且环境类别为二 a 类，查表 4-18 可知，梁的保护层厚度为 25mm。

① 号钢筋的下料长度

$$L_1 = 6000 + 120 \times 2 - 2 \times 25 + 2 \times 6.25 \times 20 = 6440mm$$

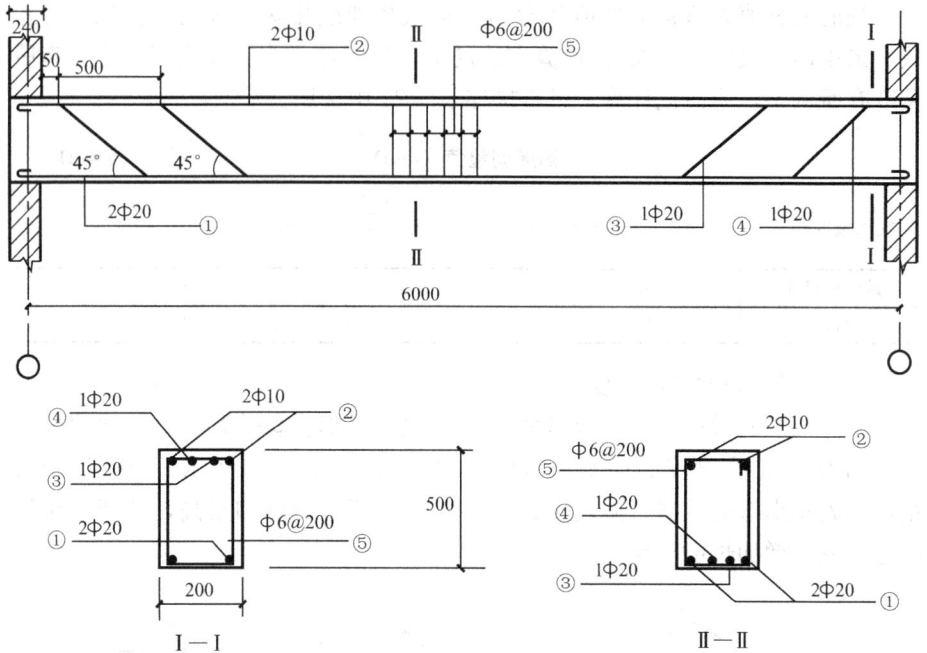

图 4-52　现浇混凝土梁配筋图

② 号钢筋的下料长度

$$L_2 = 6000 + 120 \times 2 - 2 \times 25 + 2 \times 6.25 \times 10 = 6315\text{mm}$$

③ 号钢筋的下料长度

$$L_3 = \text{端部平直长度} + \text{斜段长} + \text{中间平直长度} + \text{弯钩增加长度} - \text{量度差}$$

$$\text{端部平直长度} = 240 + 50 + 500 - 25 = 765\text{mm}$$

$$\text{斜段长} = (500 - 2 \times 25 - 2 \times 6) \times 1.414 = 619\text{mm}$$

$$\text{中间平直长度} = 6240 - 2 \times (240 + 50 + 500 + 438) = 3784\text{mm}$$

$$L_3 = (765 + 619) \times 2 + 3784 + 2 \times 6.25 \times 20 - 4 \times 0.5 \times 20 = 6762\text{mm}$$

若利用弯起钢筋的增加长度来计算，较为方便：

$$L_3 = 6000 + 2 \times 120 - 2 \times 25 + 2 \times 6.25 \times 20 + 2 \times 0.414$$
$$\times (500 - 2 \times 25 - 2 \times 6) - 4 \times 0.5 \times 20 = 6762\text{mm}$$

④ 号钢筋的下料长度

$$L_4 = L_3 = 6762\text{mm}$$

⑤ 号钢筋的下料长度

$$L_5 = [(500 - 2 \times 25) + (200 - 2 \times 25)] \times 2 + 50 = 1250\text{mm}$$

$$\text{箍筋个数} = (6000 + 120 \times 2 - 2 \times 25)/200 + 1 = 32(\text{个})$$

配料单见表 4-23。

3. 钢筋的代换

在实际施工中，遇到供应钢筋的品种和规格与设计图纸要求不相符的情形，需要进行钢筋的代换。钢筋的代换需经设计单位同意后方可进行。

钢筋配料单

表 4-23

构件名称	钢筋编号	简图	直径(mm)	钢号	下料长度(mm)	单位根数	合计根数	重量(kg)
L梁10根	①	⌐────6190────⌐	20	Φ	6440	2	20	317.88
	②	────6190────	10	Φ	6315	2	20	77.93
	③	765 \ 619 619 / 765 3784	20	Φ	6762	1	10	167.13
	④	265 \ 619 619 / 265 4784	20	Φ	6762	1	10	167.13
	⑤	550 150	6	Φ	1250	32	320	92.21
合计		Φ6: 92.21kg; Φ10: 77.93kg; Φ20: 652.14kg						

（1）钢筋代换注意事项

①对某些重要构件不宜用光圆钢筋代换变形钢筋；②代换后的钢筋，应满足规范规定的钢筋间距、根数、锚固长度、最小钢筋直径的要求；③梁的纵向受力钢筋与弯起钢筋应分别代换，以保证梁正截面与斜截面的强度；偏心受压或偏心受拉构件进行钢筋代换时，应按受力面分别代换；④有抗震要求的框架结构，不宜以强度等级较高的钢筋代替原设计中的钢筋，当必须代换时，其代换的钢筋检验所得的实际强度尚应符合相应规定；⑤代换后的钢筋用量不宜大于原设计的 5%，也不低于 2%，同一截面钢筋直径相差不大于5mm，以免受力不匀；⑥制作构件的吊环必须采用未经冷拉的光圆热轧钢筋制作，严禁用其他钢筋代换。

（2）钢筋代换的方法

1）当结构构件是按强度控制时，可按强度相等的原则代换，称为等强代换。应满足下式：

$$A_{s2} f_{y2} \geqslant A_{s1} f_{y1} \tag{4-3}$$

或
$$n_2 \geqslant \frac{n_1 d_1^2 f_{y1}}{d_2^2 f_{y2}} \tag{4-4}$$

式中　A_{s2}、A_{s1}——代换后和代换前钢筋的截面面积；

　　　f_{y2}、f_{y1}——代换后和代换前钢筋的设计强度；

　　　n_2、n_1——代换后和代换前钢筋的根数；

　　　d_2、d_1——代换后和代换前钢筋的直径。

2）当构件按最小配筋率控制时，可按钢筋面积相等的原则代换，称等面积代换。应满足：

$$A_{s2} \geqslant A_{s1} \tag{4-5}$$

3）当结构构件按抗裂性、裂缝宽度或挠度控制时，钢筋代换后，还需进行抗裂性、裂缝宽度或挠度的验算。

钢筋代换后，有时由于受力钢筋的直径加大或钢筋根数增多，而须要增加排数，则构件截面的有效高度 h_0 减小，使截面强度降低，此时需复核截面强度。对矩形截面的受弯构件，可根据弯矩相等，按下式复核截面强度：

$$N_2\left(h_{02}-\frac{N_2}{2bf_{cm}}\right) \geqslant N_1\left(h_{01}-\frac{N_1}{2bf_{cm}}\right) \tag{4-6}$$

式中　N_1——原设计的钢筋拉力，等于 $A_{s1} \times f_{y1}$（A_{s1}、f_{y1} 符号含义同上）；

　　　N_2——代换钢筋拉力，等于 $A_{s2} \times f_{y2}$；

　　　h_{01}——原设计钢筋的合力点至构件截面受压边缘的距离（即构件截面的有效高度）；

　　　h_{02}——代换钢筋的合力点至构件截面受压边缘的距离；

　　　f_{cm}——混凝土的弯曲抗压强度；

　　　b——构件截面宽度。

4.2.5　钢筋加工工艺

1. 加工工艺流程

钢筋加工宜在常温状态下进行，加工时不应对钢筋进行加热，其工艺流程见图 4-53。

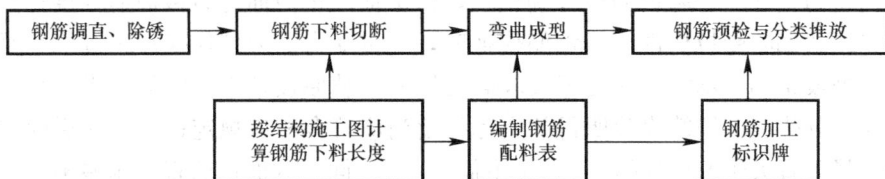

图 4-53　钢筋加工工艺

2. 钢筋的除锈与调直

钢筋的除锈，一是在钢筋冷拉或调直过程中除锈，对大量钢筋除锈较为经济；二是采用电动除锈机除锈，对钢筋局部除锈较为方便；三是采用手工除锈（用钢丝刷、砂盘）、喷砂和酸洗除锈等。

钢筋的调直可利用调直机或冷拉进行。若冷拉只是为了调直箍筋，而不是为了提高其强度，调直冷拉率为：HPB300 级钢筋不宜大于 4%，HRB335级、HRB400 级及 RRB400 钢筋不宜大于 1%。

如所使用的钢筋无弯钩和弯曲要求，调直冷拉率可适当放宽：HPB300级钢筋不宜大于 6%，HRB335 级钢筋和 HRB400 级钢筋不宜大于 2%。对于不允许采用冷拉钢筋的结构，钢筋调直冷拉率不宜大于 1%。除利用冷拉调直外，粗箍筋还可以用锤直或扳直的方法；钢筋直径为 4～14mm 时可在钢筋调直机上进行调直。经调直后的钢筋应平直、无局部曲折。

3. 钢筋的下料切断

钢筋按下料长度切断，可采用钢筋切断机或手动切断器。后者一般用于直径小于 12mm 的钢筋，前者可切断 40mm 的钢筋，大于 40mm 的钢筋可用氧乙炔焰或电弧切断或锯断。钢筋的下料长度应力求准确，其允许偏差为 ±10mm。

4. 钢筋的弯曲

弯曲前，按弯曲设备特点及钢筋直径和弯曲角度进行划线见图 4-54。如弯曲钢筋两端对称，划线工作宜从钢筋中线向两端进行。弯曲形状比较复杂的钢筋，可先放出实样，再进行弯曲。钢筋弯曲宜采用弯曲机和弯箍机。弯曲机可弯曲 6～40mm 的钢筋。直径小于 25mm 的钢筋，当无弯曲机时也可采用扳钩弯曲。钢筋弯曲成型后，形状、尺寸必须符合设计要求，平面上没有翘曲、不平现象。

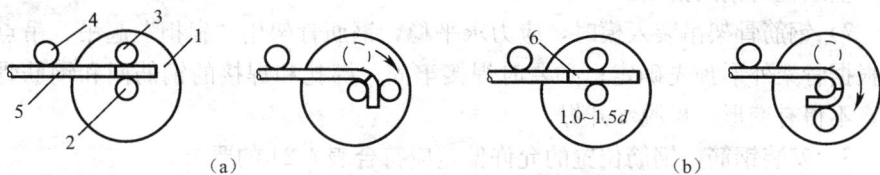

图 4-54 弯曲机的弯曲点线与心轴关系

（a）直角弯钩；（b）半圆弯钩

1-工作盘；2-心轴；3-成型轴；4-固定挡铁；5-钢筋；6-弯曲点线

5. 钢筋的预检与分类堆放

同一部位与规格的钢筋，加工完成后进行预检查，对不合格的钢筋进行调整，合格的钢筋及时绑上标识牌（图 4-55），并将其系在加工后的钢筋上，以便绑扎、安装时识别，分类堆放整齐。加工中，若发现钢筋发生严重锈蚀，应剔除不用或降级使用；当其力学性能显著不正常时，应对其进行化学性能成分检验或其他专项检验。

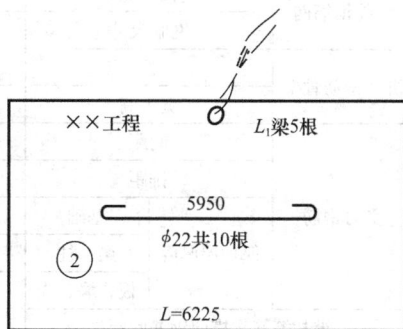

图 4-55 钢筋加工标识牌

4.2.6 钢筋安装及质量控制

钢筋工程属于隐蔽工程，在浇筑混凝土之前应对钢筋及预埋件进行验收，并作好隐蔽工程记录。

1）安装前，必须熟悉施工图纸，合理安排钢筋安装进度和施工顺序，检查钢筋品种、级别、规格、数量是否符合设计要求。

2）钢筋应绑扎牢固，防止钢筋移位。板和墙的钢筋网片，除双向受力的钢筋或靠近外围两行钢筋的相交点全部扎牢外，中间部分的可间隔交错扎牢；对面积大的竖向钢筋网，可采用钢筋斜向拉结加固，各交叉点的绑扎扣应变换方向绑扎；梁和柱的箍筋的弯钩应沿受力钢筋方向错开设置。

128

3）墙体中配置双层钢筋时，可采用 S 钩等细钢筋撑件加以固定；板中配置双层钢筋网，需用撑脚支托钢筋网片，撑脚可用相应的钢筋制成。

4）垫好混凝土保护层砂浆垫块，竖向钢筋可采用带铁丝的砂浆垫块，绑在钢筋骨架外侧；当梁中配有两排钢筋时，可采用短钢筋作为垫筋垫在下排钢筋上。

5）严格控制悬挑结构如阳台、挑梁、雨棚等上部纵向受力钢筋位置的准确；浇筑混凝土时，应有专人负责观察钢筋，有松脱或位移的及时纠正，严防将上部钢筋踩下。

6）基础内的柱子插筋，其箍筋应比柱的箍筋小一个箍筋直径，以便连接。下层柱的钢筋露出楼面部分，宜用工具式箍筋将其收进一个柱筋直径，以利上层柱的钢筋搭接。

7）钢筋骨架吊装入模时，应力求平稳，钢筋骨架用"扁担"起吊，吊点应根据骨架外形预先确定；必要时焊接牢固；绑扎和焊接的钢筋网和钢筋骨架，不得有变形、松脱和开焊。

8）安装钢筋，钢筋位置的允许偏差应符合表 4-24 的要求。

钢筋安装位置的允许偏差和检验方法　　　　　　　　表 4-24

项目			允许偏差（mm）	检验方法
绑扎钢筋网	长、宽		±10	钢尺检查
	网眼尺寸		±20	钢尺量连续三档，取最大值
绑扎钢筋骨架	长		±10	钢尺检查
	宽、高		±5	钢尺检查
受力钢筋	间距		±10	钢尺检查量两端、中间各一点，取最大值
	排距		±5	
	保护层厚度	基础	±10	钢尺检查
		梁、柱	±5	钢尺检查
		板、墙、壳	±3	钢尺检查
绑扎箍筋、横向钢筋间距			±20	钢尺量连续三档，取最大值
钢筋弯起点位置			20	钢尺检查
预埋件	中心线位置		5	钢尺检查
	水平高差		+3,0	钢尺和塞尺检查

注：1. 检查预埋件中心线位置，应纵、横两个方向量测，并取其中的较大值；
　　2. 表中梁类、板类构件上部纵向受力钢筋保护层厚度的合格点率应达到 90% 及以上，且不得有超过表中数值 1.5 倍的尺寸偏差。

4.3　混凝土工程

混凝土工程是指将混凝土浇筑成各种形状的建筑构件或结构的过程。其施工应保证结构具有设计的外形和尺寸，强度等级符合设计要求，有良好的整体性，并满足设计和施工的要求。混凝土施工包括配料、搅拌、运输、浇筑、振捣、养护等过程。由于混凝土的施工过程连续性要求高，延续时间长，受外界影响因素多，应采取相应措施。

4.3.1 混凝土的配料及搅拌

1. 混凝土的组成材料

（1）水泥

水泥是混凝土中的胶结材料，一般可采用硅酸盐水泥、普通硅酸盐水泥、矿渣水泥、火山灰水泥和粉煤灰水泥，必要时还可采用快硬水泥、膨胀水泥等。水泥的品种和成分的不同，其凝结时间、早期强度、水化热、吸水性和抗侵蚀等性能也不同，选用水泥时必须考虑到这些因素。

常见水泥的强度等级：

硅酸盐水泥强度等级（MPa）：42.5、42.5R、52.5、52.5R、62.5 和 62.5R；普通硅酸盐水泥强度等级（MPa）：32.5、32.5R、42.5、42.5R、52.5 和 52.5R；矿渣、火山灰和粉煤灰水泥强度等级（MPa）：32.5、32.5R、42.5、42.5R、52.5 和 52.5R。

水泥进场必须有出厂合格证或进场试验报告，并对其品种、强度等级、出厂日期等进行检查验收。为防止水泥受潮，现场仓库应尽量密闭。水泥储存时间不宜过长，做到先到场的先使用。因为水泥在储存中，吸收空气中的水分，导致水泥轻微水化而使水泥强度降低。当对水泥质量有怀疑或水泥出厂超过三个月（快硬水泥超过一个月）时，应复查试验，并按试验结果使用。

（2）骨料

混凝土的骨料包括石子和砂子。良好的骨料级配，可减少水泥和水的用量，获得良好的和易性及密实性，提高混凝土的质量。

石子有卵石和碎石，其质量对混凝土强度影响较大，要求坚硬、耐久、无风化；要有良好的级配；其外形以接近圆形、方形为好；其最大粒径不得超过结构最小截面尺寸的 1/4，也不大于钢筋最小净距的 3/4，便于浇筑密实；对含泥量较大的石子，使用前必须冲洗干净。

砂子有河砂、山砂、海砂，以河砂为宜。从粒径上可分粗砂、中砂和细砂。以粗、中砂为宜。应具有良好的级配，对其所含杂质的量（淤泥、黏土、云母片及有机杂质）要严格的控制。

（3）水

凡可饮用的水，都可用来拌制和养护混凝土，其中不得含有影响水泥硬化的有害杂质、油脂和糖类物质。污水、工业废水及 pH 值小于 4 的酸性水和硫盐含量大于 1‰ 的水，均不得在混凝土中使用。

（4）常用外加剂

为改善混凝土性能，常采用掺外加剂的办法，提高其经济效果，以适应新结构、新技术发展的需要。外加剂的种类繁多，按其作用不同可分减水剂、引气剂、促凝剂、缓凝剂、防水剂、抗冻剂、保水剂、膨胀剂和阻锈剂等。商品外加剂往往是复合型的外加剂。外加剂已成为改善混凝土性能、发展混凝土技术的有效材料，是近代混凝土中不可或缺的第五种原料。但在正式使用外加剂之前，应该进行相应的试验，来决定适当的掺量。

（5）掺合料

在采用硅酸盐水泥或普通硅酸盐水泥拌制混凝土时，为了节约水泥和改善混凝土的某种性能，可掺用一定的混合材料。掺合料一般应用当地的工业废料或廉价的地方材料，如粉煤灰、火山灰、磨细矿渣和磷渣等。掺入火山灰既可代替部分水泥，又可提高混凝土抗海水、硫酸盐等侵蚀的能力；掺入适量粉煤灰既可节约水泥、改善和易性，又可使混凝土渗水性降低 1/7～1/6。外掺料的质量应符合国家现行标准的规定，其掺量应通过试验确定。

2. 混凝土的工作性及强度

混凝土的工作性及强度是衡量混凝土质量的两个主要指标。

（1）混凝土的工作性

工作性（或称和易性）包括流动性、黏聚性和保水性。和易性好的混凝土，运输时不产生分离、泌水，浇捣流动性大，易于捣实，利于保证混凝土的强度和耐久性。混凝土的工作性通常用坍落度或工作度表示，见表4-25。

混凝土和易性指标 表4-25

混凝土名称	坍落度（mm）	工作度（s）
流动性混凝土	50～80	5～10
低流动性混凝土	10～30	15～30
干硬性混凝土	0	30～180

影响混凝土工作性的主要因素有组成材料的质量及其用量、温度、湿度、风速及时间等。水泥品种不同，其工作性也不同。如硅酸盐水泥和普通硅酸盐水泥的工作性比火山灰水泥、矿渣水泥好；水泥颗粒越细，混凝土的黏聚性和保水性越好；在相同水灰比下，水泥用量越多，工作性越好。

混凝土的流动性随用水量的增大而增大。但用水量过大，会使混凝土的黏聚性和均匀性变差，产生严重泌水、分层或流浆，同时强度也降低。在水灰比不变时，水泥浆数量随用水量和水泥用量的增加而增加，流动性增大，工作性好，强度也不会降低。

混凝土中砂石骨料的颗粒圆滑、粒径大、级配优良，则流动性好；砂率过大，水泥浆被砂粒吸附，流动性减小；砂率过小，使部分水泥浆填石子间的空隙，导致流动性、黏聚性和保水性均差，甚至发生离析、溃散等现象。故在配制混凝土时，应选用最优砂率。

此外，在混凝土中加入少量外加剂和掺和料可改善混凝土的工作性。

（2）混凝土的强度

混凝土具有较高的抗压强度，其抗拉、抗弯、抗剪强度均较小，故以抗压强度作为控制和评定混凝土质量的主要指标。

1）混凝土施工配制强度

混凝土的强度应达到95％的保证率，为此，当设计强度等级小于C60时应根据设计的混凝土强度标准值按下式确定：

$$f_{cu,o} \geqslant f_{cu,k} + 1.645\sigma \qquad (4-7)$$

式中　$f_{cu,o}$——混凝土的施工配制强度（MPa）；

　　　$f_{cu,k}$——设计的混凝土强度标准值（MPa）；

　　　　σ——施工单位的混凝土强度标准差（MPa）。

当设计强度等级小于 C60 时，配制强度应按 $f_{cu,o} \geqslant 1.15 f_{cu,k}$ 计算。

① 当施工单位具有近期的同一品种混凝土强度资料时，其混凝土强度标准差 σ 按下式计算：

$$\sigma = \sqrt{\frac{\sum_{i=1}^{N} f_{cu,i}^2 - N\mu_{f_{cu}}^2}{N-1}} \qquad (4-8)$$

式中　$f_{cu,i}$——统计周期内同一品种混凝土第 i 组试件的强度值（MPa）；

　　　$\mu_{f_{cu}}$——统计周期内同一品种混凝土 N 组强度的平均值（MPa）；

　　　　N——统计周期内同一品种混凝土试件的总组数，N 不应小于 30。

当混凝土强度等级小于等于 C30 时，如计算得到的 $\sigma < 3.0$MPa 时，取 $\sigma = 3.0$MPa；当 $\sigma \geqslant 3.0$MPa 时，取计算值。当混凝土强度等级大于 C30 且小于 C60 时，如计算得到 $\sigma < 4.0$MPa，取 $\sigma = 4.0$MPa；$\sigma \geqslant 4.0$MPa 时，取计算值。

② 当施工单位不具有近期的同一品种混凝土强度资料时，其混凝土强度标准差 σ 可按表 4-26 取用。

混凝土强度标准差 σ 表 4-26

混凝土强度等级	低于 C20	C25～C45	C50～C55
σ	4.0	5.0	6.0

③ 标准差应由强度等级相同、混凝土配合比和工艺条件基本相同的混凝土 28d 强度统计求得。对预拌混凝土厂和预制混凝土构件厂，统计周期可取为一个月；对现场拌制混凝土的施工单位，统计周期可根据实际情况确定，但不宜超过三个月。

2）影响混凝土强度的因素

混凝土强度除与砂石质量有关外，主要取决于水泥的强度等级和水灰比。相同条件下，水泥强度等级越高，强度越高；反之，强度越低。在一定范围内，水灰比小，混凝土密实性好，孔隙率小，强度高；反之，水灰比大，混凝土密实性差，强度低。但不宜过高提高水泥强度等级或降低水灰比，因为水泥强度等级过高，会浪费水泥；而水灰比小，会影响混凝土的和易性。混凝土的最大水灰比和最小水泥用量见表 4-27。

混凝土强度还与养护温度、湿度和龄期有关。当温度在 4～40℃ 范围内，温度越高，水泥水化作用和其强度发展越快；当温度低于 0℃ 时，混凝土强度停止发展，甚至因冻胀而破坏。养护时必须保持足够的湿度；否则，将导致混凝土失水干燥，影响强度增长，因水化作用未充分完成，造成混凝土内部结构疏松，表面出现干缩裂缝。混凝土的强度随龄期的增长逐渐提高。在正常养护条件下，混凝土的强度在最初 7～14d 内发展较快，后逐渐缓慢，28d 达到设计强度，此后强度增长过程可延续数十年。

混凝土强度与其密实度成正比，密实度又与振捣有关。对流动性小的混凝土，振捣的时间越长和力量越大，混凝土越密实，其强度越大，尤其是干硬性混凝土，可充分利用振捣来提高强度。对流动性较大的混凝土，强力振捣或长时间振捣，往往会产生离析泌水现象，反而使混凝土质量不匀，强度降低。

混凝土的最大水灰比和最小水泥用量　　　　　　表 4-27

环境条件		结构物类型	最大水灰比			最小水泥用量（kg/m³）		
			素混凝土	钢筋混凝土	预应力混凝土	素混凝土	钢筋混凝土	预应力混凝土
干燥环境		正常的居住或办公用房内部件	不作规定	0.65	0.60	200	260	300
潮湿环境	无冻害	高湿度的室内部件 室外部件 非侵蚀性土和水中的部件	0.70	0.60	0.60	225	280	300
	有冻害	经受冻害的室外部件 在非侵蚀性土和水中且经受冻害的部件 高湿度且经受冻害的室内部件	0.55	0.55	0.55	250	280	300
有冻害和除冰剂的潮湿环境		经受冻害和除冰剂作用的室内和室外部件	0.50	0.50	0.50	300	300	300

注：1. 当用活性掺合料代替部分水泥时，表中的最大水灰比及最大水泥用量即为代替前的水灰比和水泥用量；
　　2. 配置 C15 级及其以下等级的混凝土，可不受本表限制；
　　3. 冬期施工应优先选用硅酸盐水泥和普通硅酸盐水泥，最小水泥用量不应小于 300kg/m³，水灰比不应大于 0.60。

3. 混凝土的配料及搅拌

（1）混凝土的配料

1）混凝土施工配合比换算

混凝土设计配合比是根据完全干燥的砂、石料制定的，但实际使用的砂、石料都含有一些水分，而且含水量经常随气象条件发生变化。所以在拌制时应及时测定砂、石骨料的含水率，并将设计配合比换算成实际含水情况下的施工配合比。

设试验室配合比为：水泥：砂子：石子 $=1:x:y$，水灰比为 w/C，并测得砂子的含水率为 w_x，石子的含水率为 w_y，则施工配合比应为：$1:x(1+w_x):y(1+w_y)$，计算时确保混凝土水灰比不变，则换算后材料用量为：

按试验室配合比 1m³ 混凝土水泥用量为 C（kg）

水泥：$C'=C$

石子：$G'_{石}=C\cdot x\cdot(1+w_x)$

砂子：$G'_{砂}=C\cdot x\cdot(1+w_y)$

水：$w'=w-C\cdot x\cdot w_x-C\cdot y\cdot w_y$

【例 4-2】 已知某构件混凝土试验室配合比为 1：2.56：5.50，水灰比为 0.64，每立方米混凝土水泥用量为 275kg，经测定砂子的含水率 $w_x=4\%$，石子的含水率 $w_y=2\%$，试确定施工配合比和每立方米混凝土材料用量。

【解】 施工配合比为：

$$1：2.56(1+4\%)：5.50(1+2\%)=1：2.66：5.61$$

每立方米混凝土材料用量为：

水泥：275kg

砂子：$275\times2.66=731.5$kg

石子：$275\times5.61=1542.8$kg

水：$275\times0.64-275\times2.56\times4\%-275\times5.50\times2\%=118$kg

2）施工配料

求出混凝土施工配合比后，还须根据工地现有搅拌机的装料或出料容量进行配置。

如搅拌机的出料容量为 400L 时，则每搅拌一次（即一盘）的出料数量为：

水泥：$275\times0.4=110$kg（实用 100kg，即 2 袋水泥）

砂子：$731.5\times\dfrac{100}{275}=266.0$kg

石子：$1542.8\times\dfrac{100}{275}=561.0$kg

水：$118\times\dfrac{100}{275}=42.9$kg

如搅拌机的装料容量为 400L 时，则每搅拌一次的出料数量在上述的基础上乘以搅拌机的出料率 0.625，即水泥 68.75kg、砂子 182.88kg、石子 385.69kg、水 29.5kg。

为严格控制混凝土的配合比，原材料的称量必须准确。计量允许偏差：对水泥、混合材料、水、外加剂，为 ±2%；对粗、细骨料，为 ±3%。各种衡量器应定期校验，保持准确。骨料含水率应经常测定，雨天施工时，应增加测定次数。

（2）混凝土的搅拌

混凝土搅拌要求：一是保证混凝土拌合物的均匀性；二是保证按施工进度所要求的产量。

搅拌之前，应先选好混凝土搅拌机。按搅拌混凝土的工作原理，分自落式和强制式。自落式搅拌机常用于一般塑性混凝土的搅拌，强制式搅拌机常用于轻骨料混凝土和干硬性混凝土的搅拌。还应根据施工现场混凝土工程高峰日的工程量、工艺要求和经济效果等综合选用。

在拌合混凝土时，必须严格控制每盘混凝土的搅拌时间、投料顺序和进

133

料容量，以确保混凝土的质量。其中搅拌时间应满足表 4-28 的要求。

混凝土搅拌的最短时间（单位：s） 表 4-28

坍落度（mm）	搅拌机型	搅拌机出料量/L		
		<250	250～500	>500
≤40	强制式	60	90	120
>40 且<100	强制式	60	60	90
≥100		60		

注：1. 当掺有外加剂与矿物掺合料时，搅拌时间应适当延长；
　　2. 采用自落式搅拌机时，搅拌时间应延长 30s；
　　3. 当采用其他形式的搅拌设备时，搅拌的最短时间也可按设备说明书的规定或经试验确定。

向搅拌机投料时，其顺序时应考虑如何提高搅拌质量、减少叶片磨损、减少砂浆与搅拌筒的粘结、改善工作条件等因素，常分为一次投料法、二次投料法和水泥裹浆法等。

1）一次投料法是按照石子、水泥、砂子的顺序依次投料。此法可减少拌合物与搅拌筒的粘结，同时减少水泥的飞扬，改善工作条件。

2）二次投料法，又分预拌砂浆法和预拌水泥净浆法。预拌砂浆法是先将砂子、水泥和部分的水搅拌 30～60s，后再投入石子和剩余部分的水，继续搅拌到规定时间。此法砂浆能均匀包裹住石子，对混凝土强度有利，且机械磨损和耗电量较小。预拌水泥净浆法是先将水泥和水充分搅拌成均匀的水泥净浆后，再加入砂和石搅拌成混凝土。

若使用外加剂时，应先将外加剂溶于拌合水中，再投入搅拌机内。此外，搅拌机不宜超载，一般不超过装料容积的 10%。二次投料法较一次投料法，其混凝土强度可提高约 15%，在强度等级相同情况下，可节约水泥 15%～20%。

3）水泥裹砂法，又称 SEC 法，其拌制的混凝土成为造壳混凝土（又称 SEC 混凝土）。其原理是在砂子表面形成一层水泥浆壳。主要采用两项工艺措施：一是对砂子表面湿度进行处理；二是进行两次加水搅拌。第一次加水搅拌称为造壳搅拌，就是先将处理过的砂子、水泥和部分水搅拌，使砂子周围形成黏着性较高的水泥糊包裹层，加入第二次水及石子，经搅拌，部分水泥浆便均匀地分散在已经被造壳的砂子及石子周围。其投料顺序见图 4-56。

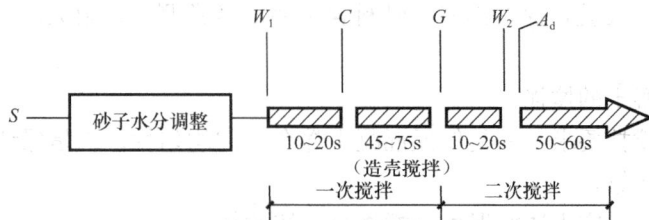

图 4-56 水泥裹砂法的投料顺序
S-砂；G-石子；C-水泥；W_1-一次水；W_2-二次水；A_d-外加剂

其关键在于控制砂子表面水率及第一次造壳用水量。一般一次搅拌加水为总量的 20%～26% 时，造壳混凝土的增强效果最佳。搅拌时间过短，不能形成均匀的低水灰比的水泥砂浆使之牢固粘结在砂子表面，即形成水泥浆壳；时间过长，造壳效果并不十分明显，强度无较大提高，以 45～75s 为宜。

4.3.2 混凝土的运输

混凝土自搅拌机中卸出后，应及时运输到浇筑地点，其运输方案的选择，应根据建筑结构特点、混凝土工程量、运输距离和设备、道路情况及气温条件等综合考虑。

1. 混凝土运输的基本要求

1）保证浇筑量。尤其在不设留施工缝下，运输必须保证浇筑的连续，为此可按最大浇筑量和运距合理选运输机具，并与搅拌机配合，一般运输机具的容积为搅拌机的出料容积的倍数。

2）保证在混凝土初凝前浇筑完毕。即混凝土从搅拌机卸出后到浇筑完毕的延续时间不超过表 4-29 规定；

3）保证运输过程中混凝土的质量。运输中不产生分层离析现象，否则要在浇筑前二次搅拌。容器应严密、不漏浆、不吸水，减少水分蒸发，保证浇筑时符合表 4-30 规定的坍落度。

混凝土从搅拌机卸出到浇筑完毕的延续时间（单位：min）   表 4-29

强度等级	气温	
	≤25℃	>25℃
≤C30	120	90
>C30	90	60

混凝土浇筑时的坍落度   表 4-30

结构种类	坍落度（mm）
基础或地面等的垫层、无配筋的大体积结构（挡土墙、基础等）或配筋稀疏的结构	10～30
板、梁和大型及中型截面的柱子等	30～50
配筋密列的结构（薄壁、斗仓、筒仓、细柱等）	50～70
配筋特密的结构	70～90

注：1. 本表系采用机械振捣混凝土时的坍落度，当采用人工捣实混凝土时其值可适当放大；
2. 当需要配置大坍落度混凝土时，应掺用外加剂；
3. 曲面或斜面结构混凝土的坍落度应根据实际需要另行选定；
4. 轻骨料混凝土的坍落度，宜比表中数值减少 10～20mm。

2. 混凝土的运输机具

混凝土的运输机具种类较多，一般分间歇式运输机具（如手推车、机动翻斗车、自卸汽车、搅拌运输车、各种类型井架和桅杆、塔式起重机等）和连续式运输机具（如皮带运输机、混凝土泵）两类，根据施工阶段、运输距离和浇筑量选用。

（1）手推车及机动翻斗车

手推车和机动翻斗车主要用于工地内地面上的水平运输和楼层面上的运

输与布料。当用于楼层面上的运输与布料时，由于楼面已立好模板、扎好钢筋，因此须铺设手推车行走用的跳板。

（2）搅拌输送车

混凝土搅拌输送车（图4-57）就是在载重汽车或专用运输底盘上安装着混凝土搅拌装置的组合机械，可在运送混凝土的同时对其进行搅拌或扰动，从而保证混凝土的均匀性，并适当地延长运输距离或时间。

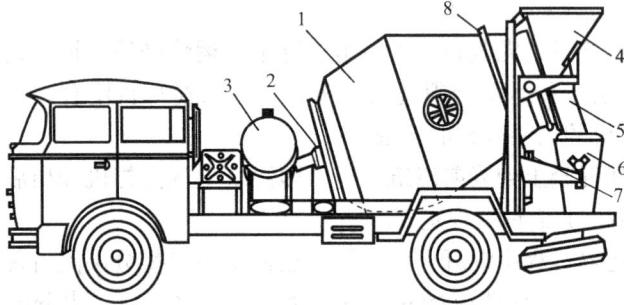

图 4-57　混凝土搅拌输送车

1-搅拌筒；2-轴承座；3-水箱；4-进料斗；5-卸料槽；6-引料槽；7-托轮；8-轮圈

搅拌输送车运输混凝土时，可根据运输距离、混凝土质量和供应要求等不同情况，工作方式有扰动运输和搅拌运输，搅拌运输又分湿料搅拌运输和干料注水搅拌运输。

（3）塔式起重机运输

塔式起重机可在其工作幅度范围内，完成混凝土的垂直运输和水平运输，能将混凝土从装料点吊升到浇筑点并送入模板内，中间不需转运，其应用较为灵活和广泛。但提升速度较慢，随着建筑物高度的增加，输送的能力将下降，适用于30～35层以下的建筑物。运输混凝土时，应配以浇灌料斗联合使用。浇灌料斗的形式有多样，就斗形分圆形、圆弧形和方形；就装料时的工作方式分立式和卧式。

（4）混凝土泵运输

1）混凝土泵

混凝土泵是利用泵体的挤压力将混凝土挤压进管路系统并到达浇筑地点，同时完成水平运输和垂直运输。具有连续浇筑、施工速度快、生产效率高、工人劳动强度低，提高混凝土的强度和密实度等优点，多用于多高层建筑、水下及隧道等工程。

混凝土泵的种类多，有活塞泵、气压泵和挤压泵等类型，活塞泵的应用较广。活塞泵可分为机械式和液压式，常采用液压式。液压式是较为先进，它省去了机械传动系统，具有体积小、重量轻、使用方便、工作效率高等优点，还可进行逆运转，迫使混凝土在管路中作往返运动，有助于排除管道堵塞和处理长时间停泵问题，见图4-58。

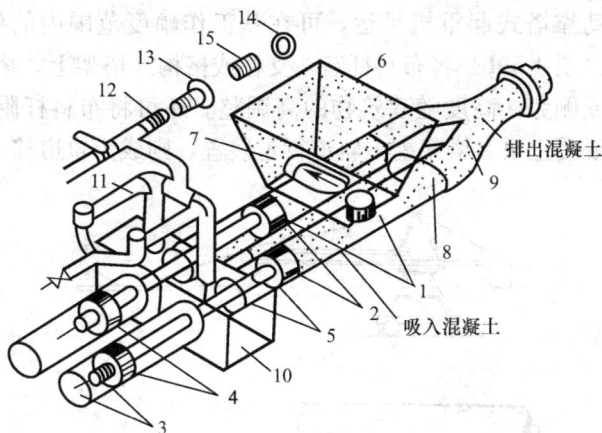

图 4-58　混凝土液压活塞泵的工作原理图

1-混凝土缸；2-推压混凝土活塞；3-液压缸；4-液压活塞；5-活塞杆；6-料斗；
7-吸入阀门；8-排出阀门；9-Y 形管；10-水箱；11-水洗装置换向阀；12-水洗用高压软管；
13-水洗用法兰；14-海绵球；15-清洗活塞

混凝土拌合料进入料斗后，吸入阀门打开，排出阀门关闭，活塞在液压作用下左移，混凝土在自重和真空吸力下进入液压缸。由于液压系统中压力油的进出方向相反，使得活塞右移，此时吸入阀门关闭，压出阀门打开，混凝土被压入到输送管道。液压泵常采用双缸工作，交替出料，通过 Y 形管后，进入同一输送管使混凝土的出料稳定连续。

活塞式混凝土泵的规格多，性能各异，常以最大泵送距离和单位时间最大输出量作为其主要指标。泵送混凝土前，应先开机用水湿润管道，然后泵送水泥浆或水泥砂浆，使管道处于充分湿润状态，再正式泵送混凝土。若直接泵送混凝土，管道在压力状态下大量吸水，导致混凝土坍落度减少，易出现堵管。

混凝土供应需保证混凝土泵连续工作，尽量避免中途停歇。当混凝土供应不足时，可通过减慢泵送速度，来保证混凝土泵连续工作；若中途停歇超过 45min 或混凝土出现离析时，应立即用压力水冲洗管道，避免混凝土凝固在管道内。压送时，为避免吸入空气，堵塞管道，不要把料斗内剩余的混凝土降低到 200mm 以下。高温条件下施工，须在水平输送管上覆盖两层湿草袋，防止阳光直照，并隔一定时间洒水湿润，使得管道中的混凝土不至于吸收大量热量而失水，导致管道堵塞。输送管线宜直，转弯宜缓，接头应严密。

2）布料装置

为充分发挥混凝土泵的使用效率，减轻人工作业强度，在浇筑地点设置布料装置，将输送来的混凝土进行摊铺或直接浇筑入模。布料装置（又称布料杆）具有输送混凝土和摊铺布料的功能，按支承结构不同，分为立柱式和汽车式。

立柱式布料杆构造简单，有移置式、固定式和轨道移动式等形式。移置式布杆（图 4-59a）放置在楼面或模板上使用，其臂架和末端输送管可 360°回

137

转，其位置移动靠塔式起重机吊运，可在其工作幅度范围内的任何点浇筑。固定式布料杆（图4-59b）将布料杆装在支柱或格构式塔架上，塔架可安装在建筑物梯井内或侧旁，高度随建筑物的高调整。还可将布料杆附装在塔式起重机上。若在混凝土泵和塔架配上轨道行走装置，则成为轨道移动式布料杆。

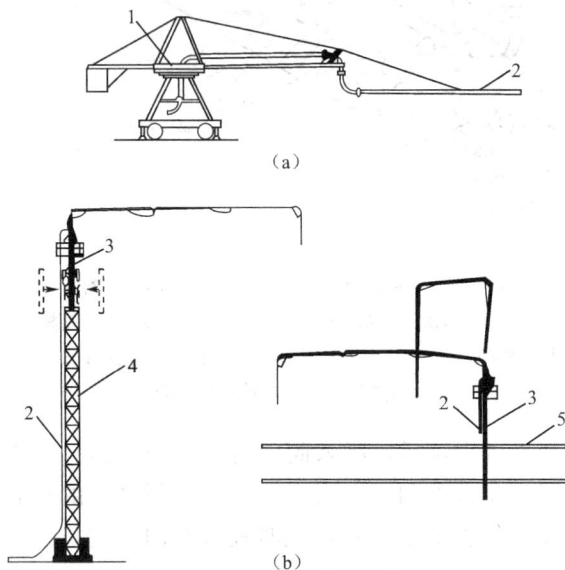

（a）

（b）

图 4-59　立柱式布料杆示意图

（a）移置式布料杆；（b）固定式布料杆

1-转盘；2-输送管；3-支柱；4-塔架；5-楼面

汽车式布料杆（又称布料杆泵车，见图4-60）是把混凝土泵和布料杆都装在一台汽车的底盘上组成，转移灵活，工作时不需另铺管道。臂杆总长一般在25m以下，适用于基础工程和多层建筑物的混凝土浇筑工作。

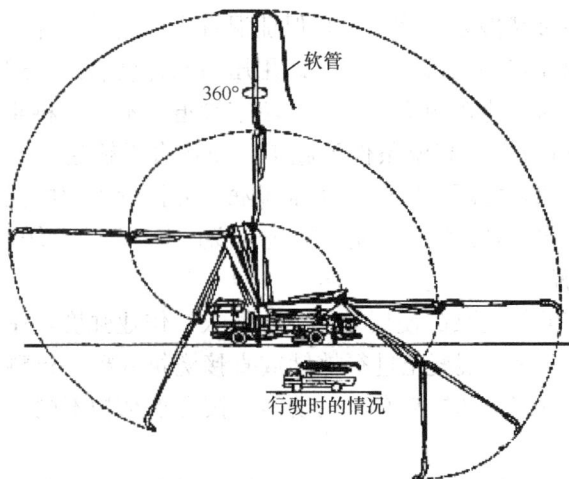

图 4-60　汽车式布料杆示意图

3）混凝土可泵性与配合比

用于泵送的混凝土，必须具有良好的被输送性能，混凝土在输送管道中的流动能力称为可泵性。混凝土可泵性好，与输送管壁的阻力小，泵送过程中不会产生离析现象。为此对泵送混凝土原材料和配合比尽量满足下列要求：①水泥用量影响混凝土的可泵性，一般每立方米混凝土中的水泥用量不宜少于 300kg；②坍落度 80～180mm 为宜，但其不是定值，与管道材料和长度有关，根据实测记录每 100m 水平管道约降低 10mm；③骨料以卵石和河砂为宜，规定碎石最大粒径不超过输送管径的 1/4，卵石不超过管径的 1/3。一般含砂率宜控制在 40%～50%，砂宜用中砂，粗砂率为 2.75% 左右，0.3mm 以下的细砂含量至少在 15% 以上。

4.3.3 混凝土的成型

混凝土成型是在模板体系支撑后及钢筋绑扎后，将混凝土拌合料，浇筑并加以捣实，从而达到设计强度的过程。该过程直接关系到构件的强度和结构的整体性、尺寸的准确性、表面平整度等各项验收指标，一定要在做好各项准备工作的条件下施工。

1. 混凝土的浇筑

（1）浇筑前准备工作

1）制定施工方案，进行技术与安全交底。

2）模板及支架的检查。应检查标高、位置、尺寸是否符合设计要求；支撑系统是否稳定、牢固；起拱高度是否正确；组合模板的连接件是否按规定设置；模板接缝是否严密；预埋件、预埋孔洞的数量、位置是否准确；模板内的杂物是否清除；模板是否浇水润湿或涂隔离剂。

3）钢筋及预埋件的隐蔽验收。应检查钢筋的位置、规格、数量是否满足设计要求；钢筋的搭接长度、接头位置是否符合规定；控制混凝土保护层厚度的砂浆垫块或支架是否按规定垫好；钢筋上的油污、铁锈是否清除。检查完毕后认真填写隐蔽工程验收单。

4）其他准备工作。主要是对水、电供应条件以及气象预报资料的掌握与了解，避免中途停工，影响工程质量和工期。

（2）浇筑时的注意事项

1）混凝土应在初凝之前浇筑完毕，如在浇筑前已有初凝或离析现象，应进行强力搅拌，恢复流动性后方可入模。

2）混凝土的自由倾落高度，不应大于 2m。当浇筑高度大于 3m 时，应采用串筒、溜槽或采用带节管的振动串筒使混凝土下落，见图 4-61。

3）为保证混凝土构件的整体性，浇筑时必须分层浇筑、分层捣实。每层浇筑厚度见表 4-31。

4）浇筑尽量连续进行，重要构件最好一次浇筑完毕。间歇时间超过表 4-32 规定时，应在规定位置上按要求留设施工缝。

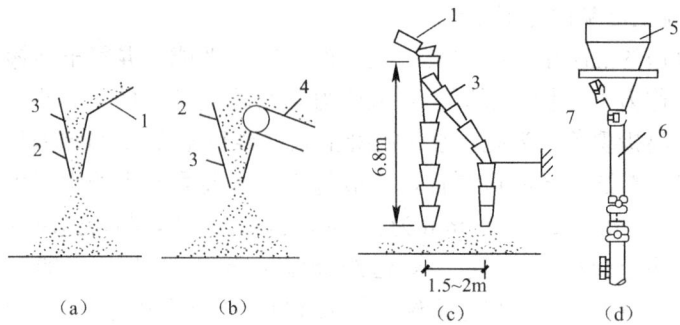

图 4-61　防止混凝土离析的措施

(a) 溜槽运输；(b) 皮带运输；(c) 串筒；(d) 振动串筒

1-溜槽；2-挡板；3-串筒；4-皮带运输机；5-料斗；6-节管；7-振动器

混凝土浇筑层的分层厚度（mm）　　　　　　　　　　表 4-31

项次	捣实混凝土的方法		浇筑层厚度
1	插入式振捣		振捣器作用部分 1.25 倍
2	表面振捣		200
3	人工振捣	基础、无筋或配筋较少结构中	250
		梁、板、柱	200
		配筋密列的结构中	150
4	轻骨料混凝土	插入式振捣	300
		表面振捣	200

混凝土浇筑最大间歇时间（min）　　　　　　　　　　表 4-32

混凝土强度等级	气温	
	不高于 25°	高于 25°
不高于 C30	210	180
高于 C30	180	150

注：1. 本表数值包括混凝土的运输和浇筑时间；

2. 当混凝土中掺有缓凝或促凝型外加剂时，可根据试验结果确定。

5）注意混凝土的浇筑顺序。一般是自下而上、由外向里对称浇筑。对于厚大体积混凝土的浇筑，浇筑前需制定出详细的浇筑方案。

（3）施工缝的留设

1）施工缝是指在混凝土不能连续浇筑时，且停歇时间超过混凝土的初凝时间而预留的缝，在其余浇筑工作完成并达到一定强度后再进行浇筑。通常施工缝应留设在结构受剪力较小且方便施工的部位。

2）施工缝的留设位置。对于不同结构构件，其位置是不尽相同的。柱应留设水平缝，梁、板、墙应留设垂直缝。①柱子施工缝宜留在基础的顶面、梁或吊车梁牛腿的下面、吊车梁的上面、无梁楼板柱帽的下面（图 4-62）或抗风筋的下端。②与板连成整体的大截面梁，施工缝留置在板底面以下 20～30mm 处。当板下有梁托时，留在梁托下部。单向板的施工缝留置在平行于板的短边的任何位置。③有主次梁的肋形楼盖，宜顺着次梁方向浇筑，施工缝应留置在次梁跨中 1/3 范围内；若顺着主梁方向浇筑，施工缝应留置在主梁跨中 2/4 和板跨中 2/4 范围内，如图 4-63。④墙体的施工缝留置在门洞口过梁跨中 1/3 范围内，也可留置在纵横墙的交接处。

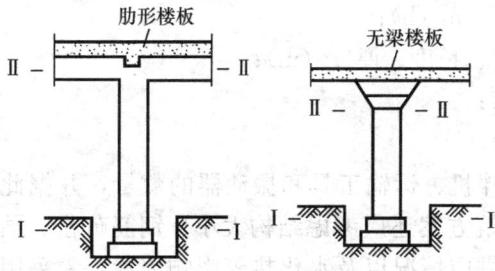

图 4-62　柱子施工缝的留设位置　　　　图 4-63　肋形楼盖施工缝的留设位置
注：Ⅰ-Ⅰ、Ⅱ-Ⅱ为施工缝的位置

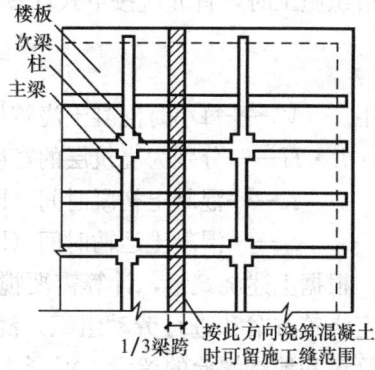

3）施工缝的处理。施工缝处的继续浇筑必须待已浇筑混凝土的强度达到 1.2MPa 以后才能进行，一般是将混凝土表面凿毛、清洗，除去泥垢浮渣，再满铺一层厚 10～15mm 的水泥浆（水泥：水＝1：0.4），或与混凝土同水灰比的水泥砂浆，然后再浇筑新的混凝土，在结合处应细致捣实，尽量使新旧混凝土结合牢固。

（4）混凝土浇筑方法

1）钢筋混凝土框架结构浇筑

钢筋混凝土框架结构主要构件有基础、柱、梁、楼板等，一般按结构层次进行分层施工；若面积较大时，还应考虑分段施工，以便混凝土、钢筋、模板等工序能交叉流水作业。

在每一施工层中，应先浇筑柱或剪力墙，再依次浇筑梁和板。其中柱或剪力墙应按各层高度连续浇筑。每一排柱的浇筑顺序应由外向内对称进行，禁止由一端向另一端推进，以免模板吸水膨胀后使一端受推倾斜。柱浇筑宜在梁、板钢筋绑扎之前进行，以便利用梁板稳定柱模和操作平台。柱浇筑完后，应停歇 1～1.5h，使混凝土初步沉实、排出泌水，再同时浇筑梁和板。

墙体混凝土浇筑分层厚度 600mm 左右，分段均匀浇筑，如有间歇，应在前层混凝土初凝前将次层混凝土浇筑完毕，其施工缝宜设在门窗洞口上，接槎处混凝土应加强振捣，保证接槎严密。洞口浇筑混凝土时，应使洞口两侧混凝土高度一致，同时振捣，以防洞口变形。同时应先浇筑窗台下部，后浇筑窗间墙，以防窗台下部出现蜂窝孔洞。

2）大体积混凝土浇筑

大体积混凝土是指厚度大于或等于 1.5m，长、宽较大，施工时水化热引起混凝土的最高温度与外界温度差不低于 25℃ 的混凝土结构。一般多为设备基础，整体性要求高，且不允许留施工缝。为此，大体积混凝土施工，既要保证浇筑工作的连续性，又要尽可能降低温度应力。

一般应在下一层混凝土初凝前，将上一层混凝土浇筑并捣实完毕。因此，在组织施工时，首先应按下式计算每小时需要浇筑混凝土的数量，即：

$$V = \frac{B \cdot L \cdot H}{t_1 - t_2} \tag{4-9}$$

式中　　V——每小时混凝土浇筑量（m³/h）；

$B \cdot L \cdot H$——分别为浇筑层的宽度、长度、厚度（m）；

t_1——混凝土初凝时间（h）；

t_2——混凝土运输时间（h）。

根据上述浇筑量，计算需要搅拌机、运输工具和振动器的数量，并据此拟定浇筑方案和进行劳动组织。浇筑方案还应考虑结构大小、钢筋疏密、预埋管道和地脚螺栓的留设、混凝土供应情况以及水化热等影响因素，常采用的方法有以下几种：

① 全面分层（图 4-64a）。即在第一层全部浇筑完毕且还未初凝时，再回头浇筑第二层，如此逐层连续浇筑。该方案下，结构平面尺寸不宜太大，施工从短边开始，沿长方向进行较合适。必要时可分成两段，同时向中央相对地进行浇筑。

② 分段分层（图 4-64b）。适用于厚度不大，但面积或长度较大的结构。混凝土从第一段底层开始浇筑，进行 2～3m 后就回头浇筑第二层，依次至该段浇筑完毕；第二段再依次分层浇筑，因总层数不多，此时第一层末端的混凝土还未初凝。该方案单位时间内要求供应的混凝土量较少，没有第一方案那样集中。

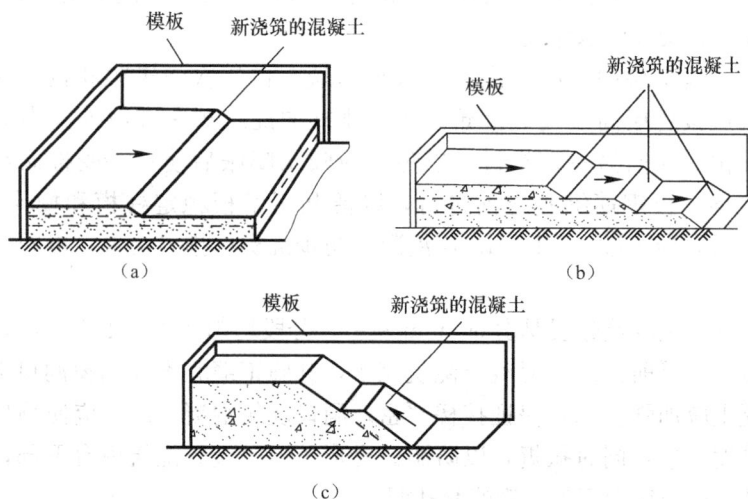

图 4-64　大体积混凝土的浇筑方法
(a) 全面分层；(b) 分段分层；(c) 斜面分层

③ 斜面分层（图 4-64c）。要求斜面的坡度不大于 1/3，适用于结构的长度大大超过厚度三倍的情况。采用该方案时，振捣工作应从浇筑层斜面的下端开始，逐渐上移，以保证混凝土的浇筑质量。

浇筑大体积混凝土时，必须采取适当措施：a. 宜选用水化热较低的水泥，如矿渣水泥、火山灰或粉煤灰水泥；b. 掺缓凝剂或缓凝型减水剂，也可掺入适量粉煤灰等外掺料；c. 采用中粗砂和大粒径、级配良好的石子；d. 尽量减少水泥用量和每立方米混凝土的用水量；e. 降低混凝土入模温度，故在气温较高时，可在砂、石堆场以及运输设备上搭设简易遮阳装置或覆盖草包等隔热材料，采用低温水或冰水拌制混凝土；f. 扩大浇筑面和散热面，减少浇筑层厚度和浇筑速度，必要时在混凝土内部埋设冷却水管，用循环水来降低混凝土温度；g. 在浇筑完毕后，应及时排除泌水，必要时进行二次振捣；h. 加强混凝土保温、保湿养护，严格控制大体积混凝土的内外温差，当设计无具体要求时，温差不宜超过 25℃，故可采用草包、炉渣、砂、锯末、油布等不易透风的保温材料或蓄水养护，以减少混凝土表面的热扩散和延缓混凝土内部水化热的降温速率。

3）水下混凝土浇筑

在灌注桩、地下连续墙等基础以及水工结构工程中，常要直接在水下浇筑混凝土。其方法是利用导管输送混凝土并使之与环境水隔离，依靠管中混凝土的自重，压管口周围的混凝土在已浇筑的混凝土内部流动、扩散，来完成混凝土的浇筑（图 4-65）。施工机具由导管、承料漏斗、提升机具和球塞组成。

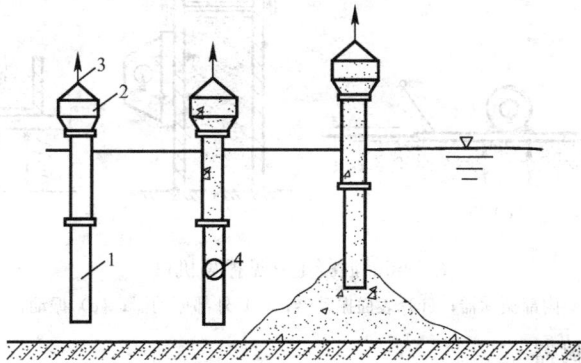

图 4-65 水下浇筑混凝土示意图
1-导管；2-承料漏斗；3-提升机具；4-球塞

施工时，先将导管放入水中（下部距离底面约 100mm），用麻绳或铅丝将球塞悬吊在导管内水位以上的 0.2m 处，然后浇筑混凝土至球塞以上的导管和承料漏斗装满后，剪断球塞吊绳，混凝土靠自重推动球塞下落，冲向基底，并向四周扩散。冲入基底的混凝土将管口包住，形成混凝土堆。同时不断地将混凝土浇入导管中，管外混凝土面不断被管内的混凝土挤压上升。随着管外混凝土面的上升，导管也逐渐提高（到一定高度，可将导管顶段拆下）。但不能提升过快，必须保证导管下端始终埋入混凝土内，其最小埋入深度参见

表 4-33；其最大埋置深度不宜超过 5m。混凝土浇筑的最终高程应高于设计标高约 100mm，以便清除强度低的表层混凝土（清除应在混凝土强度达到 2～2.5MPa 后方可进行）。

导管的最小埋入深度   表 4-33

混凝土水下浇筑深度（m）	导管埋入混凝土的最小深度（m）
≤10	0.8
10～15	1.1
15～20	1.3
>20	1.5

2. 混凝土成型方法

混凝土入模后，因骨料间的摩擦阻力和水泥浆的粘结力，内部疏松，不能自行填充密实，还需采取振捣法、挤压法和离心法等使其初凝前密实成型。

（1）振捣法

振捣法采用人工振捣和机械振捣。人工振捣是用人工的冲击（夯或插）使混凝土密实成型，一般适用于坍落度较大的塑性混凝土，效果不如机械振捣，故特殊情况下才使用。机械振捣利用振动器的振动力，迫使降低水泥浆的黏度和骨料间的摩擦力，来提高混凝土拌合料的流动性，使混凝土密实成型。其密实度大、质量好，应用广泛。常用的混凝土振捣机械分为内部振捣器、表面振捣器、外部振捣器、振动台，见图 4-66。

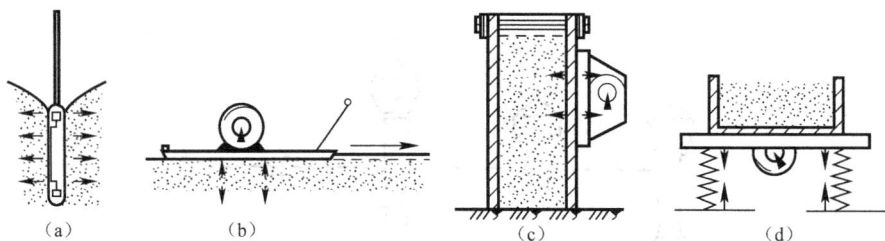

图 4-66 混凝土常见振捣机械
（a）内部振动器；（b）表面振动器；（c）外部振动器；（d）振动台

1）内部振捣器

内部振捣器又称为插入式振捣器，由振动棒、软轴和电动机三部分组成，见图 4-67，工作时依靠振动棒插入混凝土产生振动力而捣实混凝土，是工地使用最多的一种，常用以振实梁、柱、墙等平面尺寸较小而深度较大的构件和体积较大的混凝土。

使用时，可垂直或倾斜插入混凝土中，见图 4-68，并插到下层未初凝的混凝土中约 50～100mm，以使上、下层混凝土结合紧密。其插入点要均匀排列，有行列式和交错式两种，见图 4-69。插入点间距不应大于 1.5R（R 为振捣器的作用影响半径），见图 4-70，距模板不应大于 0.5R，并尽量避免碰振钢筋、模板、吊环及预埋件等。每一插点的振捣时间一般为 20～30s，高频振捣器不应少于 10s，一般振捣至混凝土表面呈现浮浆，不再有显著下沉为止。

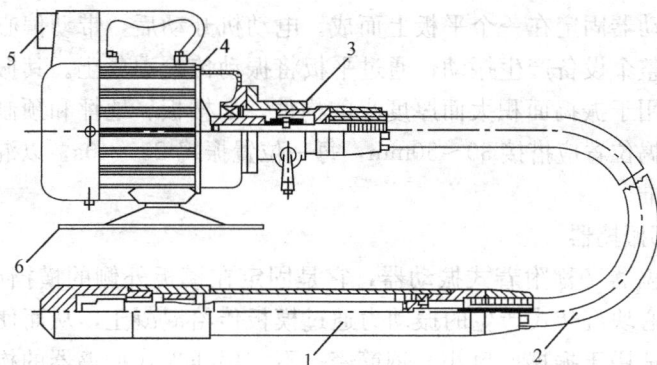

图 4-67　插入式振捣器

1-振动棒；2-软轴；3-防逆装置；4-电动机；5-电器开关；6-支座

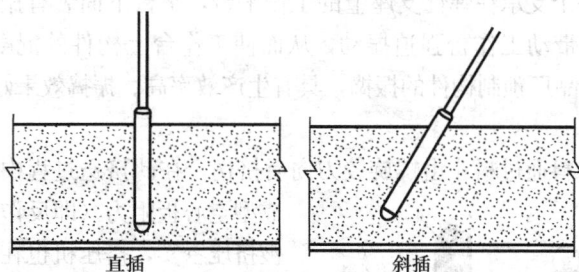

直插　　　　　　　　斜插

图 4-68　插入式振动器振捣法

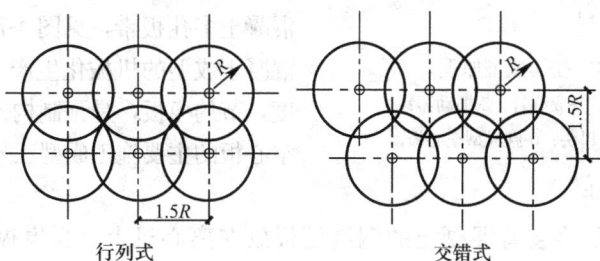

行列式　　　　　　　交错式

图 4-69　插入式振捣器的排列方式

其操作要点是："直上和直下，快插与慢拔；插点要均匀，切勿漏插点；上下要插动，层层要扣搭；时间掌握好，密实质量佳"。快插可防止表面混凝土和下部混凝土发生分层、离析现象；慢拔可使混凝土填满振动棒抽出时的空隙。振动过程中，宜将振动棒上下略抽动，以使上下混凝土振捣均匀。

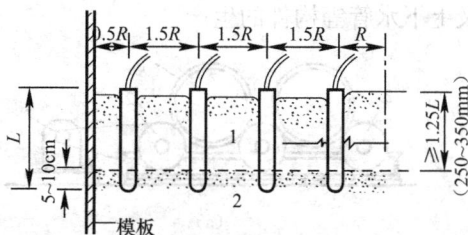

图 4-70　插入式振捣器的排列间距

1-上层混凝土；2-下层混凝土

2）表面振捣器

表面振捣器又称为平板式振捣器，它是将在电动机转轴上装有左右两个偏心块的振动器固定在一个平板上而成。电动机开动后，带动偏心块高速旋转，从而使整个设备产生振动，通过平板将振动传给混凝土。其振动作用深度较小，适用于振捣面积大而厚度小的构件，如楼板、地坪和预制板。振捣时其两次振捣位置应搭接 30～50mm，每一位置振捣 25～40s，以混凝土表面出现浮浆为准。

3）外部振捣器

外部振捣器又称附着式振动器，它是固定在模板外侧的横挡或竖挡上，振动器的偏心块旋转式产生的振动力通过模板传给混凝土，从而使混凝土被振捣密实。适用于振捣厚度小、钢筋密、不宜用插入式振捣器的构件，如薄腹梁、墙体等。

4）振动台

振动台是一个支承在弹性支座上的工作平台，平台下面装有振动机构，当振动机构运转时，带动工作台强迫振动，从而使工作台上构件的混凝土得以密实。适用于混凝土制品厂预制构件的振捣，具有生产效率高、振捣效果好的优点。

（2）挤压法

混凝土拌合料通过料斗由螺旋铰刀向后挤送，在此挤送过程中，由于受到已成型空心板阻力（即反作用力）作用而被挤压密实，挤压机也在这一反作用力作用下，沿着与挤压相反的方向被推动前进，在挤压机后面即形成一条连续的混凝土多孔板带，见图4-71。其实现了混凝土成型的机械化生产，减轻劳动强度，节约模板，是预制构件生产预应力空心板的主要施工成型工艺。

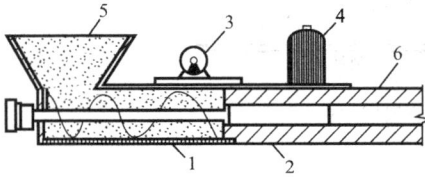

图 4-71　挤压成型原理

1-螺旋铰刀；2-成型管；3-振动器；
4-压重；5-料头；6-已成型空心板

（3）离心法

离心法就是将装有混凝土的钢制模板放在离心机上，当模板旋转时，由摩擦力和离心力的作用，使混凝土分布于模板的内壁，并将混凝土中的部分水分挤出，使混凝土密实，见图4-72。适用于管柱、管桩、管式屋架、电杆及上下水管等构件的生产。

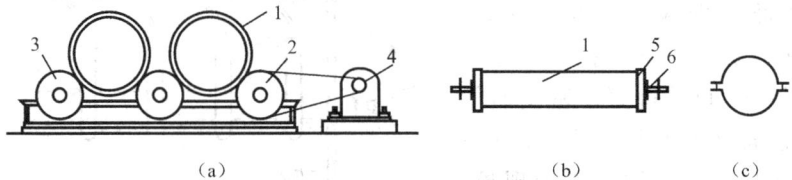

图 4-72　离心机工作原理示意图

（a）滚轮式离心机；（b）车床式离心机；（c）管模示意

1-管模；2-主动轮；3-从动轮；4-电动轮；5-平面卡盘；6-支承轴承

（4）混凝土真空吸水

浇筑混凝土过程中，有时为便于混凝土成型，常采用较大水灰比来提高混凝土的流动性，但同时降低混凝土的密实度和强度，真空吸水就是利用真空吸水设备，将已浇筑完毕的混凝土中的游离水和气泡吸出，降低水灰比，从而提高混凝土强度，改善其性能，可使抗压强度提高 25％～40％，与钢筋握裹力提高 20％～25％，并减少收缩，加大弹性模量，见图 4-73。

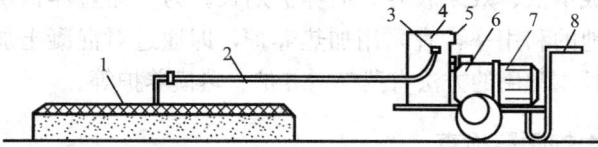

图 4-73　真空吸水设备工作示意图

1-真空吸盘；2-软管；3-吸水进口；4-集水箱；5-真空表；6-真空泵；7-电动机；8-手推小车

4.3.4　混凝土的养护

混凝土养护目的是给混凝土提供一个较好的强度增长环境，使其在一定时间内达到设计要求强度，并防止产生收缩裂缝。混凝土强度的增长是水泥水化反应结果，而影响水泥水化反应的主要因素是温度和湿度，因此，混凝土养护就是为混凝土硬化提供必要的温度和湿度。

混凝土养护常用方法有自然养护、加热养护、蓄热养护。其中加热和蓄热养护多用于冬期施工，前者还用于预制构件的生产。

1. 自然养护

自然养护是指在自然气温条件下（平均气温高于 5℃），对混凝土表面进行覆盖、浇水、挡风、保温等养护措施，分为覆盖浇水养护和塑料薄膜养护。

（1）覆盖浇水养护

覆盖浇水养护是指混凝土在浇筑完毕后 3～12h 内，选用草帘、芦席、麻袋、锯木、湿土和湿砂等材料将混凝土表面覆盖，并经常浇水使混凝土表面处于湿润状态的养护方法。养护日期对于硅酸盐水泥、普通硅酸盐水泥或矿渣硅酸盐水泥拌制的混凝土，不得少于 7d；对掺用缓凝型外加剂或有抗渗性要求的混凝土，不得少于 14d。每日浇水的次数以能保持混凝土有足够的湿润状态为宜。一般气温在 15℃ 以上时，在混凝土浇筑后最初 3 昼夜中，白天至少每 3h 浇水一次，夜间也应浇水两次；在后期养护中，每昼夜应浇水 3 次左右；在干燥气候条件下，浇水次数应适当增加。大面积结构如地坪、楼板、屋面等可采用蓄水养护。

（2）塑料薄膜养护

塑料薄膜养护是以塑料薄膜为覆盖物，使混凝土表面与空气隔绝，防止混凝土内的水分蒸发，来达到养护目的。塑料薄膜养护有以下两种方法：

1）薄膜布直接覆盖法。它是指用塑料薄膜布把混凝土表面敞露部分全部严密地覆盖起来，保证混凝土在不失水的情况下得到充分的养护，可不必浇水，操作方便，能重复使用，能提高混凝土的早期强度，加速模具的周转。

2）喷洒塑料薄膜养生液法。它是指将塑料溶液喷涂在混凝土表面，溶液挥发后在混凝土表面结成一层塑料薄膜，使混凝土表面与空气隔绝，封闭混凝土内的水分不再被蒸发，适用于表面积大或浇水养护困难的情况。

2. 加热养护

自然养护成本低、效果较好，但养护期长。为了缩短养护期，提高模板的周转率和场地的利用率，宜采用加热养护，即通过对混凝土加热来加速混凝土的强度增长。常用的方法有蒸气室养护、热模养护等。

4.3.5　混凝土的质量检查

混凝土质量检查包括施工中的检查和施工后的检查。

1. 混凝土施工中的检查

①检查混凝土所用材料的品种、规格和用量每一工作班至少两次；②检查混凝土在浇筑地点的坍落度，每一工作班至少两次；③在每一工作班内，如混凝土配合比由于外界影响有变动时，应及时检查处理；④混凝土的搅拌时间应随时检查。

2. 混凝土施工后的检查

混凝土施工后的检查包括外观检查和强度检查。

（1）外观检查

混凝土构件拆模后，从外观检查其表面有无麻面、蜂窝、孔洞、露筋、缺棱掉角、缝隙夹层等缺陷，外形尺寸是否超过允许偏差值，如有应及时加以修正；对现浇混凝土结构其允许偏差应符合相应规定。

（2）强度检查

检查混凝土强度应做抗压强度试验。当有特殊要求时，还需做抗冻、抗渗等试验。

1）试件的留置

试件应在混凝土浇筑地点随机取样制作，不得挑选，后制作成边长 150mm 的正立方体。检验评定混凝土强度等级的试件组数的留置规定：①每拌制 100 盘且不超过 100m³ 的同配合比的混凝土，其取样不得少于一组；②每工作班拌制的同配合比的混凝土不足 100 盘时，其取样不得少于一组；③现浇楼层，每层取样不得少于一组。商品混凝土除在搅拌站按上述规定取样外，在混凝土运到施工现场后，还应留置试块。

2）试件的组数

为检查结构或构件的拆模、出池、出厂、吊装、预应力张拉、放张等需要，还应留置与结构或构件同条件养护的试件，试件组数按实际需要确定。①每组试块由三个试块组成，应在浇筑地点、同盘混凝土中取样制作，取其算术平均值作为该组的强度代表值。②三个试块中最大和最小强度值，与中间值相比，其差值如有一个超过中间值的 15％时，则以中间值作为该组试块的强度代表值。③如其差值均超过中间值的 15％时，则其试验结果不应做为评定的依据。

3）同一验收批的强度

混凝土强度的检验评定，应符合下列要求：

① 混凝土强度应分别进行验收。同一验收批的混凝土应由强度等级相同、龄期相同以及生产工艺和配合比基本相同的混凝土组成。同一验收批的混凝土强度，应以同批内全部标准试件的强度代表值来评定。

② 当混凝土的生产条件在较长时间内能保持一致，且同一品种混凝土的强度变异性保持稳定时，由连续的三组试件代表一个验收批，其强度应同时满足下列要求：

$$mf_{cu} \geqslant f_{cu,k} + 0.7\sigma_0 \tag{4-10}$$

$$f_{cu,min} \geqslant f_{cu,k} - 0.7\sigma_0 \tag{4-11}$$

当混凝土强度等级不超过 C20 时，强度的最小值尚应满足下式要求：

$$f_{cu,min} \geqslant 0.85f_{cu,k} \tag{4-12}$$

当混凝土强度等级高于 C20 时，强度的最小值则应满足下式要求：

$$f_{cu,min} \geqslant 0.9f_{cu,k} \tag{4-13}$$

式中 mf_{cu}——同一验收批混凝土立方体抗压强度的平均值（N/mm²）；

$f_{cu,k}$——混凝土立方体抗压强度标准值（N/mm²）；

$f_{cu,min}$——同一验收批混凝土立方体抗压强度的最小值（N/mm²）；

σ_0——验收批混凝土立方体抗压强度的标准差（N/mm²）。

σ_0 应根据前一个检验期内同一品种混凝土试件的强度数据，按下列公式求得：

$$\sigma_0 = \frac{0.59}{m} \sum \Delta f_{cu,i} \tag{4-14}$$

式中 m——用以确定该验收批混凝土立方体抗压强度标准的数据总批数；

$\Delta f_{cu,i}$——第 i 批试件立方体抗压强度中最大值与最小值之差。

上述检验期超过 3 个月，且在该期间内强度数据的总批数不得小于 15。

③ 当混凝土的生产条件在较长时间内不能保持一致，且混凝土强度变异性不能保持稳定时，或在前一检验期内的同一品种混凝土没有足够的数据用以确定验收批混凝土立方体抗压强度的标准差时，应由不少于 10 组的试件组成一个验收批，其强度应同时满足下列要求

$$mf_{cu} - \lambda_1 sf_{cu} \geqslant 0.9f_{cu,k} \tag{4-15}$$

$$f_{(cu,min)} \geqslant \lambda_2 f_{cu,k} \tag{4-16}$$

$$sf_{cu} = \sqrt{\frac{\sum_{i=1}^{n} f_{cu,i}^2 - nm^2 f_{cu}}{n-1}} \tag{4-17}$$

式中 sf_{cu}——同一验收批混凝土立方体抗压强度的标准差（N/mm²）；当 sf_{cu} 的计算值小于 $0.06f_{cu,k}$ 时，取 $sf_{cu} = 0.06f_{cu,k}$；

$f_{cu,i}$——第 i 组混凝土立方体抗压强度值（N/mm²）；

n——一个验收批混凝土试件的组数；

λ_1、λ_2——合格判定系数，按表 4-34 取值。

合格判定系数　　　　　　　　　　　　　　　　　　　　表 **4-34**

试件组数	10～14	15～24	≥25
λ_1	1.70	1.65	1.60
λ_2	0.90	0.85	0.85

④ 对零星生产的预制构件的混凝土或现场搅拌的批量不大的混凝土，可采用非统计法评定。此时，验收批混凝土的强度必须满足下列两式要求：

$$mf_{cu} \geqslant 1.5 f_{cu,k} \tag{4-18}$$

$$f_{cu,min} \geqslant 0.95 f_{cu,k} \tag{4-19}$$

式中符号意义同前。

由于抽样检验存在一定的局限性，混凝土的质量评定可能出现误判。因此，如混凝土试块强度不符合上述要求时，允许从结构上钻取或截取混凝土试块进行试压，亦可用回弹仪或超声波仪直接在结构上进行非破损检验。

4.3.6　混凝土常见缺陷的处理

（1）麻面

麻面指结构构件表面呈现许多缺浆的小凹坑而无钢筋外露的现象。其产生原因主要是：模板表面粗糙或清理不干净。木模板在浇筑混凝土前未湿润或湿润不够，钢模板脱模剂涂刷不匀或局部漏刷；模板接缝不严密而漏浆；混凝土振捣不足，气泡未排出等。主要影响美观，若出现在表面不再修饰的部位，将麻面部位用清水刷洗，充分湿润后，用水泥浆或水泥砂浆抹平。

（2）露筋

露筋指结构构件内的钢筋没有被混凝土裹住而暴露在外。其产生原因主要是：垫块过少或振捣时移位；石子粒径过大，钢筋过密，水泥砂浆未充满钢筋周边；混凝土漏振不密实，拆模方法不当，以致缺棱掉角等。若只是表面露筋，先将外露钢筋上的混凝土残渣和铁锈清理干净，再用清水冲洗湿润，后用 1：2 或 1：2.5 水泥砂浆抹平即可。若露筋较深，应将薄弱混凝土剔除、冲刷干净湿润后，用比原混凝土强度等级高一级的豆石混凝土填塞、捣实，认真养护。

（3）蜂窝

蜂窝指结构构件表面混凝土由于砂浆少，石子多，石子间出现空隙，形成蜂窝状的孔洞。其产生原因主要是：材料计量不准确，使混凝土配合比不当；混凝土振捣不足或漏振；严重漏浆；下料不当，使混凝土产生离析等。若出现小蜂窝，先用水冲洗干净，后用 1：2 或 1：2.5 水泥砂浆修补。若是大蜂窝，先将松动和突出的石子颗粒剔除，用水冲刷干净，充分湿润后，再用比原混凝土强度等级高一级的豆石混凝土填实，并加强养护。

（4）孔洞

孔洞指混凝土结构构件局部没有混凝土，形成空腔。其产生原因主要是：混凝土严重离析，石子和砂浆分离；严重漏振；泥块、冰块、杂物掺入混凝土中等。若出现孔洞，应与有关单位共同研究，制定补强方案后，方可处理。一般修补方法是将孔洞处疏松的混凝土和突出的石子剔凿掉，孔洞顶部凿成斜面，后用水刷洗干净，保持湿润 72h 后，浇筑比原混凝土强度等级高一级的豆石混凝土，其水灰比宜控制在 0.5 以内，并掺入用量是水泥用量的万分之一的铝粉，来避免新旧混凝土接触面上出现收缩裂缝。

（5）裂缝

结构构件产生裂缝的原因比较复杂，有由外荷载（包括施工和使用阶段的荷载）引起的裂缝、由变形（包括温度与湿度变化及不均匀沉陷等产生）引起的裂缝和由施工操作（如制作、脱模、养护、堆放、运输、吊装等）不善引起的裂缝。对结构构件承载能力无影响的细小裂缝，可将裂缝加以冲洗，用水泥浆填补。若裂缝开裂较大较深时，应沿裂缝凿成凹槽，用水冲洗干净，再用 1：2 或 1：2.5 的水泥砂浆或者环氧胶泥填补。

对影响结构承载能力，或防水、防渗性能的裂缝，为恢复结构的整体性和抗渗性，可采用水泥灌浆或化学灌浆的方法修补。一般宽度大于 0.5mm 的裂缝，可采用水泥灌浆，宽度小于 0.5mm 的裂缝，宜采用化学灌浆。作为补强用的灌浆材料，常用的有环氧树脂浆液（能修补缝宽 0.2mm 以上的干燥裂缝）和甲凝（能修补 0.05mm 以上的干燥细微裂缝）。作为防渗堵漏用的灌浆材料，常用的有丙凝（能灌入 0.01mm 以上的裂缝）和聚氨酯（能灌入 0.015mm 以上的裂缝）。

（6）混凝土强度不足

混凝土强度不足的原因是多方面的，主要是原材料达不到规定的要求、配合比不准、搅拌不均匀、振动不实及养护不良等。对混凝土强度严重不足的承重构件应拆除返工，尤其对结构要害部位。对强度降低不大的混凝土可不拆除，但应与设计单位协商，通过结构验算，根据混凝土实际强度提出处理方案。

4.4　混凝土冬期施工

4.4.1　混凝土冬期施工原理

（1）温度与混凝土硬化的关系

混凝土之所以能凝结、硬化并获得强度，是由于水泥和水发生水化作用以及自由水的蒸发的结果。水化作用的速度在一定湿度条件下主要取决于温度，温度越高，强度增长也越快，反之则慢。当温度降至 0℃ 以下时，混凝土中的水会结冰，水泥不能与冰发生水化反应，水化反应基本停止，强度也无法提高。为此，为确保混凝土结构的质量，规范规定：根据当地多年气温资料，室外日平均气温连续 5d 低于 5℃ 时，即进入混凝土冬期施工阶段，混凝土结构工程应采取冬期施工措施，并及时采取气温突然下降的防冻措施。

（2）冻结对混凝土质量的影响

混凝土中的水结冰后体积增大 8%～9%，在混凝土内部产生很大的冻胀应力。如果此时混凝土的强度还较低，冻胀应力会使强度较低的水泥石结构内部产生微裂缝，其强度、密实性及耐久性等都会因此而降低。同时，由于混凝土和钢筋的导热性能有差异，在钢筋周围将形成冰膜，从而削弱了混凝土与钢筋之间的粘结力。受冻后的混凝土在解冻后，其强度虽能继续增长，但已不能达到原设计的强度等级。

（3）冬期施工临界强度

试验证明，混凝土遭受冻结后强度的损失，与遭冻的时间早晚、冻结前混凝土自身的强度及水灰比等因素有关。遭冻时间越早、遭冻前混凝土的强度越低、水灰比越大，则强度损失越多，反之则损失越少。当混凝土达到一定强度后，再遭受冻结，由于混凝土已具有的轻度足以抵抗冰胀应力，其最终强度将不会受到损失。因此，为避免混凝土遭受冻结带来危害，使混凝土在遭受冻结前达到这一强度称为混凝土受冻临界强度。规范规定冬期施工的混凝土，受冻前必须达到的临界强度值为：普通硅酸盐水泥和硅酸盐水泥配制的建筑物混凝土，为设计混凝土强度标准值的 30%；矿渣硅酸盐水泥配制的建筑物混凝土，为设计混凝土强度标准值的 40%，但不大于 C10 的混凝土，不得低于 5MPa。

可见，混凝土冬期施工原理，就是采取各种适当的方法，确保混凝土在遭冻结以前，至少应达到受冻临界强度。

4.4.2　混凝土冬期施工措施

混凝土的冬期施工可从原材料、施工方法等方面采用多种措施。

1）改善混凝土的配合比。优先选用硅酸盐水泥或普通硅酸盐水泥配置冬期施工的混凝土，水泥强度等级不应低于 42.5 级，最小水泥用量不宜少于 300kg/m³，水灰比控制在 0.45～0.6 之间，该方法适用于平均气温在 4℃左右。

2）搅拌混凝土前，对原材料进行加热，提高混凝土的入模温度，并进行蓄热保温养护，防止混凝土早期受冻；搅拌混凝土时，加入一定的外加剂，加速混凝土硬化以提早达到临界强度，或降低水的冰点，使混凝土在负温下不致冻结。

3）混凝土浇筑后，对混凝土进行加热养护，使混凝土在正温条件下硬化。

4.4.3　混凝土冬期施工方法

混凝土冬期施工方法包括蓄热法、掺外加剂法、电热法、蒸汽加热法和暖棚法。

1. 蓄热法

蓄热法是利用原材料预热（除水泥）的热量及水泥水化热，再通过适当的保温，使混凝土冻结前达到受冻临界强度的一种冬期施工方法。此法适用于室外最低温度不低于−15℃的地面以下工程或表面系数（指结构冷却的表面与全部体积的比值）不大于15的结构。具有施工简单、节能和冬期施工费用低等特点，应优先采用。

蓄热法养护的三个基本要素是混凝土的入模温度、围护层的总传热系数和水泥水化热值。应通过热工计算调整以上三个要素，使混凝土冷却到0℃时，强度能达到临界强度的要求。

蓄热法宜采用强度等级高、水化热大的硅酸盐水泥或普通硅酸盐水泥。对原材料加热时因水的比热容比砂石大，且水的加热设备简单，故优先考虑加热水，若水加热极限温度不足时，再考虑加热砂石。

2. 掺外加剂法

在冬期混凝土施工中掺入适量的外加剂，可使混凝土强度在冻结前迅速增长，达到要求的临界强度，或降低水的冰点，使混凝土能在负温条件下凝结、硬化。该法是混凝土冬期施工的有效、节能和简便的方法，常用的外加剂有早强剂、防冻剂、减水剂和引气剂，可起到早强、抗冻、促凝、减水和降低冰点的作用。

3. 电热法

电热法是利用电流通过不良导体混凝土或电阻丝所发出的热量来养护混凝土。有电极法、电热器法、工频涡流加热法、远红外线养护法等。

4. 蒸汽加热法

蒸汽加热法是利用低压（不高于0.07MPa）饱和蒸汽对新浇混凝土构件进行加热养护。此法除预制厂用的蒸汽养护窑外，在现浇结构中有蒸汽套法、毛细管法和构件内部通气法等。

5. 暖棚法

暖棚法是在混凝土浇筑地点用保温材料搭设暖棚，在棚内采暖，使棚内温度不低于5℃，保证混凝土在常温下养护。此方法适用于建筑面积不大而混凝土工程又很集中的工程，如地下结构物或浇筑构件的养护。

小结及学习指导

本章内容主要包括了模板工程、钢筋工程和混凝土工程。通过本章学习，要求了解混凝土结构工程的分类及施工过程；了解模板的类型、构造、要求、模板设计及安装拆除的方法；了解钢筋的种类、现场验收及加工工艺；掌握钢筋的冷加工、连接工艺、配料计算与代换的方法；了解混凝土原材料、施工设备和机具的性能；掌握混凝土的施工工艺和方法、施工配料；了解混凝土冬期施工工艺要求和常用措施。

思考题与习题

4-1　钢筋混凝土结构中钢筋与混凝土两种不同性质的材料为什么能共同

工作？

4-2　简述钢筋混凝土工程的施工过程。

4-3　试述模板的作用、分类及对模板的要求。

4-4　试述基础、柱、梁、楼板及墙体结构的模板特点及安装要求。

4-5　建筑用钢筋是如何分类的？

4-6　钢筋的加工工艺流程是什么？

4-7　什么是钢筋的量度差值？什么是钢筋的下料长度？如何计算钢筋的下料长度？如何进行钢筋配料？

4-8　试述钢筋代换原则及方法。钢筋代换应注意哪些问题？

4-9　什么是钢筋冷拉？冷拉的作用和目的是什么？冷拉钢筋的应用需注意哪些问题？

4-10　试述钢筋的连接方法及各自的优缺点。

4-11　钢筋网片和骨架的绑扎应满足哪些要求？

4-12　组成混凝土的原材料有哪些？各有什么要求？

4-13　混凝土中常见水泥强度等级有哪些？

4-14　如何计算混凝土施工配合比？如何进行施工配料的计算？

4-15　搅拌混凝土时的投料方式有哪几种？

4-16　混凝土浇筑前应做好哪些准备工作？

4-17　建筑结构中施工缝留设的位置遵循什么原则？施工缝如何处理？

4-18　试述大体积混凝土浇筑的方法及常用措施。

4-19　混凝土成型的方法有哪些？

4-20　为什么要对混凝土进行养护？养护方法有哪些？

4-21　试述混凝土常见缺陷及处理措施。

4-22　什么是混凝土的冬期施工？低温对混凝土有何影响？

4-23　某砌体结构中的一钢筋混凝土梁，梁的配筋如图 4-74 所示，梁混凝土保护层厚度均为 25mm，混凝土强度等级 C30。采用 HPB300 级和 HRB335 级钢筋，其中①、②、③号钢筋端部弯起 250mm；④号钢筋端部设 180°弯钩；⑥号钢筋不计算。除⑥号钢筋外，试计算梁中其余各钢筋下料长度。

4-24　某钢筋混凝土梁 L_1 共 10 根，梁长 6m，截面 250mm×600mm，钢筋配料表见表 4-35。试计算梁 L_1 中钢筋的下料长度，并完善配料单。

4-25　已知某混凝土的实验室配合比为 1∶2.54∶5.12，水灰比为 0.6，经测定砂子含水率为 4%，石子含水率为 2%，试求：（1）施工配合比；（2）每下料两袋水泥时其他各种材料的用量。

4-26　设混凝土水灰比为 0.55，已知设计配合比为水泥∶砂∶石子＝260kg∶650kg∶1380kg，现测得工地砂含水率为 3%，石子含水率为 1%，试计算施工配合比。若搅拌机的装料容积为 400L，每次搅拌所需材料又是多少？

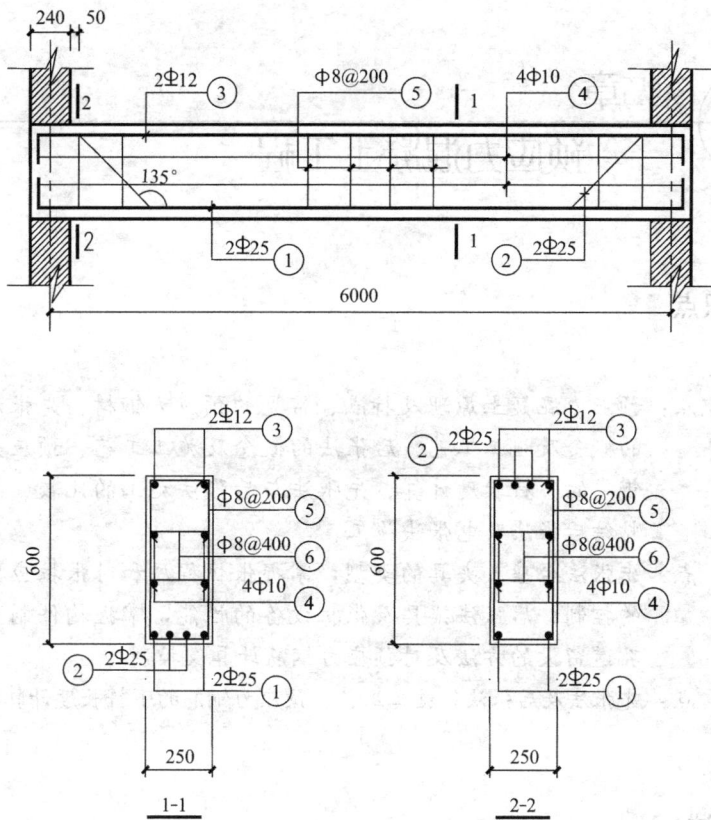

图 4-74 混凝土梁配筋图

梁 L₁ 钢筋配料单　　　　　　　　　　　　　表 4-35

构件名称	钢筋编号	简图	直径 (mm)	钢号	下料长度 (mm)	单位根数	合计根数	重量 (kg)
L 梁 10 根	①	5950	20	Φ		2	20	
	②	250 400 778 778 400 250 4050	20	Φ		2	20	
	③	5950	12	Φ		2	20	
	④	550 200	6	Φ		31	310	

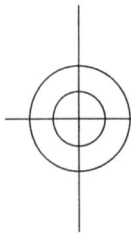

第5章
预应力混凝土工程

本章知识点

> 知识点：预应力混凝土原理及特点、常见的预应力钢材、先张法的概念及施工工艺、后张法的概念及施工工艺、预应力钢筋的下料长度计算、先张法与后张法施工的比较、无粘结后张法及电张法施工。
>
> 重　点：先张法台座、夹具的类型，掌握张拉程序和对张拉应力的控制；后张法锚具及张拉设备的性能，掌握构件制作孔道留设的方法及对预应力钢筋计算及控制。
>
> 难　点：先张法及后张法的施工工艺、预应力钢筋的下料长度计算。

5.1　概述

5.1.1　预应力的工作原理

对于普通钢筋混凝土构件，一般是在混凝土受拉区配置抗拉性能好的钢筋，但在荷载较大时受拉区混凝土仍将产生裂缝。这主要是钢筋和混凝土两种材料力学性能的差异所致。若要使构件不出现裂缝，钢筋应力只能达到 $20 \sim 30$MPa，这就使钢筋强度无法充分发挥。因此，普通钢筋混凝土构件在正常荷载作用下，往往是带裂缝工作的。这种裂缝尽管有时不易察觉，但对结构的耐久性存在一定的影响。

为了解决这个矛盾，人们采用了对受拉区混凝土事先施加"预（压）应力"的方法，即预应力混凝土。它是指在构件承受荷载之前，通过预先对混凝土结构或构件受拉区的钢筋进行张拉固定，事先建立起预压应力的混凝土。当预应力混凝土结构构件在荷载作用下产生拉力时，首先必须抵消预先对构件施加的压力，然后随着荷载的不断增加，混凝土才开始受拉，从而防止或推迟了混凝土裂缝的出现，并限制了裂缝的开展。

与普通钢筋混凝土相比，预应力混凝土能充分发挥钢筋和混凝土各自的特性，能提高钢筋混凝土构件的刚度、抗裂性和耐久性，可有效利用高强度钢筋和高强度等级混凝土，具有构件截面小、自重轻、刚度大、抗裂度高、耐久性好、材料省（可节省钢材 $40\% \sim 50\%$、混凝土 $20\% \sim 40\%$）等优点，并能提高预制装配化程度，为建造大跨度结构创造条件。尽管预应力混凝土施工，需要专门的机械设备，工艺比较复杂，对施工质量要求较高，费用也高于钢筋混凝土，但在跨度较大的结构中，或者在一定范围内代替钢结构时，其综合经济效益较好。

5.1.2 预应力用钢材

一般预应力混凝土结构（构件）中，既配有预应力筋，也配有普通钢筋。普通钢筋（见第 4 章相关内容）为各种非预应力筋的总称。预应力筋是指在预应力混凝土结构构件中用于施加预应力的钢丝、钢绞线和预应力螺纹钢筋及非金属预应力筋的总称。为了获得较大的预应力，预应力筋常采用高强度材料。

1. 预应力螺纹钢筋

（1）热处理钢筋

热处理钢筋是由普通热轧中碳低合金钢筋经淬火和回火调制热处理制成。具有强度高、韧性好和粘结力强等优点，一般直径为 6～10mm。

（2）精轧螺纹钢筋

精轧螺纹钢筋是用热轧方法在钢筋表面上轧出不带纵肋的螺纹外形的钢筋，钢筋的接长使用螺纹套筒，端头锚固采用螺母。这种钢筋具有强度高、锚固简单、施工方便、无须焊接等优点。目前国内生产的有直径 25mm 和 32mm 两种规格。

2. 预应力钢丝

预应力钢丝是用优质高碳钢盘条经过表面处理、拉丝及稳定化处理而成的钢丝总称。按照处理工艺可分为冷拉预应力钢丝和低松弛预应力钢丝。按照强度级别可分为中强度预应力钢丝和高强度预应力钢丝。

（1）中强度预应力钢丝

中强度预应力钢丝抗拉强度为 800～1200MPa，按表面形态分为光面（Φ^{PM}）和螺纹肋（Φ^{HM}），常用的公称直径有 5、7、9mm。

（2）消除应力钢丝

消除应力钢丝（低松弛型）是冷拔后在塑性变形下经回火处理的钢丝。这种钢丝，不仅弹性极限和屈服强度提高，而且应力松弛率大大降低，故特别适用于抗裂要求高的工程，目前已逐步在建筑、桥梁、市政、水利等大型工程中推广应用。

3. 预应力钢绞线

钢绞线是由多根碳素钢丝在绞线机上成螺旋形绞合，再经低温回火消除应力制成的。根据深加工的要求不同可分为普通松弛钢绞线、低松弛钢绞线和镀锌钢绞线等几种。钢绞线主要有 3 股（1×3）和 7 股（1×7），7 股钢绞线由于面积较大、柔软、施工定位方便，适用于先张法和后张法预应力结构。钢绞线的直径较大，一般为 9～15mm，柔性好，施工方便，但价格比钢丝贵。

4. 非金属预应力筋

非金属预应力筋主要是指用纤维增强塑料制成的预应力筋，主要有玻璃纤维增强塑料、芳纶纤维增强塑料及碳纤维增强塑料预应力筋等几种形式。非金属预应力筋具有耐腐蚀性强、抗拉强度高、施工轻便等优点，但缺点是抗剪强度低、成本高。

5.1.3　预应力对混凝土的要求

在预应力混凝土结构中，混凝土强度等级应不低于 C30，当采用钢绞线、钢丝、热处理钢筋时不宜低于 C40。目前，在某些重要的预应力混凝土结构中，混凝土强度等级已开始采用 C60～C80，并逐渐向更高强度等级发展。在预应力混凝土生产中（包括灌浆材料），不能掺用对钢筋有锈蚀作用的氯盐（如氯化钙、氯化钠等），否则会发生质量事故。施加预应力时的混凝土强度应遵守设计规定，设计无规定时应计算确定，并不低于设计强度的 75%。

5.1.4　预应力混凝土的分类

预应力混凝土根据构件施工方式不同可分为：预制预应力混凝土、现浇预应力混凝土和叠合预应力混凝土等。根据预应力施工工艺不同可分为：先张法和后张法。按预应力筋的张拉方法又分为机械张拉和电张拉。后张法施工中又分为一般后张法和无粘结后张法。预应力混凝土施工工艺中的重点是确保在混凝土构件中可靠地建立设计所要求的预压应力。

5.2　先张法

5.2.1　先张法基本概念

先张法是在台座或钢模上先张拉预应力筋并用夹具临时固定，再浇筑混凝土，待混凝土达到一定强度后，放张并切断构件外的预应力筋，通过预应力筋与混凝土的粘结力使混凝土产生预压应力的施工方法，施工过程见图 5-1。采用先张法生产的构件，预应力的获得是通过混凝土与钢筋之间很好的粘结力。先张法一般多用于生产中小型预制构件，可在预制构件厂生产，也可以在施工现场进行生产。先张法生产方法有台座法和机组流水法两种，其中台座法不需要复杂的机械设备，能够适宜多种产品生产，可以露天生产，自然养护或湿热养护，故目前应用较广。

5.2.2　先张法施工机具

先张法常用的施工机具有台座、夹具、张拉机具。

1. 台座

台座是先张法生产构件时张拉和临时固定预应力筋的支撑结构，必须具有足够的强度、刚度和稳定性，以防止因台座变形、倾覆和滑移而引起预应力的损失。台座按构造形式可分为墩式台座和槽式台座。

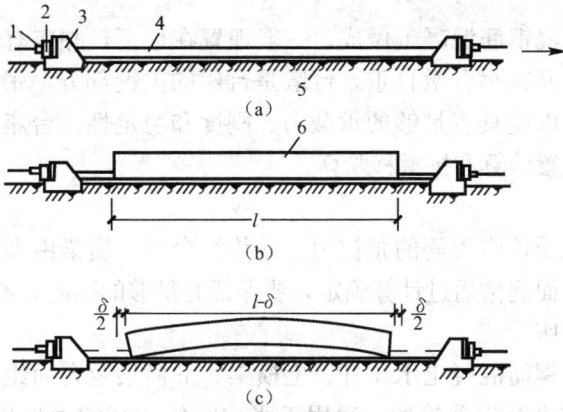

图 5-1　先张法施工示意图

(a) 张拉钢筋（钢丝）；(b) 浇筑混凝土；(c) 放松钢筋（钢丝）

1-夹具；2-横梁；3-台座承力结构；4-预应力筋；5-台面；6-混凝土构件

（1）墩式台座

墩式台座是以混凝土墩作为承力结构的台座，由台面、台墩和横梁组成，一般多用来生产屋架、空心板等平卧生产的中小型构件（图 5-2）。台座长度较长，张拉一次可生产多根构件。墩式台座的长度和宽度，视场地大小、构件类型和产量而定，长度一般为 100～150m，宽度取决于构件的布筋宽度、张拉与浇筑混凝土是否方便，以及生产线数量。

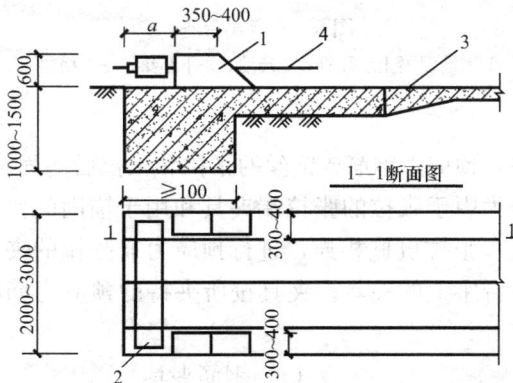

图 5-2　墩式台座

1-混凝土墩；2-横梁；3-台面；4-预应力筋

1）台面

台面一般是在夯实的碎石垫层上浇筑一层厚度为 60～100mm 的混凝土而成，也有用预制板拼成的，板缝用混凝土连接，用于工地现场张拉。台面应平整光滑，并有 3‰ 的坡度，同时须坚实不下沉，以免影响构件质量。为了防止台面因温度变化开裂，可以根据当地的温差和经验设置伸缩缝，一般每隔10m 左右留置，同时也可在台面内沿上下表面配置钢筋网片。

2）台墩

台墩是由现浇钢筋混凝土做成，一般埋置在地下，并应有合适的外伸部分，以增大力臂而减小台墩自重。台墩是台座的关键部分，张拉的力量全部由台墩承担，所以应具有足够的承载力、刚度和稳定性。台座应进行稳定性验算，包括抗倾覆验算和抗滑移验算。

3）横梁

横梁直接承受预应力筋的张拉力，并传给台墩。横梁由型钢或钢筋混凝土构件组成，断面规格通过计算确定，要保证有足够的刚度，不得发生变形。

（2）槽式台座

槽式台座由钢筋混凝土承压杆、上横梁、下横梁及台面组成，既可承受张拉力，又可作为蒸汽养护槽，适用于张拉吨位较高的大型构件（图 5-3）。槽式台座长度一般为 45m（可生产 6 根 6m 吊车梁）或 76m（可生产 10 根 6m 吊车梁），宽度随构件外形及制作方式而定，一般不小于 1m。为便于混凝土的运输和蒸汽养护，台座多低于地面，但须考虑地下水位的影响及防雨排水的措施。为便于拆迁，台座可设计成装配式。设计槽式台座时，也需要进行强度和稳定性验算。

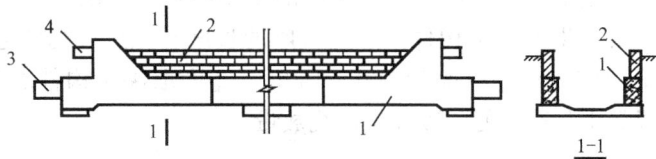

图 5-3　槽式台座

1-钢筋混凝土承压杆；2-砖墙；3-下横梁；4-上横梁

2. 夹具

先张法施工中，预应力钢筋或钢丝的张拉和张拉后的固定均借助于夹具。先张法的夹具可分为用于张拉的张拉端夹具和用于锚固的锚固端夹具。张拉夹具是将预应力筋和张拉机械相连，进行预应力筋张拉的夹具；锚固夹具是将预应力筋锚固在台座上的夹具。夹具按所夹持的预应力筋种类分为钢筋夹具和钢丝夹具。

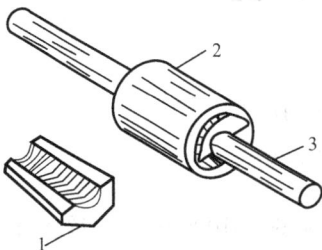

图 5-4　两片式销片夹具

1-销片；2-套筒；3-预应力筋

（1）钢筋夹具

钢筋锚固多用螺丝端杆锚具、镦头锚具和销片夹具等。张拉时可用连接器与螺丝端杆锚具连接，或用销片夹具等。销片式夹具由圆套筒和圆锥形销片组成（图 5-4），套筒内壁呈圆锥形，与销片锥度吻合，销片有两片式和三片式，钢筋就夹紧在销片的凹槽内。

先张法用夹具除应具备静载锚固性能外，

还应在预应力夹具组装件达到实际破断拉力时，全部零件均不得出现裂缝和破坏；应有良好的自锚性能和放松性能。

（2）钢丝夹具

钢丝夹具可夹持直径 3～5mm 的钢丝，常用的锚固夹具有圆锥齿板式、圆锥槽式和镦头夹具等（图 5-5、图 5-6）。常用的张拉夹具有钳式、偏心式和楔形等（图 5-7）。

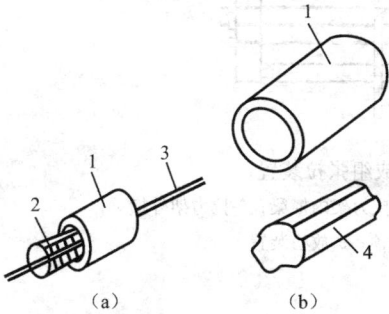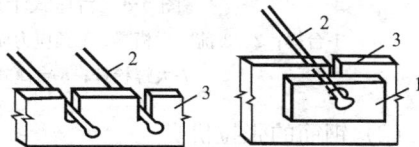

图 5-5　锚固夹具

（a）圆锥齿板式；（b）圆锥槽式；

1-套筒；2-齿板；3-钢丝；4-锥体

图 5-6　镦头夹具

1-垫片；2-镦头钢丝；3-承力板

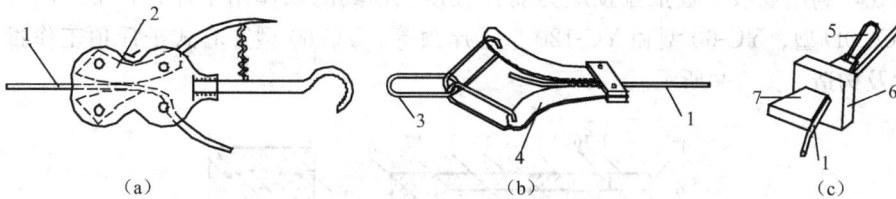

图 5-7　张拉夹具

（a）钳式夹具；（b）偏心式夹具；（c）楔形夹具

1-钢丝；2-钳齿；3-拉钩；4-偏心块；5-拉环；6-锚板；7-楔块

此外，若用 12mm 以上的钢筋作预应力筋，往往会用连接器接长钢筋。夹具和连接器应具有可靠的锚固性能、足够的承载能力和良好的适用性，以保证充分发挥预应力筋的强度，并安全地实现预应力张拉作业。

3. 张拉机具

先张法张拉机具分为电动张拉和液压张拉两类，电动张拉设备主要包括电动螺杆张拉机和电动卷扬机，常用的液压张拉设备为台座式、穿心式千斤顶。预应力张拉机具主要以液压式为主，但应用长线法张拉冷轧带肋钢丝等拉力不大的预应力筋时，采用电动螺杆张拉机张拉，操作简单且张拉速度快。

（1）钢丝的张拉机具

钢丝张拉分单根张拉和多根张拉。在台座上生产常采用单根张拉，一般使用小型卷扬机或电动螺杆张拉机张拉，以弹簧、杠杆等简易设备测力。成组钢丝的张拉多用千斤顶在模板上进行。图 5-8 是用台座式千斤顶成组张拉装置。

162

选择张拉机具时，为保证人身、设备安全和张拉力准确，张拉机具的张拉力应不小于预应力筋张拉力的 1.5 倍；张拉行程应不小于预应力筋张拉伸长值的 1.1～1.3 倍。

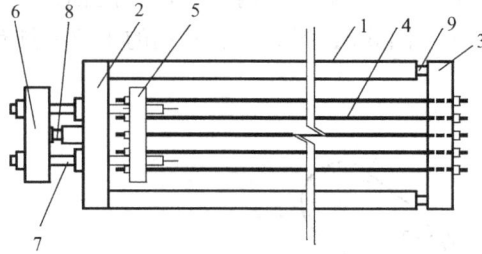

图 5-8　台座式千斤顶成组张拉装置
1-台模；2、3-前、后横梁；4-预应力筋；5-拉力架内横梁；6-拉力架外横梁；
7-大螺栓杆；8-台座式千斤顶；9-放松装置

（2）钢筋的张拉机具

先张法张拉钢筋，分单根和多根成组张拉。由于在长线台座上预应力筋的张拉伸长值比较大，一般千斤顶的行程大多不能满足，故张拉较小直径钢筋多采用卷扬机。钢筋的张拉多采用穿心式千斤顶。该千斤顶是一种具有穿心孔，利用双液压缸张拉预应力筋并且顶压锚具的双作用千斤顶，常用的有 YC-20D 型、YC-60 型和 YC-120 型千斤顶等。YC-60 型穿心式千斤顶工作过程及构造如图 5-9 所示。

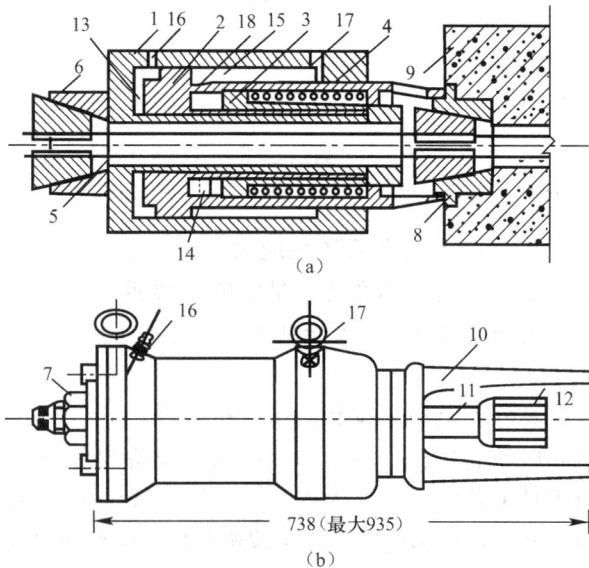

（a）

738（最大935）

（b）

图 5-9　YC-60 型穿心式千斤顶工作过程及构造示意图
（a）构造与工作原理图；（b）加撑脚后的外形图
1-张拉油缸；2-顶压油缸；3-顶压活塞；4-回程弹簧；5-预应力筋；6-工作锚；7-螺母；8-锚环；
9-构件；10-撑脚；11-张拉杆；12-连接器；13-张拉工作油室；14-顶压工作油室；
15-张拉回程油室；16-张拉缸油嘴；17-顶压缸油嘴；18-油孔

5.2.3 先张法施工工艺

先张法施工的工艺流程如图 5-10 所示。

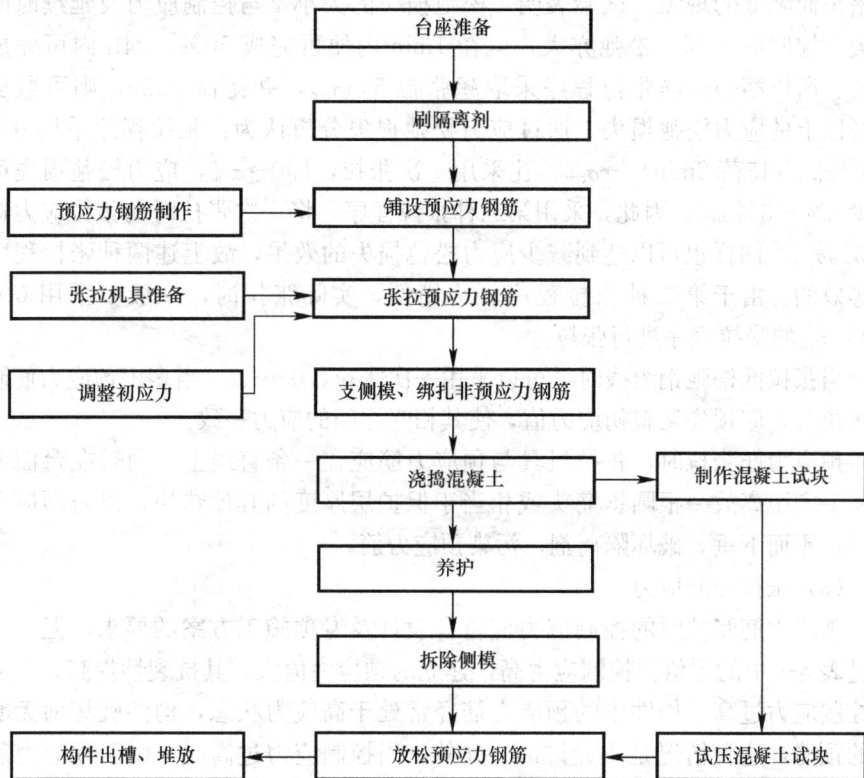

图 5-10 先张法施工工艺流程图

1. 张拉预应力筋

预应力筋的张拉应根据设计要求采用合适的张拉方法、张拉顺序和张拉程序进行。

（1）张拉方法和张拉顺序

1）单根张拉：当预应力筋数量较小时，常采用小型张拉设备单根张拉。

2）多根成组张拉：当预应力筋的数量较多时，为提高工效常采用张拉设备成组张拉。成组张拉时，应先调整好各预应力筋的初应力，使其长度、松紧一致，以保证张拉后各根预应力筋的应力一致。

对于张拉顺序，为了尽可能减少台座的倾覆力矩和偏心力，应先张拉靠近台座截面重心处的预应力筋。

（2）张拉程序

施工中预应力筋的张拉程序是很重要的，通常采用下述两种方法进行：

$0 \rightarrow 1.05\sigma_{con}$（持荷 2min）$\rightarrow \sigma_{con}$ 或 $0 \rightarrow 1.03\sigma_{con}$

式中　σ_{con}——预应力筋的张拉控制应力（N/mm²）。

预应力筋张拉时，一般不是从零直接张拉到控制应力，而是先张拉到比设计要求的控制应力稍大一些，如 $1.05\sigma_{con}$，这一过程叫做超张拉。采用超张拉的目的，主要是为了减少预应力筋的应力松弛损失。预应力筋的应力松弛是指钢筋受到一定张拉力后，在长度保持不变的情况下，钢筋的应力随时间的增长而降低的现象。试验表明，松弛损失的大小，与控制应力及延续时间有关，控制应力高，松弛亦大，但在 1min 内便可完成 50%，24h 内可完成 80%。所以第一种筋张拉程序采取超张拉 5% σ_{con}，并持荷 2min，则可减少 50% 以上的应力松弛损失。通过应力松弛损失分析认为：张拉程序采用 0→105% σ_{con}（持荷 2min）→σ_{con}，比采用一次张拉，即 0→σ_{con}，应力松弛损失可减少 2%～3% σ_{con}。因此，采用第二种张拉程序，将一次张拉时的张拉应力提高 3% σ_{con}，同样也可以达到减少应力松弛损失的效果，故上述两种张拉程序是等效的。由于第二种张拉程序较为简便，实际张拉时，一般多采用 0→103% σ_{con} 的张拉程序进行张拉。

当张拉低松弛钢绞线时，可以采用一次张拉：0→σ_{con}。当多根预应力筋同时张拉时，应预先调整初应力值，使其相互之间的应力一致。

预应力筋张拉时，张拉机具与预应力筋应在一条直线上，同时在台面上每隔一定距离放一根圆钢筋头或相当于保护层厚度的其他垫块，以防预应力筋因自重而下垂，破坏隔离剂，污染预应力筋。

（3）张拉控制应力

预应力筋张拉时的控制应力应符合设计及专项施工方案的要求，但不宜超过表 5-1 中的限值。控制应力高，建立的预应力值大，其抗裂性提高。但如果控制应力过高，构件中的预应力筋经常处于高应力状态，构件破坏前无明显的预兆，这种情况是不允许的。此外，当控制应力过高时，由于预应力筋松弛而引起的应力损失也相应增加；当预应力筋配置较多而控制应力又过高时，也会使混凝土徐变引起的应力损失增大。使用时应注意以下两点：

预应力筋张拉控制应力值（N/mm²）

表 5-1

预应力筋	控制应力 σ_{con}
消除应力钢丝、钢绞线	$0.75f_{ptk}$
中强度预应力钢丝	$0.70f_{ptk}$
预应力螺纹钢筋	$0.85f_{pyk}$

注：f_{ptk} 为预应力筋极限抗拉强度标准值；f_{pyk} 为预应力筋屈服强度标准值。

1）消除应力钢丝、钢绞线、中强度预应力钢丝的张拉控制应力值不应小于 $0.4f_{ptk}$；预应力螺纹钢筋的张拉控制应力不宜小于 $0.5f_{pyk}$。

2）当符合下列情况之一时，上述张拉控制应力限值可相应提高 $0.05f_{ptk}$ 或 $0.05f_{pyk}$。

a. 要求提高构件在施工阶段的抗裂性能而在使用阶段受压区内设置的预应力筋；

b. 要求部分抵消由于应力松弛、摩擦、钢筋分批张拉以及预应力筋与张拉台座之间的温差等因素产生的预应力损失。

预应力筋的张拉力可按下式计算：

$$P = \sigma_{con} \cdot A_p \tag{5-1}$$

式中　P——预应力筋的张拉力（kN）；

　　　A_p——预应力筋截面面积（mm^2）。

（4）张拉应力校核

预应力筋的张拉，一般采用张拉力控制，伸长值校核，张拉时预应力筋的理论伸长值与实际伸长值的允许偏差为±6%。其中，预应力钢丝张拉时，伸长值不作校核。

预应力筋张拉锚固后，应采用内力测定仪检查所建立的预应力值，其偏差不得大于或小于设计规定相应阶段预应力值的5%。

预应力筋张拉应力值的测定有多种仪器可供选择，一般对于测定钢丝的应力值多采用弹簧测力仪、电阻应变式传感仪和弓式测力仪。对于测定钢绞线的应力值，可采用压力传感器、电阻式应变传感器或通过连接在油泵上的液压传感器读数仪直接采集张拉力。

预应力钢丝内力的检测，一般在张拉锚固后1h内进行。此时锚固损失已完成，钢丝松弛损失也部分产生。

预应力筋张拉锚固后，对设计位置的偏差不得大于5mm，且不得大于构件截面最短边长的4%。

2. 预应力混凝土浇筑与养护

预应力筋张拉完毕后，即应绑扎非预应力筋、支模和浇筑混凝土。台座内每条生产线上的构件都应一次浇筑完毕，且构件应避开台面的伸缩缝及裂缝，当不可能避开时，应在伸缩缝及裂缝处先铺薄钢板或填细砂再浇筑。混凝土必须振捣密实，特别是构件端部，以保证混凝土强度和粘结力。振捣时，应避免碰击预应力筋。在混凝土未达到一定强度前，不允许碰撞或踩踏预应力筋。

混凝土可采用自然养护、蒸气养护或太阳能养护。当采用蒸气养护时，温度升高预应力筋膨胀，而台座的长度并无变化，因而造成预应力筋应力减少。如果混凝土逐渐凝结，则在混凝土硬化前预应力筋因为温度升高而引起的应力减小，将不能恢复。因此，为减小温差所引起的预应力损失，通常采取"二次升温法"。即初次升温，应控制温差不超过20℃；当构件混凝土强度达到7.5～10N/mm^2时，再按常规继续升温养护。采用机组流水法用钢模生产的构件，使用蒸汽养护时钢模与预应力筋同步伸缩，故不会因温差造成预应力损失。

3. 预应力筋的放张

放张预应力筋时，混凝土强度必须符合设计要求（一般不得低于混凝土设计强度等级的75%）。采用消除应力钢丝或钢绞线作为预应力的构件，混凝土强度不应低于30MPa。

对叠层浇筑的构件，须待最上一层构件的混凝土达到设计值75%后方可放张。对于预应力较低的构件（薄板等）混凝土的强度可适当降低至15N/mm^2。放张前，须对混凝土试块进行试压，以确定其强度。放张时，应拆除构件的

165

侧模和端模，使放张时构件能自由压缩。预应力筋的放张顺序应符合设计要求，当设计无专门规定时，遵照下列规定：

1）受轴心预压力的构件（如压杆、桩等），所有预应力筋同时放松；

2）受偏心预压力的构件，应先同时放张预压力较小区域的预应力筋，再同时放张预压力较大区域的预应力筋；

3）不能按上述规定放张时，应分阶段、对称、相互交错地放张，以防止放张过程中构件发生翘曲、裂纹及预应力筋断裂等现象。

放张后预应力筋的切断顺序，宜由放张端开始，逐次切向另一端。钢丝的放张与切断应从台座中部开始对称、相互交错的切断。

常用放张预应力筋的方法，钢丝可用剪切，锯割等方法。对于配筋不多的中小型钢筋混凝土构件，钢筋可以采用砂轮锯或切断机切断等方法放松。对于配筋多的钢筋混凝土构件，应同时放松，若逐根放松，则最后几根钢筋会因为承受的拉力太大而突然断裂。同时放张的方法可用千斤顶、砂箱和楔块等（图 5-11）进行。

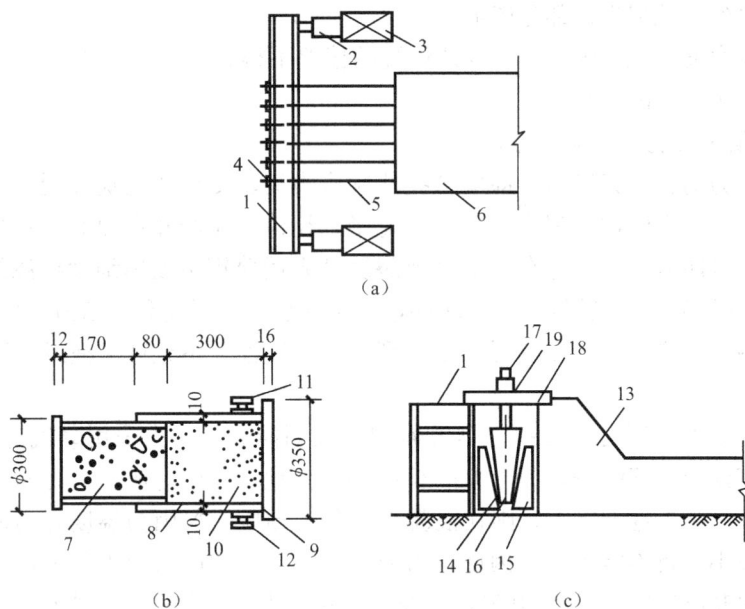

图 5-11 预应力筋放张装置

（a）千斤顶放张装置；（b）砂箱放张装置；（c）楔块放张装置

1-横梁；2-千斤顶；3-承力架；4-夹具；5-钢丝；6-构件；7-活塞；8-套箱；9-套箱底板；10-砂；11-螺母进砂口；12-出砂口；13-台座；14、15-钢块；16-钢楔块；17-螺杆；18-承力板；19-螺母

5.3 后张法

5.3.1 后张法基本概念

后张法施工是先制作混凝土构件，并在设置预应力筋的位置处预留孔道，待混凝土达到规定强度等级后，在预留孔道内张拉预应力筋，并用专用锚具

将张拉好的预应力筋锚固在构件的两端，不再取下，最后进行孔道灌浆和封锚的方法。图 5-12 为后张法施工过程。锚具是预应力构件的组成部分，后张法生产预应力构件，其预应力是通过构件端部的锚具施加在构件上的。

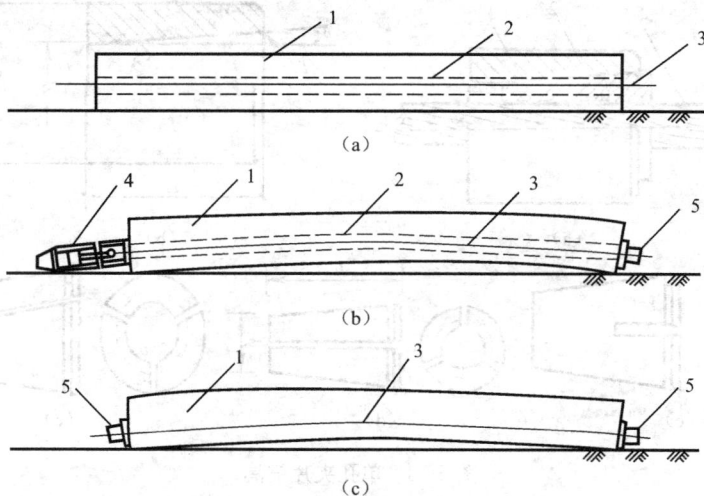

图 5-12　后张法施工示意图

(a) 制作混凝土构件；(b) 张拉预应力筋；(c) 锚固和孔道灌浆

1-混凝土构件；2-预留孔道；3-预应力筋；4-张拉机具；5-锚具

后张法施工可以在构件上直接张拉钢筋，所以不需要台座，可避免构件运输，为施工现场生产此类构件提供了方便。后张法适合生产大型构件和重型构件，特别是大跨度现浇结构和空间结构等，但施工工序较多，且锚具不能重复使用，耗钢量较大。

5.3.2　后张法施工机具

后张法施工主要用锚具锚固预应力筋，张拉机具主要是液压千斤顶。

1. 锚具

锚具是后张法预应力混凝土构件或结构中为保持预应力筋的拉力并将其传递到混凝土上所用的永久性锚固装置。锚具应具备自锁和自锚能力，自锁是锚塞（或夹片）顶压塞紧在锚环内而不自行回弹脱出的能力，自锚是使预应力筋在拉力作用下回缩时能带动锚塞（或夹片）在锚环中自动楔紧而达到可靠锚固预应力筋的能力。锚具可分为夹片式（单孔、多孔夹片锚具）、支承式（镦头锚具、螺母锚具）、锥塞式（锥形锚具、锥形螺杆锚具）、握裹式（挤压锚具、压接锚具、压花锚具）等。

（1）夹片式锚具

1）单孔夹片锚具

单孔夹片锚具是由锚环与夹片组成（图 5-13）。夹片的种类很多，按片数可分为二片式、三片式等。单孔夹片锚具主要用于锚固 $\phi^s 12.7$、$\phi^s 15.2$ 钢绞线制成的预应力筋，也可用于先张法夹具。近年来，国内开发出一种大直径

OVM22-1 与 OVM28-1 型单孔夹片锚具，用于锚固 Φ^s21.6 和 Φ^s28.6 缓粘结钢绞线。

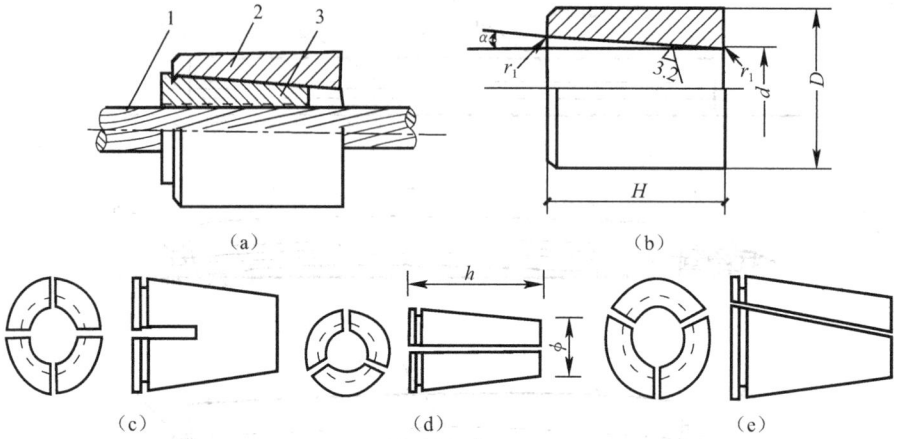

图 5-13　单孔夹片锚具

(a) 组装图；(b) 锚环；(c) 二片式夹片；(d) 三片式夹片；(e) 斜开缝夹片

1-预应力筋；2-锚环；3-夹片

2）多孔夹片锚具

多孔夹片锚具是在一块多孔的锚板上，利用每个锥形孔装一副夹片，夹持一根钢绞线的锚具。其优点是任何一根钢绞线锚固失效，都不会引起整体锚固失效，每束钢绞线的根数不受限制。多孔夹片锚具在后张法有粘结预应力混凝土结构中用途最广。主要有 QM 型（图 5-14）、JM 型（图 5-15）、XM（图 5-16）等。

（2）支承式锚具

1）镦头锚具

镦头锚具用于锚固任意根数的 ϕ5 或 ϕ7 钢丝束。常用的镦头锚具分为 A 型与 B 型。A 型由锚环与螺母组成，用于张拉端。B 型为锚板，用于固定端，其构造见图 5-17。镦头锚具的工作原理是将预应力筋穿过锚环的蜂窝眼后，用专门的镦头机将钢筋或钢丝的端头镦粗，将镦粗头的预应力筋直接锚固在锚环上，张拉时将千斤顶拉杆旋入锚环内螺纹上，待钢丝束拉出后用螺母固定。

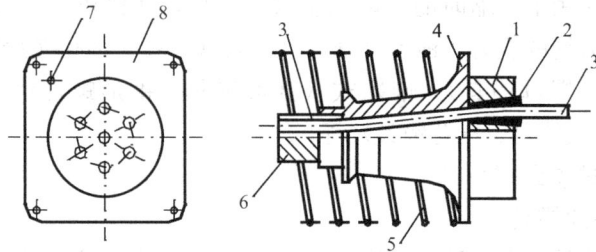

图 5-14　QM 型锚具及配件

1-锚板；2-夹片；3-钢绞线；4-喇叭形铸铁垫板；5-螺旋筋；6-波纹管；7-灌浆孔；8-锚垫板

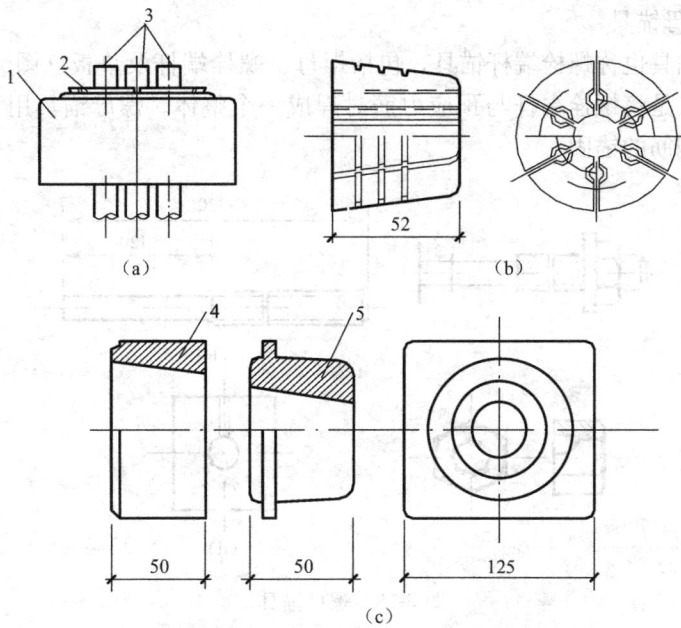

图 5-15　JM 型锚具

（a）装配图；（b）夹片；（c）锚环

1-锚环；2-夹片；3-钢绞线束；4-圆钳环；5-方锚环

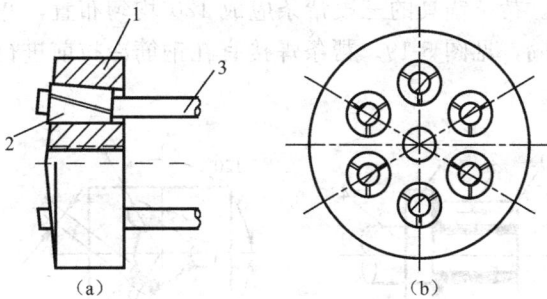

图 5-16　XM 型锚具

（a）装配图；（b）锚板

1-锚板；2-夹片；3-钢绞线

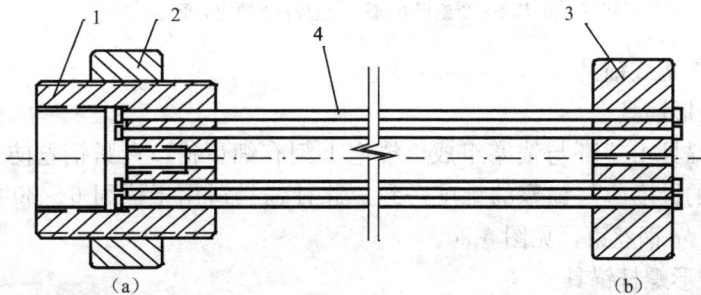

图 5-17　钢丝束镦头锚具

（a）张拉端锚具（A 型）；（b）固定端锚具（B 型）

1-锚环；2-螺母；3-锚板；4-钢丝束

2）螺母锚具

螺母锚具也称螺栓端杆锚具，包括螺母、螺栓端杆及垫板（图5-18）。该锚具的特点是将螺栓端杆与预应力筋对焊成一个整体。螺母锚具用于高强预应力螺纹钢筋的锚固。

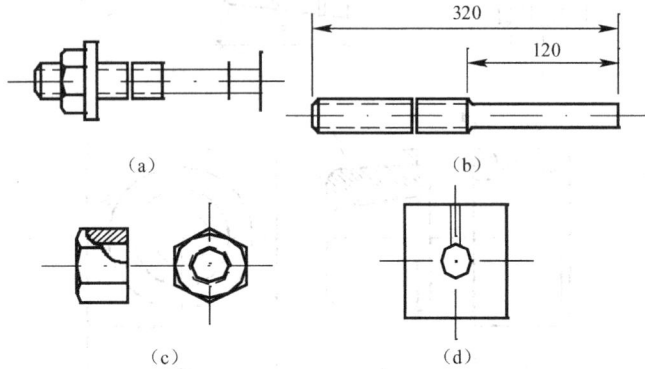

图 5-18　螺母锚具

（a）螺母锚具；（b）螺栓端杆；（c）螺母；（d）垫板

3）帮条锚具

帮条锚具是由一块垫板和与预应力筋直径相等的三段钢筋焊在预应力筋端头的帮条组成。帮条锚具的三段帮条应成 120°均匀布置，并垂直于衬板与预应力筋焊接牢固，见图 5-19。帮条焊接宜在钢筋冷拉前进行，焊接时应防止烧伤预应力筋。

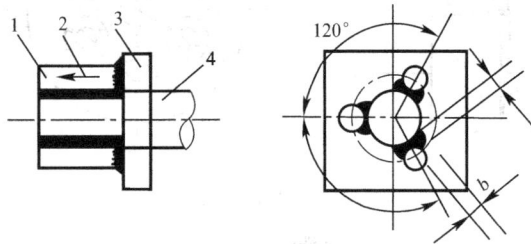

图 5-19　帮条锚具

1-帮条；2-施焊方向；3-垫板；4-预应力筋

（3）锥塞式锚具

1）锥形锚具

锥形锚具由锚环与锚塞组成，锚塞上刻有细齿槽，夹紧钢丝防止滑动，锚环内孔的锥度应与锚塞的锥度一致。此种锚具适用于锚固 6～30 根 $\phi 5$ 和 12～24 根 $\phi 7$ 钢丝束，见图 5-20。

2）锥形螺杆锚具

锥形螺杆锚具由锥形螺杆、套筒、螺母等组成（图 5-21），主要用于锚固 14～28 根直径 5mm 的钢丝束。可与 YL-60、YL-90 拉杆式千斤顶或 YC-60、YC-90 穿心式千斤顶配套使用。

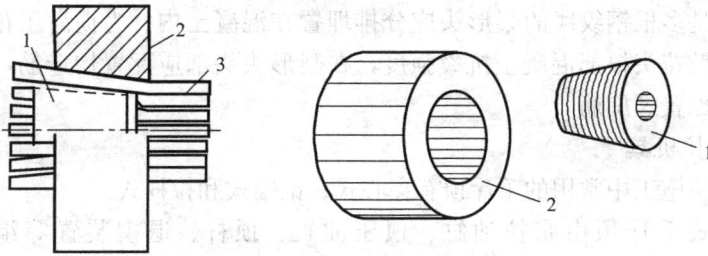

图 5-20　锥形锚具

1-锚塞；2-锚环；3-钢丝束

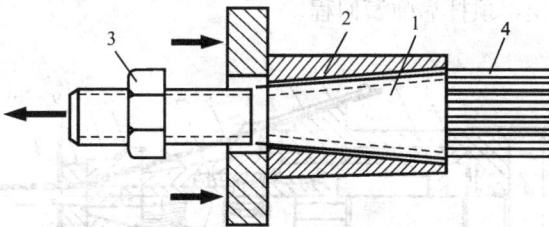

图 5-21　锥形螺杆锚具

1-锥形螺杆；2-套筒；3-螺母；4-预应力钢丝束

（4）握裹式锚具

1）挤压锚具

挤压锚具是在钢绞线端部安装异形钢丝衬圈（或开口直夹片）和挤压套，利用专用挤压设备将挤压套挤过模孔后，使其产生塑性变形而握紧钢绞线。异形钢丝衬圈（或开口直夹片）的嵌入，可以增加钢套筒与钢绞线之间的摩阻力，挤压套与钢绞线之间没有任何空隙，可形成可靠的锚固，挤压锚具后设钢垫板与螺旋筋，见图 5-22。

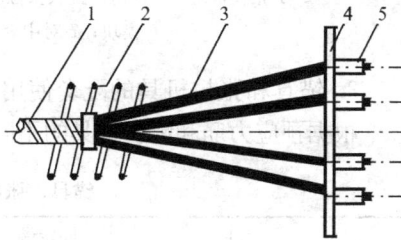

图 5-22　挤压锚具

1-波纹管；2-螺旋筋；3-钢绞线；
4-钢垫板；5-挤压锚具

2）压花锚具

压花锚具是利用专用轧花机将钢绞线端头压成梨形头的一种握裹式锚具，见图 5-23。这种锚具适用于固定端空间较大且有足够粘结长度的有粘结钢绞

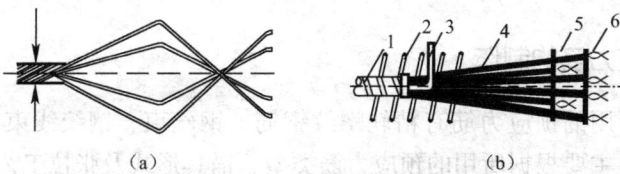

（a）　　　　　　　　　　　（b）

图 5-23　压花锚具示意图

（a）压花锚具；（b）多根钢绞线压花锚具

1-波纹管；2-螺旋筋；3-灌浆管；4-钢绞线；5-构造筋；6-压花锚具

线。如果是多根钢绞线的梨形头应分排埋置在混凝土内。为提高压花锚四周混凝土及散花头根部混凝土抗裂强度，在梨形头头部应配置构造筋，在梨形头根部应配置螺旋筋。

2. 张拉机具

后张法施工中常用的千斤顶有穿心式、锥锚式和拉杆式。

锥锚式千斤顶由张拉油缸、顶压油缸、顶杆、退楔装置等组成，见图 5-24，是一种具有张拉、顶锚和退楔功能的三作用千斤顶，用于张拉锚固钢丝束的钢质锥形锚具。锥锚式千斤顶楔块夹住预应力钢丝后，从 A 油嘴进油，顶杆伸出将锥形锚塞顶入锚环内；从 B 油嘴继续进油，千斤顶卸荷回油，利用退楔翼片退楔，顶杆靠弹簧回程。

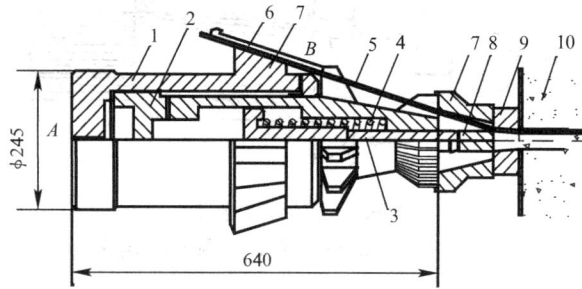

图 5-24　锥锚式千斤顶

1-张拉油缸；2-顶压油缸（张拉活塞）；3-顶压活塞；4-弹簧；5-预应力筋；
6-楔块；7-对中套；8-锚塞；9-锚环；10-构件

3. 锚具和张拉机具的配套使用

根据预应力筋和配套锚具的不同应选用不同的张拉千斤顶，如表 5-2 所示。

锚具、张拉设备的配套使用　　　　　　　　　　　　　表 5-2

预应力品种	固定端		张拉端	张拉机具
	安装在结构外部	安装在结构内部		
钢绞线束	夹片锚具 挤压锚具	压花锚具 挤压锚具	夹片锚具	穿心式
钢丝束	夹片锚具 镦头锚具 挤压锚具	镦头锚具 挤压锚具	夹片锚具 镦头锚具 锥塞式锚具	拉杆式 锥锚式、穿心式
精轧螺纹钢	螺母锚具	螺母锚具	螺母锚具	拉杆式

5.3.3　预应力筋的制作

后张法所用的预应力筋有精轧螺纹钢筋、钢丝束、钢绞线束三类。预应力筋的制作，主要根据所用的预应力筋类型、锚具形式及张拉工艺等确定。

1. 单根粗钢筋的制作

单根粗钢筋作为预应力筋，制作时包括配料、对焊、冷拉等工序，其关键是配料中的钢筋下料长度计算。计算时，要考虑锚具的种类对接头和镦粗头的压缩量、张拉伸长值、冷拉率、钢筋的弹性回缩率、构件或构件孔道长的影响。

单根预应力粗钢筋下料长度计算的三种情况，见图 5-25。

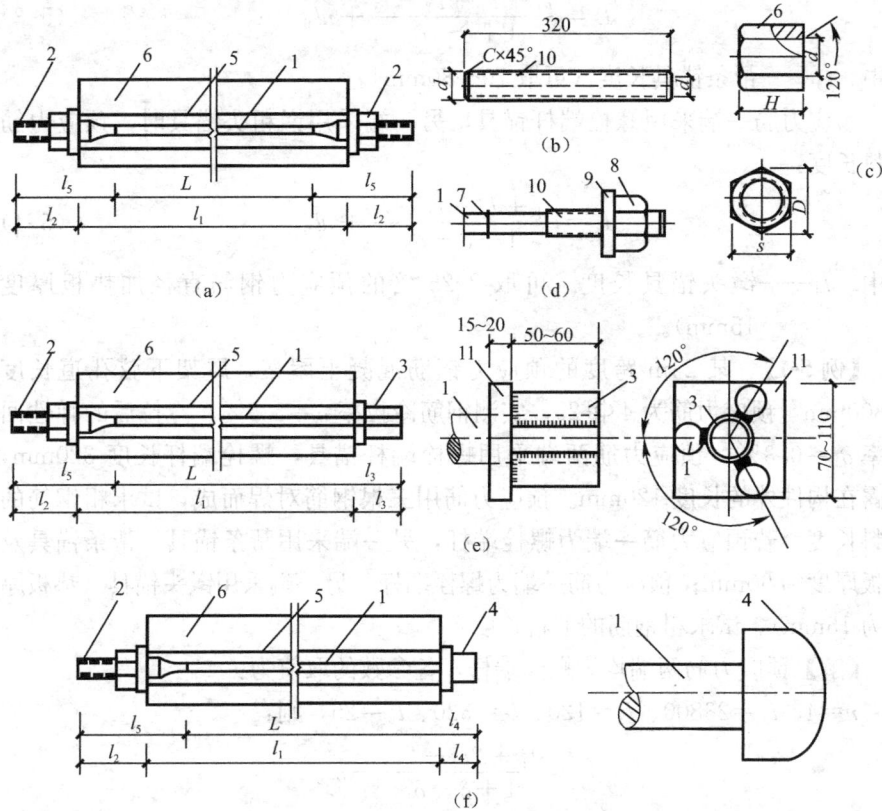

图 5-25　预应力筋下料长度计算示图

(a) 预应力筋两端均为螺栓端杆；(b) 螺栓端杆；(c) 螺母；(d) 螺栓端杆锚具；

(e) 预应力筋一端为螺栓端杆，另一端采用帮条锚具；

(f) 预应力筋一端为螺栓端杆，另一端采用镦头锚具

1-预应力筋；2-螺栓端杆锚具；3-帮条锚具；4-镦头锚具；5-孔道；6-混凝土构件

7-对焊接头；8-螺母；9-垫板；10-螺栓端杆；11-衬板

预应力筋两端均采用螺栓端杆锚具时，其下料长度：

$$L = \frac{l_1 + 2l_2 - 2l_5}{1 + \delta - \delta_1} + nl_6 \qquad (5-2)$$

式中　L——预应力筋的下料长度；

l_1——构件的孔道长度；

l_2——螺栓端杆在构件端部的外露长度（可取 120～150mm）；

l_5——螺栓端杆长度（一般取 320mm）；

l_6——每个对焊接头的压缩量（可取一倍的预应力钢筋的直径）；

n——对焊接头数量；

δ——预应力筋的冷拉率；

δ_1——预应力筋的冷拉弹性回缩率（可取 0.4～0.6%）。

预应力筋一端采用螺栓端杆锚具，另一端采用帮条锚具时，预应力筋的下料长度：

$$L = \frac{l_1 + l_2 + l_3 - l_5}{1 + \delta - \delta_1} + nl_6 \tag{5-3}$$

式中　l_3——帮条锚具长度（可取 70~80mm）。

预应力筋一端采用螺栓端杆锚具，另一端采用镦粗头锚具时，预应力筋下料长度：

$$L = \frac{l_1 + l_2 + l_4 - l_5}{1 + \delta - \delta_1} + nl_6 \tag{5-4}$$

式中　l_4——镦头锚具长度（可取 2.25 倍的预应力钢筋直径加垫板厚度 15mm）。

【例 5-1】　某 24m 跨度的预应力钢筋混凝土屋架，屋架下弦孔道长度 23800mm，预应力筋为 $4\Phi^T 25$，实测钢筋冷拉率 $\delta = 3.5\%$，冷拉后的弹性回缩率 $\delta_1 = 0.3\%$，预应力筋两端采用螺栓端杆锚具，螺栓端杆长度 320mm，其露在构件外的长度 120mm。预应力筋用三根钢筋对焊而成，试求粗钢筋的下料长度。若预应力筋一端为螺栓端杆，另一端采用帮条锚具，帮条锚具及垫板厚度为 90mm；预应力筋一端为螺栓端杆，另一端采用镦头锚具（垫板厚度为 15mm）。试求粗钢筋的下料长度。

【解】　预应力筋两端均为螺丝端杆，各参数的取值为：

$n = 4$、$l_1 = 23800$、$l_2 = 120$、$l_5 = 320$、$l_6 = 25$，则：

$$
\begin{aligned}
L &= \frac{l_1 + 2l_2 - 2l_5}{1 + \delta - \delta_1} + nl_6 \\
&= \frac{23800 + 2 \times 120 - 2 \times 320}{1 + 3.5\% - 0.3\%} + 4 \times 25 \\
&= 22774.42\text{mm}
\end{aligned}
$$

一端为螺丝端杆，另一端采用帮条锚具，各参数的取值为：

$n = 3$、$l_1 = 23800$、$l_2 = 120$、$l_3 = 90$、$l_5 = 320$、$l_6 = 25$，则：

$$
\begin{aligned}
L &= \frac{l_1 + l_2 + l_3 - l_5}{1 + \delta - \delta_1} + nl_6 \\
&= \frac{23800 + 120 + 90 - 320}{1 + 3.5\% - 0.3\%} + 3 \times 25 \\
&= 23030.43\text{mm}
\end{aligned}
$$

一端采用螺丝端杆锚具，另一端采用镦粗头锚具，各参数的取值为：

$n = 3$、$l_1 = 23800$、$l_2 = 120$、$l_4 = 2.25 \times 25 + 15 = 71.25$、$l_5 = 320$、$l_6 = 25$，则：

$$
\begin{aligned}
L &= \frac{l_1 + l_2 + l_4 - l_5}{1 + \delta - \delta_1} + nl_6 \\
&= \frac{23800 + 120 + 71.25 - 320}{1 + 3.5\% - 0.3\%} + 3 \times 25 \\
&= 23012.26\text{mm}
\end{aligned}
$$

2. 钢绞线束的制作

钢绞线束的制作包括编束、下料等工作。

（1）下料计算

钢绞线通常是成盘状供应，故长度较长，不需对焊接长，下料可在冷拉后进行，下料前应经开盘、调直、镦粗（仅用镦头锚具），下料时每根钢筋长度应一致，误差不超过 5mm，宜采用切断机或砂轮锯切机，不得采用电弧切割。钢绞线在切断前，在切口两侧各 50mm 处，应用铅丝绑扎，以免钢绞线松散。

采用夹片锚具，以穿心式千斤顶在构件上张拉时（图 5-26），钢绞线的下料长度 L 按式（5-5）和式（5-6）计算。

两端张拉：

$$L = l + 2(l_1 + l_2 + l_3 + 100) \tag{5-5}$$

一端张拉：

$$L = l + 2(l_1 + 100) + l_2 + l_3 \tag{5-6}$$

式中　L——构件的孔道长度（mm）；

　　　l_1——夹片式工作锚厚度（mm）；

　　　l_2——穿心式千斤顶长度（mm）；

　　　l_3——夹片式工具锚厚度（mm）。

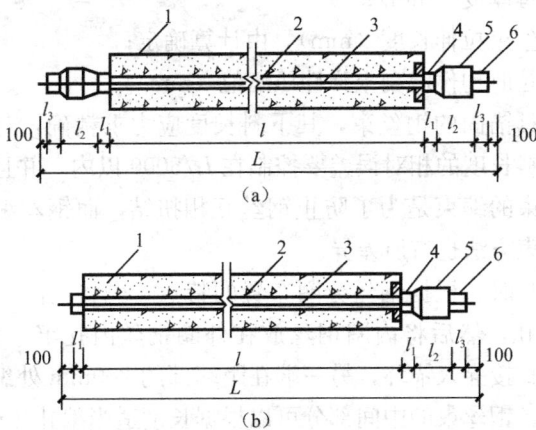

图 5-26　钢绞线束的下料计算简图

（a）两端张拉；（b）一端张拉

1-混凝土构件；2-孔道；3-钢绞线；4-夹片式工作锚；5-穿心式千斤顶；6-夹片式工具锚

（2）编束

为了防止预应力钢绞线束在穿筋和张拉时发生扭结现象，必须进行编束工作。首先把钢绞线理顺，然后用 20 号铁丝，间距 2～3m 绑扎一道，形成束状，在穿筋时应注意防止扭结，并尽量使各根钢绞线松紧一致。

3. 钢丝束的制作

钢丝束的制作，一般包括下料、镦头、编束等工序。

采用镦头锚具时，钢丝的下料长度 L，按照预应力筋张拉后螺母位于锚环中部的原则按式（5-7）计算（图 5-27）。

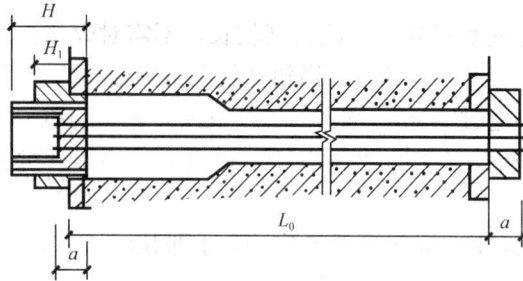

图 5-27　钢丝束下料长度计算简图

预应力钢丝束的下料长度：

$$L = L_0 + 2a + 2\delta - K(H - H_1) + \Delta l - C \tag{5-7}$$

式中　L_0——构件的孔道长度（mm），按实际量测；

　　　a——锚环底厚或锚板厚度（mm）；

　　　δ——钢丝镦头预留量（mm），取 $\delta = 10mm$；

　　　K——系数，一端张拉时取 0.5，两端张拉时取 1.0；

　　　H——锚环高度（mm）；

　　　H_1——螺母厚度（mm）；

　　　Δl——钢丝束拉伸长度（mm），由计算确定；

　　　C——张拉时构件混凝土弹性压缩值（mm）。

采用镦头锚具锚固的钢丝束，其下料长度应力求精确，对直线或一般曲率的钢丝束，下料长度的相对误差要控制在 $L/5000$ 以内，并且不大于 5mm。

预应力钢丝束的编束是为了防止钢丝互相扭结，而钢丝编束随所用锚具形式的不同，编束方法也有所差异。

采用镦头锚具时，根据钢丝分圈布置的特点，先将内圈和外圈钢丝分别用铁丝按顺序编扎，然后将内圈钢丝放在外圈钢丝内扎牢。为了简化编束，钢丝的一端可以直接穿入锚环，另一端在距端部约 200mm 处编束，以便穿锚板时钢丝不紊乱，钢丝束的中间部分可以根据长度适当编扎几道。

采用钢质锥形锚具时，需要在平整的场地上用圆盘梳丝板理顺钢丝，并在距钢丝端部 50～100mm 处编扎一道，使张拉分丝时不致紊乱。然后在全长每隔 1m 用铁丝将钢丝编成帘子状，最后每隔 1m 放置一个直径与螺杆直径相一致的钢丝弹簧圈作为衬圈，将编好的钢丝帘绕衬圈形成束，再用铁丝绑扎牢固，见图 5-28。

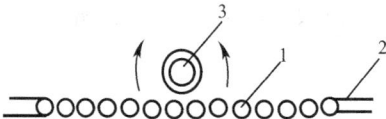

图 5-28　钢丝编束示意图
1-钢丝；2-铅丝；3-衬套

5.3.4　后张法施工工艺

后张法的生产工艺流程见图 5-29。

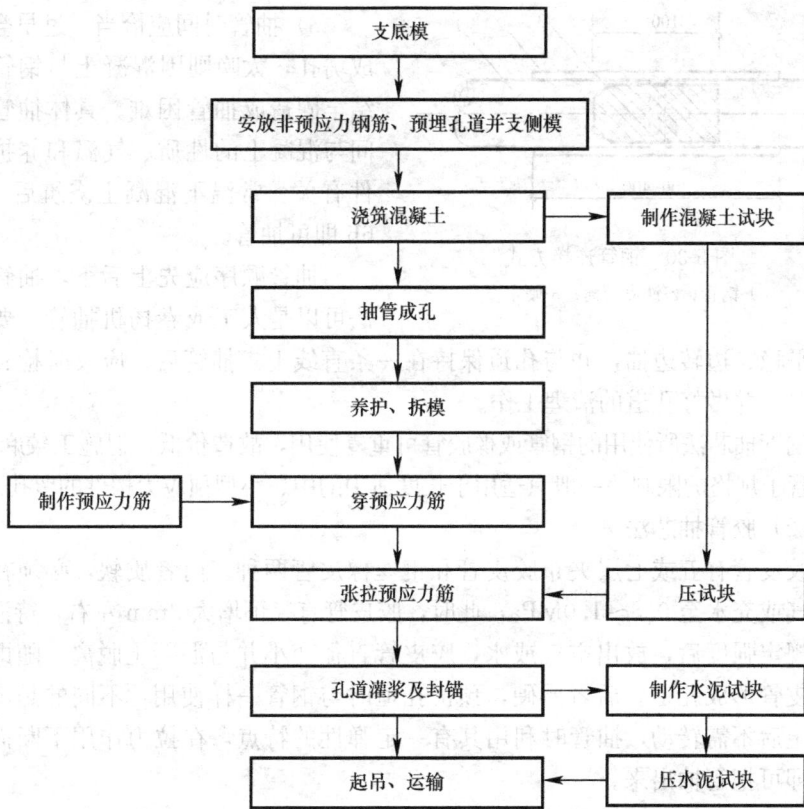

图 5-29 后张法施工工艺流程

对于块体拼装的构件，还应增加块体验收、拼装立缝灌浆和焊接连接板等工作。后张法工艺中比较重要的施工过程有孔道留设、预应力筋张拉和孔道灌浆三部分。

1. 孔道留设

孔道留设是预应力后张法构件制作中的关键工序之一，预应力筋的孔道形状有直线、曲线和折线三种。一般采用钢管抽芯法、胶管抽芯法和预埋管法成孔。

（1）钢管抽芯法

钢管抽芯法是预先将钢管埋设在模板内预应力筋的孔道位置处，在混凝土浇筑过程中和浇筑以后间隔一定时间慢慢转动钢管，以防混凝土与钢管粘结，待混凝土初凝后、终凝前抽出钢管，构件中即形成孔道。这种方法多用于留设直线孔道。

为了保证留设孔道的质量，施工时应注意以下几点：

1）钢管要平直，表面光滑，安装位置要准确。埋管前应除锈、刷油。钢管位置的固定一般采用钢筋井字架，其间距不宜大于 1m。

2）钢管每根长度不宜超过 15m，以便于钢管的旋转和抽出。较长的构件可用两根钢管，中间用套管连接，见图 5-30。

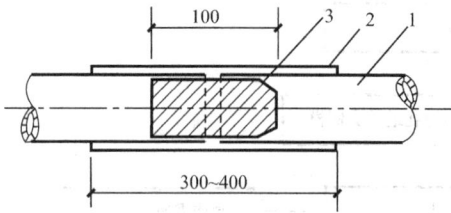

图 5-30　钢管连接方式

1-钢管；2-铁皮套筒；3-硬木塞

3）抽管时间应恰当，过早会造成坍孔，太晚则因混凝土与钢管粘结牢固造成抽管困难。具体抽管时间与混凝土的性质、气温和养护条件有关。常温下混凝土浇筑后 3～6h 即可抽管。

抽管顺序应先上后下，抽管方法可以是人工或卷扬机抽管，要匀速、平稳、边转边抽，并与孔道保持在一条直线上。抽管后，应及时检查孔道情况，并做好孔道的清理工作。

钢管抽芯法所使用的钢管或橡胶管可重复使用，故造价低，但施工较麻烦，且因管子规格的限制，一般只适用于长度适中的中、小型预应力构件的留孔。

（2）胶管抽芯法

胶皮管有五或七层夹布胶皮管和钢丝橡皮管两种。前者质软，必须在管内充气或充水至 0.8～1.0MPa，此时，胶皮管直径可增大 3mm 左右，待混凝土达规定强度后，放出空气或水，胶皮管直径变小并与混凝土脱离，随即抽出胶皮管形成孔道。后者质硬，预留孔道时与钢管一样使用，不同的是浇筑混凝土后不需转动，抽管时利用其有一定弹性的特点，在拉力作用下断面缩小，即可把管抽出来。

胶管抽芯法成孔，其抽管时间为气温和浇筑后的小时数的乘积一般达 200℃·h 左右。抽管顺序应先上后下，先曲后直。此法与钢管抽芯法相比，弹性好、便于弯曲，因此，不仅可以留设直线孔道，还能留设曲线孔道。

（3）预埋管法

预埋管法是将与孔道直径相同的导管埋于构件中，无须抽出，当预应力筋密集、曲线配筋或抽管有困难时采用此法。预埋管一般为塑料波纹管、金属波纹管、薄钢管等。

1）金属波纹管

金属波纹管由冷轧钢带或镀锌钢带经压波后卷成，可做成圆管或扁管。通常采用对接的方法连接，用大一号同型波纹管作接头管，接头管长度可取直径的 3 倍，且不宜小于 200mm，两端用密封胶带缠绕包裹（图 5-31）。孔道留设时应在设计规定位置留设灌浆孔，金属波纹管留灌浆孔（排气孔、泌水孔）的做法是在波纹管上开直径 20～30mm 的孔，然后用带嘴的塑料弧形盖板与海绵垫覆盖，且塑料盖板的嘴口与塑料管须用铁丝扎牢（图 5-32）。

2）塑料波纹管

塑料波纹管是以高密度聚乙烯（HDPE）或聚丙烯（PP）塑料为原料，采用挤塑机和专用制管机热挤定型而成，具有强度高、刚度大、磨阻系数小、不导电和防腐性能好等优点。塑料波纹管宜用于曲率半径小、密封性能及抗疲劳要求高的孔道，配合真空辅助灌浆效果更好。其连接可采用塑料焊接机热熔焊接或采用专用连接管。

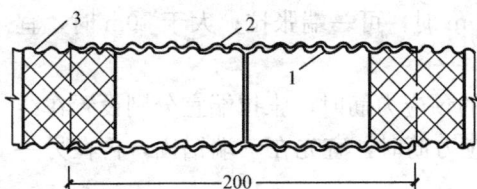

图 5-31　波纹管的连接
1-波纹管；2-接头管；3-密封胶带

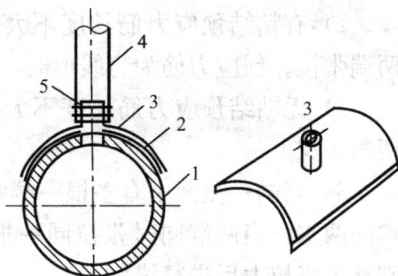

图 5-32　灌浆孔留设
1-波纹管；2-海绵垫片；3-塑料弧形压板；
4-增强塑料管；5-铁丝绑扎

波纹管铺设安装前，应按设计要求在箍筋上标出预应力筋的曲线坐标位置，点焊或绑扎钢筋马凳。对圆形金属波纹管其马凳间距宜为 1.0～1.5m，对扁波纹管和塑料波纹管宜为 0.8m～1.0m。安装后，应与一字形或井形钢筋马凳用铁丝绑扎固定。

2. 预应力筋的张拉

(1) 张拉条件

张拉前，将预应力筋穿入钢筋的预留孔道。混凝土应有一定的强度，张拉过早将使混凝土收缩徐变产生的预应力损失增大。若张拉过早将使混凝土收缩徐变产生的预应力损失增大，故张拉时混凝土的强度应符合设计规定，如设计无规定时，不应低于设计强度等级的 75%，也不得低于所用锚具局部承压所需要的混凝土最低强度等级。现浇结构张拉预应力筋时混凝土的最小龄期：对后张楼板不宜小于 5d，对后张框架梁不宜小于 7d。用块体拼装的预应力构件，其拼装立缝处混凝土或砂浆的强度如无设计规定时，不应低于块体混凝土设计强度的 40%，且不低于 $15N/mm^2$。

(2) 控制应力

与先张法一样，控制应力过大或过小都会产生不良影响。后张法控制应力也应符合设计规定，如设计无规定时，可按表 5-1 取值。

(3) 预应力筋张拉程序

1) 采用低松弛钢丝和钢绞线时，张拉程序为 $0 \rightarrow \sigma_{con}$。

2) 采用普通松弛预应力筋时，按下列超张拉程序进行操作，并应分级加载。

对镦头锚具等可卸载锚具 $0 \rightarrow 1.05\sigma_{con} \xrightarrow{\text{持荷 2min}} \sigma_{con}$。

对于夹片锚具等不可卸载夹片式锚具 $0 \rightarrow 1.03\sigma_{con}$。

对曲线预应力束，一般以 $20\% \rightarrow 25\%\sigma_{con}$ 为量测伸长值的起点，分 3 级：$0 \rightarrow 20\%\sigma_{con} \rightarrow 60\%\sigma_{con} \rightarrow \sigma_{con}$；或 4 级加载：$0 \rightarrow 25\%\sigma_{con} \rightarrow 50\%\sigma_{con} \rightarrow 75\%\sigma_{con} \rightarrow \sigma_{con}$，每级加载均应量测张拉伸长值。

对于塑料波纹管内的预应力筋，张拉力达到张拉控制力后宜持荷 2～5min。

(4) 后张法张拉端设置

后张法预应力筋张拉的基本方式是一端张拉和两端张拉，应符合以下规定：

1）有粘结预应力筋长度不大于 20m 时，可一端张拉；大于 20m 时，宜两端张拉。预应力筋为直线形时，一端张拉的长度可延长至 35m。

2）无粘结预应力筋长度不大于 40m 时，可一端张拉；大于 40m 时，宜两端张拉。

3）当同一截面中有多根一端张拉的预应力筋时，张拉端宜分别设置在结构的两端。当两端同时张拉同一根预应力筋时，宜先在一端锚固，再在另一端补足张拉力后进行锚固。

（5）张拉顺序

预应力筋的张拉顺序应符合设计要求，当设计无具体要求时，可采用分批、分阶段、对称张拉，以免构件承受过大的偏心压力。同时应尽量减少张拉设备的移动次数。分批张拉时，应计算分批张拉的预应力损失值，分别加到先张拉预应力筋的张拉控制应力值内。

对于预应力屋架，当预应力筋为两束时，可用两台千斤顶分别设置在构件两端，一次张拉完成；当预应力筋为四束时，需要分两批张拉，用两台千斤顶分别张拉对角线上的两束，然后再张拉另两束，见图 5-33（a）、（b）。对于吊车梁等受拉、受压区均配有预应力筋的构件，由于受拉区配有较多预应力筋，为避免张拉受拉区预应力筋时引起过大的反拱，应先张拉受压区预应力筋，再对称张拉受拉区预应力筋，见图 5-33（c）。

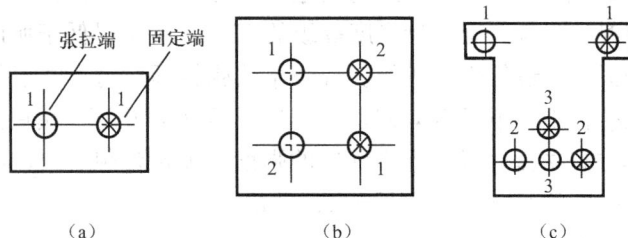

图 5-33　预应力筋张拉

（a）两束预应力筋；（b）四束预应力筋；（c）吊车梁预应力筋张拉

1、2、3-预应力筋分批张拉顺序

对叠层构件的张拉的顺序宜采用先上后下逐层进行，并应逐层加大张拉力，以减少因上、下层之间接触面摩阻力使构件弹性压缩变形受到限制。预应力逐层加大值是根据有关单位试验研究与大量工程实践得出不同预应力筋与不同隔离层的平卧重叠构件逐层增加的张拉力百分数的参考值，见表 5-3，对钢丝、钢绞线、热处理钢筋，底层张拉力不宜比顶层张拉力大 5%，对冷拉 HRB335、HRB400 级钢筋，不宜比顶层张拉力大 9%，且不得超过表 5-3 规定。

一般在施工现场平卧重叠制作的后张法预应力混凝土构件，如屋架、吊车梁等，重叠层数为 3～4 层，层间应加设隔离层。

平卧重叠浇筑构件逐层增加的张拉百分数　　　表 5-3

预应力筋类别	隔离剂类别	逐层增加的张拉百分数			
		顶层	第二层	第三层	底层
高强钢丝束	Ⅰ	0	1.0	2.0	3.0
	Ⅱ	0	1.5	3.0	4.0
	Ⅲ	0	2.0	3.5	5.0
Ⅱ极冷拉钢筋	Ⅰ	0	2.0	4.0	6.0
	Ⅱ	1.0	3.0	6.0	9.0
	Ⅲ	2.0	4.0	7.0	10.0

注：隔离剂类别：Ⅰ为塑料薄膜、油纸；Ⅱ为废机油滑石粉、纸筋灰、石灰水废机油、柴油石蜡；Ⅲ为废机油、石灰水、石灰水滑石粉。

（6）预应力张拉伸长值校核

预应力筋张拉时，通过伸长值的校核，可以综合反映张拉力是否足够、孔道摩阻损失是否偏大以及预应力筋是否有异常现象等。根据规范规定，如实际伸长值比计算伸长值大于±6％，应暂停张拉，在采取措施予以调整后，方可继续张拉。预应力筋的计算伸长值 ΔL，可按式（5-8）计算：

$$\Delta L = \sigma_{con} \frac{L}{E_s} \qquad (5-8)$$

式中　σ_{con}——施工中实际采用的张拉控制应力；

　　　E_s——预应力筋的弹性模量；

　　　L——预应力筋的长度。

预应力筋张拉伸长值的量测，应在建立初应力之后进行。预应力筋实际伸长值受多种因素影响，故规范允许有±6％的误差。

3. 孔道灌浆及封锚

（1）孔道灌浆

1）孔道灌浆的要求

孔道灌浆是在预应力筋处于高应力状态，对其进行永久性保护的工序，所以应在预应力筋张拉后尽早进行孔道灌浆，孔道内水泥浆应饱满、密实。孔道灌浆用水泥浆由水泥、水及外加剂组成，其质量要求应符合国家现行有关标准的规定。

2）灌浆材料的要求

①孔道灌浆前应进行水泥浆配合比设计。

②宜采用普通硅酸盐水泥或硅酸盐水泥。

③严格控制水泥浆的稠度和泌水率，以获得饱满密实的灌浆效果，水泥浆的水胶比不应大于 0.45，水泥浆的稠度：采用普通灌浆工艺时宜控制在 12～20s；采用真空灌浆工艺时，稠度宜控制在 18～25s。水泥浆的 3h 泌水率宜为 0，且不应大于 1％，泌水应能在 24h 内全部重新被水泥浆吸收。

④水泥浆内掺入适量灌浆专用外加剂，能使水泥在硬化过程中产生适度的微膨胀，以补偿水泥浆体的干燥收缩和自身体积收缩，并具有适度缓凝和保持良好流动性的能力。采用普通灌浆工艺时，自由膨胀率不应大于 10％；

181

采用真空灌浆工艺时，自由膨胀率不应大于 3%。

⑤ 孔道灌浆用水泥浆试块，经 28d 标准养护后的抗压强度不应低于 30MPa。

3）灌浆施工

灌浆前孔道应湿润、洁净。灌浆顺序宜先下层孔道。

灌浆设备采用灰浆泵。灌浆工作应连续进行，灌浆压力不应小于 0.5MPa，直至出浆口排出的浆体稠度与进浆口一致，灌满孔道后，应再继续加压 0.5~0.7MPa，并应稳压 1~2min 后封闭灌浆孔。当泌水较大时，宜进行二次灌浆和对泌水孔进行重力补浆。封闭顺序是沿灌注方向依次封闭。

采用真空辅助灌浆时，孔道抽真空负压宜保持在 0.08~0.1MPa。此时，预应力孔道内的空气、水分在真空泵形成的负压作用下充分排出，增加了孔道内浆体的密实度，便于浆体充盈整个孔道。真空辅助灌浆技术对超长孔道、大曲率孔道、扁管孔道、腐蚀环境的孔道等灌浆效果显著。

灌浆工作应在水泥浆初凝前完成。每工作班留一组边长为 70.7mm 的立方体试块，标准养护 28d，作抗压强度试验，一组 6 个试件组成，当一组试件中抗压强度最大值或最小值与平均值相差 20% 时，应取中间 4 个试件强度的平均值。

（2）张拉端锚具及外露预应力筋的封闭保护

预应力筋锚固后的外露部分及锚具应采用封头混凝土保护，封闭保护应符合设计要求；当设计无具体要求时，应符合下列规定：

1）锚固后的外露部分宜采用机械方法切割，外露长度不宜小于预应力筋直径的 1.5 倍，且不小于 30mm。

2）预应力筋的外露锚具必须有严格的密封保护措施，应采取防止锚具受机械损伤或遭受腐蚀的有效措施。

3）外露预应力筋的保护层厚度，当处于正常环境时不应小于 20mm，处于易受腐蚀的环境时，不应小于 50mm。

4）凸出式锚固端锚具的保护层厚度不应小于 50mm。

5.3.5　先张法与后张法的比较

1）先张法施工工艺需要张拉台座和成套的起重运输设备，一次投资费用较大，而后张法工艺则不需张拉台座等设备，所以一次投资费用较小。

2）先张法工艺因需台座，故适合在预制构件厂生产构件，且又受运输条件的限制，只适合生产中、小型构件；后张法工艺因无需台座，直接在构件上张拉钢筋，故适合现场预制大、中、重的构件。

3）先张法工艺无预留孔道、穿筋和孔道灌浆等工序，工艺比较简单；后张工艺比较复杂，尤其预应力筋的张拉计算控制比较难以准确掌握。

4）先张法工艺不需要固定在构件上的锚具等设备，可减少用钢量；后张法工艺需用一次性的锚具锚固钢筋，故用钢量较大。

5）先张法工艺多在构件厂生产，设备配套，易于保证构件质量；而后张法工艺因多在施工现场生产，影响构件的质量因素较多，施工条件不如构件厂稳定。

6）先张法工艺建立预应力靠钢筋和混凝土间的粘结力；后张法工艺是靠预应力筋两端的锚具牢固地锚固在构件端部对构件建立预压应力。

由于先张法和后张法的生产条件和情况不同，特点又各异，故选用应根据具体条件和构件特征，全面比较后，确定采用施加预应力的方法。

5.4 其他预应力混凝土简介

5.4.1 无粘结后张法

1. 无粘结后张法基本概念

无粘结后张法是在预应力筋表面刷涂料并包裹塑料布（管）后，再像普通钢筋一样先铺设在支好的模板内，然后浇筑混凝土，待混凝土达到要求强度后进行张拉和锚固的施工方法。其优点是无须留孔与灌浆，施工简单，摩擦力小，预应力筋具有良好的抗腐蚀性并可弯成多跨曲线形状；缺点是预应力筋的强度不能充分发挥（一般要降低 $10\% \sim 20\%$），对锚具的要求也较高。适用于多层及高层建筑大柱网板柱结构（平板或密肋板），大荷载的多层工业厂房楼盖体系以及大跨度梁类结构。

2. 无粘结筋的制作

无粘结筋是以专用防腐润滑脂（或防腐沥青）作涂料层，由聚乙烯（或聚丙烯）塑料作外包层的钢绞线或碳素钢丝束制作而成。按钢筋种类和直径分为：$\phi^s 12$、$\phi^s 15$ 的钢绞线，见图 5-34。

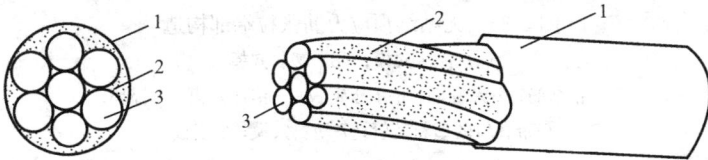

图 5-34 无粘结预应力筋
1-塑料保护套；2-防腐滑脂；3-钢绞线

无粘结预应力筋须长期保护，使之不受腐蚀，涂料的作用是使预应力筋与混凝土隔离，减少张拉时的摩擦损失，防止预应力筋腐蚀等。因此对涂料的要求是有较好的化学稳定性、韧性、不发脆、不流淌，并能较好地粘附在钢筋上，对钢筋和混凝土无腐蚀作用，同时还要考虑价格便宜、取材容易、施工方便等。目前一般选用 1 号或者 2 号建筑油脂作为无粘结预应力筋的表面涂料。塑料外包层应有足够的抗拉强度和防水性能，常用高、中密度聚乙烯。

3. 无粘结预应力筋的铺设

在单向板中，无粘结预应力筋的铺设与非预应力筋的铺设基本相同。在双向板中，无粘结筋一般为双向曲线配筋，两个方向的无粘结筋互相穿插，给施工操作带来困难，故必须事先编出铺设顺序。其方法是将各向无粘结筋各搭接点的标高标出，应先铺设标高低的无粘结筋，再依次铺设标高较高的无粘结筋，并应尽量避免两个方向的无粘结筋相互穿插编结，依此类推，定出各无粘结筋的铺设顺序。

无粘结筋在铺设过程中，应严格按设计要求的曲线形状就位并固定。其垂直方向，宜用支撑钢筋或钢筋马凳固定，间距为1m。铺设顺序是依次放置马凳，然后按顺序铺设无粘结筋；经调整检查无误后，用铅丝或钢筋绑扎牢固。在安装水电管线时，应避免碰动无粘结筋的位置。铺设完毕后，经隐蔽工程验收合格，方可浇筑混凝土。浇筑作业时严禁踩踏碰撞无粘结筋、钢筋马凳及端部预埋件。

4. 锚具及端部处理

无粘结预应力筋常用钢丝束镦头锚具、夹片式锚具。无粘结预应力筋的张拉端可采用凸出式或凹入式做法（图5-35）。端头预埋承压钢板应与预应力筋垂直，螺旋筋应紧靠预埋承压钢板。张拉端处的端模常要采用木模，以便于开孔。凹口可采用泡沫穴模或塑料穴模成型。

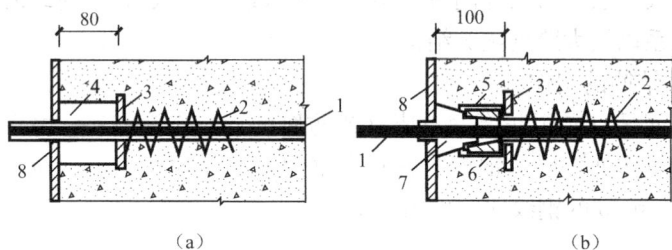

图 5-35　无粘结预应力筋张拉端部构造

（a）泡沫穴模；（b）塑料穴模

1-无粘结筋；2-螺旋筋；3-承压钢板；4-泡沫穴模；5-锚环；
6-带杯口的塑料套管；7-塑料穴模；8-模板

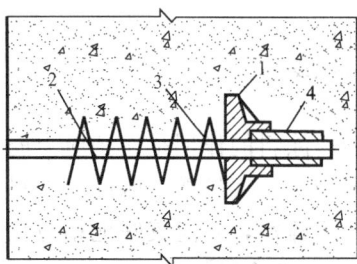

图 5-36　无粘结预应力筋固定端构造

1-铸铁承压板；2-钢绞线；
3-螺旋筋；4-挤压锚具

无粘结预应力筋的固定端宜采用内埋式做法（图5-36），设置在端部的混凝土墙内、梁柱节点内或梁、板跨内承压板不得重叠，承压板与锚具、螺旋筋应贴紧。

5. 张拉端封堵处理

无粘结预应力筋张拉完毕后，应及时对锚固区进行保护。锚固区必须有严格的密封防护措施，严防水气进入产生锈蚀。

先切除多余的预应力筋，使锚固后的外露长度不小于 30mm，宜用手提砂轮切割，不得用电弧切割。在锚具与承压板表面涂以防水涂料、锚具端头涂防腐润滑油脂后，罩上封端塑料盖帽。对凹入式张拉端，用微膨胀混凝土或低收缩防水砂浆密封（图5-37a）。对于采用凸出式的张拉端，可采用外包钢筋混凝土圈梁进行封闭（图5-37b）。

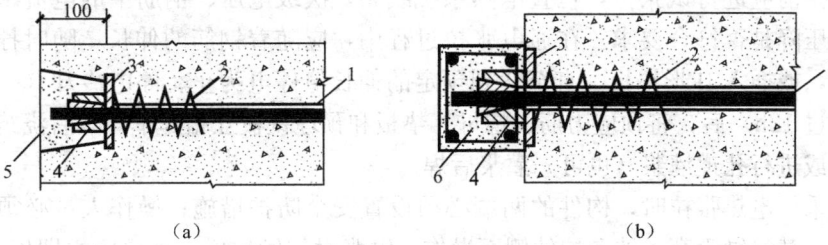

图 5-37 无粘结预应力筋张拉端封堵示意图
（a）凹入式张拉端；（b）凸出式张拉端

1-无粘结预应力筋；2-螺旋筋；3-承压板；4-夹片锚具；5-细石混凝土或水泥砂浆；6-混凝土圈梁

锚具的保护层厚度不小于 50mm。预应力筋的保护层厚度，正常环境下不小于 20mm，易受腐蚀的环境下不小于 50mm。

5.4.2 电张法

1. 电张法基本概念

电张法是利用热胀冷缩原理，在钢筋上通以低电压强电流使之热胀伸长，待达到要求的伸长值时锚固，随后停电冷缩，使混凝土构件产生预压应力的施工方法。具有设备简单、操作简便、无摩擦损失、便于高空作业、施工安全等优点，但耗电大，因材质不均匀用伸长值控制应力不易准确，成批生产尚需校核。故只适用于冷拉钢筋作预应力筋的一般结构，先张法和后张法均适用。对抗裂度要求较严的结构，或采用波纹管及其他金属管作预留孔道的结构，不得采用电张法。

2. 钢筋伸长值计算

电张法是以控制钢筋伸长值来建立必要的预应力值，所以正确地确定钢筋电热伸长值是电张法的关键。钢筋伸长值可按下式计算：

$$\Delta L = \frac{\sigma_{con} + 30}{E_s} L \tag{5-9}$$

式中　σ_{con}——张拉控制应力值（N/mm^2），对于后张法构件，为提高其抗裂度，σ_{con} 值可适当提高，但施工完毕时钢筋预应力值不得大于表 5-1 的规定值；

　　L——电热前钢筋的总长度（mm）；

　　E_s——电热后钢筋的弹性模量，按钢筋冷拉时效后的弹性模量采用，也可试验确定；

　　30——由于钢筋不直和热塑变形而产生的预应力损失值（N/mm^2）。

3. 电张法施工工艺

电张前，做好钢筋的绝缘处理，防止通电后产生分流和短路现象。当穿入钢筋接好导线后应拧紧螺帽，使各预应力筋松紧一致，建立相同的初应力

（其值一般为 $5\% \sim 10\%\sigma_{con}$），并做出测量伸长值的标记。测量伸长值宜在构件一端进行，另一端设法顶紧或用小锤敲击钢筋，使所有伸长集中一端。正式电张前应进行试张拉，检查电热系统线路，次级电压、钢筋中的电流密度和电压降是否符合要求。在通电张拉过程中，应随着钢筋的伸长，随时拧紧螺帽，或插入 Ⅱ 形垫板，直至达到预定的伸长值停电为止。停电冷却（一般应经过 12h）后，将预应力筋、螺母、垫板和预埋铁板互相焊牢，然后浇筑混凝土或进行孔道灌浆（也可先灌浆后焊）。

采用电热张拉时，构件的两端必须设置安全防护措施；操作人员必须穿胶鞋，戴绝缘手套，站在构件侧面操作；电张时如发生碰火现象应立即停电，重新绝缘或夹紧接头后再通电；在电张中应经常检查和测量一、二次导线的电压、电流、钢筋和孔道的温度、通电时间等，如果通电时间较长，构件混凝土发热，钢筋伸长缓慢或不再伸长时，必须停电，待钢筋冷却后，加大电流进行；对可能产生分流的部位，可用摇表摸清分流部位，进行适当的处理后再通电，但电热张拉重复次数不宜超过 3 次。

小结及学习指导

本章介绍了预应力混凝土工程的施工特点、工作原理及施工工艺，通过本章学习应该熟悉预应力混凝土张拉程序、超张拉的目的及放张要求；了解预应力钢筋制作时对台座、锚（夹）具、张拉机具的校验方法，重点掌握先张法、后张法的施工工艺及预应力值的建立和传递的原理，掌握张拉力的计算和校验以及预应力钢筋下料长度的计算方法。

思考题与习题

5-1　什么是预应力混凝土？有何优点？

5-2　什么是超张拉？为什么要超张拉并持荷 2min？

5-3　简述预应力混凝土先张法施工工艺及其特点。主要适用于哪些构件的生产？

5-4　简述预应力混凝土后张法施工工艺及其特点。主要适用于哪些构件的生产？

5-5　锚具和夹具有哪些种类？其适用范围如何？

5-6　如何进行预应力筋下料长度的计算？

5-7　后张法施工时，孔道留设方法有几种？孔道留设应注意哪些问题？

5-8　为什么要进行孔道灌浆？施工中应注意哪些问题？

5-9　预应力筋张拉为什么要校核其伸长值？理论伸长值如何计算？

5-10　先张法和后张法的最大控制张拉应力如何确定？

5-11　试进行先张法与后张法的比较。

5-12　什么是无粘结后张法？其锚头端部应如何处理？

5-13 简述电张法的施工工艺。

5-14 某预应力混凝土屋架采用消除应力的刻痕钢丝 $\Phi^L 5$ 作为预应力筋，单根钢丝截面面积 $A_p = 19.6\text{mm}^2$，已知其抗拉强度标准值 $f_{ptk} = 1570\text{N/mm}^2$，张拉程序为 $0 \rightarrow 1.03\sigma_{con}$（锚固），试计算单根钢丝的张拉力。

5-15 某预应力混凝土 24m 屋架，其下弦孔道长度为 23800mm，配 5 束 $\phi^s 15.2$ 预应力钢绞线束，极限抗拉强度标准值 $f_{ptk} = 1860\text{N/mm}^2$，弹性模量 $E_s = 2 \times 10^5 \text{MPa}$；预应力筋张拉控制应力 $\sigma_{con} = 0.75 f_{ptk}$；预应力筋总面积 $A_p = 700\text{mm}^2$；混凝土为 C40 级，设计规定混凝土强度达到立方体抗压强度标准值的 80% 时才能张拉，试求：

(1) 确定张拉程序；

(2) 计算同时张拉 5 束钢绞线所需的张拉力；

(3) 计算钢绞线计算伸长值。

5-16 某 24m 屋架，采用后张法施工，下弦孔道长 23.78m，预应力筋采用冷拉 HRB400 级 25mm 钢筋 $f_{pyk} = 500\text{N/mm}^2$，冷拉率为 4%，弹性回缩率 0.5%。每根钢筋均用 3 根钢筋对焊而成，每个对焊接头的压缩长度为 25mm，试计算：

(1) 两端均采用螺栓端杆锚具时，预应力筋的下料长度（螺栓端杆长 320mm，构件外露长度 120mm）；

(2) 一端为螺栓端杆，另一端为帮条锚具时，预应力筋的下料长度（帮条长 50mm，垫板厚 15mm）。

第6章
脚手架与垂直运输

本章知识点

> 知识点：脚手架的概念及分类、常见脚手架的基本构造、脚手架
> 适用范围及特点、新型脚手架的介绍、脚手架的安全技
> 术与管理、垂直运输机械与设备的基本构造及其特点、
> 起重机械的分类与选择。
>
> 重　点：常见脚手架的分类及基本构造、不同脚手架适用的范围
> 及特点、常见垂直运输机械的种类及适用范围。
>
> 难　点：常见脚手架的基本构造及特点、起重机械与设备的选择。

6.1　脚手架

6.1.1　概述

1. 脚手架的概念及基本要求

脚手架是在施工现场为工人操作、安全防护及解决少量上料和堆料而搭设的临时结构架。但其在基础、主体、装修以及设备安装中，不但影响总体施工，也关系着作业人员的生命安全。为此，脚手架搭设、使用应满足以下要求：

1）有足够的面积，满足工作人员操作、材料堆放和运输；

2）坚固稳定，保证在正常作业条件下，不变形、不摇晃和不倾斜；

3）构造简单合理，搭设、拆除和搬运方便；其宽度一般为 1.2~1.5m，砌筑用脚手架的每步架高度一般为 1.2~1.4m。

2. 脚手架的分类

按脚手架采用的材料分为木质、竹质和金属（钢、铝）材料等脚手架。

按其搭设位置分为外脚手架和里脚手架。外脚手架沿建筑物外围从地面搭起，既可用于外墙砌筑，又可用于外装饰施工，其主要形式有多立杆式、框式、桥式等。里脚手架设于建筑物内部，每砌完一层楼后，即将其转移到上一层楼面，进行新的一层砌体砌筑，它可用于内外墙的砌筑和室内装饰施工，其结构形式有折叠式、支柱式和门架式等。

按照支承部位和支承方式分为悬吊式、附着升降式、悬挑式、落地式、附墙悬挂式、水平移动式等脚手架。悬吊式脚手架是悬吊于悬挑梁或工程结

构之下的脚手架；附着升降式脚手架（简称"爬架"）是附着于工程结构依靠自身提升设备实现升降的悬空脚手架；悬挑式脚手架是采用悬挑方式支固的脚手架；落地式脚手架是搭设（支座）在地面、楼面、屋面或其他平台结构之上的脚手架；附墙悬挂式脚手架是在上部或中部挂设于墙体挑挂件上的定型脚手架；水平移动式脚手架是带行走装置的脚手架或操作平台架。

按其结构形式分为：立杆、框式（门式）、悬吊式和挑梁式等脚手架。

按脚手架的搭拆和移动方式又分为：人工装拆脚手架、附着式升降脚手架、整体提升脚手架、水平移动脚手架和升降桥架等脚手架。

6.1.2 常用脚手架的构造

1. 外脚手架

（1）多立杆式脚手架

多立杆式脚手架是由杆件和连接件组合而成的脚手架。其杆件多为钢管材质，杆件按照连接配件不同分为扣件式钢管脚手架、碗扣式钢管脚手架、盘扣式钢管脚手架等。

1）扣件式钢管脚手架

扣件式钢管脚手架是指为建筑施工而搭设的、能承受荷载的、由扣件和钢管等构成的脚手架与支撑架。它包含适用于房屋建筑工程和市政工程等施工用落地式单、双排扣件式钢管脚手架，满堂扣件式钢管脚手架，型钢悬挑扣件式钢管脚手架，满堂扣件式钢管支撑架等各类脚手架与支撑架。

其中多立杆式外脚手架主要是由立杆、纵向水平杆（也叫大横杆）、横向水平杆（也叫小横杆）、剪刀撑、扣件、底座脚手、安全网、缆风绳与地锚等部件构成，见图 6-1。按其所用材料分为木式、竹式与钢管式脚手架。

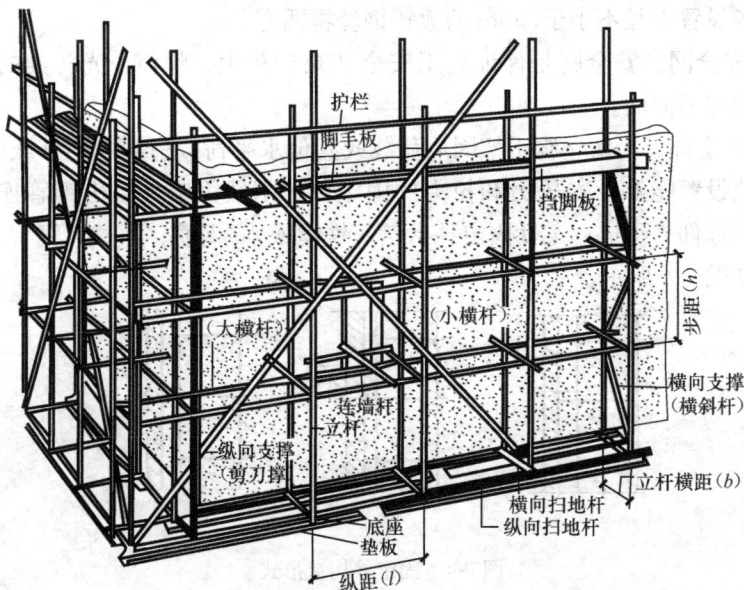

图 6-1 双排多立杆外脚手架的组成

① 钢管。常采用 $\phi48.3\times3.6$ 钢管。立杆是平行于建筑物并垂直于地面，将脚手架荷载传递给基础的受力构件。纵向水平杆（大横杆）是平行于建筑物并在纵向水平连接各立杆，是承受并传递荷载给立杆的受力杆件。横向水平杆（小横杆）是垂直于建筑物并在横向水平连接内、外排立杆，是将荷载传递给脚手板，再由脚手板传递荷载给立杆的受力杆件。剪刀撑是设在脚手架外侧面与墙面平行的十字交叉斜杆，可增强脚手架的纵向刚度。

② 扣件。扣件为钢管间的连接件，常用锻铸铁或铸钢制作，其基本形式有回转扣件、直角扣件和对接扣件，见图 6-2，分别使得钢管间可成一定角度连接、直角连接或直线对接接长。

回转扣件　　　　直角扣件　　　　对接扣件

图 6-2　扣件

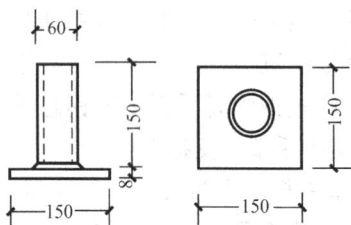

图 6-3　脚手架底座

③ 底座。底座是设于立杆底部，用于承受并传递立杆荷载给地基的配件，其可用钢管与钢板焊接，也可用铸铁制成见图 6-3。

④ 脚手板。脚手板是提供施工操作条件并承受和传递荷载给纵横水平杆的板件，当设于非操作层时起安全防护作用，可用竹、木、钢等材料制成。其厚度不应小于 50mm，两端宜各设置直径不小于 4mm 的镀锌钢丝箍两道。

⑤ 安全网。安全网是保证施工安全和减少灰尘、噪声、光污染的措施，包括立网和平面网。

⑥ 固定件。为防止脚手架因风荷载或其他水平荷载引起的向外或向内倾覆，必须设置能够承受压力和拉力的固定件。刚性固定件系由钢管连墙杆、扣件、预埋件等组成；柔性固定件由镀锌铁丝或 $\phi6$ 钢筋、顶撑、钢管、木楔等组成如图 6-4 所示。

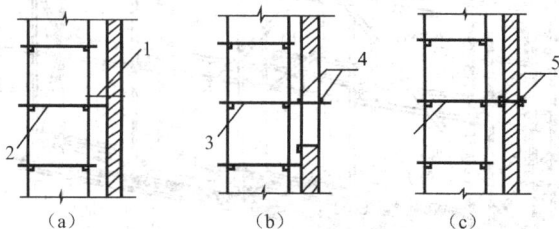

（a）　　　　　　（b）　　　　　　（c）

图 6-4　固定件构造形式

（a）柔性固定件；（b）、（c）刚性固定件

1-8 号钢丝或 $\Phi6$ 钢筋；2-横向水平顶管；3-连墙杆；4-两根短管；5-两只扣件

⑦ 缆风绳与地锚。为保证整个脚手架系统的稳定，在脚手架四周设置缆风绳，缆风绳角度 45°～60°，设地锚并与之连接可靠，松紧适当。地锚常采用普通热轧工字钢，全部打入地面以下，缆风绳通过紧线器与其连接。

多立杆式脚手架的立杆间距、大横杆步距和小横杆间距可按表 6-1 选用，最下一步距可放到 1.8m。

钢管扣件式脚手架构造参数　　　　　表 6-1

用途	脚手架类型	里立杆距墙面（m）	立杆间距		操作层小横杆间距（m）	大横杆步距（m）	小横杆挑向墙面的悬臂（m）
			横向距墙面	纵向			
砌筑	单排	—	1.2～1.5	2.0	0.67	1.2～1.4	—
	双排	0.5	1.5		1.0	1.2～1.4	0.4～0.45
装修	单排	—	1.2～1.5	2.0	1.1	1.6～1.8	—
	双排	0.5	1.5		1.1	1.6～1.8	0.35～0.45

2）碗扣式钢管脚手架

碗扣式脚手架采用定型钢材杆件和碗扣接头连接而成的一种新型承插式脚手架。具有拼拆迅速省力，结构稳定可靠，承载力大，应用广泛等特点。

该脚手架的立杆与水平横杆是依靠特制的碗扣接头来连接的，见图 6-5。碗扣节点由上碗扣、下碗扣、横杆接头和限位销组成，上碗扣套在立杆钢管上能灵活的滑动和转动，下碗扣与限位销相间固定尺寸成对地焊在立杆钢管上，横杆接头焊在横杆钢管上。

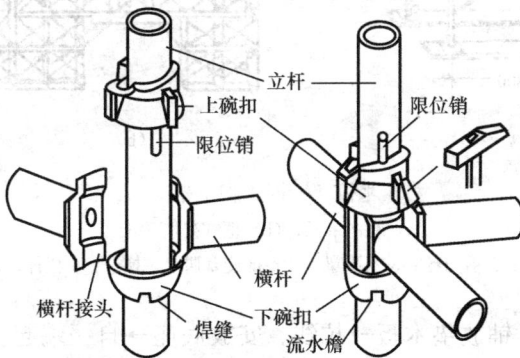

图 6-5　钢管碗扣式脚手架连接示意

碗扣式接头可同时连接 4 根横杆，横杆可相互垂直亦可组成其他角度，因而可搭设各种形式脚手架，特别适合于搭设扇形平面及高层建筑施工。

3）盘扣式脚手架

盘扣式脚手架是一种由对接立杆和带插销横杆组成，具有可靠的双向自锁能力的新型脚手架。其节点由焊接于立杆上的连接盘、水平杆杆端接头和斜杆杆端头扣接头组成，见图 6-6。搭设时，只需将横杆两端插头插入立杆相应的锥孔，再敲紧即可。其搭拆速度是扣件式脚手架的 8～10 倍，是碗扣式脚手架的 4～5 倍，还解决了传统脚手架活动零件丢失、易损、不易保管等问题。

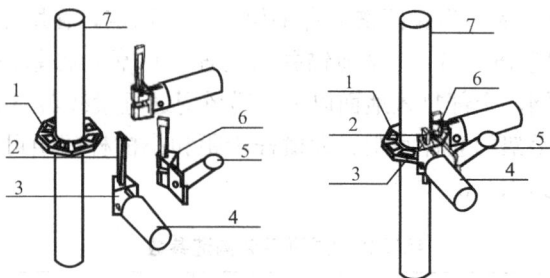

图 6-6 盘扣式脚手架连接示意图

1-连接盘；2-插销；3-水平杆杆端接头；4-水平杆；5-斜杆；6-斜杆杆端头扣接头；7-立杆

（2）框式脚手架

框式脚手架也称门式脚手架，是将门式框架、剪刀撑、水平梁架、螺旋基脚所组成的基本单元（图 6-7a）相互连接，并增加梯子、栏杆及脚手板等形成的脚手架，见图 6-7（b）。既可作外脚手架，又可作内脚手架、满堂脚手架。

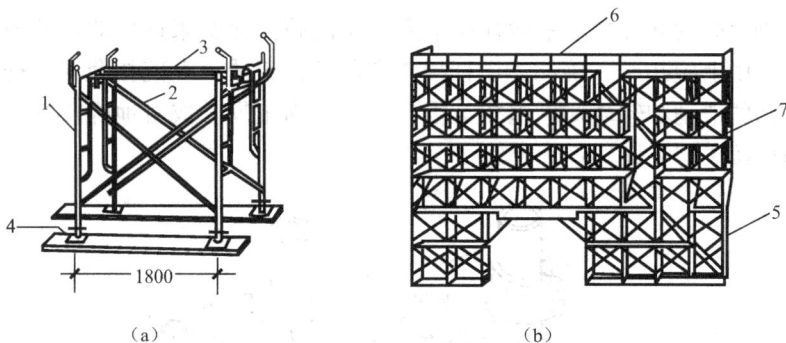

图 6-7 框式脚手架

（a）基本单元；（b）框式外脚手架

1-门式框架；2-剪刀撑；3-水平梁架；4-螺旋基脚；5-梯子；6-栏杆；7-脚手板

其搭设流程：铺放垫木板→拉线、安放底座→自一端起立门架并随即安装剪刀撑→装水平梁架（或脚手板）→装梯子（用于人员上下）→装设连墙杆→重复进行，逐层向上安装→装设顶部栏杆。门式脚手架的拆除顺序应与搭设顺序相反：自上而下进行。

框式脚手架系一种工厂生产、现场搭设的脚手架，一般只要根据产品目录所列的使用荷载和搭设规定进行施工，不必再进行验算。如果实际使用情况与规定有出入时，应采取相应的加固措施或进行验算。通常框式脚手架搭设高度限制在 45m 以内，采取一定措施后可达到 80m 左右。

框式脚手架的地基应有足够的承载力。拼装时，应逐片校正门式框架的垂直度和水平度，确保整体刚度，门式框架之间必须设置剪刀撑和水平梁架（或脚手板）。

（3）升降脚手架

升降脚手架是沿结构外表面搭设的一种外脚手架，在结构和装饰装修工程中应用较为方便。其主要特点有：①脚手架不需要满搭，只需要搭设满足施工操作及安全各项要求的高度；②地面不需要做支承脚手架的坚实地基，也不占用施工场地；③对脚手架及其上承担的荷载传给与之相连的结构的强度有一定要求；④其升降随施工进程，结构施工时由下往上逐层提升，装修施工时由上往下逐层下降。升降脚手架包括悬挂式、附着升降式、悬挑式和整体式升降式等脚手架。

1）悬挂式脚手架

悬挂式脚手架是一种利用吊索将桁架式工作台悬吊在屋面或柱上设置的挑梁或搁置桁架工作台，用于围护墙砌筑的脚手架。其所有挑梁、挑架、吊索都应经过计算，固定方法要牢固可靠。其升降方法，可用手扳葫芦连续升降、电动卷扬机升降、液压提升及手动工具分节提升等。它主要适用于高层框架和剪力墙结构。

图 6-8（a）所标为液压提升法示意图。它是将滑升模板用的液压提升装置用于悬挂脚手架的提升。桁架式工作台用钢筋悬吊在屋顶挑梁上，钢筋即为千斤顶的爬杆。

悬挂式脚手架的桁架式工作平台采用钢筋吊钩或铁链悬吊时，可用倒链、滑轮等手动工具分节提升，如图 6-8（b）所示。提升时在钢筋吊钩上绑横木或钢横杆，横木两端系钢丝绳，在钢丝绳上挂倒链，利用倒链提升工作平台。

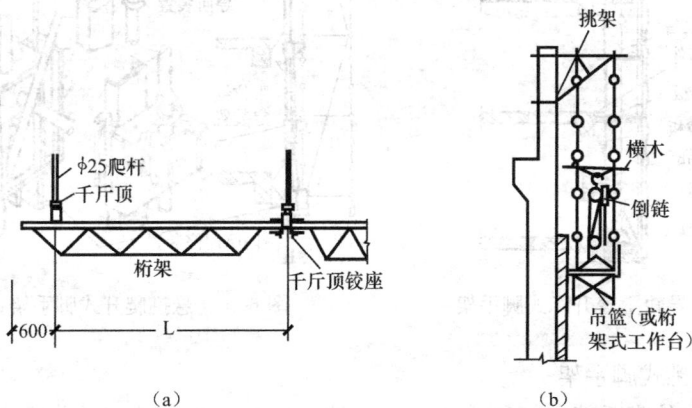

图 6-8　悬挂脚手提升示意图
（a）液压提升；（b）倒链提升

2）附着式升降脚手架

附着升降脚手架（亦称爬架）是一种附着于建筑物结构，依靠自身提升设备提升的悬空脚手架。其基本原理是将专门设计的升降机构固定（附着）在建筑物上，将脚手架同升降机连接在一起，但可相对运动，通过固定于升降机构上的动力设备将脚手架提升或下降，从而实现脚手架的爬升或下降。其搭设高度一般为建筑物四个标准层高加一步护生栏的高度，架体的宽可沿建筑物周围一圈形成整体，整体升降。也可按开间的宽度形成一片一片的架体，分片升降。当建筑物的高度大于 80m 时，其经济效益明显优于其他形式的脚手架，是超高层建筑脚手架的主要形式。

附着式升降脚手架主要由架体结构、附着支承结构和升降动力控制设备组成。附着支承结构是直接与工程结构连接，承受并传递脚手架荷载的支撑结构，是其关键结构升降动力控制设备，由升降动力设备及其控制系统组成。

附着式升降脚手架按附着支承形式可分为导轨式（图 6-9）、悬挑式（图 6-10）、吊拉式、导座式等；按升降动力类型可分为电动、手拉葫芦、液压等；按控制方式可分为人工控制和自动控制等。

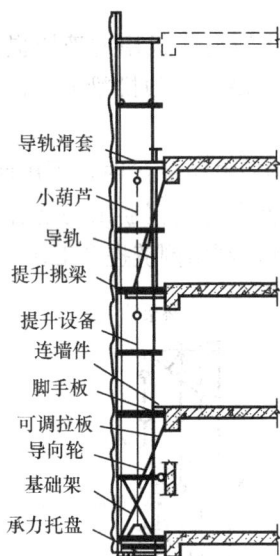

导轨滑套
小葫芦
导轨
提升挑梁
提升设备
连墙件
脚手板
可调拉板
导向轮
基础架
承力托盘

图 6-9　导轨附着升降式脚手架

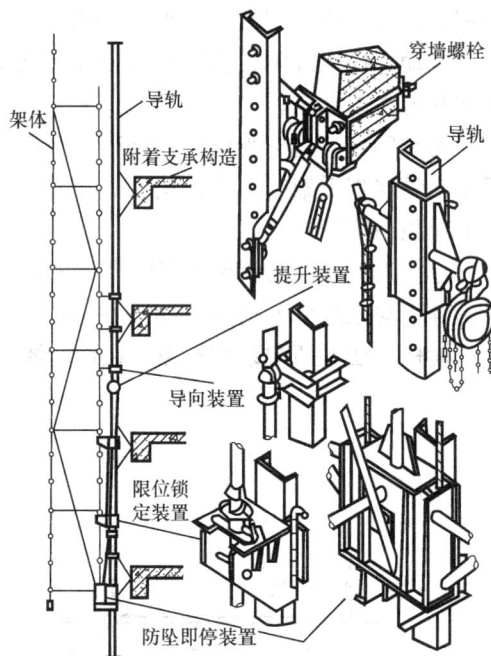

架体
导轨
附着支承构造
穿墙螺栓
导轨
提升装置
导向装置
限位锁定装置
防坠即停装置

图 6-10　悬挑爬升式脚手架

3）悬挑式脚手架

悬挑式外脚手架（简称挑架）是一种利用建筑结构上已安装悬挑的承力结构，在其上搭设的外脚手架。其工作原理是通过悬挑承力结构，将整个高层脚手架荷载多次分段传递到建筑结构上，分段的外脚手架结构自成体系，避免外脚手架一次搭设过高而导致外脚手架结构承载力不够或稳定性能下降。该脚手架兼作装修和防护之用，在闹市区需要全封闭，以防坠物伤人。其支撑结构形式有三种：

悬挂式挑梁，见图 6-11（a）。型钢挑梁一端固定在结构上，另一端用拉杆或拉绳拉结到结构的可靠部位上。拉杆（绳）应有收紧措施，以便在收紧以后承担脚手架荷载。悬挂式挑梁与结构的连接做法见图 6-12。

下撑式挑梁，见图 6-11（b）。其挑梁受拉，与结构的连接方法见图 6-13。

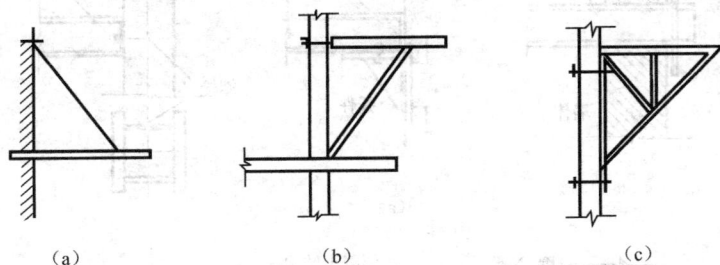

图 6-11 悬挑式脚手架的支撑结构形式
（a）悬挂式挑梁；（b）下撑式挑梁；（c）桁架式挑梁

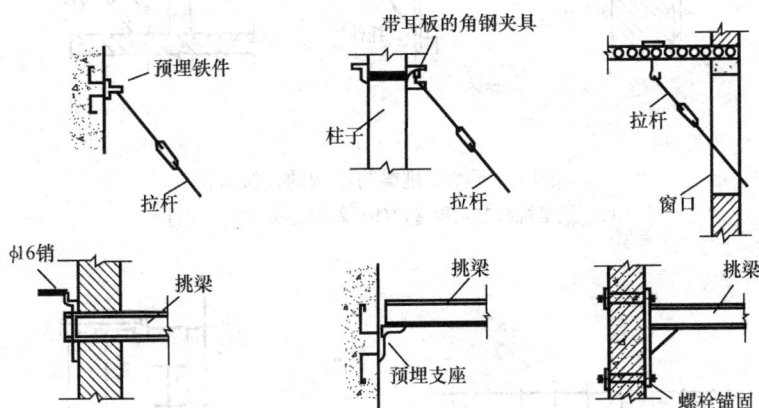

图 6-12 悬挂式挑梁与结构的连接做法

桁架式挑梁，见图 6-11（c）。通常采用型钢制作，其上弦杆受拉，与结构连接采用受拉构造；下弦杆受压，与结构连接采用支顶构造。桁架式梁与结构墙体之间还可以采用螺栓连接做法。

4）整体升降式

在超高层建筑的主体施工中，整体升降式脚手架结构整体好、升降快捷方便、机械化程度高、经济效益显著，是一种很有推广使用价值的超高建（构）筑外脚手架。

整体升降式外脚手架以电动倒链为提升机，使整个外脚手架沿建筑物外墙或柱整体向上爬升。搭设高度依建筑物施工层的层高而定，一般取建筑物标准层 4 个层高加 1 步安全栏的高度为架体的总高度。脚手架为双排，宽以 0.8～1m 为宜，里排杆离建筑物净距 0.4～0.6m。脚手架的横杆和立杆间距都不宜超过 1.8m，可将 1 个标准层高分为 2 步架，以此步距为基数确定架体横、立杆的间距。

架体设计时可将架子沿建筑物外围分成若干单元，每个单元的宽度参考建筑物的开间而定，一般在 5～9m 之间，见图 6-14。

195

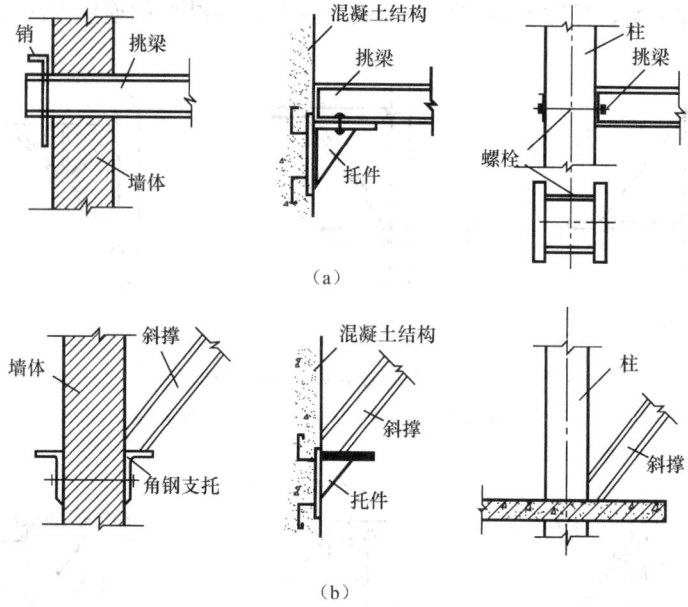

图 6-13 下撑式挑梁与结构的连接方法

（a）挑梁抗拉节点构造；（b）斜撑杆底部支点构造

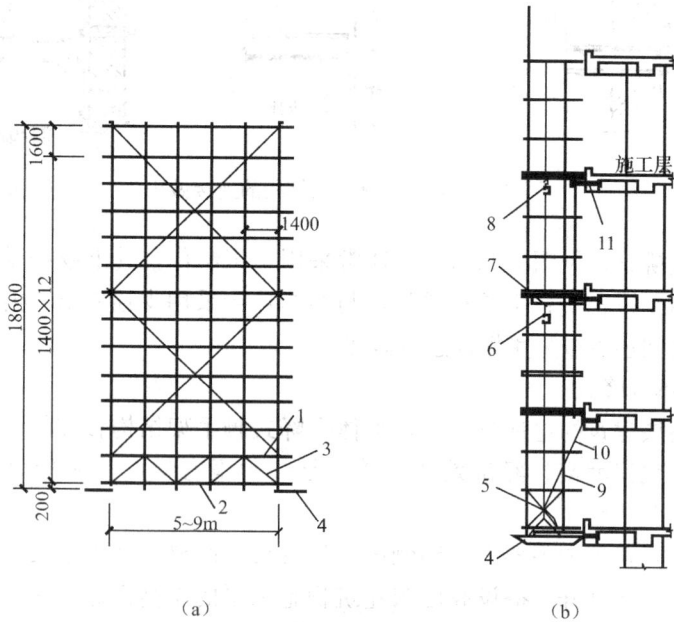

图 6-14 整体升降式脚手架

（a）立面图；（b）侧面图

1-上弦杆；2-下弦杆；3-承力桁架；4-承力架；5-斜撑；6-电动倒链；
7-挑梁；8-倒链；9-花篮螺栓；10-拉杆；11-螺栓

2. 里脚手架

里脚手架是搭设在建筑物内部，用于砌墙、抹灰以及其他室内装饰工程等的脚手架。多用于墙体高度不大于 4m 的房屋，每一层楼只须搭设 2～3 步架。因其所用工料少，比较经济，被广泛采用。但用其砌外墙，特别是清水墙时，要保证外侧砌体表面平整度、灰缝平直度及出现游丁走缝现象，对工人在操作技术的要求较高。

混合结构房屋墙体砌筑多用工具式里脚手架，将脚手架搭设在各层楼板上，待砌完一个楼层的墙体，即将脚手架全部运到上一个楼层上。工具式里脚手架有折叠式、支柱式、门架式等多种形式。

（1）折叠式里脚手架

①角钢折叠式里脚手架。其搭设间距不超过 2m，可搭设两步骤，第一步为 1m，第二步为 1.65m，见图 6-15。②钢管折叠式里脚手架（搭设间距不超过 1.8m）。③钢筋折叠式里脚手架（搭设间距不超过 1.8m）。

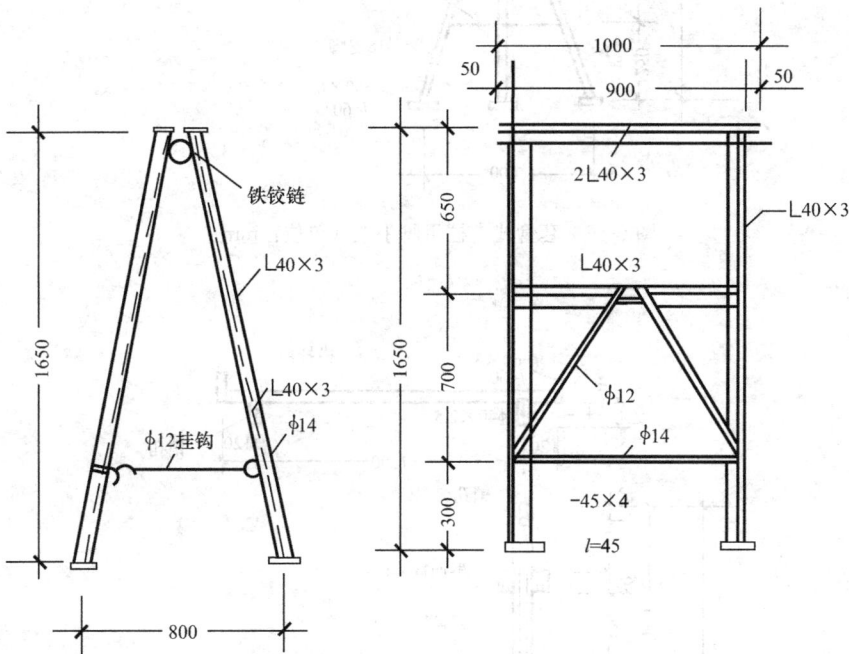

图 6-15　角钢折叠式里脚手架（单位：mm）

（2）支柱式里脚手架

支柱式里脚手架由若干个支柱和横杆组成，上铺脚手板。支柱间距不超过 2m。其支柱有套管式支柱和承插式支柱。①套管式支柱，见图 6-16，由立管、插管组成，插管插入立管中，以销孔间距调节脚手架的高度，是一种可伸缩式的里脚手架，其架设高度为 1.57～2.17m；②承插式支柱，见图 6-17，在支柱立管上焊承插管，横杆的行头插入承插管中，横杆上面铺脚手板。

（3）门架式里脚手架

门架式里脚手架由 A 形支架与门架组成，见图 6-18。

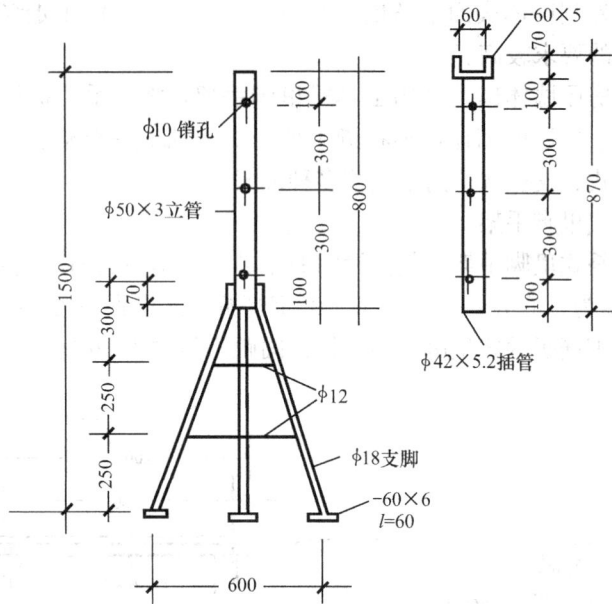

图 6-16　套管式支柱里脚手架（单位：mm）

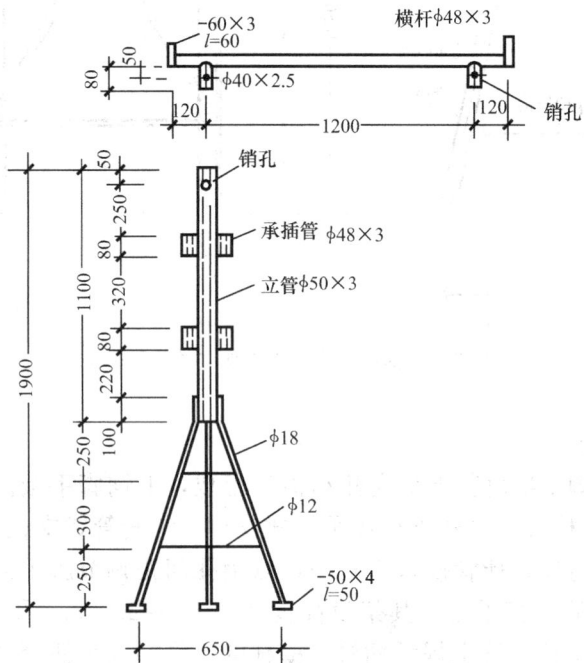

图 6-17　承插式支柱里脚手架（单位：mm）

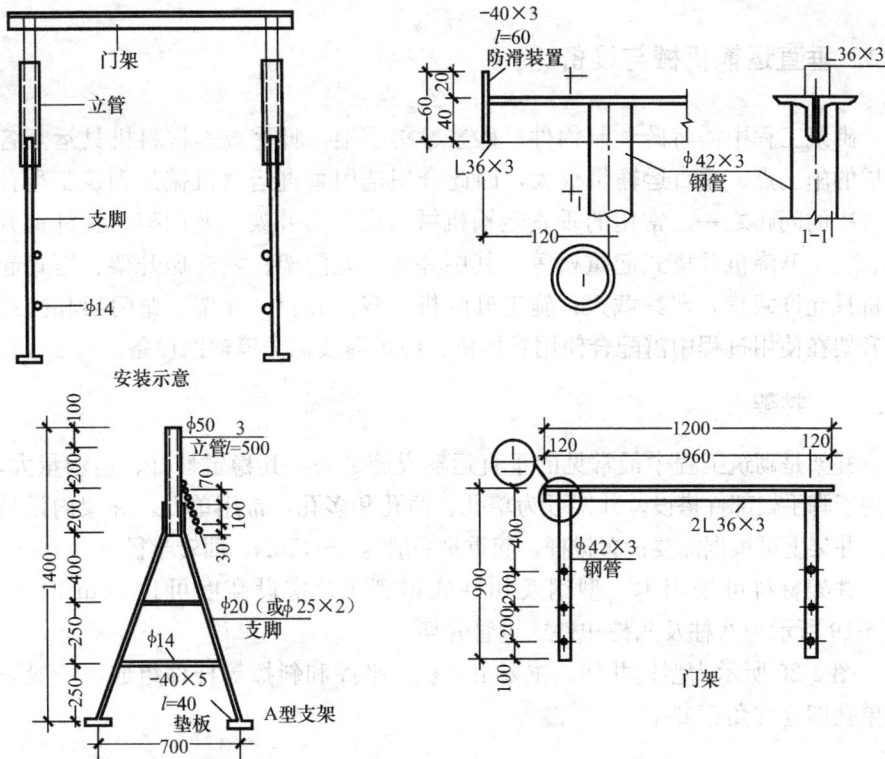

图 6-18　门架式里脚手架（单位：mm）

6.1.3　脚手架的安全技术与管理

由于在基础、主体、装修以及设备安装中，脚手架起着不可或缺的作用，且对总体施工影响较大，关系着作业人员的生命安全。为此，脚手架必须做好安全与管理，主要如下：

1) 当脚手架搭设符合以下条件时应由施工单位编写脚手架安全专项施工方案：搭设高度 24m 及以上的落地式钢管脚手架工程、附着式整体和分片提升脚手架工程、悬挑式脚手架工程、新型及异型脚手架工程。

2) 认真处理好地基，确保地基具有足够承载力，避免脚手架发生整体或局部沉降。

3) 不得将模板支架、缆风绳、泵送混凝土和砂浆的输送管等固定在架体上；严禁悬挂起重设备，严禁拆除或移动架体上安全防护设施。

4) 满堂支撑架在使用过程中，应设有专人监护施工，当出现异常情况时，应立即停止施工，并应迅速撤离作业面上人员。应采取确保安全的措施后，查明原因、做出判读和处理。

5) 脚手架应铺设牢靠、严实，并应用安全网双层兜底。临街搭设脚手架时，外侧应有防坠物伤人的防护措施。

6) 夜间不宜进行脚手架搭设拆除作业，如必须作业要有可靠的安全保护措施。搭拆脚手架时，地面应设置围栏和警戒线标志，并应派专人看守，严禁非操作人员入内。雨、雪后上架作业应有防滑措施，并应扫除积雪。

6.2　垂直运输机械与设备

砌筑工程中需将砖预制构件、砂浆、脚手架、脚手板等材料机具运至各楼层的施工点，垂直运输量很大，因此合理选用垂直运输机械是砌筑工程首先解决的问题之一。常用的垂直运输机械与设备有井架、龙门架、独杆提升架、施工升降机及塔式起重机等。其中井架、龙门架、独杆提升架、塔式起重机只允许载货，严禁载人；施工升降机可载人载货。井架、龙门架和独杆提升架在使用过程中需配合使用卷扬机、缆风绳及地锚等辅助设备。

6.2.1　井架

井架是砌筑工程中最常见的垂直运输设施之一，其稳定性好、运输量大，可用于脚手架部件搭设。井架可为单孔、两孔和多孔，常用单孔，井架内设吊盘。井架上可根据需要设置拔杆，起重量一般为 5～15kN，回转半径可达 10m。

井架材料可采用木、型钢及扣件式钢管等，搭设高度可达 50m 以上。图 6-19 所示为八柱及六柱扣件式钢管井架。

图 6-20 所示为型钢井架，主要由立柱、平撑和斜撑等杆件组成，一般采用单孔四立柱角钢井架。

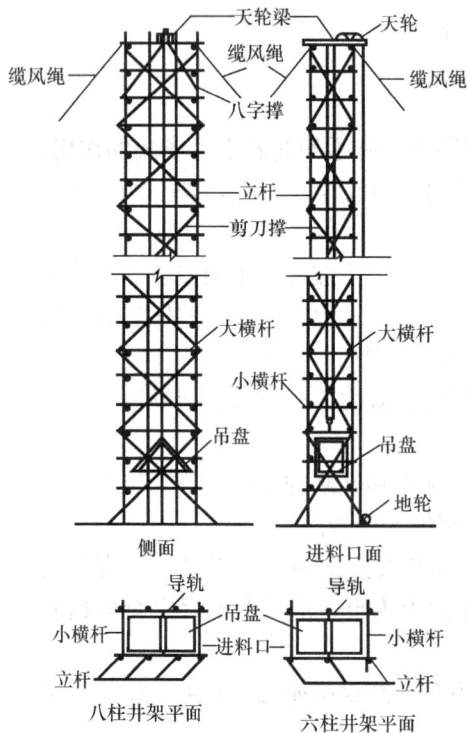

图 6-19　八柱及六柱扣件式钢管井架

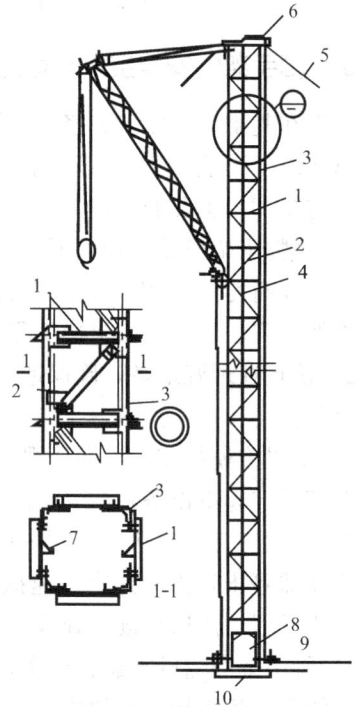

图 6-20　普通型钢井架

1-平撑；2-斜撑；3-立柱；4-钢丝绳；5-缆风绳；
6-天轮；7-导轮；8-吊盘；9-地轮；10-垫木

图 6-21 所示为自升式带外吊盘的型钢井架，井架上端设有小拔杆，用于井架的接高。

6.2.2 龙门架

龙门架是由两根立杆及横梁（又称天轮梁）组成的门式架。在龙门架上装设滑轮、导轨、吊盘、进行材料、机具、小型预制构件的垂直运输体系，见图 6-22。

龙门架构造简单、制作容易、装拆方便，常用于多层建筑施工。龙门架的立杆有组合立杆及钢管龙门架，其形式见图 6-23。

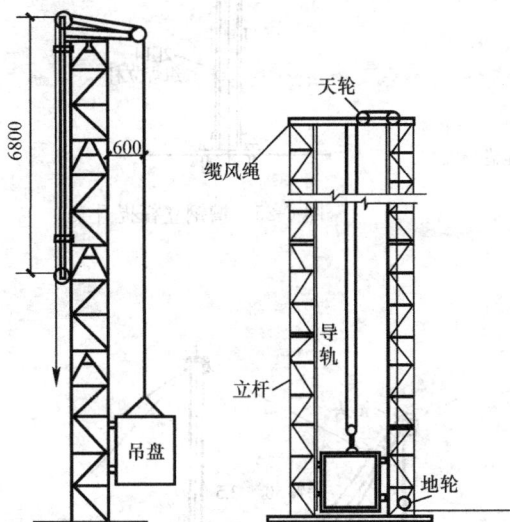

图 6-21 自升式
外吊盘井架

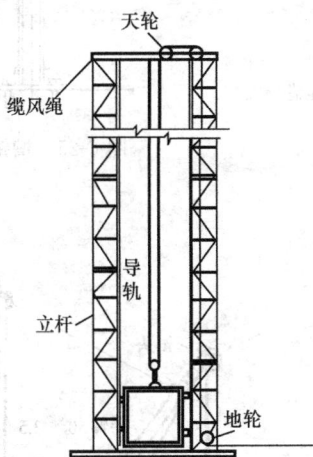

图 6-22 龙门架图

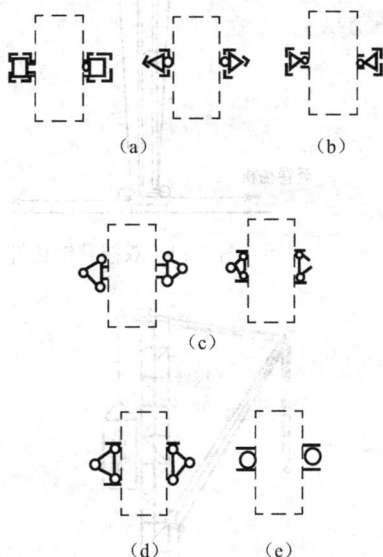

图 6-23 龙门架类型
（a）角钢组合立杆；（b）角钢钢管组合立杆；
（c）钢管组合立杆；（d）圆钢组合立杆；
（e）钢管龙门架

6.2.3 独杆提升架

独杆提升架有双摇臂木拔杆、双摇臂钢拔杆（图 6-24）、槽钢立杆提升架（图 6-25）、格构式立杆提升架（图 6-26）、墙头吊（图 6-27）等。提升的方式有吊笼、摇臂等形式。

6.2.4 施工升降机

施工升降机又称建筑用施工电梯，也可称为室外电梯，是建筑中经常使用的施工机械，主要用于高层建筑的内外装修、桥梁、烟囱等建筑的施工。

施工升降机的吊笼装在井架外侧，沿齿条式轨道升降。它附着在外墙或建筑物结构上，可载货 1.0～1.2t，可乘 12～15 人，可随建筑主体结构施工往上接高 100m，特别适用于高层建筑。施工升降机的种类很多，按运行方式分为无对重和有对重；按控制方式分为手动控制式和自动控制式。

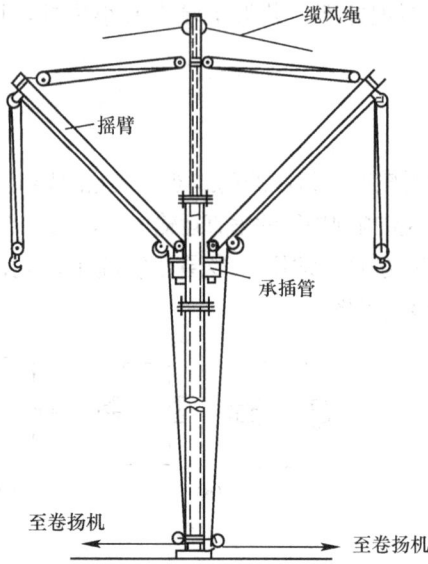

图 6-24 双摇臂钢拔杆

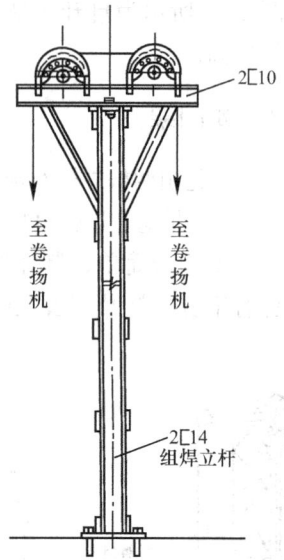

图 6-25 槽钢立杆提升架

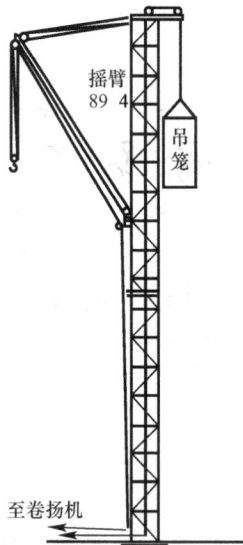

图 6-26 格构式立杆提升架

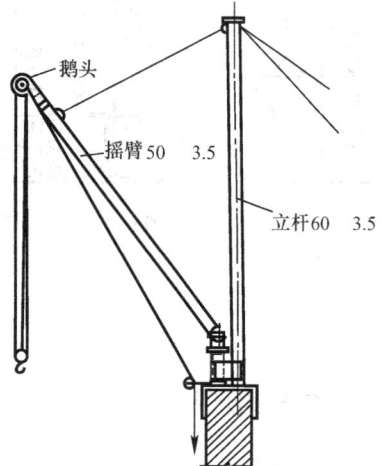

图 6-27 墙头吊

6.2.5 起重机械与设备

1. 起重机械

常用的起重机械有桅杆式起重机、自行杆式起重机和塔式起重机三大类。

（1）桅杆式起重机

桅杆式起重机是用木材或金属材料制作的起重设备，具有制作简单、装拆方便、起重量较大（可达 100t 以上）、受地形限制小、能用于其他起重机械不能安装的一些特殊结构和设备的安装等优点，但缺点是工作半径小、移动较困难且需要设置较多的缆风绳等，故一般仅适用于安装工程量比较集中的工程。

　　桅杆式起重机一般由桅杆、起重滑轮组、卷扬机、缆风绳和锚碇等组成。常用的桅杆式起重机有独脚桅杆（图 6-28）、人字桅杆（图 6-29）、悬臂桅杆（图 6-30）和牵缆式桅杆起重机（图 6-31）。

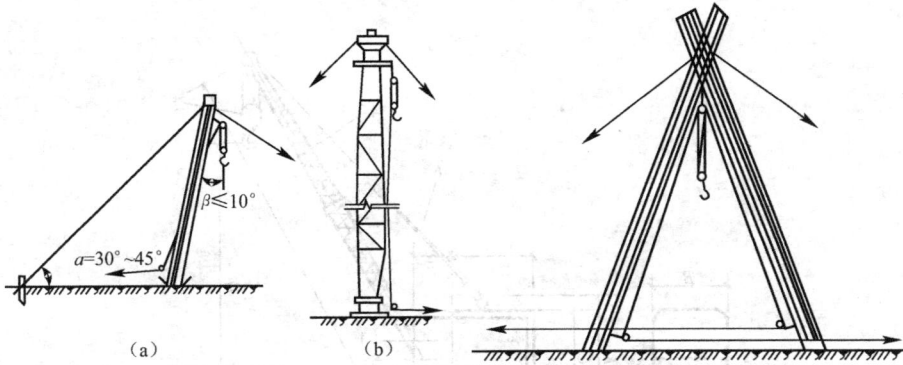

图 6-28　独脚桅杆
（a）木桅杆；（b）格构式金属桅杆

图 6-29　人字桅杆

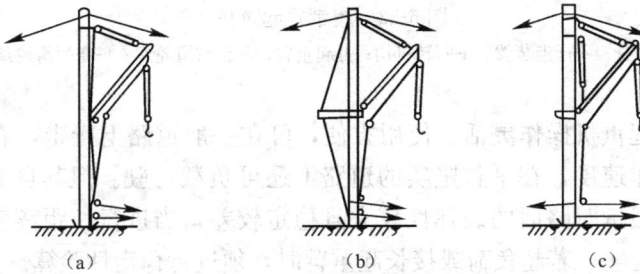

图 6-30　悬臂桅杆
（a）一般形式；（b）带加劲杆；（c）起重臂杆可沿桅杆升降

　　（2）自行杆式起重机

　　建筑工程中常用的自行杆式起重机有履带式起重机、汽车式起重机和轮胎式起重机。自行杆式起重机具有灵活性大、移动方便的优点，但稳定性较差。

　　1）履带式起重机

　　① 履带式起重机的构造及特点

　　履带式起重机由行走装置、回转机构、机身及起重臂等部分组成（图 6-32），是一种自行杆式全回转起重机，其工作装置经改造后，可作为挖土机或打桩机。履带式起重机的行走装置采用两条链式履带，以减少对地面的平均压力；回转机构为装在底盘上的转盘，使机身可回转 360°；

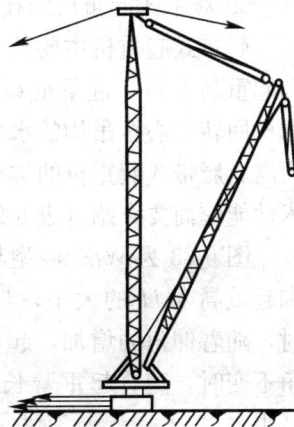

图 6-31　牵缆式桅杆

机身内部有动力装置、卷扬机和操纵系统；起重臂为角钢组成的格构式结构，下端铰接于机身，可随机身回转，起重臂顶端设有两套滑轮组（起重及变幅滑轮组），钢丝绳通过起重臂顶端滑轮组连接到机身的卷扬机上，起重臂可分节制作并接长。

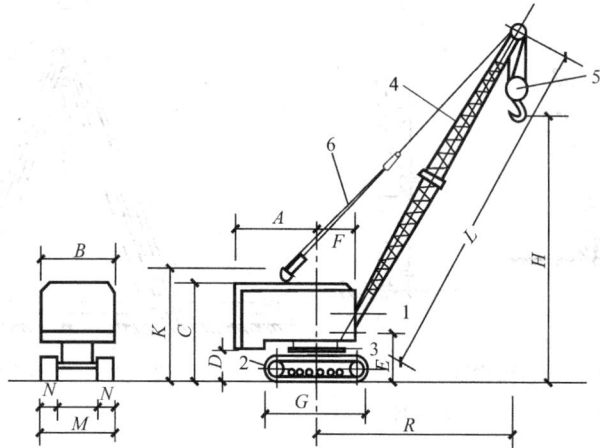

图 6-32 履带式起重机

1-机身；2-行走装置；3-回转机构；4-起重臂；5-起重滑轮组；6-变幅滑轮组

履带式起重机操作灵活、使用方便，可在一般道路上行走，有较大的起重能力及工作速度，在平整坚实的道路上还可负载行驶。但其自重大、行走时速度慢、履带对路面的破坏性较大且稳定较差，当进行长距离转移时，多用平板拖车运输，若超负荷或接长起重臂时，须进行稳定性验算。

国产履带式起重机的最大起重量已达几千吨，如三一重工推出的三一SCC86000TM 履带式起重机最大起重量可达 3600t，最大起重力矩超过86000t・m。结构安装工程，常用的履带式起重机型号：W_1-50、W_1-100、W_1-200，大吨位的 QUY-160、QUY-400 以及一些进口机型。

② 履带式起重机的技术性能

履带式起重机主要技术性能包括三个主要参数：起重量 Q、起重半径 R 和起重高度 H。起重量 Q 一般不包括吊钩、滑轮组的重量，起重半径 R 指起重机回转中心至吊钩的水平距离，起重高度 H 是指起重吊钩中心至停机面的距离。履带式起重机的类型较多，现仅就 W_1-50、W_1-100、W_1-200 的主要技术性能作简要介绍（表 6-2）。

图 6-33 为 W_1-200 型起重机性能曲线，由图可见：起重量 Q、起重半径 R 和起重高度 H 的大小，与起重臂长度及其仰角有关。即当起重臂长度一定时，随着仰角的增加，起重量和起重高度增加，而起重半径减小；当起重仰角不变时，随着起重臂长度增加，则起重半径和起重高度增加，而起重量减小。

参数		单位	型号								
			W₁-50			W₁-100					W₁-200	
起重臂长度		m	10	18	18带鸟嘴	13	23	27	30	15	30	40
最大起重半径		m	10.0	17.0	10.0	12.5	17.0	15.0	15.0	15.5	22.5	30.0
最小起重半径		m	3.7	4.5	6	4.23	6.5	8.0	9.0	4.5	8.0	10.0
起重量	最小起重半径时	t	10.0	7.5	2.0	15	8.0	5.0	3.6	50.0	20.0	8.0
	最大起重半径时	t	2.6	1.0	1.0	3.5	1.7	1.4	0.9	8.2	4.3	1.5
起重高度	最小起重半径时	m	9.2	17.2	17.2	11	19.0	23.0	26	12.0	26.8	36
	最大起重半径时	m	3.7	7.6	7.6	5.8	16.0	21.0	23.8	3.0	19	25

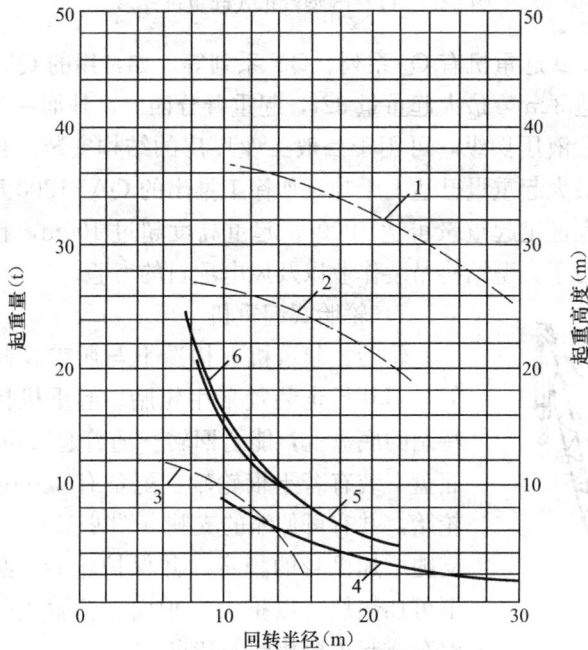

图 6-33　W₁-200 型起重机性能曲线

1-起重臂长 40m 时起重高度曲线；2-起重臂长 30m 时起重高度曲线；

3-起重臂长 15m 时起重高度曲线；4-起重臂长 40m 时起重量曲线；

5-起重臂长 30m 时起重量曲线；6-起重臂长 15m 时起重量曲线

　　为保证履带式起重机的安全工作，在使用上应注意以下要求：在安装时须保证起重机吊钩中心与臂架顶部定滑轮之间有一定的最小安全距离，一般取 2.5～3.5m。臂杆的最大仰角若生产厂家无规定时，不得超过 78°。起重机一般不宜同时进行起重和旋转操作，也不宜边起重边改变臂架幅度。如起重机必须负载行驶，载荷不得超过允许起重量的 70%，且道路应坚实平整，施工场地应满足履带对地面的压强要求。若在松软土地上工作，宜采用枕木或钢板焊成的路基箱垫好道路。起重机行走时重物应在起重机行走的正前方向，重物离地不得超过 50cm，并拴好拉绳。

205

2）汽车式起重机

汽车式起重机是将起重机构安装在汽车通用或专用底盘上的全回转起重机，起重机构动力由汽车发动机供给，其行驶的驾驶室与起重操纵室分开设置（图 6-34），其特点是转移迅速，对路面损伤小，但吊重时须使用支腿，因此不能负重行驶，也不适合在松软或泥泞的地面上工作。常用于构件运输、装卸和结构吊装作业。

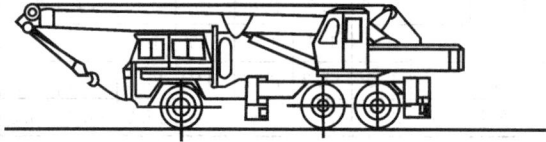

图 6-34 QY-16 型汽车式起重机外形

常用的汽车式起重机有 Q₂ 系列、QY 系列等。如常用的 QY-32 型汽车式起重机，臂长达 32m，最大起重量 32t，起重臂分四节，外面一节固定，里面三节可以伸缩，液压操纵，可用于一般工业厂房的结构安装。目前，国产汽车式起重机的最大起重量已达上千吨，如徐工推出的 QAY1200 型全地面超大型起重机，最大额定起重量可达 1200t，起重高度超过 100m，且已凭借安全可靠的性能经历了大型结构吊装作业以及风电项目的考验。

3）轮胎式起重机

轮胎式起重机在构造上与履带式起重机基本相似，但其行走装置采用轮胎。起重机构及机身装在特制的底盘上，能全回转。随着起重量大小的不同，底盘下装有若干根轮轴，配备有 4~10 个或更多个轮胎，并有可伸缩的支腿（图 6-35）；起重时，利用支腿增加机身的稳定，并保护轮胎。必要时，支腿下可加垫块，以扩大支承面。轮胎式起重机具有与汽车式起重机相同的特点。

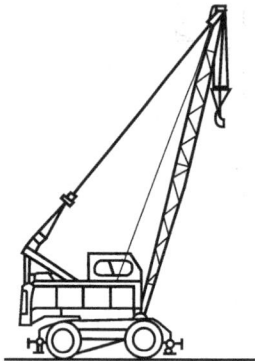

图 6-35 QL3-16 轮胎式起重机

轮胎式起重机按传动方式可以分为机械式（QL）、电动式（QLD）和液压式（QLY），早期的机械式已经淘汰，常用的主要是液压式。国产的新型轮胎式起重机主要有三一重工 75 吨 SRC750 型、中联重科 100 吨 RT100 型等。

（3）塔式起重机

塔式起重机是一种塔身直立，起重臂安装在塔身顶部且可作 360°回转的起重机，具有工作幅度和起重高度较大、工作效率和工作速度较高、拆装方便等优点。故广泛应用于多层及高层民用建筑和多层工业厂房结构的施工。

一般可按行走机构、变幅方式、回转机构的位置以及爬升方式的不同分成若干类型。下面仅就轨道式、爬升式和附着式塔式起重机作重点介绍。

1）轨道式塔式起重机

轨道式塔式起重机种类繁多，能同时完成垂直和水平运输，在直线或曲线轨道上均能行走，且使用安全，生产效率高，能负荷行走，起重高度可按需要增减塔身互换节架，如图 6-36 所示。但须铺设轨道，装拆、转移费工费时，台班费较高。常用型号有 QT_1-2、QT_2-6、QT60/80、TD-25 型等，起重机性能如表 6-3 所示。

2）爬升式塔式起重机

① 爬升式塔式起重机的起重性能

爬升式塔式起重机是安装在建筑物内部电梯井或特设开间的结构上，借助于爬升机构随建筑物的升高而向上爬升的起重机械，一般每施工 1～2 层楼便爬升一次。其主要由底座塔身套架、塔顶起重臂及平衡臂等组成，具有机身体积小、不需要铺设轨道和附着装置、用钢量省、造价低、

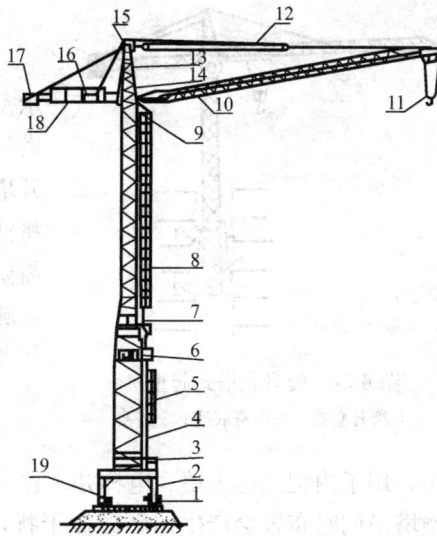

图 6-36　QT60/80 型塔式起重机示意图
1-大车行走机构；2-门架；3-压重；4-塔身底节；5-爬梯及护圈；6-起升机构；7-司机室；8-塔身上节；9-回转机构；10-吊臂；11-吊钩滑轮；12-变幅滑轮组；13-塔尖节；14-塔帽；15-变幅限位开关；16-变幅机构；17-平衡重；18-平衡臂；19-电缆卷筒

不占施工现场用地、安装简单等优点。但因塔机荷载作用于楼层，建筑结构需进行相对加固，拆卸时需在屋面架设辅助起重设备。该机适用于施工现场狭窄的高层建筑工程的施工（图 6-37），主要型号有：QT_5-4/40 型、QT_3-4 型等，其性能见表 6-4。

轨道式塔式起重机性能　　　　　　　　　　　　　表 6-3

型号		起重半径 R（m）	起重高度 H（m）	起重量 Q（t）
QT_1-2		8	28.3	2
		16	17.2	1
TD-25		10	33.5	2.5
		20	27.5	12.5
QT_2-6		8.5	40.5	6
		20	26.5	2
QT60/80	高塔	10	60	6
		30	50	5
	中塔	10	50	7
		25	39	3.2
	低塔	10	40	8
		20	28	4

207

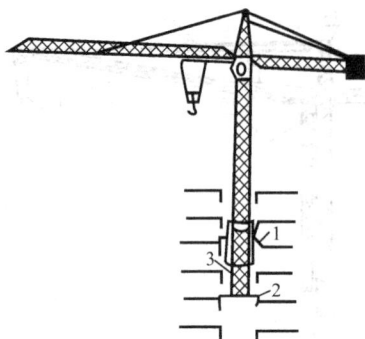

图 6-37 爬升式塔式起重机
1-爬升套架；2-塔身底座；3-塔身

② 爬升式起重机的爬升过程

塔式起重机的爬升过程如图 6-38 所示。首先，用起重钩将套架提升到上一个塔位处予以固定，见图 6-38（b），然后松开塔身底座梁与建筑物骨架的连接螺栓；将活动支腿收回进套架梁内，将塔身提至需要位置，见图 6-38（c）；最后旋出活动支腿，拧紧连接螺栓，即可再次进行安装作业。

③ 内爬外挂塔式起重机施工技术

内爬外挂技术是在建筑物结构断面较小，用于内爬的剪力墙、电梯井、柱、梁等结构不是很完整，2 台及以上特大型塔吊同时布置会产生回转碰撞干扰，多台塔吊又不能利用原有电梯井布置时，将特大型塔吊外挂在混凝土结构的外部，创造一种类似于内爬环境的状况，从而保持塔吊的内爬功能。内爬外挂塔吊施工采用一套可循环周转的外挂支撑体系（外挂架）将塔吊悬挂于核心筒的外壁，塔吊自带液压顶升系统，通过塔吊与外挂架之间的相对运动实现顶升，内爬外挂塔吊立面如图 6-39 所示。外挂支撑体系由三套外爬框架组成，塔吊正常作业时两套外爬框架共同

爬升式塔式起重机性能　　　　　　　　　　　　表 6-4

型号	起重量（t）	幅度（m）	起重高度（m）	一次爬升高度（m）
QT$_5$-4/40	4	2～11	110	8.6
	4～2	11～20		
QT$_3$-4	4	2.2～15	80	8.87
	3	15～20		

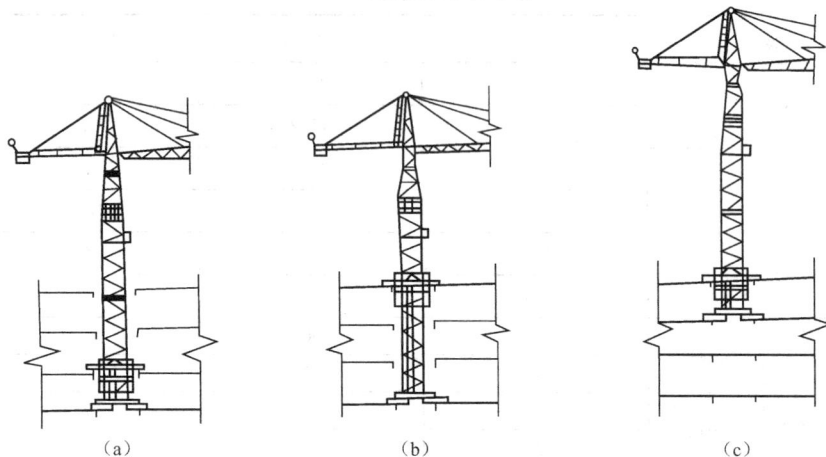

图 6-38 爬升过程示意图
（a）准备状态；（b）提升套架；（c）提升塔身

作业；爬升前在上方安装第三套外爬框架，并在第二套外爬框架下悬挂导轨用于塔式起重机爬升；塔式起重机爬升后须拆除第一套外爬框架和爬升导轨以备下次塔式起重机爬升时循环使用。整套体系中，上层水平框架、下层水平框架均受到水平荷载的作用，但下层水平框架还承担塔吊自重、吊重等全部竖向荷载。

内爬外挂支撑体系的结构形式可以根据工程实际设计为"斜拉式"或"斜撑式"或两种形式的组合，主要由支撑横梁、斜拉杆、水平支撑、斜撑杆及次梁五个部分组成，由支撑横梁、水平支撑及次梁构成水平框架，斜拉杆与斜撑杆则是水平框架之间的连接构件，同时承担部分竖向荷载，如图 6-40 所示。

图 6-39　内爬外挂塔吊立面

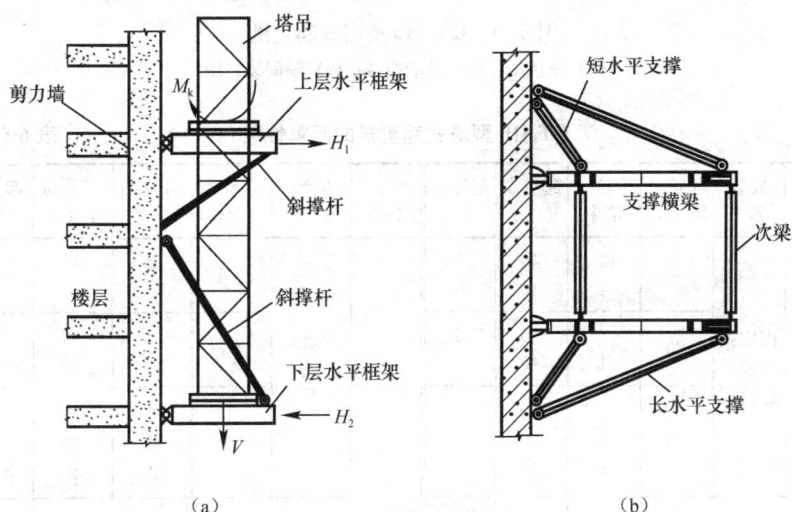

图 6-40　外挂架支撑体系示意图

（a）立面；（b）平面

3）附着式塔式起重机

附着式塔式起重机是固定在建筑物近旁混凝土基础上的起重机械，它可借助顶升系统自行向上接高塔身，从而增加起重高度，满足施工进度的要求。为了减小塔身的计算长度，保持塔身的稳定，应每隔 20m 左右将塔身与建筑物用锚固装置相连。该塔式起重机多用于高层建筑施工。图 6-41 所示为 QT$_4$-10 型附着式塔式起重机，其可附着、可固定、可行走、可爬升，起重力矩 1600kN·m，起重量为 5~10t，起重半径 3~30m，每次接高 2.5m，最大起吊高度 160m，主要技术性能见表 6-5。

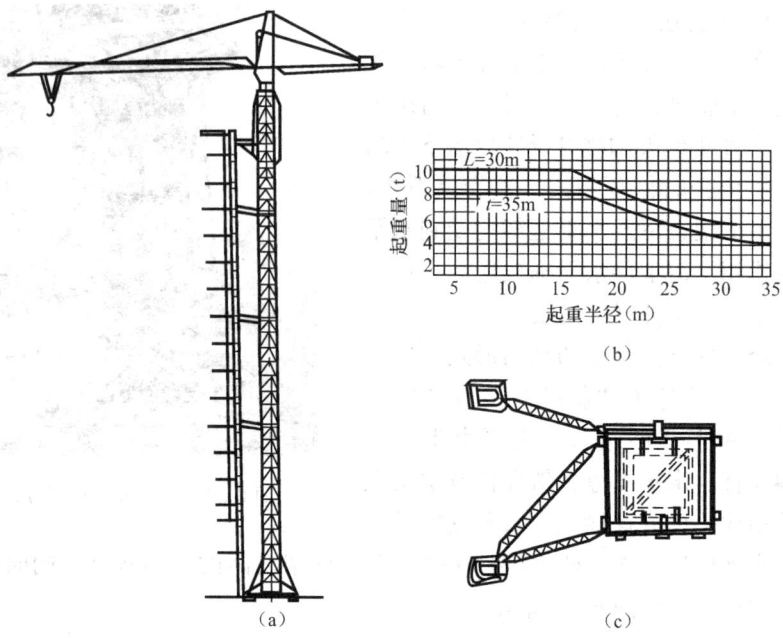

图 6-41　QT₄-10 型塔式起重机

（a）全貌图；（b）性能曲线；（c）锚固装置图

QT₄-10 型塔式起重机的起重性能　　　　　　　　　　　表 6-5

臂长（m）	安装形式	起重半径（m）	滑轮组倍率	起重高度（m）	起重量（t）	臂长（m）	安装形式	起重半径（m）	滑轮组倍率	起重高度（m）	起重量（t）
30	固定式或运行式	3～16	2	40	5	35	固定式或运行式	3～16	2	40	4
			4	40	10				4	40	8
		20	2	40	5			25	2	40	5
			4	40	8				4	40	
		30	2	40	5			35	2	40	3
			4	45	5				4	45	4
			4	50	4				4	50	3、4
	附着式或爬升式	3～16	2	160	5		附着式或爬升式	3～16	2	160	4
			4	80	10				4	80	8
		20	2	160	5			25	2	160	4
			4	80	10				4	80	
		30	2	160	5			35	2	160	3
			4	80	10				4	80	4

QT₄-10 型附着式塔式起重机的自升系统包括顶升套架、长行程液压千斤顶、承座、顶升横梁及定位销等。液压千斤顶的缸体安装在塔顶底端的承座上。其顶升过程可分为五个步骤，见图 6-42。

① 将标准节起吊到摆渡小车上，并将过渡节与塔身标准节相连接的螺栓松开，准备顶升（图 6-42a）。

② 开动液压千斤顶，将塔式起重机上部结构包括顶升套架向上升到超过

一个标准节的高度，然后用定位销将套架固定。这样，塔式起重机上部结构的重量便通过定位销传递到塔身上（图 6-42b）。

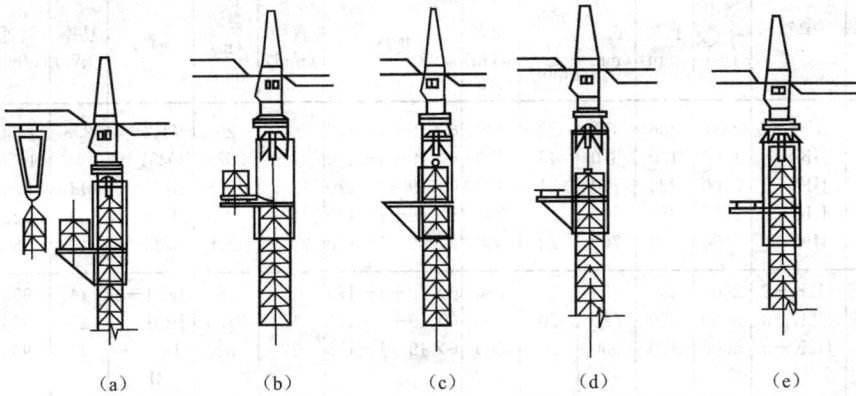

图 6-42　附着式塔式起重机的自升过程

(a) 准备状态；(b) 顶升塔顶；(c) 推入标准节；(d) 安装标准节；(e) 塔顶与塔身连成整体

③ 千斤顶回缩，形成引进空间，接着将装有标准节的摆渡小车推入引进空间（图 6-42c）。

④ 用液压千斤顶顶起待接高的标准节，退出摆渡小车，然后将待接的标准节平稳地落到下面的塔身上，并用螺栓加以连接（图 6-42d）。

⑤ 拔出定位销，下降过渡节，使之与已接高的塔身连成整体（图 6-42e）。

随着超高层建筑、大型结构安装工程等建设项目的迅速发展，大吨位塔式起重机的需求大幅增加。中国起重机领先企业陆续开发出了 L630、L1250、D1500、D2500 等大吨位塔式起重机，弥补了塔式起重机起重量不大以及工程用超大吨位塔机长期依赖进口的局面。

2. 辅助起重设备

结构吊装工程施工中除了起重机外，还需要使用许多辅助起重设备，比如卷扬机、钢丝绳、地锚、横吊梁等，下面分别作简要介绍。

（1）卷扬机

卷扬机亦称绞车，是结构吊装工程中最常用的工具，与缆风绳、地锚、井架、龙门架和独杆提升架共同使用。建筑施工中常用的卷扬机分快速和慢速两种。快速卷扬机（JJK 型）又有单筒和双筒之分，主要用于垂直、水平运输和打桩作业，牵引力一般为 4.0～50kN；而慢速卷扬机（JJM 型）多为单筒式，主要用于结构吊装、钢筋冷拉和预应力筋张拉作业，牵引力一般为 30～200kN。卷扬机的主要技术参数为卷筒牵引力、钢丝绳的速度和卷筒绳容量。其技术参数见表 6-6。

（2）钢丝绳

结构吊装施工中常用的钢丝绳是先由若干根钢丝捻成股，再由若干股围绕绳芯捻成绳。钢丝绳按照每股钢丝数量的不同有 6×19、6×37 和 6×61 三种。6×19 钢丝绳钢丝粗、较硬、不易弯曲，多用作缆风绳；6×37 钢丝细、较柔软，多用作起重用索；6×61 钢丝绳质地软，多用于重型起重机械。

卷扬机技术规格　　　　　　　　　　　表 6-6

种类	型号	牵引力(kg)	卷筒				钢丝绳			电动机		
			直径(mm)	长度(mm)	转速(r/min)	绳容量(m)	规格	直径(mm)	绳速(m/min)	型号	功率(kW)	转速(r/min)
单筒快速卷扬机	JJK－0.5	500	236	441	27	100	6×19+1－170	9.3	20	JO42－4	2.8	1430
	JJK－1	1000	190	370	46	110	6×19+1－170	11	35.4	JO251－4	7.5	1450
	JJK－2	2000	325	710	24	180	6×19+1－170	15.5	28.8	JR71－6	14	950
	JJK－3	3000	350	500	30	300	6×19+1－170	17	42.3	JR81－8	28	720
	JJK－5	5000	410	700	22	300	6×19+1－170	23.5	43.6	JQ83－6	40	960
双筒快速卷扬机	JJ2K－2	2000	300	450	20	250	6×19+1－170	14	25	JR71－6	14	950
	JJ2K－3	3000	350	520	20	300	6×19+1－170	17	27.5	JR81－6	28	960
	JJ2K－5	5000	420	600	20	500	6×19+1－170	22	32	JR82－AK8	40	960
单筒慢速卷扬机	JJM－3	3000	340	500	7	100	6×19+1－170	15.5	8	JZR31－8	7.5	702
	JJM－5	5000	400	800	6.3	190	6×19+1－170	23.5	8	JZR41－8	11	715
	JJM－8	8000	550	1000	4.6	300	6×19+1－170	28	9.9	JZR51－8	22	718
	JJM－10	10000	550	968	7.3	350	6×19+1－170	34	8.1	JZR51－8	22	723
	JJM－12	12000	650	1200	3.5	600	6×19+1－170	37	9.5	JZR₂52－8	30	725
	JJM－20	15000	850	1324	3	1000	6×19+1－170	40.5	9.6	JZR92－8	55	720

钢丝绳在选用时应考虑多根钢丝的受力不均匀及其用途，钢丝绳的允许拉力 S 按照下式计算：

$$S = \frac{\alpha F_g}{K}　　　　　　　(6-1)$$

式中　F_g——钢丝绳的钢丝破断拉力总和（kN）；

α——换算系数（考虑钢丝受力不均匀性），见表 6-7；

K——安全系数，见表 6-8。

钢丝绳破断拉力换算系数　　　表 6-7

钢丝绳	换算系数
6×19	0.85
6×37	0.82
6×61	0.80

钢丝绳的安全系数　　　表 6-8

用途	安全系数	用途	安全系数
做缆风绳	3.5	做吊索、无弯曲	6~7
用于手动起重设备	4.5	做捆绑吊索	8~10
用于电动起重设备	5~6	用于载人升降机	14

（3）地锚

地锚又叫锚碇，是用来固定缆风绳、卷扬机和拔杆的平衡绳索且保证系缆构件稳定的重要部件，一般有桩式地锚和水平地锚两种。桩式地锚是用木桩或型钢打入土中而成，多用于固定受力不大的缆风绳。水平地锚通常用一根或几根圆木绑扎在一起，水平埋入土内而成，可承受较大荷载。水平地锚的拉力大于5kN时，应在地锚上加压板；若拉力超过150kN，还要在地锚前加立柱及垫板，如图6-43所示。

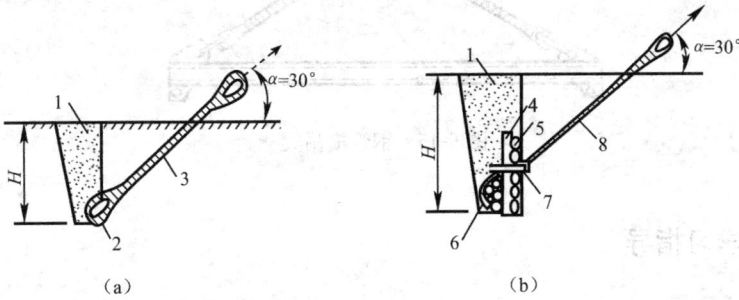

图 6-43　水平锚碇构造示意图
(a) 拉力在 30kN 以下；(b) 拉力为 100～400kN
1-回填土逐层夯实；2-地龙木 1 根；3-钢丝绳或钢筋
4-柱木；5-挡木；6-地龙木 3 根；7-压板；8-钢丝绳圈或钢筋环

(4) 横吊梁

横吊梁亦称铁扁担，常用于柱和屋架等构件的吊装。用横吊梁吊柱可使柱身保持垂直，便于安装；用横吊梁吊屋架则可降低起吊高度和减少吊索的水平分力对屋架的压力。

横吊梁有滑轮横吊梁、钢板横吊梁、桁架横吊梁和钢管横吊梁等形式。滑轮横吊梁由吊环、滑轮和轮轴等部分组成，见图 6-44 (a)，一般用于吊装 8t 以内的柱；钢板横吊梁由 Q235 钢板制作而成，见图 6-44 (b)，一般用于 10t 以下柱的吊装；桁架横吊梁用于双机抬吊安装柱子，见图 6-44 (c)；钢管横吊梁的钢管长 6～12m，见图 6-45，一般用于吊屋架。

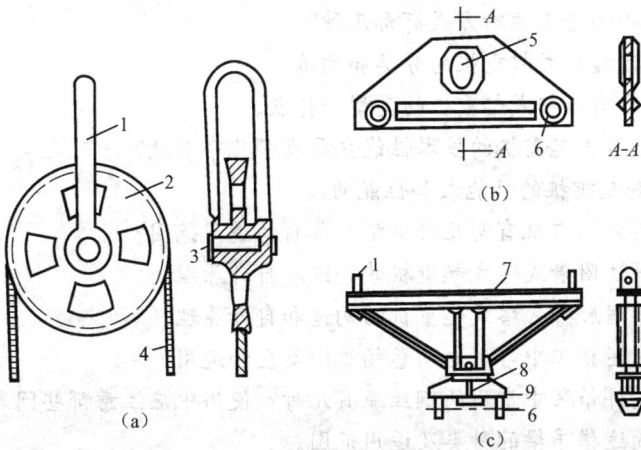

图 6-44　横吊梁
(a) 滑轮横吊梁；(b) 钢板横吊梁；(c) 桁架横吊梁
1-吊环；2-滑轮；3-轮轴；4-吊索；5-挂钩孔；6-挂吊索的孔眼；
7-桁架；8-转轴；9-横梁

213

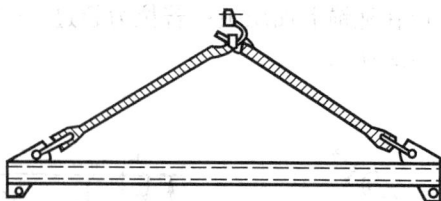

图 6-45　钢管横吊梁

小结及学习指导

　　本章主要介绍了脚手架的分类、脚手架的安全与技术管理、垂直运输机械与设备的基本构造及其特点。系统叙述了不同种类脚手架的组成及适用范围，不同类型的垂直运输机械与起重机械主要构造和技术性能。通过本章学习，了解脚手架和垂直运输机械的不同分类；掌握脚手架的基本构造及适用范围、履带式和塔式起重机的主要构造、各种技术性能曲线的意义及应用。

思考题与习题

　　6-1　脚手架按照结构形式可以分为哪几种？

　　6-2　多立杆式外脚手架由哪几部分构件组成？

　　6-3　扣件的基本形式由哪几种？分别用于哪种情况下的连接？

　　6-4　常见的里、外脚手架各有哪几种？

　　6-5　升降式脚手架包括哪几种形式的脚手架？

　　6-6　超高层建筑的主体施工中，整体升降式脚手架有怎样的优势？

　　6-7　常用的垂直运输方式有哪几种？

　　6-8　简述桅杆式起重机的分类和构造。

　　6-9　简述自行杆式起重机的类型和特点。

　　6-10　履带式起重机的技术性能主要有哪几个参数？参数之间有什么相互关系？如何查起重机的性能表和性能曲线？

　　6-11　塔式起重机有哪几种类型？各自的适用范围？

　　6-12　简述附着式塔式起重机的构造和自升原理。

　　6-13　简述爬升式塔式起重机的构造和自升原理。

　　6-14　简述施工中常用电动卷扬机的类型和选用。

　　6-15　构件吊装中常用的钢丝绳有几种？使用中应注意哪些问题？

　　6-16　简述横吊梁的种类及适用范围。

第7章
结构安装工程

本章知识点

> 知识点：结构安装工程原理及特点、单层及多高层预制混凝土建筑构件的吊装工艺、结构吊装方案、多高层结构安装中常用起重机械的选择与布置、钢结构安装工艺与校正。
>
> 重　点：预制钢筋混凝土结构安装工程构件制作与堆放、吊装工艺及施工机械选择；钢结构安装工程的构件制作、安装及校正。
>
> 难　点：单层及多高层混凝土预制结构安装工程的基本程序及施工要点；钢结构安装工程的制作及安装工艺。

结构安装工程是先在现场或工厂将结构构件或构件组合单元制作成型，再用起重机械在施工现场将其起吊并安装到设计位置，形成装配式结构。按结构类型可分为混凝土结构安装工程和钢结构安装工程等。

结构安装工程具有构件类型多、受机械设备和吊装方法影响大、吊装作业中构件应力状态变化大、高空作业多等特点，对施工方案的制定和施工的安全有着直接地影响。

7.1　单层工业厂房结构安装

7.1.1　结构吊装前的准备工作

为保证结构安装的合理有序进行，吊装前要做好准备工作，包括：场地的清理、道路铺设、水电管线敷设、吊具与索具的准备、基础的准备、构件的运输堆放和拼装加固、构件质量检查及弹线编号等。

1. 基础准备

钢筋混凝土柱的基础一般采用钢筋混凝土杯形基础。浇筑时应保证基础定位轴线及杯口尺寸准确。为便于调整柱子牛腿面的标高，杯底浇筑后的标高应比设计标高低 50mm。柱吊装前要对基础进行杯底抄平及杯口顶面弹线。

杯底抄平就是测出杯底的实际标高，再量出柱底到牛腿顶面的实际长度，然后根据安装后柱的牛腿顶面的设计标高计算出杯底标高调整值，将其在杯口内标出，最后用水泥砂浆或细石混凝土将杯底抄平至所需的标高处。

杯口顶面弹线就是在杯口顶面弹出建筑物的纵、横定位轴线，作为柱对位与校正的依据。

2. 构件的运输及堆放

单层工业厂房构件类型少，数量多，一般除基础是现场浇筑外，其他构件大多使用钢筋混凝土预制构件。其中尺寸较小的中小型构件（吊车梁、屋面板等）一般集中在预制构件厂制作，然后运到施工现场吊装；而尺寸和重量都很大的大型构件（柱、屋架等）一般则在现场就地制作。

由预制厂制作的钢筋混凝土构件运往施工现场时，应根据工期、运距、构件的尺寸和重量及工地的具体情况，选择适当的运输车辆和装卸机械，一般多采用载重汽车或平板拖车。构件在运输过程中必须保证不变形、不倾倒、不损坏；构件运输时的混凝土强度不应低于设计强度等级的 75%（当设计中无要求时）；运输时构件的垫点和装卸时构件的吊点，均应按设计要求进行；对于叠放的构件，无论在运输或堆放时，构件之间的垫木要在同一条垂直线上且厚度相同；对于重心较高、支承面较窄的构件如屋架，应使用支架固定，以防倾倒。图 7-1 为几种构件的运输示意图。

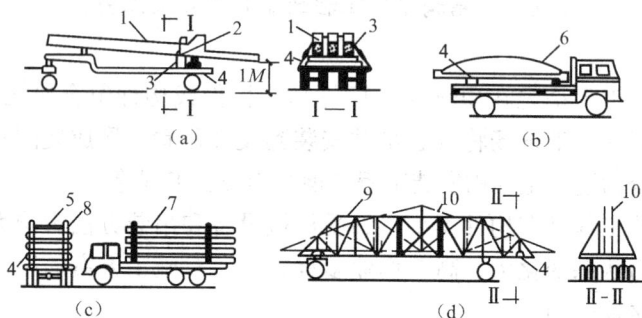

图 7-1　构件运输示意图

(a) 用拖车两点支承运输柱子；(b) 运输吊车梁；

(c) 用载重汽车运输大型屋面板；(d) 用钢托架运输屋架

1-柱子；2-倒链；3-钢丝绳；4-垫木；5-铁丝；6-吊车梁；7-屋面板；8-木杆；9-钢托架；10-屋架

构件进场后，应按事先拟订的结构吊装方案的构件平面布置图堆放，避免进行二次搬运。一般大型构件（柱、屋架等）按施工组织设计的构件平面布置图就位；中小型构件可叠层堆放，通常柱不宜超过 2 层，梁不宜超过 3 层，大型屋面板不宜超过 6 层。

3. 构件的拼装与加固

对于天窗架和大跨度屋架等，为便于运输以及减少损坏，可在预制厂分块预制，待运到施工现场后再拼装成整体。构件的拼装有平拼和立拼两种。小跨度的构件如天窗架多采用平拼；大跨度的构件如屋架一般采用立拼法，即直接在起吊位置拼装，见图 7-2。平拼构件在吊装前要临时加固后才可翻身扶直。

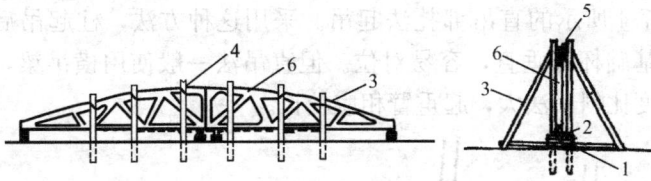

图 7-2　预应力混凝土屋架的拼装

1-砖砌支座；2-垫木；3-三角支架；4-8 号铁丝；5-木楔；6-屋架

4. 构件的质量检查

为保证工程质量，吊装前要对所有的构件进行全面的质量检查。检查的主要内容包括：构件的型号、数量、外形尺寸、预埋件的位置及尺寸、构件混凝土的强度以及构件有无损伤、变形、裂缝缺陷等。

构件混凝土的强度应不低于设计规定的吊装强度。如果设计中没有要求，应不低于设计强度等级的 75％。跨度较大的梁及屋架的混凝土强度要达到 100％的设计强度等级时才可吊装；吊预应力构件时，如果设计中对孔道灰浆的强度没有规定，则灰浆强度应不低于 15MPa。

5. 构件的弹线及编号

为方便构件对位和校正，吊装前要在其表面弹出吊装准线。对于形状复杂的构件，还应标出其重心和绑扎点的位置。弹线时要根据设计图纸对构件进行编号，对于不易区分上下、左右的构件，还要在相应部位加以注明。

柱应在柱身的三个面上弹出吊装准线。对于矩形截面柱按几何中心线弹线；工字形截面柱除在矩形截面部分弹出中心线外，为便于观测和避免视差，还应在工字形截面的翼缘部分弹一条与中心线平行的线；柱顶上要弹出屋架的吊装准线；牛腿面上要弹出吊车梁的吊装准线。屋架应在上弦顶面弹出几何中心线，并由跨中向两端分别弹出天窗架、屋面板的吊装准线；屋架端头应弹出屋架的纵、横吊装准线。吊车梁应在两端及顶面弹出几何中心线。

7.1.2　构件的吊装工艺

结构构件的吊装过程包括：绑扎、吊升、对位、临时固定、校正、最后固定等工序，以下以装配式钢筋混凝土单层工业厂房结构构件的吊装施工工艺加以说明。

1. 柱的吊装

（1）柱的绑扎

柱的绑扎方法与柱的重量、形状、几何尺寸、吊装方法等有关。自重在 13t 以下的中小型柱多采用一点绑扎，重型柱或细长柱多采用两点绑扎或三点绑扎。根据起吊后柱身是否垂直可以分为斜吊法和直吊法。

1）斜吊绑扎法。当柱子的宽面抗弯能力满足吊装要求时，可采用图 7-3 所示的斜吊绑扎法。采用这种绑扎方法，柱起吊后呈倾斜状态，吊索歪在柱的一边，起重机的起重高度可以小一些，起重臂因此可以短一些，但因柱身倾斜，就位对中较困难。

2）直吊绑扎法。若柱平放起吊的宽面抗弯强度不够时，需先将柱翻身，然后采用图 7-4 所示的直吊绑扎法起吊。采用这种方法，柱起吊后呈竖直状态，柱身与基础杯底垂直，容易对位。但直吊法一般使用横吊梁，因此所需要的起重高度比斜吊法大，起重臂相应较长。

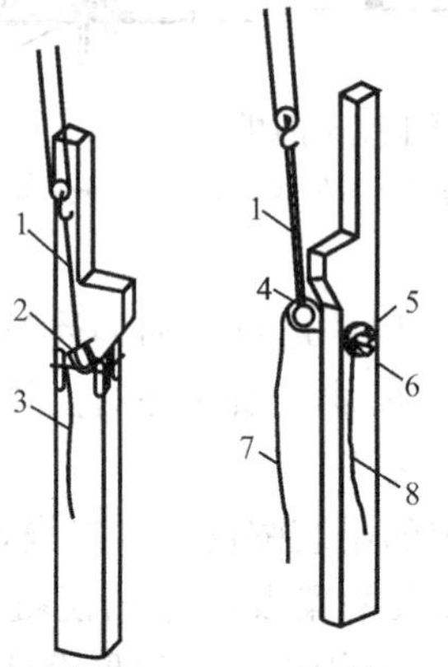

图 7-3　斜吊绑扎法　　　　　　图 7-4　直吊绑扎法

(a) 采用活络卡环；(b) 采用柱销

1-吊索；2-卡环；3-卡环插销拉绳；4-柱销；

5-垫圈；6-插销；7-柱销拉绳；8-插销拉绳

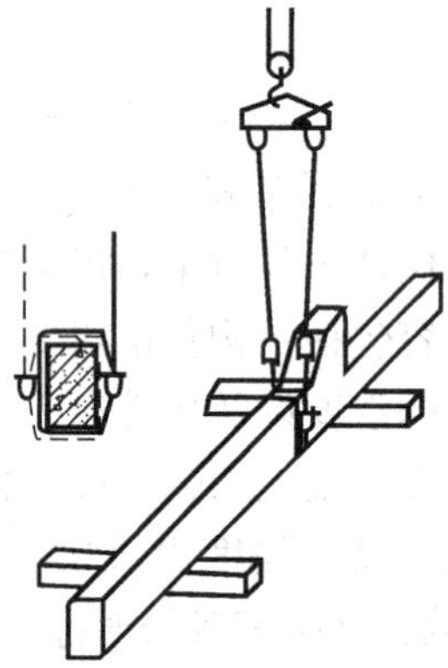

此外，当柱较长，一点绑扎抗弯强度不足时，可以采用图 7-5（a）所示的两点绑扎斜吊法。或者当柱较长，用两点绑扎斜吊法柱的抗弯强度不够时，可先将柱翻身，然后利用图 7-5（b）所示的两点绑扎直吊法。

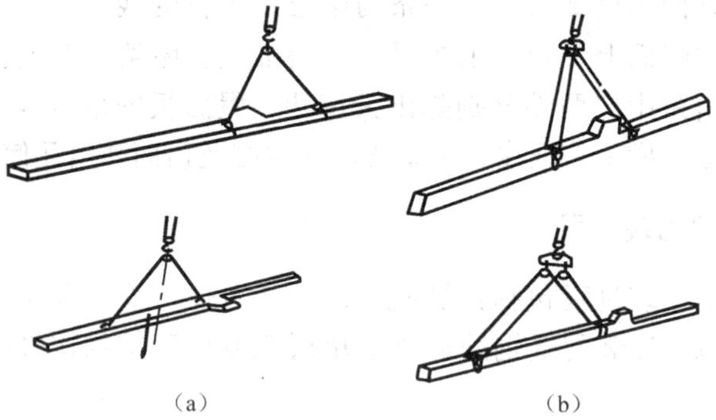

图 7-5　两点绑扎吊装柱

(a) 斜吊法；(b) 直吊法

（2）柱的起吊

柱的吊升方法有旋转法和滑行法。根据柱的重量、长度、起重机性能及现场条件等，可采用单机吊装或双机抬吊。

1）单机吊装旋转法。图 7-6 为旋转法示意图。此方法要求：绑扎点、柱脚中心与柱基础杯口中心三点共弧，即在以起重半径 R 为半径的圆弧上，柱脚应靠近基础。这样起吊时，起重半径不变，起重臂边升钩边回转，柱在直立前柱脚不动，柱顶随着起重机回转及吊钩的上升而逐渐上升，使柱在柱脚位置竖直，然后将柱吊离地面，稍回转起重臂把柱吊到基础杯口上方，将柱插入杯口。

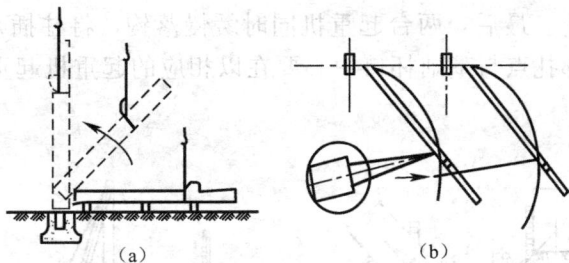

图 7-6　旋转法吊装柱

(a) 柱吊升过程；(b) 柱平面布置

如果因现场条件限制，柱的绑扎点、柱脚与杯口中心无法做到三点共弧，则可采用绑扎点或柱脚与杯口中心两点共弧布置，此时起重机吊装时需要改变回转半径，起重臂要起伏，工效较低。使用旋转法吊柱时，柱吊装过程中所受的振动较小，生产率较高，但对起重机的机动性能要求较高。

2) 单机吊装滑行法。当柱子较重、较长或起重机在安全荷载下的起重半径不够、现场狭窄、柱子无法按旋转法布置、起重机的机动性能较差（如桅杆式起重机）时，可采用图 7-7 所示的滑行法吊装柱子。该方法柱子在起吊过程中，起重臂不动，仅起重钩上升，柱脚沿地面滑行而使柱子在绑扎点位置直立，然后将柱吊离地面，稍回转起重臂，将柱插入杯口。滑行法要求将绑扎点布置在基础附近，并使绑扎点和基础杯口中心两点位于起重机的同一起重半径的圆弧上。采用滑行法吊柱时，柱子受到振动较大，故吊装前应对柱脚采取保护措施，并在柱脚下设置托板、滚筒、铺设滑行道等来减少柱脚与地面的摩擦。

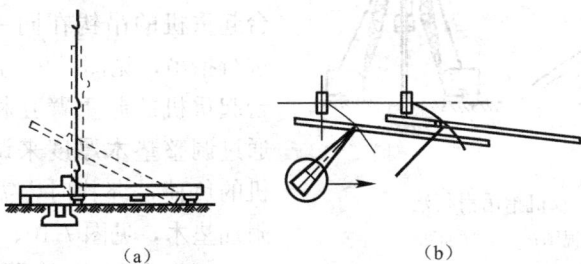

图 7-7　滑行法吊装柱

(a) 柱吊升过程；(b) 柱平面布置

3) 双机抬吊旋转法。当柱重量、体形较大，单台起重机不能满足吊装要求时，可采用图 7-8 所示的双机抬吊旋转法吊装柱子。吊装时，柱采用两点绑扎，两台起重机并立在杯口的同侧，一台抬上吊点，另一台抬下吊点。先将双机同时升钩，待柱吊离地面一定高度后（约为下绑扎点到柱底的距离再加 300mm），两台起重机的起重臂同时向杯口方向旋转，下绑扎点处的起重机只旋转不升钩，上绑扎点处的起重机边升钩边旋转，直到柱子竖直

219

7.1　单层工业厂房结构安装

在杯口上面为止。最后，两台起重机同时缓慢落钩，将柱插入杯口。此方法要求：柱的绑扎点与基础杯口中心要在以相应的起重机起重半径 R 为半径的圆弧上。

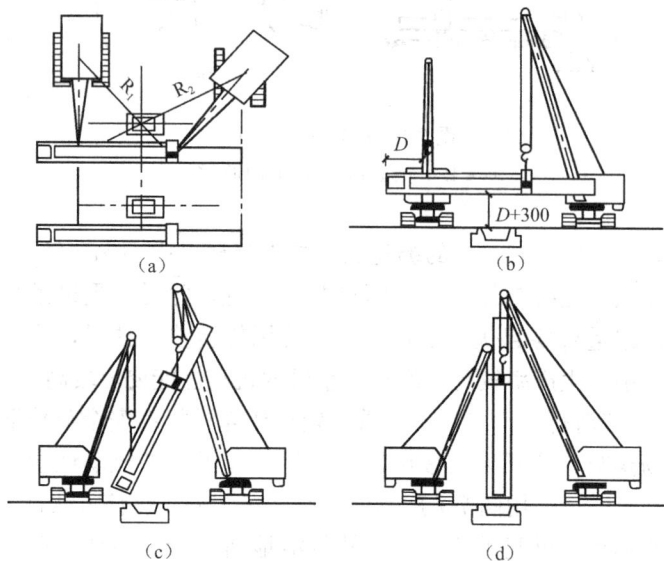

图 7-8　双机抬吊旋转法

（a）柱和起重机的位置；（b）两台起重机同时吊升柱；

（c）两台起重机协调旋转，将柱吊直；（d）将柱插入杯口

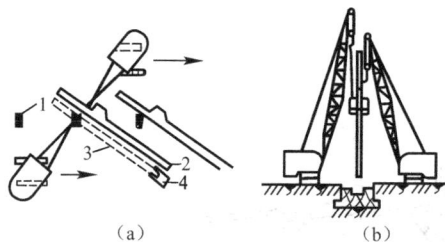

图 7-9　双机抬吊滑行法

（a）俯视图；（b）立面图

1-基础；2-柱预制位置；

3-柱翻身后位置；4-滚动支座

4）双机抬吊滑行法。采用双机抬吊滑行法时，柱为一点绑扎，两台起重机的吊钩在同一个绑扎点上进行抬吊，见图 7-9。且为了防止两台起重机的起重臂互相碰撞及便于通过调整垫木厚度来调整两台起重机的负荷，绑扎时，需要在柱侧面附加垫木，见图 7-10。

两台起重机的负荷可按下式计算：

$$p_1 = 1.25Q\frac{d_2}{d_1+d_2} \qquad\qquad (7\text{-}1)$$

$$p_2 = 1.25Q\frac{d_1}{d_1+d_2}$$

式中　p_1——第一台起重机的负荷（kN）；

p_2——第二台起重机的负荷（kN）；

Q——柱和索具的重量（kN）；

d_1——第一台起重机吊点到柱重心的距离（m）；

d_2——第二台起重机吊点到柱重心的距离（m）；

1.25——超负荷系数。

（3）柱的对位与临时固定

柱插入杯口后，应保持基本垂直，柱底距离杯底约 30～50mm，即应进行对位。对位时，先在柱四周每边各放入 2 个木楔，并用撬棍拨动柱脚，使柱的吊装准线对准杯口顶面的吊装准线，对位后略打紧楔子，放松吊钩，将柱沉至杯底，再复查吊装准线的对准情况，然后打紧楔子，将柱临时固定，最后起重机脱钩，见图 7-11。

当柱较高、基础的杯口深度与柱长之比小于 1∶20 或柱身上有较大的悬臂等、仅靠柱脚处的楔子不能保证临时固定的稳定性时，可增设缆风绳或斜撑。

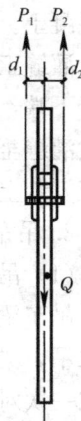

图 7-10　荷载分配计算简图

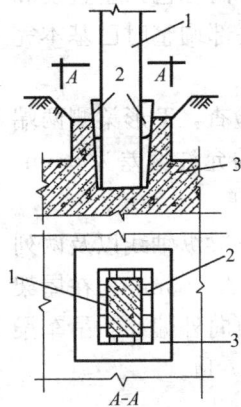

图 7-11　柱临时固定

1-柱；2-楔块；3-基础

（4）柱的校正

柱的校正包括三个方面，即：柱的平面位置、标高和垂直度。柱平面位置的校正在柱子对位时已经完成，标高的校正在基础杯底抄平时也已完成。因此，柱的校正主要是对其垂直度进行校正。

柱垂直度的允许偏差值：当柱高小于或等于 5m 时为 5mm；当柱高大于 5m 且小于 10m 时为 10mm；当柱高大于或等于 10m 时为 1/1000 柱高且小于或等于 20mm。柱垂直度的检查，可以利用两台经纬仪从柱的相邻两边检查其吊装准线的垂直度来完成。垂直度校正时，对中小型柱或垂直度偏差较小的，可以采用敲打楔块法；对重型柱可以采用千斤顶法、钢管顶撑法、缆风绳校正法等，见图 7-12。

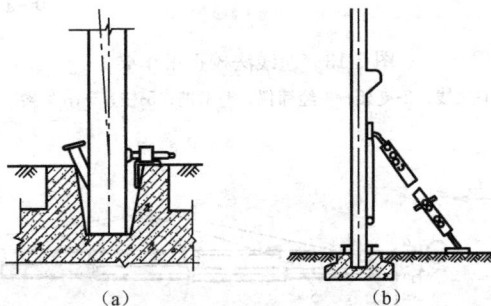

图 7-12　柱垂直度校正方法

(a) 千斤顶校正法；(b) 钢管顶撑法

（5）柱的最后固定

柱校正后，应立即进行最后固定。方法是在柱脚与杯口的空隙中浇筑细石混凝土。灌缝前应将杯口空隙内的垃圾清除干净，并用水润湿柱和杯口内壁。灌缝工作一般分两次进行，采用钢楔或木楔做临时固定时，第一次灌到楔子下端，待混凝土强度达到设计强度等级的 30% 后，方可拔除木楔，再第二次灌缝至基础顶。当第二次浇筑的混凝土强度达到设计强度等级的 75% 后，才能安装上部构件。

2. 吊车梁的吊装

（1）吊车梁的绑扎、吊升、对位与临时固定

吊车梁绑扎时，绑扎点应对称地设置在梁的两端，梁起吊后要能基本保持水平，梁的两头要拴溜绳以便控制梁在空中的位置。梁就位时应缓慢落钩，争取一次对好纵轴线，避免在纵轴线方向撬动梁而导致柱偏斜。吊车梁的稳定性较好，在就位时用垫铁垫平即可，但当梁的高度与底宽之比大于 4 时，可以使用铁丝将梁临时捆在柱上，以防倾倒。

（2）吊车梁的校正和最后固定

吊车梁的校正应在厂房结构已经校正和固定后进行，内容包括垂直度和平面位置校正，两者应同时进行。梁的标高在基础杯口底部调整时已基本完成，如果仍存在误差，可以在铺设轨道时再进行调整。

1）垂直度校正。吊车梁的垂直度可以用靠尺、线锤检查，T 形梁测两端的垂直度，鱼腹梁测跨中两侧的垂直度。吊车梁垂直度的允许偏差为 5mm，若偏差超过规定值，可在梁两端的支座面上加斜垫铁来纠正。

2）平面位置校正。梁平面位置校正，主要是检查吊车梁纵轴线以及两列吊车梁之间的跨度是否符合要求。规范要求轴线偏差不得大于 5mm，在屋架安装前校正时，跨距不得有正偏差，以防屋架安装后柱顶向外偏移。吊车梁平面位置的校正方法有通线法和仪器放线法见图 7-13、图 7-14。

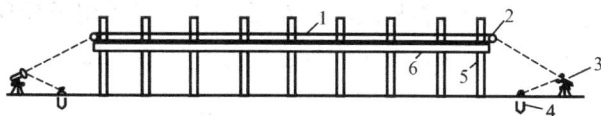

图 7-13　通线法校正吊车梁

1-通线；2-支架；3-经纬仪；4-木桩；5-柱；6-吊车梁

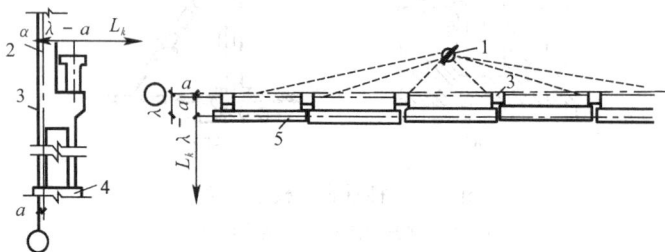

图 7-14　仪器放线法校正吊车梁

1-经纬仪；2-标志；3-柱；4-柱基础；5-吊车梁

吊车梁校正后，应立即焊接牢固，并在吊车梁与柱接头的空隙处浇筑细石混凝土进行最后固定。

3. 屋架的吊装

(1) 屋架的绑扎

屋架绑扎点应选在上弦节点处，左右对称，各支吊索拉力的合力作用点（绑扎中心）要高于屋架重心。为避免屋架承受过大的横向压力，吊索与水平线的夹角，翻身扶直时不宜小于60°，吊装时不宜小于45°。必要时，为减小绑扎高度及横向压力，也可以采用横吊梁。

屋架吊点的数目、位置与屋架的形式和跨度有关。图7-15为屋架翻身和吊装时的几种绑扎方法。一般当屋架跨度在18m以内时，采用两点绑扎；屋架跨度在18～30m时，采用四点绑扎；屋架的跨度超过30m时，为了减小屋架吊索高度，可采用横吊梁，四点绑扎；对于侧向刚度较差的屋架如三角形组合屋架也应采用横吊梁。

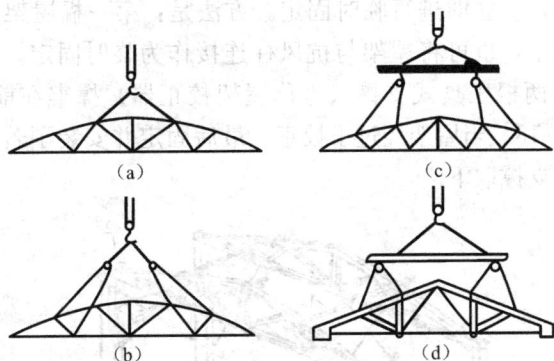

图 7-15　屋架的绑扎方法
(a) 跨度≤18m；(b) 跨度18～30m；(c) 跨度≥30m；(d) 三角形组合屋架

(2) 屋架的扶直与就位

1) 正向扶直。起重机位于屋架的下弦一侧，首先以吊钩对准屋架中心，收紧吊钩，略微提升起重臂，使屋架脱模，接着起重机升钩并升起起重臂，使屋架以下弦为轴缓慢转为直立状态，见图7-16 (a)。

2) 反向扶直。起重机位于屋架的上弦一侧，首先以吊钩对准屋架中心，收紧吊钩，接着升钩并降低起重臂，使屋架以下弦为轴缓慢转为直立状态，见图7-16 (b)。

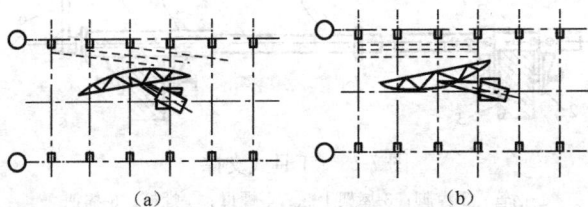

图 7-16　屋架的扶直（虚线表示屋架的排放位置）
(a) 正向扶直；(b) 反向扶直

正向扶直与反向扶直的不同点在于：扶直过程中，为了保持吊钩始终在屋架上弦中点的垂直上方，前者采用升起起重臂，而后者采用降低起重臂。升臂比降臂容易操作且比较安全，因此应尽可能采用正向扶直。

屋架扶直后应立即进行就位。就位位置与屋架的安装方法、起重机的性能有关，应考虑屋架的安装顺序、两端朝向等且应少占用场地，便于吊装。一般采用靠柱边斜放或以 3~5 榀为一组平行柱边纵向就位，用支撑或 8 号铁丝等将其与已经安装好的柱或已经就位的屋架拉牢，以保持稳定。

（3）屋架的起吊和临时固定

屋架的起吊有单机吊装和双机抬吊两种。后者仅在屋架重量较大或跨度较大，一台起重机的吊装能力不能满足吊装要求时采用。

屋架采用单机起吊时，先将屋架吊离地面约 500mm，然后将其转至吊装位置的下方，升钩提升到超过柱顶约 300mm 处，用溜绳旋转屋架使其对准柱顶，然后将屋架缓慢降到柱顶，对准建筑物的定位轴线。

屋架对位后，应立即进行临时固定。方法是：第一榀屋架用四根揽风绳从两边将屋架拉牢，也可将屋架与抗风柱连接作为临时固定。其他各榀屋架的临时固定是用两根工具式支撑（也称屋架校正器）撑牢在前一榀屋架上，见图 7-17 及图 7-18。当屋架经过了校正、最后固定并安装了若干块大型屋面板后，才可以将支撑取下。

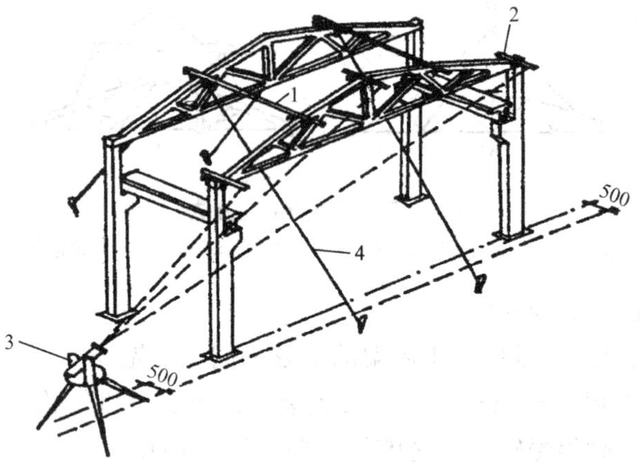

图 7-17 屋架的临时固定与校正
1-工具式支撑；2-卡尺；3-经纬仪；4-揽风绳

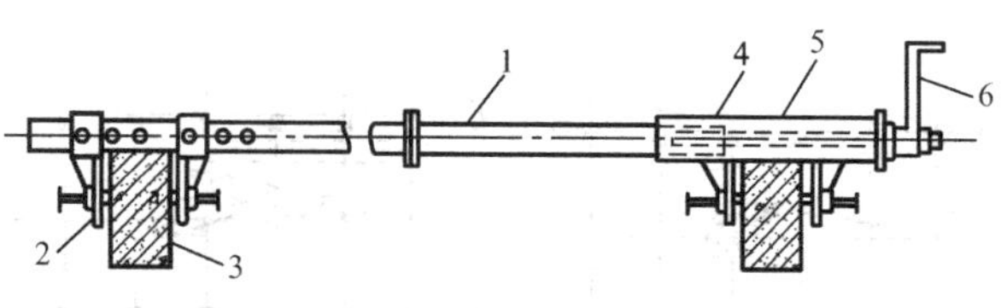

图 7-18 工具式支撑
1-钢管；2-撑脚；3-屋架上弦；4-螺母；5-螺杆；6-摇把

（4）屋架的校正与最后固定

屋架的校正主要是垂直度偏差校正，一般可用经纬仪或垂球检查，利用工具式支撑校正垂直偏差。

用经纬仪检查竖向偏差的方法是：在屋架上安装三个卡尺，一个安装在上弦中点附近，另两个分别安装在屋架两端。自屋架几何中心向外量出一定距离（一般 500mm），在卡尺上做好标记，然后在距离屋架中心线同样距离（500mm）处安设经纬仪，观察三个卡尺上的标记是否在同一个垂直面上。

用垂球检查屋架竖向偏差的方法与上述方法基本相同，只是卡尺上标记屋架几何中心的距离可以短一些（一般为 300mm）。在两端卡尺的标志间连一通线，从屋架顶部卡尺的标志处向下挂垂球，检查三个卡尺标记是否在同一个垂直面上，若不在同一个垂直面，通过工具式支撑纠偏，并在屋架两端与柱顶的缝隙中垫入斜垫铁。

屋架校正完毕后，立即用电焊做最后固定。

4. 天窗架和屋面板的吊装

天窗架可以和屋架组合在一起吊装，也可以单独吊装，其吊装和校正方法与屋架基本相同。

屋面板较轻，可采用一钩多吊的方法。其安装顺序应由两边檐口左右对称交替地逐块铺向屋脊，以免屋架不对称受荷。屋面板就位、校正后，应立即与屋架或天窗架焊接牢固。

7.1.3 结构吊装方案

单层工业厂房平面尺寸大，构件类型少、重量大，因此在制定吊装方案时，主要应解决结构吊装方法、起重机的选择、起重机的开行路线以及构件的平面布置等。

1. 结构吊装方法

单层工业厂房的结构吊装方法主要有分件吊装法和综合吊装法两种。

（1）分件吊装法

分件吊装法是在厂房结构吊装时，起重机每开行一次，仅吊装一种或几种构件，即：

第一次开行：吊装全部的柱子，并对柱子进行校正和最后固定；

第二次开行：吊装吊车梁、连系梁和柱间支撑等；

第三次开行：依次按节间吊装屋架、天窗架、屋面板以及屋面支撑等。

分件吊装法在每次开行时，基本只吊装同类构件，索具不需经常更换，操作方法也基本相同，所以吊装速度快，起重机工作效率高，且构件可以分批供应，现场平面布置比较简单，还能给构件的校正、接头的焊接、混凝土的浇筑及养护等提供充分的时间，但此法不能为后续施工及早提供工作面，起重机的开行路线也比较长。

（2）综合吊装法

综合吊装法是起重机在一次开行中，分节间吊装完所有类型的构件。一般先吊装 4～6 根柱子并立即进行校正和最后固定，然后吊装该节间内的吊车梁、连系梁、屋架、屋面板等构件，以此顺序按节间吊装直到整个结构吊装完毕。此法起重机开行路线短、停机次数少，但施工中索具更换频繁，吊装效率低，构件的校正和固定时间紧迫，构件的供应和平面布置也较复杂，故只有遇到特殊情况或采用移动困难的起重机时（如桅杆式起重机）才采用。

2. 起重机的选择

起重机的选择包括：起重机的类型、型号和数量。它关系到构件的吊装方法、起重机的开行路线与停机点、构件的平面布置等一系列问题。

（1）起重机类型的选择

起重机的类型主要根据厂房的结构特点、跨度、构件重量和吊装高度来确定。对于一般中小型厂房，由于外形尺寸较大、构件的重量及安装高度却不大，可以采用履带式起重机、轮胎式起重机或汽车式起重机。若缺乏上述设备，也可以采用桅杆式起重机。对于大跨度的重型厂房，由于高度和长度较大时，可以选用塔式起重机进行吊装。

（2）起重机型号的选择

以履带式起重机为例（汽车起重机、轮胎起重机类似）来说明起重机型号的选择方法。

1）起重量。起重机的起重量必须大于所安装构件的重量与索具的重量之和，即：

$$Q \geqslant Q_1 + Q_2 \tag{7-2}$$

式中 Q——起重机的起重量（t）；

Q_1——构件的重量（t）；

Q_2——索具的重量（t）。

2）起重高度。起重机的起重高度必须满足所吊装构件的安装高度要求，见图7-19，可按式（7-3）计算：

$$H \geqslant h_1 + h_2 + h_3 + h_4 \tag{7-3}$$

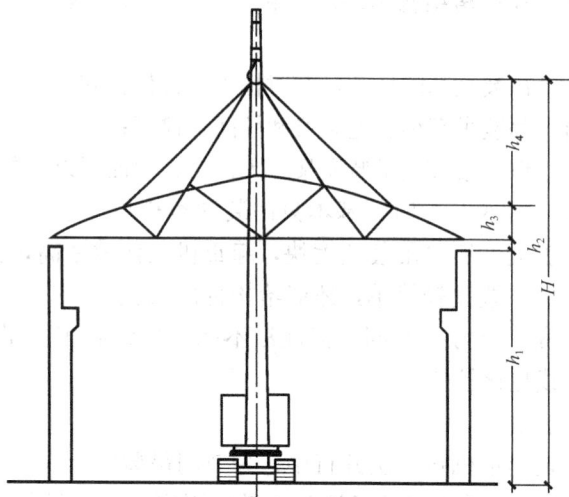

图 7-19 起重高度计算简图

式中 　H——起重机的起重高度（从停机面算起至吊钩中心）（m）；

　　　h_1——安装支座的表面高度（从停机面算起）（m）；

　　　h_2——安装间隙，视具体情况而定，应不小于0.2m；

　　　h_3——绑扎点至起吊后构件底面的距离（m）；

　　　h_4——索具高度（自绑扎点到吊钩中心），视具体情况而定（m）。

　　3）起重半径。起重半径的确定有3种情况：

　　一般情况下，当起重机停机位置不受限制时，对起重半径没有要求，可以根据计算的起重量Q和起重高度H，查阅起重机工作性能表或性能曲线来选择起重机型号及起重臂长度，并可查得相应的起重半径R，作为确定起重机开行路线及停机点的依据。

　　在有些情况下，起重机的停机位置受限制，无法直接开到构件吊装位置附近去吊装构件时，就要根据实际情况确定起吊时的最小起重半径R，并根据此时的起重量Q、起重高度H和起重半径R，查阅起重机工作性能表或性能曲线来选择起重机的型号及起重臂长度。

　　如果起重机在吊装构件时，起重臂需要跨越已经吊装好的构件（如跨过屋架吊装屋面板），则还需考虑起重臂是否会与已经吊装好的构件发生碰撞。此时需要求出起重机吊装该构件所需的最小臂长L以及相应的起重半径R，再根据此时的起重量Q和起重高度H，查阅起重机性能表或性能曲线来选择起重机的型号和臂长。

　　起重机最小臂长的确定可以利用数解法，也可以利用图解法。

　　① 数解法：见图7-20（a）。

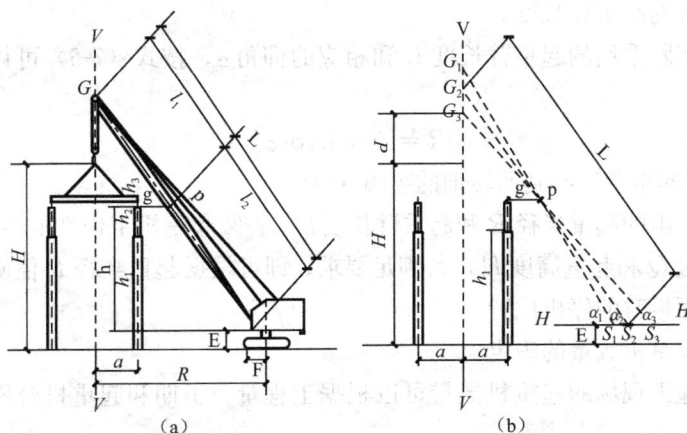

图7-20　起重机最小臂长计算简图（吊装屋面板时）

(a) 数解法；(b) 图解法

　　起重机所需的最小臂长L可以利用下式计算：

$$L = l_1 + l_2 = \frac{h}{\sin\alpha} + \frac{a+g}{\cos\alpha} \qquad (7\text{-}4)$$

式中 　h——起重臂下铰至构件支座顶面的高度（m），$h = h_1 - E$；

　　　h_1——支座高度，从停机面算起（m）；

E——起重臂下铰中心距地面的高度（m）；

a——起重钩所需跨过已安装好构件的水平距离（m）；

g——起重臂轴线与已安装好构件间的水平距离，至少取 1m；

H——起重高度（m）；

d——吊钩中心到定滑轮中心的最小距离，一般为 2.5～3.5m；

α——起重臂的仰角，可按下式计算：

$$\alpha = \arctan \sqrt[3]{\frac{h}{a+g}} \tag{7-5}$$

② 图解法：见图 7-20（b）。求解步骤如下：

按一定比例尺（不小于 1：200）画出厂房一个节间的纵剖面图，并画出起重机吊装屋面板时起重钩应到位置的垂线 $V\text{-}V$；根据所选起重机的型号，查出起重臂下铰点到停机面的距离 E，在高度 E 处画出平行于停机面的水平线 $H\text{-}H$。

从屋架顶面向起重机方向水平量出一距离 $g(g \geqslant 1m)$，定出一点 P，再按满足吊装要求的起重臂上定滑轮中心点的最小高度，在 $V\text{-}V$ 垂线上定出点 G_3、G_2、G_1，G_1、G_2、G_3 点为不同起重臂仰角时吊钩到起重机停机面的距离 $H+d$。

连接点 G_3、G_2、G_1 与点 P，$G_3 P$、$G_2 P$、$G_1 P$ 的延长线与 $H\text{-}H$ 分别交于 S_3、S_2、S_1 点，则 S_3、S_2、S_1 点即为起重臂的臂根铰心，$G_3 S_3$、$G_2 S_2$、$G_1 S_1$ 的最小长度即为起重臂的 $L_{\min}$。

根据数解法或图解法所求得的起重臂的最小理论长度 $L_{\min}$，查阅起重机的性能表或性能曲线，从现有的几种臂长中选择一种臂长 $L \geqslant L_{\min}$ 作为吊装屋面板时所选的起重臂长度。

根据实际采用的起重臂长度 L 和相应的仰角 α，按式（7-6）可计算出起重半径 R。

$$R = F + L\cos\alpha \tag{7-6}$$

式中 F——起重臂铰心到回转轴的距离（m）。

根据得出的起重半径 R 和起重臂长度 L，查阅起重机工作性能表或曲线，复核起重量 Q 和起重高度 H，若满足要求，即可根据起重半径 R 值确定起重机吊装屋面板时的停机位置。

（3）起重机数量的确定

投入施工现场的起重机数量可以根据工程量、工期和起重机台班产量按下式计算：

$$N = \frac{1}{T \cdot C \cdot K} \sum \frac{Q_i}{P_i} \tag{7-7}$$

式中 N——起重机台数；

T——工期（d）；

C——每天工作班数；

K——时间利用系数，一般取 0.8～0.9；

Q_i——每种构件的安装工程量（件或 t）；

P_i——起重机相应的产量定额（件/台班或 t/台班）。

3. 起重机的开行路线与停机位置

起重机的开行路线与多个因素有关，包括：起重机的停机位置、起重机性能、构件的尺寸和重量、构件的平面布置、构件的供应方式和吊装方法等。

（1）吊装柱

吊装柱时，根据厂房跨度的大小、柱的尺寸和重量以及起重机的性能，起重机可沿跨中或跨边开行。

当 $R \geqslant \dfrac{L}{2}$ 时（L 为厂房跨度），起重机可沿跨中开行，每个停机点可以吊 2~4 根柱子，见图 7-21（a）、（b）；

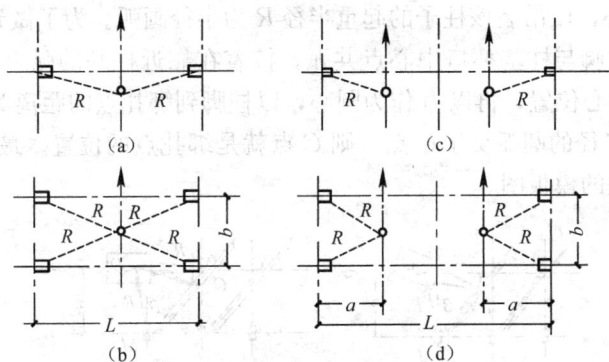

图 7-21　吊装柱时，起重机的开行路线及停机位置
（a）、（b）跨中开行；（c）、（d）跨边开行

当 $R \geqslant \sqrt{\left(\dfrac{L}{2}\right)^2 + \left(\dfrac{b}{2}\right)^2}$ 时（b 为厂房柱距），则每个停机点可以吊 4 根柱子，停机点位置在该柱网对角线中点处，见图 7-21（b）；

当 $R < \dfrac{L}{2}$ 时，起重机需要沿跨边开行，每个停机点只能吊装一根柱子，见图 7-21（c）；

当 $\dfrac{L}{2} > R \geqslant \sqrt{a^2 + \left(\dfrac{b}{2}\right)^2}$ 时（a 为起重机开行路线到柱纵轴线的距离），则每个停机点可吊装 2 根柱子，停机点位置在开行路线上的柱距中点处，见图 7-21（d）。

（2）吊装屋架、屋面板等屋面构件

吊装屋架、屋面板等屋面构件时，起重机大多沿跨中开行。

（3）当厂房中存在多跨并列和纵横跨

当厂房中存在多跨并列和纵横跨时，应先吊装各纵向跨，再吊装横向跨。如果纵跨中存在高低跨时，应先吊装高跨，然后吊装低跨。

4. 构件的平面布置

构件的平面布置可分为预制阶段的构件平面布置和吊装阶段的构件平面布置。

229

230

（1）预制阶段构件的平面布置

单层工业厂房在现场预制的构件主要是柱子和屋架。

1）柱的预制布置。柱子重量较大，不易移动，因此柱子的现场预制位置就是吊装的就位位置。柱的布置有斜向布置和纵向布置两种。

当柱子采用旋转法起吊时，应优先按3点共弧斜向布置，布置位置可参见图7-22（a）。可采用以下方法确定：首先定出起重机开行路线到柱基中线的距离 a（a 值最大不要超过该起重机吊装柱时的最大起重半径，a 值也不宜太小，以免起重机因太靠近基坑而失稳），按 a 值在图上画出起重机的行走路线；然后，以所吊柱的基础杯口中心 M 为圆心，以吊装该柱的起重半径 R 为半径，画圆弧交行走路线于 O 点，则 O 点即为起重机吊装该柱子时的停机点；以 O 点为圆心，以吊装该柱子的起重半径 R 为半径画弧。为了做到3点共弧，即绑扎点、柱脚与柱基杯口中心点共弧，接着在靠近柱基的弧上选定一个点 B 作为柱脚中心位置，再以 B 作为圆心，以柱脚到绑扎点的距离为半径画弧，与以 O 点为半径的圆弧交于 C 点，则 C 点就是绑扎点的位置。最后以 BC 为中心线画出柱的模板图。

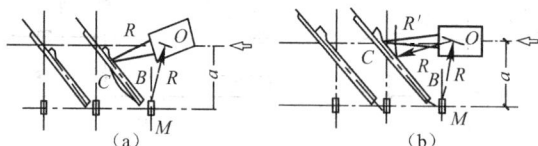

图7-22　旋转法吊装柱子时，柱的平面布置

(a) 三点共弧；(b) 柱脚与柱基中心两点共弧

柱子布置时，由于场地限制或者柱子过长，难以做到3点共弧时，则也可按图7-22（b），采用2点共弧，即将柱脚与柱基杯口中心安排在起重机起重半径的圆弧上，绑扎点在弧外。吊装时先用较大的起重半径 R' 吊起柱子并升起起重臂，当起重半径由 R' 变为 R 后，停止升臂，再按旋转法吊起柱子。

当柱采用滑行法起吊时，可按2点共弧斜向或纵向布置，绑扎点靠近杯口，见图7-23。

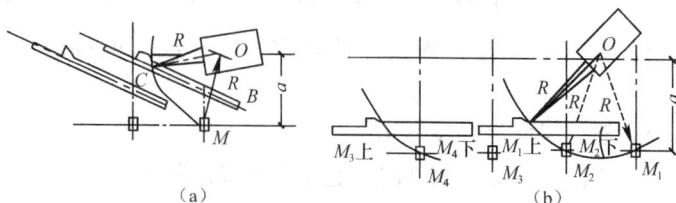

图7-23　滑行法吊装柱子时，柱的平面布置

(a) 斜向布置；(b) 纵向布置

无论采用布置哪种方式，柱布置时都应注意牛腿的朝向。当柱布置在跨内预制时，牛腿朝向起重机；当布置在跨外预制时，牛腿应背向起重机。

2）屋架的预制布置。屋架一般在跨内以每3～4榀为一叠平卧叠层浇筑。

布置的方式有斜向布置、正反斜向布置和正反纵向布置，见图 7-24。布置时，为便于支模及浇筑混凝土，屋架间应预留 1m 的间距。如果是预应力混凝土屋架，在其一端或两端要留出抽管和穿筋所需的长度，留设长度一端抽管时为屋架全长再加上抽管时所需的工作场地 3m；两端抽管时为屋架长度的 1/2 再加 3m。为了便于屋架的扶直和排放，一般优先采用斜向布置方式，此外，为了方便扶直，应将先扶直后吊装的放在上层。

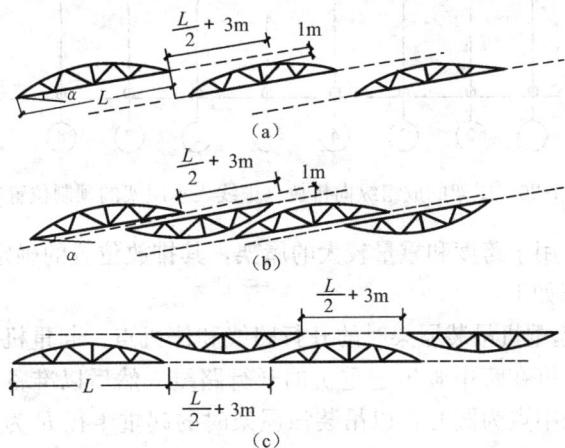

图 7-24 屋架现场预制布置方式

(a) 斜向布置；(b) 正反斜向布置；(c) 正反纵向布置

(2) 吊装阶段构件的平面布置

1) 屋架的扶直排放。屋架扶直后应立即排放到设计好的地面位置上，按排放位置的不同分同侧排放和异侧排放，见图 7-25。同侧排放时，屋架的预制位置与排放位置在起重机开行路线的同一边；异侧排放时，需要将屋架由预制的一边移至起重机开行路线的另一边排放。

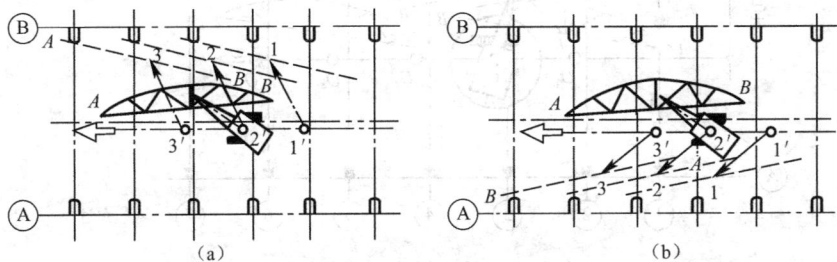

图 7-25 屋架排放示意图

(a) 同侧排放；(b) 异侧排放

屋架的排放既可靠柱边成组纵向排放，也可以靠柱边斜向排放。成组纵向排放适用于重量较轻的屋架，见图 7-26，一般以 4～5 榀屋架为一组靠柱边顺轴线排放，屋架之间的净距不小于 200mm，用铁丝和支撑相互拉紧撑牢。每组屋架之间应留出 3m 左右的距离作为横向通道。为避免在已经安装好的屋架下绑扎吊装屋架及防止屋架起吊时与已安好的屋架相碰撞，每组屋架排放的中心可以安排在该组屋架倒数第二榀安装轴线之后约 2m 处。

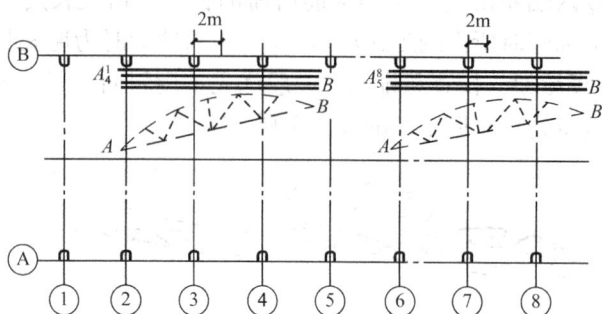

图 7-26　屋架的成组纵向排放（虚线表示屋架的预制位置）

斜向排放多用于跨度和重量较大的屋架，其排放位置的确定采用作图法，见图 7-27。步骤如下：

① 确定出起重机吊装屋架时的开行路线和停机点。起重机吊装屋架时一般沿跨中开行，可在跨中画出起重机的开行路线。然后以准备吊装屋架的轴线（如②轴线）中点为圆心，以吊装该屋架时的起重半径 R 为半径画弧，交开行路线于 O_2 点，则 O_2 点即为吊装②轴线屋架的停机位置。

② 确定屋架的排放范围。屋架一般靠柱边排放，可选择距柱边的净距不小于 200mm 的位置定出 P-P 线；然后以距起重机开行路线的距离为 $A+0.5m$（A 为起重机尾部到回转中心的距离）定出 Q-Q 线，则 P-P 线和 Q-Q 线之间的范围就是屋架的可排放范围。屋架的实际排放位置可以根据需要在此范围内确定。

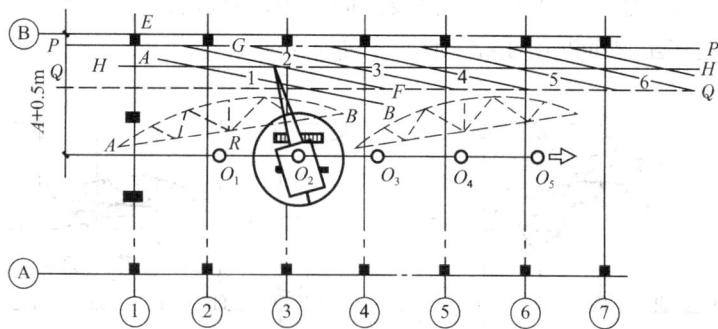

图 7-27　屋架斜向排放（虚线表示屋架的预制位置）

③ 确定屋架的排放位置。根据需要定出屋架的实际排放范围 P-Q 后，作出 P-Q 的中线 H-H。屋架排放后，其中心点均应该在 H-H 上。以吊②轴线屋架为例：以停机点 O_2 为圆心，起重半径 R 为半径画弧，交 H-H 于 G 点，则 G 点即为排放②轴线屋架的中点。再以 G 为圆心，以屋架跨度的一半为半径画弧，交 P-P、Q-Q 于 E 和 F 点，连接 E、F，则 EF 即为②轴线屋架的排放位置。依次类推，可定出其他屋架的排放位置。第一榀屋架（第一轴

线的屋架）由于已经安装了抗风柱，故可后退到②轴线屋架排放位置附近排放。

2）吊车梁、连系梁、屋面板的排放。吊车梁、连系梁和屋面板一般在构件预制厂制作，再运到现场排放、吊装。吊车梁、连系梁一般在其吊装位置的柱列附近排放，跨内、跨外均可，有时为避免现场过于拥挤也从运输车辆上直接吊装。屋面板可以按 6～8 块为一叠，靠柱边堆放。当排放在跨内时，应向后退 3～4 个节间开始排放；若排放于跨外，应向后退 1～2 个节间开始排放。

在实际的吊装施工中，制定构件的平面布置方案时，还应充分考虑现场的实际情况，制定出切实可行的现场构件平面布置图。图 7-28 为某车间的预制构件平面布置图。

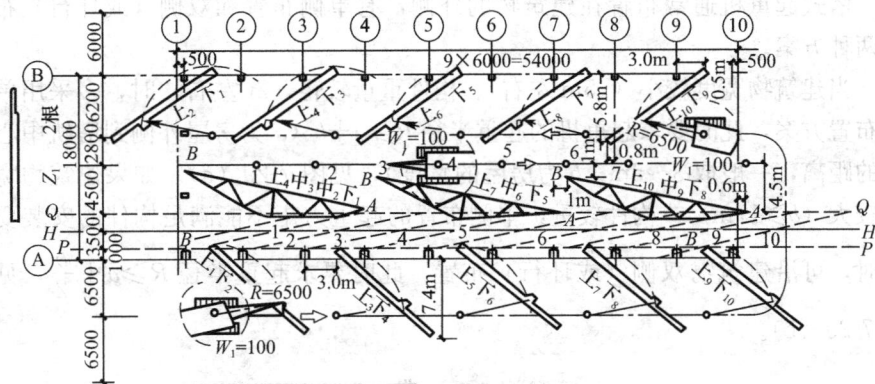

图 7-28　某车间预制构件平面布置图

7.2　多层和高层结构房屋安装

多层（多层工业厂房和多层民用建筑等）和高层房屋如果采用装配式结构，可以大大加快施工进度。常用的多层装配式结构有装配式钢筋混凝土框架结构和装配式墙板结构等。

相对于单层工业厂房的吊装施工，多层装配式结构施工具有高度大、占地少、构件类型多、数量大、接头复杂、技术要求高等特点。因此，施工中主要应解决起重机械选择、构件的供应、现场平面布置以及结构安装方法等问题。

7.2.1　起重机械的选择与布置

1. 起重机的选择

起重机械的选择主要根据工程的特点（建筑物的层高与总高、平面尺寸形状、构件的尺寸形状和大小等）、施工现场的实际条件和现有机械设备能力等因素来确定。

对于 5 层以下的民用建筑或高度在 18m 以下的多层工业厂房以及外形不规则的房屋，可采用履带式或轮胎式起重机；对于 10 层以上的高层住宅，可采用爬升式或附着式塔式起重机，对重型厂房，由于构件重、吊装高度高，可以采用起重量 250~1000kN 的塔式起重机或起重量为 400kN 以上的桅杆式起重机进行吊装。

2. 起重机的布置

起重机的布置按照房屋的宽度、长度和重量可以单侧布置、双侧布置、U 形布置和环形布置。

(1) 自行杆式起重机

自行杆式起重机可以布置在建筑物的跨内和跨外，通常按沿跨内行走布置。

(2) 塔式起重机

塔式起重机通常布置在建筑物的外侧，有单侧布置和双侧（或环行）布置两种方案。

当建筑物宽度较小（15m 左右）、构件重量较轻（2t 左右）时，多采用单侧布置方案，此时要求起重机的起重半径 $R \geqslant a+b$（a 为房屋外侧到塔轨中心线的距离，一般取 3~5m；b 为房屋的宽度），见图 7-29（a）。如果建筑物宽度较大（$b \geqslant 17m$）或构件较重，单侧布置的起重力矩不能满足构件的安装要求时，可沿建筑物双侧（或环行）布置，此时要求起重半径 $R \geqslant a+\dfrac{b}{2}$，见图 7-29（b）。

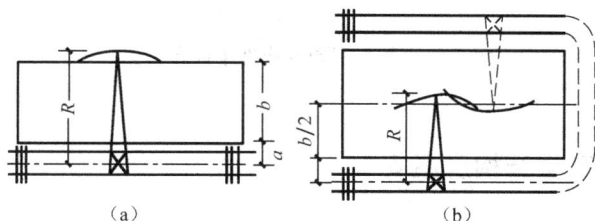

图 7-29　塔式起重机跨外布置

(a) 单侧布置；(b) 双侧布置或环形布置

当场地狭窄，在建筑物外侧无法布置起重机或建筑物宽度较大、构件较重，布置在跨外起重机性能无法满足安装要求时，也可以采用跨内单行布置和跨内环行布置，见图 7-30。

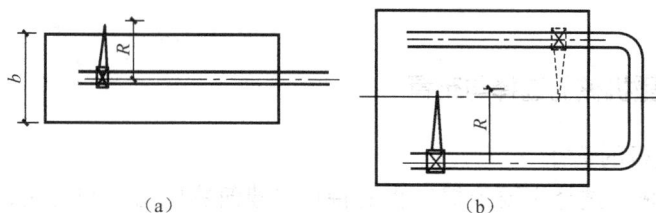

图 7-30　塔式起重机跨内布置

(a) 单行布置；(b) 环行布置

7.2.2 结构安装方法

多层及高层装配式结构的安装方法有分件安装法和综合安装法两种。

1. 分件安装法

分件安装法按其流水方式的不同，有分层分段流水安装法和分层大流水安装法两种。

（1）分层分段流水安装法

分层分段流水安装法见图 7-31（a），它以一个楼层为一个施工层（如果柱子是两层一节，则以两个楼层为一个施工层），每一个施工层再划分为若干个施工段。起重机在每一个施工段内按照柱、梁、板的顺序分次进行安装，直至该段的构件全部安装完毕，然后再转向另一施工段进行安装。当一层构件全部安装完毕并且最后固定后，再安装上一层构件。施工段的划分主要取决于建筑物的形状和平面尺寸、起重机的性能和开行路线、完成各个工序所需的时间和临时固定设备的数量等因素，一般框架结构以 6～8 个节间为宜。施工层的划分与预制柱的长度有关，当柱长为一个楼层高度时，以一个楼层为一个施工层；当柱长为两个楼层高度时，以两个楼层为一个施工层。由此可知，施工层的数目越多，柱的接头就越多，安装速度将会受到影响。因此，在起重机能力允许的条件下，应尽量增加柱子的长度，以达到减少施工层数，加快工程进度的目的。

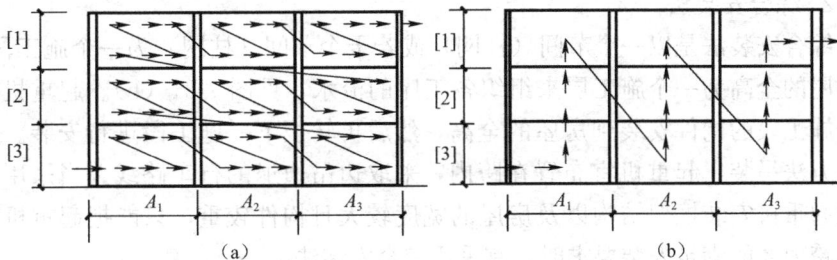

图 7-31　多层装配式框架结构安装方法
(a) 分层分段流水安装法；(b) 综合安装法
A_1、A_2、A_3-施工段；[1]、[2]、[3]-施工层

图 7-32 是塔式起重机跨外开行，采用分层分段流水安装法安装梁板式框架结构一个楼层的施工顺序。该结构在平面内划分为 4 个施工段，起重机首先依次安装第一施工段中的 1～14 号柱，在这段时间内，柱的校正、焊接、接头灌浆等工序也依次进行。起重机安装完 14 号柱后，又回头安装 15～33 号主梁和次梁，同时进行各梁的焊接和灌浆的工序。这样就完成了第一施工段中柱和梁的安装并形成了框架，保证了结构的稳定性。然后，再照此顺序安装第二施工段中的柱和梁。待第一、二施工段的柱和梁安装完毕，再回头依次安装这两个施工段中的 64～75 号楼板。楼板安装完毕后，再按此方法安装第三、四两个施工段，完成一个施工层的安装任务。该施工层安装完毕后，再向上安装另一个施工层。

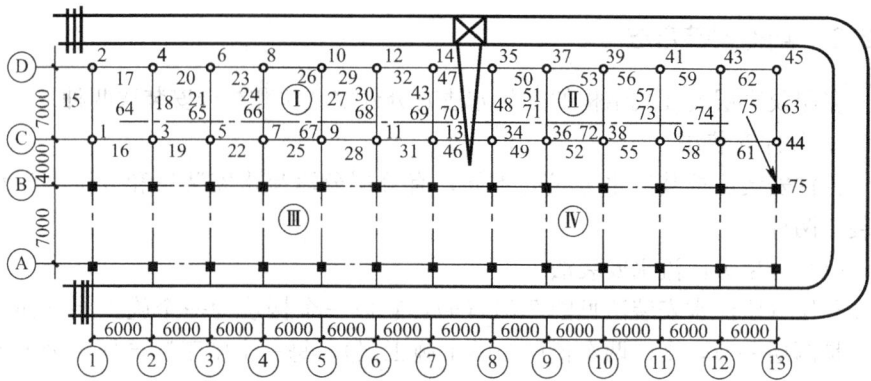

图 7-32　用分层分段流水法安装一个楼层构件的顺序

（2）分层大流水安装法

如果采用分层大流水安装法，则每个施工层不再划分施工段，而是按一个楼层组织各工序的流水，这将使临时固定支撑的用量大大增加，因此只适用于面积不大的房屋安装工程。

分件安装法是装配式框架结构最常用的安装方法，优点是：容易组织安装，校正、焊接、灌缝等工序可流水作业；便于安排构件的供应和现场布置工作；起重机变幅和更换索具的次数少，从而提高了安装速度和效率，施工操作也比较方便和安全。

2. 综合安装法

综合安装法是以一个节间（柱网）或若干个节间（柱网）为一个施工段，以房屋的全高为一个施工层来组织各工序的流水，见图 7-31（b）。起重机把一个施工段的构件安装到房屋的全高，然后再转至下一施工段进行安装。采用该方法吊装，起重机宜布置在跨内，采取边吊边退的行车路线。当采用自行式起重机安装框架结构以及房屋的宽度较大且构件较重，只能把起重机布置在跨内才能满足安装要求时，宜采用综合安装法。

图 7-33 为采用履带式起重机跨内开行，以综合安装法安装一幢两层装配式框架结构的实例。该工程采用两台履带式起重机，其中一号起重机先吊装 CD 跨的柱、梁和楼板，沿纵向逐间向后退。其顺序是：先吊第一节间的 1～4 号柱（柱一节到顶），随即安装该节间第一层的 5～8 号梁，形成框架后，接着安装该层 9 号楼板。然后安装第二层的 10～13 号梁和 14 号板。当第一节间安装完成后，一号起重机后退，用同样顺序安装第二节间各层的构件。以此类推，完成 CD 跨全部构件的安装后退场。二号起重机则在 AB 跨开行，负责安装 AB 跨的柱、梁和楼板，再加上 BC 跨的梁和楼板，安装方法和一号起重机相同。

采用综合吊装法要同时安装各种不同类型的构件，使构件供应和平面布置复杂，构件校正和最后固定时间紧迫，构件校正工作较为复杂，混凝土柱与杯形基础接头的混凝土结硬需要有一定的时间，柱子的固定跟不上吊装速度，故影响安装效率。因此，目前在装配式结构吊装中很少采用此方法。

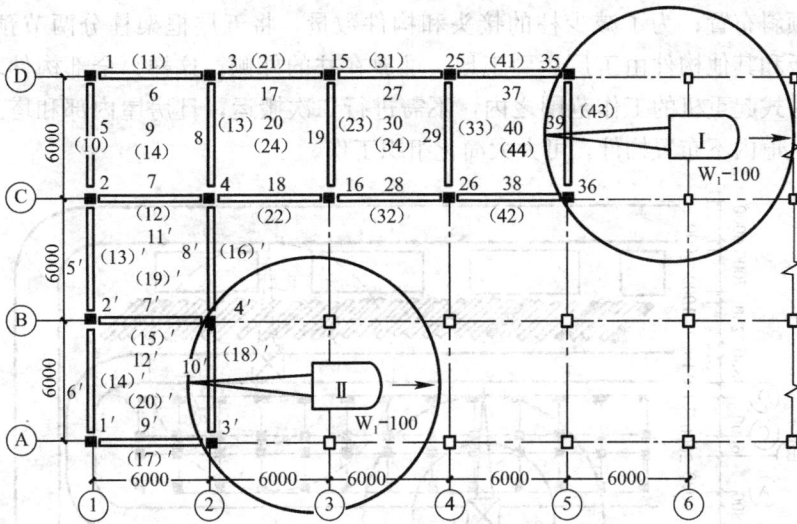

图 7-33　履带式起重机跨内开行用综合安装法安装梁板结构

1、2、3……起重机 I 的安装顺序；1′、2′、3′……起重机 II 的安装顺序；

带（　）者为第二层梁板的安装顺序

7.2.3　构件的平面布置

装配式结构的预制构件，除了一些较长、较重的柱需要在现场就地制作以外，其他构件大多在工厂集中制作后运往施工现场进行安装。因此，构件平面布置主要是解决柱的现场预制位置和工厂预制构件运到现场后的堆放问题。

构件的平面位置与所采用的吊装方法、起重机的性能、构件的重量、形状以及制作方法有关。柱为现场预制的主要构件，布置时应优先考虑。根据与塔式起重机轨道相对位置的不同，柱的布置方式可以分为平行布置、倾斜布置和垂直布置三种，见图 7-34。

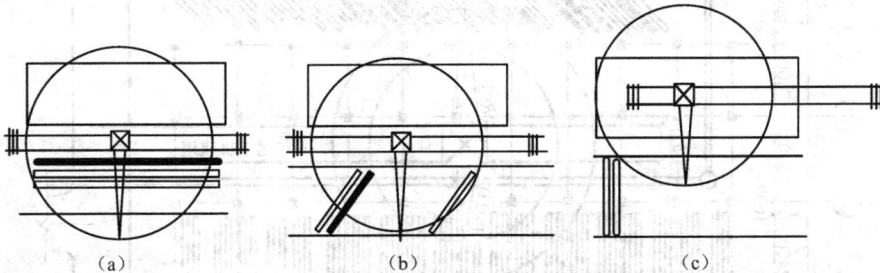

图 7-34　使用塔式起重机安装柱的布置方案

（a）平行布置；（b）倾斜布置；（c）垂直布置

平行布置的优点是可以将几层柱通长预制，有助于减少柱接头的预制偏差。倾斜布置可以使用旋转法起吊，适用于较长的柱。垂直布置适合起重机跨中开行，柱的吊点在起重机的起重半径内。

图 7-35 所示为塔式起重机跨外环行开行安装一幢五层框架结构的构件平面布置方案。柱全部在房屋两侧预制，采用两层叠浇，紧靠塔式起重机轨道

外侧倾斜布置；为了减少柱的接头和构件数量，将五层框架柱分两节预制，梁、板和其他构件由工厂运到工地，堆放在柱的外侧。这样，全部构件均布置在塔式起重机的工作范围之内，不需进行二次搬运，且房屋内部和塔式起重机轨道内不布置构件，可大大简化组织工作。

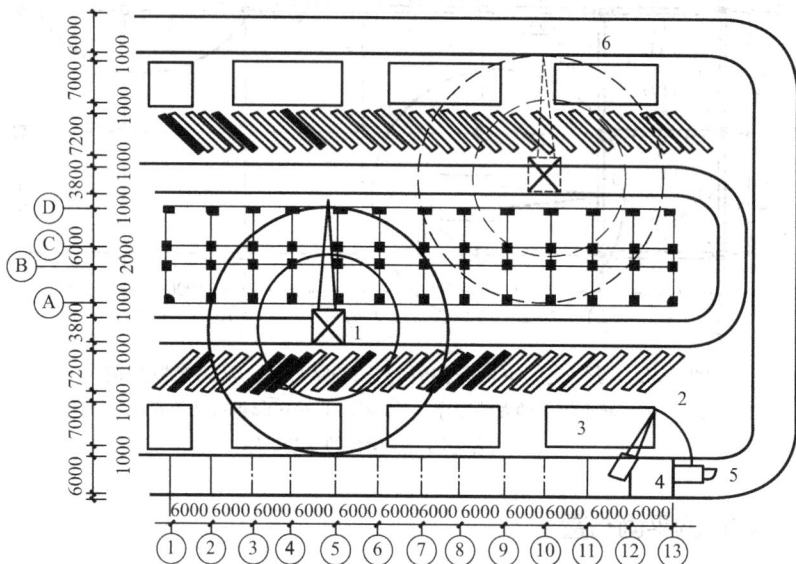

图 7-35　塔式起重机跨外环行构件布置图

1-塔式起重机；2-柱子预制场地；3-梁板堆放场地；4-汽车式起重机；5-载重汽车；6-临时道路

图 7-36 所示为塔式起重机跨内开行时安装一幢五层房屋的结构平面布置

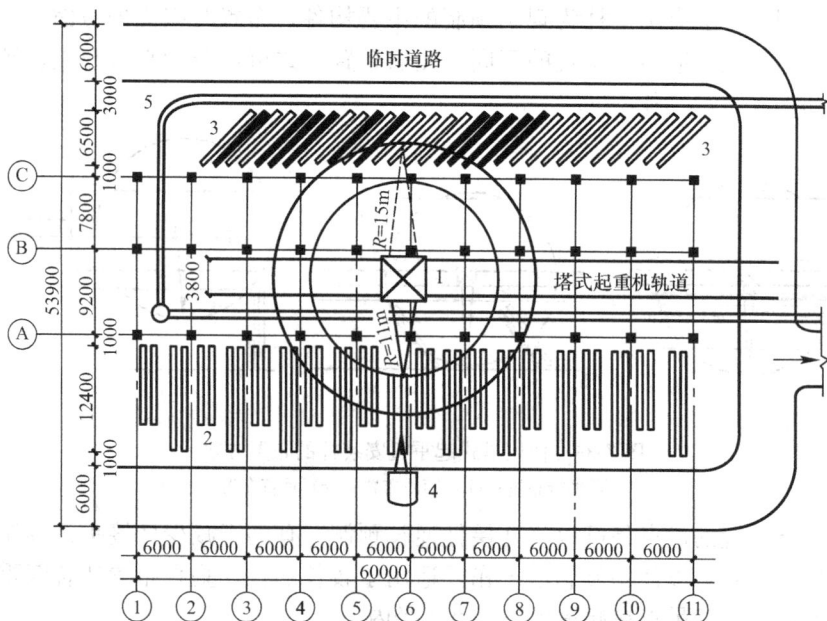

图 7-36　塔式起重机跨内布置时构件布置图

1-塔式起重机；2-现场预制柱；3-预制主梁；4-辅助起重机；5-轻便窄轨

方案。柱预制在靠近塔式起重机的一侧。由于受塔式起重机工作幅度的限制，将柱与房屋成垂直布置。主梁预制在房屋的另一边，小梁和楼板等其他构件可以在窄轨上用平台车运入，随运随吊。此方案房屋内部不布置构件，只有柱和主梁预制在房屋的两侧，场地布置简单。但主梁的起吊比较困难，柱子需要采用滑行法起吊或者需要辅助起重机协助起吊。

图 7-37 为履带式起重机跨内开行安装一幢二层三跨框架结构的构件平面布置方案。柱子在跨中基础旁斜向布置，两层叠浇。履带式起重机在两个跨内开行。梁、板堆场布置在房屋的两边外侧，起重机的工作范围之内。此方案适用于横向三跨而中间跨较宽的房屋。

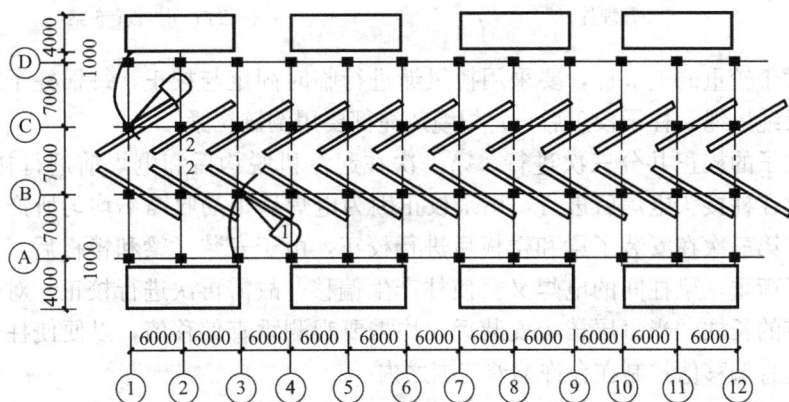

图 7-37　履带式起重机跨内开行构件布置图
1-履带式起重机；2-柱子预制场地

7.2.4　结构构件的安装

1. 装配式框架结构的吊装

多层装配式框架结构由柱、主梁和楼板组成。柱一般为方形或矩形截面，为了便于预制和吊装，可通过改变柱的配筋或混凝土强度等级的方法，在不影响承载力的情况下保持上下各层柱的截面不变。根据现场起重设备的起重能力，柱可做成 1 层一节或 2～3 层一节，有时也可做成梁柱整体式结构，如 H 形或 T 形柱。

（1）柱的安装

柱的起吊方法与单层工业厂房相同，一般采用旋转法。由于上柱的根部有外伸的钢筋，因此起吊前要对外伸钢筋加以保护，以免起吊时钢筋弯曲，影响柱子的对位安装。

（2）柱的临时固定与校正

下节柱的临时固定和校正方法与单层工业厂房的柱子相同。

较轻的上节柱可以采用方木和管式支撑进行临时固定和校正。管式支撑为两端带有螺杆的钢管，上端与套在柱上的夹箍相连，下端与楼板的预埋件连接，见图 7-38 和图 7-39。

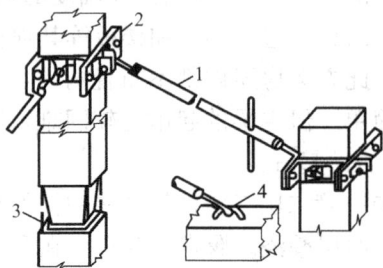

图 7-38 管式支撑临时固定柱示意图
1-管式支撑；2-夹箍；3-预埋钢管；
4-预埋件

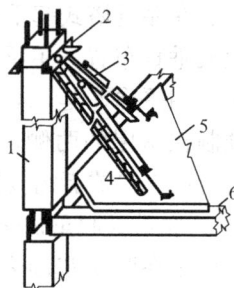

图 7-39 角柱的临时固定示意图
1-柱；2-角钢夹板；3-钢管拉杆；
4-木支撑；5-楼板；6-梁

对于较重的上节柱，要采用揽风绳进行临时固定与校正，每根柱子需要用4根缆风绳。柱子校正后，每根缆风绳都要用倒链拉紧。

柱子的校正共分三次进行。第一次在起重机脱钩后和电焊前进行初校；第二次在柱接头电焊后进行，用来校正因为电焊后钢筋收缩不均匀所产生的偏差；第三次在安装了梁和楼板后进行校正，由于安装了梁和楼板后，柱子增加了荷重，梁柱间的电焊又会使柱产生偏移，故需再次进行校正。对于几层一节的长柱，当每层楼板安装后，均需要观测垂直偏移值，以便使柱子的最终垂直偏移值控制在允许偏差范围之内。

柱子校正时，考虑阳光的照射对柱子垂直度产生的影响，特别是对于高耸的建筑物、对柱子垂直度要求严格的工程和细长的柱子，最好选择在无阳光影响的时候进行校正。

（3）柱接头施工

柱接头的形式有榫式接头、插入式接头和浆锚式接头，见图 7-40。

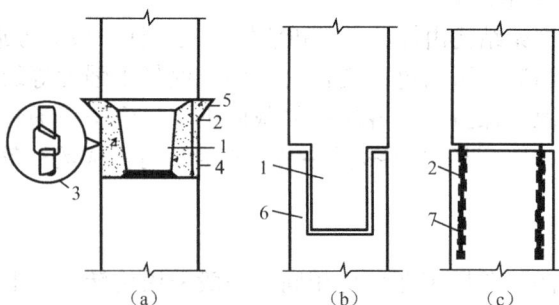

（a）　　　　（b）　　　　（c）

图 7-40 柱接头形式
（a）榫式接头；（b）插入式接头；（c）浆锚式接头
1-榫头；2-上柱外伸钢筋；3-坡口焊；4-下柱外伸钢筋；5-后浇接头混凝土；6-下柱杯口；7-下柱

榫式接头的上柱带有榫头，用于承受施工阶段的荷载，上下柱都带有外露钢筋，焊接后再配置若干箍筋，最后浇筑比预制柱混凝土强度高10MPa的混凝土，形成整体接头，见图 7-40（a）。这种接头的整体性好，安装校正方便，耗钢量也比较小。

插入式接头不需要焊接，施工时直接将上柱的榫头插入下柱的杯口后，再用压力灌浆填实杯口间隙即可，见图7-40（b）。

浆锚式接头是将上柱的受力钢筋插入下柱的预留孔中，然后用水泥砂浆灌缝，将上下层柱连接成整体，见图7-40（c）。采用这种连接方法时，要求柱的截面不宜小于400mm×400mm，柱的纵向钢筋不多于四根，每根钢筋的锚孔直径不小于80mm且不小于柱钢筋直径的四倍。

（4）梁与柱的连接

多层装配式框架常用到梁柱接头的形式有：明牛腿式刚性接头、浇筑整体式接头、齿槽式接头等。

明牛腿式刚性接头的形式见图7-41，接头的节点刚度大、受力可靠、安装方便，适用于大荷载的重型框架以及具有振动的多层工业厂房中。由于要求接头承受节点负弯矩，因此，梁和柱的钢筋要进行焊接，以保证梁的受力钢筋有足够的锚固长度。此种接头中，因为牛腿要占用部分空间，会使室内的净空间减小，另外牛腿的施工也比较复杂。

齿槽式接头取消了牛腿，改为利用梁柱接头处设置的齿槽来传递梁端剪力，见图7-42。安装时用临时钢牛腿提供临时支托，待接缝混凝土达到一定强度，能够承担上部荷载时，即可将钢牛腿拆除。这种接头由于主要由齿槽来传递梁端的剪力，因此对齿槽尺寸、钢筋焊接质量和浇筑接缝混凝土的要求较高，施工工序也较为复杂。

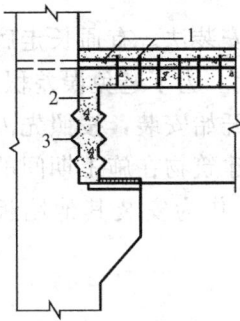

图7-41　明牛腿式刚性接头
1-坡口焊；2-后浇细石混凝土；
3-齿槽

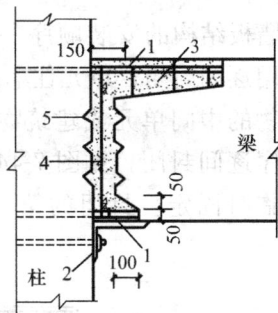

图7-42　齿槽式接头
1-坡口焊；2-安装用临时钢牛腿；3-后浇细石混凝土；
4-附加钢筋（d≥8mm）；5-齿槽

浇筑整体式接头实际上是把柱与柱、柱与梁浇筑在一块的节点，见图7-43。采用此种接头，柱子为每层一节，梁放在柱子上，梁底的钢筋按锚固长度要求上弯或焊接，在节点核心区加上箍筋后，浇筑混凝土到楼板顶面的高度。当混凝土的强度大于10MPa后，即可安装上柱，上柱与下柱钢筋的搭接长度要求≥20d（d为钢筋直径）。第二次浇筑混凝土到上柱的榫头上方并留下35mm左右的空隙，最后用细石混凝土捻塞，形成刚性接头。这种接头的整体性好，梁柱构件的制作也比较简单，安装方便且大大减少了焊接工作量。缺点是梁柱交接处钢筋很密，施工比较复杂，安装工序也比较多。

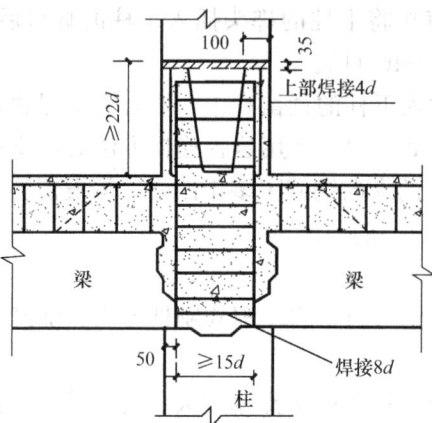

图 7-43 浇筑整体式接头（上柱带榫头）

2. 装配式墙板结构的吊装

装配式墙板结构的安装方法主要有堆存安装法、原车安装法和部分原车安装法三种。

堆存安装法即先把构件在生产场地按型号、数量配套，直接运到工地，堆存在起重机械的起重半径范围内，然后进行安装。堆存数量一般为 1～2 层的构配件。堆存安装法有充分的时间做好安装前的施工准备工作，组织工作简便，可以保证墙板的安装工作连续进行，安装效率高，但须占用较多的场地。

原车安装法是把墙板在生产场地按墙板安装顺序配套后运往施工现场，从运输工具上直接安装到建筑物上。原车安装法可以减少构件的装卸次数和堆放场地，但需要较多的运输车辆和严密的施工组织管理工作。

部分原车安装法界于上述两种方法之间，即构件既有现场堆放，又有原车安装。一般将特殊规格和非标准的构件堆放在现场，通用构件除少量堆放在现场外，大部分组织原车安装。这种方法比较适用于目前的施工管理水平，因此应用较多。

装配式墙板结构的安装顺序一般采用逐间封闭安装法。有通长走廊的房屋一般采用逐间封闭；单元住宅则多采用双间封闭。为了避免误差积累，一般从建筑物的中间单元或建筑物一端第二个单元开始安装，按照先内墙后外墙的顺序逐间封闭，见图 7-44。这样可以保证建筑物在施工期间的整体性，便于临时固定。封闭的第一间作为标准间，作为安装其他墙板的依据。

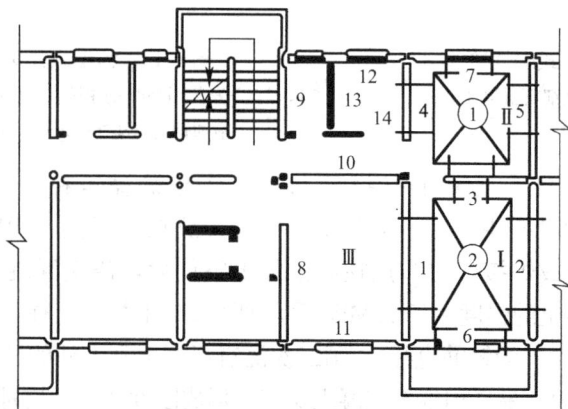

图 7-44 逐间封闭的安装顺序示意图

1、2、3……墙板安装顺序号；Ⅰ、Ⅱ、Ⅲ……逐间封闭顺序号；①、②-操作平台

7.3 钢结构施工技术

7.3.1 钢材的品种、选用与验收

1. 钢材品种与规格

工程结构中常用的钢材，根据钢材冶炼工艺分有普通碳素钢、优质碳素钢、普通低合金钢；根据轧制工艺和形式不同有钢板、型钢和钢管等。钢板是指一种宽厚比和表面积都很大的扁平钢材。根据钢板的薄厚程度，分为薄钢板（厚度≤4mm），厚钢板（4mm＜厚度≤60mm）和特厚钢板（板厚＞60mm）。按生产方法分为热轧钢板和冷轧钢板。热轧钢板有热轧厚钢板、热轧花纹钢板。冷轧钢板一般由薄钢板在常温下经冷加工成型的钢材，又称冷型钢。通常将薄钢板加工成杆状的钢材称为冷弯薄壁型钢，将板状的称为压型钢板。压型钢板一般是采用Q215、Q235钢的薄钢板冷轧制成的卷材，有镀锌板、彩色钢板，是一种经辊压成各种波纹的轻型建筑钢材。

型钢按照生产方法不同分为热轧型钢、冷弯型钢、冷拉型钢、挤压型钢和焊接型钢。根据截面形状不同分为圆钢、方钢、扁钢、六角钢、角钢、工字钢、槽钢、H型钢、T型钢、钢轨、Z型钢及其他异型钢材。

钢管按剖面上有无接缝分为无缝钢管和焊接（有缝）钢管两类。焊接钢管比无缝钢管生产效率高，成本低。在建筑结构上多用于制作网架、桁架杆件。

2. 钢材的选用及验收

为保证钢结构工程安全适用、经济合理、承重构件有良好的承载性能，在设计和施工中应合理地选用钢材。设计时，应综合考虑结构的重要性、荷载特征、应力状态、工作环境、加工条件、钢材性能以及价格等要素。

对钢材的选用必须综合考虑其强度、塑性、韧性、耐疲劳性能、焊接性能、耐腐蚀性能等指标优化选用。对厚钢板结构、焊接结构、低温结构和采用含碳量高的钢材制作的结构，应防止脆性破坏。承重结构的钢材，应保证抗拉强度、伸长率、屈服点和硫、磷的极限含量。焊接结构应保证碳的极限含量。必要时还应有冷弯试验的合格证。

钢材验收制度是保证钢结构工程质量的重要环节，其主要内容包括：

（1）核对钢材的数量、品种和规格尺寸是否与订货单符合。

（2）查对钢材的质量保证书是否与钢材上打印的记号符合。每批钢材必须具备生产厂提供的材质证明书，写明钢材的炉号、钢号、化学成分和机械性能等，并根据国家标准核对钢材的各项指标。

（3）进行钢材表面质量检验，不论扁钢、钢板和型钢，表面均不允许有结疤、裂纹、折叠和分层等缺陷。钢材表面的锈蚀深度，不得超过其厚度负偏差值的1/2。

钢材经检验合格后，应按品种、规格分别堆放，并应在其端部固定标牌

和编号。标牌应表明钢材的规格、钢号、数量和材质验收证明书号，并在钢材端部根据其钢号涂以不同颜色的油漆加以区分。

3. 钢材代用注意事项

一般情况下，结构用钢一定要符合设计要求，只有在供方无法满足设计要求，又没有其他货源的情况下，经原设计单位同意后方可代换。当确定钢材必须代换时，应注意以下问题：

（1）代用钢材的化学成分和机械性能与原设计应一致。当钢号能满足设计要求，但材质保证中缺少设计单位提出的部分性能要求时，则要做补充试验，合格后方能使用。每种型号规格的试件数量一般不能少于3件。

（2）钢号能满足设计要求，但钢材质量优于设计要求时，要注意节约。如用量较大，要重新进行杆件和节点的设计。

（3）钢号能满足设计要求，但钢材材质低于设计要求时，一般不能代用。

（4）钢号和材质都与设计要求不符时，应重新改变设计。

（5）当采用代用钢材而引起构件的强度、稳定性和刚度变化较大，并产生较大的偏心影响时，要重新进行设计。

7.3.2 钢结构的加工

1. 工艺流程

钢结构构件的制造精度要求较高，一般加工制造往往在具有专门机械设备的金属结构制造厂进行。为了保证钢结构产品的质量，钢结构制作中每一道工序都应严格遵循相应的工艺操作规定和质量要求。钢结构制造的工艺流程见图7-45。

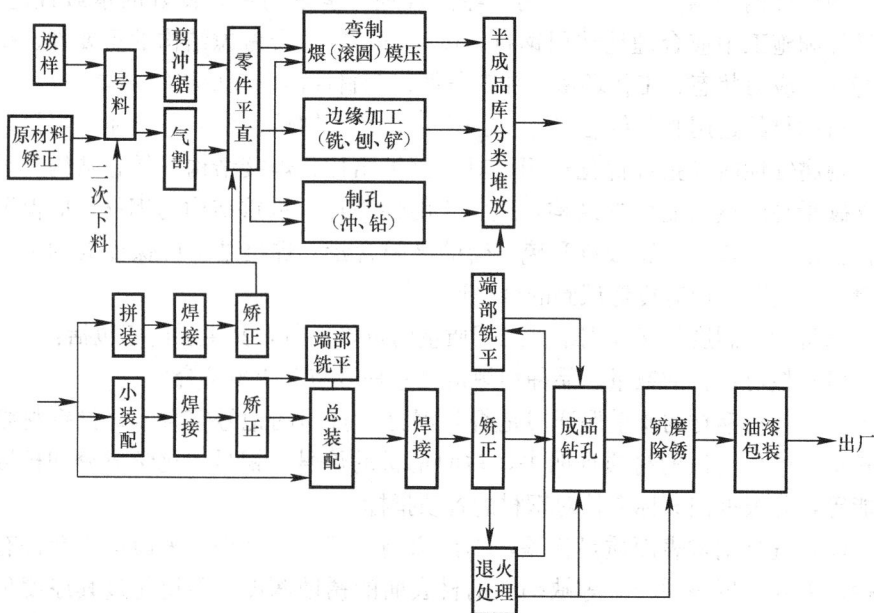

图7-45 钢结构制造工艺流程

2. 原材料矫正

运进的钢材常因长途运输、装卸碰撞等影响，引起钢材原材料的变形，给加工造成困难，影响制造的精度。因此为了保证钢结构制造及安装的质量，必须对不符合技术标准的材料进行矫正。对钢结构变形的矫正，按照采用的方法有机械矫正、手工矫正、火焰矫正、半自动机械矫正和混合矫正五种方法。钢板校正一般采用辊式平板机，其工作简图见图 7-46，型钢校正采用辊式型钢矫正机及机械顶直矫正机。当钢材型号超过矫正机负荷能力或构件形式不适于采用机械矫正时，可采用火焰矫正。

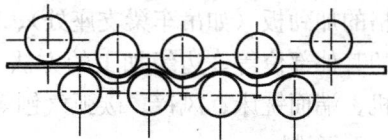

图 7-46 辊式平板机工作简图

3. 放样和号料

在钢结构中，结构构件非常多，而每一构件又由各种零件组成，所以为保证构件的制作质量和提高工作效率，按 1:1 的比例在放样台上利用几何作图法弹出大样图，并做成足尺寸的样板，这一工序叫放样；然后依样板在钢材上画线，以得到所需的切割线和孔眼位置，这一工序叫号料。

放样工作包括以下内容：核对图纸的安装尺寸和孔距；以 1:1 的大样放出节点；核对各部分的尺寸；制作样板和样杆作为下料、弯制、铣、刨、制孔等加工的依据。

号料时应在材料上画出切割、铣、刨、弯曲、钻孔等加工位置，打冲孔，注明零件编号等。不同规格、不同钢号的零件应依据先大后小的原则分别号料。放样及号料时，应根据工艺要求、材料厚度、切割方法、焊接方法预留收缩量及加工余量。高层钢结构中的框架柱尚应预留柱的弹性压缩量。

4. 下料（切割）

钢材的下料是根据施工图样的几何尺寸、形状制成样板，再利用样板直接在钢材的表面上画零构件形状的加工界线，最后通过气割、锯切、剪切、冲裁方法而取得所需的零构件的工序。钢材的切割下料应根据钢材的截面形状、厚度及切割边缘的质量要求而采用不同的切割方法，常用的方法有机械切割、气割和等离子切割。

在钢结构制造厂，厚度在 12~16mm 钢板的直线型切割常采用剪切；气割多用于带曲线的零件及厚板的切割；型钢及钢管等的下料通常采用锯割，但对于一些中小型角钢和圆钢等也常用剪切或气割。等离子切割主要用于不锈钢、铝、铜等氧气难以切割的金属。

5. 制孔

钢结构制作中，制孔的方法有冲孔和钻孔两种。冲孔是在冲孔机（冲床）上进行的，一般只能冲制非圆孔和薄板孔，冲孔的直径一般应大于钢板的厚度，否则易损坏冲头。冲孔的原理是剪切，因此孔壁周围将产生严重的冷作硬化，质量较差，但冲孔的生产效率很高。所以，当对孔的质量要求不高（如安装孔）时采用。

钻孔的原理是切削，故孔壁损伤小，质量较好，可以钻任意厚度的钢材，但生产效率较低，仅用于厚钢板以及直接承受动力荷载作用的构件。

6. 边缘加工

钢结构加工中需要边缘加工的部位主要有：吊车梁翼缘板、支座支承面等具有工艺性要求的加工面，设计图纸中有技术要求的焊接坡口，尺寸要求严格的加劲板（如吊车梁支座处）、隔板、腹板和有孔眼的节点板以及图纸要求的其他部位等。边缘加工的方法有铲边、刨边和铣边三种，主要设备有刨边机、端面铣床、风铲、碳弧气刨等。

7. 弯制

当钢板或型钢需要弯成某一角度或弯成某一圆弧时，就需经过弯制工序。钢构件的弯制按钢构件的加工方法，可分为压弯、滚弯和拉弯。压弯适用于一般直角弯曲、双直角弯曲以及其他适宜弯曲的构件；滚弯适用于滚制圆筒形构件及其他弧形构件；拉弯主要用于将长条板材拉制成不同曲率的弧形构件。

弯制按照构件的加热程度可分为冷弯和热弯。冷弯是在常温下进行，适用于一般薄板、型钢等的加工，曲率半径也不宜过小，以免钢材的塑性损失过大导致出现裂纹。钢板和型钢的冷弯可在专门的辊弯机上进行（图 7-47）。热弯是将钢材加热至 950℃～1100℃，在模具上进行。当加热温度超过 1100℃时，会使钢材晶粒粗大，晶格间发生裂隙，材料变脆，即使尚未熔化，质量也已降低，不能再用。因此在热弯时一定要掌握好温度并使零件缓慢而均匀的冷却，以防钢材变脆。要把钢板冷弯成具有某种截面形式的杆件，可用模压机（图 7-48）。

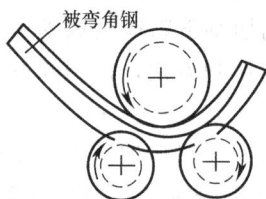

图 7-47　辊弯机工作简图　　　　图 7-48　模压机工作简图

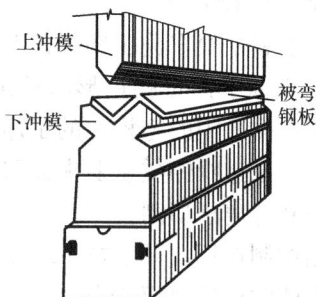

8. 钢球的制作

在焊接网架中，球形节点是一空心焊接钢球，其形式如图 7-49（a），分加肋和不加肋两种，前者用于外径大于 300mm 且杆件内力较大时，制作方法如图 7-49（b），为保证钢球节点强度，必须保证两个半球对焊的焊接质量。为此除外观检查以外，还应用超声波探伤对焊缝内部进行检查。

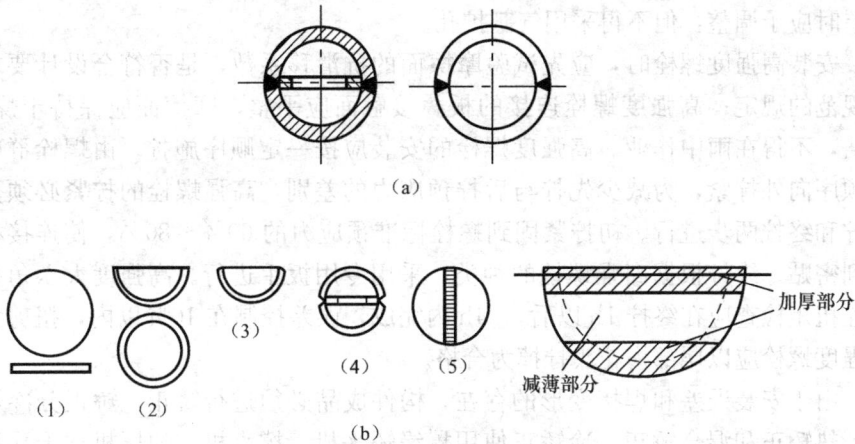

图 7-49　钢球制作

(a) 形式；(b) 制作方法

(1) 圆板下料；(2) 热压半球；(3) 机械加工；(4) 装配；(5) 焊接

7.3.3　构件的拼装与连接

拼装是指按照施工图的要求把已经加工好的各零件或半成品等钢构件采用装配的手段组合成为独立的成品。构件拼装的尺寸，应根据运输线路、现场环境、起重设备能力以及构件组拼的实际需要等来确定。只要条件许可，为减少现场工作量及提高安装质量，构件应尽量拼装得大一些。有些复杂的构件，因受运输和安装设备能力的限制，应在工厂进行预拼装、调整、检查好各部位尺寸后进行编号，再拆开运往现场。

构件拼装时，拼装平台和在拼装平台上制作的拼装胎模应牢靠稳定。开始组装前要编制拼装工序表，组拼时严格按顺序组拼，对焊接结构，拼装焊条必须保证与焊接母材一致，拼装焊点须保证拼装构件吊装下胎时不会变形，还要保证一定的强度和稳定，拼装焊缝的厚度、长度和间距能保证构件在正式焊接时不会被拉开。对有特殊要求的钢材，应考虑到拼装点焊的预热和后热要求，同时还应控制不应在非焊接部位随意打火，引弧。

钢结构的连接方法分为焊接、铆接、普通螺栓（A、B级和C级）和高强度螺栓连接等。

钢结构的焊接方法应根据结构特性、材料性能、厚度以及生产条件确定，通常对于一般的钢结构均采用电弧焊，长而直的连续焊缝宜采用自动焊，而短的直线或曲线焊缝一般都采用手工焊或半自动焊。采用电弧焊时，常用的焊条型号是E43型、E50型和E55型。型钢的工厂接头，近年来多采用对接焊连接，这种连接方法节省连接角钢和钢板，经济效益好，也避免了贴角焊缝不平整的缺点。

螺栓和铆钉的连接排列形式有并列式和错列式两种，排列螺栓时，螺栓行列之间以及螺栓与构件边缘的距离，应符合规范要求。安装永久螺栓时，应首先检查建筑物各部分的位置是否正确，精度是否满足规范要求，尺寸有误差时应予调整，但不得采用气割扩孔。

安装高强度螺栓时，应先试验摩擦面的抗滑移系数，是否符合设计要求及规范的规定；高强度螺栓连接的板叠接触面应平整，摩擦面应保持干燥、整洁，不得在雨中作业。高强度螺栓的安装应按一定顺序施拧，由螺栓群中央顺序向外拧紧，为减少先拧与后拧预应力的差别，高强螺栓的拧紧必须分初拧和终拧两步进行。初拧紧固到螺栓标准预应力的 $60\%\sim80\%$，使连接板达到密贴。终拧根据高强螺栓的种类，采用专用扳手进行。高强度大六角头螺栓扭矩检查应在终拧 1h 以后，24h 内完成，误差控制在 10% 以内，扭剪型高强度螺栓应以尾部梅花头拧掉为合格。

由于安装误差和焊接变形的存在，构件成品必须进行矫正，矫正分冷矫正、热矫正和混合矫正。冷矫正使用翼缘矫平机、撑直机、油压机、千斤顶等机械力进行矫正，热矫正方法是将须矫正部位局部烤红，冷却后应力降低而平整，达到矫正的目的。

7.3.4　成品表面处理

钢构件表面处理包括除锈、油漆涂层及防火涂层。

除锈一般有喷砂（丸）、酸洗、砂轮打磨等几种方法。

油漆涂层的涂装方法有刷涂法和喷涂法两种，涂层作业一般分为两次，一次在工厂涂装，一次在现场涂装。为了保证涂层的施工质量，涂层施工环境温度应在 5℃～38℃ 之间，相对湿度不应大于 85%，雨天或构件表面有结露时，不宜进行涂层作业。

钢结构在高温条件下，结构强度显著降低，因此，规范规定，高层钢结构工程应进行防火涂层保护。防火涂层的材料性能必须符合《建筑设计防火规范》的要求，并经现场防火性能试验，试验完毕能满足公安消防部门的要求，才能正式进行涂层作业。试验包括耐火试验和粘结强度试验。防火涂层的施工包括基层处理和喷涂工艺两部分。

7.3.5　单层钢结构的安装

1. 钢结构安装准备

（1）技术准备

1）编制施工组织设计

结构吊装前，应编制施工组织设计，包括：计算钢结构构件和连接件数量；选择吊装机械；确定流水程序；确定构件吊装方法；制定进度计划；确定劳动组织；规划钢构件堆场；确定质量标准、安全措施和特殊施工技术等。

吊装机械的选择是钢结构吊装的关键，吊装机械型号和数量必须满足钢结构的吊装技术和进度要求。单层工业厂房的面积较大，宜选用移动式起重机械。对于重型钢结构安装工程，可选用起重量大的履带式起重机，对于较轻的单层钢结构安装工程可选用汽车式起重机。

吊装流水程序要明确每台吊装机械的工作内容和各台吊装机械的相互配

合。其内容深度要达到：关键构件反映到单件，竖向构件反映到柱列，屋面部分反映到节间，同时应考虑到安装方便和大型生产设备安装的需要。

2）基础准备

基础准备包括轴线误差量测、基础支撑面的准备、支撑面和支座表面标高与水平度的检验、地脚螺栓位置和伸出支撑面长度的量测等。柱子基础轴线和标高正确是确保钢结构安装质量的基础，应根据基础的验收资料复核各项数据，并标注在基础表面上。

基础支撑面的准备有两种做法，一种是基础一次浇筑到设计标高，即基础表面先浇筑到设计标高以下 20～30mm 处，然后在设计标高处设角钢或槽钢制导架，测准其标高，再以导架为依据用水泥砂浆仔细铺筑支座表面；另一种是基础预留标高，即基础表面先浇筑至设计标高 50～60mm 处，柱子吊装时，在基础面上放钢垫板（不得多于 3 块）以调整标高，待柱子吊装就位后，再在钢柱脚底板下浇筑细石混凝土。基础支承面、支座和地脚螺栓的允许偏差须满足《钢结构工程施工质量验收规范》GB 50205—2001 中的有关规定。

（2）构件及材料的准备

1）钢构件

钢结构通常在专门的钢结构加工场制作，然后运至现场直接吊装或经组、拼装后吊装。钢构件在吊装现场遵循重近轻远的原则堆放，对规模较大的工程需另设钢构件堆放场，以满足钢构件进场堆放、检验、组装和配套供应的要求。

钢构件外形和几何尺寸准确是保证结构安装顺利进行的前提。为此，在构件吊装之前应对钢结构构件的变形、标记、制作精度和孔眼位置等进行检查。允许偏差须满足钢结构工程施工质量验收规范的有关规定，如有超出规定的偏差，吊装前应设法消除。此外，为便于校正钢柱的平面位置和垂直度、桁架和吊车梁的标高等，需在钢柱的底部和上部标出两个方向的轴线，在钢柱底部适当高度处标出标高准线，对于吊点亦应标出。

2）焊接材料

钢结构焊接之前，应对焊接材料的品种、规格、性能进行检查，各项指标应符合现行国家标准和设计要求。对重要钢结构采用的焊接材料应进行抽样复验。

3）高强螺栓

钢结构设计用高强螺栓应根据图样要求按规格统计所需高强度螺栓的数量，并检查其出厂合格证、产品质量证明文件等是否齐全，并按规定做紧固轴力或扭矩系数复验。

2. 钢结构吊装工艺

单层钢结构多为轻型钢结构，主要由轻型钢构件组装，构件轻质高强，结构抗震性能好，可以建造大跨度和大柱距的房屋。目前主要用于建造各类轻型工业厂房、公共设施、娱乐场所、体育场馆等。单层钢结构吊装采用的起重机械与单层装配式混凝土结构基本相同；而对于钢结构，构件的具体构

249

造和连接形式又有其自身的特点。

（1）钢柱的吊装与校正

钢柱的吊装方法与装配式混凝土柱相似，有旋转吊装法和滑行吊装法两种。对重型钢柱可采用双机抬吊的方法进行吊装。钢柱吊升时，宜在柱脚底部拴好拉绳并垫以垫木，防止钢柱起吊时，柱脚拖地和碰坏地脚螺栓。

钢柱就位是将柱脚插入基础锚固螺栓进行固定。钢柱就位后，主要是校正钢柱的垂直度，可以用经纬仪检验，垂直度偏差宜控制在 20mm 以内，如有偏差，可敲打楔块、使用螺旋千斤顶等方法校正。钢柱位置的校正，对于重型钢柱可用螺旋千斤顶加链条套环托座沿水平顶校钢柱。校正后在柱四边用 10mm 厚的钢板定位，并用点焊固定。钢柱复校后，再紧固锚固螺栓。

（2）钢梁的吊装与校正

单层钢结构中单层厂房居多，常设置有吊车梁，故通常先安装吊车梁，再进行屋面梁的安装。吊车梁的吊装应在钢柱最后固定后进行，通常采用与吊装柱子相同的起重机单机起吊，对于 24m、26m 的重型吊车梁，可采用双机抬吊。吊装吊车梁之前，为了防止垂直度、水平度超出偏差，应检查其变形情况，若发生变形应予以矫正并采取加固措施防止吊装再变形。

吊车梁的校正应在梁全部安装完、屋面构件校正完并最后固定后进行。对于质量较大的吊车梁也可边安装边校正。纵向位移在就位时进行校正，故主要进行横向位移的校正。

屋面梁吊装宜采用两点对称绑扎，吊升应缓慢，吊升超过柱顶后由操作工人扶正对位，用螺栓穿过连接板与钢柱临时固定并进行校正。

（3）钢桁架的吊装与校正

钢桁架多用悬空吊装，为使钢桁架在吊起后不致发生摇摆与其他构件碰撞，起吊前在离支座的节点附近用麻绳系牢，随吊随放松，以保证其正确位置。

桁架的绑扎点要保证桁架吊装不变形，否则须在吊装前做好临时加固。钢桁架的侧向稳定性较差，在吊装机械的起重量和起重臂长度允许时，最好经扩大拼装后进行组合吊装，即在地面上将两榀桁架及其上的天窗架、檩条、支撑等拼装成整体，一次进行吊装，这样不仅可提高吊装效率，也保证了钢桁架的侧向稳定性。桁架的临时固定若用临时螺栓和冲钉，则每个节点处应穿入的数量必须由计算确定。

钢桁架临时固定后要校正垂直度和弦杆的正直度。垂直度可用挂线锤球检验，而弦杆的正直度则可用拉紧的测绳进行检验。钢桁架安装的允许偏差须满足《钢结构工程施工质量验收规范》的有关规定。钢桁架的最后固定，用电焊或高强螺栓固定。

（4）屋面檩条及墙架的吊装与校正

屋面檩条和墙架因单位截面较小，重量较轻，故多采用一钩多吊或成片吊装的方法。吊装时为防止发生变形，可用木杆进行加固。檩条和墙架的校正主要是尺寸和自身平直度的校正，间距检查可用样杆顺着檩条或墙架之间来回移动检查，平直度可用拉线或钢直尺进行检查，校正后，用电焊或螺栓最后固定。

7.3.6　多层及高层钢结构安装

1. 钢结构吊装准备

高层钢结构吊装除应做好技术准备和构件及材料准备这些一般的准备工作之外，还应做好以下特有的准备工作。

（1）钢构件的预检和配套

钢构件的预检主要检查构件的外形尺寸、螺孔大小及间距、连接件数量和质量、预埋件位置、焊缝剖口、铆钉、节点摩擦面处理等。构件的内在制作质量以制造厂质量报告为准。至于构件预检的数量，一般是关键构件全部检查，其他构件抽查 10%～20%，预检时应记录所有预检的数据。钢构件的加工质量与施工安装有直接关系，要充分认识钢构件预检的重要性，预检的具体做法根据工程条件而定。

高层钢结构吊装，根据施工方案的要求按吊装流水顺序进行，钢构件必须按照安装进度的需要配套供应到现场。但制造厂的钢构件往往是分批供货，与结构安装顺序不一致。因此，高层钢结构施工有时需要设置钢构件的中转堆场，作为存储、配套、整理构件和构件检查与修复之用，以保证将构件按安装流水顺序的需要及时送到现场。同时，为充分利用施工场地和吊装设备，应周密制定构件进场及吊装计划，保证满足吊装计划及配套。配套中应特别注意附件（如连接板等）的配套，一般可将零星附件用螺栓或铁丝直接临时固定在安装节点上。

（2）钢柱基础检查

安装在钢筋混凝土基础上的钢柱，其安装质量和工效同柱基和地脚螺栓的定位轴线、基础标高直接有关。必须经设计、监理、施工、业主共同验收合格后方可进行钢柱的连接。安装单位对柱基的检查重点为：定位轴线间距、柱基面标高和地脚螺栓预埋位置。

（3）标高块设置及柱底灌浆

吊装前，先做好钢柱基础准备，进行找平，画出纵横线。同时，为精确控制钢结构上部结构的标高，在钢柱吊装前要根据钢柱预检（实际长度、牛腿与柱底间距离、钢柱底板平整度等）结果，在柱子基础表面浇筑标高块（图 7-50）。标高块用无收缩砂浆，立模浇筑，其强度应不低于 $30N/mm^2$，标高块顶面须埋设厚度为 16～20mm 的厚钢板。待第一节钢柱吊装、校正和锚固螺栓拧紧固定后，进行钢柱柱底灌浆。灌浆前应在柱脚四周立模板，将基础表面用水清洗干净，排除积水，然后用高强度聚合砂浆从一边连续灌入直至密实，浇灌后应用湿草袋或麻袋护盖及时做好覆盖养护。

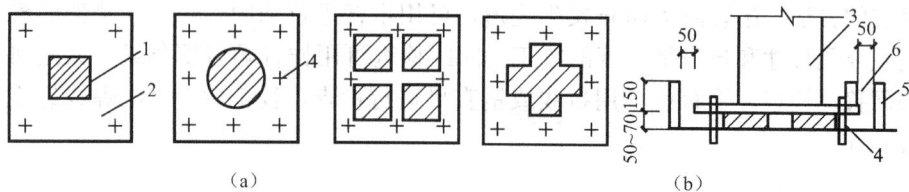

图 7-50　钢柱标高块的设置

（a）几种形式的标高块；（b）立模灌浆

1-标高块；2-基础表面；3-钢柱；4-地脚螺栓；5-模板；6-灌浆口

2. 钢结构构件安装与校正

（1）钢柱的安装与校正

在多层及高层钢结构工程中，钢柱多为实腹式，实腹钢柱的截面多为工字形、箱形、十字形和圆形等形式。对于很高和细长的钢柱，可以采取分节吊装的方法，在下节柱与柱间支撑安装并校正后，再安装上节柱。高层钢结构的钢柱，为了充分利用起重机的能力和减少连接，一般是 3～4 层为一节，节与节之间用坡口焊连接。一个节间的柱网必须安装三层的高度后再安装相邻节间的柱。在吊装第一节钢柱时，为防止其损伤螺纹，应在预埋的地脚螺栓上加设保护套，钢柱就位后，取掉套筒。钢柱吊点一般采用焊接吊耳、吊索绑扎、专用吊具等，钢柱一般采用一点正吊，对于细长构件的吊装可以采用两点或三点起吊。

钢柱就位后，应立即对垂直度、轴线、牛腿面标高进行调整。为了控制安装误差，对高层钢结构先确定标准柱，即能控制框架平面轮廓的少数柱子，一般是选择平面转角柱为标准柱。校正时一般取标准柱的柱基中心线为基准点，用激光经纬仪以基准点为依据对标准柱的垂直度进行观测，柱子顶部固定有测量目标靶。除基准柱外，其他柱子的误差量测不用激光经纬仪，通常用丈量法，即以标准柱为依据，在角柱上沿柱子外侧拉设钢丝绳组成平面封闭状方格，用钢尺丈量距离，超过允许偏差者则进行调整。钢柱校正时，应在起重机脱钩后并在电焊前进行初校，由于电焊后的钢筋接头的冷却收缩会使柱偏移，所以在电焊完后应再做二次校正，梁板安装完后需再次校正。

（2）钢梁的安装与校正

钢梁在吊装前，应检查柱子牛腿标高和柱子间距，特别是对于数层一节的长柱，在每层梁的安装前后均需要校正。在每一节柱子的全部构件安装、焊接、栓接完成并验收合格后，才能从地面引测上一节柱子的定位轴线。

主梁吊装前，应在梁上装好扶手杆和扶手绳，一般在钢梁上翼缘的开口处设吊点，吊点位置取决于钢梁的跨度。根据梁柱尺寸，有时可将梁、柱在地面组装成排架进行整体吊装，以减少高空作业，加快吊装进度。

钢梁的吊装应采用专用吊具，两点绑扎吊装。在安装框架主梁时，必须跟踪测量、校正柱与柱之间的距离，并根据焊缝收缩量预留焊缝变形量。同时，应对柱子的垂直度进行监测，以保证柱子除预留焊缝收缩值外，各项偏差均符合规范规定。

（3）钢梯、钢平台、栏杆的安装

钢梯的安装，无论是钢直梯还是钢斜梯应全部采用焊接连接，焊接要求应符合《钢结构工程施工质量验收规范》的规定。所有构件表面应光滑无毛刺，安装后的钢梯不应有歪斜、扭曲、变形及其他缺陷。

钢平台钢板应铺设平整，与承台梁或框架密贴、连接牢固，表面有防滑措施。栏杆安装连接应牢固，扶手转角应光滑。梯子、平台和栏杆宜与主要构件同步安装。

（4）构件的连接与固定

施工现场钢结构的柱与柱、柱与梁、梁与梁的连接按设计要求，可采用高强螺栓连接、焊接连接以及二者并用的方式连接。对焊接和高强螺栓并用的连接，为避免焊接变形造成错孔导致高强螺栓无法安装，一般采用先栓后焊。对柱与柱、梁与柱接头的焊接，以互相协调为好，一般可以先焊一层柱的顶层梁，再从下向上焊各层梁与柱的接头，柱与柱的接头可以先焊，也可以最后焊。

小结及学习指导

本章主要介绍了单层建筑结构安装工艺，多层建筑结构安装工艺等内容。通过本章的学习，要求熟悉单层建筑结构吊装前的准备工作，掌握各种构件的吊装工艺和结构吊装方案；了解多层建筑结构安装方法和各种构件的吊装工艺。

思考题及习题

7-1 构件运输时应注意哪些事项？

7-2 试述屋架的拼装方法。

7-3 构件的质量检查包括哪些内容？

7-4 如何进行构件的弹线和编号？

7-5 柱绑扎有哪几种方法？各自的适用范围是什么？

7-6 单机吊装柱时，旋转法和滑行法各有什么特点？对柱的平面布置有何要求？

7-7 简述柱子的吊升工艺及吊点的选择原则。

7-8 柱如何进行对位和临时固定？

7-9 对柱的垂直度有什么要求？如何检查和校正柱的垂直度？柱怎样进行最后固定？

7-10 简述吊车梁的临时固定、校正和最后固定方法。

7-11 简述屋架的扶直就位方法和起吊时绑扎点的选择原则。屋架的正向扶直和反向扶直各有什么特点？

7-12 试述屋架的临时固定和校正方法。

7-13　什么是分件吊装法和综合吊装法？简述其优缺点和适用范围。

7-14　柱吊装时，起重机的开行路线有几种？如何确定？

7-15　如何根据起重机的开行路线来确定停机点和布置柱？

7-16　屋架预制及扶直就位时的平面布置有哪几种方式？

7-17　多层装配式框架结构吊装时如何选择起重机械？

7-18　塔式起重机的平面布置有几种方式？各自的特点及适用范围是什么？

7-19　多层装配式框架有几种吊装方法？各有何特点？

7-20　简述结构用钢的种类和选用要求。

7-21　试述钢结构加工工艺。

7-22　试述钢结构构件拼装与表面处理要求。

7-23　试述钢结构柱的安装与校正方法。

7-24　试述钢结构构件的连接与固定方法。

7-25　某单层工业厂房吊装柱时，厂房柱重28t，准备采用一点绑扎双机抬吊，其中一台起重机的最大负荷为20t，另一台起重机的最大负荷为15t，需要对起重机进行负荷分配。已知该柱宽0.8m，则柱两侧各应加多厚的垫木，方可使两台起重机的负荷满足要求？

7-26　一厂房柱的牛腿标高为8m，吊车梁长6m，高0.8m。当起重机停机面的标高为－0.3m时，试计算安装该吊车梁时所需的起重高度。

7-27　已知车间跨度为21m，柱距为6m，吊柱时，起重机分别沿纵轴线的跨内和跨外一侧开行。当起重半径为7m、开行路线距柱纵轴线为5.5m时，试对柱作"三点共弧"布置，并确定停机点位置。

7-28　某车间跨度24m，柱距6m，天窗架顶面标高18m，屋面板厚度为240mm，试选择履带式起重机的最小臂长（停机面标高－0.2m，起重臂底铰中心距地面高度为2.1m）。

7-29　某单层工业厂房跨度为18m，柱距为6m，有9个节间。现拟选用W-100型履带式起重机进行结构安装，安装屋架时的起重半径为9m，试绘制屋架的斜向就位图。

第8章
防水工程

本章知识点

> 知识点：地下防水工程、屋面防水工程及室内防水工程等内容，
> 　　　　着重介绍各种防水工程的施工方法等。
> 重　点：地下工程防水分类、地下工程卷材防水及混凝土结构防
> 　　　　水做法；屋面防水的分类，卷材防水屋面及涂膜防水屋
> 　　　　面的施工方法；室内防水的施工方法。
> 难　点：地下工程及屋面卷材防水的做法；涂膜防水屋面的施工
> 　　　　方法；室内防水的施工要点。

防水是建筑产品的一项基本功能，它不仅直接影响建筑物的使用寿命，而且更关系到人们的居住环境和卫生条件，因此必须做好建筑物的防水工作。

防水工程按工程部位分为屋面防水、地下防水、室内防水以及外墙面防水等；按材料分为刚性防水和柔性防水。刚性防水是以水泥、砂、石为原料，通过调整配合比或掺入防水剂，减少材料间的空隙，增加材料密实性的防水方法。柔性防水是在建筑构件上使用柔性材料（如防水卷材、防水涂膜等）做防水层。本章主要按照工程部位的划分对防水工程进行系统介绍。

8.1 屋面防水工程

屋面防水工程按防水层做法可分为卷材防水、涂膜防水和复合防水。根据建筑类别确定防水等级，并按相应等级进行防水设防。屋面防水等级和设防要求应符合表 8-1 的规定。

屋面防水等级和设防要求　　　　　　　　　　　表 8-1

防水等级	建筑类别	设防要求	防水做法
Ⅰ级	重要建筑和高层建筑	两道防水设防	卷材防水层和卷材防水层、卷材防水层和涂膜防水层、复合防水层
Ⅱ级	一般建筑	一道防水设防	卷材防水层、涂膜防水层、复合防水层

255

8.1.1　卷材防水屋面

将几层卷材用胶结材料粘在屋面上起到防水作用的屋面称为卷材防水屋面，其具有重量轻、柔韧性好等特点。

1. 卷材防水屋面构造及材料要求

（1）卷材防水屋面构造

卷材防水屋面的构造如图 8-1 所示。

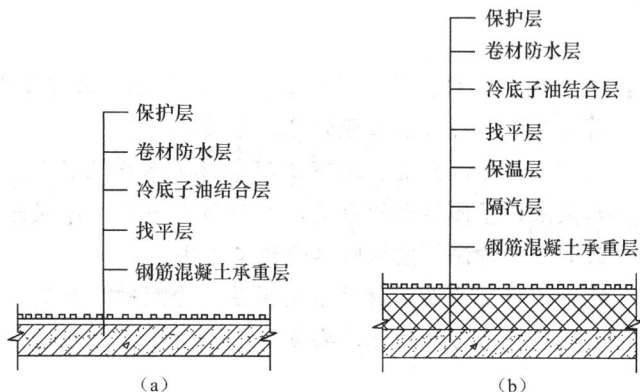

图 8-1　卷材屋面构造层次示意图

（a）不保温卷材屋面；（b）保温卷材屋面

（2）材料要求

1）基层处理剂。基层处理剂是为增强防水材料与基层之间的粘结力，在防水层施工前，预先涂刷在基层上的稀质涂料。基层处理剂应与所用卷材的材性相容，以避免与卷材发生粘结不良或腐蚀。

2）胶粘剂。胶粘剂主要有两种，分别为用于卷材与基层粘贴的胶粘剂和用于卷材与卷材搭接的胶粘剂。高聚物改性沥青卷材的胶粘剂多为橡胶改性沥青胶粘剂，主要由氯丁橡胶加入沥青和助剂以及溶剂等配制而成。合成高分子卷材的胶粘剂随卷材配套供应或由卷材生产厂家指定。

3）防水卷材。选择合适的卷材是搞好卷材防水工程质量的基础条件。目前常用防水卷材类别、品种及特点见表 8-2，每道卷材防水层最小厚度应符合表 8-3。

2. 卷材防水层的施工

（1）高聚物改性沥青防水卷材施工

高聚物改性沥青防水卷材的铺贴方法有热熔法、冷粘法和自粘法三种，常采用热熔法施工。热熔法是指用火焰加热器熔化卷材底层的改性沥青熔胶后直接与基层粘贴，其施工工艺流程为：清理基层→涂刷基层处理剂→铺贴附加层卷材→铺贴卷材→热熔封边→蓄水试验→保护层施工。

1）清理基层。高聚物改性沥青防水屋面可用水泥砂浆、沥青砂浆或细石混凝土找平层做基层。找平层要抹光压平，无空鼓、起砂，阴阳角应呈圆弧形或钝角，尘土、杂物要清理干净，且保持干燥。

常用防水卷材类别、品种及特点　　　　　　　　表 8-2

材料分类		品　种	特　点
高聚物改性沥青		SBS 改性沥青卷材	耐低温、耐老化
		APP 改性沥青卷材	耐高温
		自粘改性沥青卷材	延伸大、耐低温、施工简便
合成高分子卷材	硫化橡胶型	三元乙丙橡胶卷材（EPDM）；氯化聚乙烯橡胶共混卷材（CPE）；再生胶类卷材	强度高、延伸大、耐低温、耐老化
	树脂型	聚氯乙烯卷材（PVC）；氯化聚乙烯橡塑卷材（CPE）；聚乙烯卷材	
	橡胶共混型	乙丙橡胶-聚丙烯共聚卷材（TPO）	延伸大、耐低温、施工方便
		自粘卷材（无胎）	延伸大、施工简便
		自粘卷材（有胎）	强度高、施工简便

每道卷材防水层最小厚度（mm）　　　　　　　　表 8-3

防水等级	合成高分子防水卷材	高聚物改性沥青防水卷材		
		聚酯胎、玻纤胎、聚乙烯胎	自粘聚酯胎	自粘无胎
Ⅰ级	1.2	3.0	2.0	1.5
Ⅱ级	1.5	4.0	3.0	2.0

2）涂刷基层处理剂。高聚物改性沥青卷材施工，应按产品说明书选用配套基层处理剂。将基层处理剂均匀涂刷在基层上，要求厚薄一致。待其干燥后，方可进行下道工序。

3）铺贴附加层卷材。在管道根部、阴阳角、檐口等细部薄弱部位要先铺贴改性沥青卷材附加层，附加层的铺贴应符合设计和技术规范的有关规定。

4）铺贴卷材。卷材的层数、厚度应符合设计要求。铺贴时边放卷材边用火焰加热器加热基层与卷材的交接处，两者距离以 300mm 左右为宜，经往返均匀加热，卷材表面热熔后，应立即滚铺卷材。双层铺贴时，上下两层卷材的搭接缝应错开 1/3～1/2 幅宽。

5）热熔封边。将卷材搭接处用喷枪加热，以溢出 2mm 左右热熔的改性沥青并均匀顺直为宜，搭接宽度为 80～100mm，末端收头用密封膏嵌填严密。

6）蓄水试验。屋面防水层完工后，一般有女儿墙的平屋面做蓄水试验，坡屋面做淋水试验。蓄水高度根据工程实际而定，应在不超过屋面允许荷载的前提下，尽可能使水没过屋面。

7）保护层施工。对于上人屋面可按设计要求做各种刚性屋面保护层。不上人屋面可在防水层表面涂刷氯丁橡胶沥青等改性沥青胶粘剂，随即撒石屑，用压辊滚压，要求铺撒均匀，粘结牢固。待干透粘牢后，将未粘牢的石屑清除。

（2）合成高分子防水卷材施工

合成高分子防水卷材的施工方法有冷粘法、自粘法和热熔法三种，常采用冷粘法施工。冷粘法是指用与卷材同类型的胶粘剂将合成高分子卷材粘贴在基层上，其施工工艺流程为：清理基层→涂刷基层处理剂→铺贴附加层卷材→涂刷基层胶粘剂→粘贴卷材→卷材接头粘结→卷材末端收头处理→蓄水试验→保护层施工。

1）基层清理。基层表面为水泥砂浆找平层，要求表面平整。当基层表面有凹坑或不平时，可用建筑胶水泥砂浆嵌平或抹成缓坡。基层在铺贴前应做到洁净、干燥。

2）涂刷基层处理剂。基层处理剂有隔绝基层渗透的水分和提高基层表面与合成高分子卷材之间粘结能力的作用。先用油漆刷在阴阳角、管道根部、水落口等部位均匀涂刷一道，再用长把滚刷在基层满刷一道。涂刷应厚薄一致，不得有漏刷、花白等现象。在涂刷 4h～12h 表面干燥后进行下一道工序施工。

3）铺贴附加层卷材。檐口、阴阳角、管道根部、水落口周围等构造节点必须先做附加层，可采用自黏性密封胶或聚氨酯涂膜，也可铺贴一层合成高分子防水卷材，铺设范围应根据设计要求和技术规范确定。

4）涂刷基层胶粘剂。与卷材配套的胶粘剂需在基层和防水卷材表面分别涂刷。卷材涂胶时，先将卷材铺展在干净平整的基层上，用长把滚刷蘸满搅拌均匀的胶粘剂，涂刷在卷材的表面，厚度要均匀且无漏涂，但在沿搭接部位要留出 100mm 宽的无胶带。静置 10～20min 后，当胶膜干燥且手指触摸基本不粘手时，用原卷材筒将卷材刷胶面向外卷起来。卷时要端头平整，并要防止卷入砂粒和杂物，保持洁净。

基层表面涂胶应在基层处理剂干燥后进行，用长把滚刷蘸满胶粘剂涂刷在基层表面，不得在一处反复涂刷，防止粘起基层处理剂或形成凝聚块，细部位置可用毛刷均匀涂刷，静置晾干即可铺贴卷材。

5）卷材铺贴。卷材及基层的胶粘剂基本干燥后，先弹出基准线，然后将已涂刷胶粘剂的卷材一端先粘贴固定在预定部位，再逐渐沿基线滚动展开卷材，将卷材粘贴在基层上。

铺贴屋面卷材时，应先从檐口、天沟、排水口等排水比较集中的部位，按标高由低向高的顺序铺；应将卷材顺长方向铺，并使卷材面与流水坡度垂直，卷材的搭接要顺流水方向，不应铺成逆向。铺贴平面与立面相连的卷材，应由下向上进行，使卷材紧贴阴阳角。铺贴时不可将卷材拉得过紧，且不得有皱折、空鼓等现象。卷材铺贴时应注意减少阴阳角接头。

卷材铺贴后，要做好排气、压实工作。可在铺完一卷卷材后，立即用干净松软的长把滚刷从卷材的一端开始，沿卷材的横向用力滚压，以排除卷材粘结层间的空气。排除空气后，可用外包橡胶的铁辊滚压，使卷材与基层粘结牢固。

6）卷材接头粘贴。合成高分子卷材搭接宽度，满贴法为 80mm，空铺、点粘、条粘法为 100mm。卷材搭接要使用专门的卷材接缝胶粘剂，均匀涂刷在翻开的卷材接头的两个粘结面上，静置干燥 20min 后从一端开始粘合。操作时用手从里向外一边压合，一边排除空气，并用手持小铁压辊压实，边缘用聚氨酯嵌缝膏封闭。

7）卷材末端收头处理。为了防止卷材末端剥落，造成渗水，卷材末端收头必须用聚氨酯嵌缝膏或其他密封材料嵌固封闭。

8）蓄水试验。同高聚物改性沥青防水卷材施工。

9）保护层施工。蓄水试验合格后，即应进行保护层施工，以免卷材损伤。不上人屋面涂刷配套的表面着色剂，涂刷前要将卷材表面清理干净，再用长把滚刷依次涂刷均匀，且两遍成活。上人屋面根据设计要求做成块状等刚性保护层。

8.1.2 涂膜防水屋面

涂膜防水屋面是在屋面基层上喷涂、刮涂或涂刷抹压防水涂料，固化后形成具有不透水性、耐候性和延伸性的致密物质，从而达到屋面防水的目的。涂膜防水的特点有：防水性能好、操作方便、与基层粘结强度高、有良好的温度适应性、施工速度快、易于维修、无污染等。

1. 涂膜防水屋面构造及防水涂料

涂膜防水屋面构造如图 8-2 所示。

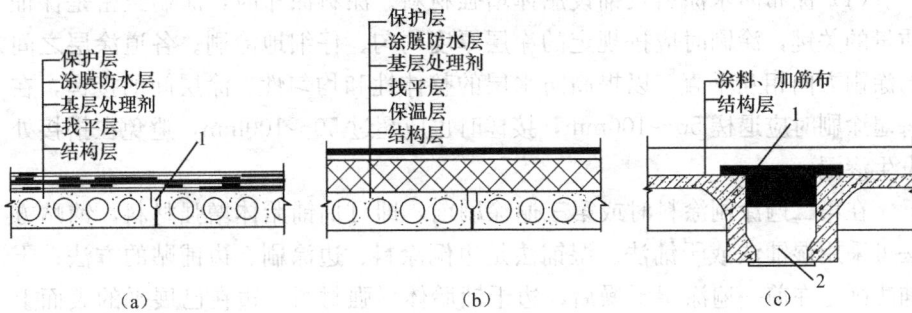

图 8-2　涂膜防水屋面构造层

（a）无保温涂膜防水屋面；（b）有保温涂膜防水屋面；（c）槽形板涂膜防水屋面

1-嵌缝油膏；2-细石混凝土

防水涂料按成膜的成分可分为沥青基防水涂料、合成高分子防水涂料和高聚物改性沥青防水涂料，常用后两类。沥青基防水涂料是以沥青为基料配制而成的水乳型或溶剂型防水涂料。合成高分子防水涂料包括聚氨酯系列防水涂料、丙烯酸酯类系列防水涂料、硅橡胶类系列防水涂料。高聚物改性沥青涂料包括 SBS 改性沥青防水涂料、水乳型氯丁橡胶防水沥青等。

2. 涂膜防水屋面施工

涂膜防水屋面的施工工艺流程为：基层清理→涂刷基层处理剂→附加涂膜层施工→涂布防水涂料及铺贴胎体增强材料→收头处理→做保护层。每道涂膜防水层最小厚度应符合表 8-4。

每道涂膜防水层最小厚度（mm）　　　　　　　表 8-4

防水等级	合成高分子防水涂膜	高聚物改性沥青防水涂膜
Ⅰ级	1.5	2.0
Ⅱ级	2.0	3.0

（1）基层清理。涂刷防水层前，先将基层表面的杂物、砂浆硬块等清扫干净，基层要平整、无空鼓、起砂。基层的干燥程度应视涂料特性而定，对高聚物改性沥青防水涂料，为水乳型时，基层干燥程度可适当放宽，为溶剂型时，基层必须干燥；对合成高分子防水涂料，基层必须干燥。

（2）涂刷基层处理剂。其作用是增加防水层与基层的粘结力。基层处理剂的种类有水乳型防水涂料、溶剂型防水涂料、沥青溶液（冷底子油）三种。基层处理剂涂刷时，应用力涂薄，涂刷均匀，覆盖完全，待其干燥后再进入下道工序施工。

（3）附加涂膜层施工。涂膜防水层施工前，在管道根部、落水口、阴阳角等部位必须先做附加涂层。附加涂层的做法是在附加层涂膜中铺设玻璃纤维布，用板刷排除气泡，将玻璃纤维布紧密地贴在基层上，不得出现空鼓、折皱。阴阳角部位一般为条形，管道根部应裁成块形布铺设，可多次涂刷涂膜。

（4）涂布防水涂料及铺设胎体增强材料。涂料涂布时，涂刷致密是保证质量的关键，涂刷时应按规定的涂层厚度均匀、仔细地涂刷。各道涂层之间的涂刷方向相互垂直，以提高防水层的整体性和均匀性。涂层间的接槎，在每遍涂刷时应退槎 50～100mm，接槎时也应超过 50～100mm，避免在搭接处发生渗漏。

在第二遍涂刷涂料时或第三遍涂刷前，即可加铺胎体增强材料，铺贴方法可采用湿铺法或干铺法。湿铺法是边倒涂料、边涂刷、边铺贴的方法；干铺法则是在前一遍涂层干燥后，边干铺胎体增强材料，边在已展平的表面上用橡皮刮板均匀满刮一道涂料。无论采用湿铺法或干铺法，都必须使胎体增强材料铺贴平整，不起皱、不翘边、无空鼓。

在屋面铺胎体增强材料时，一般平行于屋脊铺设。当屋面坡度大于 15% 时，为防止胎体增强材料下滑，宜垂直于屋脊铺设。胎体增强材料的搭接应顺流水方向。搭接时，其长边搭接宽度不小于 50mm，短边搭接宽度不小于 70mm。采用两层胎体增强材料时，上下层不得相互垂直铺设，搭接缝应错开，其间距不应小于幅宽的 1/3。

（5）收头处理。为防止收头部位出现翘边现象，所有收头均应用密封材料压边，压边宽度不得小于 10mm。收头处的胎体增强材料应剪裁整齐，如遇有凹槽，应压入凹槽内而不得出现翘边、皱折、露白等现象，否则应先进行处理，然后再涂密封材料。

（6）保护层施工。屋面保护层可用绿豆砂、云母、蛭石、浅色涂料，也可用水泥砂浆、细石混凝土或块体材料等刚性保护层。采用水泥砂浆、细石混凝土或块材保护层时，应在防水涂膜与保护层之间设置隔离层，以防止因保护层的伸缩变形破坏涂膜防水层而造成渗漏。另外，刚性保护层与女儿墙、山墙之间应预留宽度为 30mm 的缝隙，并用密封材料嵌填严密。

8.1.3 复合防水屋面

复合防水层是指彼此相容且不相互腐蚀的卷材和涂料组合而成的防水层，是屋面防水工程中积极推广的一种防水技术。复合防水层最小厚度如表 8-5 所示，其施工要求同卷材及涂膜防水施工，若卷材与涂料复合使用时，涂膜防水层宜设置在卷材防水层的下面。

复合防水层最小厚度（mm）　　　　　　　　　　表 8-5

防水等级	合成高分子防水卷材＋合成高分子防水涂膜	自粘聚合物改性沥青防水卷材（无胎）＋合成高分子防水涂膜	高聚物改性沥青防水卷材＋高聚物改性沥青防水涂膜	聚乙烯丙纶卷材＋聚合物水泥胶结材料
Ⅰ级	1.2＋1.5	1.5＋1.5	3.0＋2.0	(0.7＋1.3)×2
Ⅱ级	1.0＋1.0	1.2＋1.0	3.0＋1.2	0.7＋1.3

8.1.4 常见屋面渗漏的原因与防治的方法

造成屋面渗漏的原因是多方面的，包括设计水平、施工质量、材料质量、管理维护等。要提高屋面防水工程的质量，应从设计、材料、施工等方面着手，加强维护，对屋面渗漏进行综合治理。

1. 屋面渗漏的原因

山墙、女儿墙和突出层面的烟囱、通气管等结构与防水层相交处未妥当处理；天沟排水不畅、卷材粘贴不严；屋面变形缝（伸缩缝、沉降缝）处理不当；挑檐、檐口处卷材处理不当或未做滴水线等原因造成屋面渗漏。

2. 屋面渗漏的预防及治理办法

（1）遇上女儿墙压顶开裂时，可铲除开裂压顶的砂浆，重抹 1∶2～1∶2.5 水泥砂浆，并做好滴水线。

（2）突出屋面的烟囱、山墙、管根等与屋面交接处、转角处做成钝角，垂直面与屋面的卷材应分层搭接，对已漏水的部位，可将转角渗漏处的旧材料挖除，按图 8-3 和 8-4 处理。

（3）出屋面管道。管根处做成钝角，并可以加做防雨罩，使油毡在防雨罩下收头。

（4）檐口漏雨。将檐口处旧卷材掀起，用 24 号镀锌铁皮钉于檐口，将新卷材贴于铁皮上。

（5）雨水口漏雨渗水。将雨水斗四周卷材铲除，检查短管是否紧贴基层板面或铁水盘。如短管浮搁在找平层上，则将找平层凿掉，清除后安装好短

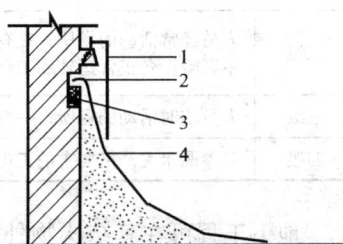

图 8-3　女儿墙白铁泛水
1-白铁泛水；2-水泥砂浆堵缝；
3-预埋木砖；4-防水卷材

管，再用搭槎法重做卷材防水层，然后进行雨水斗附近卷材的收口和包贴，见图8-5。

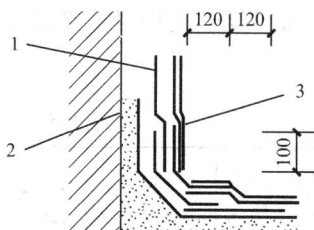

图 8-4 转角渗漏处卷材处理
1-原有卷材；2-干铺一层新卷材；
3-新附加卷材

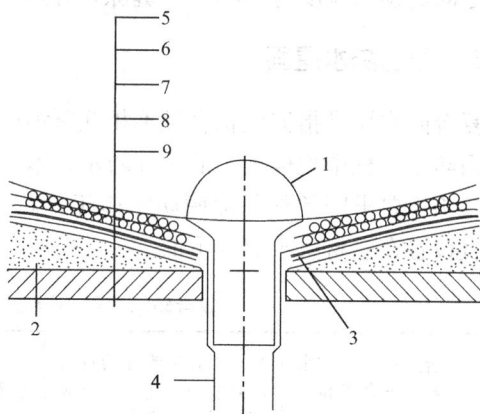

图 8-5 雨水口漏水处理
1-雨水罩；2-轻质混凝土；3-雨水斗紧贴基层；4-短管；5-沥青胶或油膏嵌缝；6-卷材防水层；7-附加一层卷材；8-附加一层再生胶油膏；9-水泥砂浆找平

8.2 地下防水工程

8.2.1 地下防水等级标准及防水方案

由于地下工程常年受到潮湿和地下水的影响，因此必须做好地下工程的防水工作，确保地下防水工程的质量。地下工程的防水等级标准，见表8-6。

地下工程不同防水等级的适用范围　　　　　　　　　　表 8-6

防水等级	适用范围
一级	人员长期停留的场所；因有少量、偶见湿渍会使物品变质、失效的贮物场所及严重影响设备正常运转和危及工程安全的部位；极重要的战备工程、地铁车站
二级	人员经常活动的场所；在有少量湿渍的情况下不会使物品变质、失效的贮物场所及基本不影响设备正常运转和工程安全运营的部位；重要的战备工程
三级	人员临时活动的场所；一般战备工程
四级	对渗漏水无严格要求的工程

地下工程可在其结构物外侧增设防水层达到防水目的，也可利用防水混凝土结构本身防水。

8.2.2 卷材防水层

地下卷材防水层是将几层卷材用胶结材料粘贴在地下结构基层表面起到防水作用。卷材防水层用于建筑物地下室时，应铺设在结构底板垫层至墙体防水设防高度的结构基面上；用于单建式的地下工程时，应从结构底板垫层铺设至顶板基面，并应在外围形成封闭的防水层。常采用的防水卷材有高聚物改性沥青防水卷材和合成高分子防水卷材，适于铺贴在形式简单的整体钢筋混凝土结构基层上以及整体的以水泥砂浆、沥青砂浆或沥青混凝土为找平层的基层上。

卷材防水层施工的铺贴方法，按其与地下防水结构施工的先后顺序，分为外防外贴法和外防内贴法两种。

外防外贴法施工，简称外贴法，是先在垫层上铺贴底板卷材防水层，然后进行需要防水的地下混凝土底板与墙体施工，待墙体侧模拆除后，再将卷材防水层直接铺贴在墙面外侧上，并做好保护层，如图8-6所示。混凝土垫层用水泥砂浆找平，待其干燥后，铺贴底板防水卷材，并在四周伸出卷材以便与墙身卷材搭接。保护墙分为两部分，下部为 B 高的永久保护墙；上部为不少于200mm高的临时保护墙，其常用石灰砂浆砌筑，以便拆除。在保护墙内侧抹找平层，并将伸出的卷材贴在保护墙上，永久保护墙上的卷材采用空铺法施工，临时保护墙上的卷材临时贴附、临时固定即可。然后进行混凝土底板与墙体的施工，在外墙施工完成后，拆临时保护墙，在结构墙面上抹水泥砂浆找平层并刷冷底子油。将接槎部位的各层卷材揭开并清理干净，错槎接缝，依次逐层铺贴卷材，最后做卷材保护层。

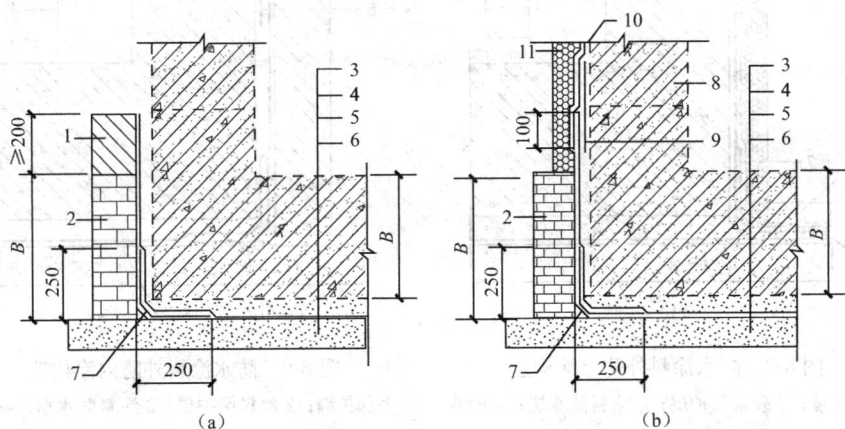

图 8-6　外防外贴法

(a) 甩槎；(b) 接槎

1-临时保护墙；2-永久保护墙；3-细石混凝土保护层；4-卷材防水层；5-水泥砂浆找平层；
6-混凝土垫层；7-卷材加强层；8-结构墙体；9-卷材加强层；10-卷材防水层；11-卷材保护层

外防内贴法施工，简称内贴法，是先在垫层四周砌筑保护墙，然后将卷材防水层铺贴在垫层与保护墙上，最后进行需防水的地下混凝土底板与墙体施工，如图8-7所示。在混凝土垫层四周砌筑永久性保护墙，在混凝土垫层表面及保护墙内侧抹20mm厚的1：3水泥砂浆找平层，待其干燥后刷1～2道冷底子油，再铺卷材防水层。卷材宜先铺立面，再铺平面；铺贴立面时，应先铺转角，后铺大面。卷材铺贴完毕后，在底板卷材上铺设厚度不少于50mm

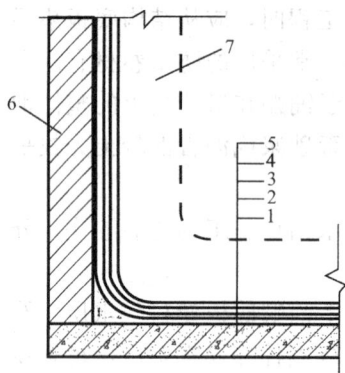

图 8-7 外防内贴法

1-混凝土垫层；2-水泥砂浆找平层；3-卷材防水层；4-细石混凝土保护层；5-混凝土底板；6-永久性保护墙；7-结构墙体

的细石混凝土做保护层；侧墙卷材上铺设软质材料或 20mm 厚1：2.5 水泥砂浆做保护，最后进行钢筋混凝土底板及墙体施工。

8.2.3 涂膜防水层

涂膜防水施工方便、适应面广，被广泛用于形状相对复杂的地下工程中。防水涂料宜采用外防外涂或外防内涂，如图 8-8、图 8-9 所示，施工顺序及方法与卷材防水层基本相同。

涂料防水层包括无机防水涂料防水层和有机防水涂料防水层。防水涂料应分层刷涂或喷涂，涂层应均匀，不得漏刷漏涂；接槎宽度不应小于 100mm。铺贴胎体增强材料时，应使胎体层充分浸透防水涂料，不得有露槎及褶皱。

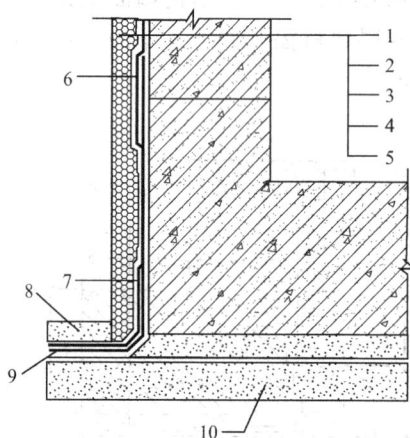

图 8-8 防水涂料外防外涂构造

1-保护墙；2-砂浆保护层；3-涂料防水层；4-砂浆找平层；5-结构墙体；6-涂料防水加强层；7-涂料防水层加强层；8-涂料防水层搭接部位保护层；9-涂料防水层搭接部位；10-混凝土垫层

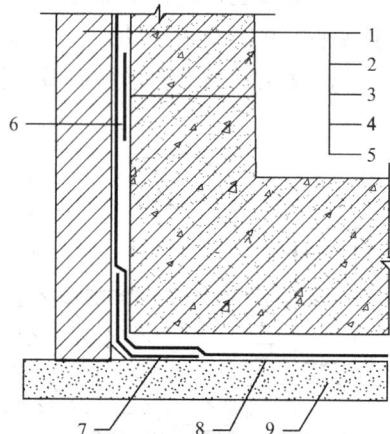

图 8-9 防水涂料外防内涂构造

1-保护墙；2-涂料保护层；3-涂料防水层；4-找平层；5-结构墙体；6-涂料防水加强层；7-涂料防水层加强层；8-涂料防水层搭接部位；9-混凝土垫层

8.2.4 防水混凝土结构

防水混凝土是通过调整混凝土配合比或掺外加剂等方法来提高混凝土本身的密实性，使其具有一定防水能力的特殊混凝土，其具有取材容易、施工方便、耐久性好。

1. 防水混凝土分类

（1）普通防水混凝土

普通防水混凝土是通过调整混凝土的配合比来提高混凝土的密实度，以满足抗渗要求的混凝土。混凝土是非匀质材料，它的渗水是通过孔隙和裂缝进行的。因此，通过控制其水灰比和砂率来抑制孔隙的形成，切断混凝土毛细管渗水通路，从而提高混凝土的密实性和抗渗性能。

防水混凝土的配合比应根据设计要求和实际使用材料，通过试验选定，且比设计要求的抗渗等级提高 0.2～0.4MPa，水泥宜采用硅酸盐水泥、普通硅酸盐水泥，采用其他品种水泥时应经试验确定。每立方米混凝土中的胶凝材料不小于 320kg，但也不宜超过 400kg；含砂率以 35％～40％为宜；灰砂比应为 1：2～1：2.5；水胶比不大于 0.5；防水混凝土宜采用预拌商品混凝土，其入泵坍落度宜控制在 120～160mm。

（2）掺外加剂的防水混凝土

掺外加剂的防水混凝土是在混凝土中掺入一定量的有机或无机外加剂，改善混凝土的性能和结构组成，提高混凝土的密实性和抗渗性，从而达到防水的目的。防水混凝土常掺的外加剂有：减水剂、引气剂、密实剂、防水剂、膨胀剂等。

2. 防水混凝土施工

为保证防水混凝土的施工质量，搅拌、运输、浇筑振捣、养护等均应按照施工及验收规范和操作规程的规定进行。

留设钢筋保护层时，为防止水沿钢筋浸入严禁用钢筋垫钢筋或将钢筋用铁钉、铁丝直接固定在模板上。防水混凝土应采用机械搅拌，搅拌时间不应少于 2min。掺外加剂的混凝土，外加剂应先用拌合水稀释均匀，不得直接投入，搅拌时间可延长至 3min，但搅拌掺引气剂的防水混凝土时应控制在 1.5～2min。其应在半小时内运到现场，防止产生离析现象及坍落度和含气量损失，并于初凝前浇注完毕。浇注应分层进行，分层厚度不得大于 500mm，相邻两层浇注时间间隔不宜超过 2h，夏季可适当缩短。混凝土应采用机械振捣至混凝土开始泛浆和不冒气泡为准。

底板混凝土应连续浇灌，不得留施工缝。墙体一般只允许留设水平施工缝，其位置不应留在剪力与弯矩最大处或底板与侧壁交接处，一般宜留在高出底板上表面不小于 200mm 的墙身上，施工缝防水构造如图 8-10 所示。

为使接缝严密，继续浇筑混凝土前，应将施工缝处混凝土凿毛，清除浮粒和杂物，用水清洗干净并保持湿润，再铺上一层厚 20～50mm 与混凝土成分相同的水泥砂浆，然后再浇筑混凝土。

防水混凝土终凝（浇注后 4～6h）后覆盖并浇水养护 14d 以上，不宜采用电热养护或蒸汽养护。凡掺早强型外加剂或微膨胀水泥配制的防水泥凝土，应加强早期养护。拆模时，结构表面温度与周围气温的温差不得超过 15℃。地下结构应及时回填，以避免因干缩和温差产生裂缝。

8.2.5 地下工程的渗漏及防治

地下工程渗漏水主要是由于结构层存在孔洞、裂缝、蜂窝麻面、变形缝和毛细孔等。堵漏前，必须查明其原因，确定其位置，弄清水压大小，根据不同情况采取不同措施。堵漏基本原则是把大漏变小漏，缝漏变点漏，片漏变孔漏，然后堵住漏水。堵漏方法和材料较多，如水泥胶浆、环氧树脂、丙凝浆液、甲凝浆液、氰凝浆液等。

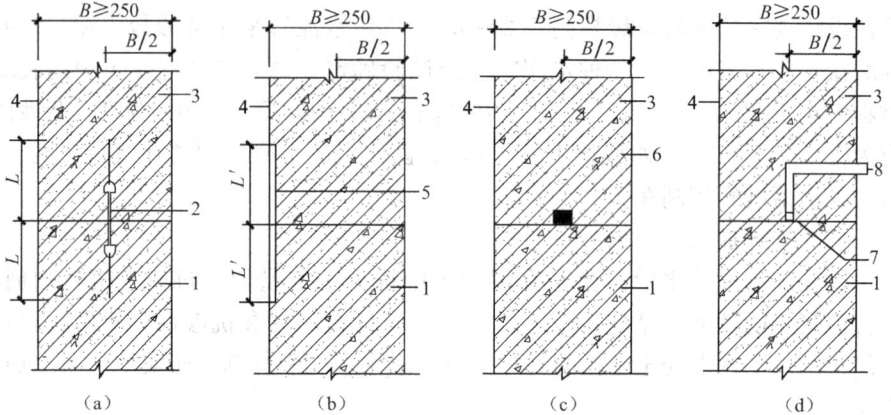

图 8-10 施工缝防水构造

(a) 中埋式；(b) 外贴式；(c) 遇水膨胀止水条（胶）式；(d) 预埋注浆管式

1-现浇混凝土；2-中埋止水带（钢板止水带 $L\geqslant150$；橡胶止水带 $L\geqslant200$；钢边橡胶止水带 $L\geqslant120$）；3-后浇混凝土；4-结构迎水面；5-外贴止水带（外贴止水带 $L'\geqslant150$；外涂防水涂料 $L'=200$；外抹防水砂浆 $L'=200$）；6-遇水膨胀止水条（胶）；7-预埋注浆管；8-注浆导管

1. 快硬水泥胶浆（简称胶浆）堵漏

这种胶浆以水泥和促凝剂（代替水）按 $1:0.5\sim1$ 拌合，凝结时间很快，可以迅速堵住渗漏水。促凝剂是以水玻璃为主，并与硫酸铜、重铬酸钾和水配制而成，常用的配合比如表 8-7。堵漏前先做试配，从开始拌合到使用以 $1\sim2\mathrm{min}$ 为宜，如凝固过快或过慢，适当加水或调整配合比。

促凝剂配合比表 　　　　　　　　　表 8-7

材料名称	分子式	配合比	色泽
硫酸铜（胆矾）	$CuSO_4 \cdot 5H_2O$	1	水蓝色
重铬酸钾（红矾）	$K_2Cr_2O_7 \cdot 2H_2O$	1	橙红色
硫酸亚铁（绿矾）	$FeSO_4 \cdot 7H_2O$	1	蓝绿色
硫酸铬钾（蓝矾）	$KCr(SO_4)_2 \cdot 12H_2O$	1	紫红色
硫酸铝钾（明矾）	$KAl(SO_4)_2$	1	白色
硅酸钠（水玻璃）	Na_2SiO_3	400	无色
水	H_2O	60	无色

(1) 孔洞漏水堵漏方法

当洞和水压较小时，可直接采用堵塞法。堵漏时，将漏点剔成宽 $10\sim30\mathrm{mm}$、深 $20\sim50\mathrm{mm}$ 的小洞，槽壁必须与基面垂直并用水清洗干净，把配好的即将凝固的胶浆迅速压入小洞内，挤压密实，不再渗漏后，在其表面抹素灰和砂浆各一层并扫毛。待一定强度后，与结构层一起做防水层。

当孔洞和水压较大时，可采用下管堵漏法，如图 8-11 所示。按"以大变小"的原则，先将漏水处剔成上下基本垂直的孔洞，其深度视漏水情况而定并冲洗干净，铺一层碎石并在其上盖一层与孔洞面积相等的卷材或铁片，然后插入胶管引流，用胶浆将洞堵住，不渗漏水后，抹素灰和砂浆各一道，待砂浆有一定强度后拔出胶管，再按堵塞法将管孔堵塞。

（2）裂缝漏水堵漏方法

当裂缝的水压较小，可采用堵塞法，见图 8-12。堵漏时，先沿裂缝剔成八字形坡的沟槽，在缝中堵塞胶浆，最后做防水层。若缝较长，可分段进行，接缝成斜槎。

当裂缝的水压较大，则可采用下线堵塞法进行，见图 8-13。先剔好沟槽，洗净后，在槽内底部沿裂缝放置一根合适的小绳，缝长可分段，段间留 20mm 空隙。操作时，每段用胶浆压紧，抽出小绳后，使水从绳孔中流出。段间空隙用下钉法缩小孔洞，用胶浆包住钉子塞进空隙，快凝固时拔出钉子，钉孔洞漏水用直接堵塞法堵住，如图 8-13 所示。

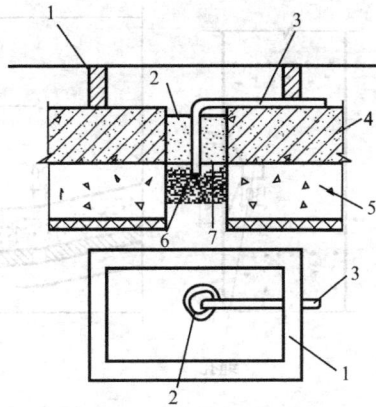

图 8-11　下管堵漏法

1-挡水墙；2-填胶浆；3-胶皮管；
4-混凝土基层；5-垫层；6-碎石；
7-卷材或铁片一层

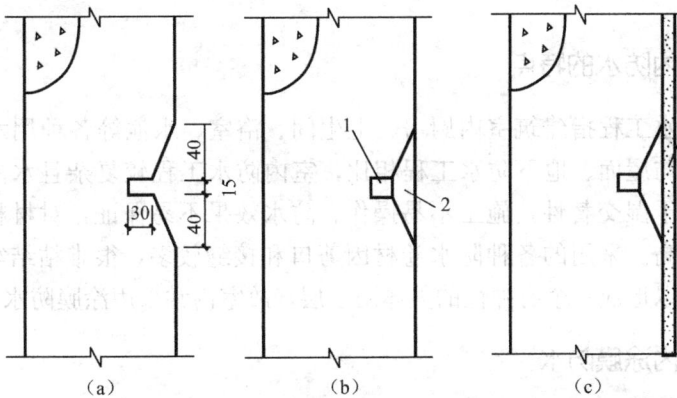

图 8-12　裂缝漏水直接堵塞法
（a）剔槽；（b）堵漏；（c）抹防水层
1-胶浆；2-素灰、砂浆；3-防水层

2. 氰凝灌浆堵漏

氰凝是一种新型灌浆堵漏材料，又名聚异氰酸酯。它是由多种化学原料按一定比例、一定顺序配制而成的浆液，主体成分是以多异氰酸酯与含羟基的化合物（聚酯、聚醚）制成的预聚体。当浆液没有遇到水之前，不发生化学反应，是稳定的，故要密闭贮存；浆液遇水即反应，放出二氧化碳，使浆液发生膨胀，向四周渗透扩散，直到反应结束时才停止膨胀和渗透，形成不溶于水、不透水且具有较高抗压强度的凝固体。

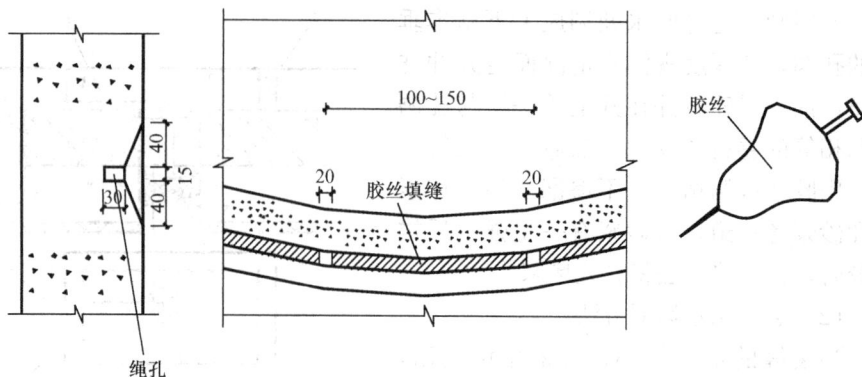

图 8-13　下线堵漏法与下钉法

灌注浆液时，施工操作可分为对混凝土表面处理、布置灌浆孔、埋设注浆嘴、封闭漏水孔（除注浆嘴外，其他漏水部位均用快硬胶浆堵住，以免氰凝浆液漏出）、压水试验、灌浆、封孔等。灌浆孔的间距一般为1m左右，并要交错布置；灌浆结束，待浆液固结后，拔出灌浆嘴并用水泥砂浆封固灌浆孔。

8.3　室内防水工程

8.3.1　室内防水的特点

室内防水工程指建筑室内厨房、卫生间、浴室、水池等各种用水房间的防水工程。与屋面、地下防水工程相比，室内防水工程较复杂且水的侵蚀具有长久性或干湿交替性，施工不易操作、防水效果不易保证，对材料的可操作性要求较高。采用的各种防水卷材因剪口和接缝较多，很难粘结牢固、封闭严密，难以形成一个有弹性的整体防水层，故室内常采用涂膜防水。

8.3.2　室内涂膜防水

防水涂料的品种很多，如聚氨酯防水涂料、聚合物乳液防水涂料、聚合物水泥防水涂料和水乳型沥青防水涂料等。现主要介绍常用的聚氨酯防水涂料和聚合物水泥防水涂料的施工。

1. 聚氨酯防水涂料施工

聚氨酯防水涂料是一种化学反应型涂料，防水效果优良，现已被广泛使用。聚氨酯涂膜防水的特点，见表8-8。

（1）材料

主要材料有聚氨酯涂膜防水材料甲组分（预聚体）、聚氨酯涂膜防水材料乙组分，主要含有固化剂、增韧剂、防霉剂、促进剂、增粘剂、增充剂等。

其他材料有无机铝盐防水剂，是水泥砂浆找平层的添加剂，目的是使找平层降低透湿率，使基层含水率较快地达到施工要求；涤纶无纺布（又称聚酯纤维无纺布），由涤纶纤维加工制成，用于底板与立墙之间的阴角作增强材料。

聚氨酯涂膜防水的特点 表 8-8

优 点	缺 点
1. 固化前为无定形黏稠状液态物质，在任何复杂的基层表面均易于施工，对端部收头容易处理，防水工程质量易于保证 2. 借化学反应成膜，几乎不含溶剂，体积收缩小，易做成较厚的涂膜，涂膜防水层无接缝，整体性强 3. 冷作业，操作安全 4. 涂膜具有橡胶弹性，延伸性好，抗拉强度和抗撕裂强度均较高，对在一定范围内的基层裂缝有较强的适应性	1. 原材料为较昂贵的化工材料，故成本较高，售价较贵 2. 施工过程中难以使涂膜厚度做到像高分子防水卷材那样均匀一致，为使防水涂膜的厚度比较均一，必须要求防水基层有较好的平滑度，并要加强施工技术管理，严格执行施工操作规程 3. 有一定的可燃性和毒性 4. 本涂料为双组份反应型，须在施工现场准确称量配合，搅拌均匀，使用不便 5. 必须分层施工，上下覆盖，才能避免产生直通针眼气孔

辅助材料主要包括二甲苯（清洗工具用）、二月桂酸二丁基锡（凝固过慢时，作促凝剂用）、苯磺酰氯（凝固过快时，作缓凝剂用）等。

（2）基层条件

1）防水基层必须用 1∶3 的水泥砂浆找平，要求抹平压光无空鼓，表面要坚实，不应有起砂、掉灰现象。在抹找平层时，管根周围应略高于地面；地漏周围应略低于地面。

2）室内楼（地）面找平层的坡度以 1‰～2‰为宜，凡遇到阴、阳角处，要抹成半径不小于 10mm 的小圆弧。

3）穿过楼地面或墙壁的管件（如套管、地漏等）以及卫生洁具等，必须安装牢固，收头圆滑。管件或卫生器具与周边的缝隙用水泥砂浆堵严；缝隙大于 20mm 时，常吊底模，用微膨胀细石混凝土浇筑严实。下水管转角墙的坡度及其与立墙之间的距离，应按图 8-14 施工。

4）基层必须基本干燥，一般在基层表面均匀泛白无明显水印时，才能进行涂膜防水层施工。施工前要把基层表面的尘土杂物彻底清扫干净。

（3）施工工艺

聚氨酯涂膜防水涂料的施工工艺为：基层清理→涂布底胶→配制聚氨酯涂膜防水涂料→涂膜防水层施工→保护层施工。

1）基层清理。施工前，先将基层表面的突出物、砂浆疙瘩等异物铲除，并进行彻底清扫。如发现有油污、铁锈等，要用钢丝刷、砂布和有机溶剂等彻底清扫干净。

2）涂布底胶。将聚氨酯甲、乙组分和二甲苯按 1∶1.5∶2 的比例（质量

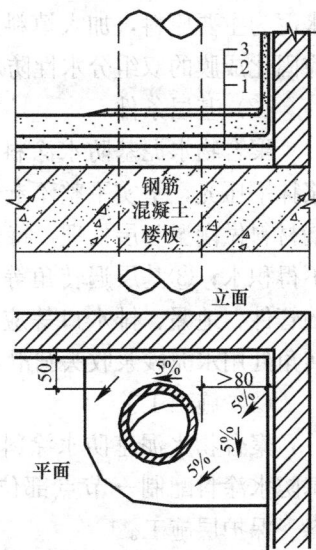

图 8-14 下水管转角墙立面及平面图

1-找平层；2-防水层；3-保护层

比）配合搅拌均匀，再用小滚刷或油漆刷均匀涂布在基层表面上。干燥固化4h以上，才能进行下道工序。

3）配制聚氨酯涂膜防水涂料。将聚氨酯甲、乙组分和二甲苯按 1:1.5:0.3 的比例配合，用电动搅拌器强力搅拌均匀备用。应随配随用，一般在 2h 内用完。

4）涂膜防水层施工。用小滚刷或油漆刷将防水涂料均匀涂布在有底胶的基层表面上。涂布时要求厚薄均匀，平刷 3~4 度为宜。防水涂膜的总厚度以不小于 1.5mm 为合格。涂完第一度涂膜后，一般需固化 5h 以上，在基本不粘手时，再按上述方法涂布第二、三、四度涂膜，并使后一度与前一度的涂布方向相垂直。管子根和地漏周围以及下水管转角墙部位涂刷厚度不小于 2mm。在最后一度涂膜固化前及时稀撒少许干净的粒径为 2~3mm 的小豆石，使其与涂膜防水层粘结牢固，作为与水泥砂浆保护层粘结的过渡层。

5）保护层施工。当聚氨酯涂膜防水层完全固化并检验合格后，即可铺设一层厚度为 15~25mm 的水泥砂浆保护层，然后可根据设计要求铺设陶瓷面砖等饰面层。

2. 聚合物水泥防水涂料施工

聚合物水泥防水涂料既有聚合物涂膜的延伸性、防水性、弹性，又具有水泥水硬性材料强度高、易与潮湿基层粘结的优点。

（1）材料

聚合物水泥基防水涂料是以丙烯酸酯、乙烯-乙酸乙烯酯等聚合物乳液和水泥为主要原料，加入填料及其他助剂配制而成，经水分挥发和水泥水化反应固化成膜的双组分水性防水涂料。

（2）基层条件

聚合物水泥基防水涂料对基层的要求有：①基层（找平层）可用水泥砂浆抹平压光，坚实平整不起砂，要求基本干燥，若基层过于潮湿可用抗渗堵漏材料做潮湿基层处理，待表面干燥后再做防水层；②泛水坡度在 2% 以上、不得积水；③基层遇转角等部位，水泥砂浆应抹成小圆角；④基层与相连接的管件、地漏、排水口等应在防水层施工前先将预留管道或套管安装牢固，转角处用水泥砂浆收头圆滑，管根处按设计要求用密封膏嵌填密实。

（3）施工工艺

聚合物水泥基防水涂料的施工工艺：基层清理→涂布底胶→聚合物水泥基防水涂料配制→节点部位加强处理→大面分层涂刮聚合物水泥基防水涂料→保护层施工。

8.3.3 室内渗漏及堵漏措施

1. 板面及墙面渗水

（1）原因。①混凝土、砂浆施工的质量不良，存在微孔渗漏；②板面、隔墙出现轻微裂缝；③防水涂层施工质量不好或被损坏。

（2）堵漏措施。①拆除渗漏部位饰面材料，涂刷防水涂料。②如有开裂现象，则应对裂缝先进行增强防水处理，再刷防水涂料。增强处理一般采用贴缝法、填缝法和填缝加贴缝法。贴缝法主要适应于微小的裂缝，可刷防水涂料并加贴纤维材料或布条，作防水处理。填缝法主要用于较显著的裂缝，施工时要先进行扩缝处理，将缝扩展成 15mm×15mm 左右的 V 形槽，清理干净后刮填嵌缝材料。填缝加贴缝法除采用填缝处理外，在缝表面再涂刷防水涂料，并粘纤维材料处理。③当渗漏不严重，饰面拆除困难，也可直接在其表面刮涂透明或彩色聚氨酯防水涂料。④用快速堵漏材料，如聚合物防水胶、速硬水泥、深渗透结晶型防水材料等直接堵漏。

2. 穿楼板部位渗漏

（1）原因。①细部处理方法欠妥，管道周边填塞不严；②由于振动及砂浆、混凝土收缩等原因，出现裂隙；③卫生洁具及管口周边未用弹性材料处理，或施工时嵌缝材料及防水涂料粘结不牢；④嵌缝材料及防水涂层被拉裂或被拉离粘结面。

（2）堵漏措施。①将漏水部位彻底清理，刮填弹性嵌缝材料或快速堵漏材料；②在渗漏部位涂刷防水涂料，并粘贴纤维材料增强。

小结及学习指导

通过本章学习，了解地下工程防水分类，掌握地下工程卷材防水、混凝土结构防水做法；了解屋面防水的分类，掌握卷材防水屋面、涂膜防水屋面的施工方法；了解室内防水的施工方法等。

思考题与习题

8-1 简述卷材防水屋面的构造。

8-2 简述高聚物改性沥青防水卷材及合成高分子卷材的主要品种及特点。

8-3 试述高聚物改性沥青防水卷材热熔法施工的要点。

8-4 合成高分子卷材冷粘法施工的要点有哪些？

8-5 涂膜防水屋面施工的要点有哪些？

8-6 屋面渗漏的原因有哪些？如何进行防治？

8-7 如何进行地下工程的防水？

8-8 地下防水中，何为卷材防水层的内贴法和外贴法？试述各自的施工工艺。

8-9 试述防水混凝土的防水原理，其施工有哪些要求？

8-10 室内防水施工有哪些特点？

8-11 简述室内聚氨酯防水涂料的施工要点。

8-12 聚合物水泥基防水涂料施工的要点有哪些？

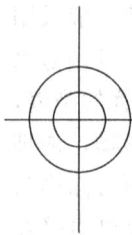

第9章
装饰工程

本章知识点

> 知识点：抹灰、饰面、幕墙、吊顶及轻质隔墙、涂饰和裱糊工程等内容，着重介绍其材料、施工方法、质量标准等。
>
> 重　点：抹灰的组成及作用、做法、质量要求；装饰抹灰的种类，装饰抹灰面层的常见做法；幕墙、吊顶及轻质隔墙的种类、构造及做法；常见饰面工程的施工工艺及质量要求；涂饰的种类、性能及其施工要点；裱糊工程的施工要点。
>
> 难　点：抹灰的做法及质量要求；装饰抹灰面层的常见做法；常见饰面工程的施工工艺及质量要求；涂饰及裱糊工程的施工要点。

装饰工程是建筑施工的最后一个施工过程，包括抹灰工程、饰面工程、幕墙工程、吊顶工程、轻质隔墙工程、门窗工程、涂饰工程、裱糊工程等内容。其作用是使结构构件免受风雨、潮气的侵蚀，改善隔热、隔音、防潮功能，提高卫生条件及增加建筑物的观赏性和美化环境。其施工工程量大、工期长、用工多，与装饰材料和施工工艺密切相关。

9.1　抹灰工程

抹灰工程是用砂浆、石灰或各种装饰材料涂抹在建筑物的墙面、地面、天棚等部位的装饰工作，除具有保护结构、找平、防潮防水、隔热保温等功能外，还可以通过材料及工艺的选用形成不同的质感、色彩、线形来增加建筑物的装饰效果。抹灰工程按装饰效果分为一般抹灰和装饰抹灰两大类。

9.1.1　一般抹灰施工

一般抹灰是指采用水泥砂浆、石灰砂浆、水泥石灰混合砂浆、聚合物水泥砂浆、麻刀灰、纸筋灰、石膏灰等抹灰材料进行涂抹施工。其分为底层、中层和面层三层，如图 9-1 所示。底层的作用是与基体粘结牢固并初步找平，要求砂浆根据基层的种类选取相应的配合比使其具有较好的保水性；中层的作用是找平，砂浆的种类基本与底层相同，只是稠度稍小；面层是使表面光滑细致，起装饰作用，因此一般用混合砂浆、纸筋灰、石膏灰等。

一般抹灰按质量要求分为普通抹灰和高级抹灰两种。普通抹灰为一遍底层、一遍面层两遍成活，主要工序为分层赶平、修整和表面压光；高级抹灰为一遍底层、几遍中层、一遍面层多遍成活，要求阴阳角找方，设置标筋（又称冲筋）控制厚度和表面平整度，分层赶平，修整和表面压光。一般抹灰按施工部位分墙、柱面抹灰、地面抹灰和顶棚抹灰。

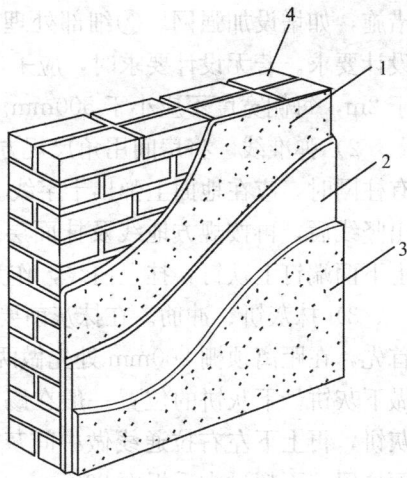

图 9-1 抹灰的组成
1-底层；2-中层；3-面层；4-基体

1. 施工顺序

为保护好成品，抹灰施工前应安排好施工顺序，一般应遵循的施工顺序是先室外后室内，先上面后下面，先顶墙后地面。先室外后室内，是指先完成室外抹灰，拆除外脚手架，堵上脚手眼后再进行室内抹灰；先上面后下面，是指在屋面防水工程完成后室内外抹灰最好从上层往下层进行。当高层建筑施工采用立体交叉流水作业时，也可以采取从下往上施工的方法，但必须采取相应的成品保护措施。先顶墙后地面，是指室内抹灰一般先完成顶棚和墙面抹灰，再开始楼地面抹灰。室内抹灰应在屋面防水工程完工后进行，以防止漏水造成抹灰层损坏及污染。

2. 基层处理

为防止产生空鼓现象，抹灰前应对基层进行必要的处理。对凹凸不平的基层表面应剔平或用 1∶3 水泥砂浆补平。对楼板洞、穿墙管道及墙面脚手架洞、门窗框与墙交接缝处应用 1∶3 水泥砂浆分层嵌缝密实。表面上的灰尘、污垢和油渍等应清除干净，并洒水润湿。墙面太光的要凿毛或用 1∶1 水泥砂浆（掺 10%108 胶）薄抹一层。不同材料相接处，应用宽纸质胶带粘结，以防基体温度变化胀缩不一而产生裂缝。内墙面的阳角和门洞口侧壁的阳角、柱角等易于碰撞之处，宜用强度较高的 1∶2 水泥砂浆制作护角，其高度应不低于 2m，每侧宽度不小于 50mm。对砖砌基体，应待砌体充分沉实后抹底层灰，以防砌体沉陷拉裂抹灰层。

3. 抹灰施工

（1）墙、柱面抹灰

高级抹灰除有普通抹灰要求的工序外，还要求在阴阳角找方，工艺流程为：基层处理→弹准线→抹灰饼、冲筋→做护角→抹底层灰→抹中层灰→抹罩面灰→阴角、阳角抹灰。

1）基层处理。①基层清理。抹灰前基层表面的尘土、污垢、油渍等应清除干净。②非常规抹灰加强措施。当抹灰厚度不小于 35mm 时，应采取加强措施，如增设加强网。③细部处理。墙面、柱面和门洞口的阳角做法应符合设计要求。若无设计要求时，应采用1：2水泥砂浆做暗护角，其高度不应低于2m，每侧宽度不应小于500mm。

2）弹准线。将房间用角尺规方，小房间可用一面墙壁做基线；大房间或有柱网时，应在地面上弹出十字线。在距离墙阴角100mm处用线锤吊直，弹出竖线后，再按规方地线及抹面层厚度向里反弹出墙角抹灰准线，并在准线上下两端钉上铁钉，挂上白线，作为抹灰饼、冲筋的标准。

3）抹灰饼、冲筋。在抹灰前要用水泥砂浆先做出灰饼和冲筋，见图9-2。首先，在距离顶棚200mm处先做两个上灰饼；其次，以上灰饼为基准，吊线做下灰饼。下灰饼的位置一般在踢脚线上方200～250mm处；然后，根据上灰饼，再上下左右拉通线做中间灰饼，灰饼间距1.2～1.5m，应做在脚手板面位置，不超过脚手板面200mm。灰饼大小一般为40mm×40mm，应用与抹灰层相同的砂浆，待灰饼砂浆收水后，在竖向灰饼之间填充灰浆做成冲筋。冲筋时，以垂直方向上下两个灰饼之间的厚度为准，用灰饼相同的砂浆冲筋。抹好冲筋砂浆后，用硬尺与冲筋通平，冲筋面宽50mm，底宽约80mm。墙面不大时，可只做两条冲筋。

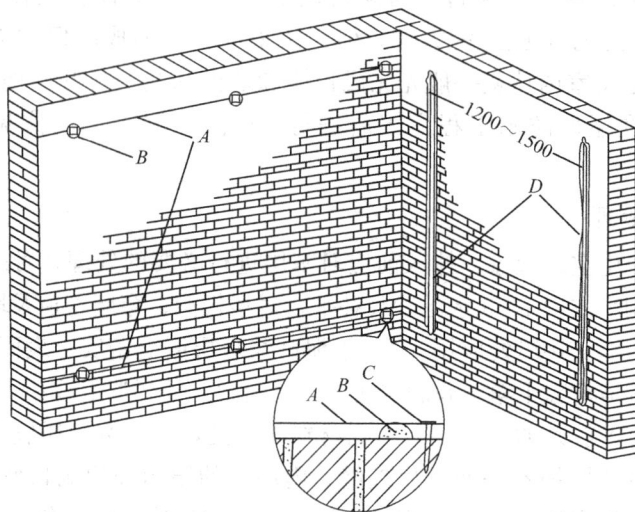

图9-2　抹灰的标志和冲筋
A-引线；B-灰饼；C-钉子；D-冲筋

4）抹底层灰。冲筋达到一定强度（刮尺操作不致损坏），即可抹底层灰。抹底层灰前，基层表面的灰尘、污垢、油渍、沥青渍及松动部分均应清除干净，检查基体表面的平整度并提前一天浇水湿润。底层砂浆的厚度为冲筋厚度的2/3，用铁抹子将砂浆抹上墙面并进行压实，并用木抹子修补、压实、搓平、搓粗。

5）抹中层灰。待底层灰7～8成干后抹中层灰。中层砂浆同底砂浆，抹中层灰时依照冲筋厚以装满砂浆为准，然后以大刮尺紧贴冲筋，将中层灰刮平，最后用木抹子搓平。搓平后用 2m 长的靠尺检查。检查的点数要充足，凡有不合质量标准者，必须修整，直至符合标准为止。

6）抹罩面灰。中层灰 7～8 成干后，普通抹灰常用麻刀灰罩面，中、高级抹灰常用纸筋灰罩面，用铁抹子抹平，并分两遍连续适时压实收光。若中层压灰已干透发白，应先适度洒水湿润后，再抹罩面灰，不刷浆的中级抹面灰层，宜用漂白细麻刀石灰膏或纸筋石灰膏涂抹，并压实收光，表面达到光滑，色泽一致，不显接槎为好。

7）阴角、阳角抹灰。用阴角（阳角）方尺检查阴角（阳角）的直角度，用线锤检查阴角或阳角的垂直度。根据角度及垂直度偏差，确定抹灰层厚度。将底层灰抹于阴角（阳角），用木阴角（阳角）器压住抹灰层并上下搓动，使阴角（阳角）的抹灰基本达到直角。再用阴角（阳角）抹子上下抹压，使角线垂直。阴、阳角处底层灰凝结后，洒水湿润，将面层抹于阴角（阳角）处，用其抹子上下抹压，使中层灰平整光滑。阴阳角找方与墙面抹灰同时进行，即墙面抹底层灰时，阴、阳角抹底层找方。

（2）楼地面抹灰

楼地面抹灰是在混凝土地面垫层或楼面上抹上一层或两层水泥砂浆，作为地面或楼面面层。水泥砂浆楼地面是一种传统做法，但由于它具有造价低、耐久性强、施工简便等优点，仍被广泛应用于其他装饰层的基层。

1）材料要求。水泥砂浆作为承重受力层，抹灰厚度应不小于 20mm。砂浆宜采用不小于 32.5 级的硅酸盐水泥、普通硅酸盐水泥、含泥量不大于 3% 的中砂或粗砂配制，配比应为 1：2（水泥：砂）。强度等级不应小于 M15。为了保证其强度和耐磨性，砂浆的稠度应不大于 35mm。

2）工艺流程。清扫、清洗基层→弹面层线、做灰饼、标筋→润湿基层→扫水泥素浆→铺水泥砂浆→木杠压实、刮平→木抹子压实、搓平→铁抹子压光（三遍）→覆盖、浇水养护。

（3）顶棚抹灰

顶棚抹灰先在墙顶四周弹出水平线，以控制抹灰层厚度，然后沿顶棚四周抹灰并找平。顶棚要求表面平顺，无抹纹与接槎，与墙面交角应成一直线。如有线脚，宜先用准线拉出线脚，再抹顶棚大面，罩面应两遍压光。

4. 质量要求

抹灰层的厚度根据基体的材料、抹灰砂浆种类、基体表面的平整度和抹灰的质量要求以及各地气候情况而定。抹水泥砂浆每遍厚度宜为 7～10mm，抹石灰砂浆和水泥混合砂浆每遍厚度宜为 5～7mm。罩面层厚度一般不大于 3mm。抹灰的总厚度，应视具体部位及基体材料而定，如表 9-1 所示。一般抹灰允许偏差和检验方法如表 9-2 所示。

9.1.2 装饰抹灰施工

装饰抹灰是采用装饰性很强的材料，或用不同的处理方法以及加入各种颜料，使建筑物具有某些特定的色调和光泽。其底层与一般抹灰要求相同，

276

只是面层根据材料及施工方法的不同而具有不同效果，主要有水磨石、水刷石、斩假石、干粘石、假面砖、拉条灰、喷涂、滚涂、弹涂、仿石、彩色抹灰等。

抹灰总厚度（mm） 表 9-1

项 目	顶 棚		内 墙			外墙	勒脚及突出部位
	板条、空心砖、现浇混凝土	预制混凝土板	普通	中级	高级		
抹灰总厚≤	15	18	18	20	25	20	25

一般抹灰允许偏差和检验方法 表 9-2

项 次	项 目	允许偏差（mm）		检验方法
		普通抹灰	高级抹灰	
1	立面垂直度	4	3	用 2m 垂直检测尺检查
2	表面平整度	4	3	用 2m 靠尺和塞尺检查
3	阴阳角方正	4	3	用直角检测尺检查
4	分格条（缝）直线度	4	3	按 5m 线，不足 5m 拉通线，用钢直尺检查
5	墙裙、勒脚上口直线度	4	3	按 5m 线，不足 5m 拉通线，用钢直尺检查

1. 水磨石

水磨石多用于地面或墙裙。水磨石的制作过程：1∶3 水泥砂浆打底，终凝后，洒水湿润，刮一层厚 1～1.5mm 的水泥浆作为粘结层，找平后按设计的图案镶嵌分格条，分格条有黄铜条、铝条、不锈钢条或玻璃条，其作用除可做成花纹图案外，还可防止面层面积过大而开裂。安设时两侧用素水泥浆粘结固定，然后再刮一层水泥素浆，随即将具有一定色彩的水泥石子浆（水泥∶石子＝1∶1～1∶2.5）填入分格网中，抹平压实，厚度要比嵌条稍高 1～2mm，为使水泥石子浆罩面平整密实，可补撒一些石子，使表面石子均匀。待收水后用滚筒滚压，再浇水养护，然后根据气温、水泥品种，2～5d 后开磨，以石子不松动、不脱落，表面不过硬为宜。

磨石分三遍进行。第一遍用 60～80 号粗金刚石盘磨，磨至石子外露、磨平、磨匀、磨出全部分格条，再用水冲洗稍干后，上同色水泥浆一遍，养护 2d。第二遍用 100～150 号中金刚石，磨至表面光滑，用水冲洗，稍干后，上同色水泥浆补砂眼，养护 2d。第三遍用 180～240 号细金刚石，细磨至表面光亮，用水冲洗后，再涂刷草酸，最后用 280 号油石细磨出白浆，再冲水，晾干后打一层地板蜡。待地板蜡干后，再在磨石机上扎上磨布，打磨到发光发亮为止。

水磨石装饰工程的质量要求是：表面平整、光滑；石子显露均匀，色泽一致，条位分格准确；无砂眼、无磨纹、无漏磨。

2. 水刷石

水刷石多用于外墙面。它的施工过程是：1∶3 打底的水泥砂浆终凝后，在其上按设计分格弹线，依据弹线安装分格条（木条或塑料条），用水泥浆在两侧粘结固定，以防大片面层收缩开裂。然后将底层浇水湿润后刮水泥浆

（水灰比 0.37～0.4）一道，以增强与底层的粘结。随即抹上稠度为 5～7cm、厚 8～12mm 的水泥石子浆（水泥∶石子＝1∶1～1∶2.5）面层，拍平压实，使石子密实且分布均匀。待面层凝结前，用棕刷蘸水自上而下刷掉面层水泥浆，使表面石子完全外露为止，并用水冲洗表面水泥浆，为使表面洁净，可用喷雾器自上而下喷水冲洗。水刷石的质量要求：石粒清晰、分布均匀、色泽一致、平整密实，不得有漏刷和接槎的痕迹。

3. 干粘石

干粘石是在水泥砂浆上面直接干粘石子的做法。其方法同样是：先在已硬化的 1∶3 底层水泥砂浆层上按设计要求弹线分格，根据弹线镶嵌分格条。将底层浇水润湿后，抹上一层 1∶2～1∶2.5 的水泥砂浆层，同时用喷枪将不同颜色或同色的粒径 4～6 的石子均匀有力地喷射于粘结层上，用铁抹子轻轻压一遍，使表面平整。干粘石的质量要求：石粒粘结牢固，分布均匀、不掉石粒、不露浆、不漏色、颜色一致。

4. 斩假石、剁斧石

斩假石、剁斧石是在水泥砂浆养护硬化后弹线分格并粘结分格条。洒水润湿后，刮素水泥浆一道，随即抹 1∶1.25（水泥∶石渣）内掺有 30% 石屑的水泥石渣浆罩面层。罩面层应采取防洒措施，并养护 2～3d，待强度达到设计强度的 60%～70% 时，用斩子将面层斩毛者为斩假石；用斧将面层剁毛者为剁斧石。面层的剁斩纹应均匀，方向和深度一致，棱角和分格缝周边留 15mm 不剁。一般斩、剁两遍，即可做出近似用石料砌成的墙。

剁、斩工作量大，后来出现仿斩假石的新施工方法，如图 9-3 所示。其做法与剁斧石基本相同，不同处是表面纹路不是剁出，而是用钢篦子用一般锯条夹以木柄制成。待面层收水后，钢篦子沿导向的长木引条轻轻划纹，随划随移动引条。待面层终凝后，仍按原纹路自上而下拉刮几次，即形成与斩假石相似的效果。

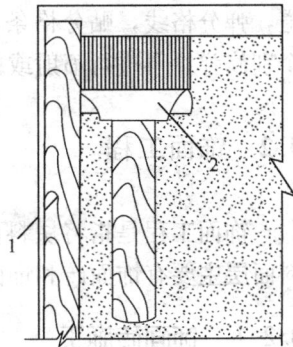

图 9-3　仿斩假石做法
1-木靠尺板；2-废锯条制抓耙

5. 喷涂、滚涂与弹涂饰面

（1）喷涂饰面

喷涂饰面是用挤压式灰浆泵或喷斗将聚合物水泥砂浆经喷枪均匀喷涂在墙面基层上。根据涂料的稠度和喷射压力的大小，以质感区分，可喷成表面布满点状颗粒的粒状喷涂和波纹状的波面喷涂。基层为 1∶3 水泥砂浆，喷涂前喷或刷一道胶水溶液（108 胶∶水＝1∶3），使基层吸水率趋近于一致和喷涂层粘结牢固。喷涂层厚 3～4mm，粒状喷涂应连续三遍完成，波面喷涂必须连续操作，喷至全部泛出水泥浆但又不至于流淌为宜。在大面喷涂后，按分格位置用铁皮刮子沿靠尺刮出分格缝，喷涂层凝固后再喷涂罩面层。质量要求表面平整，颜色一致，花纹均匀，不显接槎。

（2）滚涂饰面

滚涂饰面是在基层上抹一层厚 3mm 的聚合物砂浆，随后用带花纹的橡胶或塑料滚子滚出花纹。滚子表面花纹不同即可滚出多种图案，最后喷罩有机硅疏水剂。

滚涂砂浆的配合比为水泥∶骨料（砂子、石屑或珍珠岩）＝1∶0.5～1，再掺入占水泥 20% 量的 108 胶和 0.3% 的木钙减水剂。手工操作分为干滚和湿滚，干滚时滚子不蘸水，滚出的花纹较大，工效较高；湿滚时滚子反复蘸水，滚出花纹较小。滚涂比喷涂工效低，但便于小面积局部应用。滚涂是一次成活，多次滚涂易产生翻砂现象。

（3）弹涂饰面

弹涂饰面是在基层上喷或刷涂掺有 108 胶的聚合物水泥色浆涂层，然后用弹涂器分几遍将不同色彩的聚合物水泥浆弹出在已涂刷的涂层上，形成 1～3mm 或 5～8mm 大小的扁圆花点。通过不同的颜色组合和浆点所形成的质感，相互交错，相互衬托，有近似于干粘石的装饰效果；也有做成单色光面、细麻面等多种花色。

弹涂器分为手动和电动两种，后者工效高，适合大面积施工。弹涂的做法是：洒水润湿底层水泥砂浆，待 6～7 成干时进行弹涂。先喷刷底色浆一道，弹分格线，贴分格条，弹头道色点，待稍干后即弹两道色点，最后进行个别修弹，再进行喷射或刷涂树脂罩面层。

9.2 饰面工程

饰面工程是指将块料面层粘贴或安装在基层表面上的一种装饰方法。块料面层主要有饰面砖和饰面板两大类。

9.2.1 饰面砖施工

常用的饰面砖有釉面瓷砖、面砖和陶瓷锦砖等。

1. 釉面瓷砖、面砖的镶贴

镶贴前应经挑选、预排，使规格、颜色一致，灰缝均匀。基层应扫净并浇水湿润，用 1∶3 水泥砂浆打底，找平划毛，打底后养护 1～2d 方可镶贴。镶贴前按砖尺寸，弹出横竖控制线，定出水平标准和皮数。接缝宽度应符合设计要求，一般宽约为 1～1.5mm。然后用废瓷砖按粘结层厚度用混合砂浆贴灰饼，找出标准，灰饼间距约为 1.5～1.6m。阳角处要两面挂直。镶贴时先浇水湿润底层，根据弹线稳好平尺板，作为贴第一皮砖的依据。镶贴时一般从阳角开始，由下往上逐层粘贴。

采用聚合物水泥浆粘结时，可抹一行贴一行，用手轻压，并用橡皮锤轻轻敲击，使其与基层粘结紧密牢固；采用其他水泥砂浆作粘结层时，应将水泥砂浆均匀刮抹在砖背面，逐块进行粘贴，用小铲把轻轻敲击。用靠尺随时检查平直方正情况，修正缝隙。从涂抹水泥浆到贴砖和修整缝隙，全部工作宜在 3h 内完成，并注意随时用棉丝或干布将缝中挤出的浆液擦净。

2. 锦砖的镶贴

锦砖镶贴前，应按设计图案及图纸尺寸，核实墙面实际尺寸，根据排砖模数和分格要求，绘制施工大样图。

基层用 1∶3 水泥砂浆找底，找平搓毛，洒水养护。贴前弹出水平、垂直分格线，然后湿润墙面，并在底层上刷素水泥浆一道。再抹一层 2～3mm 厚 1∶0.3 水泥纸筋灰或 3mm 厚 1∶1 水泥砂浆粘结层，用靠尺刮平，抹子抹平，同时将锦砖底面朝上铺在木垫板上，缝里抹水泥浆，并用软毛刷子刷净底面浮砂，薄涂一层粘结灰浆，然后逐张拿起，清理四边余灰，按平尺板上口沿线由下往上对齐接缝粘结于墙上。粘结时应仔细拍实，使其表面平整。待水泥砂浆初凝后，用软毛刷将护纸刷水润湿，约 0.5h 后揭纸，并检查缝的平直大小，校正拨直。待嵌缝材料硬化后用稀盐酸溶液刷洗，并随即用清水冲洗干净。

9.2.2　饰面板施工

饰面板主要有石材饰面板、木质饰面板、金属饰面板、玻璃饰面板等。墙面常用石材饰面；地面常用石材或竹、木地板饰面等装饰。

1. 石材饰面板施工

饰面板的施工，主要是天然石材和人工石材的施工。一般情况下，小规格板材采用镶贴法，大规格板材（边长＞400mm）或镶贴高度超过 1m 时采用安装法，安装的工艺有湿法工艺、干法工艺和 G·P·C 工艺。

（1）小规格板材的施工

先用 1∶3 水泥砂浆打底划毛，待底层灰凝固后，找规矩，厚约 12mm，弹出分格线，按粘贴顺序，将已湿润的板材背面抹 7～8mm 厚水泥砂浆或 2～3mm 聚合物素浆粘贴，然后用木槌轻轻敲，并随时用靠尺找平找直。

（2）大规格板材的施工

1）湿法工艺。湿法工艺是按照设计要求在基层上先绑扎钢筋网，与结构预埋件连接牢固，并用钻头在饰面板上打出圆孔，以便与钢筋骨架连接。板材安装前，应对基层抄平，见图9-4。安装时用铜丝或不锈钢丝把板块与结构表面的钢筋骨架绑扎固定，防止移动，且随时用托线板靠直靠平，保证板与板交接处四角平整。板块与基层间的缝隙（即灌浆厚度）一般为 30～50mm，用 1∶2.5 水泥砂浆分层灌注，待下层初凝后再继续上层灌浆，直到距上口 50～100mm 停止。安装固定后的饰面板，须将饰面清理干净，如饰面层光泽受到影响，可以重新打蜡出光，但要采取临时措施保护棱角。这种工艺仅可用于高度较小的部位。

2）干法工艺。干法工艺是直接在板上打孔，然后用不锈钢连接器与埋在混凝土墙体内的膨胀螺栓相连，板与墙体间形成 80～90mm 空气层，如图 9-5 所示。此种工艺常用于 30m 以下的钢筋混凝土结构，不适用砖墙或加气混凝土基层。

279

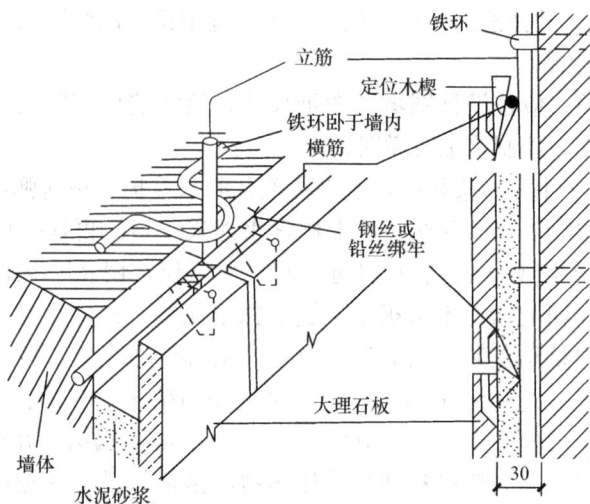

图 9-4　湿法工艺

3）G·P·C工艺。G·P·C（Granite Pre-Cast）是干法工艺的发展，由花岗岩薄板与钢筋混凝土作加强衬板制成的磨光花岗岩复合板作为吊挂件，通过连接器悬挂到结构骨架上成为一体，并且在复合板与结构之间组成一个空腔的安装工艺，如图 9-6 所示。这种工艺形成柔性节点，常用于超高层建筑来满足抗震要求。

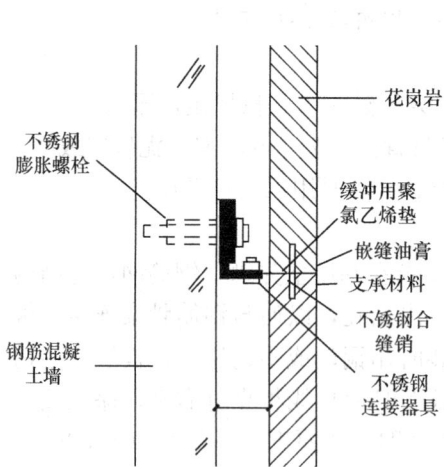

图 9-5　干法工艺

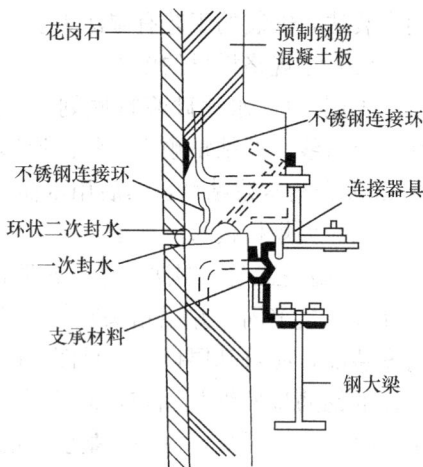

图 9-6　G·P·C工艺

2. 竹、木地板施工

竹、木地板常见的有实木地板、实木复合地板、竹地板等，具有很强的装饰效果，被广泛地采用于高档的地面装修中。铺设方式有空铺和实铺两种，目前较常用的是空铺方式，施工工艺流程：基层处理→安装木格栅→铺毛地板→铺竹、木地板→刨平磨光。

9.2.3 饰面工程的质量要求

饰面工程所用材料的品种、级别、规格、形状、几何尺寸、粗糙度、颜色、图案以及镶贴方法必须符合设计要求。饰面工程的表面不得有变色、起碱、污点、砂浆留痕和显著的光泽受损；面层与基底须粘贴牢固，粘贴强度必须符合国家标准的规定；突出的管线、支承物等部位镶贴的饰面砖应套割吻合；饰面板（块）严禁空鼓，不得有歪斜、翘曲、缺棱掉角、裂纹等缺陷；镶贴墙裙、门窗贴脸的饰面板（块），其突出墙面的厚度应一致。饰面工程质量允许偏差，应符合表 9-3、表 9-4 的规定。

饰面砖粘贴的允许偏差和检验方法　　　　　　　　表 9-3

项次	项　目	允许偏差（mm）		检验方法
		外墙面砖	内墙面砖	
1	立面垂直度	3	2	用 2m 垂直检测尺检查
2	表面平整度	4	3	用 2m 靠尺和塞尺检查
3	阴阳角方正	3	3	用直角检测尺检查
4	接缝直线度	3	3	拉 5m 线，不足 5m 拉通线，用钢直尺检查
5	接缝高低差	1	0.5	用钢直尺和塞尺检查
6	接缝宽度	1	1	用钢直尺检查

饰面板安装的允许偏差和检验方法　　　　　　　　表 9-4

项次	项　目	容许偏差（mm）							检查方法
		石材			瓷板	木材	塑料	金属	
		光面	剁斧石	蘑菇石					
1	表面平整度	2	3	—	1.5	1	3	3	用 2m 直尺和塞尺检查
2	立面垂直度	2	3	3	2	1.5	2	2	用 2m 垂直检测尺检查
3	阴阳角方正	2	4	4	2	1.5	3	3	用直角检测尺检查
4	接缝直线度	2	4	4	2	1	1	1	拉 5m 线检查，不足 5m 拉通线，用钢直尺检查
5	墙裙、勒脚上口直线度	2	3	3	2	2	2	2	
6	接缝高低差	0.5	3	—	0.5	0.5	1	1	用钢直尺和塞尺检查
7	接缝宽度	1	2	2	1	1	1	1	用钢直尺检查

9.3 幕墙工程

建筑幕墙是由各种板材和金属构件组成的悬挂在建筑主体结构外，不承担主体结构荷载，且相对主体结构有一定位移能力的建筑外围护结构或装饰性结构。它具有抗风压、防水、气密、隔热保温、隔声和美观等性能。按面板材料可将其分为玻璃幕墙、金属幕墙、石材幕墙等。

281

9.3.1　玻璃幕墙

1. 玻璃幕墙的分类

面板材料为玻璃板的建筑幕墙称为玻璃幕墙，根据所需的建筑效果，可采用不同的结构形式。主要形式有框支承玻璃幕墙、点支承玻璃幕墙及全玻璃幕墙。框支承玻璃幕墙由金属框架作玻璃幕墙结构的支承，玻璃作装饰的面板，玻璃与金属框架周边连接，按金属框架是否外露分为明框玻璃幕墙、隐框玻璃幕墙、半隐框玻璃幕墙；点支承玻璃幕墙由玻璃面板，点承装置及支承结构构成，玻璃与支承结构间通过点支承装置相连；全玻璃幕墙由玻璃肋和玻璃面板构成，玻璃本身承受自重及风荷载。

2. 玻璃幕墙的材料

玻璃幕墙所使用的材料有骨架材料、面板材料、密封填缝材料、粘结材料等。幕墙经常受自然环境不利因素的影响，因此，要求幕墙材料要有足够的耐候性和耐久性，具备防风暴、防日晒、防盗、防撞击保温隔热等功能。

玻璃是玻璃幕墙的主要材料，种类有钢化玻璃、热反射玻璃、吸热玻璃、夹丝（网）玻璃和中空玻璃等，使用时根据需要选择。玻璃幕墙所用的密封胶有硅酮结构密封胶和硅酮耐候密封胶。硅酮结构密封胶用于结构之间的粘结，要求具有较高的强度、延性和粘结性能；硅酮耐候密封胶用于幕墙面板之间、幕墙面板与结构面或金属框架间的嵌缝，要求其具有较强的耐大气变化、耐紫外线、耐老化性能。金属材料和金属零配件除不锈钢及耐候钢外，钢材应采取有效防腐措施，铝合金材料也应进行相应的处理。

3. 玻璃幕墙安装施工

玻璃幕墙现场安装施工有构件式和单元式两种方式。

（1）构件式安装施工

构件式安装施工是将立柱、横梁、玻璃板材等材料分别运至施工现场，逐件进行安装。其主要工序如下：

1）放线定位。放线定位是根据土建单位提供的中心线及标高控制点，在主体结构上放出骨架的位置线。对于由横梁、立柱组成的幕墙骨架，一般先在结构上放出立柱的位置线，然后确定立柱的锚固点。待立柱通长布置完毕，再将横梁位置弹到立柱上，如果是全玻璃安装，则应该首先将玻璃的位置弹到地面上，再根据外缘尺寸确定锚固点。

2）预埋件检查。为保证幕墙与主体结构连接可靠，预埋件应在主体结构施工时，按设计要求的数量、位置和方法进行埋设。幕墙骨架施工安装前，应检查各连接位置预埋件是否齐全，位置是否符合设计要求。预埋件遗漏、位置偏差过大、倾斜时，要会同设计单位采取补救措施。

3）骨架安装施工。依据放线位置安装骨架。常用连接件将骨架与主体结构相连，连接件与主体结构可以通过预埋件或后埋锚栓固定，但当采用后埋锚栓固定时，应通过试验确定其承载力。骨架安装一般先安装立柱，再安装横梁。横梁与立柱的连接依据其材料的不同，可采用焊接、螺栓连接、穿插件连接或角铝连接等方法。

4）玻璃安装。玻璃幕墙的类型不同，对应固定玻璃的方法也不同。钢骨架，因型钢无镶嵌玻璃的凹槽，多用窗框过渡，将玻璃安装在铝合金窗框上，再将窗框与骨架相连。铝合金型材常将固定玻璃的凹槽随同整个断面一次挤压成型，可直接安装玻璃。玻璃与硬件金属之间，用封缝材料来避免直接接触。在隐框、半隐框玻璃幕墙安装前，应对四周的立柱、横梁和板块铝合金副框进行清洁，保证嵌缝耐候胶可靠粘结。安装前玻璃的镀膜面应粘贴保护膜加以保护，交工前再全部揭去。

5）密缝处理及清洁维护。玻璃或玻璃组件安装完毕后，必须及时用耐候胶嵌缝密封，以保证玻璃幕墙的气密性、水密性等性能。幕墙工程安装完毕后，应用中性清洁剂自上而下对外露构件及幕墙表面进行清洗。

（2）单元式安装施工

单元式安装施工是将立柱、横梁和玻璃面板在工厂拼装为一个安装单元（一般为一层楼高度），运至施工现场后整体安装在主体结构上。其可进行工业化生产，提高加工精度、保证幕墙质量，安装方便，缩短施工工期，常用于外形规整的高层或超高层建筑。

单元式玻璃幕墙安装包括运输、堆放、起吊就位、校正和固定等过程。验收合格的单元板运至现场后按板块编号排列放置。单元板起吊时，吊点不少于2个且各起吊点均匀受力，起吊过程应保持单元板块平稳。单元板就位时，先将其挂到主体结构的挂点上，及时进行校正和固定。

9.3.2 金属和石材幕墙

1. 金属和石材幕墙的构成

面板材料为金属板的建筑幕墙称为金属幕墙，主要由金属饰面板、固定支座、骨架结构、各种连接件及固定件、密封材料等构成，金属饰面板悬挂或固定在承重骨架或墙面上。与玻璃幕墙和石材幕墙相比，金属幕墙的强度高、重量轻、防火性能好、施工周期短，可用于各类建筑物上。

面板材料为石板材的建筑幕墙称为石材幕墙，主要由石材面板、固定支座、骨架结构、各种连接件及固定件、密封材料等组成。它利用金属挂件将石板材挂在钢骨架或结构上。

2. 金属和石材幕墙的安装

金属幕墙的施工流程：安装预埋件→测量放样→安装骨架→保温隔热和防火材料的安装→防雷处理→金属面板的安装→节点的处理→清洗扫尾。

石材幕墙的施工工艺：安装预埋件→测量放样→安装骨架→石材面板的安装→接缝处理→清洗扫尾。

9.4 吊顶和轻质隔墙工程

9.4.1 吊顶工程

吊顶又称为悬吊式顶棚或天花板，是指在建筑物结构层下部悬吊骨架及饰面板组成的装饰构造层。它是室内装饰的重要组成部分，直接影响建筑室内空间的装饰风格和效果，同时还起着吸声、保温、隔热的作用，也是安装照明、通风、防火、报警等设备管线的隐蔽层。

1. 吊顶的组成

吊顶主要由吊杆、龙骨和饰面层组成。

（1）吊杆。吊杆是吊顶的支承部分，由吊筋和吊头组成。吊筋的材料及固定可采用预埋6mm直径钢筋或8号镀锌铁丝，也可采用顶板预埋铁件焊接轻钢杆件做吊杆。吊杆的间距一般为1.2～1.5m。

（2）龙骨。龙骨是用来支撑各种饰面造型、固定结构的一种材料。按照制作材料的不同分为木龙骨、轻钢龙骨和铝合金龙骨等。

（3）饰面层。饰面层有装饰室内空间，以及吸声、反射等功能，其种类很多，常见的有石膏板、矿棉板、塑料板、金属板和采光板等。

2. 吊顶施工工艺

（1）木龙骨吊顶施工

木龙骨吊顶是以木质龙骨为基本骨架，配以胶合板、纤维板或其他人造板作为罩面板组合而成的吊顶体系，施工方便、造型效果强，但不适用于大面积的吊顶。主要施工工序：

1）弹水平线。首先将楼地面基准线弹在墙上，并以此为起点，弹出吊顶高度水平线。

2）主龙骨的安装。主龙骨与屋顶结构或楼板结构连接主要有三种形式：用屋面结构或楼板内预埋铁件固定吊杆；用射钉将角铁固定于楼底面固定吊杆；用金属膨胀螺栓固定铁件再与吊杆连接。

主龙骨安装后，沿吊杆标高线固定沿墙木龙骨，木龙骨的底边与吊顶标高线齐平。一般是用冲击电钻在标高线上10mm处墙面打孔，孔内塞入木楔，将沿墙龙骨钉在墙内木楔上，然后将拼接组合好的木龙骨架拖到吊顶标高位置，整片调正、调平后，将其与沿墙龙骨与吊顶连接。

3）饰面板的铺钉。饰面板按设计要求切成方形、长方形等，板材安装前，按分块尺寸弹线，安装时由中间向四周呈对称排列，顶棚的接缝与墙面交圈应保持一致。面板应安装牢固且不得出现折裂、翘曲、缺棱掉角等缺陷。

（2）轻钢龙骨和铝合金龙骨吊顶施工

轻钢龙骨吊顶是以轻钢龙骨为吊顶骨架，配以轻型装饰罩面板组合而成的顶棚，如图9-7所示。施工工艺流程为：弹线→安装吊杆→安装龙骨架→安装面板。

先按龙骨的标高在房间四周的墙上弹水平线，再根据龙骨的要求，按一定间距弹出龙骨的中心线，找出吊顶中心，将吊顶固定在埋件上。吊顶结构未设埋件时，要按确定的节点中心用射钉考虑紧固的余量，并分别配好紧固用的螺母。主龙骨的吊顶挂件连在吊顶上校平后，拧紧固定螺母，然后根据设计和饰面板尺寸要求确定的间距，用吊挂件将次龙骨固定在主龙骨上，调平后安装饰面板。

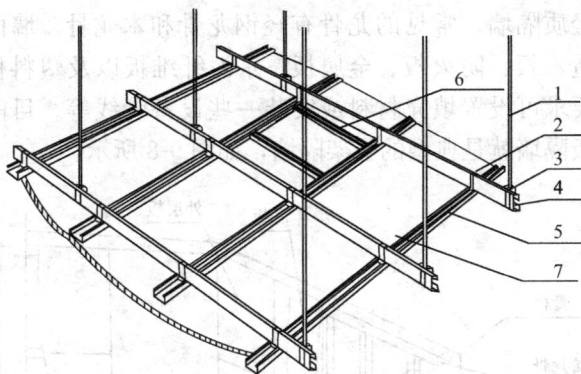

图 9-7　轻钢龙骨吊顶

1-吊杆；2-次龙骨连接件；3-吊挂件；4-主龙骨；5-次龙骨；6-横撑龙骨；7-饰面板

铝合金吊顶龙骨的安装方法与轻钢龙骨吊顶基本相同。

饰面板常见的安装方法有搁置法、嵌入法、粘贴法、钉固法、卡固法。U形轻钢龙骨采用钉固法安装石膏板时，使用镀锌自攻螺钉与龙骨固定，钉头要求嵌入石膏板 0.5~1mm，钉眼用腻子抹平，并用石膏板与同色的色浆腻子涂刷一遍。铝合金龙骨吊顶的安装可采用粘贴法、钉固法和嵌入法等。

3. 吊顶工程质量要求

吊顶工程所用材料品种、规格、颜色以及基层构造、固定方法等应符合设计要求。饰面板与龙骨应连接紧密，表面应平整，不得有污染、折裂、缺棱掉角、锤伤等缺陷，接缝应均匀一致，粘贴的罩面不得有脱层，胶合板不得有刨透之处，搁置的面板不得有漏、透、翘角现象。吊顶罩面板工程质量允许偏差和检查方法应符合表 9-5 的规定。

吊顶工程安装的允许偏差和检查方法　　　　　　表 9-5

项次	项目	允许偏差（mm）								检查方法
		暗龙骨吊顶				明龙骨吊顶				
		纸面石膏板	金属板	矿棉板	木材塑料板格栅	石膏板	金属板	矿棉板	塑料板玻璃板	
1	表面平整度	3	2	2	2	3	2	3	2	用 2m 靠尺和塞尺检查
2	接缝直线度	3	1.5	3	3	3	3	3	3	按 5m 线不足 5m 拉通线，用钢直尺检查
3	接缝高低差	1	1	1.5	1	1	1	2	1	用钢直尺和塞尺检查

9.4.2　轻质隔墙工程

轻质隔墙是指非承重的轻质内隔墙，具有墙体薄、自重轻、施工便捷、节能环保等优点，主要有骨架隔墙、板材隔墙等。

1. 骨架隔墙施工

骨架隔墙是由龙骨作为受力骨架固定于建筑主体结构上，并在龙骨两侧安装墙面板的轻质隔墙。常见的龙骨有轻钢龙骨和木龙骨。墙面板常见的纸面石膏板、人造木板、防火板、金属板、水泥纤维板以及塑料板等。龙骨骨架中根据设计要求可设置填充材料或安装一些设备管线等。目前大量应用的轻钢龙骨石膏板隔墙就是典型的骨架隔墙，如图 9-8 所示。

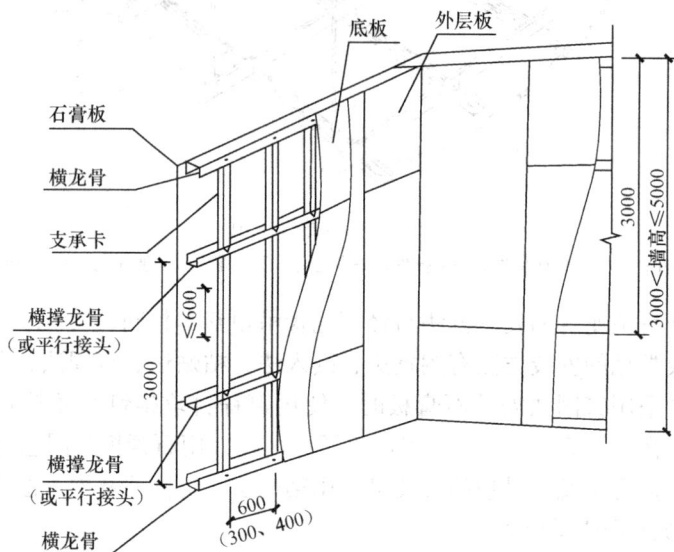

图 9-8　轻钢龙骨石膏板隔墙

轻钢龙骨石膏板隔墙的施工工序：弹线→安装门洞口框→固定沿地、沿顶和沿墙龙骨→龙骨架装配及校正→石膏板固定→饰面处理。

1）弹线。根据设计要求确定隔墙位置线、门窗洞口边框线和顶龙骨位置线。

2）安装门洞口框。放线后按设计，先将隔墙的门洞口框安装完毕。

3）固定沿地沿顶龙骨。沿地沿顶龙骨固定前，将固定点与竖向龙骨位置错开，用膨胀螺栓和打木楔钉、铁钉与结构固定，或直接与结构预埋件连接。

4）骨架连接。根据设计要求、石膏板尺寸和门窗洞口位置，进行骨架分格设置。根据分格位置将切裁好的竖向龙骨装入沿地、沿顶龙骨内，调整垂直及定位准确后，用抽心铆钉固定；靠墙、柱边龙骨用射钉或木螺栓与墙、柱固定，钉距为 1000mm。

5）石膏板安装。安装一侧的石膏板，从门口处开始，无门洞口的墙体由墙的一端开始，石膏板一般用自攻螺钉固定，板边钉距为 200mm，板中钉距为 300mm，螺钉距石膏板边缘的距离为 10～16mm。自攻螺钉固定时，必须与龙骨紧靠。另一侧石膏板的安装方法同第一侧纸面石膏板。

2. 板材隔墙施工

板材隔墙是指不需设置隔墙龙骨，将预制或现制的隔墙板材直接固定于建筑主体结构上的隔墙工程。它具有自重轻、墙身薄、拆装方便、节能环保、施工速度快、工业化程度高的特点。

板材隔墙的施工操作工序：基层处理→放线→配板→安装隔墙板材→安装门窗框→板缝处理。

1) 基层处理。清理隔墙板与结构墙面、地面、顶棚的结合部位，凡凸出的浮浆、混凝土块等必须剔除并清扫，并进行结合部位的找平。

2) 放线。应按设计要求，沿地、墙、顶弹出隔墙的中心线和宽度线，宽度应与隔墙厚度一致，弹线清晰，位置准确。

3) 配板。板材隔墙饰面板安装前应按品种、规格、颜色等进行分类选配。

4) 安装墙隔板。条板与条板拼缝、条板顶端与主体结构用胶粘剂粘结，胶粘剂要随配随用，并 30min 内用完。当设计有抗震要求时，按设计在两块条板顶端拼缝处设 U 形或 L 形钢板卡，钢板卡用射钉与主体结构连接。将板的上端与上部结构底面用胶粘剂粘接，下部用木楔顶紧后空隙间填入细石混凝土。隔墙板安装顺序应从门洞口处向两侧依次进行，门洞两侧宜用整块板；当无洞口时，应从一端向另一端安装。

5) 安装门窗框。在墙板安装的同时，应按定位线依顺序立好门框。安装校材隔墙的门窗时，应在角部增加角钢补强。

6) 板缝处理。隔板安装后 10d，检查所有缝隙是否粘结良好，有无裂缝，如出现裂缝，应查明原因后进行修补。

3. 隔墙的质量要求

1) 隔墙所用材料的品种、规格、性能、颜色应符合设计要求。有隔声、隔热、阻燃、防潮等特殊要求的工程，板材应有相应性能等级的检测报告。

2) 隔墙板材所需预埋件、连接件的位置、数量及连接方法应符合设计要求，与周边墙体应连接牢固。隔墙骨架与基体结构连接牢固，并应平整垂直、位置正确。

3) 板材隔墙应垂直、平整、位置正确，板材不应有裂缝和缺损；表面应平整光滑、色泽一致、洁净，接缝应均匀、顺直。

4) 隔墙安装的允许偏差和检查方法如表 9-6 所示。

隔墙安装的允许偏差和检查方法　　　　　　　　表 9-6

项次	项目	允许偏差（mm）						检查方法
		板材隔墙				骨架隔墙		
		金属夹芯板	其他复合板	石膏空心板	钢丝网水泥板	纸面石膏板	人造木板、水泥纤维板	
1	立面垂直度	2	3	2	2	3	2	用 2m 垂直检测尺检查
2	表面平整度	2	3	3	3	3	2	用 2m 靠尺和塞尺检查
3	阴阳角方正	3	3	1.5	1	1	1	用直角检测尺检查
4	接缝直线度	—	—	—	—	—	—	按 5m 线，不足 5m 拉通线，用钢直尺检查
5	压条直线度	—	—	—	—	—	—	
6	接缝高低差	1	2	2	3	1	1	用钢直尺和塞尺检查

9.5 涂饰和裱糊工程

9.5.1 涂饰工程

涂饰工程是指将胶体溶液涂敷于基体表面，经干燥后形成坚韧薄膜与基体粘结，达到装饰、美观和保护基层等目的的装饰工程。

涂料工程包括油漆涂饰和涂料涂饰。

1. 材料

常用的油漆有清油、厚漆、调和漆、清漆等。

涂料按化学成分分为有机高分子涂料和无机高分子涂料，常用的有 KS-82 型复合建筑涂料、JH80-2 型涂料等。

2. 油漆、涂料施工

油漆、涂料施工包括基层准备、刮腻子和涂刷施工等工序。

（1）基层准备。木材表面应清除钉子、油污等，除去松动节疤及脂囊，裂缝和凹陷均应用腻子填补。金属表面应清除一切鳞皮、锈斑和油渍等。基体如为混凝土表面和抹灰层，含水率均不大于 8%。新抹灰的灰层表面应仔细除去粉质浮粒。为了增强墙面的附着力常涂抹界面剂。

（2）刮腻子。腻子一般是由基料（水泥和有机聚合物）、填料（碳酸钙、滑石粉和石英砂）、水和助剂（增稠剂、保水剂）等组成，有的还加入纤维，起抗裂作用。腻子通常刮三遍，目的是使表面平整。在基体上用胶皮刮板横向满刮一层腻子，待其干燥后用砂纸打磨并清扫干净；然后再用胶皮刮板竖向满刮一遍腻子，干燥后打磨平整并清扫干净；最后用胶皮刮板找补腻子或用钢片刮板满刮腻子，刮平刮光，干燥后磨平磨光并清理干净。

（3）涂刷施工。为了使面层涂刷均匀和节省材料，涂刷过程常分底层和面层两次进行，底层涂刷一遍，面层涂刷两遍。涂刷方式有刷涂、喷涂、擦涂及滚涂等。

1）刷涂法是用鬃刷蘸涂饰材料涂刷在表面上。其设备简单、操作方便，但工效低，不适于快干和扩散性不良的油漆、涂料施工。

2）喷涂法是用喷雾器或喷浆机将涂饰材料喷射在物体表面。一次不能喷过厚，要分几次喷涂，要求喷嘴移动均匀。其优点是工效高，涂膜分散均匀，平整光滑，干燥快；缺点是材料消耗大，需要喷枪和空气压缩机等设备，施工时应注意通风、防火、防爆等安全措施。

3）擦涂法是用棉花团外包纱布蘸涂饰材料在物面上擦涂，待涂膜稍干后再连续转圈揩擦多遍，直到均匀擦亮为止，此法涂饰的质量好，但效率低。

4）滚涂法是用羊皮、橡皮或其他吸附材料制成的滚筒，滚上涂饰材料后，滚涂于物面上。适用于墙面滚花涂刷及较稠的涂饰材料。

在涂刷时，后一遍涂刷必须要前一遍干燥后进行。每遍涂刷都应均匀，各层必须结合牢固，干燥得当，以达到均匀且密实。

一般涂饰工程施工时的环境温度不宜低于10℃，相对湿度不宜大于60%。当遇有大风、雨、雾情况时，室外不可施工。

9.5.2 裱糊工程

裱糊工程是将壁纸、墙布等用胶粘剂裱糊在结构基层表面的装饰工程。近年来，普通壁纸、塑料壁纸逐渐被"绿色"壁纸和高档壁纸所取代，如纺织物壁纸、天然材料壁纸。由于其色彩鲜艳，图案、花纹丰富，在宾馆及高级民用建筑中被广泛采用。

裱糊工程的工艺顺序一般为：基层处理→弹垂直线→润纸和刷胶→裱糊壁纸→清理修整。

（1）基层处理。要求基层基本干燥，混凝土和抹灰层的含水率不得大于8%，木材基层含水率不得大于10%，基体或基层表面应坚实、平滑、无飞刺、无砂粒。在表面上满刷一遍用水稀释的108胶作为底胶，使基层吸水不致太快，以免胶粘剂脱水而影响墙纸与基层的粘结。

（2）弹垂直线。待底胶干后，从墙的阳角开始，根据房间大小、门窗位置、壁纸宽度和花纹图案的完整性，以壁纸宽度在墙面上弹垂直线，作为裱糊时的操作准线。

（3）裁纸。壁纸粘贴前应进行预拼试贴，以确定裁纸的尺寸，进而达到花纹完整、效果良好的目的。裁纸按实际尺寸统筹规划，一般以装饰面的高度进行分幅拼花裁切。最后将纸幅编号，以便按顺序粘贴。

（4）润纸和刷胶。壁纸裱糊有遇水膨胀、干后收缩的特点。因此，准备上墙裱糊的壁纸，应先浸水3min，再抖掉余水，静置20min待用。这样，裱糊后可避免出现皱褶。裱糊用的胶粘剂应按壁纸的品种选用，在纸背和基层表面上薄而均匀的刷胶。

（5）裱糊壁纸。以阳角处弹好的垂直线作为第一幅壁纸裱糊的基准。依次进行壁纸裱糊，纸幅要垂直，先对花纹、拼缝，后由上而下赶平、压实，将多余胶粘剂挤出纸边，并及时揩净以保持整洁。每裱糊2～3幅后，应吊线检查垂直度。

（6）清理修整。裱糊完成后，应进行细致全面的检查，对未贴好的进行局部修整，并要求修整后不留痕迹。

以上是先裁边后粘贴拼缝的施工工艺，其缺点是裁时不易平直，粘贴时拼缝费工且不易使缝合拢，易产生的通病是翘边和拼缝明显可见。经实践，可采取先粘贴后裁边的"搭接裁缝"，即相邻两张墙纸粘贴时，纸边接搭重叠20mm，然后用裁纸刀沿搭接的重叠部位中心裁切，再撕去重叠的多余纸边，经滚压平复而成的施工方法。其优点是接缝严密，可达到或超过施工规范的要求。

裱糊的质量要求：墙纸表面应色泽一致，无气泡、空鼓、翘边、皱折和斑污，斜视无胶痕，拼接无露缝，距墙面1.5m处正视不显拼缝，如局部粘结不牢，可补刷胶粘剂粘结。裱糊过程和干燥时，施工温度不应低于5℃，并应防止穿堂风的直接作用和温度的剧烈变化。

小结及学习指导

通过本章的学习，了解抹灰的组成及作用，掌握抹灰的做法、质量要求；了解装饰抹灰的种类，掌握装饰抹灰面层的常见做法；了解幕墙、吊顶及轻质隔墙的种类、构造，熟悉其做法；掌握常见饰面工程的施工工艺及质量要求；了解涂饰的种类、性能，掌握其施工要点；掌握裱糊施工的要点。

思考题与习题

9-1 装饰工程有什么作用？包括哪些内容？

9-2 试述一般抹灰的分类、构成层次及各层的作用。

9-3 一般抹灰有几个过程？要求如何？

9-4 装饰抹灰常见的有哪些？并简述其做法。

9-5 喷涂和滚涂各有什么施工特点？

9-6 简述石材饰面板常用施工方法。

9-7 常用的建筑幕墙主要形式有哪几种？简述构件式玻璃幕墙施工工序。

9-8 简述单元式玻璃幕墙的施工。

9-9 试述轻钢龙骨的安装过程？

9-10 涂饰工程主要有哪些种类？如何施工？

9-11 裱湖工程有什么施工特点？如何施工？

下篇 施工组织

第10章
施工组织概论

本章知识点

> 知识点：工程建设的基本概念及其分类；工程建设的程序；施工
> 程序；组织施工的基本原则；建筑产品及其施工的特点；
> 施工组织设计的概念、作用、分类及其内容；施工准备
> 工作的含义、任务、分类、内容及其基本要求。
>
> 重 点：熟悉工程建设程序和施工程序；熟悉施工组织设计的概
> 念、作用及其分类；掌握施工组织设计的基本内容；掌
> 握施工准备工作的含义和任务；熟悉准备工作的分类和
> 内容。
>
> 难 点：原始资料的获取、分析；如何利用原始资料构建最佳施
> 工组织设计方案。

10.1 工程建设与施工程序

10.1.1 工程建设及其分类

工程建设是指横贯于国民经济各部门、各单位之中，为其形成新的固定
资产的综合性经济活动过程，包括了规划设计、建造、购置和安装固定资产
的活动及与之相关联的其他工作。

按照不同的划分标准，工程建设分为以下项目类别：

(1) 按照建设项目的用途，可分为生产性建设项目和非生产性建设项目。

1) 生产性建设项目，是指直接用于物质生产或为满足物质生产需要而进
行的建设项目，包括工业建设、农林水利气象建设、交通运输邮电建设、商
业和物资供应建设、矿山和码头建设、地质资源勘探建设等。

2) 非生产性建设项目，是指用于满足人民的物质和文化生活福利需要而

建设的项目，包括住宅建设、文教卫生建设、公用和生活服务事业建设、科学研究和综合技术服务事业建设、金融保险建设以及各级行政管理机关和团体的建设等。

（2）按照建设项目的性质，工程建设可分为新建、扩建、改建、恢复和迁建项目。

1）新建项目，是指从无到有，"平地起家"新开始建设的项目。

2）扩建项目，是指在原有规模上增加生产能力或建筑面积而新建主要车间或工程的项目。分期进行建设的项目，在一期工程建成之后的续建项目，属于扩建项目。

3）改建项目，是指为改变产品方向、改进产品质量或现有设施的功能而对原有固定资产进行整体性技术改造的项目。

4）恢复项目，专指因自然灾害、战争或人为的灾害等，造成原有的固定资产全部或部分报废，而后又按原来规模重建恢复的项目。

5）迁建项目，是指原有企业、事业单位，由于各种原因迁移到别地而进行建设的项目。在搬迁另地建设过程中，不论其建设规模是维持原来规模还是扩大建设规模的都为迁建项目。

（3）按照建设项目的规模，可分大型、中型和小型建设项目。

（4）按照建设阶段与过程，可分为筹建项目、在建项目、竣工项目和投产使用项目。

（5）按建设项目的资金来源和投资渠道，可分为政府投资项目和自筹资金项目。

10.1.2　工程项目建设程序

1. 工程项目建设程序的客观规律性

工程项目建设程序是指人们在长期建设实践中总结出来的项目建设全过程（从项目规划、立项、设计、施工到竣工验收）中，各项工作必须遵守的先后次序。它反映了工程建设全过程固有先后顺序的客观规律性，在项目建设中必须遵守且不得违反其程序。因为项目建设是社会化大生产，涉及的专业和部门多，工作量大、投资多，建设周期长，资源占用多，而且各项工作又必须集中在一定的建设地点进行和完成，在活动空间上受到严格的限制，因而必须在时间上有步骤、有阶段、有次序的进行。

2. 工程建设程序及工作内容

工程项目建设程序主要由投资决策阶段、勘察设计阶段、项目施工阶段、竣工验收和交付使用阶段四个阶段组成。每个阶段又包含着若干环节，各有不同的工作内容，如图 10-1 所示。

10.1.3　施工程序

施工程序是指拟建工程项目在整个施工安装阶段必须遵守的先后工作顺序。施工安装是工程建设各阶段中，投资量和管理难度最大、涉及部门和人员最多的阶段，因此必须加强科学管理，严格按施工程序组织施工，这是降低成本、缩短工期、加快建设速度、保证工程质量的重要前提。

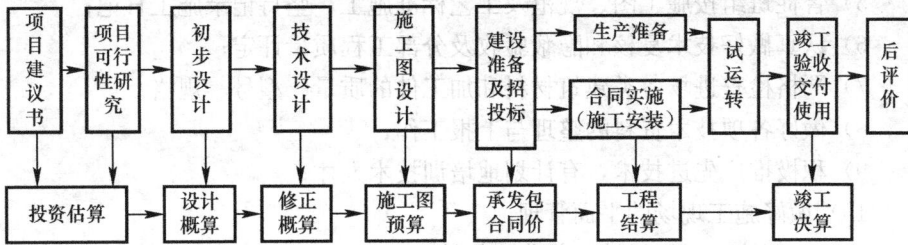

图 10-1　工程建设程序简图

施工程序主要包括承接施工任务及签订施工合同、施工准备、组织施工、竣工验收、保修服务五个环节。

1. 承接施工项目，签订施工合同

在我国，承接施工项目的主要形式是参加工程项目的招标，进行投标，中标得到的。无论通过何种方式接受工程任务，施工单位与建设单位都必须按照《合同法》和《建设施工合同示范文本》的有关规定，结合具体工程的特点签订施工合同，明确双方的权利和义务。施工合同内容一般包括：工程名称和地点；工程范围和内容；开、竣工日期及中间交工日期；质量标准；工程质量保证期及保修条件；工程造价；工程价款的支付、结算及交工验收办法；设计文件和技术资料提供日期；材料和设备的供应与进场期限；双方相互协作事项；违约责任等。

2. 施工准备

施工准备是保证工程施工按计划顺利完成的关键和前提。其基本任务是为工程建设创造必要的组织、技术和物质条件。

3. 组织施工

组织施工是实施施工组织设计，完成整个施工任务的实践活动过程。其目的是把投入施工过程中的各项资源（人、材、机、方法、环境、资金、时间与空间等）有机地结合起来，有计划、有组织、有节奏地均衡施工，以达到工期短、质量高、环境好、成本低的最佳效果。一般要做好以下四个方面的工作：

（1）做好技术管理工作

技术管理是企业对生产技术所进行的一系列组织管理工作的总称。在现代施工中，由于所要求的生产技术水平越来越高，技术装备越来越先进，劳动分工越来越细，工期、质量和成本要求越来越高，因此，技术管理工作越来越重要，要求也越来越严格。技术管理涉及施工工艺管理、工程质量管理、技术革新及科学实验、安全技术管理、技术文件管理等，且应着重做好以下十个方面的工作：

1）建立和健全技术责任制；

2）熟悉和贯彻施工组织设计；

3）严格执行图纸会审制度；

4）执行技术交底制度；

5）督促班组按施工图、规范及工艺标准施工，坚持记录施工日记；

6）认真做好技术复核和隐蔽验收及分部工程质量评定；

7）严格检查进场各类建筑材料和加工件的质量、型号、规格；

8）做好各项技术资料的整理与上报工作；

9）积极推广先进技术，有计划地培训技术人才；

10）做好施工现场的平面管理。

（2）按照施工组织设计，优化组织施工

根据施工组织设计确定的施工方案和进度计划的要求及优化投入的各项资源，严密地组织立体交叉流水施工。为保证施工组织的严密性，就必须加强计划管理、提高计划的可靠性。

项目经理（建造师）是现场施工的直接组织者和指挥者，其素质、组织能力、应变能力、协调能力直接影响到施工效果。在组织指挥施工中，应遵守制定的施工组织设计，保证重点，抓住关键，有主动性和预见性，充分利用各项资源，保质量保安全按期完成施工任务。

（3）抓好施工过程中的跟踪控制

施工过程中的跟踪控制包括对进度、质量、安全和成本等方面的控制。控制的方法一般采用预测与规划，检查与分析，协调与改进。

1）预测与规划。通过调查和分析原始资料，根据施工经验，对施工中可能发生的问题和可达到的目标做出预测，从而，规划出本工程应达到的进度、质量、安全和成本总目标及各阶段的分目标。

2）检查与分析。检查必须伴随着施工过程，经常地、定期地对执行情况进行跟踪。检查的途径：经常地、定期地收集各种报表资料；召开现场会议；跟班实地检查等。对检查收集到的有关数据与资料，进行必要地整理、统计和分析，并与规划的目标和标准进行对比分析，从而找出差距；进而，分析产生的原因，以便提出改进措施。

3）协调与改进。通过检查、分析找出矛盾和差距，及时协调各有关单位之间协作配合的问题，及时解决施工现场上出现的矛盾。为此，应定期或不定期组织施工现场协调会，掌握情况，分析问题，解决矛盾，协调关系，提出改进措施，做好调度指挥工作。

（4）加强施工现场管理，搞好安全文明施工

施工现场平面的合理使用是组织施工的重要内容，平面管理的依据是施工组织设计所确定的施工现场平面图。在施工前和施工过程中要严格执行平面设计所确定的各项内容，但也可根据实际情况，对施工平面图进行必要的调整和修改。各施工单位必须服从统一的指挥，不得各行其是，以保证安全文明施工。

现场管理工作的主要内容：

1）督促并安排各施工单位和个人按施工平面图所确定的位置堆放材料、

修筑道路、安装机械、搭设临时设施。

2）保证道路畅通，加强水、电、通信、排水防洪、防火等设施的管理。

3）做好平面图的写实记录，检查全场性文明施工的执行情况，了解现场各单位的需求，及时调整、修改现场施工平面图。

4）定期召开现场管理检查、协调会议，遏制违反制度、不服从统一管理的现象，协调各单位的协作关系，以保证施工正常、文明、整洁地进行。

4. 竣工验收、交付使用

竣工验收是项目建设的最后阶段，是项目向生产、使用转移的必要环节，也是全面考核工程建设是否符合设计和施工质量的重要环节。正式验收前，施工单位内部先进行预验收，内部预验收是顺利通过正式验收的可靠保证。通过预验收对技术资料和实体质量进行全面彻底地清查和评定，对不符合要求的项目及时处理。然后提交竣工验收申请报告，经监理工程师审验后，提交业主，由业主组织监理人、设计单位、施工单位等相关单位正式验收，验收合格后，才能交付使用。

竣工验收一般分为两个阶段进行。

1）单项工程验收。它是指在一个总体建设项目中，一个单项工程或一个车间已按设计要求建设完成，能满足生产要求或具备使用条件，且施工单位已预验，监理工程师已初验通过，在此条件下进行的正式验收。

2）全部验收。它是指整个建设项目已按设计要求全部建设完成，并已符合竣工验收标准，施工单位预验通过，监理工程师初验认可，由建设单位组织监理、设计、施工等单位参加的正式验收。在整个项目进行全部验收时，对已验收过的单项工程，可以不再进行正式验收，但应将单项工程验收单作为全部工程验收的附件而加以说明。

5. 保修服务

在工程移交发包人后，因承包人原因产生的质量缺陷，承包人应承担质量缺陷责任和保修义务。缺陷责任期届满，承包人仍应按合同约定的工程各部位保修年限承担保修义务。

施工程序受制于工程建设程序，必须服从于工程建设程序的安排，但也影响着工程建设程序。它们之间是全局与局部的关系。

10.2 施工组织研究的对象和任务

10.2.1 建筑产品及其生产的特点

1. 建筑产品的特点

（1）固定性

任何一个土木建筑产品都是在建设单位所选定的地点建造和使用的，它与该地点的土地是不可分割的。因此，土木建筑产品的建造、使用地点在空间上是固定的。这是其最显著的特点，它的施工特点由此引出。

（2）多样性

土木建筑产品种类繁多，用途各异。每一个建筑产品不但需要考虑用户对其使用功能和质量的要求，还要按照当地特定的社会环境、自然条件来设计和建造不同用途的建筑物。因此，建筑产品在规模、容积率、外部体型、结构、构造、材料选用、基础和装饰类型等诸方面组合有着多种多样的变化。

（3）体形庞大

土木建筑产品比起一般工业产品，消耗的物质资源较大，为了满足特定的使用功能，必然占据广阔的地面与空间，因而体形庞大。

（4）综合性

土木建筑产品由各种材料、构配件和设备组装而成，不仅综合了各种艺术风格、建筑功能、结构构造、装饰做法等，而且综合了工艺设备、供电供水、采暖通风、卫生设施、办公（通信）自动化系统等各类设施错综复杂。

2．建筑施工的特点

（1）建筑施工的流动性

土木建筑产品的固定性，决定了建筑施工的流动性，即施工所需的大量劳动力、材料、机械设备必须围绕其固定性产品开展活动，而且在完成一个固定性产品以后，又要流到另一个固定性产品上去，使它们互相协调配合，做到连续、均衡施工。因此，在进行建筑施工前必须事先做好科学地分析和决策、合理地安排和组织。

（2）建筑施工的单件性

土木建筑产品的固定性和多样性决定了建筑施工的单件性。每一个土木建筑产品必须按照当地的规划和用户的需要，在选定的地点上单独设计和单独施工。因此，必须做好施工准备，编好施工组织设计，以便工程施工能因时制宜、因地制宜。

（3）建筑施工的地区性

由于土木建筑产品的固定性，从而引起建筑生产的地区性。因为要在使用的固定地点建造，就必然受到该建设地区的自然、技术、经济和社会条件的限制，所以，就必须对该地区的建设条件进行深入的调查分析，因地制宜，做好各种施工安排。

（4）建筑施工的周期长、露天作业多、高空作业多、安全性差

正是由于土木建筑产品的固定性和体型庞大，决定了建筑施工的周期长，大多在固定地点露天建造，而且高空作业多，尤其随着建设发展，高层建筑越来越多，高空露天作业更为突出，安全性更为重要。因此，必须事先做好各种防范措施，施工中加强管理。

（5）建筑施工的复杂性和综合性

由以上可看出，建筑施工中涉及的关系很多，有内部的各种关系，又有外部中的各种关系。在内部关系中涉及各专业工种之间、人与机械之间、人与材料之间、各生产要素与时间和空间之间等复杂的组织作业关系。在外部生产关系中涉及各不同种类的专业施工企业，包括建设单位、勘察设计单位

及城乡规划、土地开发、消防公安、公用事业、环境保护、质量监督、交通运输、银行财政、科研试验、机具设备、物质材料、供电、供水、供热、通信、劳务等社会各部门和各领域的复杂协作配合关系。可见，建筑施工是一项复杂的系统工程。因此，应采用系统的分析与方法组织和管理施工。

10.2.2 施工组织的性质、对象和任务

施工组织就是针对建筑施工的复杂性，讨论与研究建筑施工过程为达到最优效果，寻求最合理的统筹安排与系统管理客观规律的一门科学。

施工对象千差万别，须组织协调的关系错综复杂，我们不能局限于一种固定不变的组织管理方法与模式去运用于一切工程上。必须充分掌握施工的特点和规律，从每一环节入手，做到精心组织，科学规划与安排，制定切实可行的施工组织设计，并据此严格控制与管理，全面协调好施工中的各种关系，充分利用各项资源以及时间与空间，以取得最佳效果。

施工组织的任务就是根据建筑施工的技术经济的特点，国家的建设方针政策和法规，业主的计划与要求，对耗用的大量人力、资金、材料、机械和施工方法等进行合理的安排，协调各种关系，使之在一定的时间和空间内，得以实现有组织、有计划、有秩序的施工，以期在整个工程施工上达到最优效果，即进度上耗工少、工期短，质量上精度高、功能好，经济上资金省、成本低。

10.2.3 组织施工的基本原则

1. 贯彻执行《建筑法》，坚持建设程序

《建筑法》是规范建筑活动的法律，它是我国多年来的改革与管理实践中形成的行之有效的重要制度，对施工许可制度、从业资格管理制度、招标投标制度、总承包制度等给予了法律肯定，这对建立和完善建筑市场的运行机制，加强建筑活动的实施与管理，提供了重要的法律依据。

建设程序是指建设项目从决策、设计、施工到竣工验收整个建设过程中各个阶段应遵守的先后顺序。坚持建设程序，是工程建设顺利进行的有力保证。

2. 保证重点、统筹安排、信守合同期

建筑施工的最终目标就是尽快地完成建设任务，使其能早日投产交付使用。对施工企业来讲应根据各拟建工程项目是否为重点工程、是否有工期限制、是否为续建工程等进行统筹安排、合理排队，应把有限的资源优先用于国家或业主最急需的重点工程项目上，同时也应照顾一般工程项目，全面统筹安排，保证工期，树立企业的诚信品牌。

3. 合理安排施工顺序

施工顺序的安排应符合施工工艺，满足技术要求，有利于组织立体交叉、平行流水施工，有利于对后续工程施工创造良好的条件且充分利用空间。例如，先进行准备工作，后正式工程施工；准备工作应从全场性工程开始，先场外、后场内，先地下工程、后地上工程；地下工程又应先深后浅，先基础后主体，先主体后装饰等。

4. 组织流水施工和网络计划技术，合理使用人力、物力和财力

流水施工方法具有生产专业化强、劳动效率高、操作熟练、工程质量好、生产节奏性强、资源利用均衡、工人连续作业、工期短、成本低等特点。国内外经验证明，采用流水施工方法组织施工，不仅能使拟建工程的施工有节奏、均衡、连续地进行，而且会带来很大的技术经济效果。

网络计划技术是当代计划管理的最新方法。它应用网络图形表达计划中各项工作的相互关系。它具有逻辑严密、思维层次清晰，主要矛盾突出，有利于计划的优化、控制和调整，有利于计算机在计划管理中的应用等特点。

5. 尽量采用先进的科学技术，提高建筑工业化程度

先进科学技术是先进的施工技术与科学的施工管理相结合。实现建筑工业化是以"四化一改"（设计标准化、生产装配化、施工机械化、管理信息化、墙体改革）为途径，"五高一低"（高速度、高质量、高工效、高安全、高环保、低成本）为目的。

提高预制装配化程度和施工机械化水平，应从实际出发，如实行工厂预制与现场预制相结合，内部加工与委托加工相结合。在选择施工机械时，应进行技术经济比较，充分利用现有的施工机械设备，并使机械化施工的范围尽量扩大，提高机械化施工的综合效益。

6. 注重工程质量，确保施工安全

安全是生产的重中之重，要做到不出现重大安全事故。为此应有专人负责安全工作。包括现场保卫安全措施、消防安全措施、施工现场机械设备安全措施、施工现场用电安全措施、经常地进行质量与安全教育、加强预防措施、定职定责、实施监督与控制等。

7. 合理布置施工现场，尽量减少暂设工程，努力提高文明施工的水平

建筑施工所需要的建筑材料、构（配）件、制品等种类繁多、数量庞大，因此，各种物资的储存数量、方式都必须科学合理。对物资库存采用分类法和经济订购批量法，在保证正常供应的前提下，其储存数额要尽可能地减少。

暂设工程在施工结束之后就要拆除，其投资有效时间是短暂的，因此在组织工程项目施工时，对暂设工程和大型临时设施的用途、数量和建造方式等方面，要进行技术经济方面的可行性研究，在满足施工需要的前提下，使其数量最少、造价最低。

建设一个文明工地是企业的责任，应将文明施工落实到每一位建设者身上。具体措施包括认真搞好场容场貌、进场材料堆放规范化、严格按照门卫制度操作等。

上述原则，既是土木建筑施工的客观需要，又是加快施工速度、缩短工期、保证工程质量、降低工程成本、提高建筑施工企业和工程项目经理部经济效益的需要，所以必须在组织工程项目施工过程中认真地贯彻执行。

10.3 施工组织设计概述

10.3.1 施工组织设计及其作用

施工组织设计是以施工项目为对象编制的，用以指导施工的技术、经济

和管理的综合性文件。它是整个施工活动实施科学管理的有力手段和统筹规划设计。

施工组织设计的基本任务是根据国家和政府的有关技术规定、业主对建设项目的各项要求、设计图纸和施工组织的基本原则，选择经济、合理、有效的施工方案；确定紧凑、均衡、可行的施工进度；拟定有效的技术组织措施；采用最佳的部署和组织，确定施工中的劳动力、材料、机械设备等需要量；合理利用施工现场的空间，以确保全面高效优质地完成最终建筑产品。

施工组织设计是规划和指导拟建工程从施工准备到竣工验收的一个综合性的技术经济文件，是用以规划部署施工生产活动，制定先进合理的施工方案和技术组织措施的依据，它的主要作用有：

1）施工组织设计是施工准备工作的一项重要内容，同时又是指导各项施工准备工作的依据，是整个施工准备工作的核心。

2）施工组织设计可体现实现基本建设计划和设计的要求，可进一步验证设计方案的合理性与可行性。

3）施工组织设计为拟建工程所确定的施工方案、施工进度和施工顺序等，是指导开展紧凑、有秩序施工活动的技术依据。

4）施工组织设计所提出的各项资源需要量计划，直接为资源供应工作提供了数据。

5）施工组织设计对现场所做的规划与布置，为现场的文明施工创造了条件，并为现场平面管理提供了依据。

6）施工组织设计对施工企业的施工计划起决定和控制性的作用。施工计划是根据施工企业结合本企业的具体情况对建筑市场所进行科学预测和中标的结果，而施工组织设计是按具体的拟建工程对象的开竣工时间编制的指导施工的文件，两者相辅相成、互为依据。

7）施工组织设计是统筹安排施工企业生产的投入与产出过程的关键和依据。建筑施工和其他工业产品的生产一样，都是按要求投入生产要素，通过一定的生产过程，而后生产出成品，而中间转换的过程离不开管理。施工企业从承担工程任务开始，到竣工验收交付使用为止，全部施工过程的计划、组织和控制的投入与产出过程的管理，就是以科学的施工组织设计为基础，其关系如图 10-2 所示。

8）通过编制施工组织设计，可充分考虑施工中可能遇到的困难与障碍，主动调整施工中的薄弱环节，事先予以解决或排除，从而提高了施工的预见性，减少了盲目性，使管理者和生产者做到心中有数，为实现建设目标提供技术保证。

10.3.2　施工组织设计的分类

1. 按编制的对象和范围分类

按编制对象和范围不同可分为施工组织总设计、单位工程施工组织设计和施工方案。

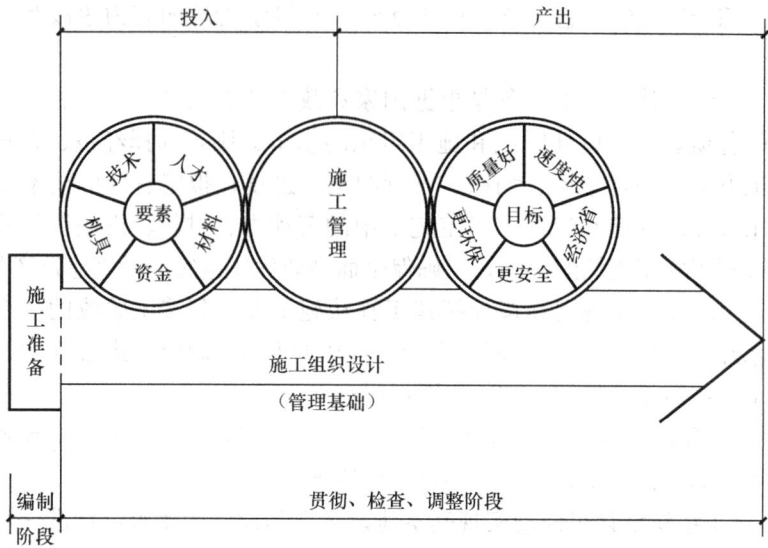

图 10-2　施工项目管理与施工组织设计的关系

施工组织总设计是以若干单位工程组成的群体工程或特大型项目为主要对象编制的施工组织设计，对整个项目的施工过程起统筹规划、重点控制的作用。

单位工程施工组织设计是以单位（子单位）工程为主要对象编制的施工组织设计，对单位（子单位）工程的施工过程起指导和制约作用。

施工方案是以分部（分项）工程或专项工程为主要对象编制的施工技术与组织方案，用以具体指导其施工过程。

施工组织总设计是整个建设项目的全局性战略部署，其内容和范围宽泛，属规划和控制型；单位工程施工组织设计是在施工组织总设计的控制下，针对具体的单位工程所编制的指导施工各项活动的技术经济性文件，它是施工组织总设计的具体化、详细化，属实施指导型；施工方案必须在单位工程施工组织设计控制下，针对特殊的分部分项工程或专项工程进行编制，属具体实施操作型。因此，它们之间是同一建设项目不同广度、深度与被控制的关系。

它们的不同点：编制的对象和范围不同；编制的依据不同；参与编制的人员不同；编制的时间不同；所起的作用有所不同。

它们的相同点是：目标一致；编制原则一致；主要内容相通。

2. 按中标前后分类

按中标前后的不同分为投标阶段施工组织设计（简称"标前设计"）和实施阶段施工组织设计（简称"标后设计"）两种。

投标阶段施工组织设计是在投标之前编制的施工项目管理规划和各项目标实现的组织与技术的保证，强调的是符合招标文件要求，以中标为目的。实施阶段施工组织设计是中标以后依据投标阶段施工组织设计和施工合同及后续补充条件，所编制的详细的实施性施工组织设计，以保证要约和承诺的落实，强调的是可操作性，同时鼓励企业技术创新。因此，它们之间具有先后次序关系，单项制约关系。它们的区别如表 10-1 所示。

两种施工组织设计的区别　　　　表 10-1

种　类	服务范围	编制时间	编制者	主要特性	追求主要目标
标前设计	投标与签约	投标书编制前	经营管理层	规划性	中标和经济效益
标后设计	施工准备至验收	签约后开工前	项目管理	作业性	可操作性和效益

3. 按设计阶段的不同分类

大中型项目的施工组织设计的编制是随着项目设计的深入而深入，因此，施工组织设计要与项目设计阶段相配合，按设计阶段编制不同广度、深度和作用的施工组织设计。

（1）当项目设计按两个阶段进行时，施工组织设计分为施工组织总设计（扩大初步施工组织设计）和单位工程施工组织设计两种。

（2）当项目设计按三个阶段时，施工组织设计分为施工组织设计大纲（初步施工组织条件设计）、施工组织总设计和单位工程施工组织设计三种。

此时，设计阶段与施工组织设计的关系是：初步设计完成，可编制施工组织设计大纲；技术设计之后，可编制施工组织总设计；施工图设计完成后，可编制单位工程施工组织设计。

4. 按编制内容的繁简程度的不同分类

施工组织设计按编制内容的繁简程度不同，可分为完整的施工组织设计和简明的施工组织设计两种。

（1）完整的施工组织设计。对于重点工程，规模大、结构复杂、技术要求高，采用新结构、新技术、新工艺的拟建工程项目，必须编制内容详尽完整的施工组织设计。

（2）简明的施工组织设计（或称施工简要）。对于非重点的工程，规模小、结构简单、技术不复杂而且以常规施工为主的拟建工程项目，通常可以编制仅包括施工方案、施工进度计划和施工平面图（简称一案、一表、一图）等内容的简明施工组织设计。

10.3.3　施工组织设计的内容

施工组织设计的内容，是由其应回答和解决的问题组成的。无论是群体工程还是单位工程，其基本内容如下：

（1）编制依据

1）与工程建设有关的法律、法规和文件；

2）国家现行有关标准和技术经济指标；

3）工程所在地区行政主管部门的批准文件，建设单位对施工的要求；

4）工程施工合同或招标投标文件；

5）工程设计文件；

6）工程施工范围内的现场条件、工程地质及水文地质、气象等自然条件；

　　7）与工程有关的资源供应情况；

　　8）施工企业的生产能力、机具设备状况、技术水平等。

　　（2）工程概况及特点分析

　　工程概况应包括：拟建工程的建筑和结构特点，工程规模及用途，建设地点的特征，施工条件，施工力量，施工期限，技术复杂程度，资源供应情况，建设单位提供的条件及要求等各种情况。

　　施工组织设计应首先对拟建工程的概况及特点进行分析并加以简述，目的在于搞清工程任务的基本情况。这样做可使编制者掌握工程概况，以便"对症下药"；对使用者来说，可做到心中有数；对审批者来说，可使其对工程有概略认识。

　　（3）施工部署

　　施工部署是对项目实施过程做出的统筹规划和全面安排，包括确定施工总目标，施工组织机构的建立，施工任务的组织与分工，施工总程序及空间组织、工期规划，各期应完成的内容，施工段的划分，施工场地的划分与安排，全场性的技术组织措施等。

　　（4）施工方案

　　施工方案是通过优化选择，制定出工程施工期间所采用的施工流向、施工顺序、施工方法和机械选择、技术措施和检验手段等，它直接影响施工进度、质量、安全以及工程成本。施工方案的选择应结合人力、材料、机械、资金和可采用的施工方法等可变因素与时空优化组合，全面布置任务，安排施工顺序和施工流向，确定施工方法和施工机械。对承建工程可能采用的几个方案进行分析，通过技术经济比较、评价，选择出最佳方案。

　　（5）施工进度计划

　　施工进度计划是为实现项目设定的工期目标，对各项施工过程的施工顺序、起止时间和相互衔接关系所做的统筹策划和安排。施工进度计划要保证拟建工程在规定的期限内完成，保证施工的连续性和均衡性，节约施工费用。编制施工进度计划需依据建筑工程施工的客观规律和施工条件，参考工期定额，综合考虑资金、材料、设备、劳动力等资源的投入。并采用先进的组织方法（如立体交叉流水施工）和计划理论（如网络计划、横道计划等）以及计算方法（如各项参数、资源量、评价指标计算等），综合平衡进度计划，合理规定施工的步骤和时间，以期达到各项资源在时间和空间的科学合理利用，满足既定目标。

　　施工进度计划的编制包括划分施工过程，计算工程量，计算工程劳动量，确定工作天数和人数或机械台班数，编制进度计划表及检查与调整等工作。

　　（6）施工准备与资源配置计划

　　施工准备与资源配置计划是提供资源（劳力、材料、机械）保证的依据和前提。为确保进度计划的实现，必须编制与其进度计划相适应的各项资源需要量计划，以落实劳动力、材料、机械等资源的需要量和进场时间。

（7）施工现场平面布置

施工现场平面布置是在施工用地范围内，对各项生产、生活设施及其他辅助设施等进行规划和布置。合理布置施工现场，对保证工程施工顺利进行具有重要意义，施工现场平面布置应遵循方便、经济、高效、安全、环保、节能的原则。

（8）主要施工管理计划

施工管理计划属于是施工组织设计中的管理和技术措施，涵盖很多方面的内容，可根据工程的具体情况加以取舍。包括质量管理计划、进度管理计划、安全管理计划、环境管理计划、成本管理计划以及其他管理计划等内容。

10.3.4 施工组织设计的编制

为了使施工组织设计更好地起到组织和指导作用，必须精心编制，认真贯彻执行。施工组织设计的编制一般需经历以下七个阶段。

1. 收集编制依据文件和资料

它包括工程项目设计施工图纸，工程项目所要求的施工进度和要求，施工定额、工程概预算及有关技术经济指标，施工中可配备的劳力、材料和机械装备情况，施工现场的自然条件和技术经济资料等。

2. 编写工程概况和特点分析

这主要阐述工程项目概况和特征、当地水文地质气象、材料供应、构件生产等施工条件情况以及有关要求等，通过分析并找出本工程的施工特点、难点。

3. 进行施工部署、选择施工方案、确定施工方法

通过施工分析，进行项目组织建立、现场施工部署，主要确定对工程施工的先后顺序、选择施工机械类型及其合理布置。明确工程施工的流向及流水参数的计算，确定主要项目的施工方法等。特殊施工项目，必须进行专题研究。

4. 制定施工进度计划

它包括对分部分项工程量的计算、绘制进度图表、对进度计划的调整平衡等。

5. 计算施工现场所需要的各种资源需用量及其供应计划

它包括各种劳力、材料、机械及其加工预制品等。

6. 绘制施工平面图

7. 制定各项管理计划，认真修改，形成正式文件

制定出详尽的质量、安全、进度、环境、成本以及其他管理计划和具体措施及要求，最后还应计算各项技术经济指标。当施工组织设计的初稿完成后，要组织参加编制的人员及单位进行讨论，经逐项逐条地研究修改后，最终形成正式文件，送主管部门审批。

10.3.5 施工组织设计的贯彻、执行、检查和调整

1. 施工组织设计的贯彻

编制施工组织设计，是为了给实施过程提供一个指导性文件。为了更好

地指导施工实践活动，必须重视施工组织设计的贯彻与执行，包括以下四个方面的工作：

（1）做好施工组织设计的交底。经过批准的施工组织设计，在开工前，项目部必须召集各级生产、技术会议，逐级进行交底，详细地讲解其意图、内容、要求、目标和施工的关键与保证措施，组织各级人员广泛讨论，拟定完成任务的技术组织措施，做出相应的决策。同时责成计划部门，制定出切实可行的和严密的施工计划；责成技术部门，拟定科学合理的具体技术实施细则，保证施工组织设计的贯彻执行。

（2）制定各项管理制度。施工组织设计能否顺利贯彻，还取决于施工企业的技术水平和管理水平。实践证明，只有施工企业有了科学、健全的管理制度，企业的正常生产秩序才能顺利开展，才能保证工程质量，提高劳动生产率，防止可能出现的漏洞或事故。

（3）实行技术经济承包责任制。技术经济承包责任制是用经济的手段和方法，明确承发包双方的责任。它便于加强监督和相互促进，是保证承包目标实现的重要的手段。为了更好地贯彻施工组织设计，应该推行技术经济承包责任制度，把施工过程中的技术经济责任同各级人员的物质利益结合起来。如开展评比先进，推行全优工程综合奖、节约材料奖、提前工期奖和技术进步奖等。

（4）做好统筹安排的综合平衡，组织连续施工。在贯彻施工组织设计时，一定要搞好人力、财力、材料、机械、施工方法、时间和空间等方面的统筹兼顾、合理安排，综合平衡各方面因素，优化施工计划，对施工中出现的不平衡因素应及时分析和研究，进一步修订和完善施工组织设计，保证施工的节奏性、均衡性和连续性。

2. 施工组织设计执行情况的检查

对施工组织设计的检查，应着重从以下几个方面进行：

（1）任务落实及准备工作情况的检查。施工准备工作是保证均衡和连续施工的重要前提，也是顺利地贯彻施工组织设计的重要保证。开工之前不仅要做好一切人力、物力、财力和现场的准备，而且在施工过程中的不同阶段也要做好相应的施工准备工作。

（2）完成各项主要指标情况的检查。跟踪检查各施工单位及队组完成各项主要技术经济指标的情况，与计划指标相对照，及时发现问题和偏差，为分析原因和制定调整措施提供依据。检查的主要内容包括工程进度、工程质量、材料消耗、机械使用、安全文明、环保措施和成本费用等。

（3）施工现场布置合理性的检查。施工现场必须按施工（总）平面图的规划进行布置，并按其规定建造临时设施、堆放建筑材料和构配件、敷设管网和运输道路、安置施工机具等。施工现场要符合文明施工的要求。施工的每个阶段都要有相应的施工（总）平面图，施工（总）平面图的改变必须经有关部门批准。

3. 施工组织设计的调整

施工组织设计的调整就是针对检查中发现的问题，通过分析其原因，拟订其改进措施或修订方案；对实际进度偏离计划进度的情况，在分析其影响工期和后续工作的基础上，调整原计划以保证工期；对施工（总）平面图中的不合理地方进行修改。通过调整，使施工组织设计更切合实际，更趋合理，以实现在新的施工条件下，达到施工组织设计的目标。

应当指出，施工组织设计的贯彻、检查和调整既是贯穿工程施工全过程的经常性工作，又是全面完成施工任务的控制系统。

10.4 施工准备工作

10.4.1 施工准备工作的含义、任务及分类

1. 施工准备工作的含义和任务

施工准备工作是指从组织、计划、技术、经济、劳动力、设备、物资、资金、现场以及外部施工环境等各方面为了保证建筑工程施工能够按计划顺利进行，事先应做好的各项工作。施工准备工作不仅存在于开工之前，而且贯穿于施工的全过程，是保证施工生产顺利完成的战略措施和重要前提。

由于建筑施工是在各种各样的环境条件下进行，投入的生产要素多且易变，影响因素又很多，在施工过程中可能会遇到各式各样的技术问题、协作配合问题。如果对于这样一项复杂而庞大的系统工程，事先缺乏充分的统筹考虑与安排，必然使施工过程陷于被动，使工程无法正常进行。因此，事先进行全面细致的施工准备工作，对调动各方面的积极性，合理组织人力、物力，加快施工进度，提高工程质量，节约资金和材料，提高企业的经济效益，都起着重要的作用。

2. 施工准备工作的分类

（1）按规模范围分类，施工准备可以分为全场性施工准备、单位工程施工条件准备和分部分项工程作业准备等三个层次。

全场性施工准备是以整个建设项目为对象而进行的须统一部署的各项施工准备。目的是为全场性的施工服务，同时也兼顾了单位工程施工条件的准备。

单位工程施工条件准备是以建设一栋建筑物或构筑物为对象而进行的施工条件准备工作，目的是为该单位工程施工服务，同时也兼顾了各分部分项工程施工条件的准备。

分部分项工程作业条件的准备是以一个分部分项工程或冬、雨期施工工程内容为对象而进行的施工条件准备。

（2）按施工阶段分类，施工准备可分为开工前的施工准备和开工后的施工准备。

开工前的施工准备是在拟建工程正式开工之前所进行的一切施工准备，目的是为正式开工创造必要的施工条件，包括施工总准备和单位工程施工条件准备。

开工后的施工准备是在拟建工程开工之后各个施工正式阶段施工之前所进行的施工准备，目的是为各施工阶段的顺利施工创造必要的施工条件，具有局部性、短期性和经常性。

因此，施工准备工作不仅要在正式开工前的准备期进行，还应贯穿于整个施工过程中。

10.4.2 施工准备的工作内容

1. 原始资料的调查分析

（1）原始资料的含义和调查目的

为了获得符合实际情况、切实可行的最佳施工组织设计方案，在进行建设项目施工准备工作过程中必须进行自然条件和技术经济调查，以获得必要的自然条件和技术经济条件资料。这些资料即称为原始资料。对这些资料的收集分析过程就称为原始资料的调查分析。

施工单位进行自然条件与技术经济条件调查的目的：

1）为投标提供依据；

2）为签订承包合同提供依据；

3）为编制施工组织设计提供依据。

（2）调查收集原始资料的主要内容

1）建设地区的自然条件调查，调查的内容和目的见表10-2。

2）建设地区的技术经济条件。

① 建设地区的能源调查，包括水源、电源、蒸汽等。可通过当地城建、电力、电信局及建设单位等进行调查，进行经济分析比较，选择施工用临时供水、供电、供气的方式。

② 地方建材生产企业情况，主要是各种预制构件、钢构件、门窗的加工条件。

③ 各种材料情况调查，即对各种建筑材料、设备的产地、质量、单价、运输方式、运输距离和运输费用等。

④ 地区交通运输条件，包括铁路、公路、水路、空运等运输条件。

⑤ 机械设备的供应情况。

⑥ 市政公共服务设施。

⑦ 社会劳动力和生活设施情况。

⑧ 环境保护与防治公害的标准。

⑨ 参加施工的各单位能力调查。

3）施工现场情况包括施工用地范围，有无周转用地、现场用地，可利用的建筑物及设施，交通道路情况，附近建筑物的情况，水与电源情况等。

4）设计进度、设计概算、投资计划、工期计划以及引进项目等。

序号	项目		调查内容	调查目的
1	气象	气温	1. 年平均、最高、最低、最冷、最热月的逐日平均温度，结冰期，解冻期； 2. 冬、夏季室外计算温度； 3. ≤-3℃，0℃，5℃的天数，起止时间	1. 防暑降温； 2. 冬期施工； 3. 估计混凝土、砂浆强度
		雨（雪）	1. 雨季起止时间； 2. 全年降雨（雪）量、最大降雨（雪）量、一昼夜最大降雨（雪）量； 3. 年雷暴日数	1. 雨期施工； 2. 工地排水、防洪； 3. 防雷
		风	1. 主导风向及频率（风玫瑰图）； 2. ≥8 级风全年天数、时间	1. 布置临时设施； 2. 高空作业及吊装措施
2	工程地质、地形	地形	1. 区域地形图：1/10000～1/25000； 2. 工程位置地形图：1/1000～1/2000； 3. 该区域的城市规划图； 4. 控制桩、水准点的位置	1. 选择施工用地； 2. 布置施工总平面图； 3. 场地平整及土方量计算； 4. 掌握障碍物及数量
		地质	1. 钻孔布置图； 2. 地质剖面图，土层类别、厚度； 3. 物理力学指标：天然含水率、孔隙比、塑性指标、渗透系数、压缩试验及地基土强度； 4. 地层的稳定性：断层滑块、流砂； 5. 最大冻结度； 6. 地基土破坏情况，钻井、古墓、防空洞及地下构筑物	1. 选择土方施工方法； 2. 确定地基处理方法； 3. 基础施工方法； 4. 复核地基基础设计； 5. 障碍物拆除和问题土处理
		地震	1. 地震设防烈度； 2. 历史记载情况	1. 地基、结构按不同的震级规程施工； 2. 技术措施
3	工程水文地质	地下水	1. 最高、最低水位及时间； 2. 流向、流速及流量； 3. 水质分析，水的化学成分； 4. 抽水试验	1. 基础施工方案的选择； 2. 确定是否降低地下水位及降水方法； 3. 防止水侵蚀性及施工注意事项
		地面水	1. 附近江河湖泊距工地距离； 2. 洪水、平水、枯水期水位、流量及航道深度； 3. 水质分析； 4. 最大、最小冻结及结冰时间	1. 临时给水方案； 2. 施工防洪措施； 3. 水利工程施工方案

    2. 技术准备

    技术准备，即通常所说的"内业"工作，它为施工生产提供了各种指导性的技术经济文件，是整个施工准备工作的基础和核心。技术准备主要包括以下五个方面内容：

    (1) 熟悉和审查施工图及有关设计技术资料。只有在充分了解设计意图和设计技术要求的基础上，才能做出切合实际的施工组织设计和预算；通过审查，发现施工图存在的问题和错误并得以及时纠正，为今后施工提供准确完整的施工图纸。

    (2) 熟悉技术规范、规程和有关规定，建立质量检验和技术管理工作流程。

307

（3）学习建筑法规，签订工程承包合同。

（4）编制实施性施工组织设计。

（5）编制施工图预算和施工预算。

3. 施工物资准备

施工物资准备是指建筑施工中必需的劳动手段（施工机械、工具、临时设施）和劳动对象（材料、构配件、制品）的准备，它是保证施工顺利进行的物质基础。物质准备必须在开工之前，根据各种物质计划，分别落实货源、组织运输和安排储备，使其保证连续施工的需要。物资准备的主要内容有：

（1）建筑材料准备

1）按工程进度合理确定分期分批进场的时间和数量。

2）合理确定现场材料的堆放。

3）做好现场的抽检与保管工作。

（2）各种预制构件和配件准备

各种预制混凝土和钢筋混凝土构件、门窗、金属构件、水泥制品及卫生洁具等，均应在图纸会审之后立即提出预制加工单，并确定加工方案和供应渠道以及进场后的储存地点和方式。大型构件在现场预制时，应做好场地规划与底座施工，并提前加工预制。

（3）施工机具准备

施工中确定选用的各种土方机械，混凝土、砂浆搅拌机械，垂直及水平运输机械，吊装机械，动力机具，钢筋加工机械，木工机械，焊接机械，打夯机，抽水设备等。其中大型机械应提前订出计划，以便平衡落实。有的机械如需租赁时，也应提前准备签约。

（4）模板及架设工具准备

模板和架设工具，是施工现场使用量大、堆放占地面积大的周转材料。目前模板多数采用扣件式和碗扣式钢管脚手架，扣盘式脚手架、直插式双自锁型多功能钢管脚手架（ZSDJ）、插销式钢管脚手架和附着式电动整体升降脚手架等正在推广之中。各种周转材料堆放时，应分规格型号按指定的平面位置堆放整齐，以便使用和维修。扣件等零件还应防雨，以免锈蚀。

（5）安装设备的准备

按照拟建工程生产工艺流程及工艺设备的布置图，提出工艺设备的名称、型号、生产能力和需要量，按照设备安装计划，确定分期分批进场时间和保管方式。

4. 施工现场准备

施工现场准备应按施工组织设计的要求和安排进行，主要应完成以下工作：

（1）现场“六通一平”

1）平整施工场地。施工现场场地的平整工作，是按建筑总平面图中确定的标高进行的。首先通过测量，计算出挖土及回填土的数量，设计土方调配方案，组织人力或机械进行平整。

如拟建场地内有旧建筑物、构筑物，则须拆迁。同时要清理面上的各种障碍物，如树根、废基等；还要注意地下管道、电缆等情况，应采取必要的保护或迁移措施。

2）修通道路。施工现场的道路，是组织大量物质进场的运输动脉。为了保证建筑材料、机械、设备和构件的早日进场，必须先修通主要干道，为了节省工程费用，应尽可能利用已有的道路或规划的永久性道路。为使施工时不损坏路面，规划的永久性道路可以先做路基，工程施工完毕后再做路面。

3）通水。施工现场的通水，包括给水和排水两个方面，其布置均应按施工总平面图的规划进行。施工用水包括生产与生活用水，施工给水设施，应尽量利用永久性给水线路。临时管道线的铺设，既要满足生产用水点的需要，也要尽量缩短管线。施工现场的排水同样十分重要，尤其在雨季，排水不畅，会影响运输和施工。

4）通电。根据各种施工机械的用电量及照明用电量，计算选择配电变压器，并与供电部门联系，按施工组织设计的要求，架设好连接电力干线的工地内外临时供电及通信线路，应注意对建筑红线内及现场周围不准拆迁的电缆、电线加以妥善保护。此外，还应考虑到因供电系统供电不足或不能供电，准备备用发电机。

5）通燃气。针对有需要天然气或煤气的施工现场设定的标准，燃气使用要符合整体规划和使用量，符合城镇燃气输配工程施工及验收规范。

6）通热。它是指施工现场热力供应通畅。要求施工现场电力、电信、燃气、热力满足施工现场正常生活工作需要。它包括施工现场内按设计要求埋设了电力、电信、燃气、热力管线，其管道用材、布设、埋深必须满足设计要求，施工竣工验收必须满足相应验收规范标准。

7）通信。通信是指施工现场基本通信设施畅通，通信设施是指：电话、传真、邮件、宽带网络、光缆等。

（2）建立测量控制网和现场测量放线

测量控制网是为了使建筑物的平面位置和高程严格符合设计要求，施工前应按总平面图的要求测出占地面积，并按一定的距离布点所形成的网。测量放线，就是将图纸上所设计的建筑物、构筑物及管线等测设到地面上或实物上，并用各种标志表现出来，以作为施工的依据。它是确定整个工程平面位置和高程的关键环节，必须保证精度，杜绝错误。开工前的测量放线是在土方开挖之前，通过在施工场地内设置坐标控制网和高程控制点来实现的。施工时，则以此为标准，反复引测和控制各层各点的位置。每次测量放线经自检合格后，还须经甲方或监理人员和有关技术部门验线确认，保证其准确性。

（3）搭建临时设施

施工现场的临时设施是各种生产、生活需用的临时建筑，包括各种仓库、混凝土搅拌站、预制构件场、机修站、各种生产作业棚、办公用房、宿舍、食堂、文化生活设施等。为了节约用地和节省投资，应尽可能利用原有建筑物，减少临时设施的数量。

为了施工方便和安全，对于指定的施工用地的周界，应用围栏挡起来，围挡的形式和材料应符合市容管理的要求。在主要出入口处应设标志牌，标明工程名称、施工单位、工地负责人、开工和竣工日期等。

（4）做好施工现场的补充勘探

对施工现场补充勘探的目的是为了进一步寻找枯井、防空洞、古墓、地下管道、暗沟和枯树根以及其他问题等，以便准确地探清其位置，及时地拟定处理方案。

（5）做好建筑材料构（配）件的现场储存和堆放

应按照材料及构（配）件的需要量计划组织进场，并应按施工平面图规定的地点和范围进行储存和堆放。

（6）拆除障碍物

一般由建设单位完成拆除障碍物工作，也可委托施工单位完成。拆除时一定要提前调查清楚情况，若原有障碍物复杂或资料不全时，应采取相应措施，防止事故发生。

（7）组织施工机具进场安装和调试

（8）做好冬期施工的现场准备设置消防保安设施

（9）做好新技术新材料的试制试用和有关人员的培训工作

5. 管理机构与劳动组织准备

施工的一切结果都是靠人创造的，选好人、用好人是整个工程的关键。

（1）施工项目管理机构的建立

建立一个精干、高效、高素质的项目班子，是搞好施工的前提和首要任务。施工组织机构的建立应遵循以下原则：根据工程的规模、结构特点和复杂程度，确定管理机构名额和人选；坚持合理分工与密切协作相结合；认真执行因事设职，因职选人的原则；将富有经验、有工作效率、有创新意识的人选入管理机构。

（2）建立、健全各项管理制度

施工现场的各项管理制度的建立与执行的好坏，直接影响着各项施工活动的顺利进行和效果。因此，必须建立健全现场管理的各项规章制度并认真执行。制度通常包括施工交底制度，工程技术档案管理制度，材料、主要构配件和制品检查验收制度，材料出入库制度，机具使用保养制度，职工考勤考核制度，安全操作制度，工程质量检查与验收制度，工程项目及班组经济核算制度等。

（3）基本施工队伍的准备

施工队组的建立，应根据工程的规模、特点、劳动力需要确定，并应认真考虑专业工种合理的配合、技工和普工的比例等。施工队组要坚持合理、精干的原则。按不同结构类型和组织施工方式的要求，确定建立混合施工队组还是专业施工队组以及他们的数量。

（4）专业施工队组的准备

施工队组的建立，应根据工程的特点、劳动力需要确定，应由专业的施工队伍来负责施工。对于安装、通信、消防系统等，一般由厂家负责安装调试；对于大型土石方工程、吊装工程、大跨度工程等，由专业施工企业负责。这些都应在施工准备工作计划中约定好。

（5）外包施工队组的准备

随着建筑市场的开放，对于一些大型施工项目来说，光靠自身的施工队伍已不能满足施工的需要，因而往往需要组织一些外包施工队伍来共同承担施工任务。外包施工队伍可以独立承担单位工程、分部分项工程和以劳务的形式参与本单位班组施工等。

6. 施工场外准备

施工准备除了要进行施工现场内技术经济、物资和环境的准备外，还要做好施工现场外部的准备工作，主要内容有：

（1）做好分包工作和签订分包合同

由于施工单位本身的力量有限，有些专业工程的施工、安装和运输等均需要向外单位委托。因此，应选择好分包单位。根据工程量、完成日期、工程质量和工程造价等内容，与其分包单位签订分包合同，并控制其保质保量按时完成。

（2）创造良好的施工外部环境

施工是在固定的地点进行的，必然要与当地部门和单位打交道，并应服从当地各级政府部门的管理。因此，应积极与有关部门和单位取得联系，办好有关手续，为正常施工创造良好的外部环境。

（3）做好外购材料及构配件的加工和订货

建筑材料、构配件和建筑制品大部分均需外购，工艺设备更是如此。因此，应及早与供应单位签订供货合同，并督促其按时供货，另外，还须做大量的调查、看样、取证、洽谈等有关工作。

（4）提交开工申请报告

在各项施工准备达到开工条件时，应及时填写开工申请报告，报上级和监理方审查批准。

10.4.3　施工准备工作的基本要求

（1）编好施工准备工作计划

为了有步骤、有安排、全面地搞好施工准备，在施工准备前，应首先按表 10-3 的形式编制施工准备工作计划。

施工准备工作计划表　　　　　　　　　　表 10-3

序号	项目	施工准备工作内容	要求	负责单位	负责人	起止时间		备注
						年月日	年月日	

312

施工准备工作计划还可采用网络计划进行编制，能明确各项施工准备工作之间的关系并找出关键工作，并且可在网络计划上进行施工准备期的调整，缩短时间。

（2）建立严格的施工准备工作责任制

按照施工准备工作计划将责任落实到有关部门和具体人员，项目负责人应对整个项目的施工准备工作统一部署和安排，并协调各方关系，组织各单位、各部门及队组协作配合实施。

（3）协调配合做好各项准备工作

认真处理好室内与室外、前期与后期、土建与安装、现场与场外、班组与总体准备之间的关系。在统一部署的前提下，协调配合进行。

（4）严格遵守建设程序，执行开工报告

必须坚持没有做好施工准备不许开工的原则。只有在各项施工准备达到下列条件时，才能提出开工报告，经上级和监理审查批准后方能开工：

1）施工图纸已经会审，图纸中存在的问题和错误已经得到纠正。

2）施工组织设计或施工方案已经得到批准并进行了交底。

3）场区内场地平整工作和障碍物的清除已基本完成。

4）场内外交通道路、施工用水、用电、排水已满足施工的要求。

5）材料、半成品和工艺设备等，均能满足连续施工的要求。

6）生产和生活所需临建设施，已搭建完毕。

7）施工机械、设备已进场，并经过检验能保证正常运转。

8）施工图预算和施工预算已经编审，并已签订工程合同或协议。

9）劳动组织机构已经建立，施工人员已经进行了必要的技术安全和防火教育，安全消防措施已经落实。

10）已办理了施工许可证。

小结及学习指导

本章论述了工程建设的基本概念及其分类；工程建设的程序；施工程序；组织施工的基本原则；建筑产品及其施工的特点；施工组织设计的概念、作用、分类及其内容；施工准备工作的含义、任务、分类、内容和基本要求。通过本章学习，要求了解工程建设的基本概念及其分类；熟悉工程建设的程序和施工程序；了解工程项目组织施工的基本原则；熟悉施工组织设计的概念、作用、分类并掌握其基本内容；了解施工组织设计编制与审批、贯彻执行、检查和调整；掌握施工准备工作的含义和任务；熟悉准备工作的分类和内容；了解施工准备工作的基本要求。

思考题与习题

10-1 何谓施工程序？分为哪几个环节？

10-2 何谓施工组织？组织施工的原则有哪些？

10-3 何谓施工组织设计？其基本任务是什么？

10-4 试从土木建筑产品及其生产的特点，说明施工组织设计的重要性。

10-5 施工组织设计分为哪些类别？

10-6 施工组织设计的基本内容有哪些？

10-7 施工组织设计的编制应注意哪些问题？

10-8 何谓施工准备工作？其基本任务是什么？

10-9 施工准备工作分为哪些内容？

10-10 为什么说施工准备工作应贯穿于施工的始终？

10-11 何谓技术准备？它应完成哪些主要工作？

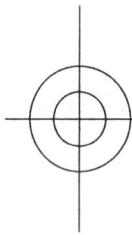

第11章
流水施工原理及应用

本章知识点

> 知识点：组织施工的方式及其特点；流水施工的分类；组织流水
> 　　　　施工的步骤；流水施工的技术经济效果；流水施工进度
> 　　　　计划的表达方法；流水施工的基本参数及其确定方法；
> 　　　　流水施工的基本方式和流水施工实例。
>
> 重　点：掌握组织施工的方式及其特点；掌握组织流水施工的步
> 　　　　骤和流水施工进度计划的表达方法；掌握流水施工基本
> 　　　　参数的确定方法；掌握流水施工的组织方法。
>
> 难　点：流水施工基本参数的确定；异节奏流水施工的组织方法；
> 　　　　建筑群流水施工的组织。

11.1　流水施工的基本概念

流水作业是指产品在生产过程中，将整个加工过程划分为若干个不同的工序，按照规定的路线和速度像流水似地不断进行。该方法建立在分工协作和大批量生产的基础上，其实质即为连续作业，组织均衡生产。流水作业与非流水作业相比，具有多方面的优点：有利于满足合同交货期的要求，极大地提高企业经济效益；有利于缩短产品生产周期，减少在制品占用量，降低产品成本；有利于提高劳动生产率和设备利用率。

11.1.1　流水施工的由来

在组织多幢同类型房屋或将一幢房屋划分为若干个施工区段进行施工时，可以采用依次施工、平行施工和流水施工等三种组织施工方式，它们的特点如下：

1. 依次施工

依次施工是将施工对象划分为若干个施工过程，按照一定施工顺序，前一个施工过程完成之后，才进行下一个施工过程。如图 11-1（a）所示，它表示先进行第Ⅰ幢房屋的 4 个施工过程，完成后，再依次进行Ⅱ、Ⅲ幢房屋施工过程的组织方式，每段时间内只有一个施工过程在施工。这样，一共有 4 个施工过程，3 幢房屋，每幢房屋的每个施工过程耗时 2 周，故总工期为 2×4×3＝24（周）。图中进度表下的曲线是劳动力消耗动态图，其纵坐标为每天施工人数，横坐标为施工进度（周）。依次施工组织方式具有如下特点：

(1) 工期长；

(2) 无法实现专业化施工，不利于操作方法及施工机具的改进，工程质量难以保证，劳动生产率低下；

(3) 工作队无法连续作业；

(4) 工作面闲置多，空间资源利用不充分；

(5) 施工现场组织、管理较简单；

(6) 单位时间内资源投入量较少且较均衡，利于资源供应组织工作。

2. 平行施工

平行施工是组织多个相同的工作队，在同一时间、不同空间进行施工。如图 11-1（b）所示，每幢房屋的基础、主体、屋面、装饰装修 4 个施工过程依次施工，但是每个施工过程都是 3 幢房屋同时在施工，故总工期为 2×4＝8 周，比依次施工工期缩短了 16 周。平行施工组织方式具有如下特点：

(1) 工期最短；

(2) 工作面利用率高；

(3) 单位时间内需要的资源量大；

(4) 施工现场组织管理较复杂。

3. 流水施工

流水施工是将拟建工程项目的整个建造过程分解为若干个施工过程，各工作队按照一定施工顺序投入施工，依次、连续地完成每一个施工任务。保证拟建工程项目的全过程在时间上、空间上，有节奏、连续、均衡地进行下去，直到完成全部施工任务，参见图 11-1（c）。

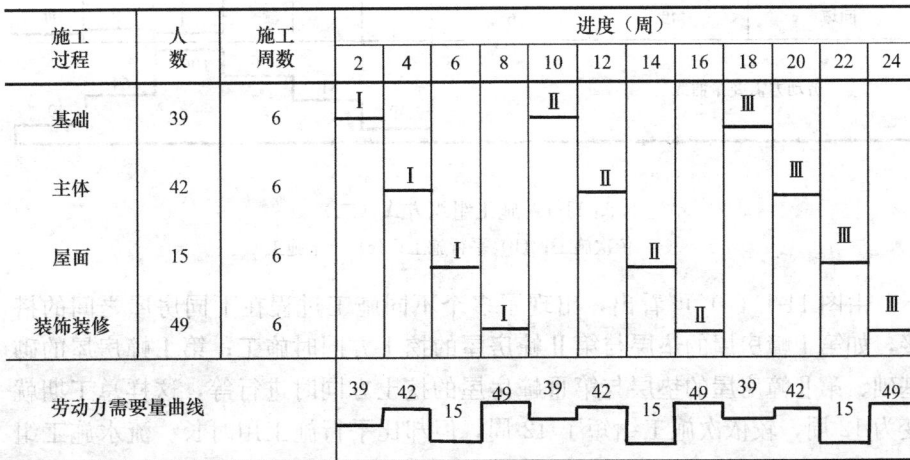

施工过程	人数	施工周数	进度（周）											
			2	4	6	8	10	12	14	16	18	20	22	24
基础	39	6	I				Ⅱ				Ⅲ			
主体	42	6		I				Ⅱ				Ⅲ		
屋面	15	6			I				Ⅱ				Ⅲ	
装饰装修	49	6				I				Ⅱ				Ⅲ
劳动力需要量曲线			39	42	15	49	39	42	15	49	39	42	15	49

(a)

图 11-1 施工组织方式（一）

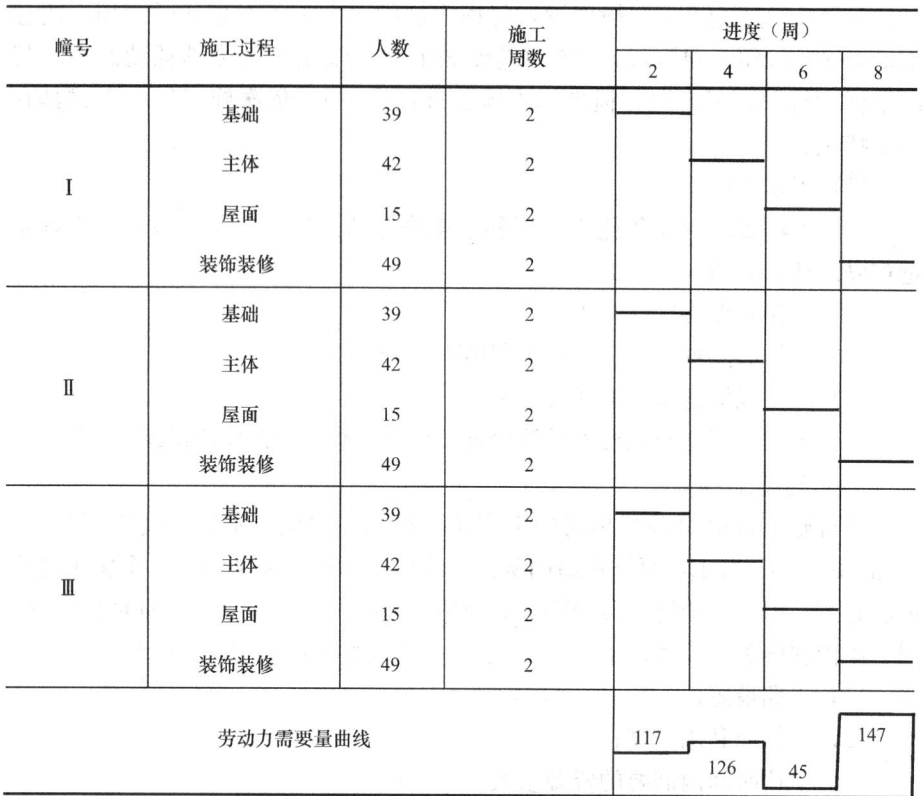

幢号	施工过程	人数	施工周数	进度（周）			
				2	4	6	8
Ⅰ	基础	39	2				
	主体	42	2				
	屋面	15	2				
	装饰装修	49	2				
Ⅱ	基础	39	2				
	主体	42	2				
	屋面	15	2				
	装饰装修	49	2				
Ⅲ	基础	39	2				
	主体	42	2				
	屋面	15	2				
	装饰装修	49	2				
劳动力需要量曲线				117 126		45	147

（b）

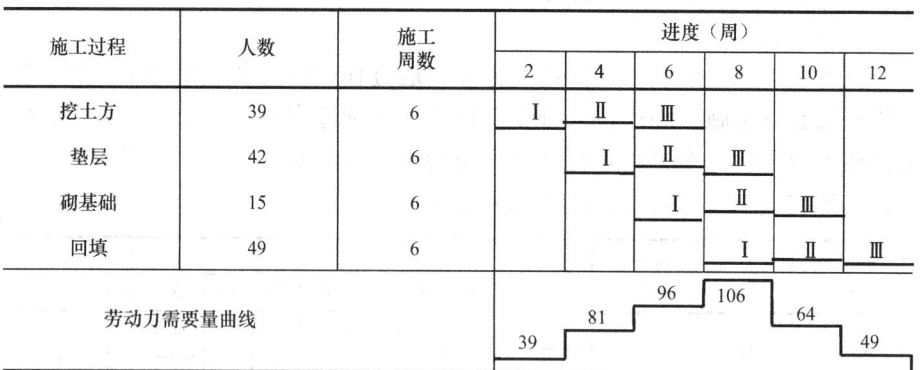

施工过程	人数	施工周数	进度（周）					
			2	4	6	8	10	12
挖土方	39	6	Ⅰ	Ⅱ	Ⅲ			
垫层	42	6		Ⅰ	Ⅱ	Ⅲ		
砌基础	15	6			Ⅰ	Ⅱ	Ⅲ	
回填	49	6				Ⅰ	Ⅱ	Ⅲ
劳动力需要量曲线			39	81	96	106	64	49

（c）

图 11-1 施工组织方式（二）

（a）依次施工；（b）平行施工；（c）流水施工

由图 11-1（c）可看出，出现了多个不同施工过程在不同房屋之间的搭接，如第Ⅰ幢房屋的垫层与第Ⅱ幢房屋的挖土方同时施工；第Ⅰ幢房屋的砌基础、第Ⅱ幢房屋的垫层与第Ⅲ幢房屋的挖土方同时进行等，这样总工期就变为 12 周，较依次施工缩短了 12 周，但却比平行施工用时长。流水施工组织方式具有如下特点：

（1）工期比较合理；

（2）各工作队能保证连续施工；

（3）单位时间内资源需要量较均衡；

（4）实现专业化施工，劳动生产率得以提高，工程质量更有保证；

（5）为文明施工和现场的科学管理创造了有利条件。

另外，根据上图中劳动力需要量曲线可得：劳动力不均衡系数＝施工期现场高峰期人数/施工期平均人数，且应控制在 1.50 以内较好。

11.1.2 流水施工的分类

根据流水施工组织范围的不同，流水施工通常可划分为：

1. 群体工程流水施工

群体工程流水亦称大流水，是在若干个单位工程间组织起来的流水施工，是项目施工总进度计划安排形式。

2. 单位工程流水施工

单位工程流水指在一个单位工程内部，各分部工程间组织起来的流水施工，在项目施工进度计划表上，是若干个分部工程的进度指示线段，且由此构成单位工程施工进度计划。

3. 分部工程流水施工

分部工程流水施工是指在一个分部工程内部，各分项工程间组织起来的流水施工。

4. 分项工程流水施工

分项工程流水是指在一个专业工种内部组织起来的流水施工。

各类流水施工间的关系如图 11-2 所示。

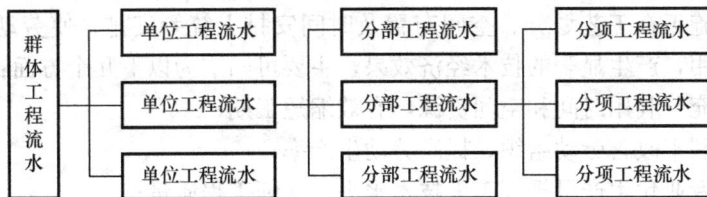

图 11-2　流水施工分类示意图

11.1.3 组织流水施工的步骤

流水施工的组织步骤如下所示：

（1）确定纳入流水施工的对象及其所包含的施工过程数，并确定施工顺序；

（2）划分施工段，确定施工段数；

（3）组织和确定专业施工队（组）数；

（4）确定各施工专业队（组）在各施工段上的流水节拍；

（5）确定相邻两专业施工队间的流水步距；

（6）计算流水施工的计划工期，绘制流水施工进度计划图。

以某基础工程为例，来说明流水施工的组织步骤。

（1）该工程施工过程分为挖土方、做垫层、砌基础、回填土 4 个；

317

（2）在空间上将基础工程划分为 3 个施工段；

（3）按照施工过程和专业，组织 4 个施工队分别在 3 个施工段上进行平行搭接流水施工；

（4）设定每一施工过程在每一施工段的作业时间均为 4 天；

（5）为组织流水施工，每两个施工过程之间的开始时间相差 4 天。绘制横道图如图 11-3 所示：从图中可以看出，每个施工过程的施工都是连续的，并且每个施工段的利用也是连续的。

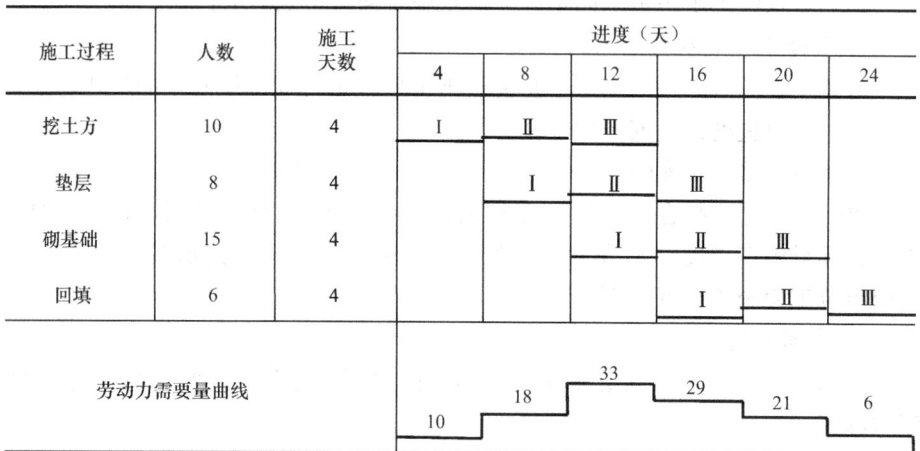

施工过程	人数	施工天数	进度（天）					
			4	8	12	16	20	24
挖土方	10	4	I	II	III			
垫层	8	4		I	II	III		
砌基础	15	4			I	II	III	
回填	6	4				I	II	III
劳动力需要量曲线			10	18	33	29	21	6

图 11-3　基础流水施工横道图

11.1.4　流水施工的技术经济效果

流水施工在工艺划分、空间布置及时间安排上统筹安排，使劳动资源得以合理使用，产生显著的技术经济效果，主要可归纳为以下几个方面：

（1）充分利用时间和空间资源，有效缩短工期；

（2）利于改善劳动组织，提高劳动生产率；

（3）专业化生产可提高工人技术水平，保证工程质量；

（4）降低现场管理费用及物资消耗，利于提高项目综合经济效益。

11.1.5　流水施工进度计划的表达方法

流水施工进度计划的表达方法主要有横道图法、垂直图法和网络图法 3 种。如图 11-4 所示。本章主要介绍横道图法和垂直图法，网络图法将在第 12 章中介绍。

1. 横道图法（又称水平图法）

在流水施工水平图的表达方式中，横坐标表示流水施工的持续时间，纵坐标表示开展流水施工的施工过程、专业队名称、编号及数目；用水平线条表示工作进度，水平线长度表示某施工过程在某施工段上的作业时间，水平线位置表示某施工过程在某施工段上作业的起止时间，如图 11-5 所示。

图 11-5 中，1、2、3 表示施工段，I、II、III 表示施工过程，t 表示一个时间单位。

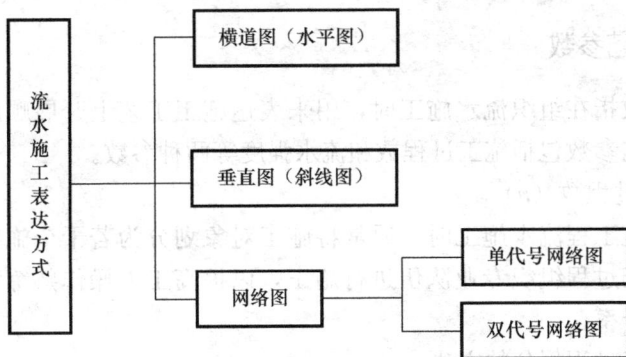

图 11-4　流水施工表达方式示意图

施工过程	进度（天）				
	t	$2t$	$3t$	$4t$	$5t$
I	1	2	3		
II		1	2	3	
III			1	2	3

图 11-5　流水施工的横道图

2. 垂直图法（又称斜线图法）

在流水施工斜线图的表达方式中，横坐标表示流水施工的持续时间，纵坐标表示开展流水施工所划分的施工段编号；斜线的斜率形象地反映出各施工过程的施工速度，斜率越大，施工速度越快；如图 11-6 所示。

施工过程	进度（天）				
	t	$2t$	$3t$	$4t$	$5t$
I	1	2	3		
II		1	2	3	
III			1	2	3

图 11-6　流水施工的垂直图

11.2　流水施工参数

组织流水施工时，用来描述流水施工在工艺流程、时间安排及空间布置等方面特征和数量关系的参数，称为流水施工参数。包括工艺参数、空间参数和时间参数等三种。

11.2.1 工艺参数

工艺参数指在组织流水施工时，用来表达施工工艺上开展顺序及其特征的参数。工艺参数包括施工过程数和流水强度等两种参数。

1. 施工过程数（n）

组织建筑工程流水施工时，通常将施工对象划分为若干个施工过程，针对每一个施工过程组织专业队伍进行施工，以提高工人操作熟练程度，进而提高劳动生产率。

（1）施工过程划分的方法

完成某一工程项目，通常需要经过许多施工过程，一个工程项目施工过程数的确定，与工程项目的复杂程度、施工方法等因素有关。

如果对一个单位工程组织流水施工，可先将施工对象划分为几个分部工程，然后再将每一分部工程划分为若干个施工过程。

施工过程根据工艺性质不同可划分为运输类、建造类和制备类三种。

1）运输类施工过程是指将材料和制品运到工地仓库或施工现场操作地点；

2）建造类施工过程是指在施工对象上直接加工而形成产品的过程；

3）制备类施工过程是指预先加工制造的半成品的施工过程。

制备类及运输类施工过程当不占用施工对象的空间及不影响总工期时，不列入施工进度计划表中，否则列入。

建造类施工过程占用施工对象的空间且影响总工期，因此划分施工过程时主要按建造类划分。

（2）划分施工过程应考虑的因素

1）以主导的施工过程划分，辅以制备类和运输类施工过程。

2）施工过程数确定要适当，以便于组织流水施工。施工过程数过多会导致计算复杂，编制进度计划时易出现主次不分的缺点；施工过程数过少会导致计划编制过于笼统，丧失指导施工的作用。

3）施工过程数与房屋的复杂程度、结构类型及施工方法等因素有关。复杂的施工内容宜划分得细些，而简单的施工内容则不宜过细。

2. 流水强度（v）

流水强度亦称流水能力或生产能力，指某一施工过程在单位时间内能够完成的工程量。流水强度可分为机械施工过程和手工操作过程的流水强度两种。

（1）机械施工过程的流水强度。可按公式（11-1）计算：

$$V_i = \sum_{j=1}^{x} R_{ij} \cdot S_{ij} \quad (i=1,2,\cdots\cdots,n) \tag{11-1}$$

式中 V_i——第 i 施工过程的流水强度；

R_{ij}——第 i 施工过程的第 j 种施工机械的台数；

S_{ij}——第 i 施工过程的第 j 种施工机械的产量定额；

x——投入第 i 施工过程的施工机械的种类数。

（2）手工操作过程的流水强度。可按公式（11-2）计算：

$$V_i = R_i \cdot S_i \tag{11-2}$$

式中　V_i——第 i 施工过程的流水强度；

R_i——投入第 i 施工过程的工人数；

S_i——第 i 施工过程的产量定额。

11.2.2　空间参数

组织流水施工时，用以表达流水施工在空间布置上所处状态的参数，称为空间参数。空间参数主要有工作面（A）、施工段数（m）和施工层（J）等三种。

1. 工作面（A）

某专业工种的工人或施工机械在进行建筑产品生产加工过程中，必须具备的活动空间称为工作面。工作面的大小取决于相应工种单位时间内的产量定额、建筑安装工程操作规程和安全规定等要求确定。工作面的合理确定直接影响专业工种工人的劳动生产率，因此必须合理确定工作面。主要工种工作面参考数据如表 11-1 所示。

主要工种工作面参考数据表　　　　表 11-1

工 作 项 目	每个技工的工作面	说　　明
砖基础	7.6m/人	以 $1\frac{1}{2}$ 砖计 2 砖乘以 0.8 3 砖乘以 0.5
砌砖墙	8.5m/人	以 $1\frac{1}{2}$ 砖计 2 砖乘以 0.71 3 砖乘以 0.57
毛石墙基	3m/人	以 60cm 计
毛石墙	3.3m/人	以 40cm 计
混凝土柱、墙基础	8m³/人	机拌、机捣
混凝土设备基础	7m³/人	机拌、机捣
现浇钢筋混凝土柱	2.5m³/人	机拌、机捣
现浇钢筋混凝土梁	3.2m³/人	机拌、机捣
现浇钢筋混凝土墙	5m³/人	机拌、机捣
现浇钢筋混凝土楼板	5.3m³/人	机拌、机捣
预制钢筋混凝土柱	3.6m³/人	机拌、机捣
预制钢筋混凝土梁	3.6m³/人	机拌、机捣
预制钢筋混凝土屋架	2.7m³/人	机拌、机捣
预制钢筋混凝土平板、空心板	1.91m³/人	机拌、机捣
预制钢筋混凝土大型屋面板	2.62m³/人	机拌、机捣
混凝土地坪及面层	40m²/人	机拌、机捣
外墙抹灰	16m²/人	
内墙抹灰	18.5m²/人	
卷材屋面	18.5m²/人	
防水水泥砂浆屋面	16m²/人	
门窗安装	11m²/人	

2. 施工段数（m）

施工段数是指为组织流水施工，将施工对象在平面上划分的施工区段的数量。划分施工段的目的在于使不同工种的专业队可同时在不同工作面上进行作业，以充分利用空间，为流水施工的组织创造条件。

施工段数如设置过多，会导致工人数量减少而延长工期；如设置过少，则会造成资源供应过分集中，而不利于流水施工的组织。因此，为使施工段划分更加合理，通常应遵循如下原则：

（1）为保证结构整体性，尽量利用结构界线（沉降缝、伸缩缝、单元分界线等）划分；

（2）专业工作队在各施工段上的工程量应大致相等，其相差幅度不宜超过 $10\% \sim 15\%$；

（3）为充分发挥工人、主导机械的效率，应保证每个施工段均有足够的工作面；

（4）施工段数设置不宜过多；

（5）尽量保证施工段数与施工过程数的相互适应，以保证各专业队连续作业。

施工段数与施工过程数间的关系如下所述：

1）当 $m>n$ 时，各专业队能连续施工，但施工段存在空闲；

2）当 $m=n$ 时，各专业队能连续施工，各施工段亦无闲置；

3）当 $m<n$ 时，对单栋建筑进行组织流水时，专业队无法连续施工而产生窝工现象。如果对两栋以上的同类建筑物组织流水时，才能保证连续施工。

【例 11-1】　一座三层楼房，平面上划分为 3 个施工段，分 2 个施工过程进行施工，各施工过程在各段上的作业时间为 3 天，试画出流水进度表。

【解】　据题意画出流水进度表如图 11-7 所示。

图中 1、2、3 表示层数，①②③表示段数。

从图 11-7 可看出，两个施工队可连续施工，但每层施工过程 II 结束之后不能马上投入其上一层的施工过程 I，这样空间无法被连续利用。

施工过程	进度（天）									
	3	6	9	12	15	18	21	24	27	30
I	1-①	1-②	1-③	2-①	2-②	2-③	3-①	3-②	3-③	
II		1-①	1-②	1-③	2-①	2-②	2-③	3-①	3-②	3-③

图 11-7　例 11-1 流水进度表

【例 11-2】　一座四层建筑物主体工程分两段进行施工，施工过程分为 3 个，各施工过程在各段上作业天数均为 3 天，试画出流水进度表。

【解】 据题意画出流水进度表如图 11-8 所示。

施工过程	进度（天）												
	3	6	9	12	15	18	21	24	27	30	33	36	39
I	1-①	1-②		2-①	2-②		3-①	3-②		4-①	4-②		
II		1-①	1-②		2-①	2-②		3-①	3-②		4-①	4-②	
III			1-①	1-②		2-①	2-②		3-①	3-②		4-①	4-②

图 11-8　例 11-2 的流水进度表

从图 11-8 可看出，每段一旦进入施工，就不断有施工队工作，但每一施工队无法连续施工，存在窝工现象。

11.2.3　时间参数

在进行流水施工组织时，用来表达流水施工的时间排列上所处状态的参数，称为时间参数。时间参数包括流水节拍、流水步距、间歇时间、平行搭接时间、施工过程流水持续时间和流水施工工期。

1. 流水节拍（t）

组织流水施工时，每个专业队在各个施工段上完成相应施工任务所需要的工作延续时间，称为流水节拍。其大小反映施工速度的快慢。

（1）确定流水节拍需要考虑的主要因素

1）存在工期要求时，以满足工期要求为原则；

2）各种资源的供应情况；

3）是否有足够的工作面及是否存在其他限制条件；

4）数值上尽量确定为半天的整数倍。

（2）确定流水节拍的方法

流水节拍的确定方法主要有定额计算法、经验估计法和按工期倒排法等三种。

1）定额计算法。此法是根据各施工段的工程量、可投入的资源量（如工人数、机械台数和材料量等），按公式（11-3）或公式（11-4）计算。

$$t_i = \frac{Q_i}{S_i \cdot R_i \cdot N_i} = \frac{P_i}{R_i \cdot N_i} \tag{11-3}$$

或

$$t_i = \frac{Q_i \cdot H_i}{R_i \cdot N_i} = \frac{P_i}{R_i \cdot N_i} \tag{11-4}$$

式中　t_i——某专业工作队在第 i 施工段的流水节拍；

　　　Q_i——某专业工作队在第 i 施工段要完成的工程量；

　　　S_i——某专业工作队的计划产量定额；

　　　H_i——某专业工作队的计划时间定额；

P_i——某专业工作队在第 i 施工段需要的劳动量或机械台班数量；

R_i——某专业工作队投入的工作人数或机械台数；

N_i——某专业工作队的工作班次。

2) 经验估算法。此法根据以往的施工经验进行估算。为提高准确度，分别估算出流水节拍的最长、最短和最可能的三种时间，然后对三种时间赋予不同的权重，以求出期望时间作为某专业工作队在某施工段的流水节拍。一般按下式计算：

$$t = \frac{a + 4c + b}{6} \tag{11-5}$$

式中　t——某施工过程在某施工段上的流水节拍；

　　　a——某施工过程在某施工段上的最短估算时间；

　　　b——某施工过程在某施工段上的最长估算时间；

　　　c——某施工过程在某施工段上的正常估算时间。

其中最短、最长和正常估算时间的权重可根据经验进行调整。

3) 工期计算法。对某些施工任务在规定日期内必须完成的工程项目，往往需要采用倒排进度法。具体步骤如下：

a. 根据工期倒排进度，确定某施工过程的工作延续时间；

b. 确定某施工过程在某施工段上的流水节拍。若流水节拍相等，则按下式进行计算：

$$t = \frac{D}{m} \tag{11-6}$$

式中　t——流水节拍；

　　　D——某施工过程的工作持续时间；

　　　m——某施工过程划分的施工段数。

若同一施工过程流水节拍不等，则用估算法。

2. 流水步距（K）

在组织流水施工时，相邻两个专业队在保证施工顺序、满足连续施工、最大限度搭接和保证工程质量要求的条件下，相继投入施工的最小时间间隔，称为流水步距。

(1) 确定流水步距要遵循的原则如下：

1) 满足相邻两个专业工作队，在施工顺序上的相互制约关系；

2) 保证各专业工作队都能连续作业；

3) 保证相邻两个专业工作队，在开工时间上最大限度地、合理地搭接；

4) 保证工程质量，满足安全生产；

5) 尽量取半天的整数倍。

(2) 流水步距的确定方法

流水步距的确定方法很多，主要有图上分析法、分析计算法和潘特考夫斯基法等。

潘特考夫斯基法也称"累加数列错位相减取最大差法"。其计算步骤如下：

1）根据各专业工作队在各施工段上的流水节拍，求累加数列；

2）根据施工顺序，对所求相邻两累加数列，错位相减；

3）根据错位相减的结果，确定相邻专业工作队间的流水步距，即相减结果中数值最大者。

【例 11-3】 某项目由四个施工过程组成，分别由 A、B、C、D 四个专业工作队完成，在平面上划分为四个施工段，每个专业工作队在各施工段上的流水节拍如表 11-2 所示。试确定相邻专业工作队间的流水步距。

各专业工作队在各施工段上的流水节拍 表 11-2

流水节拍(d) 施工段 工作队	①	②	③	④
A	4	2	3	2
B	3	4	3	4
C	3	2	2	3
D	2	2	1	2

【解】 ① 求各专业工作队的累加数列

A： 4， 6， 9， 11
B： 3， 7， 10， 14
C： 3， 5， 7， 10
D： 2， 4， 5， 7

② 错位相减

A 与 B：

$$
\begin{array}{rrrrr}
4, & 6, & 9, & 11 & \\
-) & 3, & 7, & 10, & 14 \\
\hline
4, & 3, & 2, & 1, & -14
\end{array}
$$

B 与 C：

$$
\begin{array}{rrrrr}
3, & 7, & 10, & 14 & \\
-) & 3, & 5, & 7, & 10 \\
\hline
3, & 4, & 5, & 7, & -10
\end{array}
$$

C 与 D：

$$
\begin{array}{rrrrr}
3, & 5, & 7, & 10 & \\
-) & 2, & 4, & 5, & 7 \\
\hline
3, & 3, & 3, & 5, & -7
\end{array}
$$

③ 求流水步距

因流水步距等于错位相减后所得结果中数值最大者，故有：

$$K_{A,B} = \max\{4,3,2,1,-14\} = 4d$$

$$K_{B,C} = \max\{3,4,5,7,-10\} = 7d$$

$$K_{C,D} = \max\{3,3,3,5,-7\} = 5d$$

3. 间歇时间（Z）

（1）技术间歇时间。在组织流水施工时，有时根据材料的工艺性质和质量要求，要考虑合理的工艺等待时间，这个等待时间称为间歇时间，如混凝土浇筑后的养护时间、砂浆抹面的干燥时间等。

（2）组织间歇时间。组织流水施工时，由于施工组织或施工技术的原因，造成的在流水步距之外增加的间歇时间，称为组织间歇时间。如施工人员、机械转移，回填土前地下管道检查验收等。

4. 平行搭接时间（D）

组织流水施工时，为缩短工期，在同一施工段上，不等前一施工过程施工完，后一施工过程就投入施工，相邻两施工过程在同一施工段上同时工作的时间，称为平行搭接时间。

5. 施工过程流水持续时间（T_i）

某施工过程的流水持续时间指该施工过程在工程对象的各施工段上作业时间的总和。其计算公式如公式（11-7）所示：

$$T_i = \sum_{j=1}^{m} t_i^j \tag{11-7}$$

式中　t_i^j——第 i 施工过程在第 j 段上的作业时间；

　　　m——施工段总数。

6. 流水施工工期（T）

流水施工工期指所有纳入流水施工过程所耗用时间的总和。对于全部采用流水施工的工程，流水施工工期等于施工总工期；对于局部采用流水施工的工程，流水施工工期小于施工总工期。

11.3　流水施工的基本方式

流水施工的基本方式有 3 种，分别为等节奏流水、异节奏流水和无节奏流水。其中异节奏流水又分为成倍节拍流水和不等节拍流水。

11.3.1　等节奏流水

等节奏流水是指纳入流水施工的所有施工过程在各个施工段上的流水节拍均相等的流水方式，此方式也称为固定节拍流水或全等节拍流水。

等节奏流水具有以下基本特征：

（1）流水节拍彼此相等；

（2）当没有平行搭接和间歇时，流水步距彼此相等，且等于流水节拍；

（3）每个专业工作队能够连续施工，施工段没有空闲；

（4）专业工作队数等于施工过程数。

等节奏流水可分为无平行搭接和间歇情况下的等节奏流水和有平行搭接和间歇情况下的等节奏流水两种。

1. 无平行搭接和间歇情况下的等节奏流水

此种情况的组织形式如图 11-9 所示，该工程共分为 4 个施工过程，4 个施工段，各个施工过程在各个施工段上的流水节拍均为 2d。其流水步距均相等，也为 2d，即等于流水节拍，总工期为 14d。

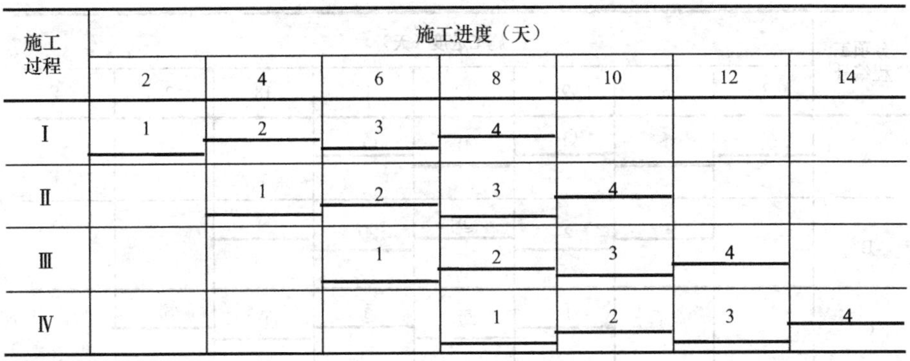

施工过程	施工进度（天）						
	2	4	6	8	10	12	14
Ⅰ	1	2	3	4			
Ⅱ		1	2	3	4		
Ⅲ			1	2	3	4	
Ⅳ				1	2	3	4

(a)

施工过程	施工进度（天）						
	2	4	6	8	10	12	14
Ⅰ	1	2	3	4			
Ⅱ		1	2	3			
Ⅲ			1	2	3	4	
Ⅳ				1	2	3	4

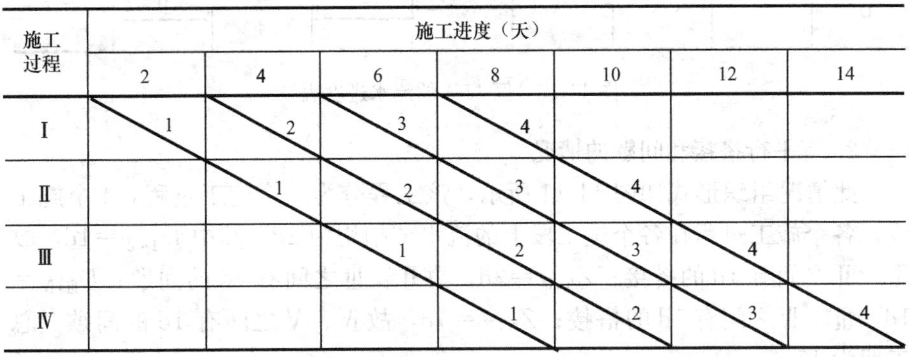

(b)

图 11-9　无搭接、无间歇情况下的等节奏流水

(a) 横道图；(b) 垂直图

相关参数计算如下：

（1）流水步距。此种情况下的流水步距都相等且均等于流水节拍，即 $K=t$。

（2）流水工期。其计算公式如公式（2-8）所示：

$$T = W + mt = (n-1)t + mt = (n+m-1)t$$

或　　　　　　$$T = nt + (m-1)t = (n+m-1)t \qquad (11\text{-}8)$$

公式（11-8）适用于单层建筑物的流水工期的计算，若计算对象为多层建筑物，则计算公式如公式（11-9）所示：

$$T = (n + mJ - 1)t \qquad (11\text{-}9)$$

【例 11-4】　某分部工程由四个分项工程组成，划分为五个施工段，流水节拍均为 3d，无平行搭接和技术间歇，试确定流水步距、计算工期、并绘制流水施工进度表。

【解】　由已知条件 $t_i = t = 3$ 可知，本分部工程宜组织等节奏流水。

（1）确定流水步距。由等节奏流水的特点知：

$$K = t = 3\text{d}$$

（2）计算工期。由公式（11-7）得：

$$T = nt + (m-1)t = (n+m-1)t = (4+5-1) \times 3 = 24\text{d}$$

（3）绘制流水施工进度表，如图 11-10 所示。

分项工程编号	施工进度（天）							
	3	6	9	12	15	18	21	24
A	①	②	③	④	⑤			
B		①	②	③	④	⑤		
C			①	②	③	④	⑤	
D				①	②	③	④	⑤

图 11-10　例 11-4 的流水进度表

2. 有平行搭接和间歇的情况

此情况组织形式如图 11-11 所示，该工程分为 5 个施工过程，4 个施工段，各个施工过程在各个施工段上的流水节拍均为 2d。其中 $D_{I,II} = 1\text{d}$，故 Ⅰ、Ⅱ 之间有 1d 的搭接；$Z_{II,III} = 2\text{d}$，故 Ⅱ、Ⅲ 之间有 2d 的间歇；$D_{III,IV} = 1\text{d}$，Ⅲ、Ⅳ 之间有 1d 的搭接；$Z_{IV,V} = 1\text{d}$，故 Ⅳ、Ⅴ 之间有 1d 的间歇。总工期为 17d。

相关参数计算如下：

（1）流水步距。两相邻施工过程间的流水步距计算如下式所示：

$$K_{i,i+1} = t_i + Z_{i,i+1} - D_{i,i+1} \tag{11-10}$$

式中　$K_{i,i+1}$——第 i 施工过程与第 $i+1$ 施工过程间的流水步距；

t_i——第 i 施工过程的流水节拍；

$Z_{i,i+1}$——第 i 施工过程与第 $i+1$ 施工过程间的间歇时间；

$D_{i,i+1}$——第 i 施工过程与第 $i+1$ 施工过程间的平行搭接时间。

（2）流水工期。此种情况下的流水工期可按下式进行计算：

$$T = K + mJt = (n-1)t + \sum Z - \sum D + mJt + \sum Z'$$
$$= (mJ+n-1)t + \sum Z - \sum D + \sum Z' \tag{11-11}$$

式中　$\sum Z$——各施工过程间间歇时间的总和；

$\sum Z'$——层间间歇时间总和；

$\sum D$——各施工过程间平行搭接时间的总和；

J——施工对象的层数。

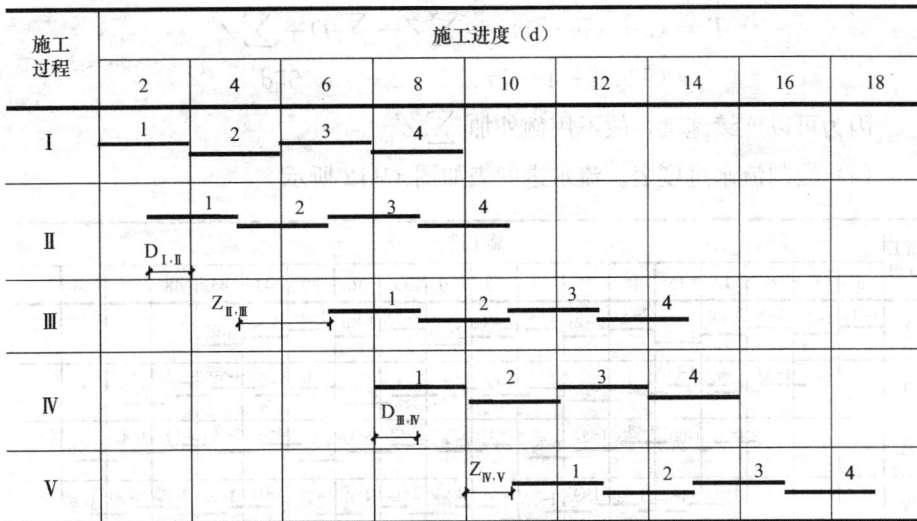

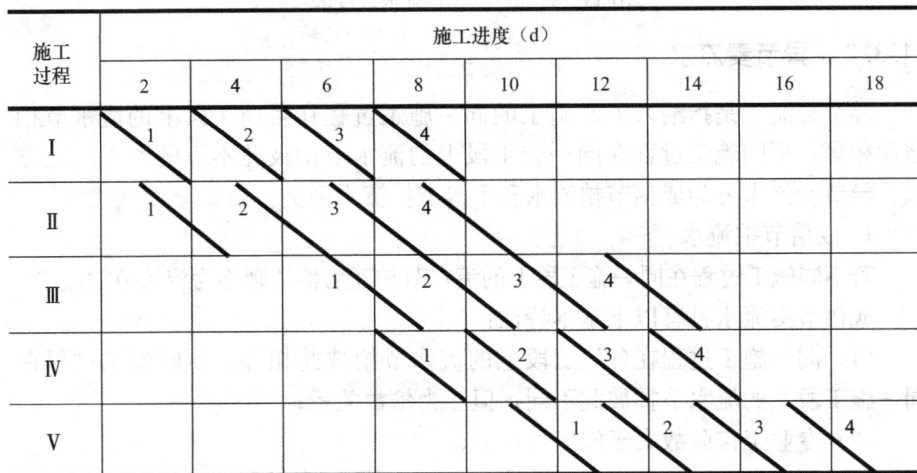

图 11-11　有搭接和间歇情况下的等节奏流水
(a) 横道图；(b) 垂直图

【例 11-5】　某三层建筑物主体工程由 4 个施工过程组成，已知流水节拍均为 3d，且知第 2 个施工过程需等第 1 个施工过程完工后 2d 才能开始进行，同时第 4 个施工过程与第 3 个施工过程搭接 1d，层间间歇至少 1d，试确定施工段数、流水步距、计算工期、绘制流水进度表。

【解】　(1) 划分施工段。依据流水施工，为使施工队能持续施工，划分为 5 个施工段，此时层间间歇为 2d。

(2) 确定流水步距。由公式 (11-10) 得：

$$K_{I,II} = t_1 + Z_{1,2} - D_{1,2} = 3 + 2 - 0 = 5d$$

$$K_{II,III} = t_2 + Z_{2,3} - D_{2,3} = 3 + 0 - 0 = 3d$$

$$K_{III,IV} = t_3 + Z_{3,4} - D_{3,4} = 3 + 0 - 1 = 2d$$

(3) 计算流水工期。由公式 (2-11) 可得：

329

$$T = (mJ + n - 1)t + \sum Z - \sum D + \sum Z'$$
$$= (5 \times 3 + 4 - 1) \times 3 + 2 - 1 = 55d$$

因为可以连续施工，故不用额外加 $\sum Z'$。

（4）绘制流水进度表。流水进度表如图 11-12 所示。

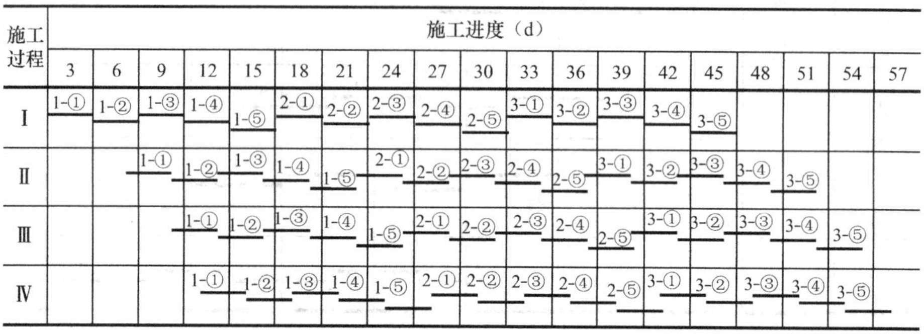

施工过程	施工进度（d）																		
	3	6	9	12	15	18	21	24	27	30	33	36	39	42	45	48	51	54	57
I	1-①	1-②	1-③	1-④	1-⑤	2-①	2-②	2-③	2-④	2-⑤	3-①	3-②	3-③	3-④	3-⑤				
II		1-①	1-②	1-③	1-④	1-⑤	2-①	2-②	2-③	2-④	2-⑤	3-①	3-②	3-③	3-④	3-⑤			
III			1-①	1-②	1-③	1-④	1-⑤	2-①	2-②	2-③	2-④	2-⑤	3-①	3-②	3-③	3-④	3-⑤		
IV				1-①	1-②	1-③	1-④	1-⑤	2-①	2-②	2-③	2-④	2-⑤	3-①	3-②	3-③	3-④	3-⑤	

图 11-12 例 11-5 的流水进度表

11.3.2 异节奏流水

异节奏流水是指纳入流水施工的同一施工过程在各施工段上的流水节拍彼此相等，不同施工过程在同一施工段上的流水节拍彼此不等的流水施工方式。异节奏流水分为成倍节拍流水和不等节拍流水两类。

1. 成倍节拍流水

若不同施工过程在同一施工段上的流水节拍互为倍数则称为成倍节拍流水。

成倍节奏流水具有以下基本特征：

（1）同一施工过程在各施工段上的流水节拍彼此相等，不同施工过程在同一施工段上的流水节拍彼此不同，但互为倍数关系；

（2）专业工作队数大于施工过程数；

（3）每个专业工作队能够连续施工，施工段没有空闲；

（4）流水步距彼此相等，且等于流水节拍的最大公约数。

相关参数计算如下：

（1）流水步距。流水步距（K）＝各施工过程流水节拍的最大公约数。

（2）各施工过程的专业队数。各施工过程的专业队数由下式确定：

$$b_i = \frac{t_i}{K} \tag{11-12}$$

式中 b_i——第 i 施工过程的专业队数；

t_i——第 i 施工过程的流水节拍。

（3）施工段数。若无层间间歇时，为保证各专业队可连续施工，应使每层施工段数大于等于施工队数的总和，即如公式（11-13）所示：

$$m \geqslant n' = \sum b_i \tag{11-13}$$

当存在层间间歇时，施工段数由公式（11-14）确定：

$$m \geqslant n' = \sum b_i + \frac{\sum Z}{K} \tag{11-14}$$

（4）流水工期。当存在层间间歇时，流水工期按公式（11-15）计算：

$$T = (n'J + m - 1)K + (m - n')K \qquad (11\text{-}15)$$

若无层间间歇时，流水工期按公式（11-16）计算：

$$T = (n' + mJ - 1)K \qquad (11\text{-}16)$$

【例 11-6】 某项目由 Ⅰ、Ⅱ、Ⅲ 三个施工过程组成，每个施工过程分为 6 个施工段，各施工过程流水节拍分别为 2d、6d、4d，试组织流水施工，并绘制流水施工进度表。

【解】 （1）流水步距＝最大公约数 {2，6，4}＝2d

（2）计算专业工作队数

$$b_{\mathrm{I}} = \frac{t_{\mathrm{I}}}{K_b} = \frac{2}{2} = 1 \text{个}$$

$$b_{\mathrm{II}} = \frac{t_{\mathrm{II}}}{K_b} = \frac{6}{2} = 3 \text{个}$$

$$b_{\mathrm{III}} = \frac{t_{\mathrm{III}}}{K_b} = \frac{4}{2} = 2 \text{个}$$

$$n' = \sum_{j=1}^{3} b_j = 1 + 3 + 2 = 6 \text{个}$$

（3）计算工期

$$T = (n' + mJ - 1)K$$
$$= (6 + 6 - 1) \times 2 = 22\text{d}$$

（4）绘制流水施工进度表如图 11-13 所示。

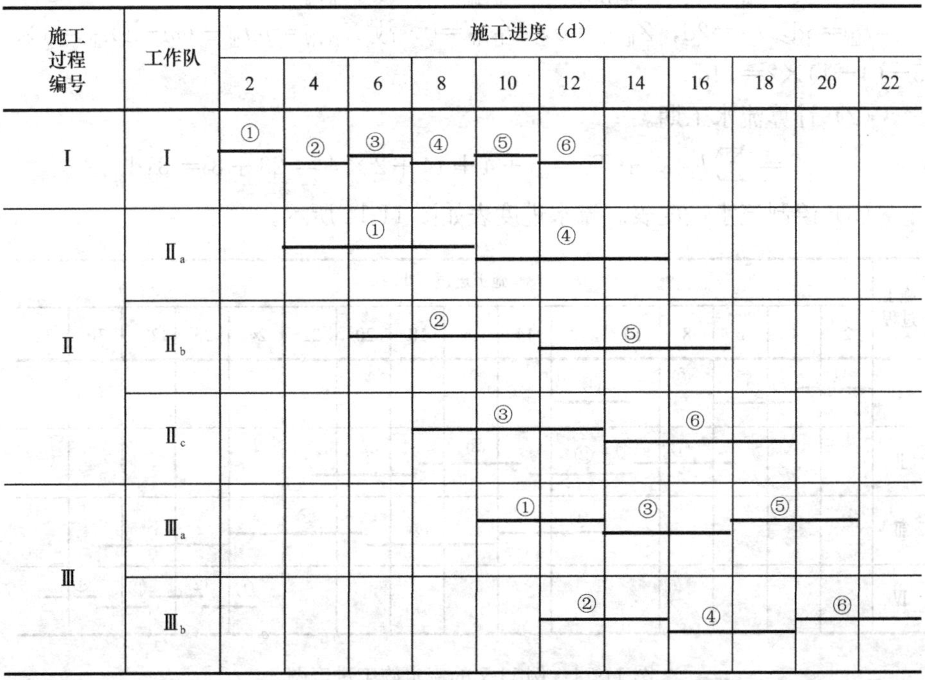

施工过程编号	工作队	施工进度（d）										
		2	4	6	8	10	12	14	16	18	20	22
Ⅰ	Ⅰ	①	②	③	④	⑤	⑥					
Ⅱ	Ⅱₐ			①			④					
	Ⅱ_b				②			⑤				
	Ⅱ_c					③			⑥			
Ⅲ	Ⅲₐ						①	③		⑤		
	Ⅲ_b							②	④		⑥	

图 11-13 例 11-6 的流水施工进度图

2. 不等节拍流水

若不同施工过程之间的流水节拍不相等也不成倍则称为不等节拍流水。

组织不等节拍流水施工的基本要求是：各专业工作队尽可能依次在各施工段上连续施工，允许有些施工段出现空闲，但不允许多个施工队在同一施工段交叉作业及工艺顺序颠倒。

（1）流水步距。流水步距按公式（11-17）计算：

$$K_{i,i+1} = \begin{cases} t_i + (Z_{i,i+1} - D_{i,i+1}), & t_i \leqslant t_{i+1} \\ mt_i - (m-1)t_{i+1} + (Z_{i,i+1} - D_{i,i+1}), & t_i > t_{i+1} \end{cases} \quad (11\text{-}17)$$

式中　t_i——第 i 个施工过程的流水节拍；

t_{i+1}——第 $i+1$ 个施工过程的流水节拍；

$Z_{i,i+1}$——第 i 个施工过程与第 $i+1$ 个施工过程之间的技术与组织间歇时间；

$D_{i,i+1}$——第 i 个施工过程与第 $i+1$ 个施工过程之间的搭接时间。

（2）流水工期。流水工期按公式（11-18）计算：

$$T = \sum K_{i,i+1} + T_n \quad (11\text{-}18)$$

式中　T_n——最后一个施工过程在各段上流水节拍之和。

【例 11-7】　某工程由Ⅰ、Ⅱ、Ⅲ、Ⅳ4 个施工过程组成，每个施工过程划分为 4 个施工段，各施工过程的流水节拍分别为 3d、4d、5d、2d，施工过程Ⅰ完成后有 2d 组织间歇时间，试确定流水施工方案，绘制施工进度计划表。

【解】　（1）计算流水步距。

$t_Ⅰ = 3d < t_Ⅱ = 4d$，$Z_{Ⅰ,Ⅱ} = 2$，$D_{Ⅰ,Ⅱ} = 0$，故 $K_{Ⅰ,Ⅱ} = 3 + 2 = 5d$

$t_Ⅱ = 4d < t_Ⅲ = 5d$，$Z_{Ⅱ,Ⅲ} = 0$，$D_{Ⅱ,Ⅲ} = 0$，故 $K_{Ⅱ,Ⅲ} = 4d$

$t_Ⅲ = 5d \geqslant t_Ⅳ = 2d$，$Z_{Ⅲ,Ⅳ} = 0$，$D_{Ⅲ,Ⅳ} = 0$，故 $K_{Ⅲ,Ⅳ} = mt_Ⅲ - (m-1)t_Ⅳ = 4 \times 5 - (4-1) \times 2 = 14d$

（2）计算流水工期。

$$T = \sum K_{i,i+1} + T_n = 5 + 4 + 14 + 2 \times 4 = 23 + 8 = 31d$$

（3）绘制流水进度表。流水进度表如图 11-14 所示。

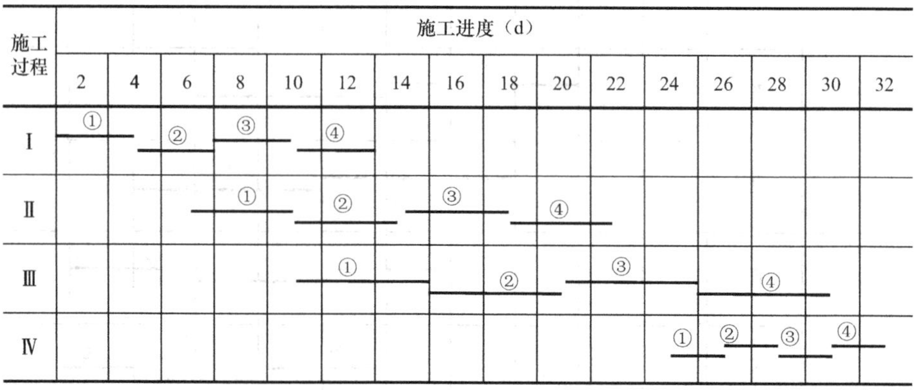

图 11-14　例 11-7 的流水施工进度图

11.3.3　无节奏流水

无节奏流水指纳入流水施工的各施工段上的流水节拍彼此不等的流水施

工方式，又称分别流水。

在项目实际施工中，通常每个施工过程在各个施工段上的工程量彼此不等，各专业工作队的工作效率也相差较大，导致大多数流水节拍彼此不等，不可能组织成等节奏流水或异节奏流水。这种情况下，可根据流水施工的基本概念，采用一定的计算方法，确定相邻施工过程间的流水步距，使得各施工过程在满足施工工艺及施工顺序的前提下，在时间上最大限度地搭接起来且使每个专业队能连续施工，即无节奏流水。它是一种组织流水施工的普遍形式。

无节奏流水具有以下基本特征：

（1）每个施工过程在各个施工段上的流水节拍不尽相等；

（2）多数情况下，流水步距彼此不等；

（3）各专业工作队能够连续施工，个别施工段可能有空闲；

（4）专业工作队数等于施工过程数。

相关参数计算如下：

（1）流水步距。组织无节奏流水施工时，为保证各施工专业队连续施工，关键在于确定流水步距，常用的方法为"累加数列、错位相减、取大差值"。具体内容见"时间参数——流水步距"。

（2）流水工期。流水工期按公式（11-19）计算。

$$T = \sum_{i=1}^{n-1} K_{i,i+1} + T_n \tag{11-19}$$

【例 11-8】 某工程流水节拍如表 11-3 所示，试组织流水施工。

流水节拍表　　　　　　　表 11-3

流水节拍(d) 工作队 ＼ 施工段	①	②	③	④
A	3	2	1	4
B	2	3	2	3
C	1	3	2	3
D	2	4	3	2

【解】 （1）求累加数列。

```
A    3,    5,    6,    10
B    2,    5,    7,    10
C    1,    4,    6,    9
D    2,    6,    9,    11
```

（2）确定流水步距。

1）$K_{A,B}$

```
        3,    5,    6,    10
    —)        2,    5,    7,    10
    ──────────────────────────────
        3,    3,    1,    3,    —10
```

$$\therefore K_{A,B} = \max\{3,3,1,3,-10\} = 3d$$

2）$K_{B,C}$

$$
\begin{array}{rrrrr}
2, & 5, & 7, & 10 & \\
-) & 1, & 4, & 6, & 9 \\
\hline
2, & 4, & 3, & 4, & -9
\end{array}
$$

$$\therefore K_{B,C} = \max\{2,4,3,4,-9\} = 4d$$

3）$K_{C,D}$

$$
\begin{array}{rrrrr}
1, & 4, & 6, & 9 & \\
-) & 2, & 6, & 9, & 11 \\
\hline
1, & 2, & 0, & 0, & -11
\end{array}
$$

$$\therefore K_{B,C} = \max\{1,2,0,0,-11\} = 2d$$

（3）计算工期。

$$T = (3+4+2) + 11 = 20d$$

（4）绘制流水施工进度表如图 11-15 所示。

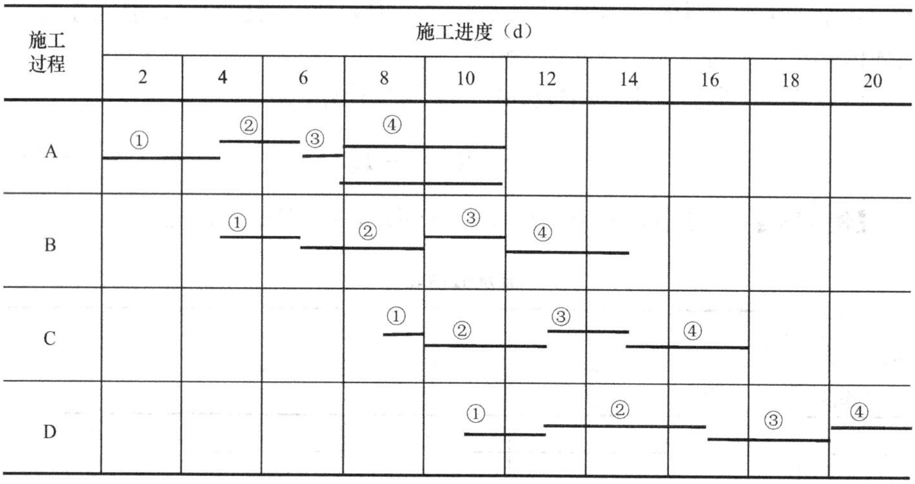

施工过程	施工进度（d）									
	2	4	6	8	10	12	14	16	18	20
A	①	②	③	④						
B		①		②	③	④				
C				①	②	③		④		
D					①		②		③	④

图 11-15　例 11-8 的流水施工进度图

11.4　流水施工实例

本例为现浇钢筋混凝土框架主体结构流水作业设计。

11.4.1　工程概况及施工条件

某三层工业厂房，其主体结构为现浇钢筋混凝土框架。框架全部由 6m×6m 的单元构成。横向为 3 个单元，纵向为 21 个单元，划分为 3 个温度区段。其平面及剖面简图如图 11-16 所示。

施工工期为 63 个工作日。施工时平均气温为 15℃。劳动力：木工不得超过 20 人，混凝土工与钢筋工可根据计划要求配备。机械设备：混凝土泵、卷扬机可根据要求配备。

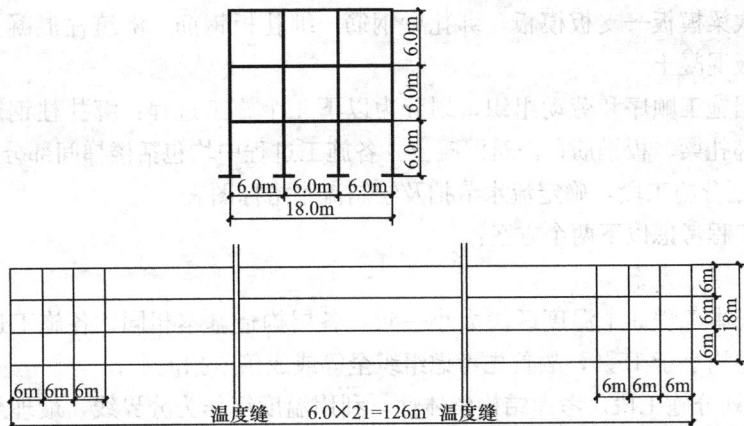

图 11-16 某钢筋混凝土框架结构工业厂房框架主体剖面及平面尺寸简图

11.4.2 施工方案

模板采用定型钢模板。混凝土为半干硬性，坍落度 1～3cm 商品混凝土。采用 J_1-400 混凝土搅拌机搅拌，插入式振捣器捣固。双轮车水平运输。垂直运输采用钢管井架。楼梯与框架同时施工。

11.4.3 流水施工设计

1. 计算工程量与劳动量

本工程每层每个温度区段的模板、钢筋、混凝土的工程量根据施工图计算；定额根据劳动定额手册和工人实际生产率确定；劳动量按工程量和定额计算。工程量、定额根据劳动定额手册和工人实际生产率确定；劳动量按工程量和定额计算。工程量、定额、劳动量汇总于表 11-4。

某厂房钢筋混凝土框架工程量与劳动力汇总表　　　　表 11-4

结构部位	分项工程名称		单位	时间定额工日/单位产品	每层每个温度区段的工程量与劳动量					
					工程量			劳动量/工日		
					一层	二层	三层	一层	二层	三层
框架	支模板	柱梁板	m^2	0.0833	332	311	311	27.7	25.9	
			m^2	0.08	698	698	720	55.8	55.8	
			m^2	0.04	554	554	523	22.2	22.2	
	绑扎钢筋	柱梁板	t	2.38	10.9	10.3	10.3	26.0	24.5	24.5
			t	2.86	9.80	9.80	10.1	28.0	57.6	28.9
			t	4.00	6.40	6.40	6.73	25.6	21.1	26.9
	浇筑混凝土	柱梁板	m^3	1.47	46.1	43.1	43.1	67.8	63.4	63.4
			m^3	0.78	156.2	156.2	156.2	122.4	122.4	124.0
楼梯	支模板		m^2	0.16	34.8	34.8	—	5.7	5.7	—
	绑扎钢筋		t	5.56	0.45	0.45	—	2.5	2.5	—
	浇筑混凝土		m^3	2.21	6.6	6.6		14.6	14.6	

2. 划分施工过程

本工程框架部分采用以下施工顺序：绑扎柱钢筋—支柱模板—支主梁模

板—支次梁模板—支板模板—绑扎梁钢筋—绑扎板钢筋—浇筑柱混凝土—浇筑梁、板混凝土。

根据施工顺序和劳动组织，划分为以下 4 个施工过程：绑扎柱钢筋；支模板；绑扎梁、板钢筋；浇筑混凝土。各施工过程中均包括楼梯间部分。

3. 划分施工段，确定流水节拍及绘制流水指标图表

本工程考虑以下两个方案：

（1）第一方案

由于本工程 3 个温度区段大小一致，各层构造基本相同，各施工过程工程量相差均小于 15%，故首先考虑组织全等或成倍节拍流水。

1）划分施工段。考虑结构整体性，利用温度缝作为分界线，最理想的是每层划分为 3 个施工段。为保证各工作能连续施工，按全等节奏组织流水作业，每层最少施工段数应大于等于施工过程数 4 个。所以，每层如划分 3 个施工段则不能保证工作队连续工作。根据该工程的结构特征，将每个温度区段分为两段，每层划分为 6 个施工段。施工段数大于计算所需要的段数，则各工作队可连续工作，各施工层间增加了间歇时间，这是可取的。

2）确定流水节拍和各工作队人数。根据工期要求，按全等节奏流水工期公式，先初算流水节拍：

$$T = (j \cdot m + n - 1) \cdot K + \sum Z_1 - \sum C$$

因为 $K = t$，$\sum Z_1 = 0$，$\sum C_1 = 0.33t$，$T = 63d$，有：

$$t = \frac{T}{j \cdot m + n - 1 - 0.33} = \frac{63}{3 \times 6 + 4 - 1 - 0.33} = 3.05$$

故流水节拍选用 3d。将各施工过程每层每个施工段的劳动量汇总于表 11-5。

各施工过程每段需要的劳动量　　　　表 11-5

施工过程	需要劳动量（工日）			附注
	一层	二层	三层	
绑扎柱钢筋	13	12.3	12.3	
支模板	55.4	54.5	52.3	包括楼梯
绑扎梁板钢筋	28.1	28.1	27.9	包括楼梯
浇筑混凝土	100.4	100.3	93.7	包括楼梯

① 确定绑扎柱钢筋的流水节拍和工作队人数：由表 11-5，绑扎柱钢筋所需劳动量为 13 个工日。由劳动定额知，绑扎柱钢筋工人小组至少需要 5 人，则流水节拍等于 13/5＝2.6d，取 3d。

② 确定支模板的流水节拍和工作队人数：框架结构支柱、梁、板模板，根据经验一般需 2～3d，流水节拍采用 3d。所需工人数为 55.7/3＝18.6 人。由劳动定额知，支模板要求工人小组一般为 5～6 人。本方案木工工作队采用 21 人，分 3 个小组施工。木工人数满足规定的人数条件。

③ 确定绑扎梁板钢筋的流水节拍和工作人数：流水节拍采用 3d。所需工人数为 28.1/3＝9.4 人。由劳动定额知绑扎梁板钢筋要求工人小组一般为 3～4 人。本方案钢筋工作队采用 12 人，分 3 个小组施工。

④ 确定浇筑混凝土的流水节拍和工作队人数：根据表 11-4，浇筑混凝土工程量最多的施工段的工程量为 $(46.1+156.2+6.6)/2=104.5\text{m}^3$。每台 J_1-400 混凝土搅拌机搅拌半干硬性混凝土的生产率为 $36\text{m}^3/$台班，故需要台班数 $104.5/36=2.9$ 台班。选用一台混凝土搅拌机，流水节拍采用 3d。所需工人数为 $100.4/3=33.5$ 人。根据劳动定额知浇筑混凝土要求工人小组一般为 20 人左右。本方案混凝土工作队采用 34 人，分 2 个小组施工。

3）绘制流水指示图表

方案一的流水指示图如图 11-14 所示。

$$所需工期\ T=(j \cdot m+n-1) \cdot K+\sum Z_1-\sum C$$
$$=(3 \times 6+4-1) \times 3+0-1=62\text{d}$$

（2）第二方案

本方案按主导施工过程连续施工，其他工作队尽量连续工作，各施工段尽量不间歇，用分别流水法组织施工。该工程各施工过程中，支模板比较复杂，且劳动量较大，工人人数受限制，所以选择支模板为主导施工过程。

1）划分施工段。按温度区段，每层分三个施工段。

2）确定流水节拍和各工作队人数。

① 确定支模板的流水节拍和工作队人数：支模板每段最大的劳动量是 $55.7 \times 2=111.4$ 工日。根据条件，木工工人数最多用 20 人，为加快进度，全部使用，则支模板的流水节拍为 $111.4/20=5.6\text{d}$，采用 6d。

② 确定绑扎柱钢筋的流水节拍和工作队人数：绑扎柱钢筋每段最大的劳动量为 $13 \times 2=26$ 工日。采用 2 个钢筋工人小组，共 10 人施工，则绑扎柱钢筋的流水节拍为 $26/10=2.6\text{d}$，采用 3d。

③ 确定绑扎梁板钢筋的流水节拍和工作队人数：绑扎梁板钢筋每段最大的劳动量为 $28.1 \times 2=56.2$ 工日。流水节拍与支模板相同，也采用 6d，则每天工人数为 $56.2/6=9.4$ 人，采用 10 人，分 2 个小组施工。

④ 确定浇筑混凝土的流水节拍和工作队人数：由表 2-3，浇筑混凝土每段最大工程量 209m^2。所需混凝土搅拌机台班数为 $209/36=5.8$ 台班，满足要求。每天所需工人数为 $200.8/2=100.4$ 人。采用 102 人，分为两班，每班 51 人。

3）绘制流水指示图如图 11-18 所示，所需工期为 65d。

4）检查调整。在分部工程流水作业设计中，一般不作物资需要量均衡性的检查与调整。劳动力及机械数量在确定流水节拍时已满足限定的条件，这里主要检查工期与技术间歇时间是否满足要求。

从图 11-17 看出，第一方案总工期为 62d，层间技术间歇为 7d，满足要求。

从图 11-18 看出，第二方案总工期为 65d，为使主导施工过程支模板连续施工，层间只有一天技术间歇。这个方案不仅工期超出规定，且层间技术间歇时间不够，混凝土强度尚未达到初凝，不允许在其上层绑扎柱钢筋，因此必须进行调整。调整的方法可以减少绑扎梁板钢筋与支模板搭接 2d 施工。调整后的方案，工期缩短为 63d，层间技术间歇为 3d，满足要求。调整后的方案的流水指示图如图 11-19 所示。

施工过程	工程量		时间定额	劳动量（工日）	流水节拍（d）	工人人数
	单位	数量				
扎柱钢筋	t	93.8	2.38	226	3	15
支模板	m²	9696.6	0.0685	664.2	3	63
扎梁板钢筋	t	150.39	3.38	508.32	3	36
浇混凝土	m³	627.7	0.97	1788	3	102

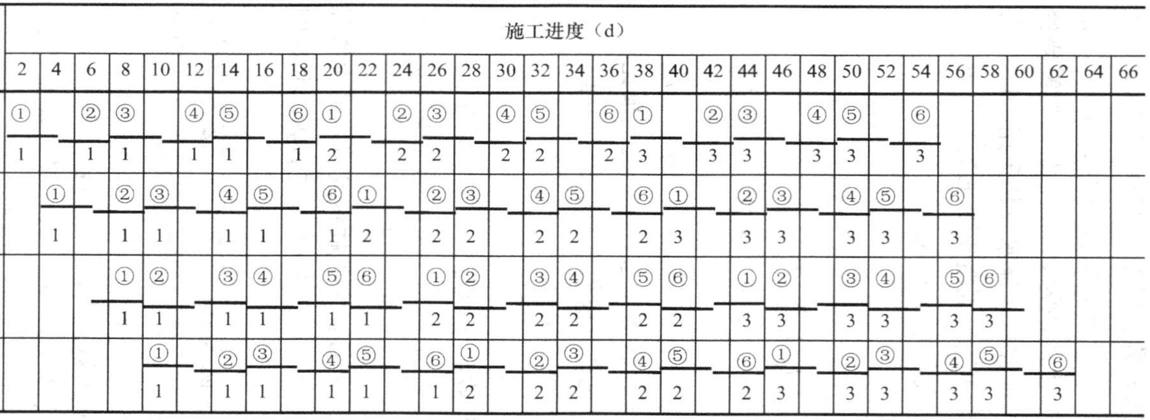

施工进度（d）

图11-17　第一方案流水施工指示图表

施工过程	工程量		时间定额	劳动量（工日）	流水节拍（d）	工人人数
	单位	数量				
扎柱钢筋	t	93.8	2.38	226	3	30
支模板	m²	9696.6	0.0685	664.2	6	60
扎梁板钢筋	t	150.39	3.38	508.32	6	30
浇混凝土	m³	627.7	0.97	1788	2	306

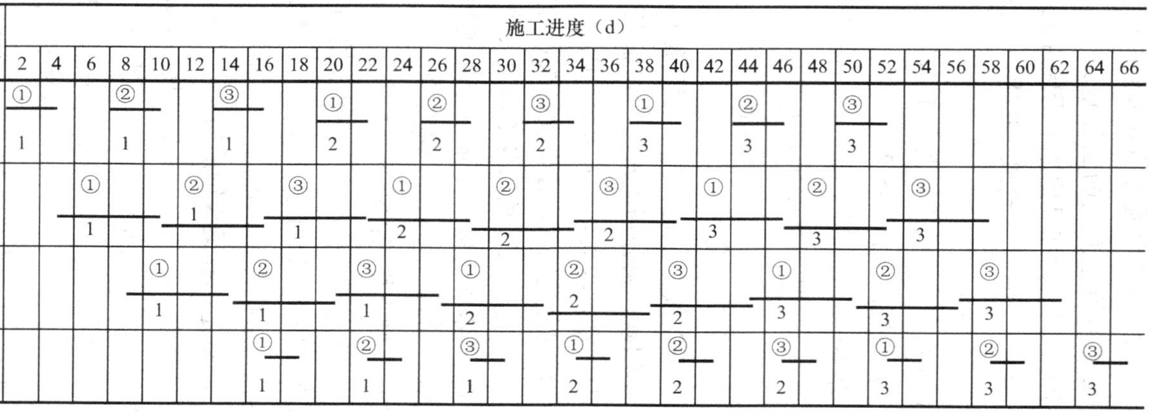

施工进度（d）

图11-18　第二方案流水施工指示图表

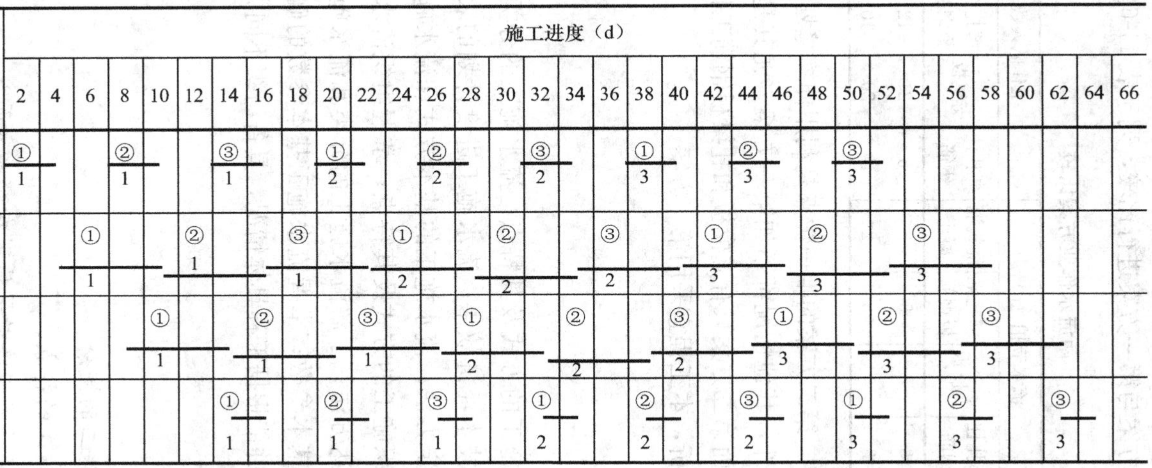

图 11-19 调整后的第二方案流水施工指示图表

施工过程	工程量 单位	工程量 数量	时间定额	劳动量(工日)	流水节拍(d)	工人人数	施工进度(d)
扎柱钢筋	t	93.8	2.38	226	3	30	
支模板	m²	9696.6	0.0685	664.2	6	60	
扎梁板钢筋	t	150.39	3.38	508.32	6	30	
浇混凝土	m³	627.7	0.97	1788	2	306	

将调整后的第二方案与第一方案进行比较，列于表 11-6。

两流水作业方案比较　　　　表 11-6

方案	工期 (d)	层间技术间歇 (d)	施工段数	流水节拍 (d)				工作队人数				混凝土搅拌机台数
				绑扎柱钢筋	支模板	绑扎梁板钢筋	浇筑混凝土	绑扎柱钢筋	支模板	绑扎梁板钢筋	浇筑混凝土	
一	62	7	6	3	3	3	3	5	21	12	34	1
二	63	3	3	3	6	6	2	10	20	10	102	2

从表 11-6 可看出，第二方案的唯一优点是利用伸缩缝划分了三个施工段，除结构的整体性较好外，其他情况都不如第一方案。尤其是第一方案的各工作队都能连续施工，而第二方案只有支模板和扎梁板钢筋工作队能连续施工。

根据以上比较分析，本工程宜采用第一方案。

小结及学习指导

本章介绍了组织施工的方式及其特点；流水施工的分类；组织流水施工的步骤；流水施工的技术经济效果；流水施工进度计划的表达方法；流水施工的基本参数及其确定方法；流水施工的基本方式和流水施工实例。通过本章学习，要求掌握组织施工的方式及其特点；掌握组织流水施工的步骤和流水施工进度计划的表达方法；了解流水施工的分类和流水施工的技术经济效果；熟悉流水施工的基本参数；掌握流水施工基本参数的确定方法；掌握流水施工的组织方法，并能根据工程具体情况，具备组织不同方式流水的能力。

思考题与习题

11-1　简述流水施工的概念。

11-2　说明流水施工的特点。

11-3　流水施工的技术经济效果体现在哪些方面？

11-4　分解施工过程的依据是什么？

11-5　流水段数与施工过程数间存在着什么样的关系？

11-6　为何在有技术间歇要求的情况下流水段数应该大于施工过程数？

11-7　等节奏流水具有什么特征？如何组织等节奏流水施工？

11-8　异节奏流水分为哪两类？各自具有什么特征？如何组织成倍节拍流水施工？

11-9　分别流水施工如何计算流水步距和工期？

11-10　试组织某工程的流水施工。已知施工过程的流水节拍为：

(1) $t_1 = t_2 = t_3 = t_4 = 4d$，$m = 4$；

(2) $t_1 = 3d$，$t_2 = 6d$，$t_3 = 3d$，$J = 2$；

(3) $t_1 = 5d$，$t_2 = 4d$，$t_3 = 6d$，$t_4 = 3d$，$m = 4$；

（4）$t_1=2d$，$t_2=6d$，$t_3=4d$，$m=3$。

11-11 某工程有 A、B、C、D 4 个施工过程，每个施工过程分为 4 个施工段，流水节拍依次为 2d、4d、3d、3d。试分别组织依次施工、平行施工和流水施工，比较得出流水施工的优势。

11-12 某工程有 Ⅰ、Ⅱ、Ⅲ、Ⅳ、Ⅴ 5 个施工过程，每个施工过程分为 6 个施工段。流水节拍依次为 4d、3d、5d、4d、2d，请组织流水施工。

11-13 某工程有 A、B、C、D 4 个施工过程，分 12 个施工段，$t_A=4d$，$t_B=6d$，$t_C=2d$，$t_D=4d$，试组织成倍节拍流水施工，计算工期并绘制进度表。

11-14 某工程修建 3 栋教学楼，每栋楼作为一个施工段，且共有 A、B、C 3 个施工过程，并且所有施工过程都安排一个施工队或一台机械时，其流水节拍分别为 $t_A=3d$，$t_B=5d$，$t_C=4d$，试组织异节奏流水。

11-15 已知各施工过程各施工段上的作业时间如下表所示，试组织流水施工。

施工段	施工过程			
	A	B	C	D
1	5	4	2	3
2	3	4	5	3
3	4	5	3	2
4	3	5	4	3

11-16 某施工过程由 Ⅰ、Ⅱ、Ⅲ、Ⅳ 4 个施工过程组成，每个施工过程分为 6 个施工段，每个施工过程在各个施工段上的流水节拍如下表所示，为缩短总工期，Ⅰ、Ⅱ 有 1d 平行搭接时间，而施工过程Ⅱ完成后，相应施工段有 2d 技术间歇时间，在施工过程Ⅲ完成后，相应施工段有 1d 组织间歇时间。试组织流水施工。

节段拍 (d) 流水施工 工作队	①	②	③	④	⑤	⑥
Ⅰ	4	5	3	7	5	6
Ⅱ	3	2	2	3	4	1
Ⅲ	2	4	3	2	4	2
Ⅳ	3	3	2	2	3	3

11-17 某三层建筑物主体工程由 3 个施工过程组成，已知流水节拍均为 3d，且知第 2 个施工过程需等第 1 个施工过程完工后 2d 才能开始进行，同时第 3 个施工过程与第 2 个施工过程搭接 1d，层间间歇至少 1d，试确定施工段数、流水步距、计算工期、绘制流水进度表。

11-18 已知下表数据资源，回答下列问题：

施工过程	总工程量		产量定额	班组人数		流水段数
	单位	数量		最低	最高	
A		600		10	15	
B	m²	1000	5m²/工日	13	22	4
C		1500		20	40	

（1）根据最少和最多班组人数，分别计算每个施工过程的流水节拍；

（2）根据上述计算，分别绘制出流水进度表及劳动力动态曲线；

（3）工期各为多少；

（4）若工期要求为 22d，各施工过程人数应为多少？流水节拍分别为多少天？给出其流水进度表和劳动力动态变化曲线。

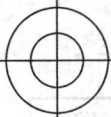

第12章
网络计划技术

本章知识点

知识点：根据国家行业标准《工程网络计划技术规程》JGJ/T
121—2015 系统地讲述了双代号网络计划、双代号时标
网络计划、单代号网络计划、单代号搭接网络计划的基
本理论知识；着重介绍了各种类型网络图时间参数的计
算、绘制和优化。

重　点：掌握双代号网络图、双代号时标网络图、单代号网络图的
绘制方法；掌握双代号网络计划、单代号网络计划时间参
数的基本概念和计算方法，并能熟练地确定关键工作和关
键线路；能结合实际工程，编制一般施工网络计划。

难　点：双代号网络计划、单代号网络计划和单代号搭接网络计
划时间参数的计算；网络计划的优化。

12.1　概述

12.1.1　网络计划技术的发展与现状

为了适应生产力的发展，20 世纪 50 年代中期，国外陆续出现了一些计划
与管理的新方法，后来把那些凡是用网络图来表达计划内容的方法统称为网
络计划技术。网络计划技术借助网络图的基本理论对项目的进展及内部逻辑
关系进行综合描述和具体规划，有利于计划系统的优化、调整和计算机的应
用。网络计划技术是当前先进的计划管理方法。由于这种方法主要用于进度
规划、计划和实施控制，因此，在缩短建设工期、提高工效、降低造价以及
提高企业管理水平等方面有着显著的效果。

国外网络计划技术几乎每两三年就出现一些新的模式，其发展概况如
图 12-1 所示。当前建筑业应用最广泛和最有代表性的是 CPM 和 PERT，至
于 GERT 等随机性决策网络，目前基本上只在一些科研系统中使用。

网络计划技术的种类与模式很多，国外有几十种。根据每项工作的持续
时间和各项工作之间的逻辑关系是否为肯定划分，网络计划技术可归纳为四
种不同类型，如表 12-1 所示。

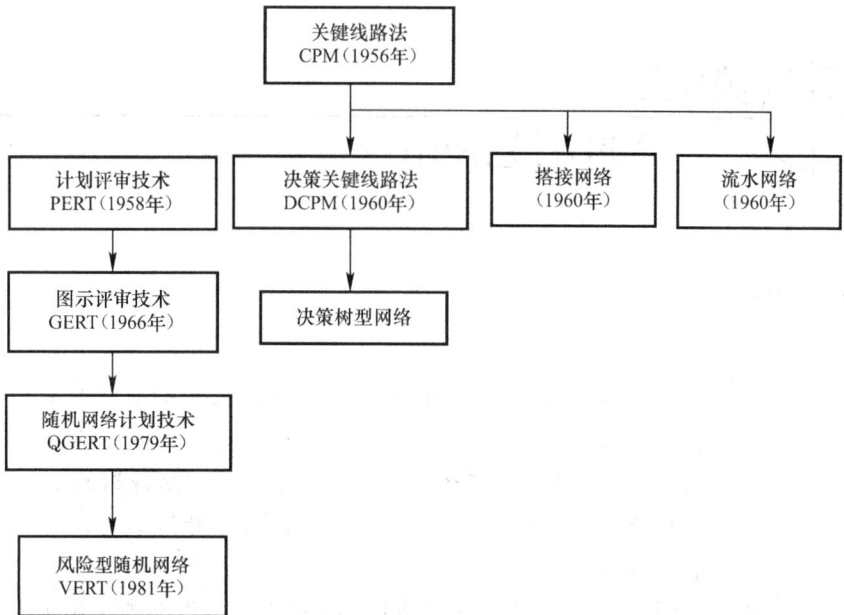

图 12-1 网络计划技术类型

网络计划技术类型的区别   表 12-1

类　　型		工作持续时间	
		肯定型	非肯定型
逻辑关系	肯定型	关键线路法 CPM，搭接网络	计划评审技术 PERT
	非肯定型	决策树型网络 决策关键线路法 DCPM	图示评审技术 GERT 随机网络计划技术 QGERT 风险型随机网络 VERT

　　1965 年，华罗庚先生将网络计划技术引入我国。1992 年国家颁布了《工程网络计划技术规程》JGJ/T 1001—91，旨在使其在计划编制与控制管理的实际应用中有一个可以遵循的、统一的技术标准。在国家重点建设工程中，如上海宝钢工程、扬子石化公司的 2 万 ㎡ 设备仓库，引滦入津工程等，网络计划技术的应用都给国家带来了非常可观的经济效益。1999 年经修订，颁发了新的《工程网络计划技术规程》JGJ/T 121—99，2015 年又颁发了新的《工程网络计划技术规程》JGJ/T 121—2015。

　　从国内外应用网络计划技术的经验和发展趋势来看，应充分发挥网络计划技术在施工管理中的应用，大力推广适应当前我国建筑业管理水平的网络计划技术，如时标网络计划、有时间间隔的网络计划和搭接网络计划等。

12.1.2　网络计划技术的基本原理

　　网络计划技术的基本原理：首先用网络图的形式来表达一项计划中每项工作的先后顺序和相互逻辑关系；然后通过对网络图中有关时间参数的计算和确定，找出决定工期的关键工作和关键线路；再按选定的工期、成本或资源等目标，对网络计划进行调整和优化；最后在网络计划的执行过程中，通过检查、控制和调整，确保计划目标的实现。

12.1.3 网络计划技术的特点

与横道图相比，网络计划技术具有如下特点：

（1）能全面、明确地反映各工作之间的相互制约和相互依赖关系，使整个计划中的各项工作组成一个有机的整体；

（2）通过对时间参数的计算，找出影响工程进度的关键工作，便于计划管理人员抓住主要矛盾，更好地运用和调配人力、材料、设备和资金等；

（3）能从许多施工方案中选出较优方案，并且可以按某一目标进行优化处理，最终选出最优方案；

（4）在计划执行过程中，可以通过检查对比，发现提前或拖后的时间，便于调整；

（5）可借助计算机进行计算、优化、调整和管理，为电子计算机在建筑施工与管理中的广泛应用提供了有效的途径；

（6）在不带时标的网络计划中对劳动力及资源消耗量计算时，没有横道图简单、直观；

（7）普通网络计划不能在图上反映出劳动力等各项资源使用的均衡状况，并且不能在网络图上统计资源日用量。

12.2 双代号网络计划技术

12.2.1 双代号网络图的组成

用箭线及其两端节点的编号表示工作的网络图称为双代号网络图，如图 12-2 所示。由于可以用箭线两端节点的编号表示该项工作，故又称双代号表示法。

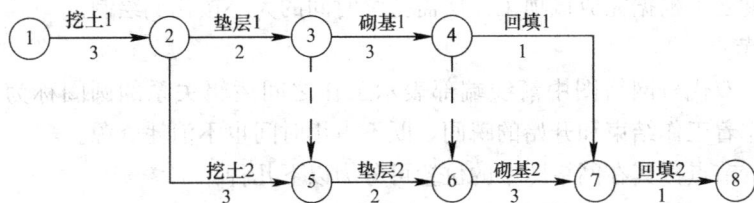

图 12-2 双代号网络图

双代号网络图由工作、节点和线路三个基本要素组成。

1. 工作

（1）工作是根据计划任务按需要粗细程度划分的，消耗时间或同时也消耗资源的一个子项目或子任务，也可以称为工序。工作的名称或内容写在箭线上面，持续时间写在箭线下面，箭头方向表示工作的进行方向，箭尾表示

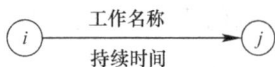

图 12-3　工作表示方法

工作的开始，箭头表示工作的完成，如图 12-3 所示。

（2）按消耗资源情况，工作通常可分为以下三种：

1）既消耗时间也消耗资源的工作（如挖土、浇筑混凝土等）；

2）只消耗时间而不消耗资源的工作（如屋面找平层的干燥、混凝土的养护等）；

3）既不消耗时间，也不消耗资源的工作。

前两种是实际存在的工作，也称实工作；后一种是人为虚设的工作，仅表示工作之间的逻辑关系，简称虚工作，起着联系、区分和断路的作用，一般用虚箭线表示，其表达形式可垂直方向向上或向下，也可水平方向向右，见图 12-2 中的 3-5 工作和 4-6 工作。

（3）根据一项任务（工程）规模的不同，工作划分的粗细程度、大小范围也不同。建设项目的总体网络计划中，箭线可以代表一个单位工程或是一个工程项目；在单位工程的控制性网络计划中，箭线可以代表一个分部工程或是一个施工阶段的工作；在实施性的网络计划中，箭线可以代表一个分项工程在一个施工段上的工作。

（4）工作按其在网络图中的相互关系，通常可分为以下几种类型：

1）紧前工作，是指紧排在本工作之前的工作；

2）紧后工作，是指紧排在本工作之后的工作；

3）平行工作，是指可与本工作同时进行的工作；

4）开始工作，是指无紧前工作的工作；

5）结束工作，是指无紧后工作的工作。

如图 12-2 所示，垫层 2 的紧前工作是垫层 1 和挖土 2；垫层 1 的紧后工作是垫层 2 和砌基 1；垫层 1 与挖土 2 是平行工作；挖土 1 是开始工作；回填 2 是结束工作。

（5）工作箭线的长度和方向。在无时间坐标的网络图中，原则上讲，箭线可以任意画，但必须满足逻辑关系和指向；在有时间坐标的网络图中，其箭线长度必须根据完成该项工作所需持续时间的大小按比例绘制。

2. 节点

（1）双代号网络图中箭线端部表示工作之间逻辑关系的圆圈称为节点。其只标志着工作结束和开始的瞬间，既不占用时间也不消耗资源。

（2）节点按其在网络图中的位置可分为以下几种：

1）起点节点，指网络图的第一个节点，表示一项任务的开始，也称为开始节点。其特征：只有从此节点引出的箭线（即外向箭线），而无指向此节点的箭线（即内向箭线）；

2）终点节点，指网络图的最后一个节点，它表示一项任务的完成，也称为完成节点。其特征：只有内向箭线，而无外向箭线；

3）中间节点，指起点节点和终点节点以外的节点，其特征：既有内向箭线，又有外向箭线。

（3）在网络图中，每一个节点都有自己的编号，以便计算网络图的时间参数和检查网络图是否正确。编号应从起点节点沿箭线方向，从小到大，直至终点节点，不能重号，并且箭尾节点的编号应小于箭头节点的编号。

（4）节点编号一般可按自然数顺序采用连续编号，也可采用非连续编号（奇数编号法、偶数编号法或间隔编号法等）。

3. 线路

（1）线路是指网络图中从起点节点开始，沿箭头方向的顺序，通过一系列箭线与节点，最后到达终点节点的通路。每一条线路都有它确定的完成时间，它等于该线路上各项工作持续时间的总和，即线路上总的工作持续时间。

（2）关键线路是指全部由关键工作组成的线路或线路上总的工作持续时间最长的线路。它在网络图中不止一条，可能同时存在多条，通常用粗箭线、双箭线或彩色箭线表示。

（3）非关键线路是指网络图中，除关键路线以外的其他所有路线。

（4）位于关键线路上的工作为关键工作，其余均为非关键工作。

（5）关键线路和非关键线路并不是始终不变的，在一定条件下，二者可以相互转化。

12.2.2 双代号网络图的绘制

1. 逻辑关系

（1）逻辑关系是指网络计划中各项工作之间相互制约或相互依赖的关系。一般分为施工工艺关系（简称工艺关系）和施工组织关系（简称组织关系）。

工艺关系是指生产工艺上客观存在的先后顺序。例如，建筑工程施工时，先做基础，再做结构，再做装修。这种先后顺序一般是不得随意改变的。组织关系是指在不违反工艺关系的前提下，人为的安排工作的先后顺序。例如，建筑群中各个建筑物的开工顺序的先后；流水施工中各段施工的先后顺序。

（2）逻辑关系的表示方式。双代号网络图中逻辑关系的表示方法见表 12-2 所示。

网络图中各工作逻辑关系的表示方法　　　　　　表 12-2

序号	工作之间的逻辑关系	网络图中表示方法	说　明
1	A、B 两项工作按照依次施工方式进行		B 工作依赖着 A 工作，A 工作约束着 B 工作的开始
2	A、B、C 三项工作同时开始工作		A、B、C 三项工作称为平行工作
3	A、B、C 三项工作同时结束		A、B、C 三项工作称为平行工作
4	A、B、C 三项工作，只有在 A 完成后，B、C 才能开始		A 工作制约着 B、C 工作的开始。B、C 为平行工作

347

续表

序号	工作之间的逻辑关系	网络图中表示方法	说　明
5	A、B、C 三项工作，C 工作只有在 A、B 完成后才能开始	（网络图）	C 工作依赖着 A、B 工作。A、B 为平行工作
6	A、B、C、D 四项工作，只有当 A、B 完成后，C、D 才能开始	（网络图）	通过中间事件 j 正确地表达了 A、B、C、D 之间的关系
7	A、B、C、D 四项工作，A 完成后 C 才能开始，A、B 完成后 D 才能开始	（网络图）	D 与 A 之间引入了逻辑连接（虚工作），只有这样才能正确表达它们之间的约束关系
8	A、B、C、D、E 五项工作，A、B 完成后 C 开始，B、D 完成后 E 开始	（网络图）	虚工作 ij 反映出 C 工作受到 B 工作的约束；虚工作 ik 反映出 E 工作受到 B 工作的约束
9	A、B、C、D、E 五项工作，A、B、C 完成后 D 才能开始，B、C 完成后 E 才能开始	（网络图）	虚工作表示 D 工作受 B、C 工作的制约
10	A、B 两项工作分三个施工段，流水施工	（网络图）	每个工种工程建立专业工作队，在每个施工段上进行流水作业，不同工种之间用逻辑搭接关系表示

2. 绘图规则

（1）一个网络图中，只允许出现一个起点节点和一个终止节点。

（2）必须正确表达工作之间的逻辑关系，合理添加虚工作。

（3）严禁出现循环回路。循环回路是指从一个节点出发，顺着箭线方向前进，又返回到该节点的线路。循环回路在逻辑关系上是错误的，在时间计算上不可能实现，如图 12-4 所示。

（4）节点之间严禁出现带双向箭头或无箭头的连线，如图 12-5 所示。

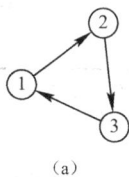

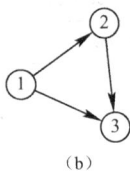

图 12-4　循环回路示意图
（a）错误循环回路；（b）正确线路

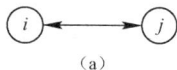

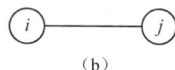

图 12-5　错误的箭线画法
（a）双向箭头的连线；（b）无箭头的连线

（5）严禁出现没有箭头节点或没有箭尾节点的箭线。

（6）严禁在箭线上引入或引出箭线，如图 12-6 所示。但当网络图的起点节点有多条外向箭线，或终点节点有多条内向箭线时，可用母线法绘制，如图 12-7 所示。

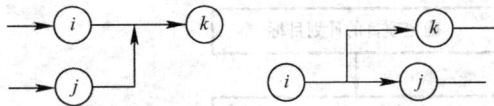

图 12-6　在箭线上引入和引出箭线的错误画法

（7）不允许出现重复编号的节点。

（8）宜避免箭线交叉，当交叉不可避免时，可用过桥法或指向法表示，如图 12-8 所示。

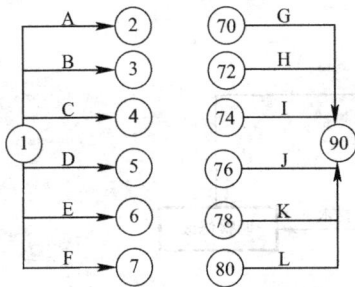

图 12-7　母线法绘图

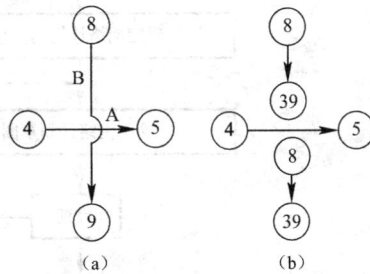

图 12-8　箭线交叉的表示方法
（a）过桥法；（b）指向法

（9）双代号网络图中只有一个起点节点和一个终点节点。若有两个或两个以上时，应将多个节点合并成一个或用虚箭线连成一个。

（10）同一项工作在一个网络图中不能表达两次以上。如图 12-9（a）所示，工作 D 出现了两次，应引进虚工作，如图 12-9（b）所示。

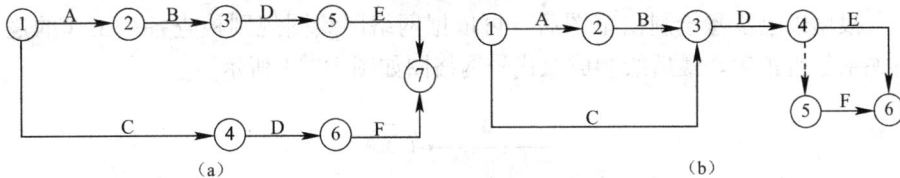

图 12-9　同一项工作表达方法
（a）同一项工作错误表达方法；（b）同一项工作正确表达方法

3. 网络图的绘制步骤

对一项计划来说，绘制网络图时，按图 12-10 所示的程序进行。

4. 网络图的绘制示例

根据表 12-3 中某工程各施工过程的逻辑关系绘制双代号网络图。

该网络图的绘制步骤如下：

（1）从 A 出发无紧前工作，紧后工作为 BCD，故 A 为第一个开始的工作；

（2）从 B、C 出发紧前工作为 A，紧后工作为 E；

（3）从 D 出发紧前工作为 A，紧后工作为 E、F；

（4）从 E 出发紧前工作为 B、C、D，无紧后工作，故 E 为最后结束的工作；

（5）从 F 出发紧前工作为 D，无紧后工作，故 F 也为最后结束的工作。

349

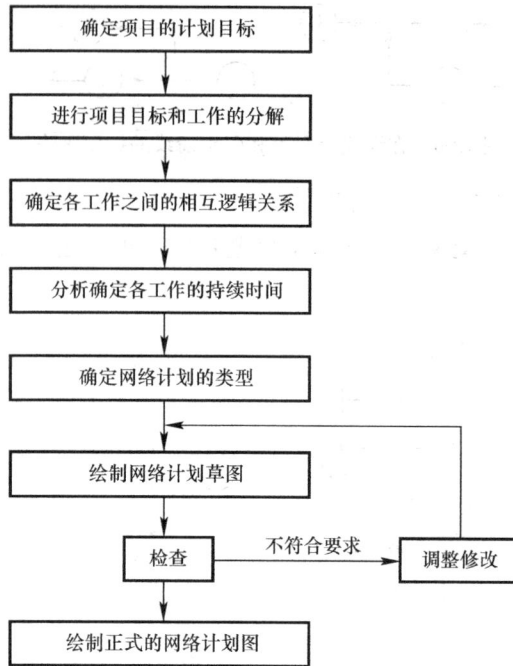

图 12-10 网络计划图的绘制程序

某工程各施工过程逻辑关系   表 12-3

工作	A	B	C	D	E	F
紧前工作	—	A	A	A	BCD	D
紧后工作	BCD	E	E	EF	—	—

根据以上步骤绘制出草图后，再依据网络图绘图规则检查各个工作的逻辑关系是否正确，最后绘制成双代号网络图如图 12-11 所示。

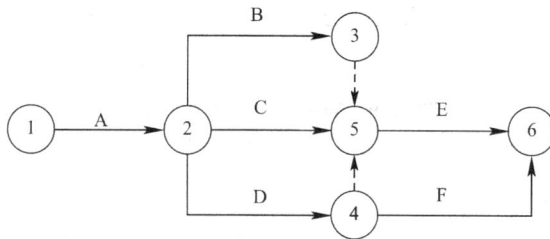

图 12-11 某工程各施工过程双代号网络图

再以某基础工程为例，说明双代号网络图的绘制过程中的排列方式。

该计划编制对象确定为基础工程，分解后的工作内容有挖土方、做垫层、砌基础及回填土；按照施工工艺计算确定的各工作之间的顺序如图 12-12 所示；依据该工作的工程量、定额及劳动力等情况，确定出各工作在各段完成所需的持续时间分别为 2、2、4、1。

为了缩短工期，可将基础工程划分为两个施工段进行平行搭接流水施工，其网络图如图 12-13 所示。

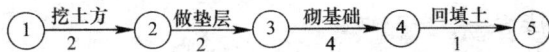

图 12-12　某基础工程工序及持续时间

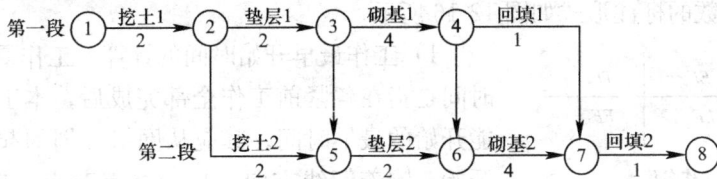

图 12-13　分两个施工段流水施工网络

　　如将基础工程划分为三个施工段，图 12-14 所示则是错误的。因为第三个施工段的挖土只与第二个施工段的挖土有关系，与第一个施工段的垫层没有关系，所以图中的逻辑关系是错误的。正确的画法如图 12-15 所示。

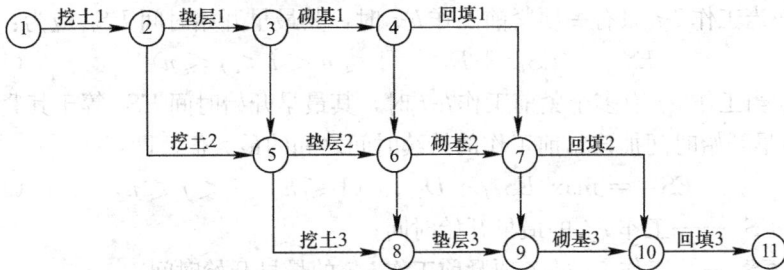

图 12-14　逻辑关系的错误表示

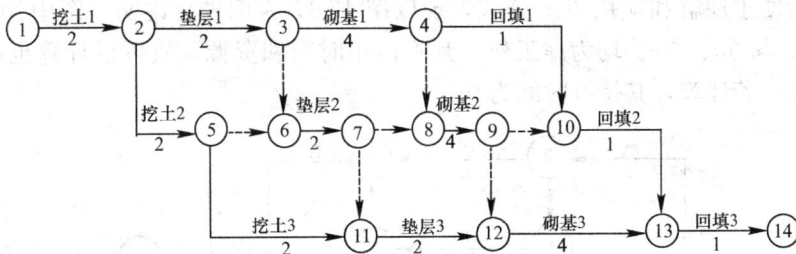

图 12-15　逻辑关系的正确表示

12.2.3　双代号网络计划时间参数的计算

　　时间参数是指工作或节点所具有的各种时间值。双代号网络图的时间参数可分为节点时间参数、工作时间参数及工作时差三种。其中，节点时间参数分为节点最早时间（ET_i）和节点最迟时间（LT_i）；工作时间参数分为最早开始时间（$ES_{i\text{-}j}$）、最早结束时间（$EF_{i\text{-}j}$）、最迟完成时间（$LF_{i\text{-}j}$）、最迟开始时间（$LS_{i\text{-}j}$）；工作时差分为总时差（$TF_{i\text{-}j}$）和自由时差（$FF_{i\text{-}j}$）。其计算方法主要有公式计算法、图上计算法、表上计算法、矩阵计算法和电算法，在这里只讲解前三种计算方法。

351

1. 公式计算法

（1）工作计算法

工作计算法是指在双代号网络计划中直接计算各项工作时间参数的方法，其时间参数的标注形式如图 12-16 所示。

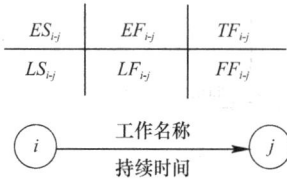

$ES_{i\text{-}j}$	$EF_{i\text{-}j}$	$TF_{i\text{-}j}$
$LS_{i\text{-}j}$	$LF_{i\text{-}j}$	$FF_{i\text{-}j}$

图 12-16　工作计算法的
时间参数标注方法

1）工作最早开始时间的计算。工作最早开始时间是指在各紧前工作全部完成后，本工作有可能开始的最早时间。其应从网络计划的起点节点开始，顺着箭线方向逐项向终点节点方向计算。工作 $i\text{-}j$ 的最早开始时间用 $ES_{i\text{-}j}$ 表示。计算步骤如下：

① 以起点节点 i 为开始节点的工作 $i\text{-}j$ 的最早开始时间为零，即：

$$ES_{1\text{-}j} = 0 \tag{12-1}$$

② 当工作 $i\text{-}j$ 只有一项紧前工作 $h\text{-}i$ 时，其最早开始时间 $ES_{i\text{-}j}$ 应为：

$$ES_{i\text{-}j} = ES_{h\text{-}i} + D_{h\text{-}i} \quad (1 \leqslant h < i < j \leqslant n) \tag{12-2}$$

③ 当工作 $i\text{-}j$ 有多个紧前工作 $h\text{-}i$ 时，其最早开始时间 $ES_{i\text{-}j}$ 等于其紧前工作的最早开始时间加该紧前工作的持续时间之和的最大值，即：

$$ES_{i\text{-}j} = \max\{ES_{h\text{-}i} + D_{h\text{-}i}\} \quad (1 \leqslant h < i < j \leqslant n) \tag{12-3}$$

式中　$ES_{i\text{-}j}$——工作 $i\text{-}j$ 的最早开始时间；

$ES_{h\text{-}i}$——工作 $i\text{-}j$ 的各项紧前工作 $h\text{-}i$ 的最早开始时间；

$D_{h\text{-}i}$——工作 $i\text{-}j$ 的各项紧前工作 $h\text{-}i$ 的持续时间。

为便于理解和应用以上公式，现以图 12-17 为例进行说明。图中②-④、③-④、⑤-⑥、⑤-⑦均为虚工作，其不占用时间和资源，故可以计算也可以不计算，若计算，其持续时间为 0。

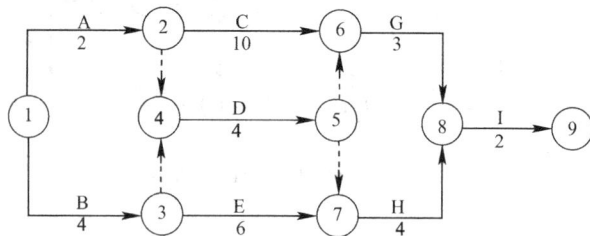

图 12-17　双代号网络图

工作 A　$ES_{1\text{-}2} = 0$

工作 B　$ES_{1\text{-}3} = 0$

工作 C　$ES_{2\text{-}6} = ES_{1\text{-}2} + D_{1\text{-}2} = 0 + 2 = 2$

工作 D　$ES_{4\text{-}5} = \max\{ES_{1\text{-}2} + D_{1\text{-}2},\ ES_{1\text{-}3} + D_{1\text{-}3}\} = \max\{0 + 2,\ 0 + 4\} = 4$

工作 E　$ES_{3\text{-}7} = ES_{1\text{-}3} + D_{1\text{-}3} = 0 + 4 = 4$

工作 G　$ES_{6\text{-}8} = \max\{ES_{2\text{-}6} + D_{2\text{-}6},\ ES_{4\text{-}5} + D_{4\text{-}5}\} = \max\{2 + 10,\ 4 + 4\} = 12$

工作 H　$ES_{7\text{-}8} = \max\{ES_{4\text{-}5} + D_{4\text{-}5},\ ES_{3\text{-}7} + D_{3\text{-}7}\} = \max\{4 + 4,\ 4 + 6\} = 10$

工作 I $ES_{8-9} = \max\{ES_{6-8} + D_{6-8}, ES_{7-8} + D_{7-8}\} = \max\{12+3, 10+4\} = 15$

将以上各数字按工作计算法的要计算标注在网络图中，如图12-18所示。

2）工作最早完成时间的计算。工作最早完成时间是指各紧前工作全部完成后，本工作有可能完成的最早时间，其等于该工作最早开始时间加上该工作持续时间。工作 i-j 的最早完成时间用 EF_{i-j} 表示，计算如下：

$$EF_{i-j} = ES_{i-j} + D_{i-j} \tag{12-4}$$

如上例，各工作最早完成时间的计算结果如图12-18所示。

3）确定网络计划工期 T_p。网络计划的计算工期 T_c 等于以网络计划的终点节点为完成节点的各个工作的最早完成时间的最大值，即：

$$T_c = \max\{EF_{i-n}\} \tag{12-5}$$

式中 EF_{i-n}——以终点节点 n 为完成节点的工作的最早完成时间。

网络计划的计划工期 T_p 的计算应按下列情况分别确定：

① 当有规定工期（或合同工期）T_r 时，网络计划的计划工期 T_p 应小于或等于 T_r，即：

$$T_p \leqslant T_r \tag{12-6}$$

② 当无规定工期 T_r 时，网络计划的计划工期应等于计算工期 T_c，即：

$$T_p = T_c \tag{12-7}$$

如上例，网络计划的计算工期为：$T_c = ES_{8-9} + D_{8-9} = 15 + 2 = 17$。由于本计划没有规定工期，故 $T_p = T_c = 17$。

4）工作最迟完成时间的计算。工作最迟完成时间是指在不影响整个任务按期完成的条件下，工作最迟必须完成的时间。其应从网络计划的终点节点开始，逆着箭线方向依次逐项计算。工作 i-j 的最迟完成时间用 LF_{i-j} 表示，计算步骤如下：

① 以终点节点（$j = n$）为完成节点的工作的最迟完成时间 LF_{i-n}，应按网络计划的计划工期 T_p 确定，即：

$$LF_{i-n} = T_p \tag{12-8}$$

② 其他工作 i-j 的最迟完成时间 LF_{i-j} 等于其紧后工作 j-k 最迟完成时间减该紧后工作的持续时间所得之差的最小值，即：

$$LF_{i-j} = \min\{LF_{j-k} - D_{j-k}\} \quad (1 \leqslant i < j < k \leqslant n) \tag{12-9}$$

式中 LF_{j-k}——工作 i-j 的各项紧后工作 j-k 的最迟完成时间；

   D_{j-k}——工作 i-j 的各项紧后工作 j-k 的持续时间。

如图12-17所示的双代号网络图，各工作的最迟完成时间计算如下：

工作 I $LF_{8-9} = T_p = T_c = 17$

工作 H $LF_{7-8} = LF_{8-9} - D_{8-9} = 17 - 2 = 15$

工作 G $LF_{6-8} = LF_{8-9} - D_{8-9} = 17 - 2 = 15$

工作⑤-⑦ $LF_{5-7} = LF_{7-8} - D_{7-8} = 15 - 4 = 11$

工作⑤-⑥ $LF_{5-6} = LF_{6-8} - D_{6-8} = 15 - 3 = 12$

工作 E $LF_{3-7} = LF_{7-8} - D_{7-8} = 15 - 4 = 11$

工作 D $LF_{4-5} = \min\{LF_{5-6} - D_{5-6}, LF_{5-7} - D_{5-7}\} = \min\{12-0, 11-0\} = 11$

工作 C　$LF_{2-6}=LF_{6-8}-D_{6-8}=15-3=12$

工作③-④　$LF_{3-4}=LF_{4-5}-D_{4-5}=11-4=7$

工作②-④　$LF_{2-4}=LF_{4-5}-D_{4-5}=11-4=7$

工作 B　$LF_{1-3}=\min\{LF_{3-4}-D_{3-4},\ LF_{3-7}-D_{3-7}\}=\min\{7-0,\ 11-6\}=5$

工作 A　$LF_{1-2}=\min\{LF_{2-4}-D_{2-4},\ LF_{2-6}-D_{2-6}\}=\min\{7-0,\ 12-10\}=2$

将以上各数字按工作计算法的要求标注在网络图中，如图 12-18 所示。

5）工作最迟开始时间。工作最迟开始是指在不影响整个任务按期完成的条件下，本工作最迟必须开始的时间。工作 i-j 的最迟开始时间用 LS_{i-j} 表示，计算如下：

$$LS_{i-j}=LF_{i-j}-D_{i-j} \tag{12-10}$$

如上例，各工作最迟开始时间的计算结果标注如图 12-18 所示。

6）总时差的计算及关键线路的判定。总时差是指在不影响总工期的前提下，本工作所具有的机动时间，其等于工作最迟时间减最早时间。工作 i-j 的总时差用 TF_{i-j} 表示，计算如下：

$$TF_{i-j}=LS_{i-j}-ES_{i-j} \tag{12-11}$$

或 $$TF_{i-j}=LF_{i-j}-EF_{i-j} \tag{12-12}$$

在网络图上直接计算，将结果标注在指定位置上，如图 12-18 所示。

从以上计算可知，工作 A、C、G、I 的总时差为零，即这些工作在计划执行过程中不具备机动时间，这样的工作称为关键工作。由关键工作所组成的线路称为关键线路。在网络上判定关键工作的充分条件是：

$$TF_{i-j}=0 \tag{12-13}$$

但必须指出，当工期有规定时，总时差最小的工作即为关键工作。关键工作用粗箭线或双箭线或彩色箭线表示在网络图上，如图 12-18 所示。

7）自由时差的计算。自由时差是指在不影响其紧后工作最早开始的前提下，本工作所具有的机动时间。工作 i-j 的自由时差用 FF_{i-j} 表示，其计算应符合下列规定：

① 当工作 i-j 有紧后工作 j-k 时，其自由时差应为：

$$FF_{i-j}=\min\{ES_{j-k}\}-ES_{i-j}-D_{i-j} \tag{12-14}$$

或 $$FF_{i-j}=\min\{ES_{j-k}\}-EF_{i-j} \tag{12-15}$$

② 以终点节点（$j=n$）为结束节点的工作，其自由时差应按网络计划的计划工期 T_p 确定，即：

$$FF_{i-n}=T_p-ES_{i-n}-D_{i-n}=T_p-EF_{i-n} \tag{12-16}$$

如图 12-18 所示，各工作的自由时差计算如下：

工作 I　$FF_{8-9}=T_p-ES_{8-9}-D_{8-9}=17-15-2=0$

工作 H　$FF_{7-8}=ES_{8-9}-EF_{7-8}=15-14=1$

工作 G　$FF_{6-8}=ES_{8-9}-EF_{6-8}=15-15=0$

工作 E　$FF_{3-7}=ES_{7-8}-EF_{3-7}=10-10=0$

工作 D　$FF_{4-5}=\min\{ES_{6-8},\ ES_{7-8}\}-EF_{4-5}=\min\{12,\ 10\}-8=2$

工作C $FF_{2-6}=ES_{6-8}-EF_{2-6}=12-12=0$

工作B $FF_{1-3}=\min\{ES_{3-7},\ ES_{4-5}\}-EF_{1-3}=\min\{4,\ 4\}-4=0$

工作A $FF_{1-2}=\min\{ES_{2-6},\ ES_{4-5}\}-EF_{1-2}=\min\{2,\ 4\}-2=0$

将以上计算出的各数据标注在网络图中，如图12-18所示。

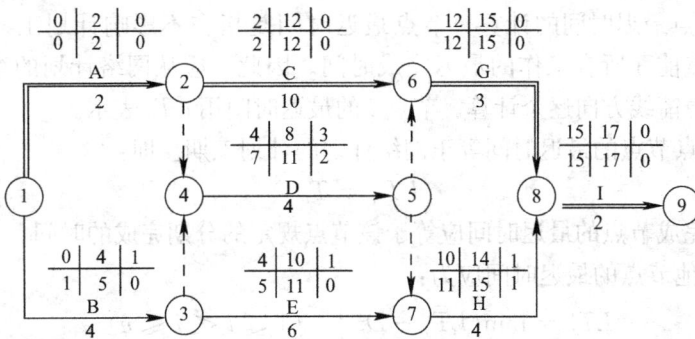

图12-18 标注了工作时间参数的网络计划

（2）节点计算法

节点计算法就是先计算节点最早时间和节点最迟时间，再根据其计算各项工作时间参数的方法。其时间参数的标注形式如图12-19所示。

1）节点最早时间的计算。节点最早时间是指该节点前面的各项紧前工作全部完成后，该节点后面的各项紧后工作的最早开始时间。其应从网络计划的起点节点开始，顺着箭线方向逐个计算。节点i的最早时间用ET_i表示。

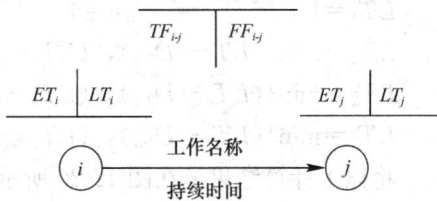

图12-19 节点计算法的
时间参数标注方法

① 起点节点的最早时间如无规定时，其值应等于零，即：

$$ET_1=0 \tag{12-17}$$

② 当节点j只有一条内向箭线时，其最早时间应为：

$$ET_j=ET_i+D_{i-j} \quad (1\leqslant i<j\leqslant n) \tag{12-18}$$

③ 当节点j有多条内向箭线时，其最早时间应为：

$$ET_j=\max\{ET_i+D_{i-j}\} \quad (1\leqslant i<j\leqslant n) \tag{12-19}$$

终点节点n的最早时间即为网络计划的计算工期，即：$T_c=ET_n$。

如图12-17所示的网络计划，各节点的最早时间计算如下：

$ET_1=0$

$ET_2=ET_1+D_{1-2}=0+2=2$

$ET_3=ET_1+D_{1-3}=0+4=4$

$ET_4=\max\{(ET_2+D_{2-4}),\ (ET_3+D_{3-4})\}=\max\{(2+0),\ (4+0)\}=4$

$ET_5=ET_4+D_{4-5}=4+4=8$

355

$ET_6=\max\{(ET_2+D_{2\text{-}6}),\ (ET_5+D_{5\text{-}6})\}=\max\{(2+10),\ (8+0)\}=12$

$ET_7=\max\{(ET_3+D_{3\text{-}7}),\ (ET_5+D_{5\text{-}7})\}=\max\{(4+6),\ (8+0)\}=10$

$ET_8=\max\{(ET_6+D_{6\text{-}8}),\ (ET_7+D_{7\text{-}8})\}=\max\{(12+3),\ (10+4)\}=15$

$ET_9=ET_8+D_{8\text{-}9}=15+2=17$

将其结果按节点计算法的标注方法标注在规定位置上，如图 12-20 所示。

2) 节点最迟时间的计算。节点最迟时间是指在不影响计划工期的前提下，该节点前面所有工作的最迟完成时间。因此，应从网络计划的终点节点开始，逆着箭线方向逐个计算。节点 i 的最迟时间用 LT_i 表示。

① 终点节点的最迟时间等于网络计划的计划工期。即：

$$LT_n = T_p \tag{12-20}$$

分期完成节点的最迟时间应等于该节点规定的分期完成的时间。

② 其他节点的最迟时间应为：

$$LT_i = \min\{LT_j - D_{ij}\}\quad(1\leqslant i<j\leqslant n) \tag{12-21}$$

本例中，以下各节点的最迟时间为：

$LT_8=LT_9-D_{8\text{-}9}=17-2=15$

$LT_7=LT_8-D_{7\text{-}8}=15-4=11$

$LT_6=LT_8-D_{6\text{-}8}=15-3=12$

$LT_5=\min\{(LT_7-D_{5\text{-}7}),\ (LT_6-D_{5\text{-}6})\}=\min\{(11-0),\ (12-0)\}=11$

$LT_4=LT_5-D_{4\text{-}5}=11-4=7$

$LT_3=\min\{(LT_7-D_{3\text{-}7}),\ (LT_4-D_{3\text{-}4})\}=\min\{(11-6),\ (7-0)\}=5$

$LT_2=\min\{(LT_6-D_{2\text{-}6}),\ (LT_4-D_{2\text{-}4})\}=\min\{(12-10),\ (7-0)\}=2$

$LT_1=\min\{(LT_3-D_{1\text{-}3}),\ (LT_2-D_{1\text{-}2})\}=\min\{(5-4),\ (2-2)\}=0$

将以上计算结果填在图 12-20 所示规定位置上。

3) 工作总时差的计算。工作总时差等于该工作的完成节点的最迟时间减该工作的开始节点的最早时间，再减该工作的持续时间，即：

$$TF_{ij} = LT_j - ET_i - D_{ij} \tag{12-22}$$

例如，图 12-17 的网络计划：

工作 A　$TF_{1\text{-}2}=LT_2-ET_1-D_{1\text{-}2}=2-0-2=0$

工作 B　$TF_{1\text{-}3}=LT_3-ET_1-D_{1\text{-}3}=5-0-4=1$

工作 C　$TF_{2\text{-}6}=LT_6-ET_2-D_{2\text{-}6}=12-2-10=0$

工作 D　$TF_{4\text{-}5}=LT_5-ET_4-D_{4\text{-}5}=11-4-4=3$

工作 E　$TF_{3\text{-}7}=LT_7-ET_3-D_{3\text{-}7}=11-4-6=1$

工作 G　$TF_{6\text{-}8}=LT_8-ET_6-D_{6\text{-}8}=15-12-3=0$

工作 H　$TF_{7\text{-}8}=LT_8-ET_7-D_{7\text{-}8}=15-10-4=1$

工作 I　$TF_{8\text{-}9}=LT_9-ET_8-D_{8\text{-}9}=17-15-2=0$

将计算结果标注在图 12-20 上，并将总时差为零的工作沿箭头方向连接起来，即为关键线路，并用粗线或双箭线表示，如图 12-20 所示。

4) 工作自由时差的计算。工作自由时差等于该工作的完成节点的最早时间减该工作的开始节点的最早时间，再减该工作的持续时间，即：

$$FF_{i\text{-}j} = ET_j - ET_i - D_{i\text{-}j} \qquad (12\text{-}23)$$

如图 12-17 所示网络计划：

工作 A　$FF_{1\text{-}2}=ET_2-ET_1-D_{1\text{-}2}=2-0-2=0$

工作 B　$FF_{1\text{-}3}=ET_3-ET_1-D_{1\text{-}3}=4-0-4=0$

工作 C　$FF_{2\text{-}6}=ET_6-ET_2-D_{2\text{-}6}=12-2-10=0$

工作 D　$FF_{4\text{-}5}=ET_5-ET_4-D_{4\text{-}5}=8-4-4=0$

但由于工作 D 后有两个虚工作，与其紧后工作相连的两个节点 6、7 为其实际的完成节点，故自由时差的计算还应考虑 6、7 两个节点，并取算出结果的最小值，即

$$FF_{4\text{-}5} = \min\{(ET_6-ET_4-D_{4\text{-}5}),(ET_7-ET_4-D_{4\text{-}7}-D_{4\text{-}5})\}$$
$$= \min\{(12-4-4),(10-4-4)\} = 2$$

工作 E　$FF_{3\text{-}7}=ET_7-ET_3-D_{3\text{-}7}=10-4-6=0$

工作 G　$FF_{6\text{-}8}=ET_8-ET_6-D_{6\text{-}8}=15-12-3=0$

工作 H　$FF_{7\text{-}8}=ET_8-ET_7-D_{7\text{-}8}=15-10-4=1$

工作 I　$FF_{8\text{-}9}=ET_9-ET_8-D_{8\text{-}9}=17-15-2=0$

将计算结果按节点计算法的标注方法标在网络图的规定位置上，如图 12-20 所示。

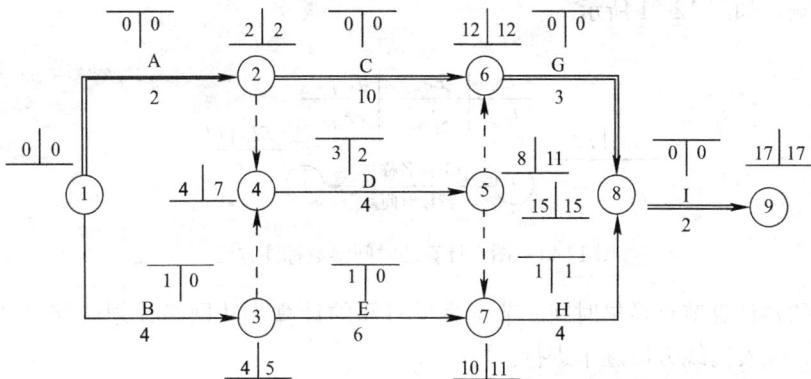

图 12-20　标注有节点时间和时差的网络图

按节点计算法的要求计算，不需要在网络图上标出工作时间参数。但工作时间参数也可按如下方法计算，如工作 $i\text{-}j$ 可根据节点时间参数计算出各工作时间参数：

① 工作 $i\text{-}j$ 的最早开始时间等于该工作的开始节点 i 的最早时间，即：

$$ES_{i\text{-}j} = ET_i \quad (1 \leqslant i < j \leqslant n) \qquad (12\text{-}24)$$

② 工作 $i\text{-}j$ 的最早完成时间等于该工作的开始节点 i 的最早时间加上 $i\text{-}j$ 工作持续时间，即：

$$EF_{i\text{-}j} = ET_i + D_{i\text{-}j} = ES_{i\text{-}j} + D_{i\text{-}j} \qquad (12\text{-}25)$$

③ 工作 $i\text{-}j$ 的最迟完成时间等于该工作的完成节点 j 的最迟时间，即：

$$LF_{i\text{-}j} = LT_j \qquad (12\text{-}26)$$

④ 工作 $i\text{-}j$ 的最迟开始时间等于该工作的开始节点 i 的最早时间加上其持

357

续时间，即：

$$LS_{i\text{-}j} = LT_j - D_{i\text{-}j} = LF_{i\text{-}j} - D_{i\text{-}j} \qquad (12\text{-}27)$$

总时差具有如下性质：当 $LT_n = ET_n$ 时，总时差为零的工作称为关键工作，此时，如果某工作的总时差为零，则自由时差也必然等于零。总时差不为本工作专有而与前后工作都有关，它为一条线路段所共用。由于关键线路各工作的时差均为零，该线路就必然决定计划的总工期，因此，关键工作完成的快慢直接影响整个计划的完成。而自由时差则具有以下一些主要特点：自由时差小于或等于总时差，自由时差对紧后工作没有影响，紧后工作仍可按最早开始时间开始。由于非关键线路上的工作都具有时差，因此可利用时差充分调动非关键工作的人力、物力和资源来确保关键工作的加快或按期完成，从而实现总工期目标。另外，在时差范围内改变非关键工作的开始和结束时间，灵活地应用时差也可达到均衡施工的目的。

2. 图上计算法

图上计算法是依据分析计算法的时间参数关系式，直接在网络图上进行计算的一种比较直观、简便的方法。以图 12-17 为例说明图上计算法。

(1) 各种时间参数在图上的表示方法。节点时间参数通常标注在节点的上方或下方，其标注方法如图所示。工作时间参数通常注在工作箭杆的上方或左侧，如图 12-21 所示。

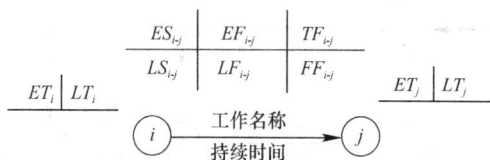

图 12-21　图上计算法时间参数标注方法

(2) 计算节点最早时间。节点最早时间的计算是从网络计划的起点节点开始，顺着箭线方向逐个进行。

1) 起点节点。网络图中的起点节点一般是以相对时间 0 开始，因此起点节点的最早可能开始时间等于 0，把 0 注在起点节点的相应位置。

2) 中间节点。从起点节点到中间节点可能有几条线路，而每一条线路有一个时间和，这些线路时间和中的最大值，就是该中间节点的最早可能开始时间。如图 12-21 中节点 4 的最早可能开始时间，需要计算从 1 到 4 的两条线路，即①→②→④和①→③→④的时间和。①→②→④的时间和为 2+0=2，①→③→④的时间和为 4+0=4，要取线路中的最大值，因此节点 3 的最早可能开始时间为 4。它表示紧前工作（2-4、3-4）最早可能完成的时间为 4，紧后工作 4-5 最早可能开始的时间为 4 之后。

(3) 计算节点最迟时间。节点最迟时间的计算，是以网络图的终点节点逆箭头方向，从右到左，如图 12-21 所示，逐个节点进行计算的，并将计算的结果填在相应节点的图示位置上。

1) 终点节点。当网络计划有规定工期时，终点节点的最迟时间就等于规定工期。当没有规定工期时，终点节点的最迟时间等于终点节点最早时间。

2) 中间节点。某一节点最迟时间的计算，是从终点节点开始向起点节点方向进行的，如果计算到某一中间节点可能有几条线路，那么在这几条线路中必有一个时间和的最大值。把完成节点的最迟时间减去这个最大值，就是该节点的最迟时间。如计算图中节点 5 的最迟时间，需要计算由节点 9 反方向到节点 5 的两条线路持续时间和的最大值，其中⑨→⑧→⑥→⑤持续时间和为 2+3+0=5，⑨→⑧→⑦→⑤持续时间和为 2+4+0=6，最大值为 6。用终点节点的最迟时间 17 减去 6 得 11 就是节点 5 的最迟时间。它表示紧前工作 4-5 最迟必须在 11 结束，紧后工作 5-6、5-7 最迟必须在 11 后立即开始，否则就会拖延整个计划工期。

（4）计算各项工作的最早可能开始和最早可能完成时间。工作的最早可能开始时间也就是该工作开始节点的最早时间。工作的最早可能完成时间也就是该工作的最早可能开始时间加上该项工作的持续时间。如图中的工作 2-6 最早可能开始时间等于节点 2 的最早时间（2）。工作 2-6 最早可能完成时间等于工作 2-6 的最早可能开始时间加其持续时间，即 2+10=12。

（5）计算各项工作的最迟必须开始和最迟必须完成时间。工作的最迟必须完成时间也就是该工作结束节点的最迟时间。工作的最迟必须开始时间也就是工作最迟必须完成时间减去该工作的持续时间。如图中的工作 2-6 的最迟必须开始时间等于工作 2-6 的最迟必须完成时间减其持续时间，即 12-10=2。

以上时间参数的计算值均可直接标注在图上，如图 12-22 所示。

（6）计算时差。图上计算法的总时差等于该工作的结束节点的最迟时间减去开始节点的最早时间再减去该工作的持续时间。如工作 6-8 的总时差等于节点 8 的最迟时间减去节点 6 的最早时间再减去工作 6-8 的持续时间，即 6-8 的总时差为 15-12-3=0。

自由时差用该工作结束节点的最早时间减去该工作开始节点的最早时间与该工作持续时间的和计算而得。如工作 6-8 的自由时差为 15-(12+3)=0。

有关总时差及自由时差的计算值，如图 12-22 所示。

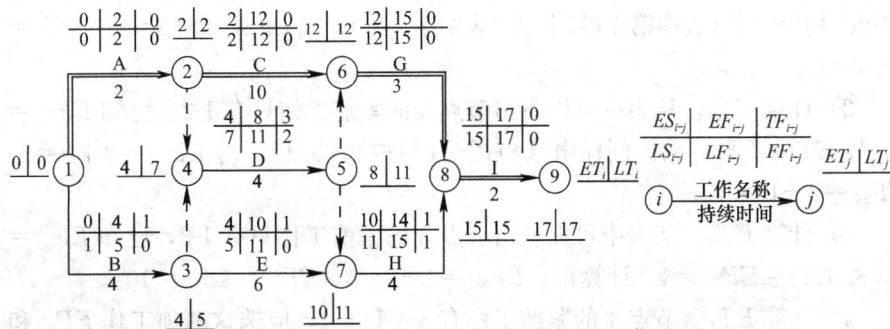

图 12-22　图上计算法示意图

3. 表上计算法

表上计算法是依据分析计算法所计算出的时间关系式，用表格形式进行计算的一种方法。在表上应列出拟计算的工作名称，各项工作的持续时间以及所计算的各项时间参数，见表 12-4。

计算前应先将网络图中的各个节点按其号码从小到大依次填入表中的第（1）栏内，然后各项工作 i-j 也要分别按 i、j 号码从小到大顺序填入第（2）栏内（如 1-2、1-3、2-3、2-4 等），同时把相应的每项工作的持续时间填入第（3）栏内。以上所有要计算都是已知数，也是下列计算的基础。为了便于理解，先举例说明表上计算法的步骤和方法。

（1）计算表中的 ET_i 和 $EF_{i\text{-}j}$ 值。计算顺序：自上而下，逐次进行。

网络计划时间参数计算表　　　　　　　　　　　　　　表 12-4

工作一览表			时间参数						关键线路
节点	工作	持续时间	节点最早时间	工作最早完成时间	工作最迟开始时间	节点最迟时间	工作总时差	工作自由时差	
i	i-j	$D_{i\text{-}j}$	ET_i	$EF_{i\text{-}j}$	$LS_{i\text{-}j}$	LT_i	$TF_{i\text{-}j}$	$FF_{i\text{-}j}$	CP
(1)	(2)	(3)	(4)	(5)	(6)	(7)	(8)	(9)	(10)
①	1-2 1-3	2 4	0	2 4	0 1	0	0 1	0 0	是
②	2-4 2-6	0 10	2	2 12	7 2	2	5 0	2 0	是
③	3-4 3-7	0 6	4	4 10	7 5	5	3 1	0 0	
④	4-5	4	4	8	7	7	3	2	
⑤	5-6 5-7	0 4	8	8 8	12 11	11	4 3	4 2	
⑥	6-8	3	12	15	12	12	0	0	是
⑦	7-8	4	10	14	11	11	1	1	
⑧	8-9	2	15	17	15	15	0	0	是
⑨			17			17			是

1）已知条件。因为计划从相对时间 0 天开始，故 ET_1 值为 0，$EF_{i\text{-}j}$（表中第 5 栏）$=ET_i$（表中第 4 栏）$+D_{i\text{-}j}$（表中第 3 栏），则 $EF_{1\text{-}2}=0+2=2$；$EF_{1\text{-}3}=0+4=4$。

2）计算 ET_2。从表中可以看出节点 2 的紧前工作只有 1-2，已知 $EF_{1\text{-}2}=2$，故 $ET_2=EF_{1\text{-}2}=2$。同样由（4）栏$+$（3）栏$=$（5）栏，得 $EF_{2\text{-}4}=2+0=2$，$EF_{2\text{-}6}=2+10=12$。

3）计算 ET_3。从表中可以看出节点 3 的紧前工作只有 1-3，已知 $EF_{1\text{-}3}=4$，故 $ET_3=EF_{1\text{-}3}=4$。计算得：$EF_{3\text{-}4}=4+0=4$，$EF_{3\text{-}7}=4+6=10$。

4）计算 ET_4。节点 4 的紧前工作有 3-4 和 2-4，应选这两项工作 $EF_{3\text{-}4}$ 和 $EF_{2\text{-}4}$ 的最大值填入 ET_4，已知 $EF_{3\text{-}4}=4$，$EF_{2\text{-}4}=2$，故 $ET_4=4$。计算得：$EF_{4\text{-}5}=4+4=8$。

5）计算 ET_5。节点 5 的紧前工作只有 4-5，已知 $EF_{4-5}=8$，故 $ET_5=8$。计算得：$EF_{5-6}=8+0=8$，$EF_{5-7}=8+0=8$。

6）计算 ET_6。节点 6 的紧前工作有 2-6 和 5-6，已知 $EF_{2-6}=12$，$EF_{5-6}=8$，取两者的最大值，得：$ET_6=12$。计算得：$EF_{6-8}=12+3=15$。

7）计算 ET_7。节点 7 的紧前工作有 3-7 和 5-7，已知 $EF_{3-7}=10$，$EF_{5-7}=8$，取两者的最大值，得：$ET_7=10$。计算得：$EF_{7-8}=10+4=14$。

8）计算 ET_8。节点 8 的紧前工作有 6-8 和 7-8，已知 $EF_{6-8}=15$，$EF_{7-8}=14$，取两者的最大值得：$ET_8=15$。计算得：$EF_{8-9}=15+2=17$。

9）计算 ET_9。节点 9 的紧前工作只有 8-9，已知 $EF_{8-9}=17$，故 $ET_5=17$。

（2）计算 LT_i 和 LS_{i-j} 值。计算顺序：自下而上，逐行进行。

1）已知条件。$ET_9=17$，而且整个网络图终点节点的 LT 值在没有规定工期的时候应与 ET 值相同，即 $LT_9=ET_9$，则 $LT_9=17$。从表可以看出节点 9 的紧前工作只有 8-9，则有：$LS_{8-9}=LT_9-D_{8-9}=17-2=15$。

2）计算 LT_8。节点 8 的紧后工作只有 8-9，已知：$LS_{8-9}=15$，得 $LT_8=LS_{8-9}=15$。节点 8 的紧前工作有 6-8 和 7-8，计算得：$LS_{6-8}=LT_8-D_{6-8}=15-3=12$；$LS_{7-8}=LT_8-D_{7-8}=15-4=11$。

3）计算 LT_7。节点 7 的紧后工作只有 7-8，已知：$LS_{7-8}=11$，得 $LT_7=LS_{7-8}=11$。节点 7 的紧前工作有 5-7 和 3-7，计算得：$LS_{5-7}=LT_7-D_{5-7}=11-0=11$；$LS_{3-7}=LT_7-D_{3-7}=11-6=5$。

其余类推，计算结果见表 12-4。

（3）计算 TF_{i-j}。由计算式 $TF_{i-j}=LT_j-ET_i-D_{i-j}$ 可计算得 TF_{i-j} 值，即表中的第（8）栏等于第（6）栏减去第（4）栏。如工作 1-2，$TF_{1-2}=LT_2-ET_1-D_{1-2}=2-0-2=0$。其余类推，计算结果见表。

（4）计算 FF_{i-j}。由计算式 $FF_{i-j}=ET_j-ET_i-D_{i-j}$ 可计算得 FF_{i-j} 值。如工作 1-3 的 $FF_{1-3}=ET_3-ET_1-D_{1-3}=4-0-4=0$。

其余类推，计算结果见表 12-4。

（5）判别关键线路。因本例无规定工期，因此在表中，凡总时差 $TF_{i-j}=0$ 的工作就是关键工作，在表 12-4 的第（10）栏中注明"是"，由这些工作首尾相接而成的线路就是关键线路，即为：①→②→⑥→⑧→⑨。

12.2.4 双代号时标网络计划

双代号时标网络计划是指以时间坐标为尺度编制的网络计划。时标的时间单位应根据需要在编制网络计划之前确定，可为时、天、周、月或季等。

时标网络计划以实箭线表示工作，以虚箭线表示虚工作，以波形线表示工作的自由时差。时标网络计划中所有符号在时间坐标上的水平投影位置，都必须与其时间参数相对应。节点中心必须对准相应的时标位置。虚工作必须以垂直方向的虚箭线表示，有自由时差时加波形线表示。如图 12-23 所示，H 的自由时差为 1，D 的自由时差为 2。

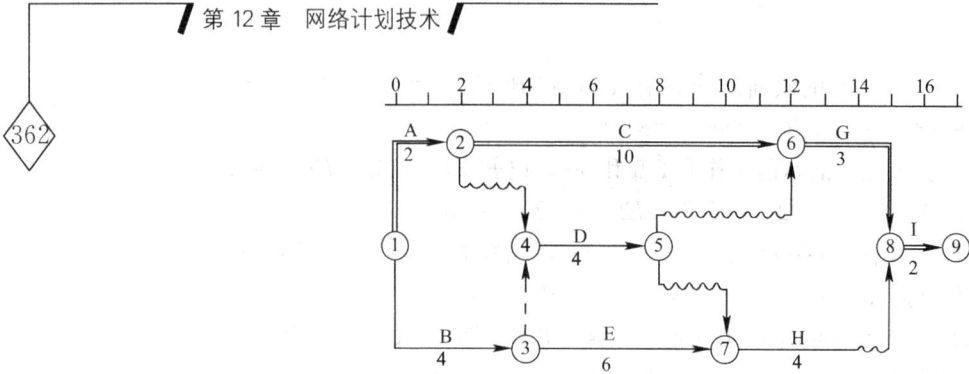

图 12-23　时标网络计划

1. 时标网络计划的编制方法

时标网络计划宜按最早时间编制。编制时标网络计划之前，一般先按已确定的时间单位绘出时标表。时标可标注在时标表的顶部或底部，时标的长度单位必须注明，必要时，可在顶部时标之上或底部时标之下加注日历的对应时间，如表 12-5 所示。

时标网络计划表　　　　　　　　　　　　　　　　　　表 12-5

日历时间													
序数时间	1	2	3	4	5	6	7	8	9	10	11	12	13
网络计划													

时标网络计划的绘制方法有间接绘制法和直接绘制法两种。

（1）间接绘制法。间接绘制法是先计算网络计划的时间参数，再根据时间参数按草图在时标计划表上进行绘制。其步骤为：①先计算网络计划的时间参数。②再将所有节点按其最早时间定位在时标网络计划表中的相应位置。③然后用规定的线型（实箭线和虚箭线）按比例绘出各工作。当某些工作箭线的长度不足以达到该工作的完成节点时，用波形线补足，箭头应画在该工作完成节点的连接处，如图 12-24 所示。

（2）直接绘制法。直接绘制法是指不计算网络计划的时间参数而直接按无时标的网络计划草图绘制时标网络计划的方法。其步骤为：①将起点节点定位在时标表的起始刻度线上。②按工作持续时间在时标表上绘制以网络计划起点节点为开始节点的工作箭线。其他工作的开始节点必须在该工作的全部紧前工作都绘出后，定位在这些紧前工作最晚完成的时间刻度上。③某些工作的箭线长度不足以达到该节点时，用波形线补足，箭头画在波形与节点连接处。④用上述方法自左至右依次确定出其他节点的位置，直至网络计划的终点节点。网络计划的终点节点是在无紧后工作的工作全部绘出后，定位在最晚完成的时间刻度上。如图 12-24 所示。

2. 关键线路和时间参数的确定

（1）关键线路的确定。时标网络计划的关键线路可自终点节点逆箭线方向朝起点节点逐次进行判定，自终至始不出现波形线的线路即为关键线路。

（2）计算工期的确定。时标网络的计算工期为其终点节点与起点节点所

序数时间

0	2	4	6	8	10	12	14	16	
1	3	5	7	9	11	13	15	17	

| 4/5 | 5/5 | 6/5 | 7/5 | 8/5 | 9/5 | 10/5 | 11/5 | 14/5 | 16/5 | 17/5 | 18/5 | 19/5 | 20/5 | 21/5 | 22/5 | 日历时间 |

A 2 C 10 G 3 D 4 B 4 E 6 H 4 I 2

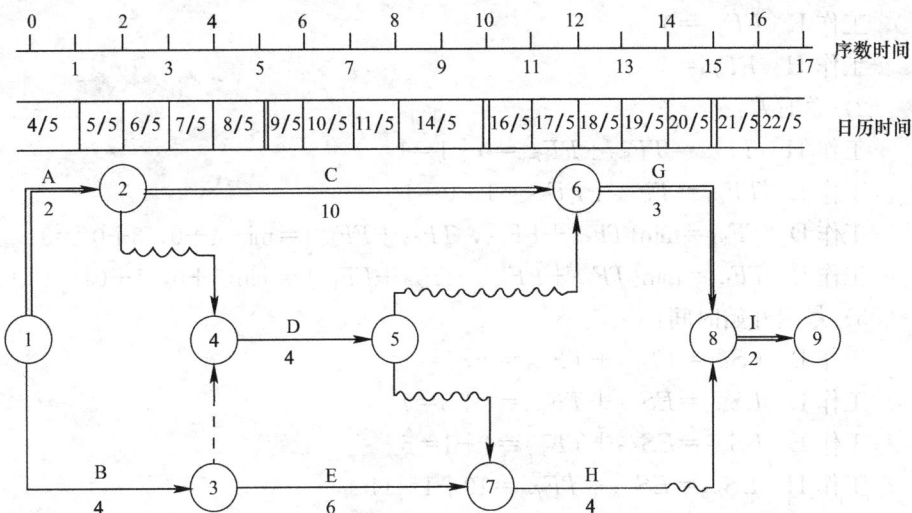

图 12-24 时标网络计划

注：时标表中的刻度线宜用细线，为使图面清晰，此线也可不画或少画。

在位置的时标差。

工作箭线左端节点中心所对应的时标值为该工作的最早开始时间。无波形线的工作箭线右端节点中心所对应的时标值为该工作的最早完成时间；有波形线的工作箭线实线部分右端所对应的时标值为该工作的最早完成时间。

（3）最早时间参数的确定。按最早时间绘制的时标网络计划，每条箭线箭尾和箭头节点中心所对应的时标值应为该工作的最早开始时间和最早完成时间。当箭线中存在波形线时，箭线实线部分的右端点所对应的时标值为该工作的最早完成时间。

（4）自由时差的确定。波形线的水平投影长度即为该工作的自由时差。

（5）总时差的确定。应自右向左进行，且符合以下规定：

1）以终点节点（$j=n$）为箭头节点的工作的总时差 $TF_{i\text{-}n}$ 应按网络计划的计划工期 T_p 计算确定，即：

$$TF_{i\text{-}n} = T_p - EF_{i\text{-}n} \tag{12-28}$$

2）其他工作的总时差应等于诸紧后工作的总时差与本工作的自由时差之和的最小值：

$$TF_{ij} = \min\{TF_{j\text{-}k} + FF_{ij}\} \tag{12-29}$$

（6）最迟时间参数的确定。工作的最迟开始时间和最迟完成时间应分别按下式计算：

$$LS_{ij} = ES_{ij} + TF_{ij} \tag{12-30}$$

$$LF_{ij} = EF_{ij} + TF_{ij} \tag{12-31}$$

例如图 3-24 的时标网络的非关键工作的时间参数计算如下：

1）自由时差：

工作 B　$FF_{1\text{-}3} = 0$

工作 D　$FF_{4\text{-}5} = 0$

363

工作 E　$FF_{3-7}=0$

工作 H　$FF_{7-8}=1$

2）总时差：

工作 H　$TF_{7-8}=TF_{8-9}+FF_{7-8}=0+1=1$

工作 E　$TF_{3-7}=TF_{7-8}+FF_{3-7}=1+0=1$

工作 D　$TF_{4-5}=\min\{TF_{5-6}+FF_{4-5}，TF_{5-7}+FF_{4-5}\}=\min\{4+0，3+0\}=3$

工作 B　$TF_{1-3}=\min\{TF_{3-4}+FF_{1-3}，TF_{3-7}+FF_{1-3}\}=\min\{3+0，1+0\}=1$

3）最迟开始时间：

工作 B　$LS_{1-3}=ES_{1-3}+TF_{1-3}=0+1=1$

工作 D　$LS_{4-5}=ES_{4-5}+TF_{4-5}=4+3=7$

工作 E　$LS_{3-7}=ES_{3-7}+TF_{3-7}=4+1=5$

工作 H　$LS_{7-8}=ES_{7-8}+TF_{7-8}=10+1=11$

4）最迟完成时间：

工作 B　$LF_{1-3}=EF_{1-3}+TF_{1-3}=4+1=5$

工作 D　$LF_{4-5}=EF_{4-5}+TF_{4-5}=8+3=11$

工作 E　$LF_{3-7}=EF_{3-7}+TF_{3-7}=8+3=11$

工作 H　$LF_{7-8}=EF_{7-8}+TF_{7-8}=14+l=15$

必要时，可将工作总时差标注在相应的波形线或实箭线上。

12.3　单代号网络计划技术

上一节主要介绍了应用较为广泛的双代号网络计划技术。网络图的另一种表示方法是单代号网络，在国外，特别是在欧洲应用较普遍。

12.3.1　单代号网络图的绘制

1. 单代号网络图的基本概念

以节点及其编号表示工作，以箭线表示工作之间逻辑关系的网络图称为单代号网络图，即每一个节点表示一项工作，节点绘成圆圈或矩形，在圆圈或矩形内标注有工作代号、工作名称、持续时间等，如图 12-25 所示。

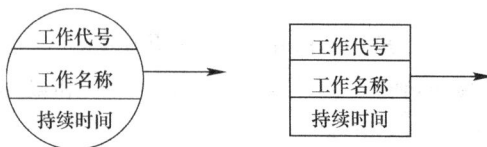

图 12-25　单代号网络图工作的表示方法

与双代号网络图相比，单代号网络图不设虚箭杆，具有绘图简单，便于检查、修改等优点。

2. 单代号网络图绘制规则

（1）必须正确表达已定的逻辑关系。

（2）严禁出现循环回路。

（3）严禁出现双向箭头或无箭头的连线。

（4）严禁出现没有箭尾节点的箭线和没有箭头节点的箭线。

（5）箭线不宜交叉，当交叉不可避免时，可采用过桥法或指向法绘制。

（6）只应有一个起点节点和一个终点节点，当网络图中有多个起点节点或多个终点节点时，应在网络图的两端分别设置一项虚工作，作为起点节点和终点节点，如图 12-26 所示。

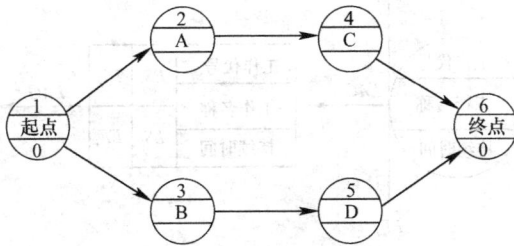

图 12-26　单代号网络图

（7）节点必须编号，其号码可以间断但严禁重复。一项工作必须有唯一的一个节点及相应的一个编号。

以双代号网络图中的某基础工程为例，按照单代号网络图的绘图规则，绘出单代号网络图，如图 12-27 所示。

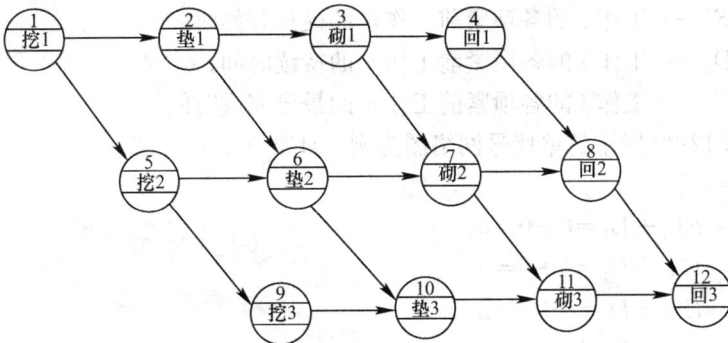

图 12-27　某基础工程单代号网络图

12.3.2　单代号网络计划时间参数计算

单代号网络计划时间参数的基本内容和形式可按图 12-28（a）、（b）所示的方式标注。

（1）工作最早开始时间的计算应符合下列规定：

1）工作 i 的最早开始时间 ES_i 应从网络图的起点节点开始，顺着箭线方向依次计算。

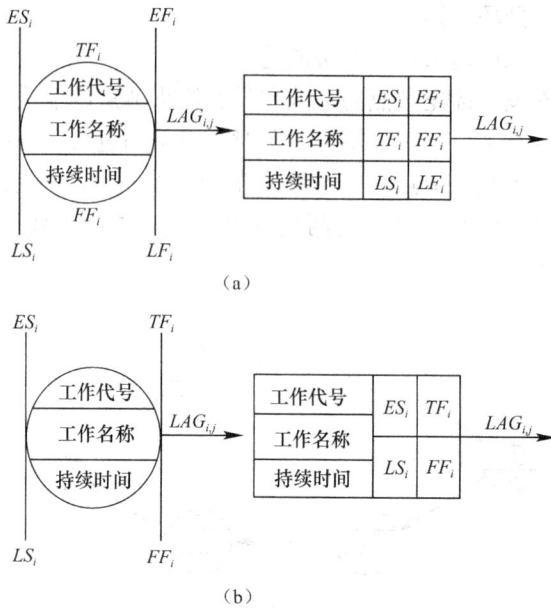

图 12-28　单代号网络图时间参数标注形式

(a) 形式（一）；(b) 形式（二）

2）起点节点的最早开始时间 ES_1 如无规定时，其值等于零，即：

$$ES_1 = 0 \qquad (12\text{-}32)$$

3）其他工作的最早开始时间 ES_i 应为：

$$ES_i = \max\{ES_h + D_h\} = \max\{EF_h\} \qquad (12\text{-}33)$$

式中　ES_h——工作 i 的各项紧前工作 h 的最早开始时间；

D_h——工作 i 的各项紧前工作 h 的持续时间；

EF_h——工作 i 的各项紧前工作 h 的最早完成时间。

以图 12-29 所示的单代号网络图为例，计算如下：

$ES_1 = 0$

$ES_2 = ES_1 + D_1 = 0 + 0 = 0$

$ES_3 = ES_1 + D_1 = 0 + 0 = 0$

$ES_4 = ES_2 + D_2 = 0 + 2 = 2$

$ES_5 = \max\{ES_2 + D_2，ES_3 + D_3\} = \max\{0 + 2，0 + 4\} = 4$

$ES_6 = ES_3 + D_3 = 0 + 4 = 4$

$ES_7 = \max\{ES_4 + D_4，ES_5 + D_5\} = \max\{2 + 10，4 + 4\} = 12$

$ES_8 = \max\{ES_5 + D_5，ES_6 + D_6\} = \max\{4 + 4，4 + 6\} = 10$

$ES_9 = \max\{ES_7 + D_7，ES_8 + D_8\} = \max\{12 + 3，10 + 4\} = 15$

将以上结果按图 12-28（a）的标注形式标注在网络图 12-29 上。

（2）工作的最早完成时间等于工作的最早开始时间加该工作的持续时间。即：

$$EF_i = ES_i + D_i \qquad (12\text{-}34)$$

将计算结果填在图 12-29 的规定位置上。

（3）网络计划的计算工期应按下式计算：

$$T_c = EF_n \qquad (12\text{-}35)$$

网络计划的计划工期 T_p 的计算同双代号网络图中 T_p 的计算。

如上例，网络计划的计算工期为：$T_c = EF_9 = ES_9 + D_9 = 15 + 2 = 17$。由于本计划没有要求工期，故 $T_p = T_c = 17$。

（4）计算相邻两项工作之间的时间间隔。时间间隔是指工作的最早完成时间与其紧后工作最早开始时间的差值。工作 i 与其紧后工作 j 之间的时间间隔用 $LAG_{i,j}$ 表示，其计算应符合下列规定：

1）当终点节点为虚拟节点时，其时间间隔应为：

$$LAG_{i,n} = T_p - EF_i \qquad (12\text{-}36)$$

2）其他节点之间的时间间隔应为：

$$LAG_{i,j} = ES_j - EF_i \qquad (12\text{-}37)$$

对于图 12-29 所示的网络图，其 $LAG_{i,j}$ 计算如下：

$LAG_{1,2} = ES_2 - EF_1 = 0 - 0 = 0$

$LAG_{1,3} = ES_3 - EF_1 = 0 - 0 = 0$

$LAG_{2,4} = ES_4 - EF_2 = 2 - 2 = 0$

$LAG_{2,5} = ES_5 - EF_2 = 4 - 2 = 2$

$LAG_{3,5} = ES_5 - EF_3 = 4 - 4 = 0$

$LAG_{3,6} = ES_6 - EF_3 = 4 - 4 = 0$

$LAG_{4,7} = ES_7 - EF_4 = 12 - 12 = 0$

$LAG_{5,7} = ES_7 - EF_5 = 12 - 8 = 4$

$LAG_{5,8} = ES_8 - EF_5 = 10 - 8 = 2$

$LAG_{6,8} = ES_8 - EF_6 = 10 - 10 = 0$

$LAG_{7,9} = ES_9 - EF_7 = 15 - 15 = 0$

$LAG_{8,9} = ES_9 - EF_8 = 15 - 14 = 1$

将结果按要计算标注在规定的位置上，如图 12-29 所示。

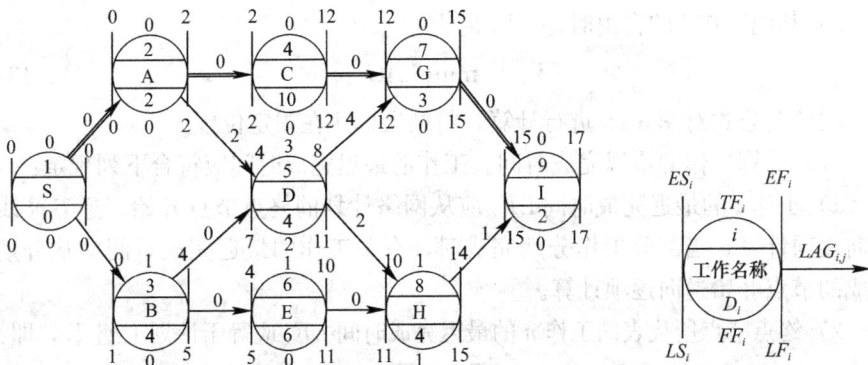

图 12-29 按图 12-28（a）的图例标注的单代号网络计划

（5）计算工作总时差，判断关键线路。工作总时差的计算应符合以下规定：

1）应从网络计划的终点节点开始，逆着箭线方向依次逐项计算。当部分工作分期完成时，有关工作的总时差必须从分期开始的节点开始逆向逐项计算；

2）终点节点所代表的工作 n 的总时差 TF_n 值应为：

$$TF_n = T_p - EF_n \tag{12-38}$$

3）其他工作的总时差 TF_i 应为：

$$TF_i = \min\{TF_j + LAG_{i,j}\} \tag{12-39}$$

式中　TF_j——工作 i 的紧后工作 j 的总时差。

4）已知各项工作的最早完成时间和最迟完成时间时，工作的总时差可按如下公式计算：

$$TF_i = LF_i - EF_i \tag{12-40}$$

或

$$TF_i = LS_i - ES_i \tag{12-41}$$

以图 12-29 为例，各工作的总时差计算如下：

$TF_9 = 0$

$TF_7 = TF_9 + LAG_{7,9} = 0 + 0 = 0$

$TF_8 = TF_9 + LAG_{8,9} = 0 + 1 = 1$

$TF_4 = TF_7 + LAG_{4,7} = 0 + 0 = 0$

$TF_5 = \min\{TF_7 + LAG_{5,7}, \ TF_8 + LAG_{5,8}\} = \min\{0 + 4, \ 1 + 2\} = 3$

$TF_6 = TF_8 + LAG_{6,8} = 1 + 0 = 1$

$TF_2 = \min\{LAG_{2,4} + TF_4, \ LAG_{2,5} + TF_5\} = \min\{0 + 0, \ 2 + 3\} = 0$

$TF_3 = \min\{LAG_{3,5} + TF_5, \ LAG_{3,6} + TF_6\} = \min\{0 + 3, \ 0 + 1\} = 1$

总时差最小的工作即为关键工作。从起点节点开始到终点节点均为关键工作，且所有工作的时间间隔均为零的线路即为关键线路。关键线路应用粗线或双线或彩色线标注。图 12-29 的关键线路为①→②→④→⑦→⑨。

（6）计算工作的自由时差。工作的自由时差的计算应符合下列规定：

1）终点节点所代表工作 n 的自由时差 FF_n 应为：

$$FF_n = T_p - EF_n \tag{12-42}$$

2）其他工作 i 的自由时差 FF_i 应为：

$$FF_i = \min\{LAG_{i,j}\} \tag{12-43}$$

按照此公式对图 3-29 进行计算，将结果标注在规定位置上。

（7）计算工作的最迟完成时间。工作的最迟完成时间应符合下列规定：

1）工作 i 的最迟完成时间 LF_i 应从网络计划的终点节点开始，逆着箭线方向逐项计算。当部分工作分期完成时，有关工作的最迟完成时间应从分期完成的节点开始逆向逐项计算。

2）终点节点所代表的工作 n 的最迟完成时间 LF_n 应等于计划工期 T_p，即：

$$LF_n = T_p \tag{12-44}$$

3）其他工作 i 的最迟完成时间 LF_i 应为：

$$LF_i = \min\{LS_j\} \tag{12-45}$$

或

$$LF_i = EF_i + TF_i \tag{12-46}$$

式中 LS_j——工作 i 的各项紧后工作 j 的最迟开始时间。

（8）计算工作的最迟开始时间。工作的最迟开始时间应按下式计算：

$$LS_i = LF_i - D_i \tag{12-47}$$

按以上计算公式对图 12-29 进行计算，其结果填在规定位置上。

12.3.3 单代号搭接网络计划

1. 基本概念

在前面所述的双代号、单代号网络图中，工序之间的关系都是前面工作完成后，后面工作才能开始，这是一般网络计划正常的逻辑关系，它既有组织关系，也有工艺关系。但在实际施工过程中，许多施工段存在多种搭接关系。例如：有一项工程由两项工作即工作 A 和 B 组成，生产工艺决定了工作 A 完成后才能进行工作 B。但组织者为了加快工程进度，将该工程分为两个施工段组织流水施工，即将 A 工作分为 A_1、A_2 两部分，B 工作分为 B_1、B_2 两部分。分别用单代号网络图和横道图表示其关系，如图 12-30 所示。工作 A 和工作 B 之间出现了搭接关系。对于一个实际施工项目来说，往往其工作内容很多，若再将工作分为几个施工段进行，则绘出的网络图会很复杂。下面介绍一种简单的表示方法——单代号搭接网络计划，即以节点表示工作，以节点之间的箭线表示工作之间的逻辑顺序和搭接关系的表示方法。

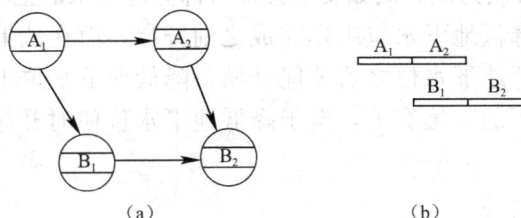

图 12-30　单代号与横道图表示法

(a) 单代号网络图；(b) 横道图

2. 时间参数

（1）结束到开始（Finish to Start）：符号为 $FTS_{i,j}$，表示紧前工作 i 的完成时间与其紧后工作 j 的开始时间之间的时距。A 工作完成后，要有一个时间间隔，B 工作才能开始。例如房屋装修中，要计算在油漆完成后干燥两天才能安装玻璃，这种关系就是 $FTS=2$，用单代号网络图表示如图 12-31 所示。

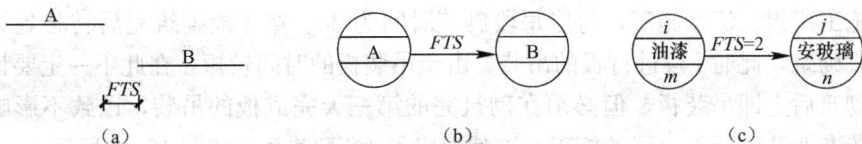

图 12-31　FTS 时间参数示意图

(a) 横道图；(b) 单代号搭接网络图；(c) 单代号搭接网络图例

当 $FTS=0$ 时，即紧前工作 i 的完成时间等于紧后工作 j 的开始时间，就是前面所述的网络图正常的逻辑连接关系。所以，我们可将正常的逻辑连接关系看成是搭接网络的一个特殊情况。一般来说，紧后工作最早时间顺着箭头方向计算，紧前工作最迟时间逆着箭头方向计算。

（2）开始到开始（Start to Start）：符号为 $STS_{i,j}$，表示紧前工作 i 的开始时间与紧后工作 j 的开始时间之间的时距。如图 12-27（b）的搭接是 A 工作开始时间限制 B 工作开始时间，即搭接关系为开始到开始，其搭接关系可用图 12-32 表示。例：挖管沟与铺设管道分段组织流水施工，每段挖管沟需要 2d 时间，那么铺设管沟的班组在挖管沟开始后 2d 就可开始铺设管道，如图 12-32 所示。

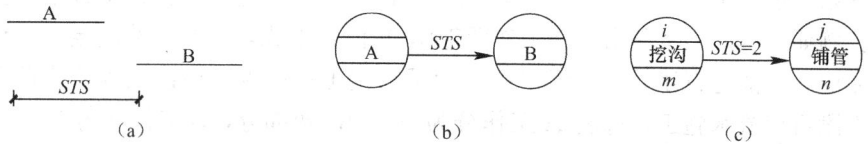

图 12-32　STS 时间参数示意图
(a) 横道图；(b) 单代号搭接网络图；(c) 单代号搭接网络图例

（3）开始到结束（Start to Finish）：符号为 $STF_{i,j}$，表示紧前工作 i 的开始时间与紧后工作 j 的完成时间之间的时距。图 12-33 中，A 工作开始一段时间后，B 工作必须完成。例如要挖掘带有部分地下水的土壤。地下水位以上的土壤可以在降低地下水位工作完成之前开始，而在地下水位以下的土壤则必须要等降低地下水位之后才能开始。降低地下水位工作的完成与何时挖地下水位以下的土壤有关，至于降低地下水位何时开始，则与挖土没有直接联系。

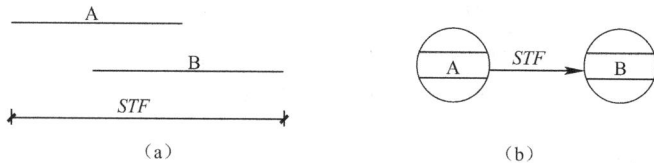

图 12-33　STF 时间参数示意图
(a) 横道图；(b) 单代号搭接网络图

（4）结束到结束（Finish to Finish）：符号为 $FTF_{i,j}$，表示紧前工作 i 的完成时间与紧后工作 j 的完成时间之间的时距。例如某砖混结构工程，分两个施工段组织流水施工，每层每段砌筑时间为 3d。第 I 段砌筑完后转移到第 II 段砌筑，此时 I 段进行板的吊装。由于吊装板的时间较短，在此不一定要计算砌筑后立即吊装板，但必须在砌筑完的第三天完成板的吊装，以致不影响砌砖专业队进行上一层的施工。这就形成了 FTF 关系，如图 12-34 所示。

（5）组合型搭接关系：表示前面工作和后面工作的时间间隔除了受到开始到开始（STS）时距的限制外，还要受结束到结束（FTF）时距的限制，其关系如图 12-35 所示。

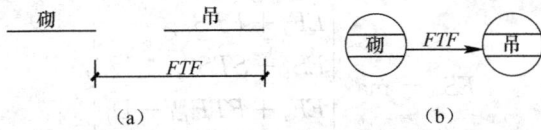

图 12-34　FTF 时间参数示意图

(a) 横道图；(b) 单代号搭接网络图

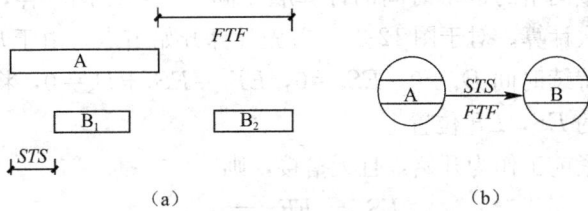

图 12-35　组合型时间参数示意图

(a) 横道图；(b) 单代号搭接网络图

图 12-35 中，A 工作的开始时间与 B 工作的开始时间有一个时间间隔，A 工作的结束时间与 B 工作的结束时间还有一个时间间隔限制。组合型搭接网络时间参数的计算，可将两种类型分别计算，对紧后工作最早时间取大值，对紧前工作最迟时间取小值。

3. 计算方法

搭接网络由于具有以上不同形式的搭接关系，其时间参数计算也较前述的单、双代号网络图的计算复杂一些，现以图 12-36 为例来说明计算过程。

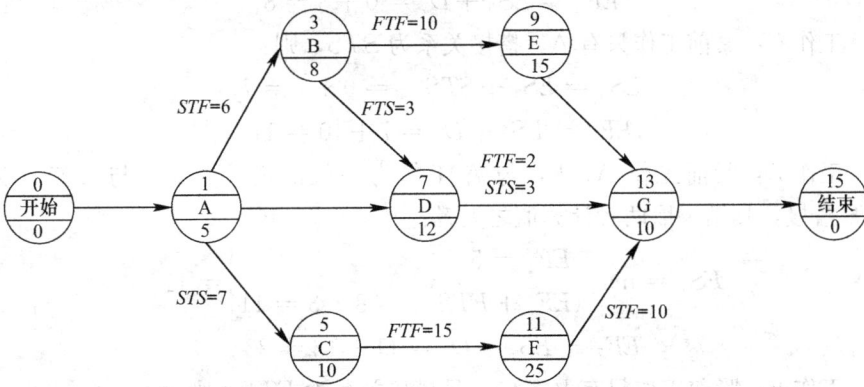

图 12-36　单代号搭接网络图

注：图中没有标出搭接关系的均为一般的搭接关系（即 FTS=0）。

单代号搭接网络计划时间参数的计算，应在确定各项工作的持续时间和各项工作之间的时距关系后进行。

(1) 工作最早开始、最早完成时间的计算。工作最早开始时间及最早完成时间在单代号搭接网络中的计算公式，根据各种搭接关系现汇总如下：

$$ES_s = 0$$

$$EF_s = ES_s + D_s$$

$$ES_j = \max \begin{cases} EF_i + FTS_{i,j} \\ ES_i + STS_{i,j} \\ EF_i + FTF_{i,j} - D_j \\ ES_i + STF_{i,j} - D_j \end{cases} \tag{12-48}$$

$$EF_j = ES_j + D_j$$

单代号搭接网络的最早时间的计算顺序同一般网络图一样，从开始节点顺箭头方向逐次计算。对于图 12-36，首先计算开始节点，由于开始节点是虚设的，所以其持续时间 $D_s = 0$，$ES_s = 0$，$EF_s = ES_s + D_s = 0$，将其结果标在起点节点上方的 ES，EF 位置上。

工作 A：紧前工作为开始，且无搭接，则

$$ES_1 = EF_0 = 0$$

$$EF_1 = ES_1 + D_1 = 0 + 5 = 5$$

将其结果标注在图 12-37 所示位置上。

工作 B：紧前工作为 A，搭接关系为 STF，则：

$$ES_3 = ES_1 + STF_{1,3} - D_3 = 0 + 6 - 8 = -2$$

$$EF_3 = -2 + 8 = 6$$

计算出的 $ES_3 = -2 < 0$，即工作 B 在起点节点的前 2d 开始，这个结果不符合网络图只有一个起始节点的规则。因此，节点 3 与起点节点的时距为：$STS = 0$，即工作 B 的最早可能开始时间为 $ES_3 = ES_0 + STS_{0,3} = 0$，且应将工作 B 与起点节点用虚箭线相连接，如图 3-37 所示。则：

$$EF_3 = ES_3 + D_3 = 0 + 8 = 8$$

工作 C：紧前工作只有 A，搭接关系为 STS，则：

$$ES_5 = ES_1 + STS_{1,5} = 0 + 7 = 7$$

$$EF_5 = ES_5 + D_5 = 7 + 10 = 17$$

工作 D：紧前工作 A、B，与 A 工作为一般的搭接关系，与 B 工作为 FTS 搭接，其结果取两者计算值之大者：

$$ES_7 = \max \begin{cases} EF_1 = 5 \\ EF_3 + FTS_{3,7} = 8 + 3 = 11 \end{cases} = 11$$

$$EF_7 = ES_7 + D_7 = 11 + 12 = 23$$

工作 E：紧前工作只有 B 工作，且搭接关系为 FTF，则：

$$ES_9 = EF_3 + FTF_{3,9} - D_9 = 8 + 10 - 15 = 3$$

$$EF_9 = ES_9 + D_9 = 3 + 15 = 18$$

工作 F：紧前工作为 C，搭接关系也是 FTF，则：

$$ES_{11} = EF_5 + FTF_{5,11} - D_{11} = 17 + 15 - 25 = 7$$

$$EF_{11} = ES_{11} + D_{11} = 7 + 25 = 32$$

工作 G：紧前工作分别为 D、E、F，与 D 为组合搭接，与 F 为 STF 搭接，与 E 为一般搭接，对其工作最早时间取上述几种搭接关系计算结果的最大者：

$$ES_{13} = \max \begin{cases} EF_9 = 18 \\ ES_7 + STS_{7,13} = 11 + 3 = 14 \\ EF_7 + FTF_{7,13} - D_{13} = 23 + 2 - 10 = 15 \\ ES_{11} + STF_{11,13} - D_{13} = 7 + 10 - 10 = 7 \end{cases} = 18$$

$$EF_{13} = ES_{13} + D_{13} = 18 + 10 = 28$$

终点节点：紧前工作只有 G，且为正常搭接，则：

$$ES_{15} = ES_{13} = 28$$

$$EF_{15} = ES_{15} + D_{13} = 28 + 0 = 28$$

将以上计算结果标注在图 12-37 规定位置上。如果是前面的一般网络图，其计算到此即可确定出其整个工程的计算工期为 28d，但对于搭接网络图，由于其存在着比较复杂的搭接关系，特别是当存在着 STS、STF 搭接关系的工作，就使得其最后的终点节点的最早完成时间有可能小于前面有些节点的最早完成时间。所以在确定计算工期之前要对各节点的最早完成时间进行检查，看其是否大于终点节点的最早完成时间。如小于终点节点的最早完成时间，就取终点节点的最早完成时间为计算工期；如有些节点的最早完成时间大于终点节点的最早完成时间，则将所有大于终点节点最早完成时间的节点最早完成时间的最大值作为整个网络计划的计算工期，并在此节点到终点节点之间增加一条虚箭线。

在图 12-37 中，通过检查可以看出：F 工作最早可能完成时间为 32d，大于终点节点的最早完成时间 28d，则：

$$ES_{15} = 32$$

$$EF_{15} = ES_{15} + D_{15} = 32 + 0 = 32$$

然后在终点节点与 F 节点之间增加一条虚箭线。如图 12-37 所示，计算工期为 32d。

（2）工作最迟开始、最迟完成时间的计算。工作最迟开始时间的计算，应从终点节点开始，逆箭线方向依次逐项进行。当部分工作分期完成时，有关工作的最迟完成时间应从分期完成的节点开始逆向逐项计算。

终点节点所代表的工作 n 的最迟完成时间 LF_n，应按网络计划的计划工期 T_p 确定，即：

$$LF_n = T_p \tag{12-49}$$

其他工作 i 的最迟完成时间 LF_i 应为：

$$LF_i = EF_i + TF_i \tag{12-50}$$

或

$$LF_i = \min \begin{cases} LS_j - FTS_{i,j} \\ LS_j + D_i - STS_{i,j} \\ LF_j - FTF_{i,j} \\ LF_j + D_i - STF_{i,j} \end{cases} \tag{12-51}$$

工作 i 的最迟开始时间 LS_i 应按下式计算：

$$LS_i = LF_i - D_i \tag{12-52}$$

或

$$LS_i = ES_i - TF_i \tag{12-53}$$

本题中，各工作的最迟开始、最迟完成时间计算如下：

$LF_{15}=T_p=32；\qquad LS_{15}=LF_{15}-D_{15}=32-0=32$

$LF_{13}=EF_{13}+TF_{13}=28+4=32；\quad LS_{13}=LF_{13}-D_{13}=32-10=22$

$LF_{11}=EF_{11}+TF_{11}=32+0=32；\quad LS_{11}=LF_{11}-D_{11}=32-25=7$

$LF_9=EF_9+TF_9=18+4=22；\quad LS_9=LF_9-D_9=22-15=7$

$LF_7=EF_7+TF_7=23+7=30；\quad LS_7=LF_7-D_7=30-12=18$

$LF_5=EF_5+TF_5=17+0=17；\quad LS_5=LF_5-D_5=17-10=7$

$LF_3=EF_3+TF_3=8+4=12；\quad LS_3=LF_3-D_3=12-8=4$

$LF_1=EF_1+TF_1=5+0=5；\quad LS_1=LF_1-D_1=5-5=0$

$LF_s=EF_s+TF_s=0+0=0；\quad LS_s=LF_s-D_s=0-0=0$

将以上得出的各工作的 LS、LF 值分别标在网络图中各节点的相应位置，如图 12-37 所示。

（3）相邻两工作间的时间间隔 $LAG_{i,j}$ 的计算。$LAG_{i,j}$ 表示前面一项工作 i 的最早可能完成时间至其紧后工作 j 的最早可能开始时间的时间间隔。在搭接网络图中，相邻两项工作 i 和 j 之间在满足时距之外，还有多余的时间间隔 $LAG_{i,j}$，故必须考虑各种不同搭接关系对时间间隔的影响，并应按下式计算：

$$LAG_{i,j}=\min\begin{cases}ES_j-EF_i-FTS_{i,j}\\ES_j-ES_i-STS_{i,j}\\EF_j-EF_i-FTF_{i,j}\\EF_j-ES_i-STF_{i,j}\end{cases}\qquad(12\text{-}54)$$

上面例题中的时间间隔计算如下：

$LAG_{0,1}=0-0=0$

$LAG_{0,3}=0-0=0$

$LAG_{1,3}=EF_3-ES_1-STF_{1,3}=8-0-6=2$

$LAG_{1,5}=ES_5-ES_1-STS_{1,5}=7-0-7=0$

$LAG_{1,7}=ES_7-EF_1=11-5=6$

$LAG_{3,7}=ES_7-EF_3-FTS_{3,7}=11-8-3=0$

$LAG_{3,9}=EF_9-EF_3-FTF_{3,9}=18-8-10=0$

$LAG_{5,11}=EF_{11}-EF_5-FTF_{5,11}=32-17-15=0$

$LAG_{9,13}=ES_{13}-EF_9=18-18=0$

$LAG_{11,13}=EF_{13}-ES_{11}-STF_{11,13}=28-7-10=11$

$LAG_{11,15}=ES_{15}-EF_{11}=32-32=0$

$LAG_{13,15}=ES_{15}-EF_{13}=32-28=4$

将上面数值标在相应节点之间的箭线上面，如图 12-37 所示。

（4）总时差的计算。工作总时差的计算应符合以下规定：

1）应从网络计划的终点节点开始，逆着箭线方向依次逐项计算。当部分工作分期完成时，有关工作的总时差必须从分期完成的节点开始逆向逐项计算；

2）终点节点所代表的工作 n 的总时差 TF_n 值应为：

$$TF_n=T_p-EF_n\qquad(12\text{-}55)$$

3）其他工作的总时差 TF_i 应为：

$$TF_i = \min\{TF_j + LAG_{i,j}\} \qquad (12\text{-}56)$$

式中　TF_j——工作 i 的紧后工作 j 的总时差。

4）已知各项工作的最早完成时间和最迟完成时间时，工作的总时差可按如下公式计算：

$$TF_i = LF_i - EF_i \qquad (12\text{-}57)$$

或

$$TF_i = LS_i - ES_i \qquad (12\text{-}58)$$

当计划工期等于计算工期，即未规定要计算工期时，总时差为零的工作即为关键工作。将网络图中总时差为零的工作由起点节点至终点节点连接起来的线路即为关键线路。本例中，由于没有要计算工期，故计划工期等于计算工期，即 $T_p = T_c = 32$。所以有：$TF_{15} = T_p - EF_{15} = 32 - 32 = 0$。其他节点的总时差计算如下：

$TF_{13} = TF_{15} + LAG_{13,15} = 0 + 4 = 4$

$TF_{11} = \min\{TF_{15} + LAG_{11,15}, \ TF_{13} + LAG_{11,13}\} = \min\{0 + 0, \ 4 + 11\} = 0$

$TF_9 = TF_{15} + LAG_{13,15} = 0 + 4 = 4$

$TF_7 = TF_{13} + LAG_{7,13} = 4 + 3 = 7$

$TF_5 = TF_{11} + LAG_{5,11} = 0 + 0 = 0$

$TF_3 = \min\{TF_7 + LAG_{3,7}, \ TF_9 + LAG_{3,9}\} = \min\{7 + 0, \ 4 + 0\} = 4$

$TF_1 = \min\{TF_3 + LAG_{1,3}, \ TF_5 + LAG_{1,5}, \ TF_7 + LAG_{1,7}\} = \min\{4 + 2, \ 0 + 0, \ 7 + 6\} = 0$

$TF_0 = \min\{TF_1 + LAG_{0,1}, \ TF_3 + LAG_{0,3}\} = \min\{0 + 0, \ 4 + 0\} = 0$

将上述数值标在规定位置，如图 12-37 所示。将 $TF = 0$ 的节点从起始节点到终点节点连接起来，构成关键线路，如图 12-37 画双线者。

（5）自由时差的计算。工作的自由时差的计算应符合下列规定：

1）终点节点所代表工作 n 的自由时差 FF_n 应为：

$$FF_n = T_p - EF_n \qquad (12\text{-}59)$$

2）其他工作 i 的自由时差 FF_i 应为：

$$FF_i = \min\{LAG_{i,j}\} \qquad (12\text{-}60)$$

本题中各工作的自由时差计算如下：

$FF_{15} = T_p - EF_{15} = 32 - 32 = 0$

$FF_{13} = LAG_{13,15} = 4$

$FF_{11} = \min\{LAG_{11,13}, LAG_{11,15}\} = \min\{11, \ 0\} = 0$

$FF_9 = LAG_{9,13} = 0$

$FF_7 = LAG_{7,13} = 3$

$FF_5 = LAG_{5,11} = 0$

$FF_3 = \min\{LAG_{3,7}, LAG_{3,9}\} = \min\{0, \ 0\} = 0$

$FF_1 = \min\{LAG_{1,3}, LAG_{1,5}, LAG_{1,7}\} = \min\{2, \ 0, \ 6\} = 0$

$FF_0 = \min\{LAG_{0,1}, LAG_{0,3}\} = \min\{0, \ 0\} = 0$

将上面的 FF 值标在网络图的相应位置，见图 12-37。

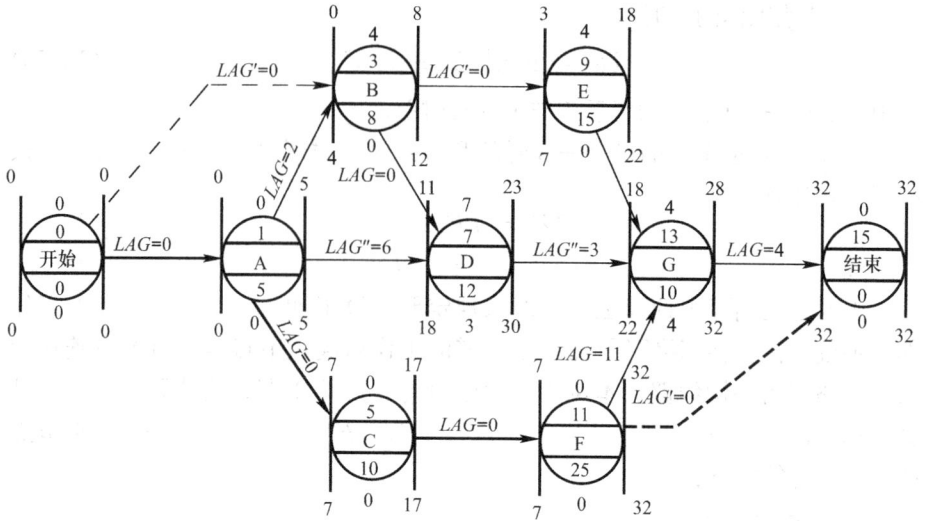

图 12-37 单代号搭接网络图时间参数计算

通过以上可以看出，单代号搭接网络的计算过程比一般单、双代号网络图较为麻烦。但是，利用电子计算机进行网络计划的编制和计算是轻而易举的事。

12.4 网络计划的优化

网络计划的优化是在满足既定约束条件下，按某一衡量指标，利用时差不断改善网络计划的最初方案以寻找最优方案。网络计划的优化目标应按计划任务的需要和条件选定，有工期目标、资源目标和费用目标。根据优化目标，网路计划的优化可分为：工期优化、资源优化和费用优化三类。

在优化过程中，由于不一定需要全部工作的时间参数值，只需寻找出关键线路和次关键线路即可进行优化。故在这里介绍一种关键线路的直接寻找法。

关键线路直接寻找法之一是标号法，即对每个节点用源点和标号值进行标号，将节点都标号后，从网络计划终点节点开始，从右向左按源节点寻找出关键线路。网络计划终点节点的标号值即为计算工期。

标号值按如下过程确定：

第一，设网络计划起点节点 1 的标号值为零，即：

$$b_1 = 0 \qquad (12\text{-}61)$$

第二，其他节点的标号值等于该节点的内向工作（以该节点为完成节点的工作）的开始节点标号值加该工作的持续时间的最大值，即：

$$b_j = \max\{b_i + D_{r\cdot j}\} \qquad (12\text{-}62)$$

例如，对图 12-18 所示的网络计划的标号值及源节点计算如下：

$b_1 = 0$

$b_2 = b_1 + D_{1\text{-}2} = 0 + 2 = 2$

$b_3 = b_1 + D_{1\text{-}3} = 0 + 4 = 4$

$b_4=\max\{b_2+D_{2\text{-}4}, b_3+D_{3\text{-}4}\}=\max\{2+0, 4+0\}=4$

$b_5=b_4+D_{4\text{-}5}=4+4=8$

$b_6=\max\{b_2+D_{2\text{-}6}, b_5+D_{5\text{-}6}\}=\max\{2+10, 8+0\}=12$

$b_7=\max\{b_3+D_{3\text{-}7}, b_5+D_{5\text{-}7}\}=\max\{4+6, 8+0\}=10$

$b_8=\max\{b_6+D_{6\text{-}8}, b_7+D_{7\text{-}8}\}=\max\{12+3, 10+5\}=15$

$b_9=b_8+D_{8\text{-}9}=15+2=17$

将每一步计算的标号值和源节点，标在图 12-38 所示位置上，从终点节点开始，逆着箭线方向，将源节点连接起来，即为关键线路。图 12-38 通过标号法得出的关键线路为 A→C→G→I，计算工期为 17d。

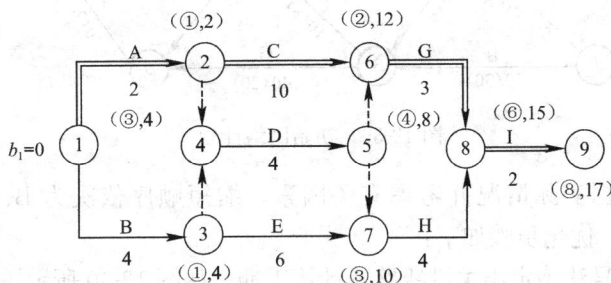

图 12-38　标号法寻找关键线路

根据所要计算的目标不同，有着各种各样的优化理论、方法和途径。以下介绍几种常见的实用优化方法。

12.4.1　工期优化

工期优化，是指当计算工期大于要计算工期时，或在一定约束条件下要使工期最短时，通过压缩关键工作的持续时间，以达到要计算工期的目标。在优化过程中，要注意不能将关键工作压缩成非关键工作。当优化过程中出现多条关键线路时，必须将各条关键线路的持续时间压缩至同一数值，否则不能有效地缩短工期。

优化步骤为：

（1）快速找出网络计划中的关键线路和计算工期。

（2）按要计算工期计算应缩短的时间 ΔT：

$$\Delta T = T_c - T_r \tag{12-63}$$

式中　T_c——计算工期；

T_r——要计算工期。

（3）确定各工作能缩短的持续时间。在关键线路上，按下列因素选择应优先缩短持续时间的关键工作：①缩短持续时间对质量和安全影响不大的工作；②有充足备用资源的工作；③缩短持续时间所需增加的费用最少的工作。

（4）将应优先缩短的关键工作的持续时间压缩至最短时间，并找出关键线路和计算工期。若被压缩的工作变成了非关键工作，则应将其持续时间延长，使之仍为关键工作。

（5）若计算工期仍超过要计算工期，则重复以上步骤，直到满足要计算工期或工期已不能再缩短为止。需要注意：当所有关键工作的持续时间都已达到最短时间而工期仍不能满足要计算工期时，这说明原定要计算工期目标存在一定问题，应对计划的原技术方案、组织方案进行调整，或对要计算工期重新审定。

【例 12-1】 如图 12-39 所示的网络计划，箭杆下方括号外数字为工作正常持续时间，括号内为最短持续时间，假定要计算工期为 100d，进行工期优化。

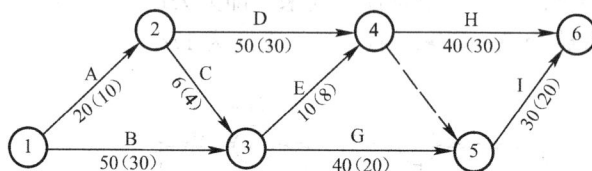

图 12-39 初始网络计划

【解】 根据实际情况并考虑有关因素，缩短顺序依次为 B、C、D、E、G、H、I、A。优化步骤如下：

（1）用标号法确定出关键线路及计算工期，如图 12-40 所示。

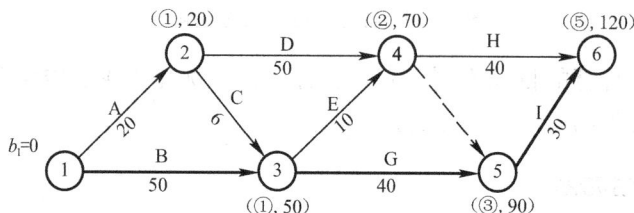

图 12-40 用标号法找出关键线路

（2）由公式（12-67）得出应缩短时间为：

$$\Delta T = T_c - T_r = 120 - 100 = 20d$$

（3）根据已知条件，先将 B 缩至最短持续时间，再用标号法找出关键线路为 A→D→H，如图 12-41 所示。

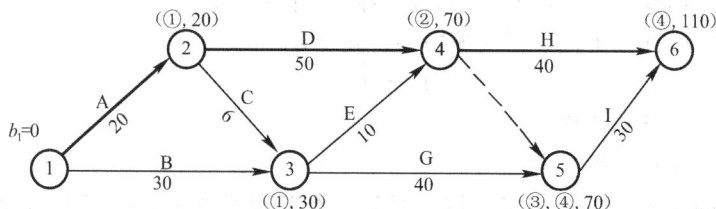

图 12-41 将 B 缩至 30d 后的网络计划

（4）增加 B 的持续时间至 40d，使之仍为关键工作，如图 12-42 所示。

（5）根据已知缩短顺序，决定将 D、G 各压缩 10d，使工期达到 100d 的要计算工期，如图 12-43 所示。

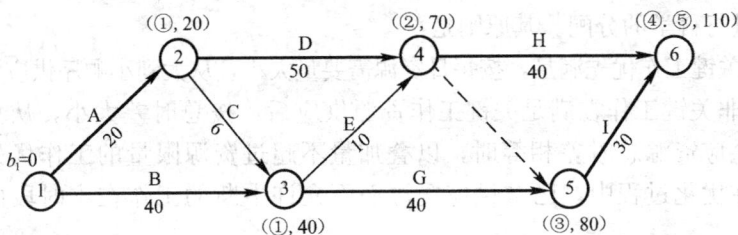

图 12-42 将 B 增至 40d 后的网络计划

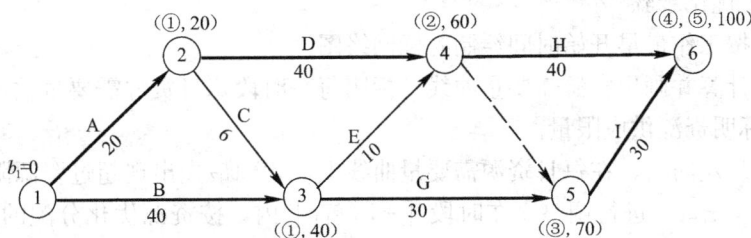

图 12-43 压缩 D、G 而达到目标工期的优化网络计划

12.4.2 资源优化

网路计划资源优化中几个常用术语解释如下：

1）资源：为完成任务所需的人力、材料、机械设备和资金等的统称。

2）资源强度：一项工作在单位时间内所需的某种资源的数量，工作 i-j 的资源强度用 q_{i-j} 表示。

3）资源需要量：网络计划中各项工作在某一单位时间内所需某种资源总的数量，第 td 资源需用量用 R_t 表示。

4）资源限量：单位时间内可供使用的某种资源的最大数量，用 R_a 表示。

完成一项工程任务所需的资源量基本上是不变的，不可能通过资源优化将其减少，更不可能通过资源优化将其减至最少。资源优化的目的就是通过改变工作的开始时间，使资源按时间的分布符合优化目标。

资源优化主要有"资源有限——工期最短"和"工期固定——资源均衡"两种类型。

1. 资源有限——工期最短的优化

资源有限——工期最短优化是指通过调整网络计划，在满足每日资源需要量不超过某种资源限量的情况下，寻找工期最短的工程计划。

（1）优化的前提条件

1）在优化过程中，网络计划的各工作持续时间不予变更。

2）各工作每天的资源需要量是均衡的、合理的，在优化过程中不予变更。

3）除规定可中断的工作外，一般不允许中断工作，应保持其连续性。

4）优化过程中不改变网络计划的逻辑关系。

（2）资源优化分配的原则

资源优化分配是指按各工作在网络计划中的重要程度进行排队，将有限的资源进行科学的分配。其原则是：

1) 关键工作优先满足，按每日资源需要量大小，从大到小顺序供应资源。

2) 非关键工作在满足关键工作资源供应后，按总时差大小，从小到大的顺序供应资源总时差相等时，以叠加量不超过资源限量的工作优先供应资源。在优化过程中，已被供应资源而不允许中断的工作在本时段内应优先供应。

3) 最后考虑给计划中总时差较大，允许中断的工作供应资源。

（3）优化步骤

1) 按工作最早开始时间绘制时标网络图。

2) 计算并画出资源需要量曲线，标明每一时段每日资源需要量数值，并用虚线标明资源供应限量。

3) 从左向右，在每日资源需要量曲线上，找到最先出现超过资源限量的时段 $[\tau_i, \tau_{i+1}]$ 进行调整。在时段 $[\tau_i, \tau_{i+1}]$ 内，按资源优化分配的原则，对各工作的分配顺序进行编号，从第 1 号至第 n 号。

4) 按编号的顺序，依次将时段 $[\tau_i, \tau_{i+1}]$ 内各工作的每日资源需要量 q_{r-j} 累加，并逐次与资源限量进行比较。当累加到第 χ 号工作，首先出现 $\sum q_{r-j} > R_a$，即将带 χ 号至 n 号工作推移到下一时段，使本时段 $\sum q_{r-j} < R_a$。

5) 画出工作推移后的时标网络图，再次进行每日资源需要量的重新叠加。

6) 重复第 3 至第 5 步骤，直至所有时段的每日资源需要量都不再超过资源限量为止。

【例 12-2】　如图 12-44 所示的网络计划，图中箭杆上方△内的数据表示该工作每天需要的资源数量 q_{r-j}，箭线下方的数据为工作的持续时间 D_{r-j}，进行"资源有限，工期最短"优化。

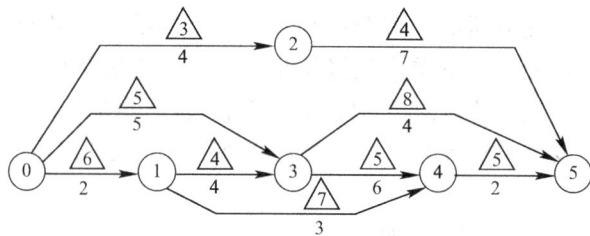

图 12-44　网络优化示例

【解】　按照各项工作的最早开始时间，绘制如图 12-45 所示的时标网络图（一）。假定每天可能供应的资源数量为常数即 $R_a = 12$ 单位，工作不允许中断。

从图 12-45 可以看出，时段 [0，2]、[2，4]、[4，5] 每天所需的资源数量分别为 14、19 和 20 单位，均超过了可能供应的限制条件，所以计划必须进行调整。调整工作首先从时段 $[\tau_0 = 0，\tau_1 = 2]$ 开始。处于该时段内同时进行的工作有 0-1、0-2 和 0-3，按照资源分配原则，它们的编号顺序如表 12-6 所示。

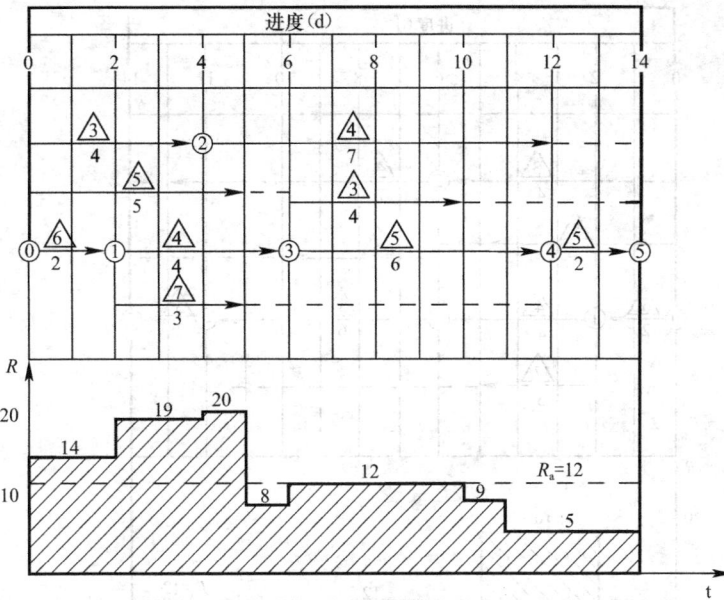

图 12-45　时标网络图（一）

工作 0-1、0-3 和 0-2 的编号顺序　　　　　　　　　　表 12-6

编号顺序	工作名称 $i\text{-}j$	每天资源需要量 $q_{i\text{-}j}$	编号依据
1	0-1	6	关键工作 $TF_{0\text{-}1}=0$
2	0-3	5	非关键工作 $TF_{0\text{-}3}=1$
3	0-2	3	非关键工作 $TF_{0\text{-}2}=3$

按编号顺序，对各工作每天的资源需要量 $q_{i\text{-}j}$ 进行分配，其中第 1 项分配 $q_{0\text{-}1}=6$，第 2 项分配 $q_{0\text{-}3}=5$，两项相加为 11，供应条件为 $R_a=12$，而第 3 项工作 0-2 每天需要量是 3，已经不够分配，因此，应将工作 0-2 推迟到 $\tau_1=2$ 之后开始。重新绘制工作 0-2 推迟后的时标网络图及其相应的资源需要量动态曲线，如图 12-46 所示。

再研究时段 $[\tau_1=2,\ \tau_2=5]$ 的调整，处于该时段内同时进行的工作有 0-2、0-3、1-3 和 1-4，根据分配原则，它们的顺序如表 12-7 所示。按编号顺序，工作 0-3、1-3 和 0-2 三项每天的资源需要量之和为 $5+4+3=12$，故工作 1-4 必须推迟到 $\tau_2=5$ 后开始。绘制工作 1-4 推迟开始后的时标网络图（三）及其相应资源需要量动态曲线，如图 12-47 所示。

工作 0-2、0-3、1-3 和 1-4 的编号顺序　　　　　　　　表 12-7

编号顺序	工作名称 $i\text{-}j$	每天资源需要量 $q_{i\text{-}j}$	编号依据
1	0-3	5	在 $\tau_1=2$ 前已经开始
2	1-3	4	关键工作 $TF_{1\text{-}3}=0$
3	0-2	3	非关键工作 $TF_{0\text{-}2}=1$
4	1-4	7	非关键工作 $TF_{1\text{-}4}=7$

381

12.4　网络计划的优化

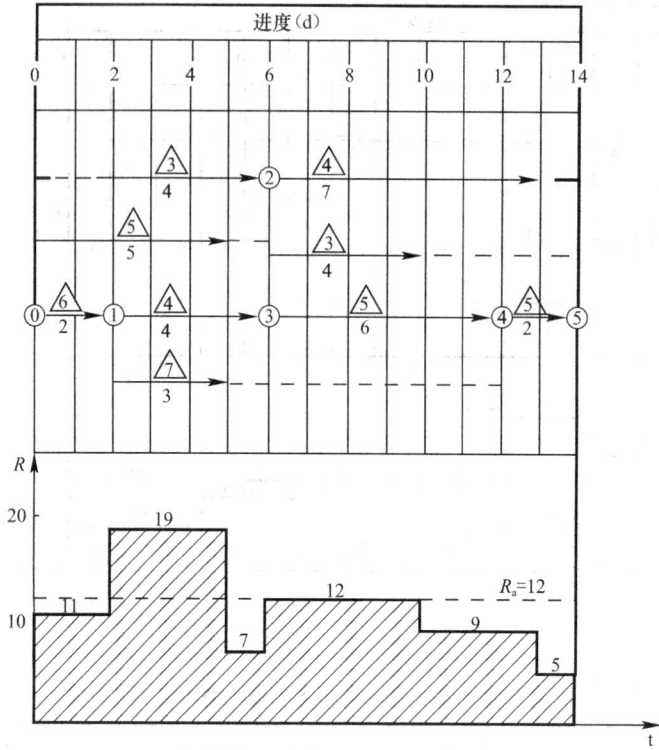

图 12-46   时标网络图（二）

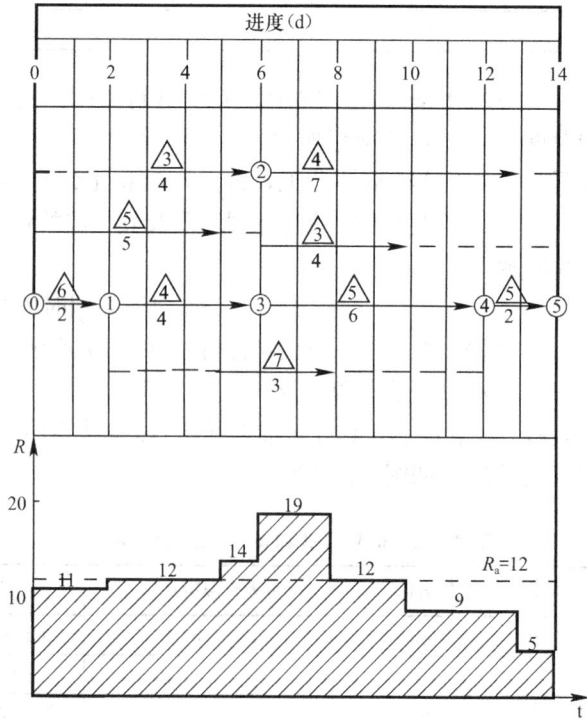

图 12-47   时标网络图（三）

从图 12-47 可以看出，时段 $[\tau_2=5,\ \tau_3=6]$ 的每天资源需要量为 14>$R_a=12$，故仍需继续调整。处于该时段的工作有 0-2、1-3 和 1-4，按资源分配原则，它们的编号顺序如表 12-8 所示。

工作 0-2、1-3 和 1-4 的编号顺序　　　　　　　　　表 12-8

编号顺序	工作名称 $i\text{-}j$	每天资源需要量 $q_{i\text{-}j}$	编号依据
1	1-3	4	在 $\tau_2=5$ 前已经开始
2	0-2	3	在 $\tau_2=5$ 前已经开始
3	1-4	7	非关键工作 $TF_{1\text{-}4}=4$

显然工作 1-4 应推迟到 $\tau_3=6$ 后面开始。依次类推，继续以下各步调整，最后可得图 12-48 所示的资源有限——工期最短的近似解。

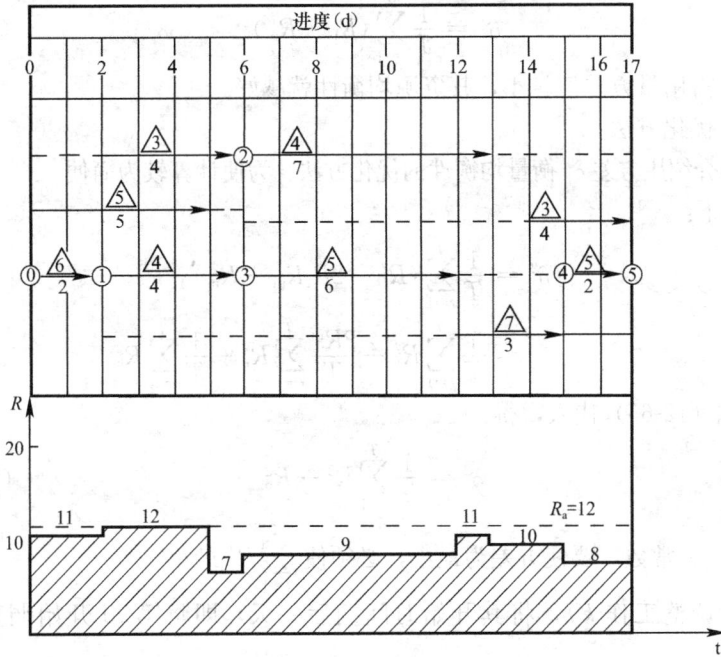

图 12-48　资源有限工期最短的近似解

从以上调整过程看出：网络计划的优化，计算工作量相当繁重，一般可采用计算机进行。

2. 工期固定——资源均衡的优化

工期固定——资源均衡优化是指在工期不变的情况下，使资源分布尽量均衡，即在资源需要量动态曲线上，尽可能不出现短时期的高峰和低谷，力求计算每天的资源需要量接近于平均值。

(1) 资源均衡衡量指标

衡量资指标一般有三种：

1) 不均衡系数 K

$$K=\frac{R_{\max}}{R_{\mathrm{m}}} \tag{12-64}$$

$$R_{\mathrm{m}} = \frac{1}{T}(R_1 + R_2 + R_3 + \cdots R_T) = \frac{1}{T}\sum_{t=1}^{T} R_t \tag{12-65}$$

式中　　$R_{\max}$——最大的每天资源需用量;

　　　　R_{m}——资源需用量的平均值。

资源需要量不均衡系数越小,则均衡性越好。

2) 极差值 ΔR

$$\Delta R = \max[\;|\;R_t - R_{\mathrm{m}}\;|\;] \tag{12-66}$$

式中,R_t——在第 td 的资源需用量;

　　　　R_{m}——资源需用量的平均值。

资源需用量极差值愈小,则均衡性愈好。

3) 方差 δ^2

$$\delta^2 = \frac{1}{T}\sum_{t=1}^{T}(R_t - R_{\mathrm{m}})^2 \tag{12-67}$$

资源需用量方差值越小,其资源均衡性就越好。

(2) 优化方法

下面介绍用方差 δ^2 衡量均衡性的优化方法。为使计算较为简便,式 (12-71) 可展开如下:

$$\delta^2 = \frac{1}{T}\sum_{t=1}^{T}(R_t^2 - 2R_t R_{\mathrm{m}} + R_{\mathrm{m}}^2)$$

$$= \frac{1}{T}\sum_{t=1}^{T} R_t^2 - \frac{2R_{\mathrm{m}}}{T}\sum_{t=1}^{T} R_t + \frac{1}{T}\sum_{t=1}^{T} R_{\mathrm{m}}^2 \tag{12-68}$$

将式 (12-65) 代入,得:

$$\delta^2 = \frac{1}{T}\sum_{t=1}^{T} R_t^2 - R_{\mathrm{m}}^2 \tag{12-69}$$

式中,R_{m} 为常数,要使方差为最小,必须使 $\sum_{t=1}^{T} R_t^2$ 最小。

假设调整工作 $k\text{-}l$,将其开始时间调后一天,即将第 id 开始调整至第 $(i+1)$ d 开始,则第 jd 完成就变为第 $(j+1)$ d 完成,这样调前的 $\sum_{t=1}^{T} R_t^2$ 为:

$$R_1^2 + R_2^2 + R_3^2 + \cdots + R_i^2 + R_{i+1}^2 + \cdots + R_{j-1}^2 + R_j^2 + R_{j+1}^2 + \cdots + R_T^2$$

调后为 $\sum_{t=1}^{T} R_t^{2\prime}$ 为:

$$R_1^2 + R_2^2 + R_3^2 + \cdots + (R_i - q_{k\text{-}l})^2 + R_{i+1}^2 + \cdots$$

$$+ R_{j-1}^2 + R_j^2 + (R_{j+1} + q_{k\text{-}l})^2 + \cdots + R_T^2$$

用调后的 $\sum_{t=1}^{T} R_t^{2\prime}$ 减调前的 $\sum_{t=1}^{T} R_t^2$,得出两者之间的差值为:

$$\Delta = (R_i - q_{k\text{-}l})^2 - R_i^2 + (R_{j+1} + q_{k\text{-}l})^2 - R_{j+1}^2$$

$$= 2R_{j+1}q_{k\text{-}l} - 2R_i q_{k\text{-}l} + 2q_{k\text{-}l}^2$$

得　　　　　　$$\Delta = 2q_{k\text{-}l}[R_{j+1} - R_j + q_{k\text{-}l}] \tag{12-70}$$

如果 Δ 为负值，则工作 k-l 右移一天，能使 $\sum\limits_{t=1}^{T} R_t^2$ 的值减小，因为只需判别正负，故判别式（12-70）可表达为下述形式：

$$\Delta' = R_{j+1} - R_i + q_{\text{k-}l} \tag{12-71}$$

或工作右移一天能使均方差值减小的判别式为：

$$R_i > R_{j+1} + q_{\text{k-}l} \tag{12-72}$$

即当工作 k-l 开始那一天的资源需用量大于其完成那天的后一天的资源需用量与该工作资源强度之和时，该工作右移一天能使均方差值减小，这时，就可将 k-l 右移一天，如此判定右移，直至不能右移或该工作的总时差用完为止。

如在右移过程中，当 $R_i < R_{j+1} + q_{\text{k-}l}$ 时，判定不能右移；当 $R_i = R_{j+1} + q_{\text{k-}l}$ 时，仍然可试着右移，如在此后符合判别式（12-71），亦可将之右移至相应位置。工作 k-l 右移以后，再按上述顺序考虑其他工作的右移。

由于工期已定，故只能调整非关键工作，调整顺序为：自终点节点开始，逆箭线逐个进行。

（3）优化步骤

1）按照各项工作的最早开始时间安排进度计划。

2）计算网络计划资源需用量的平均值。

3）从网络计划的终点节点开始，按工作完成节点编号值从大到小的顺序依次进行调整。同一个完成节点的工作则应先调整开始时间较迟的工作。

4）在所有工作都按上述顺序进行了一次调整之后，为使方差值进一步减小，再按上述顺序进行多次调整，直至所有工作的位置都不能再移动为止。

【例 12-3】 如图 12-49 所示的网络计划，图中箭线上方为资源强度，箭线下方为工作持续时间，进行"工期固定，资源均衡"优化。

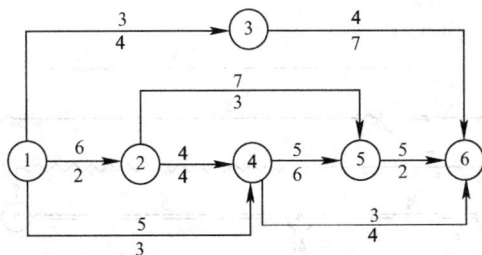

图 12-49 初始网络计划

【解】（1）绘制时标网络计划，算出资源需用量，标注在网络计划下方，如图 12-50 所示。

（2）计算资源需用量的平均值：

$$R_{\text{m}} = \frac{1}{14}(2 \times 14 + 2 \times 19 + 20 + 8 + 4 \times 12 + 9 + 3 \times 5) = 11.86$$

（3）第一次调整：

1）以节点 6 为完成节点的工作有 3-6、5-6、4-6。由于工期固定，5-6 为

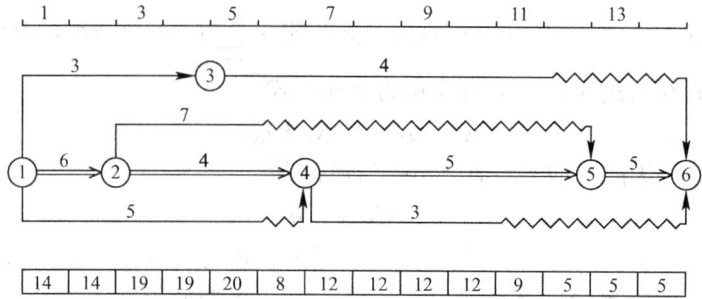

图 12-50　初始时标网络图

关键工作，故不能调整，只能调整 3-6 和 4-6。4-6 的开始时间较 3-6 迟，故先调整 4-6。按判别式（12-71）进行调整：

由于 $R_7=12$，等于 $R_{11}+q_{4-6}=9+3=12$，故可右移一天，4-6 改为第 8d 开始；

又因 $R_8=12$，大于 $R_{12}+q_{4-6}=5+3=8$，故可再右移一天，4-6 改为第 9d 开始；

又因 $R_9=12$，大于 $R_{13}+q_{4-6}=5+3=8$，故可再右移一天，4-6 改为第 10d 开始；

又因 $R_{10}=12$，大于 $R_{14}+q_{4-6}=5+3=8$，故可再右移一天，4-6 改为第 11d 开始。

至此，4-6 的总时差已用完，不能再往右移。然后对 3-6 进行调整：

由于 $R_5=20$，大于 $R_{12}+q_{4-6}=8+4=12$，故可右移一天；

由于 $R_6=8$，小于 $R_{13}+q_{4-6}=8+4=12$，故不能右移；

由于 $R_7=9$，小于 $R_{14}+q_{4-6}=9+4=13$，故不能右移。

4-6 和 3-6 调整后的网络计划如图 12-51 所示。

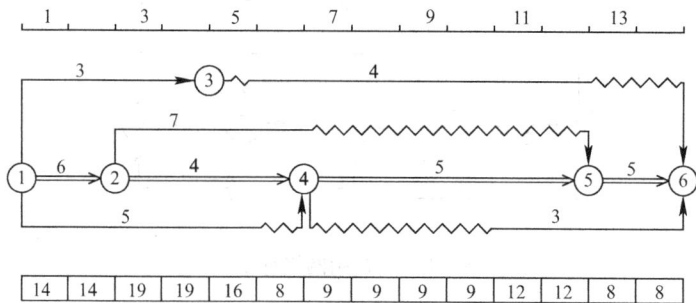

图 12-51　工作 4-6 和 3-6 调整后的网络计划

2）以节点 5 为完成节点的工作有 2-5、4-5。因 4-5 为关键工作，不能调整，只调 2-5。

由于 $R_3=19$，大于 $R_6+q_{2-5}=8+7=15$，故可右移一天，2-5 改为第 4d 开始；

又因 $R_4 = 19$，大于 $R_7 + q_{2-5} = 9 + 7 = 16$，故可再右移一天，2-5 改为第 5d 开始；

又因 $R_5 = 16$，等于 $R_8 + q_{2-5} = 9 + 7 = 16$，故可再右移一天，2-5 改为第 6d 开始；

由于 $R_6 = 8$，小于 $R_9 + q_{2-5} = 9 + 7 = 16$，故不能右移。

2-5 调整后的网络计划如图 12-52 所示。

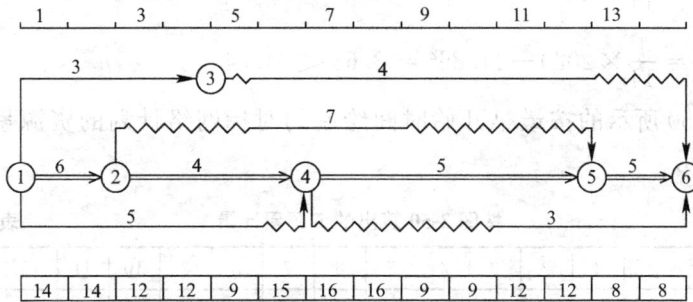

图 12-52 工作 2-5 调整后的网络计划

3）分别对以节点 4、3、2 为完成节点的工作进行考虑，显然，都不能向右移动。

（4）第二次调整：

在图 12-52 基础上，对以节点 6 为完成节点的工作进行考虑，只有 3-6 有可能进行调整。

因为 $R_6 = 15$，大于 $R_{13} + q_{3-6} = 8 + 4 = 12$，故可右移一天，3-6 改为第 7d 开始；

又因 $R_7 = 16$，大于 $R_{14} + q_{3-6} = 8 + 4 = 12$，故可再右移一天，3-6 改为第 8d 开始。

至此，3-6 的总时差已用完，不能再往右移，3-6 调整后的网络计划如图 12-53 所示。

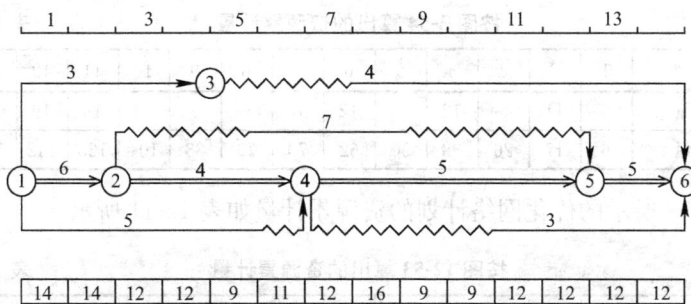

图 12-53 工作 3-6 调整后得出优化网络计划

按公式（12-73）得出初始网络计划的方差和优化后网络计划的方差分别为：

初始网络计划的均方差为：

$$\delta_0^2 = \frac{1}{14}\big[2\times14^2 + 2\times19^2 + 20^2 + 8^2 + 4\times12^2 + 9^2 + 3\times5^2\big] - 11.86^2$$

$$= \frac{1}{14}\times2310 - 11.86^2 = 24.34$$

优化后网络计划的均方差：

$$\delta^2 = \frac{1}{14}\times\big[2\times14^2 + 7\times12^2 + 3\times9^2 + 11^2 + 16^2\big] - 11.86^2$$

$$= \frac{1}{14}\times2020 - 11.86^2 = 3.63 < 24.34$$

图 12-50 所示的按最早开始时间绘制的时标网络计划的资源累计量如表 12-9 所示。

按图 3-50 算出的资源累计量　　　　　表 12-9

工作日	1	2	3	4	5	6	7	8	9	10	11	12	13	14
资源需用量	14	14	19	19	20	8	12	12	12	12	9	5	5	5
资源累计量	14	28	47	66	86	94	106	118	130	142	151	156	161	166

图 12-54 所示的按最迟开始时间绘制的时标网络计划的资源累计量如表 12-10 所示。

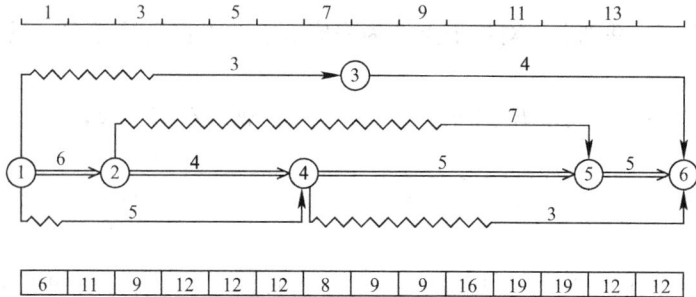

图 12-54　按最迟开始时间编制的网络计划

按图 3-54 算出的资源累计量　　　　　表 12-10

工作日	1	2	3	4	5	6	7	8	9	10	11	12	13	14
资源需用量	6	11	9	12	12	12	8	9	9	16	19	19	12	12
资源累计量	6	17	26	38	50	62	70	79	88	104	123	142	154	166

图 12-53 所示的优化网络计划的资源累计量如表 12-11 所示。

按图 12-53 算出的资源累计量　　　　　表 12-11

工作日	1	2	3	4	5	6	7	8	9	10	11	12	13	14
资源需用量	14	14	12	12	9	11	12	16	9	9	12	12	12	12
资源累计量	14	28	40	52	61	72	84	100	109	118	130	142	154	166

按表 12-9～表 12-11 绘出的资源累计曲线如图 12-55 所示。

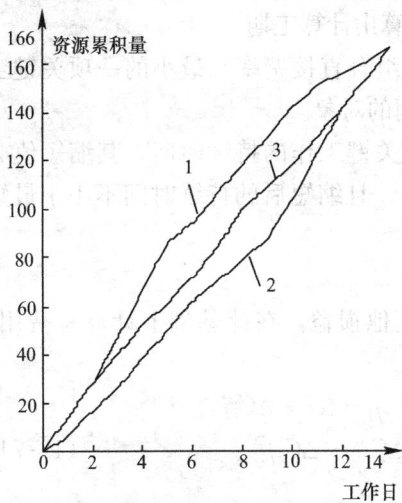

图 12-55 资源累计曲线
1-按最早开始时间编制的网络计划的资源累计曲
线；2-按最迟开始时间编制的网络计划的资源累
计曲线；3-优化网络计划的资源累计曲线

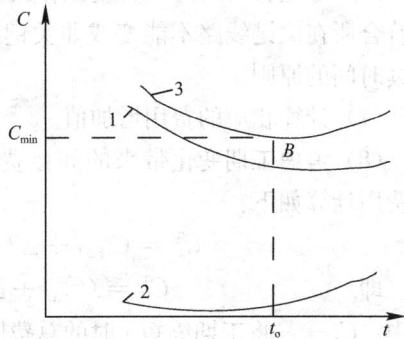

图 12-56 工期-费用曲线
1-直接费用；2-间接费用；3-费用总和

12.4.3 费用优化

费用优化又叫工期成本优化或时间成本优化，是指寻求计算工程总成本最低时的工期安排，或依据计算工期寻求最低费用的计划安排。

网络计划的总费用由直接费和间接费组成，直接费是直接用于工程的人工、材料和机械费用，间接费是间接用于工程的费用。它们与工期之间的关系，如图 12-56 所示。费用优化的目标是总费用最小，与最小费用相对的工期为最优工期，其优化步骤如下：

（1）计算网络计划在正常工期情况下的工程总直接费。工程总直接费等于组成该工程全部工作的直接费的总和，用 $\sum C^{D}$ 表示。

（2）计算各项工作直接费的增加率。直接费的增加率是指缩短每一单位工作持续时间所增加的直接费，简称直接费率。工作 $i\text{-}j$ 的直接费率用 $\Delta C_{i\text{-}j}$ 表示，并按下式计算：

$$\Delta C_{i\text{-}j} = \frac{CC_{i\text{-}j} - CN_{i\text{-}j}}{DN_{i\text{-}j} - DC_{i\text{-}j}} \tag{12-73}$$

式中　$DN_{i\text{-}j}$——工作 $i\text{-}j$ 的正常持续时间；

$DC_{i\text{-}j}$——工作 $i\text{-}j$ 的最短持续时间；

$CC_{i\text{-}j}$——工作 $i\text{-}j$ 的最短时间直接费，即将工作 $i\text{-}j$ 的持续时间缩短为最短持续时间后完成该工作所需的直接费；

$CN_{i\text{-}j}$——在正常条件下完成工作 $i\text{-}j$ 所需的直接费。

（3）确定各项工作的间接费用率。间接费用率是指缩短每一单位工作持续时间所减少的间接费，简称间接费率。工作 $i\text{-}j$ 的间接费率用 $\Delta C_{i\text{-}j}^{\text{ID}}$ 表示。间接费率一般根据实际情况确定。

（4）找出网络计划中的关键线路并计算出计算工期。

（5）在网络计划中找出直接费率（或组合直接费率）最小的一项关键工作（或一组关键工作），作为缩短持续时间的对象。

（6）缩短找出的一项关键工作或一组关键工作的持续时间，其缩短值必须符合所在关键线路不能变成非关键线路，且缩短后的持续时间不小于最短持续时间的原则。

（7）计算相应的费用增加值。

（8）考虑工期变化带来的间接费及其他损益，在此基础上计算总费用。总费用计算如下：

$$C_t^T = C_{t+\Delta T}^T + \Delta T \cdot \Delta C_{i\text{-}j} - \Delta T \cdot \Delta C_{i\text{-}j}^{ID}$$

即
$$C_t^T = C_{t+\Delta T}^T + \Delta T[\Delta C_{i\text{-}j} - \Delta C_{i\text{-}j}^{ID}] \tag{12-74}$$

式中　C_t^T——将工期缩短 t 时的总费用；

$C_{t+\Delta T}^T$——前一次的总费用；

ΔT——工期缩短值；

$\Delta C_{i\text{-}j}^{ID}$——工作 $i\text{-}j$ 的间接费率；

$\Delta C_{i\text{-}j}$——工作 $i\text{-}j$ 的直接费率。

（9）重复以上 5～8 步骤直到总费用不再降低为止。

如公式（12-74）所示，当直接费率或组合费率大于间接费率时，总费用呈上升趋势；故当直接费率或组合直接费率等于或略小于间接费率时，总费用最低。

优化过程可按表 12-12 所示的形式进行。

优化过程表　　　　　　　　　　　　　　　　表 12-12

缩短次数	被缩工作代号	被缩工作名称	直接费或组合直接费率	费率差（正或负）	缩短时间	缩短费用	总费用	工期
1	2	3	4	5	6	7	8	9

注：费率差＝直接费率或组合费率－间接费率。

【例 12-4】　如图 12-57 所示的网络计划，箭杆上方括号外为正常时间直接费，括号内为最短时间直接费；箭杆下方括号外为正常持续时间，括号内为最短持续时间，试对其进行费用优化。（间接费率为：0.120 千元/d）。

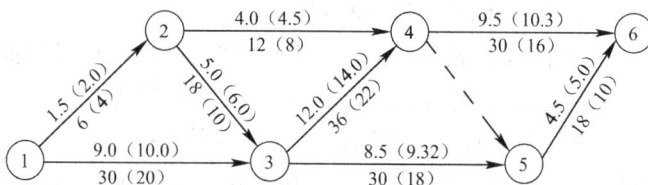

图 12-57　初始网络计划
注：费用单位：千元；时间单位：d。

【解】 (1) 计算工程总直接费：

$$\sum C^D = 1.5 + 9 + 5 + 4 + 12 + 8.5 + 9.5 + 4.5 = 54 \text{ 千元}$$

(2) 计算各工作的直接费率：

$$\Delta C_{1-2} = \frac{CC_{1-2} - CN_{1-2}}{DN_{1-2} - DC_{1-2}} = \frac{2 - 1.5}{6 - 4} = 0.25 \text{ 千元/d}$$

$$\Delta C_{1-3} = \frac{10 - 9}{30 - 20} = 0.1 \text{ 千元/d} \quad \Delta C_{2-3} = \frac{5.25 - 5}{18 - 16} = 0.125 \text{ 千元/d}$$

$$\Delta C_{2-4} = \frac{4.5 - 4}{12 - 8} = 0.125 \text{ 千元/d} \quad \Delta C_{3-4} = \frac{14 - 12}{36 - 22} = 0.143 \text{ 千元/d}$$

$$\Delta C_{3-5} = \frac{9.32 - 8.5}{30 - 18} = 0.068 \text{ 千元/d} \quad \Delta C_{4-6} = \frac{10.3 - 9.5}{30 - 16} = 0.057 \text{ 千元/d}$$

$$\Delta C_{5-6} = \frac{5 - 4.5}{18 - 10} = 0.062 \text{ 千元/d}$$

(3) 用标号法找出网络计划中的关键线路并计算出计算工期，如图 12-58 所示。

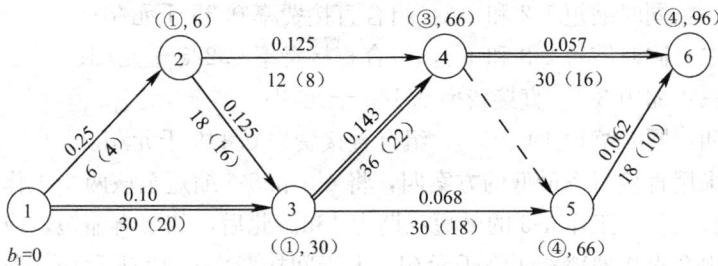

图 12-58　初始网络计划

注：箭线上方为直接费率；节点上方或下方为标号。

(4) 进行工期压缩。

① 第一次压缩：关键线路上直接费率最小的工作为 4-6，将其缩短至最短持续时间，再用标号法找出关键线路。由于原关键工作 4-6 变成了非关键工作，需将其持续时间延长至 18d，使之仍为关键工作，故得第一次缩短后工期为 84d，如图 12-59 所示。

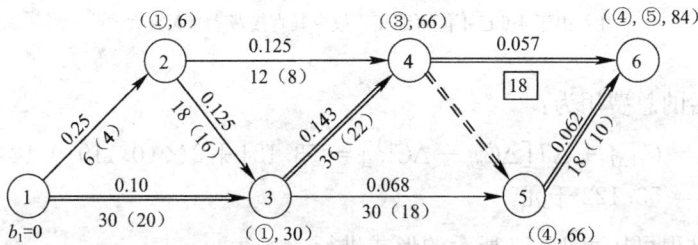

图 12-59　第一次压缩后的网络计划

391

② 第二次压缩：由于需同时缩短关键工作 4-6 和 5-6 才能有效缩短工期，两个工作的组合费率为 $0.057+0.062=0.119$ 千元/d，大于工作 1-3 的直接费率 0.1 千元/d，故决定缩短工作 1-3，并使其仍为关键工作，则其持续时间只能缩短至 24d。故得第二次缩短后工期为 78d，第二次压缩后的网络计划如图 12-60 所示。

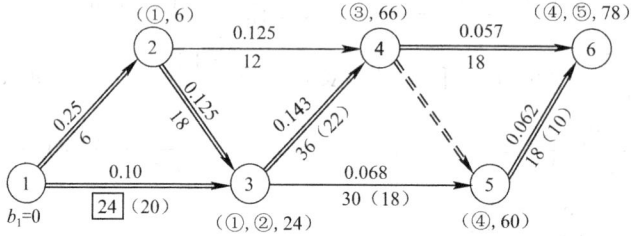

图 12-60　第二次压缩后的网络计划

③ 第三次缩短：有四个方案，具体方案和相应直接费率如下：

方案一：同时缩短 1-2 和 1-3，组合直接费率 0.35 千元/d；

方案二：同时缩短 2-3 和 1-3，组合直接费率 0.225 千元/d；

方案三：缩短 3-4，直接费率 0.143 千元/d；

方案四：同时缩短 4-6、5-6，组合直接费率 0.119 千元/d。

决定采用直接费率最低的方案四，将 4-6 和 5-6 缩短至该两个工作最短持续时间的最大值，工作 4-6 的最短工期为 16d。此后，如要再缩短，应采用第三方案，组合直接费率 0.143 千元/d，大于间接费率 0.12 千元/d，费率差为正值，总费用呈上升趋势，故第三次缩短后，即当间接费率为 0.12 千元/d 时的费用最低的优化工期。优化后的网络计划如图 12-61 所示。

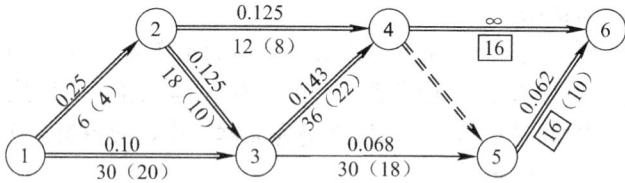

图 12-61　优化后的网络计划

注：由于 4-6 已不能再缩短，故令其直接费率为无穷大。

优化后的总费用为：

$$C_t^T = C_{t+\Delta T}^T + \Delta T [\Delta C_{i\cdot j} - \Delta C_{i\cdot j}^{ID}] = 53.124 + 2 \times (0.119 - 0.12)$$
$$= 53.122 \text{ 千元}$$

优化过程可按表 12-13 所示的形式进行。

缩短次数	被缩工作		直接费率或组合直接费率	费率差	缩短时间	缩短费用	总费用（千元）	工期
	代号	名称						
1	2	3	4	5	6	7	8	9
0	—	—	—	—	—	—	54.00	96
1	4—6	—	0.057	−0.063	12	−0.756	53.244	84
2	1—3	—	0.100	−0.020	6	−0.120	53.124	78
3	4—6 5—6	—	0.119	−0.001	2	−0.002	53.122	76
4	3—4		0.143	0.023				

注：费率差等于直接费率减间接费率 0.120 千元/d。

12.5 网络计划软件的应用简介

网络计划技术是现代工程项目管理的先进技术，在项目的计划管理、进度控制、资源调配和优化中可以发挥极大的作用，但与传统的横道计划方法相比，它在客观上存在着计划编制过程复杂、分析和调整计算工作量大等实际问题。为了克服这些问题，一个有效的途径便是：利用开发的网络计划软件进行计划的编制与管理。

随着计算机在工程项目管理中日益广泛的应用，国内外推出了许多基于网络计划技术的不同版本的项目管理软件。继美国著名的 Primavera 公司和 Microsoft 公司研发的 P3 和 Microsoft Project 4.0、Microsoft Project 8.0 陆续投入使用，项目管理软件的功能也不断得到更新和完善。目前国内广泛使用的网络计划软件有 PKPM 网络计划软件、梦龙网络计划软件、广联达、清华斯维尔等软件。

PKPM 网络计划软件是 PKPM 施工系列软件的核心模块，该软件具有很高的集成性，行业上可以和设计系统集成，施工企业内部可以同施工预算、进度等模块数据共享。该软件具有以下功能优势：

（1）按照《工程网络计划技术规程》进行编制，可快捷、方便地直接绘制双代号网络图、横道图和单代号网络图，同时还提供了多种自动生成工程进度计划的方法，并能进行任意修改。

（2）无须画草图，无须输入参数，直接在屏幕上利用鼠标拖曳画图，而且无论先画网络图还是先画横道图，都能相互转化，真正实现单代号、双代号和横道图之间的自由转换。

（3）绘图时软件自动建立紧前紧后关系，关键线路自动生成，可以彩色出图打印，精美网络图可有效提升技术标的评标得分。

（4）提供多种自动生成工程进度计划和资源的方法，并能进行任意修改。

393

快速生成投标、施工阶段所需的各种进度计划图、进度计划对比图、各种资源图、统计表。

（5）软件通过前锋线功能、动态跟踪实际进度情况，方便及时发现进度偏差，实现进度预测和调度，是建筑单位非常实用、有效的施工管理工具。

（6）能够与 Project 文件互相转换，充分满足客户的使用习惯，大大提高工作效率。

（7）图形输出灵活多样，能够满足施工单位投标的严格计算。

小结及学习指导

本章根据国家行业标准《工程网络计划技术规程》JGJ/T 121—2015 系统地讲述了双代号网络计划、双代号时标网络计划、单代号网络计划、单代号搭接网络计划的基本理论知识；着重介绍了各种类型网络图时间参数的计算、绘制和优化。通过本章学习，要求了解工程网络计划技术的基本理论、分类、特点和网络计划软件的应用，在熟悉单、双代号网络图绘图规则的基础上，掌握其绘制方法并掌握双代号时标网络计划的绘制方法；掌握单、双代号网络计划、单代号搭接网络计划时间参数的基本概念和计算方法；能够熟练地确定单、双代号网络计划的关键工作和关键线路；了解网络计划的各种优化方法。

思考题与习题

12-1　网络图与横道图相比，具有哪些特点？

12-2　双代号网络图的基本组成要素有哪些？

12-3　虚工序在双代号网络中起何作用？并举例说明。

12-4　绘制双代号网络图应符合哪些基本规则？

12-5　双代号网络计划各种时间参数应如何计算？

12-6　确定关键线路有什么意义？如何确定？

12-7　双代号时标网络图的绘制方法有哪些？如何绘制？

12-8　从双代号时标网络图中能直接判断出哪些时间参数？

12-9　单代号网络计划各种时间参数应如何计算？与双单号网络计划有何不同？

12-10　单代号搭接网络计划的各种时间参数应如何计算？

12-11　能熟练地将网络计划与横道计划两种形式互变。

12-12　什么是网络计划优化？网络计划优化的类型有哪些？

12-13　图中有哪些错误？请改正。

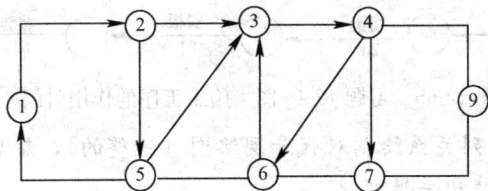

图 12-62　习题 12-13 图

12-14　根据下列各题的逻辑关系绘制双代号网络图：

（1）H 的紧前工序为 A、B；F 的紧前工序为 B、C；G 的紧前工序为 C、D。

（2）H 的紧前工序为 A、B；F 的紧前工序为 B、C、D；G 的紧前工序为 C、D。

（3）M 的紧前工序为 A、B、C；N 的紧前工序为 B、C、D。

（4）H 的紧前工序为 A、B、C；N 的紧前工序为 B、C、D；P 的紧前工序为 C、D、E。

12-15　鉴别下面的网络图，若不合理，试改正并重新编号：

（1）二段流水施工基础工程。

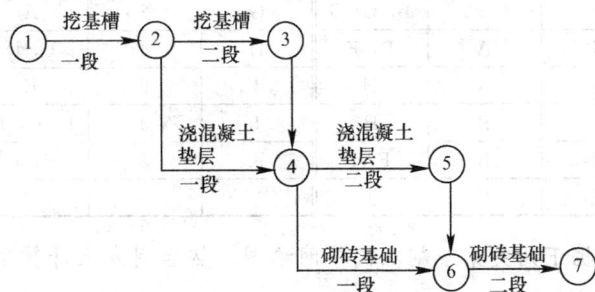

图 12-63　习题 12-15 图（1）

（2）四层楼装饰工程的流水施工网络图。

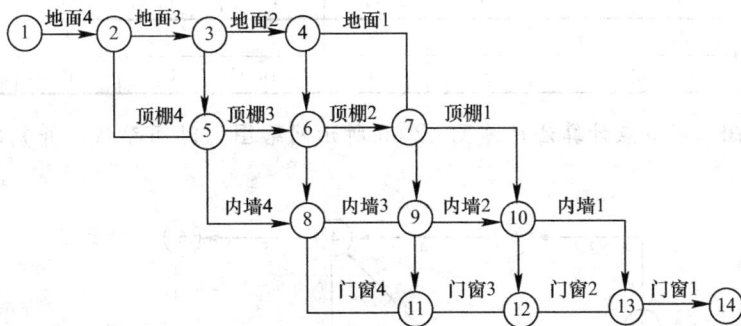

图 12-64　习题 12-15（2）

12-16　两层砖混结构，每层分两段施工，每层每段依次施工，工序作业时间如图 12-65 所示。

要计算：（1）砌墙工人在各段上连续施工（逻辑上连续）；

（2）在同一施工段上，下层灌缝完成后才允许砌上层墙。

试用双代号表示法画出网络图。

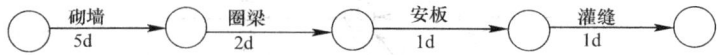

图 12-65 习题 12-16 图（施工工序的作用时间）

12-17 根据下列关系绘制双代号网络图（完整的），然后用工作计算法计算各时间参数，并找出关键线路。

习题 12-17 表　　　　　　　　　表 12-14

工序	作业时间	紧前工序	紧后工序	工序	作业时间	紧前工序	紧后工序
A	2	—	B, C, D	D	8	A	F
B	4	A	F	E	4	C	F
C	2	A	E	F	3	B, D, E	—

12-18 根据下列关系绘制双代号网络图（完整的），然后用图上计算法（直接在图上计算）计算各时间参数，并确定关键线路。

习题 12-18 表　　　　　　　　　表 12-15

工序	作业时间	紧前工序	紧后工序	工序	作业时间	紧前工序	紧后工序
A	3	—	B, C, G	G	7	A	J
B	5	A	D, E	H	4	C, D	J
C	4	A	H	I	9	E	K
D	8	B	H	J	3	F, G, H	K
E	3	B	F, I	K	8	I, J	—
F	9	E	J				

12-19 根据下列关系绘制双代号网络图，然后用表上计算法计算各时间参数，并确定关键线路。

习题 12-19 表　　　　　　　　　表 12-16

工序名称	A	B	C	D	E	F	G	H
作业时间	3	4	4	5	6	2	3	4
紧前工序	—	—	—	A	A, B, C	C	D	D, E, F

12-20 用节点计算法计算图 12-66 所示网络图的时间参数，并判断关键工序。

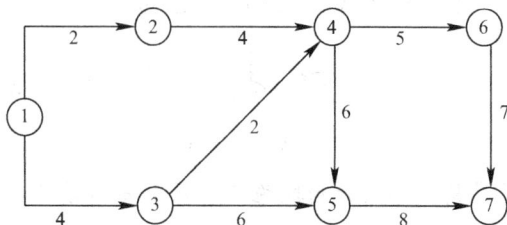

图 12-66 习题 12-20 图

12-21 按表逻辑关系，画出单代号网络图，然后计算网络图的时间参数，并确定关键线路。

工序名称	A	B	C	D	E	F	G	H	I	J
作业时间	3	6	5	2	4	7	3	5	12	6
紧前工序	—	A	A	B	B	D	F	E, F	C, E, F	H, G

习题 12-21 表　　　　　　　表 12-17

12-22　将表 12-17 所示数据绘制成双代号网络图，并绘制出时标网络图，直接在时标网络图上确定关键线路。

12-23　根据下列数据，绘制网络图并计算它的各个时间参数。

习题 12-23 表　　　　　　　表 12-18

工序名称	作业时间	紧前工序	搭接关系	时距
K	4	—	—	—
L	5	K	FTF	2
M	7	K	STS	2
P	5	L	FTS	0
Q	6	L	FTS	3
Q	6	M	STF	5
R	4	P	STS	2
R	4	P	FTF	1
R	4	Q	STS	2

12-24　根据表 12-19 数据绘制双代号时标网络图，并进行"资源有限，工期最短"的优化（设每天最多只能供应 20 个单位，且工序不允许中断）。

习题 12-24 表　　　　　　　表 12-19

工序代号	工序作业时间（d）	每天资源需要量	工序代号	工序作业时间（d）	每天资源需要量
0-1	2	10	2-3	8	8
0-2	6	8	2-4	7	9
1-2	3	12	3-5	10	6
1-3	5	12	4-5	6	10

12-25　网络图及原始数据如图 12-67 所示，箭杆上方括号外为正常时间直接费，括号内为最短时间直接费，箭杆下方括号外为正常持续时间，括号内为最短持续时间，费用单位为万元，时间单位为天。该工程的间接费率为 0.8 万元/d。试对其进行费用优化。

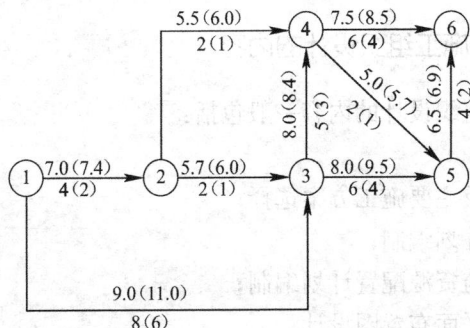

图 12-67　习题 12-25 图

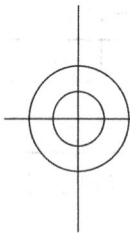

第13章
单位工程施工组织设计

本章知识点

> 知识点：单位工程施工组织设计的内容、编制依据、方法和步骤，施工方案设计、施工进度计划、资源配置计划的编制、施工平面图设计及施工管理计划的编制。
>
> 重　点：单位工程施工组织设计的编制程序和内容；施工方案、单位工程施工进度计划、施工平面图及施工管理计划的主要内容与编制。
>
> 难　点：施工方案选择；单位工程施工进度计划及各项资源需要量计划编制；单位工程施工平面图设计。

13.1　概述

单位工程施工组织设计是承包单位以施工项目的单位（或子单位）工程为主要对象编制的，用以指导和制约单位（或子单位）工程施工过程的技术、经济和管理的综合性文件。它的主要任务是根据施工组织设计的编制原则、施工组织总设计和有关的原始资料，结合实际施工条件，从整个工程施工的全局出发，合理进行施工部署，制订科学的施工方案，安排施工顺序和进度计划，有效利用施工场地，优化配置和节约使用人力、物力、资金等生产要素，协调各方面工作，以实现进度、质量、安全、成本及环境五大目标。

13.1.1　单位工程施工组织设计的内容

单位工程施工组织设计的内容一般包括：
(1) 工程概况；
(2) 施工部署及主要施工方案选择；
(3) 施工进度计划编制；
(4) 施工准备与资源配置计划编制；
(5) 施工现场平面布置图设计；
(6) 主要施工管理计划编制；

（7）主要技术经济指标分析。

根据工程的性质、规模、结构特点、技术复杂程度和施工现场条件的不同，对单位工程施工组织设计的内容和深度、广度的要求不强求一致。在编制时应以讲究实效，能在实际施工中起指导作用为目的，处理好各内容间的相互关系，重点编制好施工方案、施工进度计划和施工平面布置图，抓住技术、时间和空间三大关键环节。

13.1.2 单位工程施工组织设计的编制原则及依据

1. 单位工程施工组织设计的编制原则

单位工程施工组织设计的编制应符合下列原则：

（1）符合施工合同或招标文件中有关工程进度、质量、安全、环境保护、造价等方面的要求；

（2）积极开发、使用新技术和新工艺，推广应用新材料和新设备；

（3）坚持科学的施工程序和合理的施工顺序，采用流水施工和网络计划等方法，科学配置资源，合理布置现场，采取季节性施工措施，实现均衡施工，达到合理的经济技术指标；

（4）采取技术和管理措施，推广建筑节能和绿色施工；

（5）与质量、环境和职业健康安全三个管理体系有效结合。

2. 单位工程施工组织设计的编制依据

单位工程施工组织设计的编制依据有以下内容：

（1）与工程建设有关的法律、法规和文件；

（2）国家现行有关标准和技术经济指标；

（3）工程所在地区行政主管部门的批准文件及建设单位对施工的要求；

（4）工程施工合同或招投标文件；

（5）工程设计文件；

（6）施工组织总设计以及上级主管部门对本工程的要求；

（7）工程施工范围内的现场条件、工程地质、水文地质、气象等自然条件；

（8）与工程有关的资源供应情况；

（9）施工企业的生产能力、机具设备状况、技术水平；

（10）建设单位对工程施工可能提供的条件等。

13.1.3 单位工程施工组织设计的编制程序

单位工程施工组织设计的编制程序如图 13-1 所示。

13.1.4 工程概况及施工特点分析

1. 工程概况

工程概况是对拟建工程的工程特点、地点特征和施工条件等所做的简单而突出重点的文字介绍，一般应以图表进行说明。其内容主要包括：

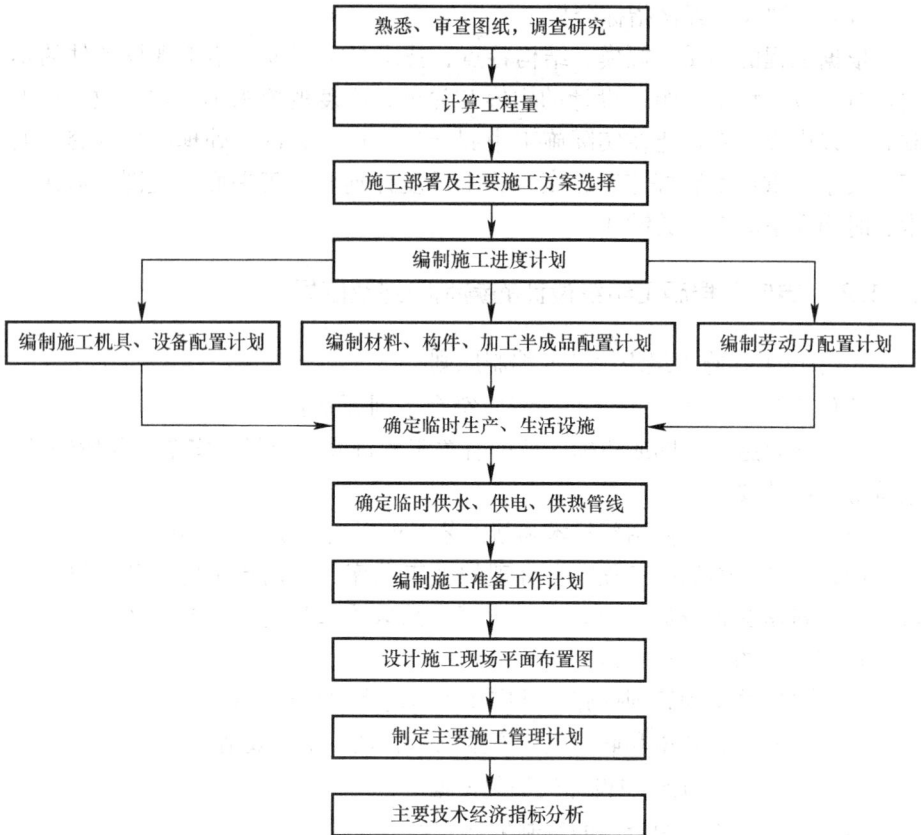

图 13-1 单位工程施工组织设计编制程序

（1）工程主要情况

主要介绍工程名称、性质和地理位置；工程的建设、勘察、设计、监理和总承包等相关单位情况；工程承包范围和分包工程范围；施工合同、招标文件或总承包单位对工程施工的重点要求以及其他应说明的情况。

（2）各专业设计内容简介

各专业设计内容简介一般依据建设单位提供的建筑、结构及各相关专业设计文件，常采用表格进行描述。

建筑设计简介主要包括建筑规模、建筑功能、建筑特点、建筑耐火、防水及节能要求等，并简单描述工程的主要装修做法；结构设计简介应介绍结构形式、地基基础形式、结构安全等级、抗震设防类别、主要结构构件类型及要求等；机电及设备安装专业设计简介描述给水排水及采暖系统、通风与空调系统、电气及智能化系统、电梯等各个专业系统的做法要求。

（3）工程施工条件

主要介绍项目建设地点的气象状况；项目施工区域地形和工程水文地质状况；项目施工区域地上、地下管线及相邻的地上、地下建筑物及构筑物情况；与项目施工有关的道路、河流等状况；当地建筑材料、设备供应和交通运输等服务能力状况；当地供电、供水、供热和通信能力状况以及其他与施工有关的主要因素。

　　2. 施工特点分析

　　不同类型的建筑结构、均有不同的施工特点，从而选择不同的施工方案。通过分析找出本工程施工中的主要矛盾，然后提出相应的对策，以保证施工顺利进行。如高层建筑的施工特点是：基坑支护结构复杂，安全防护要求高，结构和施工设备的稳定性要求高，钢材加工量大，混凝土浇筑难度大等。

13.2　施工部署及主要施工方案选择

13.2.1　施工部署

　　单位工程施工部署是对单位工程实施过程做出的统筹规划和全面安排，是单位工程施工组织设计的纲领，主要包括确定工程施工目标、施工进度安排及空间组织、施工组织安排及其他内容等。

　　1. 工程施工目标的确定

　　工程施工目标根据施工合同、招标文件及上级单位对工程管理目标的要求确定，主要有进度、质量、安全、环境和成本等五大目标，并应符合施工组织总设计中所确定的总体目标。

　　2. 施工进度安排及空间组织的确定

　　施工进度安排及空间组织确定时应符合下列规定：

　　(1) 对单位工程的主要分部（分项）工程和专项工程的施工进行统筹安排，使施工顺序符合工序逻辑关系，并对施工内容及其进度进行明确说明；

　　(2) 根据工程具体情况对施工流水段进行合理划分，并指明划分依据及流水方向，确保均衡流水施工。单位工程施工阶段的划分一般包括地基基础、主体结构、装修装饰和机电设备安装三阶段。

　　3. 确定施工组织安排

　　施工部署中宜采用框图的形式表示项目管理组织机构的形式，并明确项目经理部的工作岗位设置及其职责划分。

　　4. 其他内容

　　施工部署中对于工程施工的重点和难点须进行分析，主要包括组织管理和施工技术两个方面；对于工程施工中开发和使用的新技术、新工艺应做出部署，对新材料和新设备的使用应提出技术及管理要求；并对主要分包工程施工单位的选择要求及管理方式进行简要说明。

13.2.2　主要施工方案选择

　　施工方案是以分部（分项）工程或专项工程为主要对象编制的施工技术与组织方案，是单位工程施工组织设计的核心内容。它主要包括确定施工展开程序和施工流向、确定施工顺序、确定主要分部分项工程的施工方法与施

401

工机械等。施工方案选择的合理与否，将直接影响到工程的质量、进度与成本，因此应充分重视。

1. 确定施工展开程序

单位工程施工展开程序是指不同施工阶段、分部工程或专业工程之间所遵循的先后施工次序。施工中通常应遵循的程序有：

（1）先地下后地上。施工时，通常应先完成管道、管线等地下设施，以及土方工程和基础工程，然后开始地上工程施工，但逆作法施工除外。

（2）先主体后围护。施工时应先进行框架主体结构施工，然后进行围护结构施工。

（3）先结构后装饰。施工时先进行主体的结构施工，然后进行装饰工程施工。但随着建筑工业化水平的提高，某些装饰与结构构件可在工厂制作，现场进行安装即可。

（4）先土建后设备。它是指一般的土建与水、暖、电、卫等工程的总体施工程序，施工时某些工序可能要穿插在土建的某工序之前进行，这是施工顺序问题，并不影响总体施工程序。

2. 确定施工起点流向和总流向

确定施工起点流向就是单位工程在平面空间和竖向空间上，施工的开始部位及其进展方向，主要解决建筑物或构筑物在空间上的合理施工顺序问题。确定单位工程施工起点流向时一般应考虑以下因素：

1）满足建设单位对生产和使用的要求。

2）生产性建筑应考虑生产工艺流程及先后投产顺序。

3）平面上各部分施工繁简程度。对技术复杂、工程量大、耗时较长的分部分项工程优先施工。

4）房屋的高低跨或高低层、基础的深浅。在单层工业厂房结构安装中，当有高低跨并列时，应从并列跨处开始吊装；当基础有深浅时，应按照先深后浅的顺序施工。

5）施工现场条件和施工方法。

6）考虑主导施工机械的工作效率以及主导施工过程的分段情况。

7）分部分项工程的特点和相互关系。各分部分项的施工起点流向有其自身的特点。密切相关的分部分项工程，如果确定了前面施工过程的起点流向，则后续施工过程也就随之确定了。

一般的，对于单层建筑物，如厂房，可按其车间、工段或跨间，分区分段地确定出在平面上的施工流向。对于多、高层建筑物，除了确定每层平面上的流向外，还应确定竖向上的施工流向。如高层的装饰工程，若工期不紧迫，可自上而下进行流水施工；若工期紧迫，也可提前插入装饰工程，对室内装饰采取自下而上或自中而下再自上而中的流水施工方案。此外，自上而下或自下而上等方案又可分为水平和竖直两种情况，各种流向方式如图 13-2～图 13-4 所示，特点各不相同，应根据工程的特点、工期要求及招标文件的具体要求来进行选择。

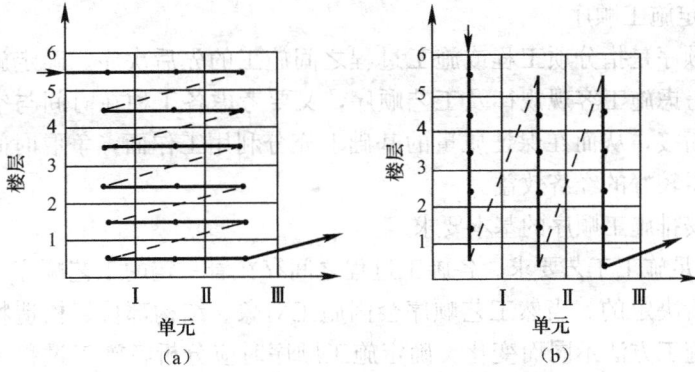

图 13-2　室内装饰工程自上而下的流向

(a) 水平向下；(b) 垂直向下

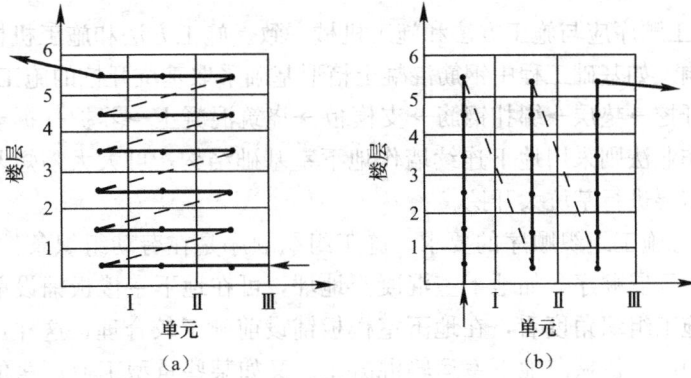

图 13-3　室内装饰工程自下而上的流向

(a) 水平向上；(b) 垂直向上

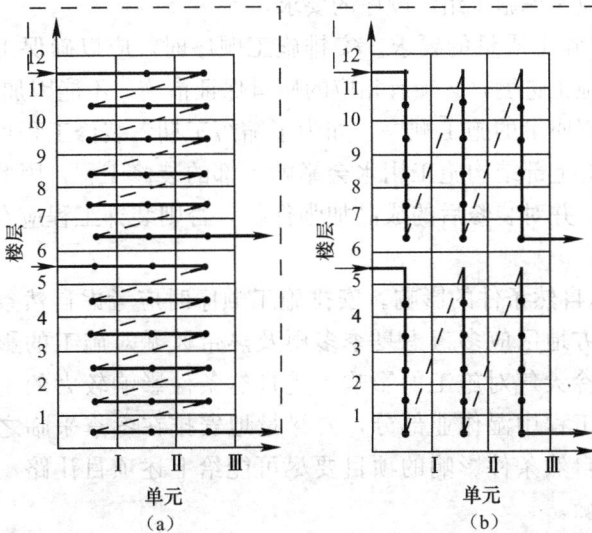

图 13-4　室内装饰自中而下再自上而中的流向

(a) 水平向下；(b) 垂直向下

13.2　施工部署及主要施工方案选择

3. 确定施工顺序

施工顺序是指分项工程或施工过程之间施工的先后次序。确定施工顺序时，既要考虑施工客观规律及工艺顺序，又要考虑各工种在时间与空间上最大限度的衔接，从而在保证质量的基础上充分利用工作面，争取时间、缩短工期，取得较好的经济效益。

（1）安排施工顺序的基本要求

1）满足施工工艺要求。各施工过程之间存在着一定的工艺顺序，这是由客观规律所决定的。当然工艺顺序会因施工对象、结构部位、构造特点、使用功能及施工方法不同而变化。确定施工顺序时应分析各施工过程之间的工艺关系。如现浇柱的施工顺序为：绑扎柱钢筋→支柱模板→浇筑混凝土→养护→拆模。而预制柱的施工顺序为：支模板→绑钢筋→浇筑混凝土→养护→拆模。

2）施工顺序应与施工方法和施工机械一致。施工方法和施工机械对施工顺序有影响。如基础工程中钢筋混凝土箱形基础采取基坑开挖的施工顺序为：基础土方开挖→垫层→绑扎钢筋→支模板→浇筑混凝土→养护→拆模→回填土。而逆作业法则采用地下连续墙作地下室基础结构，可大大缩短基础施工时间，不需要进行基坑大开挖。

3）考虑施工组织顺序的要求。施工组织顺序是在劳动组织条件确定下，同一工作的开展顺序。如地下室混凝土地坪，可在地下室楼板铺设前或后施工。但从施工组织角度看，在地下室楼板铺设前施工较合理，这样可以利用安装楼板的施工机械向地下室运输混凝土。又如某些重型工业厂房的基础工程，由于设备基础埋深较深，若先建厂房、后施工设备基础，可能会影响厂房柱基安全。此时，宜先施工设备基础，再进行厂房施工，即开敞式施工。因此施工顺序应考虑施工组织顺序的要求。

4）应考虑施工质量的要求。安排施工顺序时，应以确保工程质量为前提。为了加快施工进度，必须有相应的质量保证措施，不能因加快施工进度，而采用影响工程质量的施工顺序。如为了缩短工期，装修工程可以在结构封顶之前进行。但上部结构施工用水会影响下部的装修工程，因此必须采取严格的防水措施，并对装修后的成品加强保护，否则装饰工程应在屋面防水施工完成再进行。

5）应考虑自然条件的影响。安排施工顺序时应考虑自然条件对施工顺序的影响。南方地区应多考虑夏季多雨及热带风暴对施工的影响，北方地区应多考虑寒冷天气对施工的影响。受自然条件影响较大的土方工程、防水工程、装饰工程中湿作业部分，要尽量地安排在冬季来临之前完成，而一些基本不受自然条件影响的项目要尽可能给上述项目让路，以保持施工活动的连续均衡。

6）应考虑施工安全的要求。确定施工顺序时，应确保施工安全。不能因抢工程进度而导致安全事故，对于高层建筑工程施工，不宜进行交叉作业。当不可避免地进行交叉作业时，如在同一施工段上，一面砌墙，另一面吊装楼板，应有严格的安全防护措施。

（2）多层混合结构房屋施工顺序

多层混合结构房屋施工，通常可以分为基础工程、主体结构工程、屋面及装饰工程三个阶段。某三层混合结构施工顺序示意如图13-5所示。

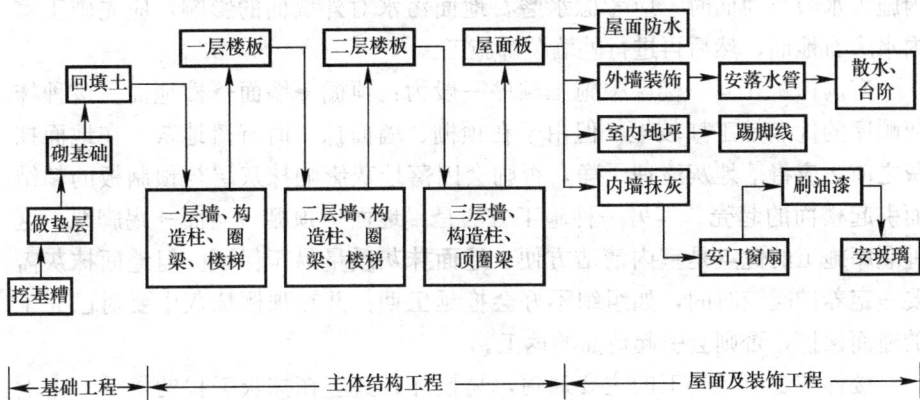

图13-5　某三层混合结构施工顺序示意图

1）基础工程施工顺序

基础指室内地坪（±0.00）以下所有工程的施工阶段。其施工顺序一般为：挖土→做垫层→砌基础→铺设基础防潮层→回填土。当在挖槽和钎探过程中发现地下有障碍物如洞穴、防空洞、枯井、软弱地基等，应进行局部加固处理。

因基础工程受自然条件影响较大，各施工过程安排尽量紧凑。基坑（槽）暴露时间不宜太长，以防暴晒和积水，影响其承载力。而且垫层施工完后，一定要留有技术间歇时间，使其具有一定强度之后，再进行下一道工序施工。

各种管道沟挖土和管道铺设等工程，应尽可能与基础工程配合，平行搭接施工，合理安排施工顺序，尽可能避免土方重复开挖，造成不必要的浪费。

2）主体结构施工顺序

主体结构主要施工过程有：搭设脚手架、砌筑墙体、安装门窗框、安装预制过梁、浇筑钢筋混凝土圈梁和构造柱、安装预制楼板、浇筑钢筋混凝土楼盖和雨篷、安装楼梯和屋面板等。其主导施工过程为砌筑墙体和吊装楼板。

主体结构施工阶段应重视楼梯间、厨房、厕所、盥洗室的施工，其施工与墙体砌筑与楼板安装密切配合，一般以每个自然层为施工层，分层相继流水作业。

3）屋面与装饰工程的施工顺序

屋面防水通常采用卷材防水，其施工顺序为：结构层→找平层→隔气层→保温层→找平层→结合层→防水层→保护层。屋面防水应在主体结构封顶后，尽早开始，以便为装饰工程施工提供条件。

装饰工程有外墙装饰、内墙装饰、顶棚装饰、楼地面装饰等。该工程具有手工作业量大，工种材料种类多等特点，因此妥善安排装饰工程施工顺序、

405

组织好流水施工，对加快施工进度、缩短工期、保证质量有重要意义。

室内装饰与室外装饰之间一般相互干扰很小，通常施工顺序为先室外、后室内，如当采用单排外脚手架时，应先做外墙抹灰、拆除外脚手架后，填补脚手眼、待脚手眼灰浆干燥后再进行室内装饰。但特殊情况除外，如当室内施工水磨石地面时，应考虑水磨石地面污水对外墙面的影响，应先施工室内水磨石地面，然后再进行外墙装饰施工。

室内抹灰在同一楼层中施工顺序一般为：顶棚→墙面→楼地面。该种抹灰顺序的优点是工期较短，但由于在顶棚、墙面抹灰时有落地灰。在地面抹灰之前，应将落地灰清理干净，否则会因落地灰影响抹灰层与预制板的粘结而引起楼面的起壳。其另一种施工方法是：地面→顶棚→墙面→踢脚线。这种顺序施工的优点是室内清洁方便、地面抹灰质量易于保证。但地面抹灰需要一定养护凝结时间，如组织不好会拖延工期；并在顶棚抹灰中要对已完工的地面保护，否则会引起地面的返工。

楼梯和走道是施工的主要通道，易损坏。其应在抹灰工程的最后，由上而下进行，并采用相应保护措施。门窗扇的安装应在抹灰工程完成后进行，以防止门窗扇受污染而影响使用。

（3）高层现浇混凝土剪力墙结构施工顺序

高层建筑的基础均为深基础，由于基础的类型和位置不同，其施工方法和顺序也不同。高层剪力墙结构施工主要分为基础工程、主体结构工程、屋面及装饰三个主要施工阶段。

1）基础及地下室主要施工顺序

当采用一般方法施工时，由下而上施工顺序为：挖土→清槽→验槽→桩施工→垫层→桩头处理→清理→做防水层→保护层→放线→承台梁板扎筋→承台梁板模板→混凝土浇筑→养护→放线→施工缝处理→柱、墙扎筋→柱、墙模板→混凝土浇筑→顶盖梁、板支模→梁板扎筋→混凝土浇筑→养护→拆外模→外墙防水→保护层→回填土。

施工中要注意防水工程和承台梁大体积混凝土浇筑及深基础支护结构的施工，防止水化热对大体积混凝土的不良影响，并保证基坑支护结构的安全。

2）主体结构的施工顺序

主体结构为现浇钢筋混凝土剪力墙，可采用大模板或滑模工艺。

采用大模板工艺，分段流水施工，施工速度快，结构整体性、抗震性好。标准层施工顺序为：弹线→绑扎墙体钢筋→支墙体模板→浇筑墙身混凝土→拆墙模板→养护→支楼板模板→绑扎楼板钢筋→浇筑楼板混凝土。随着楼层施工，电梯井、楼梯等部位也逐层插入施工。

采用滑升模板工艺，其工艺顺序为：抄平放线→安装提升架、围圈→支墙体一侧模板→绑墙体钢筋→支墙体另一侧模板→液压系统安装→检查调试→安装操作平台→安装支承杆→滑升模板→安装悬吊脚手架。

3）屋面防水与装饰工程的施工顺序

屋面工程施工顺序基本与混合结构房屋相同，一般为：找平层→隔气层→保温层→找平层→结合层→防水层→保护层。

装饰工程的分项工程及施工顺序随装饰设计的不同而不同。例如：室内装饰工程施工顺序一般为：结构处理→放线→做轻质隔墙→贴灰饼冲筋→立门窗框、安装铝合金门窗→各类管道水平支管安装→墙面抹灰→管道试压→墙面喷涂贴面→吊顶→地面清理→做地面→安风口、灯具、洁具→调试→清理。

高层建筑种类繁多，如框架结构、剪力墙结构、筒体结构、框剪结构等，不同结构体系采用的施工工艺不尽相同。施工顺序应与采用的施工方法相协调。

(4) 装配式混凝土单层工业厂房施工顺序

单层工业厂房应用较广，如冶金、机械、化工、纺织等行业的很多车间均采用单层工业厂房，多采用装配式钢筋混凝土排架结构。单层工业厂房的设计定型化、结构标准化、施工机械化大大地缩短了设计与施工时间。

装配式钢筋混凝土单层工业厂房施工一般可分为：地下工程、预制工程、结构安装工程、围护及装饰工程四个阶段。其工艺顺序如图 13-6 所示。

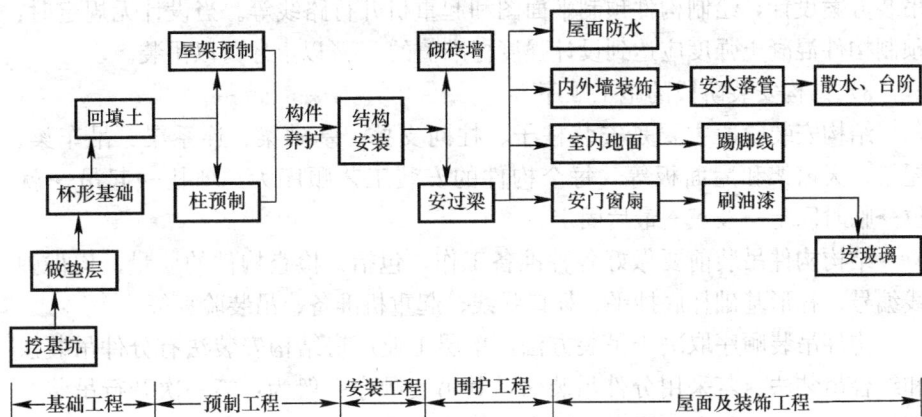

图 13-6 装配式混凝土单层工业厂房施工顺序示意图

1) 基础工程施工顺序

基础工程施工顺序一般为：基坑挖土→钎探验槽→做垫层→绑扎钢筋→安装模板→浇筑混凝土→养护→回填土等分项工程。

当中型或重型工业厂房建设在土质较差的土壤上时，通常采用桩基础。此时，为了缩短工期，常将打桩阶段安排在施工准备阶段进行。

在地下工程开始前，应先处理好地下的洞穴等，然后确立施工流向、划分施工段，以便组织流水施工，并确定钢筋混凝土基础或垫层与基坑开挖之间搭接程度与技术间歇时间，在保证质量前提下尽早拆模和回填土，以免曝晒和浸水，并提供预制场地。

在确定施工顺序时，必须确定厂房柱基础与设备基础的施工顺序，它常常影响到主体结构和设备安装的方法与开始时间，通常有两种方案：

① 当厂房柱基础埋深，深于设备基础埋深时，一般采用先施工厂房柱基

407

础，即所谓"封闭式"施工顺序。通常，当厂房施工处于冬雨季时，或设备增加不大，或采用沉井等特殊方法施工埋深较大的基础时，均可以采用"封闭式"施工顺序。

② 当设备基础埋深大于厂房柱基础埋深时，一般采用厂房柱基础与设备基础同时施工"开敞式"施工顺序。当厂房设备基础较大较深，基坑挖土范围连成一片或深于厂房柱基础，以及地基土质不准时，才采用设备基础先施工的顺序。

2）预制工程的施工顺序

单层工业厂房构件的预制，通常采用工厂预制和工地预制相结合的方法进行。一般重大、较大或运输不便的构件，可在现场预制；中型构件可在工厂预制。

钢筋混凝土预制构件的施工顺序为：预制构件支模→绑扎钢筋→预埋铁件→浇筑混凝土→养护→预应力筋张拉→拆模→锚固→压力灌浆等分项工程。

在预制构件预制工程中，制作日期、制作位置、起点流向和顺序，在很大程度上取决于工作面准备工作的完成情况和后续工作的要求。要进行结构吊装方案设计，绘制构件预制平面图和起重机开行路线等。当设计无规定时：预制构件混凝土强度应达到设计强度标准值的 75％以上才可以吊装。

3）结构安装阶段的施工顺序

结构安装阶段主要是安装柱子、柱间支撑、基础梁、连系梁、吊车梁、屋架、天窗架和屋面板等。每个构件的安装工艺顺序为：绑扎→起吊→就位→临时固定→校正→最后固定。

结构构件吊装前要做好各种准备工作，包括：检查构件的质量、构件弹线编号、杯形基础杯底抄平、杯口弹线、起重机准备、吊装验算等。

构件吊装顺序取决于吊装方法，单层工业厂房结构安装法有分件吊装法和综合吊装法。若采用分件吊装法，其吊装顺序一般为：第一次开行吊装全部柱子，并校正与永久固定；待接头混凝土强度达设计标准值 75％以后，第二次开行吊装吊车梁、托架梁、连系梁与柱间支撑；第三次开行吊装完全部屋盖系统的构件。若采用综合吊装法，一般先吊装 4～6 根柱并迅速校正和固定，再吊装该节间内的吊车梁及屋盖等全部构件，如此依次逐个节间吊装，直到整个厂房吊装完毕。抗风柱一般有两种吊装顺序：一是在吊装柱的同时先安装该跨一端的抗风柱，另一端则在屋架吊装完毕后进行；二是全部的抗风柱均待屋盖结构吊装完毕后再进行吊装。

4）其他工程施工顺序

其他工程施工顺序主要包括围护工程、屋面及装饰工程等，其应紧密配合，可组织立体交叉平行流水施工。

围护工程主要是墙体工程，其包括搭设脚手架和内外墙砌筑等分项工程。在厂房结构安装工程结束之后，或安装完一部分区段后即可开始内、外墙分层分段流水施工。

屋面工程包括屋面板灌缝、保温屋、找平层、结合层、卷材防水层及保护层施工。屋盖安装结束后，即可进行屋面灌浆嵌缝等的施工，找平层干燥后才能进行下一道工序。脚手架应配合砌筑和屋面工程搭设，在室外装饰结束后、散水和坡道施工前拆除。

装饰工程为室内装饰和室外装饰。室内装饰工程包括地面、门窗扇安装、玻璃安装、刷油漆、刷白等分项工程；室外装饰工程包括勾缝、抹灰、勒脚、散水及坡道等分项工程。一般单层工业厂房装饰标准较低，所占工期较少，可与设备安装等工序穿插进行。

4. 确定施工方法和选择施工机械

施工方法和施工机械的选择是施工方案中的关键问题。它直接影响施工进度、施工安全、工程质量及工程成本。施工方法是指在技术上解决分部分项工程的施工手段。单位工程的任一施工过程总可以采用几种不同的施工方法、施工机械进行施工，每一种都有一定的优缺点。我们应根据施工对象的建筑特征、结构形式、场地条件及工期要求等，对多个施工方法进行比较，选择一个先进合理的、适合本工程的施工方法，并选择相应的施工机械。

(1) 确定施工方法应遵守的原则

1) 技术上先进性和经济上合理性相统一。

2) 兼顾施工机械的适用性和多用性，充分发挥施工机械的利用率。

3) 具备可行性，应充分考虑施工单位特点、技术水平、施工习惯及可利用现场条件。

(2) 确定施工方法的重点

确定施工方法时应着重考虑影响整个单位工程施工的分部分项工程的施工方法。而对于按照常规做法和工人熟悉的分项工程，只要提出应注意的特殊问题，可不必详细拟定施工方法。对于下列一些项目的施工方法则应详细、具体：

1) 工程量大、在单位工程中占重要地位，对工程质量起关键作用的分部分项工程。如基础工程、钢筋混凝土工程等隐蔽工程。

2) 施工技术复杂、施工难度大，或采用新技术、新工艺、新结构、新材料的分部分项工程。如大体积混凝土结构施工、模板早拆体系、无粘结预应力混凝土等。

3) 施工人员不太熟悉的特殊结构、专业性很强、技术要求很高的工程，如仿古建筑、大跨度空间结构、大型玻璃幕墙、薄壳、悬索结构等。

(3) 主要分部分项工程施工方法要点

1) 土石方工程

① 计算土石方工程的工程量、确定土石方开挖或爆破方法、选择土石方施工机械；

② 确定土壁放坡的边坡系数或土壁支护形式及打桩方法；

③ 选择地面排水、降低地下水位方法，确定排水沟、集水井或布置井点降水所需设备；

④ 确定土方调配方案。

2) 钢筋混凝土工程

① 确定混凝土工程的施工方案;

② 确立模板类型和支模方法,对于复杂工程还需进行模板设计,进行模板放样;

③ 选择钢筋加工、绑扎、连接方法,保护层垫块设置;

④ 选择混凝土制备方案、密实成型机械、垂直运输机械,以及确定施工缝留设位置;

⑤ 确定预应力混凝土结构的施工方法、控制方法和张拉设备。

3) 砌筑工程

① 确定砖墙的组砌方法和质量要求;

② 确定弹线及皮数杆的控制要求;

③ 确定脚手架的搭设方法和安全网的挂设方法。

4) 结构安装工程

① 确定起重机类型、型号和数量;

② 确定结构构件安装方法、吊装顺序、机械开行路线、构件制作平面布置、拼装场地等;

③ 确定构件运输、装卸及堆放要求,和所需机具设备型号、数量和运输道路要求。

5) 屋面工程

① 确定屋面施工材料的运输方式;

② 确定各道施工工序的操作要求。

6) 装饰工程

① 确定各装饰工程的操作方法、工艺流程及质量要求;

② 确定材料运输方式及储存要求;

③ 确定所需机具设备以及施工组织。

7) 特殊项目

对于特殊项目如采用新材料、新工艺、新技术、新结构的项目,以及大跨度、高耸结构、水下结构、深基础、软弱地基等项目,应单独选择施工方法、阐明施工技术关键、进行技术交底、加强技术管理、拟定安全质量措施。

(4) 选择施工机械

选择施工机械与施工方法紧密相关,其应主要考虑以下几个方面:

1) 首先选择主导施工过程的施工机械,如地下工程的土方机械,主体结构工程的垂直、水平运输机械,结构吊装工程的起重机械等。

2) 选择与主导施工机械配套的各种辅助机械。为了充分发挥主导施工机械的效率,在选择配套的辅助机械时,应使它们的生产能力相协调,并能保证有效地利用主导施工机械。

3) 在同一工地上,应使建筑机械的种类和型号尽量少一些,贯彻一机多用原则,以利于机械设备的管理。

4）充分考虑施工企业现有机械的能力，当不满足工程需要时，应购置或租赁所需新型机械或多用机械，以提高机械化和自动化程度。

13.3　单位工程施工进度计划的编制

13.3.1　单位工程施工进度计划的概念、任务及作用

1. 单位工程施工进度计划的概念及任务

单位工程施工进度计划是指为实现项目设定的工期目标，对各项施工过程的施工顺序、起止时间和相互衔接关系所做的统筹策划和安排。它是施工部署在时间上的体现，反映了施工顺序和各个阶段工程进展情况，是单位工程施工组织设计的重要内容之一。

它的任务是按照施工组织的基本原则，以选定的施工方案为依据，安排单位工程中各施工过程的施工顺序和施工时间，以较少的人力、物力投入，在规定时间内保证质量的完成任务。通常用横道图（水平进度表）或网络图表示，并附必要说明；对于工程规模较大或较复杂的工程，采用网络图进行表示。

施工进度计划编制时，既要强调各施工过程之间紧密配合，又要适当留有余地，以应付各种难以预测的情况。在施工的过程中，也要不断修改和调整使进度计划总是处于最佳状态。

2. 单位工程施工进度计划的作用

单位工程施工进度计划的主要作用有：

（1）安排和控制单位工程施工进度，保证在规定工期内完成符合质量要求的工程任务；

（2）确定单位工程的各施工过程的施工顺序、施工持续时间及相互衔接和合理配合关系；

（3）为编制季度、月生产作业计划提供依据；

（4）为编制施工准备工作计划和各项资源配置计划提供依据；

（5）指导现场的施工安排。

13.3.2　单位工程施工进度计划的编制依据

单位施工进度计划的编制依据主要有：

（1）招标文件及经审批的技术资料；

（2）施工组织总设计中总进度计划对本工程的进度要求；

（3）施工工期要求及上级单位要求；

（4）自然条件及各种技术经济资料的调查；

（5）主要分部分项工程的施工方案；

（6）施工条件、劳动力、材料、构配件及机械设备的供应情况，分包单位的情况等；

（7）劳动定额及机械台班定额；

（8）其他有关要求和资料。

13.3.3　单位工程施工进度计划的编制步骤

单位工程施工进度计划编制程序如图 13-7。

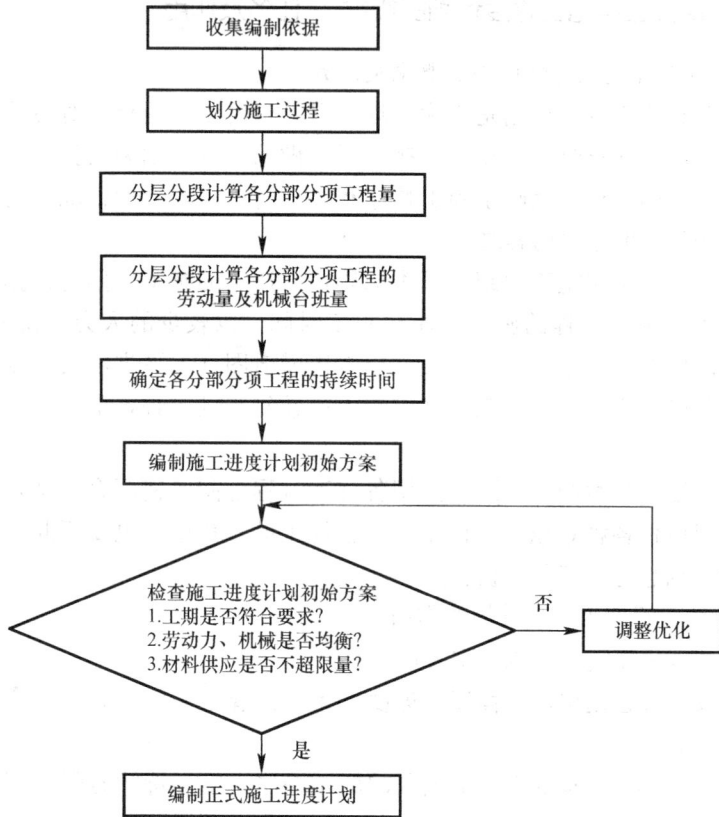

图 13-7　单位工程施工进度计划编制程序

单位工程施工进度计划具体编制步骤如下：

1. 收集编制依据

先熟悉和详细审查图纸，在此基础上收集有关技术资料、施工定额、施工图预算或施工预算等，并组织调查施工现场条件、物资供应条件、气象资料等，以便结合施工总进度计划、单位工程施工方案及合同工期，为编制施工进度计划做好准备工作。

2. 划分施工过程

编制进度计划时，首先按照施工图纸和施工顺序，将拟建单位工程的各施工过程逐项列出，并结合施工方法、施工条件及劳动组织等因素，加以适当调整，形成编制施工进度计划所需的基本单元，并将其填入施工进度计划表中。

在划分施工过程时，应注意以下问题：

（1）施工过程划分的粗细程度取决于单位工程施工进度计划的实际需要。对于控制性进度计划，项目可划分的粗些，只需列出分部工程名称；对于实施性进度计划，施工过程划分必须详细、具体，以提高计划的精度。

（2）施工过程的划分要结合所选择的施工方案等因素。如单层工业厂房结构安装工程，若采用分件吊装法，则施工过程的名称、数量和内容及安装顺序应按照构件来确定；若采用综合吊装法，则施工过程应按照施工单元（节间、区段）来确定。

（3）适当简化施工进度计划内容，进行施工过程的合并，以避免因划分过细而使重点不突出。可将某些穿插性分项工程合并到主导分项过程中，或将在同一时间内由同一专业工作队施工的过程合并为一个施工过程。而对于一些次要、零星的施工过程，可合并在一起，作为"其他工程"单独立项，在计算劳动量时综合考虑。

（4）水、暖、电、卫工程和设备安装工程通常由专业工作队自行编制计划并负责施工，因此不必细分施工过程，只需在一般土建工程施工进度计划中反映出其与土建工程的配合关系即可。

（5）所有施工过程应大致按照施工顺序列出，编排序号，以免遗漏或重复，其名称可参考现行施工定额手册上的项目名称。

3. 分层分段计算各分部分项工程量

按照施工方案划分施工层及施工段，然后按照施工图和工程量计算规则进行分部分项工程量的计算。计算工程量时应注意如下几方面问题：

（1）各分部分项工程的工程量计算单位应与现行施工定额中相应项目的单位相一致，以便计算劳动量、材料、机械台班时直接套用定额。

（2）结合施工方法和技术安全的要求计算工程量，使计算的工程量与施工实际情况相符。如基础工程中挖土方中的人工挖土、机械挖土、是否放坡、坑底是否留工作面、是否设支撑等，其土方量计算均不同。

（3）工程量计算应结合施工组织要求，分区、分段、分层进行计算，以便组织流水施工。

（4）计算工程量时，应尽量考虑方便其他计划编制时对工程量数据的选用，做到一次计算，多次使用。

若编制计划时已有施工图预算文件，通常可直接利用预算文件所计算的工程量数据，并注意有些项目的工程量应根据实际情况做适当调整。

4. 分层分段计算各分部分项工程的劳动量、机械台班量

根据施工过程的工程量、施工方法和现行的施工定额进行劳动量、机械台班量计算：

$$P_i = \frac{Q_i}{S_i} \tag{13-1}$$

或
$$P_i = Q_i Z_i \tag{13-2}$$

式中　P_i——某施工过程的劳动量（工日）或机械台班量（台班）；

　　　Q_i——该施工过程的工程量（m^2，m^3，t，……）；

S_i——计划采用的产量定额（m², m³, t, ……/工日或台班）；

Z_i——计划采用的时间定额（工日或台班/m², m³, t, ……）。

施工进度计划中的施工过程所包含的工作内容为若干分项工程综合时，可将该过程的定额进行扩大综合，求出平均产量定额，使其适应施工进度计划所列的施工过程，平均产量定额可按下式计算：

$$\bar{S} = \frac{\sum_{i=1}^{n} Q_i}{\dfrac{Q_1}{S_1} + \dfrac{Q_2}{S_2} + \cdots\cdots + \dfrac{Q_n}{S_n}} = \frac{\sum_{i=1}^{n} Q_i}{\sum_{j=1}^{n} \dfrac{Q_i}{S_i}} \tag{13-3}$$

式中　Q_1, ……, Q_n——同一施工过程中各分项工程的工程量；

S_1, ……, S_n——同一施工过程中各分项工程量的产量定额；

$\bar{S}$——该施工过程平均产量定额（或平均机械产量定额），也称综合产量定额。

实际应用时，应注意综合前各分项工程的工作内容和工程量单位，当合并综合前的各分项工程的工作内容和工作量单位完全一致时，公式中 $\sum Q_i$ 应等于各分项工程量之和；当各分项工作内容和工程量单位不一致时，应取与综合产量定额单位一致且工作内容也基本一致的各分项工程的工程量之和。

例如，某一预制混凝土构件工程，其施工参数见表13-1。

某钢筋混凝土预制构件施工参数　　　　　　　　表 13-1

施工过程	工程量		时间定额	
	数量	单位	数量	单位
安装模板	165	10m²	2.67	工日/10m²
绑扎钢筋	19.5	T	15.5	工日/t
浇筑混凝土	150	m³	1.90	工日/m³

$$S = \frac{\sum_{i=1}^{3} Q_i}{\sum_{j=1}^{3} \dfrac{Q_i}{S_i}} = \frac{150\text{m}^3}{16.5 \times 2.67 + 19.5 \times 15.5 + 150 \times 1.9} = \frac{0.238\text{m}^3}{\text{工日}}$$

该综合产量定额的意义为：每工日完成 0.238m³ 预制构件的生产，其中包括模板支设，钢筋绑扎和浇筑混凝土等综合项目。

5. 确定分部分项工程的持续时间

计算各施工过程的持续时间的方法一般有两种：

(1) 按劳动资源的配置情况计算天数。即先确定配备在该分部分项工程的机械台班或人数，再计算施工持续天数。其计算公式如下：

$$T = \frac{p}{nb} \tag{13-4}$$

式中　T——完成某一施工过程的持续时间；

p——该施工过程所需完成的劳动量（工日）或机械台班量；

n——每个工作班投入该施工过程的工人数（或机械台数）；

b——每天工作班数。

（2）按工期倒排进度。即先根据总工期和施工经验，确定各分部分项工程的施工时间，再按劳动力和班次，确定每一分部分项工程所需要的机械台班数或人数。计算公式如下：

$$n = \frac{P}{Tb} \tag{13-5}$$

确定施工过程持续时间，还应考虑工作人员和施工机械的工作面情况。超过工作面限制时会使工人和施工机械的工作效率将下降，同时可能引发安全问题。此外，在安排班次时宜采用一班制。若工期紧迫，也可采用二班制或三班制，以加快施工进度。

6. 施工进度计划初始方案的编制

各分部分项工程施工顺序和持续时间确定后，编制初始方案、编制初始方案时，应先考虑主导施工过程的进度，尽量使其连续施工，然后插入其他施工过程，配合主导施工过程的施工。将各分部分项工程相互搭接、配合、协调即可形成单位工程施工进度计划初始方案。施工进度计划初始方案编制的方法主要有两种：横道图法和网络图法。

（1）当采用横道图进行施工进度计划时，应尽可能地组织流水施工。一般先将单位工程分成基础、主体、装饰三个分部工程，分别确定各个分部工程的流水施工进度计划（横道图）；再将三个分部工程的横道图相互协调、搭接，形成单位工程施工进度计划。

（2）当采用网络图进行施工进度计划时，有两种安排方式：

1）单位工程规模较小时，可以绘一个详细的网络计划，确定方法与步骤与横道图相同，先绘制各分部工程的子网络计划，再用节点或虚工作将各分部工程的子网络计划连接成单位工程的施工进度计划。

2）单位工程规模较大时，先绘制整个单位工程的控制性网络进度计划，在此网络计划中，施工过程的内容比较粗（例如，在高层建筑施工上，一根箭线代表整个基础工程或一层框架结构的施工），主要对整个单位工程进行宏观控制；在具体指导施工时，再编制详细的实施性网络进度计划。

7. 施工进度计划的检查和调整

编制施工进度计划时，需考虑的因素很多，初始施工进度计划编制完成后往往会出现各种问题。因此初始施工进度计划编制完成后，必须进行不断地检查与调整，最终形成正式施工进度计划。

主要检查施工进度计划初始方案各分部分项的施工顺序是否合理，技术间歇是否合理；施工工期是否满足规定的工期或合同工期；劳动力、材料、机械设备供应能否满足要求和均衡性；此外，还要检查进度计划在绘制过程中是否存在错误。

调整或修改检查中发现的不合理或错误之处。调整进度计划可通过调整施工过程的工作天数、搭接关系或改变某些施工过程的施工方法来实现。同时，在调整某一分项工程时，应注意它对其他分项工程的影响。通过调整，可使劳动力、材料的需要量更为均衡，主要施工机械的利用更为合理，避免或减少短期内资源供应过分集中。经过反复的检查和调整，最终将形成正式的施工进度计划。

13.4　单位工程施工准备与资源配置计划的编制

13.4.1　施工准备工作计划的编制

为了保证工程建设目标的顺利实现，在开工前，应根据施工任务、开工日期、施工进度和现场情况的需要，做好各项准备工作。施工准备工作主要包括技术准备、物资准备、现场准备和资金准备工作等。

1. 技术准备工作计划

技术准备包括施工所需技术资料的准备、施工方案编制计划、试验检验及设备调试工作计划、样板制作计划等。

2. 现场准备工作计划

现场准备工作应根据现场施工条件和工程实际需要，准备现场生产、生活等临时设施。主要包括以下几点：

（1）清除障碍物，做好"三通一平"。

（2）核对勘察资料，了解地下情况；做好施工场地维护，保护周围环境。

（3）组织施工机械、材料进场，材料并按计划堆场。

（4）搭设临时设施。

（5）测量放线。

（6）预订后续材料、设备等。

3. 资金准备工作计划

资金准备计划主要任务是根据施工进度计划提前编制资金使用计划表。

13.4.2　资源配置计划的编制

资源配置计划是指施工中所需的劳动力、材料、构件、施工机械及设备的数量计划，应在单位工程施工进度计划编制完成后，按施工进度计划、施工图纸及工程量等资料进行编制。资源配置计划主要包括劳动力配置计划和物资配置计划等。

1. 劳动力配置计划

劳动力配置计划是安排劳动力、调配和均衡劳动力消耗指标、安排生活福利设施的依据。其编制方法是依据施工进度计划表，确定各施工阶段的用工量，并进行累加汇总，绘制而成。劳动力配置计划表的格式见表 13-2。

劳动力配置计划　　　　　　　　　　　　　　　表 13-2

序号	工种名称	劳动量（工日）	月份（工日）											
			1	2	3	4	5	6	7	8	9	10	11	……

2. 物资配置计划

(1) 主要材料配置计划

主要材料配置计划主要是为施工备料、供料及确定材料堆场面积和运输计划之用。其编制方法是根据施工进度计划表中各施工过程的工程量,结合施工预算中的工料分析表及材料消耗定额、储备定额等,将材料名称、规格、数量、使用时间等汇总而得,形式见表13-3。

表13-3

主要材料配置计划

序号	品名	规格	需要量		供应单位	供应日期	备注
			单位	数量			

(2) 构件及半成品构件配置计划

构件及半成品构件配置计划主要是为了确定加工订货单位,并按所需的规格、数量和时间确定堆场和组织运输等。其编制可根据施工图和施工进度计划进行确定使用的数量及部位,形式见表13-4。

构件及半成品构件配置计划 表13-4

序号	构件名称	规格	图号	需要量		使用部位	加工单位	供应日期	备注
				单位	数量				

(3) 商品混凝土配置计划

商品混凝土配置计划主要用于购买混凝土,以便顺利完成混凝土的浇筑工作。其编制方法一般根据施工进度计划和消耗量定额分层分段确定混凝土规格、数量、使用时间等,并将其汇总而得,形式见表13-5。

商品混凝土配置计划 表13-5

序号	混凝土使用地点	混凝土规格	单位	数量	供应日期	备注

(4) 施工机具及设备配置计划

施工机具及设备配置计划主要用于确定施工机具和设备的类型、数量、进场时间,以便落实施工机具和设备来源,组织进场。其编制方法是将单位工程施工进度计划表中的每一个施工过程,每天所需的机械或设备的类型、数量和施工日期进行汇总而得,形式见表13-6。

施工机具及设备配置计划 表13-6

序号	机具或设备名称	规格型号	需要量		货源	使用起止时间	备注
			单位	数量			

13.5　单位工程施工现场平面布置图的设计

13.5.1　单位工程施工现场平面布置图的概念及作用

施工现场平面布置图是在施工用地范围内，对一栋建筑物（即单位工程）的各项生产、生活设施及其他辅助设施等进行的平面规划。

施工现场平面布置图一般以 1∶100～1∶1000 的比例绘制，是施工方案在现场空间上的体现，反映已建工程和拟建工程之间，以及各种临时建筑、临时设施之间的合理位置关系。施工现场平面布置图设计得好，就可使现场施工科学有序、安全，为文明施工创造条件；反之，会导致施工现场道路不畅通、材料堆放混乱等，将会对工程进度、质量、成本、环境及安全的控制产生不良影响。

13.5.2　单位工程施工现场平面布置的依据及原则

1. 单位工程施工现场平面布置的依据

单位工程施工现场平面布置的依据主要有三方面：

（1）有关拟建工程的当地原始资料。①自然条件调查资料。如气象、地形、水文及工程地质资料等。②技术经济条件资料。如交通运输、水源、电源、物资资源、生产和生活情况等。

（2）建筑设计资料。①建筑总平面图。一切地上地下已建和拟建的房屋和构筑物的平面位置，可用于确定临时建筑与其他设施的空间位置，以及修建工地运输道路等所需的资料。②一切已有和拟建的地下地上管道位置。在施工中应尽可能考虑对其利用；若其对施工有影响，则应采取一定措施予以解决。③建筑区竖向设计、土方平衡图及拟建工程的有关施工图设计资料。可用于布置水电管线和安排土方挖填、取舍位置等。

（3）施工资料。其包括施工方案、施工进度计划、资源配置计划和运输方式等，用以确定各种施工机械位置、吊装方案与构件预制、堆放的布置，各种临时设施的形式、面积尺寸及相互关系等。

2. 单位工程施工现场平面布置的原则

单位工程施工平面图设计应遵循以下原则：

（1）在保证施工顺利进行的前提下，平面布置力求紧凑。

（2）减少二次搬运，最大限度缩减工地内部运距。

（3）力争减少临时设施的数量，降低临时设施建造费用，并采用技术措施使临时设施拆卸方便，重复利用。

（4）临时设施布置应有利于施工管理和工人的生产生活，避免人流交叉。

（5）符合环保、安全和防火要求，并遵守当地主管部门和建设单位关于施工现场安全文明施工的相关规定。

13.5.3　单位工程施工现场平面布置图设计的步骤

单位工程施工现场平面布置图包括内容以及具体的编制步骤如下：

（1）按比例绘制地上地下已建及拟建建筑物、构筑物及其他设施的位置

熟悉设计图纸、分析有关资料，掌握和熟悉现场有关地形、水文、地质条件等，并按照一定比例，将建筑平面上已建和拟建的一切地上地下建筑物、构筑物及其他设施的位置和尺寸，绘制在施工现场平面布置图上。

（2）确定垂直运输机械的位置

施工现场的材料运输量很大，起重机械如塔式起重机、履带式起重机、钢井架、龙门架、混凝土输送泵等垂直运输机械位置，直接影响到材料仓库、堆场和搅拌站等的位置以及场内运输道路、水电管线的布置等，因此，应首先考虑垂直运输机械位置的确定。

1）固定式垂直运输机械（如井架、龙门架、桅杆式等）的布置。应注意根据机械的运输能力和性能、建筑物的平面形状和大小、施工段的划分、材料的来向和已有运输道路的情况而定。其布置的原则是充分发挥起重机械的能力，并使地面和楼面的水平运输距离最小、使用方便、安全。通常，当建筑物各部分高度相同时，布置在施工段的分界处；当建筑物各部分高度不同时，应布置在高低分界线较高部位的一方；井架、龙门架最好布置在窗口处，以免墙体留槎，减少拆除后的修补工作；固定式起重机械的卷扬机不宜离起重架过近，以便司机能够看到整个升降过程，一般要求此距离大于建筑物的高度，并且水平方向距离外脚手架3m以上。高层建筑，可选用自升式或附着式塔式起重机，布置在建筑场中间或转折处。

2）有轨式起重机械（塔吊）的布置。主要取决于建筑物平面形状、尺寸、场地条件和起重机的起重半径，应尽量使起重机械的工作幅度能够将材料和构件直接吊运到建筑物的任何施工地点而避免出现"死角"。通常，轨道布置方式有：单侧布置、双侧布置、跨内单行布置和跨内环形布置四种方式。

轨道布置完成后，还需绘制出塔式起重机械的服务范围。以轨道两端有效端点的轨道中心为圆心，以最大回转半径为半径画出两个半圆，连接两个半圆，即为塔式起重机械的服务范围。在确定范围时，应考虑将建筑物平面最好包括在塔式起重机的服务范围之内，以确保各种材料和构件直接吊运到建筑物的设计部位去。一般可将塔吊与井架或龙门架配合使用，以解决塔吊存在死角的问题。一般，主要临时道路宜安排在塔吊的服务范围之内。

（3）确定搅拌机（站）、混凝土输送泵及管道的布置

1）确定搅拌机（站）位置。当采用现场搅拌混凝土时，需确定搅拌机（站）位置，其取决于垂直运输机械，一般应考虑：①根据施工任务大小和特点，选择适用的搅拌机及数量，然后根据总体要求，将搅拌机布置在使用地点及起重机附近，并与垂直运输机具协调，以提高机械的利用率。②搅拌机的位置尽可能布置在运输道路附近，且与场外运输道路相连接，以保证材料顺利进场。

2）混凝土输送泵及管道位置的确定。其应按照供料方便、管线短的原则。当采用搅拌运输车供料时，混凝土输送泵宜布置在离浇筑地点和供排设施较近处，且有足够的场地，以满足多台同时浇筑或混凝土的连续供应的需

419

求。此外，泵位直接影响配管长度、输送阻力和效率。输送管道宜直、固定牢靠、接头严密，并要预防管线堵塞。

（4）确定材料、构件及半成品构件的堆场位置以及加工棚的位置

材料、构件及半成品的堆场以及加工棚的面积应根据计算而定，其位置根据施工阶段、施工部位及使用时间不同，可采取以下方法进行布置：

1）建筑物基础和第一层施工所用的材料，应布置在建筑物周围，并根据基槽（坑）的深度、宽度和边坡坡度确定与基槽（坑）边缘保持的距离，以免造成土壁塌方事故。

2）第二层以上材料宜布置在起重机的起重半径范围之内。

3）多种材料同时布置时，对大宗的、重量大的和先期使用的材料，尽可能布置在靠近使用地点处或起重机方便吊运的位置；而对少量的、重量轻的和后期使用的材料，则可布置得远一些。

4）按不同的施工阶段、使用不同的材料的特点，在同一位置上可先后布置不同的材料。例如：砖混结构基础施工阶段，建筑物周围可堆放毛石，而在主体结构施工阶段，在建筑物周围可堆放标准砖。

5）加工棚的位置，宜布置在建筑物四周稍远位置，且应有一定的材料、成品的堆放场地。

6）当采用现场搅拌砂浆或混凝土时，砂、石堆场及水泥仓库应紧靠搅拌站布置。

（5）确定场内运输道路

现场主要道路应尽可能利用已有的永久性道路和路基，在土建工程结束前再铺路面。现场道路布置时应注意保证行驶畅通，在有条件的情况下，应布置成环形道路，使运输工具具有回转的可能性，并直接通达材料堆场。道路宽度：单行道一般宽不小于3.5m，双车道宽度不小于5.5～6m。道路的布置应尽量避开地下管道，以免管线施工时使道路中断。

（6）确定各类临时设施位置

单位工程现场临时建筑主要有办公室、工人宿舍、加工车间、仓库等。临时设施的位置一般考虑使用方便，并符合消防要求；为了减少临时设施费用，临时设施可以沿围墙布置；办公室靠近现场，出入口设门卫。有条件最好将生活区与生产区分开，以免相互干扰。

施工的临时用水一般由建筑单位的干管或自行布置的干管接到用水地点。最好采用生活用水，应环绕建筑物布置，不留死角，并力求管网总长最短。管径大小和龙头数目的设置视工程规模大小通过计算而定，管道可以埋于地下，也可以铺在地面上，以当时当地的气候条件和使用期限而定。工地内设置的消火栓距建筑物不小于5m，也不应大于25m，距离路边不大于2m。施工时，为防止停水，可在建筑物附近设简单的蓄水池、储存一定的生产和消防用水，若水压不足，还须设置高压水泵。

临时用电设计计算包括用电量计算、电源选择、电力系统选择与配置。用电量计算包括生产用电及室内外照明用电计算，选择变压器，确定导线的

截面及类型。变压器应设在场地边缘高压电线接入处。变压器离地面距离应大于 30cm，在四周 2m 外用高于 1.7m 钢丝网围护以保证其安全，变压器不得设在交通要道口处。

总之，建筑施工是一个多变复杂的生产过程，各种施工机械、材料、构件等是随着工程的进展而逐渐进场，而且又随着工程的进展而逐渐变动、消耗。因此，在整个施工过程中，它们在工地的布置情况随时在改变。为此，对大型工程或场地狭小的工程，可根据不同的施工阶段设计几张施工平面图，以便把不同施工阶段合理布置生动地反映出来。在设计不同阶段施工平面图时，对整个施工期间的临时设施、道路、水电管线，不要轻易变动以节省费用。设计施工平面图时，还应广泛征求各专业施工单位的意见，充分协商，以达到最佳设计。

13.6　主要施工管理计划的编制

施工管理计划是单位工程施工组织设计中必不可少的内容，主要包括质量管理计划、进度管理计划、安全管理计划、成本管理计划、环境管理计划以及其他管理计划等内容。

13.6.1　质量管理计划

质量管理计划是指保证实现项目施工质量目标的管理计划，包括制定、实施、评价所需的组织机构、职责、程序以及采取的措施和资源配置等。质量管理应按照 PDCA（即计划-执行-检查-修正）循环模式，加强过程控制，通过持续改进提高工程质量。编制时，应首先根据《质量管理体系要求》，建立本单位的质量管理体系文件，并在质量管理体系的框架内进行质量管理计划的编制。质量管理计划的内容一般包括以下四个方面：

1）按照项目具体要求确定质量目标并进行目标分解，质量指标应具有可测量性；

2）建立项目质量管理的组织机构并明确职责；

3）制定符合项目特点的技术保障和资源保障措施，通过可靠的预防控制措施，保证质量目标的实现；

4）建立质量过程检查制度，并对质量事故的处理做出相应规定。

13.6.2　进度管理计划

进度管理计划是指保证实现项目施工进度目标的管理计划，包括对进度及其偏差进行测量、分析、采取的必要措施和计划变更等。在工程施工进度计划执行过程中，由于各方面条件的变化，经常使实际进度脱离原计划，这就需要施工管理者随时掌握工程施工进度，检查和分析进度计划的实施情况，及时进行必要的调整，以保证施工进度总目标的实现。此外，工程进度会直接影响到项目的成本、使用、投产及经济效益的发挥，因此制订进度管理计划尤为重要。其内容一般包括：

1）对项目施工进度计划进行逐级分解，通过阶段性目标的实现保证最终工期目标的完成；

2）建立施工进度管理的组织机构并明确职责，制定相应管理制度；

3）针对不同施工阶段的特点，制定进度管理的相应措施，包括施工组织措施、技术措施和合同措施等；

4）建立施工进度动态管理机制，及时纠正施工过程中的进度偏差，并制定特殊情况下的赶工措施；

5）根据项目周边环境特点，制定相应的协调措施，减少外部因素对施工进度的影响。

13.6.3　安全管理计划

安全管理计划是保证实现项目施工职业健康安全目标的管理计划，包括制定、实施所需的组织机构、职责、程序以及采取的措施和资源配置等，贯彻"安全第一、预防为主"的方针。在编制计划时，可根据《职业健康安全管理体系规范》，结合工程实际以及国家和地方政府部门的有关要求，对施工中可能发生安全问题的危险源进行预测，并建立完善的施工现场安全生产保证体系，以确保职工的安全和健康。安全管理计划的内容主要包括：

1）确定项目重要危险源，制定项目职业健康安全管理目标；

2）建立有管理层次的项目安全管理组织机构并明确职责；

3）根据项目特点，进行职业健康安全方案的资源配置；

4）建立具有针对性的安全生产管理制度和职工安全教育培训制度；

5）针对项目重要危险源，制定相应的安全技术措施；对达到一定规模的、危险较大的分部（分项）工程和特殊工种的作业，应制定专项安全技术措施的编制计划；

6）根据季节、气候的变化，制定相应的季节性安全施工措施；

7）建立现场安全检查制度，并对安全事故的处理做出相应规定。

13.6.4　成本管理计划

成本管理计划是指保证实现项目施工成本目标的管理计划，包括成本预测、实施、分析、采取的必要措施和计划变更等。其基本原理是将计划成本作为施工成本的目标值，在施工过程中定期地进行实际值与目标值的比较，通过比较找出实际支出额与计划成本之间的差距，分析产生偏差的原因，并采取有效的措施加以控制，以保证目标值的实现或减小差距。成本管理计划应以项目施工预算和施工进度计划为依据进行编制。具体应包含以下内容：

1）根据项目施工预算，制定项目施工成本目标；

2）根据施工进度计划，对项目施工成本目标进行阶段分解；

3）建立施工成本管理的组织机构并明确职责，制定相应管理制度；

4）采取合理的技术、组织和合同等措施，控制施工成本；

5）确定科学的成本分析方法，制定必要的纠偏措施和风险控制措施。

13.6.5　环境管理计划

环境管理计划是指保证实现项目施工环境目标的管理计划，即按照国家和地方政府部门的有关要求，通过制定可行的管理和技术措施，保护和改善施工现场环境，降低现场的各种垃圾、粉尘、污水以及噪声、振动等对环境的污染和危害。环境管理计划主要包括以下内容：

1）确定项目重要环境因素，制定项目环境管理目标；

2）建立项目环境管理的组织机构并明确职责；

3）根据项目特点，进行环境保护方面的资源配置；

4）制定现场环境保护的控制措施；

5）建立现场环境检查制度，并对环境事故的处理做出相应规定。

13.6.6　其他管理计划

其他管理计划包括绿色施工管理计划、防火保安管理计划、合同管理计划、组织协调管理计划、创优质工程管理计划、质量保修管理计划以及对施工现场人力资源、施工机具、材料设备等生产要素的管理计划等等。可根据项目的特点和复杂程度加以取舍，其内容一般包括目标的确定、组织机构的设立、资源配置、相应的管理制度和技术、组织措施等。

13.7　主要技术经济指标分析

13.7.1　技术经济分析的目的

技术经济分析的目的：论证施工组织设计在施工上是否可行、技术上是否先进、经济上是否合理；通过相关技术经济指标的计算、分析比较，选择技术经济效果最佳的方案；为改进施工组织设计、提高企业经济效益提供依据。

13.7.2　主要技术经济指标的分析

技术经济分析是选择最优方案的重要途径，评价施工组织设计的优劣应从以下两方面考虑：

1. 定性分析评价指标

定性分析评价是指结合施工实际经验，对若干个施工方案的优缺点进行比较，一般包括：①技术上的可行性；②施工操作难易程度和安全可靠性；③为后续工程创造有利条件的可能性；④利用现有或取得施工机械的可能性；⑤为现场文明施工创造有利条件的可能性；⑥施工方案对冬、雨期施工的适应性；⑦保证质量的措施是否可靠完善等。

2. 定量分析评价指标

定量分析评价是对施工组织设计的各项主要指标进行计算，将指标进行量的分析、比较、评价，从而确定其优劣。不同类型的施工方案、施工方法，指标组成也往往不同。定量分析指标体系如图 13-8 所示。

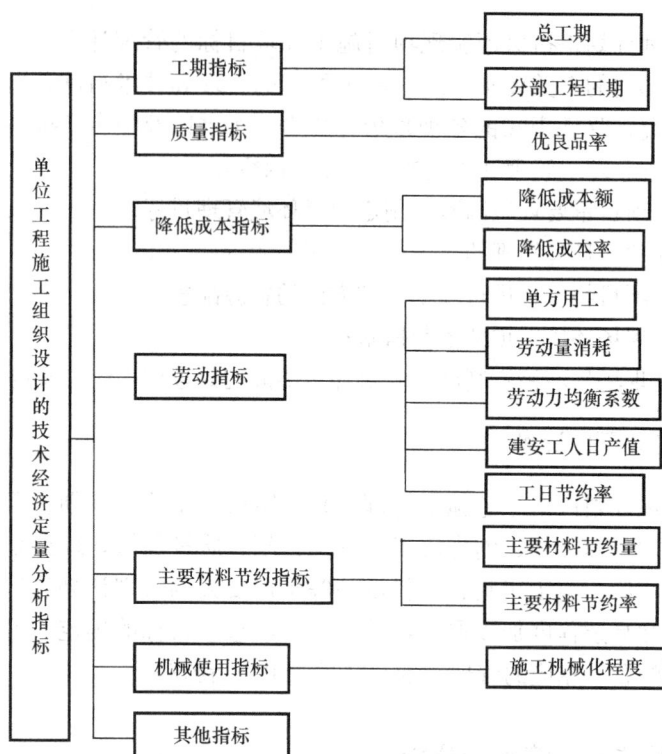

图 13-8　单位施工组织设计的技术经济定量分析指标

（1）工期指标。①总工期是指工程开工至竣工的全部日历天数，反映建设速度，影响投资效益的主要指标。应将工程计划完成工期与国家规定工期或建设地区同类建筑物平均工期相比较。②分部工程工期符合合同工期要求，并在可能情况下缩短工期，保证工程早日交付使用，取得较好的经济效果。其中：

$$提前时间 = 合同工期 - 计划（或计算）工期$$
$$节约时间 = 定额工期 - 计划（或计算）工期$$

（2）质量指标。质量优良品率是在施工组织设计中确定的控制目标，主要通过质量管理计划实现，可分别对单位工程、分部分项工程进行确定。

（3）降低成本指标。该指标可以综合反映不同施工方案的经济效果。降低成本方法一般有降低成本额和降低成本率法。降低成本率的计算公式为：

$$r_c = \frac{C_0 - C}{C_0} \times 100\% \tag{13-6}$$

式中　C_0——预算成本；

C——施工方案中计算成本；

r_c——降低成本率；

$C_0 - C$——降低成本额。

(4) 劳动指标。

① 单方用工：指完成单位建筑面积合格产品所消耗的劳动力数量，反映了施工企业的生产效率和管理水平，及劳动力的需求状况。计算公式为：

$$单位建筑面积劳动消耗量 = \frac{完成该工程的全部工日数}{该工程建筑面积} \times 100\% \qquad (13-7)$$

② 劳动消耗量指标。劳动消耗量反映工程的机械化程度，机械化程度系数越高，劳动生产率就越高，劳动消耗量就越少。劳动消耗量 N 由主要用工 n_1、准备用工 n_2、辅助用工 n_3 组成。

$$N = n_1 + n_2 + n_3 \qquad (13-8)$$

③ 劳动量消耗的均衡性。劳动力消耗均衡，指每日消耗的劳动力人数不发生过大的波动。这样有利于施工组织和临时设施的布置。劳动力消耗的均衡性可用劳动力不均衡系数 K 来表示。

$$K = \frac{R_{max}}{R_{平均}} \qquad (13-9)$$

式中　R_{max}——施工期间最高峰时工人数；

　　　$R_{平均}$——施工期间日平均工人数。

劳动力不均衡性系数越接近 1，说明劳动力安排越合理。在组织流水作业情况下，可得到较好的 K 值。除了总劳动力消耗均衡外，对各专业工人的均衡性也应十分重视。当建筑工地有若干个单位同时施工时，应考虑全工地范围内劳动力消耗的均衡性、并绘制出全工地劳动力耗用动态图，用以指导单位工程劳动需要量计划。

④ 建安工人日产值：

$$建安工人日产值 = \frac{计划施工工程总产值（元）}{进度计划工期 \times 每日平均人数（工日）} \qquad (13-10)$$

⑤ 工日节约率：

$$总工日节约率 = \frac{施工预算用工数 - 计划用工数}{施工预算用工数} \times 100\% \qquad (13-11)$$

(5) 主要材料节约指标。计算公式为：

$$主要材料节约量 = 预算用量 - 计划用量 \qquad (13-12)$$

$$主要材料节约率 = \frac{主要材料节约量}{预算材料用量} \times 100\% \qquad (13-13)$$

(6) 机械使用指标。

① 施工机械化程度是工程全部实物工程量中机械完成量的比重，是衡量施工方案的重要指标之一。其计算公式为：

$$施工机械化程度 = \frac{机械完成实物量}{全部实物量} \times 100\% \qquad (13-14)$$

② 大型机械单方耗用量为：

$$大型机械单方耗油量 = \frac{耗用总台班（台班）}{建筑面积（m^2）} \qquad (13-15)$$

③ 单方大型机械费为：

$$单方大型机械费 = \frac{计划大型机械费(元)}{建筑面积(m^2)} \qquad (13\text{-}16)$$

13.7.3　单位工程施工组织设计技术经济分析的重点

对于单位工程施工组织设计，不同的设计内容有不同的技术经济分析的重点：

（1）基础工程以土方工程、现浇钢筋混凝土施工、打桩、排水和降水、土坡支护为重点。

（2）结构以垂直运输机械选择、划分流水施工段组织流水施工、现浇钢筋混凝土结构中三大工种工程（钢筋工程、模板工程和混凝土工程）、脚手架选用、特殊分项工程的施工技术措施及各项组织措施为重点。

（3）装饰阶段应以安排合理的施工顺序、保证工程质量、组织流水施工、节省材料、缩短工期为重点。

13.8　单位工程施工组织实例

以某大学教学科研楼为例，介绍单位工程施工组织设计。

13.8.1　工程概况

1. 建筑设计概况

该工程建筑面积 1364m²，±0.00 为绝对标高 51m，由清华大学建筑设计院设计。

1~13 轴线的 A~E 轴之间为科技开发楼，东西长 47.1m，宽 18.85m，地下 2 层，地上 10 层，局部为 12 层。地下二层为人防层，层高 3.3m，建筑面积 969m²，人防通道面积为 63m²，地下一层为办公楼和热交换站，层高 3.6m，1~6 层为教室，7~10 层为实验室及办公室，11 层设有电梯机房及电视前端室，12 层为会议室，顶层为水箱间。首层层高为 4.2 米，5~10 层高 3.9m，其余层高 3.6m。

4~10 轴线的 E~K 轴为多功能厅，南北长为 327m，宽 18m，地下一层为人防层。首层为通道及车库，通道净高为 4.8m。二层为学生食堂，层高 4.8m，三层为会议室，层高 3.6m，四层为多功能厅，层高 4.8m。

该工程外装饰为墙面砖，科技开发楼外墙面一层为花岗石贴面。

室内装修：内墙有贴面砖、普通抹灰、耐擦洗涂料等。

楼地面做法：细石混凝土面层、水泥砂浆面层、普通水磨石及美术水磨石几种。

顶棚：平滑式顶棚，刮腻子喷耐擦洗涂料，部分采用轻钢龙骨吊顶，板材为纸面石膏板。

门窗：窗为铝合金窗，窗扇为推拉扇。

屋面：屋面采用 SBS 防水卷材，地下室底板与墙体防水采用三元乙丙橡胶卷材防水。

2. 结构设计概况

该工程结构为框架剪力墙结构，抗震设防烈度为 8 度设防，人防等级为 5 级人防。基础为钢筋混凝土箱形基础，在 E～F 轴间设有混凝土后浇带，A～F 轴间混凝土底板厚 650mm（标高－6.035m），F～K 轴间底板厚 500mm。

3. 施工特点分析

该工程为高层框架剪力墙结构，且地基处于含水量大、力学性能差的淤泥质黏土层，基坑支护结构复杂，安全防护要求高，结构和施工设备的稳定性要求高，钢材加工量大，混凝土浇筑难度大。工程地点在学校内部，要特别注意噪声污染，晚上不能施工，白天运送混凝土等物资会受交通影响。

13.8.2　施工部署

1. 施工目标、进度及空间组织安排

该工程为北京市优质工程，要求杜绝重大伤亡事故，一般事故率不超过 2‰，现场要求达到北京市文明安全工地标准，严格按北京市有关规定做好环境保护工作。计划开工时间为 2014 年 4 月 10 日，竣工日期为 2015 年 6 月 12 日。

根据工程平面布置特点，工程划分成两个施工段，A～D 轴为一段，E～F 轴为一段；E～K 轴在－2.70m 标高处设一道水平施工缝，外侧混凝土墙体在此标高处设止水钢。施工阶段的划分为地基基础、主体结构、装修装饰三大施工过程，安装与土建交叉配合，安装不占有效施工工期。为缩短工期，在多功能厅部分完工后穿插装修工程。

2. 项目经理部的组建与职责分工

（1）项目经理部的组建

公司选派具有丰富施工经验的施工管理人员和工程技术人员进驻现场，项目经理部组成情况如图 13-9 所示。

（2）职责分配

经公司研究，决定各级管理人员职责，建立质量责任制和安全责任制，成立质量、安全、技术、消防、环保环卫领导小组，做好施工准备。做到事事有人管，具体工作要落实。

13.8.3　主要分部分项工程施工方案及技术措施

本工程按"先地下，后地上"、"先主体，后装修"、"先结构，后围护"的顺序进行，为缩短工期，在多功能厅部分完工后穿插装修工程。

1. 施工顺序

（1）进场后及时进行水准点和坐标点的引测，确定建筑物轴线和高程控制点，进行施工平面布置，按计划组织劳动力和机械设备进场。

（2）划出基坑边线，组织专业队进行井点降水，土方施工队进场。

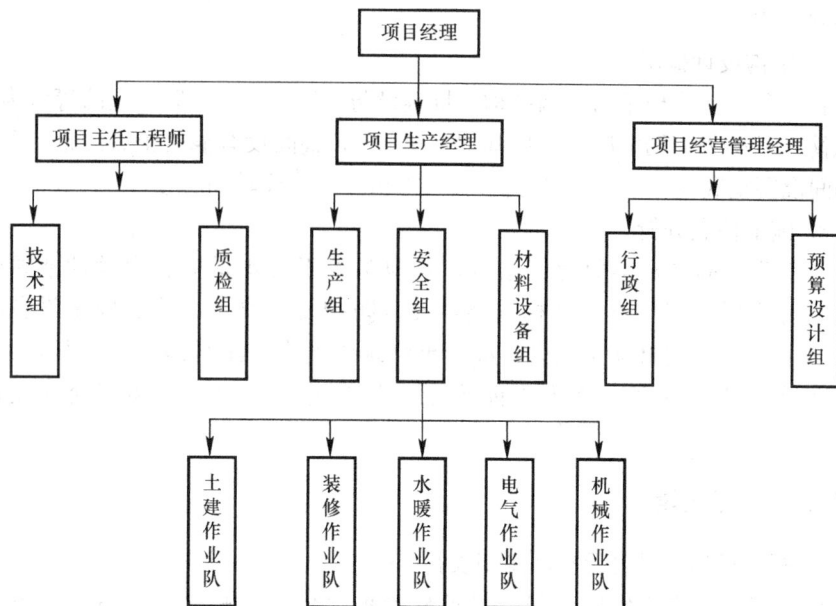

图 13-9 项目经理部的组成

（3）采用钢筋混凝土灌注桩护坡，附着式塔式起重机。基础采用钢筋混凝土钻孔灌注桩，应及时施工，基础结构施工前安装好塔式起重机。

（4）基坑开挖中及时进行钎探，验槽可以分两次进行（A～D 轴一次，E～K 轴一次）。验槽后应及时进行基坑垫层混凝土施工，及时做好防水层、保护层和基础混凝土结构，及时做好地下室外墙防水和填土工程。

（5）地下室部分施工完毕后，应及时进行验收，主体结构施工至四层时，安装电梯，并插入内墙砌筑。四层结构封顶时，组织中间结构验收，及时插入室内装修，以节省工期。

（6）装修阶段沿建筑物外搭设吊篮，用于室外装修。

（7）装修时应合理安排各工种作业，及时插入施工。土建与水、电工种密切配合，穿插作业。

2. 主要分部分项工程施工方法及技术措施

（1）基础工程阶段

1）施工工艺流程。定位放线→复核验线→井点降水→灌注桩护坡→土方开挖→钎探→验槽→混凝土垫层→找平层→防水层施工→保护层施工→支地下室外墙部分边模→检验→弹钢筋位置线→检验→墙柱支模→检验→浇筑墙、柱混凝土→拆模、养护→地下二层顶板模板→绑扎地下二层顶板钢筋→浇筑顶板混凝土→养护→地下一层钢筋混凝土结构施工→回填土。

2）划分流水施工段。该工程钢筋混凝土板设后浇带。地下室按平面划分两个流水施工段，进行流水施工。

3）土方开挖。根据地质资料，地下水位标高为 -3.5m，基底标高为 -6.7m，为保证基础工程正常施工，在定位放线后，进行人工降水，采用一般轻型井点。在北侧与第一教学楼相邻处有 23 根钻孔混凝土护坡桩。土方开挖采用机械大开挖，挖土至基底上 30cm 处进行人工清槽，防止扰动持力层，基坑土方开挖钎探后应及时进行验槽。

4）混凝土工程。设计要求±0.00 以下，所有混凝土结构均采用商品混凝土，有防水要求部分的混凝土采用 S_8C_{35} 防水混凝土。

防水混凝土施工采用商品混凝土，混凝土垂直运输采用混凝土泵。以后浇带为分界线，分两段施工。混凝土浇筑采用全面分层浇筑，为控制水泥中水化热对混凝土底板质量的影响，在混凝土中掺入防水剂和粉煤灰。地下室混凝土施工时，施工缝在如下部位设置：后浇带处；外墙水平施工缝距底板 30cm 处；墙高及顶板下皮处；多功能厅地下室由于层高 6m，在−2.7m 处设一道水平施工缝，水平施工缝处施工缝构造采用钢板止水带，后浇带垂直施工缝采用橡胶止水带。

5）模板工程。为了保证浇筑质量达到清水墙的质量标准，地下室顶板采用 12mm 厚的竹胶合板模板，500mm×100mm 方木做格栅；采用满堂架子作墙体及顶板模板的支撑体系；墙体模板配以 φ12 穿墙螺栓，间距 600mm×600mm，外墙穿墙螺栓应有钢板止水片。

6）钢筋工程。钢筋连接采用绑扎、焊接及冷挤压连接。根据设计要求，直径大于 22mm 时采用闪光对焊或冷挤压套筒连接，竖向钢筋采用电渣压力焊。为了保证钢筋位置准确，底板钢筋应架设马凳，墙插筋与底板交接处应增设定位钢筋，并与底板筋焊牢，以防根部钢筋位移。钢筋检查验收时应认真核对钢筋数量、级别、直径、间距、搭接长度、焊缝长度、锚固长度、保护层厚度、预埋件位置、预理洞口大小及位置、附加钢筋数量、位置及长度等。

墙体双层网片设"S"形拉结钢筋，其间距为 200mm。

7）地下室卷材防水工程。地下室柔性防水卷材采用三元乙丙橡胶卷材，施工时采用外贴法。在垫层四周砌底板后加 300mm 外墙永久保护墙，墙内侧抹水泥砂浆 2mm，先铺底板及永久保护墙部分的卷材，四周留出接头、并予以保护。待混凝土外墙施工完毕并干燥后，再粘贴外墙卷材，然后再砌永久保护墙。本工程由专业防水施工队施工，操作人员持证上岗。

（2）主体结构施工

1）施工工艺流程。首层放线→复验线→首层柱绑扎钢筋→检验→支柱模板→浇柱混凝土→拆模→养护→支梁板模板→检验→绑扎梁板钢筋→检验→浇筑梁板混凝土→养护→二层楼板放线→各层按此顺序施工→封顶。

2）流水段划分。主体结构施工时划分为两个施工段，以后浇带为界。

3）混凝土工程。本工程采用泵送混凝土。施工时应保证混凝土浇筑时连续作业；柱、墙浇筑混凝土前，应在其底部先铺 50～100mm 厚与混凝土相同配合比的水泥砂浆。柱、墙混凝土应分层浇筑，每层厚度不大于 50cm，柱子混凝土浇至梁底 20mm 处，大梁混凝土可单独浇筑，施工缝留有板底 20～30mm 处。混凝土板采用平板式振捣器振捣，肋形楼板混凝土浇筑沿次梁方向，施工缝留在次梁跨中 1/3 范围内，施工缝应与梁轴线垂直，并与板面垂直，用钢板网挡牢。

4）钢筋工程。本工程为钢筋混凝土剪力墙结构。梁、墙柱钢筋锚固长度为35d，搭接长度为45d。A～D轴线钢筋必须采用闪光对焊或冷压套筒连接。柱钢筋可采用电渣压力焊接头，接头位置应相互错开，钢筋相邻接头间距不少于35d。

5）砌筑工程。本工程外围护墙采用加气混凝土砌块。砌筑前先做好地面垫层，按实际尺寸和砌块规格画出砌块排列图，不够整块的可以锯成需要的规格，但不得小于砌块长度的1/3。最下一层砌块灰缝大于20mm时，应用细石混凝土找平铺砌，砌筑时应设拉结钢筋。

（3）装饰工程

1）楼地面工程。本工程楼地面做法有：细石混凝土地面、水泥砂浆地面、地砖面层、水磨石地面。其中现制水磨石面层施工量大。

现制水磨石面层施工时应控制好原材料：水泥应为同一批号水泥，水泥中掺入3%～6%的耐酸、耐碱的矿物颜料。分格条采用钢条，水泥浆表面应高出分格条顶1～2mm，分格条应平直、接头牢固。施工时水磨石料即水泥石子浆应拍平、滚压，用磨石机分三遍磨光。

2）外墙面砖。外墙面砖在大面积施工前先做样板，得到设计和监理部门认可后可大面积展开。镶贴时前排砖弹线，尽可能不出现非整砖情况。当无可避免非整砖情况，应对洞口稍作移动解决。外墙面砖施工前对墙面进行浇水，并将面砖在水中浸泡。镶贴前刷TG胶，其配合地比为TG：胶：水泥＝1：4：1.5。然后再用TG砂浆打底拉毛，再刮素浆一遍（内掺107胶5%），抹砂浆结合层，再镶贴面砖，最后用1：1水泥砂浆勾缝。

3）屋面工程。层面做法选用《平屋面建筑构造》，保温层150mm厚水泥聚苯板，SBS卷材防水。科技楼为内排水。为保证防水质量，做到不渗漏，施工时应保证基层干燥，含水率在9%以内，并应在管根转角处和排水口部位，铺加附加层，确保不渗漏。施工时应严格检查每道工序，并做好隐蔽检查记录。

4）水暖电工程。①施工前认真熟悉图纸和标准图集。预留、预埋位置必须符合设计图纸及标准图集中的要求，做到事后不别凿。②电气管、管盒必须与板底主筋连接。③排水管道要保证安装主管垂直偏差不大于3mm，横管顺直，坡度为1.5%，严禁逆坡。地漏应低于室内标高，找坡后低于室内5～10mm，结构装修做法应计算好标高。

5）水暖与通风等系统施工完工后应做好试水工作，卫生间、厕所等做闭水试验，认真做好各项记录和调试工作。

6）水、暖、通、电专业严格按专业施工方案进行施工。

13.8.4　施工进度计划

根据合同中对工期的要求，对施工进度安排如下：

本工程于2014年4月10日开工，2014年6月30日前完成基础工程及地下室工程，于2014年9月5日前完成四层结构，整个结构于2014年11月20日完成。装修工程于2014年8月20日插入，于2015年6月12日完成，总工期428天，工程项目进度计划如图13-10的网络进度计划。

2014									2015					
4	5	6	7	8	9	10	11	12	1	2	3	4	5	6

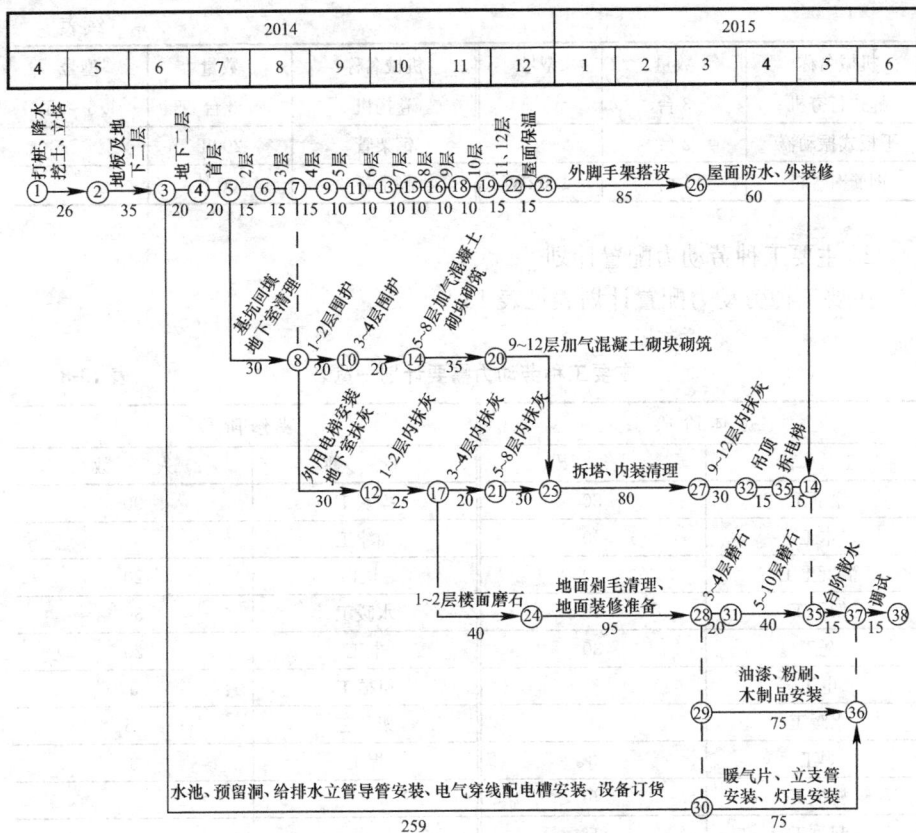

图 13-10　某大学科技开发楼施工进度网络计划

13.8.5　资源配置计划

1. 主要机具、设备配置计划

工程选用的主要机具和设备配置计划见表 13-7。

主要机具和设备一览表　　　　　　表 13-7

机械名称	数量	型号	机械名称	数量	型号
塔式起重机	1台	TQ63.50M	振捣棒	六套	
混凝土搅拌机	1台	500L	电动套丝机	1台	
砂浆搅拌机	2台		气割枪	2套	
混凝土搅拌机	1套	PL800A	砂轮切割机	2台	
装载机	1台		钢筋冷挤压设备	2套	
钢筋弯曲机	1台		台钻	1台	
钢筋切断机	1		外用电梯	1台	双笼
钢筋冷拉设备	1套		钢井架	1套	
电焊机	3台		水准仪	1台	
电锯	1台		经纬仪	1台	
电刨	1台		混凝土输送泵	2台	HBT80

431

续表

机械名称	数量	型号	机械名称	数量	型号
蛙式打夯机	3 台		卷扬机	3 台	1.5~3T
平板式振动器	2 台		钢架管	200T	
钢筋对焊机	1 台	100kW	脚手板	500 块	

2. 主要工种劳动力配置计划

主要工种劳动力配置计划表见表 13-8。

主要工种劳动力需要计划一览表　　　　　　　　表 13-8

主 体 阶 段		装 修 阶 段	
工　种	人　数	工　种	人　数
钢筋工	30	摸灰工	90
木工	40	油漆工	30
混凝土工	20	木工	20
架子工	10	水暖工	30
瓦工	30	电工	20
电工	4	机械工	5
水暖工	4	架子工	15
焊工	3	焊工	3
机械工	6		
起重工	5		
合计	152	合计	213

13.8.6　施工准备工作

1. 技术准备

(1) 组织有关人员认真熟悉图纸，组织好图纸会审工作。

(2) 施工前编制详细的施工组织设计，并编制好质量保证计划，明确质量目标，有效地进行质量控制。

(3) 现场测量放线人员协助甲方技术部门确定水准点位置，核定坐标点，为测量控制提供依据。

(4) 组织好设计交底，熟悉分部分项工程施工方案，明确施工方案的验评标准，并组织有关人员学习领会。

(5) 编制好项目施工图预算，组织材料进场，加强成本控制。

2. 现场准备

(1) 具体观察施工现场的地形和周围环境，场地的可利用程度和区域确定交通，临时道路，临时水电管线的布置，临时设施的搭设。

(2) 开工前落实现场"三通一平"，引测或确定水准点，±0.000 标高控制点和轴线控制点，根据建筑红线实施建筑物的测量定位放线。

(3) 提前做好资源配置工作。

13.8.7 施工现场平面布置图设计

某大学科技开发楼施工平面布置图，如图 13-11 所示。

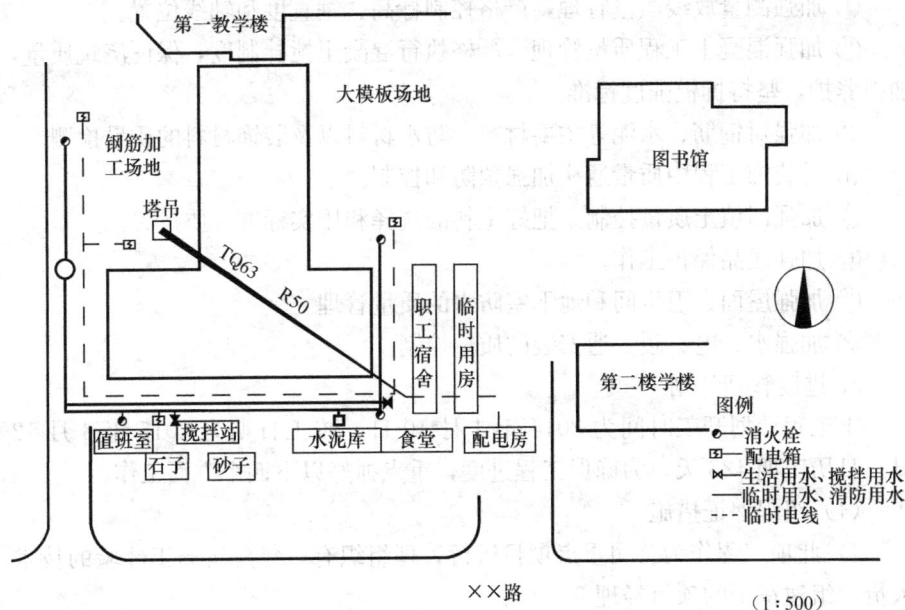

图 13-11 某大学科技开发楼施工平面布置图（1：500）

13.8.8 主要施工管理计划

1. 质量管理计划

（1）质量目标

本工程质量目标为北京市优质工程。

（2）质量保证措施

1）建立强有力的质量保证体系。建立以项目经理、主任工程师和质量控制员为主的质量管理、技术管理和质量监督三大组织。

2）配备具有多年管理经验的专职质量检查人员，实行质量否决权。

3）制定检查评比奖罚制度，抓好检查评比、加大奖罚力度。

4）实行自检、互检、交接检。每一道工序都严格检查，确保每一道工序质量。

5）做好各种材料试验及各项检测工作。严格执行质量标准，认真进行检测试验，加强材料质量控制。

6）认真进行图纸会审，技术交底、材料试验和隐蔽验收等技术管理工作。严格按有关文件要求，及时做好技术资料信息管理工作。

7）在装修工程中，控制装修质量、控制工序质量标准、控制内外线角、控制细部处理、做好样板间。做到分项挂牌施工，操作人员名字上墙，奖优罚劣。

8) 认真推广新技术、新工艺和新材料，并加强对新材料、新技术和新工艺的管理，确保质量关。

9) 加强质量控制点的管理。本工程的主要质量控制点如下：

① 加强测量放线质量管理，严格控制标高、垂直度和轴线位置。

② 加强混凝土工程质量管理。严格执行混凝土搅拌制度，保证浇筑质量，加强养护，坚持拆模强度标准。

③ 加强对钢筋、水泥等主要材料、防水材料以及装饰材料的质量检测。

④ 对装饰工程中质量通病加强预防和控制。

⑤ 加强回填土质量控制，把好土料的选择和压实标准等质量关。

⑥ 加强成品保护工作。

⑦ 加强屋面、卫生间和地下室防水的质量管理。

⑧ 加强水、电、暖、通安装的质量控制。

2. 进度管理计划

本工程计划开工时间为 2014 年 4 月 10 日，竣工日期为 2015 年 6 月 12 日。日历工期 428 天，为确保工程进度，重点抓好以下四个方面工作。

(1) 组织保证措施

1) 此项工程作为公司重点项目进行管理组织有多年建筑施工经验的技术人员，组建精干的项目经理部。

2) 挑选具有多年施工经验的技术工人，组成作业班组（如木工、瓦工、钢筋工、装修工）。

3) 为确保工期，一般情况下每天二班作业，麦收和秋收期间不放假，保证工程连续施工。

4) 建立会议制度（生产调度会）。项目经理每日召开生产碰头会，检查日作业计划，及时解决施工问题，责任到人。

(2) 制定科学合理的施工网络计划

找出关键线路及关键工作，制定详细的月、旬、日作业计划，制定工期奖罚制度，确保工期目标的实现。

1) 采用先进的施工技术方法。

2) 合理地组织施工。在基础施工时安装塔式起重机，为创造施工条件，组织流水施工作业，在各工序之间合理地进行搭接施工，缩短整体施工工期。

(3) 人力、物力、机具、设备和资金保证

1) 投入足够的人力、物力、财力以保证施工中各种材料、机具和设备的需求。

2) 制定合理的材料和设备进行出场计划。对工程所需材料，尽早安排，不因材料供应问题而影响工期。

(4) 搞好三个配合

1) 搞好与建设单位的配合，为建设单位工作提供方便，尊重建设单位意见，团结协作。

2) 搞好与监理单位的配合，认真接受监理单位的监督与检查，加强工程

控制，完成项目目标。

3）搞好与设计单位的配合，认真细致地搞好图纸会审工作，发现问题及时与设计单位联系，在施工之前把问题及时解决。

3. 安全管理计划

（1）安全目标

杜绝重大伤亡事故，一般事故率不超过2‰，现场达到北京市文明安全工地标准。

（2）安全生产保证措施

1）建立以项目生产副经理为第一责任者的安全生产责任制；设一名专职安全员，负责安全生产的具体管理工作，贯彻"安全第一，预防为主"的方针。

2）认真执行施工现场安全防护标准，落实安全生产责任制。

3）坚持每周一次安全会，加强对职工进行安全教育，安排生产时同时布置安全工作。

4）现场有安全标志，且安全标志应符合国家标准。

5）工程开工前，根据分部分项工程的不同特点，进行安全技术交底。

6）施工现场临时用电装置执行三相五线制，一机一闸保护。手持电动工具必须执行二级保护，全面执行《施工现场临时用电安全规范》。

7）安全防护网按有关规定搭设，认真执行"四保四口"（安全帽保护、安全网保护、安全棚保护、漏电保护器保护；预留洞口、门窗口、楼梯口、电梯口）制度，四周实行全封闭防护。

8）塔式起重机配齐保险装置，即四限位两保险（有超高、变幅、行走和力矩限位器；有吊钩保险和鼓筒保险）。起重机调试后要经有关部门验收，方能使用。所有电机设备均安装漏电保护器，并有避电措施。

9）做好安全防火工作。消火栓布置应符合防火要求，临时设施间距符合安全距离，现场用火经保护人员签发动火证，并有专人看火。

10）安排职工生活。严防食物中毒或煤气中毒。夏季搞好防暑降温，保证职工身体健康。

11）按三级安全生产管理规定，严格检查和考核安全工作，主要检查人的不安全行为，物的不安全状态，加强作业环境的安全保护。根据考核结果，奖罚分明。

4. 成本管理计划

（1）成本管理目标

采用有效控制工程造价的手段，保证本工程的投资效益、降低成本。

（2）成本控制措施

1）成本的动态控制

在确定项目管理目标的前提下，搞好事前计划、事中控制、事后分析，实行动态控制，以确保目标值的实现。

① 事前计划准备。在项目开工前，项目经理部应做好前期准备工作，选

定先进的施工方案，选好合理的材料商和供应商，指定每期的项目成本计划。

② 事中实施控制。在项目施工过程中，按照所选的技术方案，严格按照成本计划实施和控制，包括对生产资料费的控制、人工消耗的控制和现场管理费用等。

③ 事后分析考核。实际成本数据与计划成本目标进行比较，以成本降低额和成本降低率作为考核的主要指标，分析成本偏差及原因，采取措施纠正偏差，必要时修改成本计划。

2）降低成本的具体措施

① 确保工程工期和提前竣工时降低工程成本的关键，发挥大型机械优势，提高功效、减少租赁费用、加快周转材料运转、减少管理费。

② 加强内部管理，对特殊材料执行限额领料制，进场材料对质量、数量进行验收，建立健全工料消耗台账，采购材料应货比三家，控制市场材料价格。

③ 推广新工艺、新技术、新材料，向技术要效益，科学管理，保证工程质量。

④ 采用项目法施工，制定明确的奖惩制度，充分调动人员的积极性，按质量提前完成工程任务。

⑤ 做好项目成本控制，把各项生产费用控制在计划成本范围之内，降低项目成本，以保证成本目标的实现。

⑥ 制定先进的经济合理的施工方案，落实技术组织措施，组织均衡施工，加快进度、降低材料成本、提高机械利用率。

5. 施工现场管理计划

（1）文明施工措施

1）在工地现场明显位置处设明示板。具体内容包括：现场施工平面布置图，工程标牌，安全生产管理制度，消防保卫制度，场容环保制度。内容详细，字迹工整、清晰，搞好文明施工管理。

2）现场文明施工。严格按图 13-11 所示的施工平面图布置现场，材料堆放整齐，运输道路通畅，砂、石堆场地面平整坚实，水、电布置线路尽可能紧凑，场地排水畅通。

3）现场详细划分责任区，包干到人，各负其责。

4）每月检查一次，对各责任区进行评比，达不到要求的限期改正。宣传栏和板报及时表扬好人好事。

（2）环保环卫工作

1）严格按省市有关规定做好环境保护工作。场地清洗污水、施工机械废水不能随意排放，并应及时清理施工垃圾。

2）认真执行《中华人民共和国施工临界噪声限制》的规定，合理安排作业时间，减少噪声影响。

（3）保卫与消防工作

1）现场设警卫室、建立和完善现场巡逻制度。

2) 做好材料库保卫工作，同时做好临时设施中水电设施、消防设施等看护工作，实行昼夜值班，进出人员须佩戴出入证，发现有破坏现象应及时制止，重点案件及时报告公安机关。

3) 消防器材和设备齐全，定期检查。

小结及学习指导

本章阐述了单位工程施工组织设计的内容、编制依据、方法和步骤等，通过对施工方案设计的选择和确定、施工进度计划及资源配置计划的编制、施工平面图设计的学习，灵活应用其内容编制单位工程施工组织设计实例。通过本章的学习，了解单位工程施工组织设计编制的程序和依据，掌握编制的方法、内容和步骤；掌握单位工程施工进度计划、施工方案设计、施工平面图设计及施工管理计划的主要内容，能正确地进行编制、设计和调整。

思考题与习题

13-1 简述单位工程施工组织设计编制的依据。

13-2 简述单位工程施工组织设计的编制程序。

13-3 施工部署的内容有哪些？

13-4 施工方案选择内容有哪些？

13-5 如何确定施工起点流向和施工顺序？

13-6 简述单位工程施工进度计划编制的依据和步骤。

13-7 施工进度计划表达方式有哪些？

13-8 单位工程资源配置的内容有哪些？

13-9 简述单位工程施工平面布置图的作用。

13-10 简述单位工程施工现场平面布置图设计的原则。

13-11 试述单位工程施工现场平面布置的步骤。

13-12 如何进行施工方案的技术经济评价？

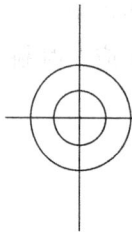

第14章 施工组织总设计

本章知识点

> 知识点：施工组织总设计编制的程序和依据；总体施工部署的主要内容；施工总进度计划的编制原则、步骤和方法；资源配置计划的内容；施工总平面图设计的依据、原则、步骤和方法。
>
> 重　点：施工部署的内容；施工总进度计划的编制；资源配置计划的编制；施工总平面图设计。
>
> 难　点：施工方案的选择；暂设工程的设置。

14.1　施工组织总设计编制的程序与依据

14.1.1　施工组织总设计的概念及作用

施工组织总设计是以若干单项工程组成的群体工程或整个建设项目为编制对象，根据初步设计或扩大初步设计图纸以及其他有关资料和现场施工条件编制的，用以指导整个施工现场各项施工准备和施工活动的技术、经济和管理的综合性文件。一般由建设总承包单位或大型工程项目经理部的项目负责人主持编制，总承包单位技术负责人负责审批。

其主要作用在于：

1）为整个工程做好施工准备工作，建立必要的施工条件；

2）从全局出发，为整个项目的施工做出全面的战略部署；

3）为建设单位或业主编制工程建设计划提供依据；

4）为编制单位工程的施工组织设计提供依据；

5）为组织施工力量和技术，保证物资资源的供应提供依据。

14.1.2　施工组织总设计的编制程序和内容

施工组织总设计的编制程序如图 14-1。

从编制程序可知其主要内容包括：

（1）工程概况

工程概况是对工程及所在地区特征的一个总体说明部分，宜采用图表说

明。一般应描述项目施工总体概况、设计概况、建筑安装工作量、建设地区
自然条件、施工条件、工程特点及重难点分析、承包范围等。

(2) 总体施工部署及主要项目施工方案
(3) 施工总进度计划
(4) 总体施工准备与主要资源配置计划
(5) 施工总平面布置
(6) 主要技术经济指标

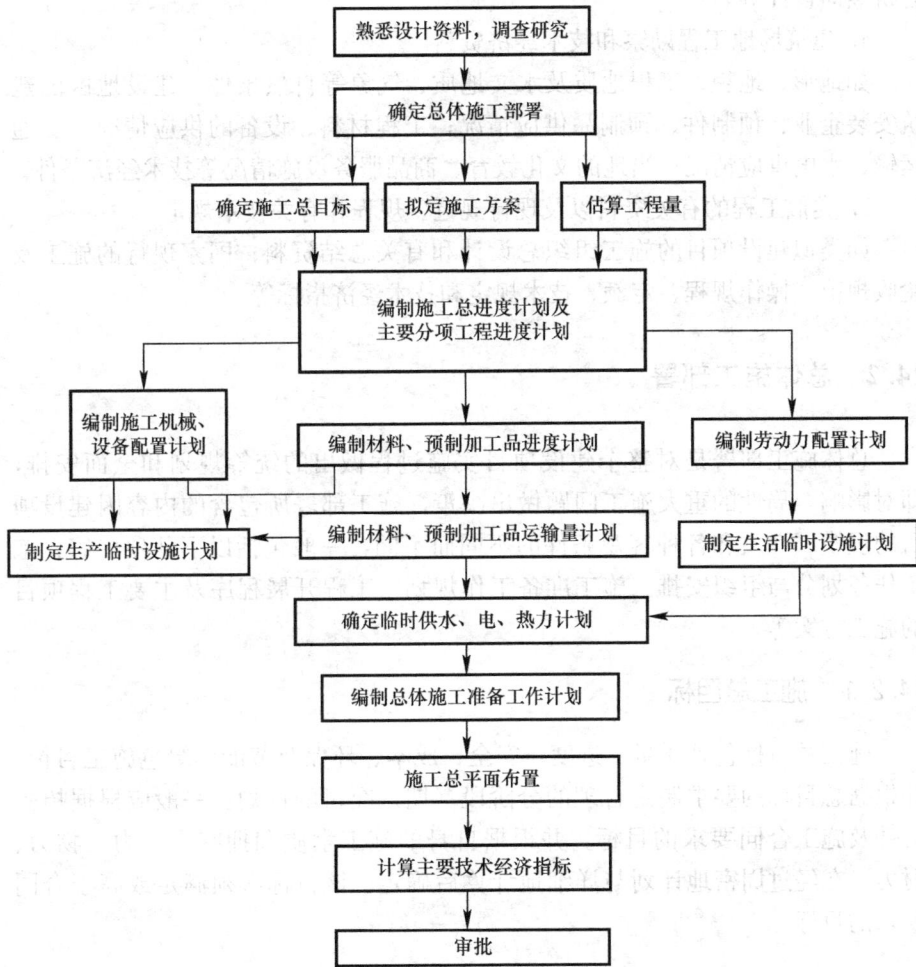

图 14-1　施工组织总设计编制程序

14.1.3　施工组织总设计的编制依据

为了切合实际地编制好施工组织总设计，应掌握以下编制依据：

1. 计划文件

如国家批准的基本建设计划、可行性研究报告、工程项目一览表、分期
分批投产交付使用的期限和投资计划、工程所需设备、材料的订货指标、建

439

14.1　施工组织总设计编制的程序与依据

设地点所在地区主管部门的批件、施工单位上级主管部门下达的施工任务计划等。

2. 合同文件

招投标文件及工程承包合同或协议、主要材料和设备订货合同等。

3. 设计文件

如已批准的设计任务书、初步设计或技术设计或扩大初步设计的有关图纸、设计说明书、建设区的测量平面图、建筑总平面图、总概算或修正概算、建筑竖向设计等。

4. 建筑场地工程勘察和技术经济资料

如地形、地貌、工程地质及水文地质、气象等自然条件；建设地区的建筑安装企业、预制件、预制品供应情况；工程材料、设备的供应情况，交通运输、水电供应情况；当地的文化教育、商品服务设施情况等技术经济条件。

5. 类似工程的有关资料以及现行规范、规程和有关技术规定

如类似建设项目的施工组织总设计和有关总结资料；国家现行的施工及验收规范、操作规程、定额、技术规定和技术经济指标等。

14.2　总体施工部署

总体施工部署是对整个建设项目实施过程做出的统筹规划和全面安排，即对影响全局性的重大施工问题做出决策。施工部署所包含的内容因建设项目的规模、性质和各种客观条件的不同而不同，一般包括以下几项内容：施工任务划分与组织安排、施工准备工作规划、工程开展程序及主要工程项目的施工方案等。

14.2.1　施工总目标

施工总目标包括质量、进度、安全、成本、环保及节能、绿色施工目标，并根据总目标的要求制定合理的分阶段（期）交付的计划。一般应根据招标文件及施工合同要求的目标，并根据自身的施工素质和拥有的人力、物力、财力，在经过周密地计划与详细地计算后确定。该目标必须满足或高于合同要求的目标。

14.2.2　施工任务划分与组织安排

建设项目主要有平行承发包、设计/施工总承包、工程项目总承包等模式。不同的模式使得各参与建设的施工单位关系不同。例如平行发包，是建设单位分别与各承包商签订承包合同，各承包单位之间关系是平行的；对于施工总承包，建设单位将施工任务发包给一个总包单位，总包单位再将其部分任务再分包给其他承包单位，他们之间是总包与分包的关系。所以应根据建设项目的承发包模式、项目的规模特点确定施工项目管理体系，划分各参与建设的施工单位的施工任务，建立施工现场统一的组织领导机构及职能部

门，明确总包与分包单位的关系或明确各施工单位之间分工与协作关系，确定综合和专业化的施工组织，划分施工阶段，确定各施工单位（分包单位）分期分批的主导施工项目和穿插施工项目。

14.2.3　做好施工准备工作规划

施工准备工作是顺利完成建筑施工任务的保证和前提，应从思想上、组织上、技术上、物资上和现场上全面规划施工准备工作。其内容有：安排好场内外运输，施工用干道、水、电来源及其引入方案；安排好场地的平整方案和全场性的排水、防洪；安排好生产、生活基地；规划和修建附属生产企业；做好现场测量控制网；对新结构、新材料、新技术组织试制和试验；编制施工组织设计和研究制订可靠的施工技术措施等。

14.2.4　确定工程项目开展程序

确定建设项目中各项工程合理的开展程序，是关系到整个建设项目能否迅速投产或使用的重大问题。

对于大中型建设项目，根据建设项目总目标的要求，分期分批建设。分期分批的建设既可使项目尽快建成、尽早投入使用，又可实现均衡施工、减少暂设工程量和降低工程成本。至于分几期施工，各期工程包含哪些项目，则要根据生产工艺要求、建设单位或业主要求、工程规模大小和施工难易程度、资金、技术资源等情况，由建设单位或业主和施工单位共同研究确定。例如一个大型冶金联合企业，按其工艺过程大致有如下工程项目：矿山开采工程、选矿厂、原料运输及存放工程、烧结厂、焦化厂、炼钢厂、轧钢厂及许多辅助性车间等。如果一次建成投产，建设周期长达十年，显然投资回收期太长而不能及早发挥投资效益。所以，对于这样的大型建设项目，可分期建设，以期早日见效。对于上述大型冶金企业，一般应以高炉系统生产能力为标志进行分期建成投产。例如我国某大型钢铁联合企业，由于技术、资金、原料供应等原因，决定分两期建设，第一期建成 1 号高炉系统及其配套的各厂和车间，形成年产 330 万 t 钢的综合生产能力。而第二期建成 2 号高炉系统及炼铸厂和冷、热炼轧厂，最终形成 660 万 t 钢的综合生产能力。

对于大中民用建筑群（如住宅小区），一般也应分期分批建成，除建设小区的住宅楼房外，还应建设幼儿园、学校、商店和其他公共设施，以便交付后能及早发挥经济效益和社会效益。

对小型企业或大型企业的某一系统，由于工期较短或生产工艺要求，亦可不必分期；亦可先建生产厂房，其后边生产边施工。

分期分批的建设对于实现均衡施工、减少暂设工程量和降低工程成本具有重要意义。

14.2.5　拟定主要工程项目施工方案

施工组织总设计应拟定主要工程项目的施工方案和一些特殊的分项工程

442

的施工方案，其目的是为了进行技术和资源的准备工作，统筹安排施工现场，以保证整个工程的顺利进行。这些项目是指那些工程量大、技术复杂、施工难度大、工期长、对整个建设项目的完成起关键作用的建筑物或构筑物，以及工程量大、影响全局的分项工程，如生产车间、高层建筑、桩基、深基础、重型构件吊装工程等。

施工方案包括：确定施工起点流向、施工程序、主要施工方法和施工机械的选择等。

施工机械的选择时应注意：①所选主导施工机械的类型和数量应既能满足工程施工的需要，又能充分发挥其效能，并能在各工程上实现综合流水作业；②所选辅助或配套机械，其性能和产量应与主导施工机械相适应，以便充分发挥主导施工机械的施工能力和效率；③技术上先进，经济上合理。

选择施工方法时，应尽量扩大工业化施工范围，努力提高机械化施工程度，减轻劳动强度，提高劳动生产率，保证工程质量，降低工程成本，确保按期交工，实现安全、环保和文明施工。另外，对于某些施工技术要求高或比较复杂、技术上较先进或施工单位尚未完全掌握的分部分项工程，应提出原则性的技术措施方案。对脚手架工程、起重吊装工程、临时用水用电工程、季节性施工等专项工程所采用的施工方法应进行简要说明。

14.3 施工总进度计划

施工总进度计划是根据总体施工部署，对整个工地上的各项工程做出时间上的安排，即合理地确定工程项目施工的先后顺序、施工期限、开工和竣工的日期，以及它们之间的搭接关系和时间。据此，便可确定建筑工地上劳动力、材料、成品、半成品的需要量和分批供应的日期，附属企业、加工厂（站）的生产能力，临时房屋和仓库、堆场的面积，供电、供水的数量等。其内容应包括编制说明，施工总进度计划表（图），分期（批）实施工程的开、竣工日期，工期一览表等。

14.3.1 施工总进度计划编制的原则

正确编制施工总进度计划，不仅能够保证各工程项目成套地交付使用，而且在很大程度上直接影响着投资的综合经济效益，因此必须引起足够的重视。在编制施工总进度计划时应遵循以下原则：

1）严格遵守合同工期，把配套建设作为安排总进度的指导思想。

2）以配套投产为目标，区分各项工程的轻重缓急，把工艺调试在前的、占用工期较长的、工程难度较大的项目排在前面，否则排列在后。所有单位工程，都要考虑土建、安装的交叉作业，组织流水施工，力争加快进度，合理压缩工期。

3）从资金时间价值的观念出发，在年度投资额分配上应尽可能将投资额少的工程项目安排在最初年度内施工；投资额大的工程项目安排在最后年度内施工，以减少投资贷款的利息。

4）充分估计设计出图的时间以及材料、设备、配件的到货情况，务使每个施工项目的施工准备、土建施工、设备安装和试车运转的时间能合理衔接。

5）确定一些调剂项目（如办公楼、宿舍、附属或辅助车间等）穿插其中，以达到既能保证重点，又能实现均衡施工的目的。

6）将土建工程中的主要分部分项工程（如土方、基础、现浇混凝土、构件预制、结构吊装、砌筑和装修工程等）和设备安装工程分别组织流水作业、连续均衡施工，以此达到土方、劳动力、施工机械、材料和构件的五大综合平衡。

7）在施工顺序安排上，除应本着先地下后地上，先深后浅，先干线后支线的原则外，还应使为进行主要工程所必需的准备工程及时完成；主要工程应从全工地性工程开始；各单位工程应在全工地性工程基本完成后立即开工；充分利用永久性建筑和设施为施工服务，以减少暂设工程费用；充分考虑当地气候条件，尽可能减少冬雨期施工造成的附加费用。

此外，总进度计划的安排还应遵守有关技术法规、标准，符合安全、文明施工的要求，并应尽可能做到各种资源的平衡使用。

14.3.2 施工总进度计划的编制方法

1. 划分项目并计算工程量

根据建设项目的施工总体部署，按主要工程项目的开展顺序，列出总承建的工程项目一览表，由于施工总进度计划主要起控制性作用，因此项目划分不宜过细，应突出主要项目，一些附属或辅助工程、小型工程和临时建筑物可以合并列出。然后列出工程项目所包含的所有单项工程，并进行分解至单位工程、分部工程和主导施工过程即可，然后估算列表中的各项目的工程量。

计算各工程项目工程量的目的是为了正确选择施工方案和主要施工机械，初步规划各主要工程的流水施工，计算各项资源的需要量等。因此工程量计算可按初步（或扩大初步）设计图纸并根据各种定额手册进行粗略计算。常用的定额、资料有以下几种：

1）概算指标和扩大结构定额。这两种定额分别按建筑物的结构类型、跨度、层数、高度等分类，给出每100m³建筑体积或每100m²建筑面积的劳动力和主要材料消耗指标。

2）万元、十万元投资工程量、劳动力及材料消耗扩大指标。这种定额规定了某一种结构类型建筑、每万元或十万元投资中劳动力、主要材料等的消耗数量。根据设计图纸中的结构类型，即可求得拟建工程各分项需要的劳动力和主要材料的消耗数量。

3）标准设计或已建的同类型建筑物、构筑物的资料。在缺乏上述几种定额手册的情况下，可采用标准设计或已建成的类似工程实际所消耗的劳动力及材料加以类比，按比例估算。但是，由于和拟建工程完全相同的已建工程是极为少见的，因此在采用已建工程资料时，一般都要进行换算调整。这种消耗指标都是各单位多年积累的经验数据，实际工作中常用这种方法计算。

除建筑物外，还必须计算其他全工地性工程的工程量，如平整场地面积、铁路、道路及各种管线长度等，这些可根据建筑总平面图来计算。

将计算所得的各项工程量填入工程量汇总表中，如表 14-1 所示。

工程项目工程量汇总表　　　　　　　　　　表 14-1

工程项目分类	工程项目名称	结构类型	建筑面积	幢（跨）数	概算投资	主要实物工程量					
						场地平整	土方工程	桩基工程	……	装饰工程	……
			$100m^2$	个	万元	$1000m^2$	$1000m^3$	$100m^3$		$1000m^2$	
A 全工地性工程											
B 主体项目											
C 辅助项目											
D 永久住宅											
E 临时建筑											
合　计											

2. 确定各建筑物或构筑物的施工期限

各单位工程的施工期限应根据施工单位的施工技术力量、管理水平、机械化程度、劳动力水平、资金与材料供应及单位工程的建筑结构特征、建筑面积或体积大小、现场地形和地质、施工条件、现场环境等情况综合确定。确定时，还应参考工期定额。工期定额是根据我国各部门多年来的施工经验，在调查统计的基础上，经分析对比后制定的。

3. 确定建筑物或构筑物的开、竣工时间和相互搭接关系

在确定各单位工程的施工期限后，就可以进一步安排各单位工程的竣工时间和相互搭接关系及时间，通常应考虑下列因素：

1）同一时间进行的项目不宜过多，避免分散有限的人力和物力。

2）要按辅—主—辅的顺序安排施工，辅助工程（动力系统、给排水系统、运输系统及居住建筑群、汽车库等）应先行施工一部分，这样既可为主要生产车间投产时使用又可以为施工服务，以节约临时设施费用。

3）安排施工进度时，应尽量使各工种施工人员、施工机械在全工地内连续施工，尽量组织流水施工，从而实现人力、材料和施工机械的综合平衡。

4）要考虑季节影响，以减少施工措施费。一般大规模土方和深基础施工应避开雨季，大批量的现浇混凝土工程施工应避开冬季，寒冷地区入冬前应尽量做好围护结构，以便冬季安排室内作业或设备安装工程等。

5）确定一些附属工程或零星项目（如宿舍、商店、附属或辅助车间、临时设施等）作为调节项目，穿插在主要项目的流水施工中，以使施工连续均衡。

6）应考虑施工现场空间布置的影响。

4. 编制施工总进度计划表

施工总进度计划常以横道图表达或网络图表达。由于施工总进度计划主要起控制性作用，不必编得过细。过细使工程项目内容复杂，反而不利于对施工中的变化进行调整。时间划分可按月，对跨年度工程通常第一年按月划分，第二年以后可按季度划分。当用横道图表达总进度计划时，项目的排列可按施工总体方案所确定的工程开展程序排列，并且要表达出各工程项目的开竣工时间及其施工持续时间。表14-2所示为施工总进度计划的表格形式。

由于网络图既可明确表达出各施工项目间的逻辑关系，又可应用计算机辅助管理，便于对进度计划进行调整和优化，所以优先采用网络计划表示方式。

施工总进度计划表　　　　　　　　　　表14-2

序号	工程项目名称	结构类型	建筑面积（m²）	工作量（万元）	工作月数	施工进度表							
						20××年（季度）				20××年（季度）			
						一	二	三	四	一	二	三	四

5. 施工总进度计划的检查与调整优化

施工总进度计划表绘制完后，应对其进行检查，检查应从以下几个方面进行：

1）是否满足项目总进度计划或施工总承包合同对总工期以及起止时间的要求；

2）各施工项目之间的搭接是否合理；

3）整个建设项目资源需要量动态曲线是否均衡；

4）主体工程与辅助工程，配套工程之间是否平衡。

若上述方面存在问题，应通过调整、优化来解决。

施工总进度计划的调整优化，就是通过改变若干工程项目的工期，提前或推迟某些工程项目的开竣工日期，即通过工期优化、工期-费用优化和资源优化的方式来实现。

14.4　资源配置计划及总体施工准备工作计划

施工总进度计划编制好后，就可据此编制主要资源配置计划和总体施工准备工作计划。

14.4.1　劳动力配置计划

劳动力配置计划是确定临时设施规模和组织劳动力进场的依据。编制时，首先根据工程量汇总表中分别列出的各个工程项目专业工种的工程量，查预算定额或有关资料，便可求得各个建筑物主要工种的劳动量，再根据总进度计划表中某单位工程各工种工程的持续时间，即可得到某单位工程在某段时间里的平均劳动力数。按同样方法可计算出各个建筑物的各主要工种在各个

445

时期的平均工人数。将施工总进度计划表纵坐标方向上各单位工程同工种的人数叠加在一起并连成一条曲线，即为某工种的劳动力动态曲线图。然后可据其列出主要工种劳动力配置计划表，如表 14-3 所示。

目前，施工企业在管理体制上已普遍实行管理层和劳务作业层的分离，合理的劳动力配置计划可减少劳务作业人员不必要的进、退场或避免窝工状态，进而节约施工成本。

劳动力需要量计划表　　　　　　　　　　　　　　　　表 14-3

序号	工程名称	施工高峰需用人数	20××年（季）				20××年（季）				现有人数	多余（＋）或不足（－）
---	---	---	一	二	三	四	一	二	三	四		

注：1. 工种除生产工人外，应包括附属辅用工（如机修、运输、构件加工、材料保管等）以及服务和管理用工；
　　2. 表下应附以分季度的劳动力动态曲线（纵轴表示人数，横轴表示时间）。

14.4.2　主要工程材料和设备的配置计划

主要工程材料和设备配置计划是工程材料、预制品、设备、构件及半成品等落实组织货源、签订供应合同、确定运输方式、编制运输计划、组织进场、确定暂设工程规模的依据以及加工、订货、运输、确定堆场和仓库的依据。它是根据施工图纸、工程量、消耗定额和施工总进度计划编制的。

根据工程量汇总表所列各建筑物的主要施工项目和工程量，查万元定额或概算指标便可得出所需的建筑材料与工程设备、构件和半成品的需要量。然后根据施工总进度计划表，大致估算出某些工程材料在某季度某月的需要量，从而编制出工程材料、设备、构件和半成品的配置计划。其表格形式见表 14-4。

主要材料和设备配置计划表　　　　　　　　　　　　表 14-4

序号	单项工程名称	材料和设备名称	规格	单位	配置量				配置量进度						
---	---	---	---	---	合计	正式工程	大型临时设施	施工措施	20××年（季）					……
									合计	一季	二季	三季	四季	……

注：1. 材料和设备根据工程材料、预制品、设备、构件及半成品等分别列表；
　　2. 设备是指构成永久工程的机电设备、金属结构设备、仪器及其他类似的设备和装置。

14.4.3　施工机具、设备配置计划

施工机具、设备配置计划是组织机械设备供应、计算配电线路及选择变压器容量、确定停放场地面积的依据。主要施工机械设备，如挖土机、起重机等的需要量，应根据施工进度计划、主要工程项目施工方案和工程量，并套用机械产量定额求得；辅助机械设备可根据建筑安装工程每十万元扩大概算指标求得；运输机械设备的需要量根据运输量计算，最后编制施工机具配置计划。其表格形式见表 14-5。

主要施工机具、设备需用量计划 　　　　　**表 14-5**

序号	机具设备名称	规格型号	电动机功率	数量				购置价值（万元）	使用时间	备注
				单位	需用	现有	不足			
	1. 土方机械 挖土机 ……									

注：机具设备名称可按土石方机械、钢筋混凝土机械、起重设备、金属加工设备、运输设备、木材加工设备、动力设备、测试设备、脚手工具等分别填列。

14.4.4　总体施工准备工作计划

上述计划能否按期实现，很大程度上取决于相应的准备工作能否及时开始、按时完成。所以，应根据施工开展顺序和主要工程项目施工方法，编制总体施工准备工作计划，并且将各施工准备工作逐一落实，并用表格的形式布置下去，以便于在实施时检查和督促。总体施工准备应包括技术准备、现场准备和资金准备等。

技术准备包括施工过程所需技术资料的准备、施工方案编制计划、试验检验及设备调试工作计划等；现场准备包括现场生产、生活等临时设施，如临时生产、生活用房，临时道路、材料堆放场，临时用水、用电和供热、供气等的计划；资金准备应根据施工总进度计划编制资金使用计划。

14.5　施工总平面图

施工总平面图是用来表示合理利用整个施工场地的周密规划和安排意图。它是按照施工部署、施工方案和施工总进度计划的要求，对施工现场的道路交通、材料仓库或堆场、附属企业或加工厂、临时房屋、临时水电及动力管线等合理布置，并以图纸的形式表达出来，从而正确处理全工地施工期间所需各项临时设施和永久建筑以及拟建工程之间的空间关系，以指导现场有组织、有计划地文明施工。

建筑施工过程是一个变化的过程，工地上的实际情况是随着工程进展而不断变化的。为此，对于大型工程项目或施工期限较长或场地狭窄的工程，施工总平面图还应按照施工阶段分别进行设计。对于一些特殊的内容，如现场临时用电、临时用水布置等，当施工总平面图不能清晰表示时，也可单独绘制其平面布置图。绘制平面布置图时，应有适当的比例关系，各种临时设施应标注外围尺寸，并应有文字说明。现场所有设施、用房应由施工总平面布置图表述，避免采用文字叙述的方式。

14.5.1　施工总平面图设计的原则

（1）平面布置科学合理，施工场地占用面积少。

（2）合理组织运输，减少二次搬运。

（3）施工区域的划分和场地的临时占用应符合总体施工部署和施工流程的要求，减少相互干扰。

（4）充分利用既有建（构）筑物和既有设施为项目施工服务降低临时设施的建造费用。

（5）临时设施应方便生产和生活，办公区、生活区和生产区宜分离设置。

（6）符合"四节一环保"（节能、节水、节电、节材、环保）、安全、消防等要求。

（7）遵守当地主管部门和建设单位关于施工现场安全文明施工的相关规定。

14.5.2　施工总平面图设计的依据

（1）各种勘察设计资料，包括建筑总平面图、地形地貌图、区域规划图、建设项目范围内有关的一切已建和拟建的各建筑物、构筑物及各种设施位置。

（2）建设项目的建筑概况、施工部署和拟建主要工程施工方案、施工总进度计划，据此可了解各施工阶段情况，以便合理规划施工场地。

（3）各种建筑材料、构件、半成品、施工机械和运输工具配置一览表，据此可规划工地内部的储放场地和运输线路。

（4）各构件加工厂、仓库及其他临时设施的数量、规模及有关参数。

（5）建设地区的自然条件和技术经济条件。

14.5.3　施工总平面图设计的内容与步骤

1. 施工总平面图内容

1）项目施工用地范围内的地形状况；

2）全部拟建的建（构）筑物和其他基础设施的位置；

3）项目施工用地范围内的加工设施、运输设施、存贮设施、供电设施、供水供热设施、排水排污设施、临时施工道路和办公、生活用房等；

4）施工现场必备的安全、消防、保卫和环境保护等设施；

5）相邻的地上、地下既有建（构）筑物及相关环境。

2. 施工总平面布置步骤

（1）整个建设场地地形状况及各建（构）筑物位置和尺寸的绘制

按比例绘制整个建设场地范围内的一切地上和地下已有和拟建的建筑物、构筑物以及其他设施的位置和尺寸。

（2）进场交通的布置

设计施工总平面图时，首先应研究大批材料、成品、半成品及机械设备等进入现场的问题。它们进入现场的方式不外乎铁路、公路和水运。

当大批材料由铁路运入工地时，应将建筑总平面图中的永久性铁路专用线提前修建，引入时应注意铁路的转弯半径和竖向设计的要求。

当大批材料由水路运入时，应充分利用原有码头的吞吐能力。当须增设码头时，卸货码头不应少于两个，其宽度应大于 2.5m，并可考虑在码头附近布置生产企业或转运仓库。

当大批材料、物资通过公路运进现场时，由于公路布置灵活，因此设计施工总平面图时，应先将仓库及生产企业布置在最合理、最经济的地方，然后再布置通向场外的公路线。对公路运输的规划，应统筹考虑，先布置干线，后布置支线。

（3）仓库与材料堆场的布置

1）仓库（或堆场）的分类及布置。建筑工程所用仓库（堆场）按其用途可分为：①转运仓库。一般设在火车站、码头附近作为转运之用；②中心仓库。用以储存整个企业、大型施工现场材料之用；③现场仓库（或堆场），即为某一工程服务的仓库。

通常在布置仓库时，应尽量利用永久性仓库；仓库和材料堆场应接近使用地点；仓库应位于平坦、宽敞、交通方便之处，且应遵守安全技术和防火规定。例如，砂石、水泥、石灰、木材等仓库或堆场宜布置在搅拌站、预制场和木材加工场附近；砖、瓦和预制构件等直接使用的材料应直接布置在施工对象附近，以免二次搬运。

2）各种仓库面积的确定。确定某种建筑材料的仓库面积，与该建筑材料需贮备的天数、材料的需要量以及仓库每平方米能贮存的定额等因素有关。一般可采用（14-1）近似公式计算第 i 种材料的贮备量：

$$P_i = T_c \frac{Q_i \cdot K_i}{T} \qquad (14\text{-}1)$$

式中　P_i——第 i 种材料的贮备量（t 或 m³ 等）；

T_c——贮备天数（天），见表 5-6，根据材料的供应情况及运输情况确定；

Q_i——第 i 种材料、半成品的总需要量（t 或 m³ 等）；

T——需要该材料的施工天数（天）；

K_i——第 i 种材料使用不均衡系数，详见表 5-6。

在求得某种材料的贮备量后，便可根据此种材料每平方米的贮备定额，用下列公式算出其需要面积：

$$F_i = \frac{P_i}{q_i K'} \qquad (14\text{-}2)$$

式中　F_i——第 i 种材料所需仓库总面积（m²）；

q_i——每平方米仓库面积能存放 i 种材料或半成品的数量（t/m² 或 m³/m²），见表 14-6；

K'——仓库面积有效利用系数（主要是考虑到人行道和车道所占的面积），见表 14-6。

计算仓库面积的有关参考系数　　　　　　　　　表 14-6

序号	材料及半成品	单位	储备天数 T_c	不均衡系数 K_i	每平方米储存定额 q_i	有效利用系数 K'	仓库类别	备注
1	水泥	t	30~60	1.5	1.5~1.9	0.65	封闭式	堆高 10~12 袋
2	砂、石	m³	30	1.4	1.2~2.4	0.70	露天	堆高 2m
3	块石	m³	15~30	1.5	1.2	0.70	露天	堆高 1.2m

序号	材料及半成品	单位	储备天数 T_c	不均衡系数 K_i	每平方米储存定额 q_i	有效利用系数 K'	仓库类别	备注
4	钢筋（直筋）	t	30～50	1.4	2.0～2.5	0.60	露天	堆高 0.5m
5	钢筋（盘筋）	t	30～50	1.4	0.8～1.2	0.60	库或棚	堆高 1m
6	型钢	t	30～50	1.4	0.8～1.8	0.60	露天	堆高 0.5m
7	木材	m³	30～45	1.4	0.7～0.8	0.50	露天	堆高 1m
8	门窗扇框	m³	30	1.2	2.0～4.5	0.60	库或棚	堆高 2m
9	木模板	m³	3～7	1.4	1.6～2.0	0.70	露天	堆高 2m
10	钢模板	m³	3～7	1.4	1.6～2.0	0.70	露天	堆高 1.8m
11	标准砖	千块	15～30	1.2	0.7～0.8	0.60	露天	堆高 1.5～2m

在设计仓库时还应正确确定仓库的长度和宽度。仓库的长度应满足货物装卸的要求，它必须有一定的装卸前线，装卸前线可用下式计算：

$$L = n \cdot l + d(n-1) \tag{14-3}$$

式中　L——装卸前线长度（m）；

l——运输工具长度（m）；

d——相邻两个运输工具之间的间距（火车运输时取 $d=1$m；汽车运输时，端卸取 $d=1.5$m，侧卸取 $d=2.5$m）；

n——同时卸货的运输工具数目。

（4）加工厂的布置

1）工地加工厂的类型及布置要求。通常工地加工厂的类型主要有：钢筋混凝土预制构件加工厂、木材加工厂、钢筋加工厂、金属结构构件加工厂和机械修理厂等。各种加工厂的布置，应以方便使用、安全防火、运输费用最少、不影响建筑安装工程施工的正常进行为原则。一般应将加工厂集中布置在同一个区域，且多处于工地边缘。各种加工厂应与相应的仓库或材料堆场布置在同一区域。

2）工地加工厂面积的确定。加工厂建筑面积的确定，主要取决于设备尺寸、工艺过程及设计、加工量、安全防火等方面，通常可参考有关经验指标等资料确定。

钢筋混凝土构件预制厂、锯木车间、模板加工车间、细木加工车间、钢筋加工车间（棚）等，其建筑面积可按下式计算：

$$F = \frac{K \cdot Q}{T \cdot S \cdot a} \tag{14-4}$$

式中　F——所需确定的建筑面积（m²）；

Q——加工总量，依材料、预制加工品需要量计划而定；

K——不均衡系数，取 1.3～1.5；

T——加工总工期（月），按施工总进度计划和准备工作计划而定；

S——每平方米场地月平均产量定额，可按表14-7算得；

a——场地或建筑面积利用系数，取 0.6～0.7。

序号	加工厂名称	年产量		单位产量所需建筑面积	占地总面积 (m²)	备注
		单位	数量			
1	混凝土搅拌站	m³	3200	0.022 (m²/m³)	按砂石堆场考虑	400L 搅拌机 2 台
		m³	4800	0.021 (m²/m³)		400L 搅拌机 3 台
		m³	6400	0.020 (m²/m³)		400L 搅拌机 4 台
2	临时性混凝土预制厂	m³	1000	0.25 (m²/m³)	2000	生产屋面板和中小型梁柱板等，配有蒸养设施
		m³	2000	0.20 (m²/m³)	3000	
		m³	3000	0.15 (m²/m³)	4000	
		m³	5000	0.125 (m²/m³)	小于 6000	
3	综合木工加工厂	m³	200	0.30 (m²/m³)	100	加工门窗、模板、地板、屋架等
		m³	500	0.25 (m²/m³)	200	
		m³	1000	0.20 (m²/m³)	300	
		m³	2000	0.15 (m²/m³)	420	
	钢筋加工厂	t	200	0.35 (m²/t)	280～560	加工、成型、焊接
		t	500	0.25 (m²/t)	380～750	
		t	1000	0.20 (m²/t)	400～800	
		t	2000	0.15 (m²/t)	450～900	
4	钢筋对焊	所需场地（长×宽）				包括材料和成品堆放
	对焊场地	30～40m×4～5m				
	对焊棚	15～24 (m²)				
	现场钢筋调直、冷拉	所需场地（长×宽）				
	拉直场	70～80m×3～4m				
	卷扬机棚	15～20 (m²)				
	冷拉场	40～60m×3～4m				
	时效场	30～40m×6～8m				
5	金属结构加工（包括一般铁件）	所需场地（m²/t）				按一批加工数量计算
		年产 500t 为 10				
		年产 1000t 为 8				
		年产 2000t 为 6				
		年产 3000t 为 5				

注：或者可参考表 14-8 确定。

序号	名称	单位	面积 (m²)
1	木工作业棚	m²/人	2
2	电锯房	m²	40～80
3	钢筋作业	m²/人	3
4	搅拌棚	m²/台	10～18
5	卷扬机棚	m²/台	6～10
6	管工房	m²	20～40
7	电工房	m²	15～20
8	油漆防水工程	m²	20

451

（5）场内运输道路的布置

应根据各加工厂、仓库及各施工对象的位置布置道路，并研究货物周转运行图，以明确各段道路上的运输负荷，区别主要道路和次要道路。规划这些道路时要特别注意满足运输车辆的安全、畅通行驶。在规划临时道路时，还应考虑充分利用拟建的永久性道路系统，提前修建或先修建路基及简单路面，作为施工所需的临时道路。道路应有足够的宽度和转弯半径，现场内道路干线应采用环形布置，主要道路宜采用双车道，其宽度不得小于 6m，次要道路可为单车道，其宽度不得小于 3.5m。临时道路的路面结构，应根据运输情况、运输工具和使用条件来确定。

（6）行政与生活福利临时建筑的布置

1）行政与生活福利临时建筑的类型及布置

① 行政管理和辅助生产用房，包括办公室、警卫室、消防站、车库以及修理车间等。

② 居住用房，包括职工宿舍、招待所等。

③ 生活福利用房，包括俱乐部、学校、托儿所、图书馆、浴室、理发室、开水房、商店、食堂、医务所等。

应尽量利用建设单位的生活基地或现场附近的其他永久建筑，不足部分可另行修建临时建筑作为补充。临时建筑的设计，应遵循经济、适用、装拆方便的原则，并根据当地的气候条件、工期长短确定其建筑与结构形式，且要符合安全防火的要求。

一般全工地性行政管理用房宜设在全工地入口处，以便对外联系，也可设在工地中部，便于全工地管理。工人用的福利设施应设置在工人较集中的地方或工人必经之路。生活基地应设在场外，距工地以 500~1000m 为宜，并避免设在低洼潮湿、有烟尘和有害健康的地方。食堂宜布置在生活区，也可设在工地与生活区之间。布置时，办公室应靠近施工现场，设在工地入口处且能直接观察到施工情况的地方；工人生活区应与作业区分隔，宿舍应布置在安全的上风向一侧；收发室、门卫宜布置在入口处等。

2）临时房屋建筑面积的确定

其行政与生活用临时建筑面积，可根据表 14-9 中的数据，按以下公式计算：

$$F = R \cdot F_p \qquad (14-5)$$

式中　F——建筑面积（m²）；

　　　R——施工现场实际人数；

　　　F_p——建筑面积参考指标，见表 14-9。

（7）工地临时供水的规划

建筑工地临时供水，包括生产用水（含工程施工用水和施工机械用水）、生活用水（含施工现场生活水和生活区生活用水）和消防用水三个方面。工地供水规划可按以下步骤进行：

序号	临时房屋名称	R 指标使用方法	F_p 参考指标（m²/人）
1	办公室	按使用人数	3~4
2	宿舍（单层床）	按使用人数	3.5~4
3	食堂	按高峰季平均人数	0.5~0.8
4	医务室	按高峰季平均人数	0.05~0.07
5	浴室、理发	按高峰季平均人数	0.08~0.1
6	厕所	按工地平均人数	0.02~0.07
7	会议室、俱乐部	按高峰季平均人数	0.1

1）确定供水量

① 现场施工用水量，可按下式计算：

$$q_1 = K_1 \sum \frac{Q_1 N_1}{T_1 t} \times \frac{K_2}{8 \times 3600} \qquad (14\text{-}6)$$

式中　q_1——施工用水量（L/s）；

K_1——未预见的施工用水系数（1.05~1.15）；

Q_1——年（季）度工程量（以实物计量单位表示）；

N_1——施工用水定额，见表 14-10；

T_1——年（季）度有效工作日（天）；

t——每天工作班次（班）；

K_2——用水不均衡系数，见表 14-11。

② 施工机械用水量，可按下式计算：

$$q_2 = K_1 \sum Q_2 N_2 \frac{K_3}{8 \times 3600} \qquad (14\text{-}7)$$

式中　q_2——施工机械用水量（L/s）；

K_1——未预计施工用水系数（1.05~1.15）；

Q_2——同种机械台数（台）；

N_2——施工机械用水定额，见表 14-13；

K_3——施工机械用水不均衡系数，见表 14-11。

③ 施工现场生活用水量，可按下式计算：

$$q_3 = \frac{P_1 N_3 K_4}{t \times 8 \times 3600} \qquad (14\text{-}8)$$

式中　q_3——施工现场生活用水量（L/s）；

P_1——施工现场高峰期生活人数（人）；

N_3——施工现场生活用水定额，见表 14-13；

K_4——施工现场生活用水不均衡系数，见表 14-11；

t——每天工作班次（班）。

④ 生活区生活用水量，可按下式计算：

$$q_4 = \frac{P_2 N_4 K_5}{24 \times 3600} \qquad (14\text{-}9)$$

454

式中 q_4——生活区生活用水量（L/s）；

    P_2——生活区居民人数（人）；

    N_4——生活区昼夜全部用水定额，见表14-13；

    K_5——生活区用水不均衡系数，见表14-11。

⑤ 消防用水量（q_5）（见表14-14）。

施工用水（N_1）参考定额表   表 14-10

序号	用水对象	单位	耗水量 N_1（L）	备注
1	浇筑混凝土全部用水	m³	1700～2400	
2	搅拌普通混凝土	m³	300	
3	混凝土养护（自然养护）	m³	200～400	实测数据
4	混凝土养护（蒸汽养护）	m³	500～700	
5	冲洗模板	m³	5	
6	搅拌机清洗	台班	600	
7	冲洗砂、石	m³	800～1000	实测数据
8	砌砖工程全部用水	m³	150～250	
9	砌石工程全部用水	m³	50～80	
10	粉刷工程全部用水	m³	30	包括砂浆搅拌
11	耐火砖砌体工程	m³	100～150	
12	浇砖、硅酸盐砌块	千块、m³	200～250、300～350	
13	抹面	m³	4～6	不包括调制用水
14	楼地面	m³	190	
15	搅拌砂浆	m³	300	

施工用水不均衡系数   表 14-11

不均衡系数	用水名称	系数
K_2	施工工程用水，附属生产企业用水	1.5、1.25
K_3	施工机械，运输机械	2.00
	动力设备	1.05～1.10
K_4	施工现场生活用水	1.30～1.50
K_5	居民区生活用水	2.00～2.50

施工机械（N_2）用水参考定额   表 14-12

序号	用水对象	单位	耗水量 N_2（L）	备注
1	内燃挖土机	m³·台	200～300	以斗容量 m³ 计
2	内燃起重机	t·台班	15～18	以起重吨数计
3	蒸汽起重机	t·台班	300～400	以起重吨数计
4	蒸汽打桩机	t·台班	1000～1200	以锤重吨数计
5	蒸汽压路机、内燃压路机	t·台班	100～150、15～18	以压路机吨数计
6	拖拉机、汽车	昼夜·台	200～300、400～700	
7	空气压缩机	(m³/min)·台班	40～80	以压缩空气量计
8	锅炉	t·h	1050	以小时蒸发量计
9	锅炉	t·m²	15～30	以受热面积计

序号	用水对象	单位	耗水量 N_2（L）	备注
10	点焊机 50、75 型	台·h	150～200、250～350	实测数据
11	冷拔机、对焊机	台·h	300	
12	凿岩机 01—30（CM—56）	L/h	3	
13	凿岩机 01—45（TN—4）	L/min	5	
14	凿岩机 01—38（KIIM—4）	L/min	8	
15	凿岩机 YQ—100	L/min	8～12	

生活用水量（N_3、N_4）参考定额　　　表 14-13

序号	用水对象	单位	耗水量 N_3（N_4）
1	工地全部生活用水	L/人·日	100～120
2	生活用水（盥洗生活饮用）	L/人·日	25～30
3	食堂	L/人·日	15～20
4	浴室（淋浴）	L/人·次	40～60
5	洗衣	L/人	40～60
6	理发室	L/人·次	10～25

消防用水量　　　表 14-14

用水名称		火灾同时发生次数	单位	用水量
居民区消防用水	5000 人以内	一次	L/s	10
	10000 人以内	二次	L/s	10～15
	25000 人以内	二次	L/s	15～20
施工现场消防用水	施工现场在 25 公顷以内	一次	L/s	10～15
	每增加 25 公顷递增			5

⑥ 总用水量（Q）计算：

当 $(q_1+q_2+q_3+q_4) \leqslant q_5$ 时，则 $Q=q_5+1/2(q_1+q_2+q_3+q_4)$；

当 $(q_1+q_2+q_3+q_4) > q_5$ 时，则 $Q=q_1+q_2+q_3+q_4$；

当工地面积小于 5 万 m² ，并且 $(q_1+q_2+q_3+q_4) < q_5$ 时，则 $Q=q_5$。

最后计算的总用水量，还应增加 10%，以补偿不可避免的水管渗漏损失。

2）选择水源

建筑工地的临时供水水源，应尽量利用现场附近已有的供水管道，只有在现有给水系统供水不足或根本无法利用时，才使用天然水源。

天然水源有：地面水（江河水、湖水、水库水等）；地下水（泉水、井水）。

选择水源应考虑下列因素：水量充沛可靠，能满足最大需水量的要求；符合生活饮用水、生产用水的水质要求；取水、输水、净水设施安全可靠；施工、运转、管理、维护方便。

3）配置临时给水系统

临时给水系统由取水设施、净水设施、贮水构筑物（水塔及蓄水池）、输水管及配水管线等组成。通常应尽量先修建永久性给水系统，只有在工期紧迫、修建永久性给水系统难以应急时，才修建临时给水系统。

① 取水设施一般由取水口、进水管和水泵组成。取水口距河底（或井底）不得小于 $0.25\sim0.9$m。给水工程所用水泵有离心泵、隔膜泵及活塞泵三种，所选用的水泵应具有足够的抽水能力和扬程。

② 贮水构筑物有水池、水塔和水箱。在临时给水中，如水泵非昼夜连续工作，则必须设置贮水构筑物，其容量以每小时消防用水量来决定，但不得小于 $10\sim20$m³。

③ 管径计算。根据工地总需水量 Q，按以下公式计算管径：

$$D=\sqrt{\frac{4Q\cdot1000}{\pi\cdot V}} \tag{14-10}$$

式中 D——配水管内径（mm）；

Q——用水量（L/s）；

V——管网中水的流速（m/s），见表 14-15。

临时水管经济流速表　　　　表 14-15

管　径	流速（m/s）	
	正常时间	消防时间
1. $D<0.10$m	$0.5\sim1.2$	—
2. $D=0.1\sim0.3$m	$1.0\sim1.6$	$2.5\sim3.0$
3. $D>0.3$m	$1.5\sim2.5$	$2.5\sim3.0$

④ 选择管材。一般根据管道尺寸和压力大小选择临时给水管道。一般干管为钢管或铸铁管，支管为钢管。

（8）工地临时供电的规划

建筑工地临时供电的规划包括：计算用电总量、选择电源、确定变压器、确定导线截面面积及布置配电线路。

1）工地总用电量计算。建筑工地的总用电量包括动力用电和照明用电两类，计算时，考虑以下几方面：

① 全工地所使用的机械动力设备，其他电气工具及照明用电的数量；

② 施工总进度计划中施工高峰阶段同时用电的机械设备最高数量；

③ 各种机械设备在工作中的需用情况。

总用电量的计算公式如下：

$$P=1.05\sim1.10\left[K_1\frac{\sum P_1}{\cos\alpha}+K_2\sum P_2+K_3\sum P_3+K_4\sum P_4\right] \tag{14-11}$$

式中 P——供电设备总需要容量（kW）；

P_1——电动机额定功率（kW）；

P_2——电焊机额定容量（kW）；

P_3——室内照明容量（kW）；

P_4——室外照明容量（kW）；

$\cos\alpha$——电动机的平均功率因数（在施工现场最高为 $0.75\sim0.78$，一般为 0.65～0.75）；

K_1、K_2、K_3、K_4——需要系数，见表 14-16。

单班施工时，最大用电负荷量以动力用电量为准，不考虑照明用电。

各种机械设备以及室外照明用电可参考有关定额。

需要系数（K 值）　　　　表 14-16

用电名称	数　量	需要系数 K		备　　注
		K	数值	
电动机	3～10 台	K_1	0.7	如施工中需用电热时，应将其用电量计算进去。为使计算接近实际，式中各项用电根据不同性质分别计算
	11～30 台		0.6	
	30 台以上		0.5	
加工厂动力设备			0.5	
电焊机	3—10 台	K_2	0.6	
	10 台以上		0.5	
室内照明		K_3	0.8	
室外照明		K_4	1.0	

2）电源选择。选择电源，最经济的方案是利用施工现场附近已有的高压线路或发电站及变电所，但事前必须将施工中需要的用电量向供电部门申请。如果在新开辟的地区施工，没有电力系统时，则须自备发电站。通常是将附近的高压电，经设在工地的变压器降压后，引入工地。

3）确定配电导线截面积及布置配电线路。导线截面积可根据负荷电流来选择，然后再用电压及力学强度进行校核。所选的导线截面应同时满足上述三方面的要求。

临时供电网的布置与水管网的布置相似，均有环状布置、枝状布置和混合式布置三种形式，如图 14-2 所示。

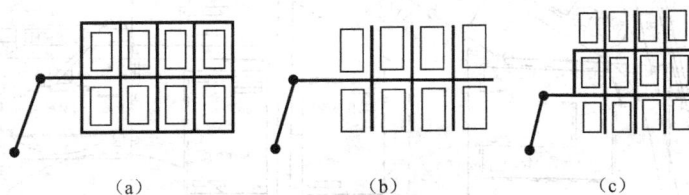

图 14-2　临时给水供电管线布置形式
（a）环状式；（b）枝状式；（c）混合式

施工工地应依据防火要求设置消防栓，一般设置在易燃建筑物附近，并须有通畅的出口和车道，其间距不得大于 100m，到路边的距离不应大于 2m。

上述施工总平面图的各设计步骤不是截然分开与孤立进行的，而是需要相互联系与综合地考虑，经反复修正后才能最终确定下来。图 14-3 和表 14-17是某高层公寓群体工程的施工总平面布置图和临时设施一览表。

14.5.4　施工总平面图管理

施工总平面图是对施工现场科学合理利用的规划蓝图，是保证工期、质

457

量、安全、文明施工和降低成本的重要手段。施工平面图不仅要精心设计好，而且要认真管理好，尤其要加强施工现场动态管理，保证现场运输道路、给水、排水、电路的畅通，现场堆放合理，物归其位，各得其所，从而建立起连续、均衡的施工秩序。为此，必须采取以下管理措施：

1）严格按施工平面图布置施工道路、水电管网、机具、堆场和临时设施；

2）应有专人管理施工现场布置、建设及维护，尤其是重点管理和维护好道路与水电；

3）各施工阶段和各施工过程中各工序都应做到工完料净、场清、机具归位；

4）施工平面图必须随着施工的进展及时调整与补充，以使其更趋于合理。

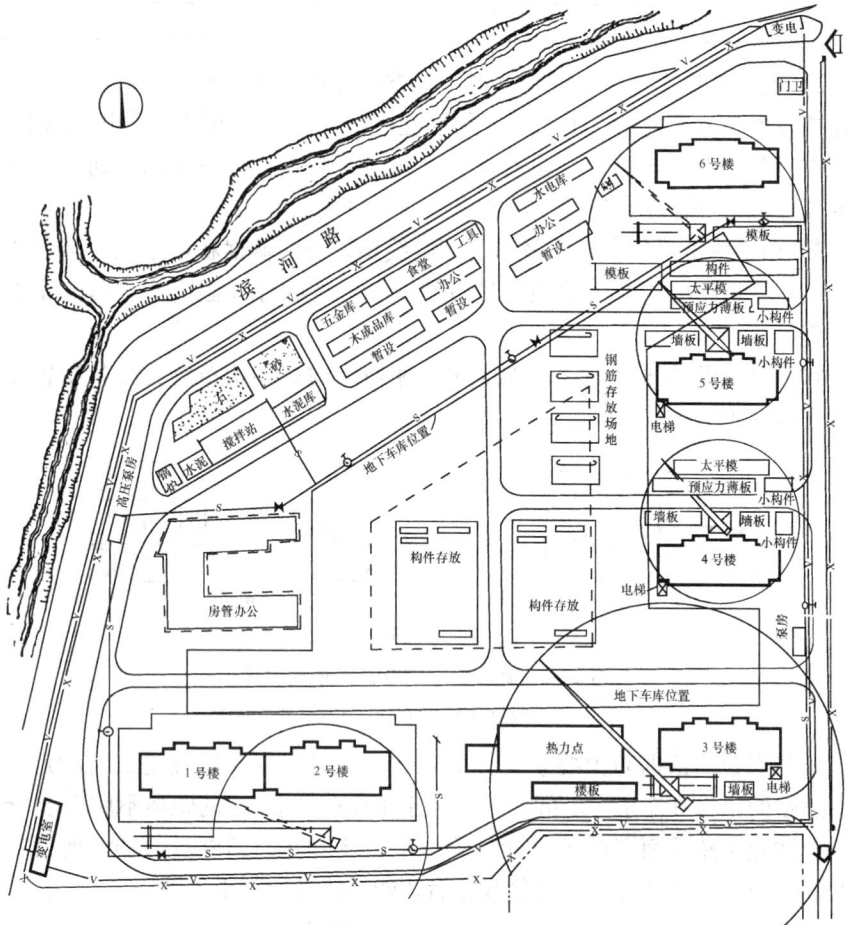

图 14-3　施工总平面布置图

序号	工程名称	面积（m²）	备注
1	混凝土（砂浆）搅拌站	315	3台400L搅拌机
2	水泥库	140	砖混结构
3	工具库	800	砖混结构
4	五金库	125	砖混结构
5	办公室	220	砖混结构
6	锅炉房	56	2台0.4t锅炉
7	木制品成品库	215	砖混结构
8	食堂	210	混合结构
9	水电库	200	砖混结构
10	饮水房	50	砖混结构
11	厕所	30	3座
12	危险品库	20	2座（地下）
13	水泵房	30	砖混结构
14	钢筋棚	400	砖混结构
15	木工操作棚	200	砖混结构
16	水电操作棚	400	砖混结构

临时设施一览表 表14-17

14.6 技术经济指标

施工组织总设计的技术经济指标，应反映出设计方案的技术水平和经济性。一般应计算以下技术经济指标。

1. 施工工期

施工工期是指建设项目从施工准备开始到全部建成投产使用为止的持续时间。应将计划工期与国家工期定额或建设地区同类项目平均工期进行对比分析，可反映出建设速度的快慢，是影响投资效益的主要指标。

2. 劳动生产率

1）全员劳动生产率或人均产值（元/人·年），可按下式求得：

$$全员劳动生产率 = \frac{每年自行完成的建筑安装施工产值}{全部在册职工人数 - 非生产人员平均数 + 合同工、临时工人数}$$

2）单位用工（工日/m² 竣工面积），它反映出劳动力的消耗水平。

3）劳动力不均衡系数：

$$劳动力不均衡系数 = \frac{施工期高峰人数}{施工期平均人数}$$

3. 机械指标

1）机械化程度：

$$机械化程度 = \frac{机械化施工完成造价}{总造价}$$

2）施工机械完好率。

3）施工机械利用率。

459

4. 预制化施工水平

$$预制化施工程度 = \frac{在工厂及现场预制的工程量}{总工程量}$$

5. 流水施工

1）工人流动时间不均衡系数 $= \dfrac{流水施工固定期时间}{总工期时间}$

2）工人流动数量不均衡系数 $= \dfrac{参加流水施工的最多工人数}{参加流水施工的平均工人数}$

6. 临时工程

$$临时工程投资比例 = \frac{全部临时工程投资}{建筑安装工程总投资}$$

7. 降低成本

1）降低成本额：

$$降低成本额 = 承包成本额 - 计划成本额$$

2）降低成本率：

$$降低成本率 = \frac{降低成本额}{承包成本额}$$

小结及学习指导

通过本章学习，要求掌握施工组织总设计编制的程序，能够合理地进行总体施工部署；熟悉施工总进度计划编制的原则，掌握其编制步骤和方法；熟悉资源配置计划的内容；了解施工总平面图设计的依据和原则，掌握其设计步骤及方法。

思考题与习题

14-1　施工组织总设计的任务是什么？

14-2　施工组织总设计包括哪些内容？编制依据有哪些？是如何进行编制和确定的？

14-3　施工组织总设计与单位工程施工组织设计有何关系？

14-4　施工部署包括哪些内容？

14-5　何为施工总进度计划？其编制原则和方法分别是什么？

14-6　如何根据施工总进度计划编制各种资源配置计划？

14-7　设计施工总平面时应具备哪些资料？考虑哪些因素？

14-8　简述施工总平面图设计的步骤和方法。

14-9　建筑材料的仓库（或堆场）和工地加工场的面积如何确定？

14-10　工地临时供水、供电如何确定？

14-11　如何进行施工总平面图的管理？

14-12　评价施工组织总设计的优劣有哪些技术经济指标？

参 考 文 献

[1] 本书编委会. 建筑施工手册（第五版）. 北京：中国建筑工业出版社，2013.

[2] 李建峰. 建筑施工. 北京：中国建筑工业出版社，2004.

[3] 李建峰. 现代土木工程施工技术（第二版）. 北京：中国电力出版社，2015.

[4] 廖代广. 土木工程施工（第四版）. 武汉：武汉理工大学出版社，2012.

[5] 重庆市设计院等. 建筑边坡工程技术规范 GB 50330—2013. 北京：中国建筑工业出版社，2013.

[6] 中国建筑科学研究院. 建筑基坑支护技术规程 JGJ 120—2012. 北京：中国建筑工业出版社，2012.

[7] 毛鹤琴. 土木工程施工（第四版）. 武汉：武汉理工大学出版社，2012.

[8] 中国建筑科学研究院. 混凝土结构工程施工规范 GB 50666—2011. 北京：中国建筑工业出版社，2012.

[9] 黄珍珍，朱峰，郑召勇. 钢结构制造与安装. 北京：北京理工大学出版社，2014.

[10] 中国建筑股份有限公司等. 钢结构施工规范 GB 50755—2012. 北京：中国建筑工业出版社，2012.

[11] 山西建筑工程（集团）总公司等. 屋面工程技术规范 GB 50345—2012. 北京：中国建筑工业出版社，2012.

[12] 总参工程兵科三研. 地下工程防水技术规范 GB 50108—2008. 北京：中国计划出版社，2009.

[13] 孙震，穆静波. 土木工程施工. 北京：人民交通出版社，2014.

[14] 住房和城乡建设部工程质量安全监管司. 建筑业 10 项新技术（2010）. 北京：中国建筑工业出版社，2010.

[15] 中国建筑技术集团有限公司. 建筑施工组织设计规范 GB/T 50502—2009. 北京：中国建筑工业出版社，2012.

高等学校土木工程学科专业指导委员会规划教材（专业基础课）
（按高等学校土木工程本科指导性专业规范编写）

征订号	书　名	定价	作　者	备　注
V21081	高等学校土木工程本科指导性专业规范	21.00	高等学校土木工程学科专业指导委员会	
V20707	土木工程概论（赠送课件）	23.00	周新刚	土建学科专业"十二五"规划教材
V22994	土木工程制图（含习题集、赠送课件）	68.00	何培斌	土建学科专业"十二五"规划教材
V20628	土木工程测量（赠送课件）	45.00	王国辉	土建学科专业"十二五"规划教材
V21517	土木工程材料（赠送课件）	36.00	白宪臣	土建学科专业"十二五"规划教材
V20689	土木工程试验（含光盘）	32.00	宋　彧	土建学科专业"十二五"规划教材
V19954	理论力学（含光盘）	45.00	韦　林	土建学科专业"十二五"规划教材
V20630	材料力学（赠送课件）	35.00	曲淑英	土建学科专业"十二五"规划教材
V21529	结构力学（赠送课件）	45.00	祁　皑	土建学科专业"十二五"规划教材
V20619	流体力学（赠送课件）	28.00	张维佳	土建学科专业"十二五"规划教材
V23002	土力学（赠送课件）	39.00	王成华	土建学科专业"十二五"规划教材
V22611	基础工程（赠送课件）	45.00	张四平	土建学科专业"十二五"规划教材
V22992	工程地质（赠送课件）	35.00	王桂林	土建学科专业"十二五"规划教材
V22183	工程荷载与可靠度设计原理（赠送课件）	28.00	白国良	土建学科专业"十二五"规划教材
V23001	混凝土结构基本原理（赠送课件）	45.00	朱彦鹏	土建学科专业"十二五"规划教材
V20828	钢结构基本原理（赠送课件）	40.00	何若全	土建学科专业"十二五"规划教材
V20827	土木工程施工技术（赠送课件）	35.00	李慧民	土建学科专业"十二五"规划教材
V20666	土木工程施工组织（赠送课件）	25.00	赵　平	土建学科专业"十二五"规划教材
V20813	建设工程项目管理（赠送课件）	36.00	臧秀平	土建学科专业"十二五"规划教材
V21249	建设工程法规（赠送课件）	36.00	李永福	土建学科专业"十二五"规划教材
V20814	建设工程经济（赠送课件）	30.00	刘亚臣	土建学科专业"十二五"规划教材